名师名著

规划精品系列

SEPARATION ENGINEERING OF BIOMOLECULES

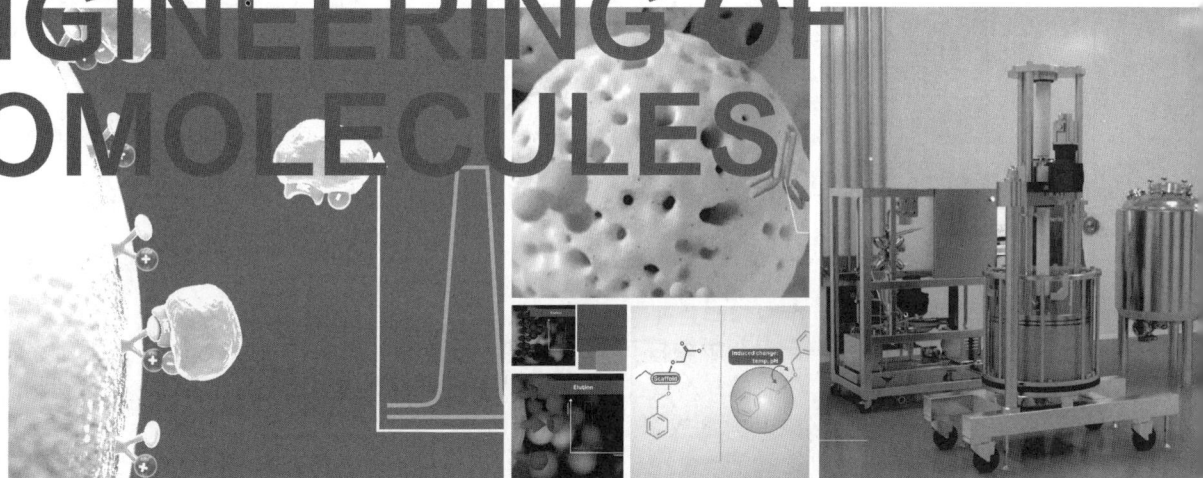

生物物质分离工程

第三版

叶邦策　严希康　主编

万俊芬　安法梁　尹斌成　副主编

化学工业出版社

·北 京·

内容简介

本书在保持第二版全面系统地阐述生物质分离技术与工程内容的基础上，结合近年来生物工程和生物医药领域分离技术的新发展，进行了适当的修订和补充，特别新增了新兴生物产品分离纯化的典型案例。全书共分为 11 章，主要内容包括：发酵液的固-液分离、细胞破碎技术、产物的初步分离、产物的提纯与产品的精制，以及核酸类药物、抗体类药物和脂质膜类产品等新型生物产品的分离技术。本教材注重从工程角度揭示生物物质分离过程的本质规律，致力于实现分离过程与设备设计、放大及操作的最优化；同时包含了若干深入的理论探讨内容。

本书可作为生物工程、生物医药、生物技术、制药工程等专业及化学工程类和食品工程类等相关专业本科生教材，也可作为相关专业研究生课程的教材，以及相关学科科技工作者和工程技术人员的参考书。

图书在版编目（CIP）数据

生物物质分离工程 / 叶邦策，严希康主编 ；万俊芬，安法梁，尹斌成副主编. -- 3版. -- 北京 ：化学工业出版社，2025. 6. --（普通高等教育"十一五"国家级规划教材）（石油和化工行业"十四五"规划教材）.
ISBN 978-7-122-48437-6

Ⅰ．TQ033

中国国家版本馆CIP数据核字第2025CU6572号

责任编辑：赵玉清　　　　　文字编辑：周　倜
责任校对：杜杏然　　　　　装帧设计：韩　飞

出版发行：化学工业出版社
　　　　　（北京市东城区青年湖南街13号　邮政编码100011）
印　　装：河北鑫兆源印刷有限公司
880mm×1230mm 1/16　印张23　字数719千字
2025年6月北京第3版第1次印刷

购书咨询：010-64518888　　　售后服务：010-64518899
网　　址：http://www.cip.com.cn
凡购买本书，如有缺损质量问题，本社销售中心负责调换。

定　　价：59.00元

21 世纪是生命科学与生物制造的时代，而生物技术是这一时代的核心驱动力，基因编辑改写生命密码，合成生物学设计人工代谢通路，mRNA 疫苗突破传统免疫边界——生物技术的每一次革命都在重塑人类对生命本质的理解，对健康的追求以及对未来产业的想象，更催生出千亿级生物制造产业新生态。在这场变革中，生物物质分离工程始终扮演着"技术转化枢纽"的核心角色：从克级实验室产物到吨级工业品输出，从纳米级脂质颗粒捕获到万吨级发酵液处理，分离技术的革新直接决定着生物技术的产业化边界。

无论是抗体药物的纯化、天然产物的提取，还是工业酶的回收、环境样本中有害物质的去除，分离技术的效率与精准度直接决定了生物产品的质量、成本和规模化可行性。在生命科学蓬勃发展的今天，随着合成生物学、生物医药等领域的突破，生物制造体系愈发复杂，对分离技术的要求也跨越了传统工艺的边界，向绿色化、智能化和超分子尺度不断演进。随着抗体药物、细胞治疗产品及合成生物学制品的复杂性与纯度要求呈指数级提升，传统分离技术面临效率、精度和成本的三角博弈，行业正加速向连续化、智能化及绿色化转型。

生物物质分离工程是一门永不停滞的学科。从传统发酵工业到抗体药物、mRNA 疫苗的脂质纳米颗粒纯化，每一次生物技术革命都呼唤分离技术的同步革新。

教材是学校教育教学的基本依据，是解决"培养什么人""怎样培养人""为谁培养人"这一根本问题的重要载体，是贯彻党的教育方针、实现教育目标不可替代的重要抓手。《生物物质分离工程》的第一版自出版以来，先后共重印了九次，并于 2004 年 9 月评为上海市优秀教材，得到了生物技术领域内学者及工程技术人员的关注和读者的喜爱；为适应生物经济时代的发展需求和拓宽生物工程专业课程的教学内容，2010 年第二版出版，并被教育部评选为普通高等教育"十一五"国家级规划教材。本书为第三版，在第二版内容基础上，根据近 15 年来生物工程领域的发展和生物物质分离纯化前沿技术，增补新的内容，包括固 - 液分离、细胞破碎、萃取技术、吸附技术和色谱技术的研究热点和发展方向等；将第二版教材中预处理和固 - 液分离有关内容（第 3、5、20 章）合并为第三版第 2 章，与膜分离相关章节（第 6 ~ 9 章）合并为第三版第 4 章，与萃取相关章节（第 10 ~ 14 章）合并为第三版第 5 章，将结晶和干燥（第 21、22 章）合并为第三版第 10 章，同时将第二版教材中的第 4、16、17、18 和 19 章调整为第三版的第 3、6、7、8 和 9 章，删除了第二版教材中第 2、15 章；除此之外，根据现代生物医药发展的热点，如核酸类药物、抗体类药物、脂质膜结构的分离纯化，新增了案例教学一章（第 11 章）。编写过程中，注重以工程观点揭示生物物质分离过程的本质及其规律，促使分离过程与设备设计、放大与操作等方面获得最佳化。强调工程思维与生物特性的融合：注重传授如何通过数学模型预测分离效率，引导学生理解生物分子特性对工艺设计的约束。

　　本书承袭华东理工大学生物工程学院在生物分离领域七十载的技术积淀，适时融入编者新技术攻关的实战经验。本书第 1 章由尹斌成教授、严希康教授编写修改，第 2、3、5、6、7 章由万俊芬副教授编写修改，第 4、8、9、10 章由安法梁副教授编写修改，第 11 章由马培强副教授、邹振平博士、徐慧颖副教授、叶邦策教授编写，全书的统稿由叶邦策教授、尹斌成教授完成，严希康教授对第三版教材进行指导。

　　值此第三版付梓之际，我们衷心感谢化学工业出版社在数字化教材开发中的创新支持，以及华东理工大学各级领导，特别是教务处、生物工程学院和生物反应器工程全国重点实验室的支持和关心，更要致敬每一位在生物分离工程领域默默耕耘的科技工作者。期待这本承载着三代学者智慧的教材，能为广大学子搭建从生物分离基础理论到工程实践的桥梁，为生物分离工程领域的发展添砖加瓦！

　　限于水平，虽经努力，书中不妥之处在所难免，敬请读者指正。

叶邦策　严希康
2025 年立夏于华东理工大学

3 细胞的破碎与分离 051

4 膜分离技术 077

5 萃取法 129

8　色层分离法　239

9　电泳　275

1 绪论

○○ —————— ○○ ○ ○○ ——————————————

生物物质分离工程是指在工业规模上，通过适当的分离与纯化技术和设备，并消耗一定的能量和分离介质，实现生物物质（产品）制备的过程，是生物产业的一个重要组成部分。

1.1 生物（物）质

生物（物）质（biomass）泛指自然界中由生物产生的物质，或通过人类生产活动（包括农业、畜牧业和工业生产活动）所产生的具有生命特征的物质或其初级加工物，如谷物、木材、肉类、皮毛、细胞等。有时也可指自然界中可供利用的生物性原料或废弃物，如禾草、纤维性物料和动物内脏等。在发酵和细胞培养过程中获得的细胞也属于生物（物）质，这类生物（物）质有的可以经简单加工转化为产品，如单细胞蛋白（SCP），有的可将这些细胞作为生物催化剂（biocatalyst）生产相关的工业和医药产品。由此可见，生物（物）质包括大到有生命的物质、生物性原料或废弃物等，小到某一具体的生物产品。

如果从微观的角度来认识生物（物）质，其内容更加丰富。仅生物体而言，用解剖的方法观察其结构有器官、组织和细胞，用分析的方法得到化学组分有数十万种蛋白质、核酸、酶、糖类、脂类等生物大分子，维生素、激素、多肽、氨基酸、有机酸、抗生素等中小分子、离子以及生物超分子体系，它们是一类具有生物活性、生理活性或药理活性的物质。目前已广泛用于国民经济各个领域和人们日常生活中，如药品、疫苗、诊断和治疗试剂、精细生物化学品、大宗化学品、日用化学品、生物高分子材料、生物能源（生物制氢、生物柴油、燃料乙醇）、生物农药、生物化肥、生化试剂、功能食品和添加剂等商品都是一些具体的、纯度极高的单体或混合物，统称为生物产品或生物制品。

1.2 生物物质分离过程

生物产品或生物制品是一些对人体具有营养价值、对疾病治疗以及工农业生产等具有重要用途的生物物质，它们均以上述有生命的物质、生物性原料或废弃物，以及生物反应过程中产生的细胞及其代谢物为原料，利用物理、化学和生物等手段，经深度加工后得到的由两种或多种组成彼此不同的生物物质。

生物物质的深度加工过程，即生物物质的分离、提取和精制过程，称为生物物质分离过程。将这一过程应用于工农业生产领域，则形成了生物物质分离工程。

由于被深度加工的原料范围很广，因此对于不同原料的分离纯化过程的不同要求和特需，进行了研究和开发，可从诸如《天然产物有效成分的分离与应用》《海洋天然产物的分离纯化与结构鉴定》《中药化学成分提取分离手册》《从动物脏器和废弃物提取有用制品》《药物蛋白质分离纯化技术》《抗生素的吸附与层析》《生物制药设备与分离纯化技术》等著作中得到反映，显示出它们的分离纯化过程虽有一定的个性但存在着许多共性，其分离过程都由原材料的预处理与固 - 液分离、初步纯化、高度纯化和成品制作四个分过程组成，各分过程可选用若干化工单元操作或现代分离操作，因此在使用的方法和手段、设备和工程等问题上可以相互借鉴。

本书着重讨论的生物物质分离工程是指由生物反应过程（由生物技术所引出的生产过程）得到的产

物的分离工程，即从微生物发酵过程、酶反应过程或动植物细胞培养过程而得到的代谢产物（由细胞及胞内外代谢产物和残存的培养基所组成的悬浮液）中分离纯化各种生物产物的技术和工程问题，以此作为生物物质分离工程的内容框架。它是从各种原料中分离纯化生物产品最多、研究最深入、成就最显著且发展最快的领域。因此，无论是分离纯化的原理、方法与过程，还是所采用的技术、设备与工程，均可为广义的生物物质分离提供重要的启示、参考或推广应用。

生物物质分离工程是生物化学工程的核心组成部分，也是将生物技术转化为生产力的不可或缺环节，其技术进步在保持和提升各国在生物技术领域经济竞争力方面具有至关重要的作用。

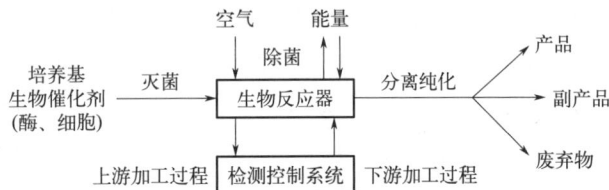

图 1.1 生物反应过程示意

人们常把生物反应过程中的反应器作为过程的中心，而分别把反应前后的工序称为上游和下游加工过程（upstream and downstream processing）（见图 1.1）。因此，生物物质分离过程亦称为生物下游加工过程，这突显了其在整个生产过程中的地位和作用。

1.3　生物技术下游加工过程的特点及其重要性

生物技术产品包括传统的（常规的）生物技术产品（如用发酵生产的有机溶剂、氨基酸、有机酸、抗生素）和现代生物技术产品（如用重组 DNA 技术生产的医疗性多肽和蛋白质）。它们的生产不同于一般的化学品生产，有其自身的特点。

1.3.1　发酵液或培养液是产物浓度较低的水溶液

除特定的生物反应系统外，大多数生物反应过程中，溶剂几乎全部是水。产物（溶质和悬浮物）在水中的浓度普遍较低，原因主要是：①某些微生物在发酵过程中，细胞浓度虽可高达 120g/L，但高的细胞干重会导致培养液的高黏度，导致发酵时混合效率降低。为改善这一状况，往往需要增加生产成本。②一般而言，微生物细胞的体积分数是其质量分数的 3 倍。在发酵过程中，对于最大体积分数为 0.64 的球形粒子，其细胞浓度的绝对限度受到物理条件的限制，约为 200 ～ 250g/L。此外，细胞密度还受代谢产物的抑制。

虽然可以通过 DNA 重组技术可以实现蛋白质的高效表达，但总体上，产物在水溶液中的浓度很低，如青霉素的浓度仅为 7.0%，庆大霉素低于 0.2%，酶法生产丙烯酰胺为 30%，羟基乙酸为 14%，天冬氨酸为 13%，而动物细胞培养液中的单克隆抗体浓度为 0.5% ～ 1%，重组蛋白为 0.05% ～ 0.1%。

1.3.2　培养液是多组分的混合物

发酵过程会产生一些复杂的产品混合物。从细胞本身来看，各种类型的细胞具有不同的细胞组成，见表 1.1。

表 1.1　细胞组成 *

类型	蛋白质	核酸	多糖	类脂物
细菌	40 ～ 70	13 ～ 34	2 ～ 10	10 ～ 15
酵母	40 ～ 50	4 ～ 10	< 15	1 ～ 6
丝状真菌	10 ～ 25	1 ～ 3	< 10	2 ～ 9
藻类	10 ～ 60	1 ～ 5	< 15	4 ～ 80

类型	蛋白质	核酸	多糖	类脂物
动物细胞	＜10	＜50	＜50	＜50
植物细胞	＜70	＜30	＜50	＜80

注：* 以占细胞干重的百分比表示。

这里介绍的混合物，不仅包含了大分子物质，如核酸、蛋白质、多糖、类脂、磷脂和脂多糖，而且还包含了低分子量物质，即大量存在于代谢途径的中间产物，如氨基酸、有机酸和碱；混合物不仅包括可溶性物质，而且也包括以胶体悬浮液和粒子形态存在的组分，如细胞、细胞碎片、培养基残余组分、沉淀物等。总之，培养液中组分的种类繁多，各组分的含量还会随细胞所处环境的变化而变化。

在下游加工过程之前，由于对发酵液进行预处理，也会引起培养液组分的变化及发酵液流体力学特性的改变。

1.3.3　生物产品的稳定性差

无论是大分子量生物产物，还是小分子量生物产物都存在着稳定性问题。产物失活的主要机制是化学降解或微生物引起的降解。在化学降解的情况下，产物只能在狭窄的 pH 值和温度变化范围内保持稳定。对于蛋白质一般稳定性范围很窄，超过此范围，将发生功能的变性和失活；对于小分子生物产品，可能它们结构上的特性，例如青霉素的 β-内酰胺环，在极端 pH 条件下会受损。具有手性核的分子，可能由于 pH 值、温度和溶液中存在的某些物质所催化而被外消旋，导致产物大量损失。

微生物的降解作用是因为所有细胞中存在不同的降解酶，如蛋白酶、脂酶等，它们能将蛋白质等活性分子破坏为失活分子。因此，在制备蛋白质、酶或类似产品时，应尽可能在低温和快速操作的条件下进行。另外，还应防止发酵产物染菌，因为这可能产生毒素和降解酶，从而引入新的杂质或导致产品损失。

1.3.4　对最终产品的质量要求很高

由于许多产品是医药、生物试剂或食品等精细产品，必须达到药典、试剂标准和食品规范的要求。如青霉素产品对其中一种强过敏原杂质——青霉噻唑蛋白类就必须控制在 RIA 值（放射免疫分析值）小于 100；对于蛋白质药物，一般规定杂蛋白含量低于 2%，而原亲酶素（protropin）和重组胰岛素（humulin）中的杂蛋白应低于 0.01%，不少产品还要求成为稳定的无色晶体。

由上可知，生物技术产品通常是从杂质含量远高于目标产物的悬浮液中开始制备，只有经过分离和纯化等下游加工过程，才能获得符合使用要求的高纯度产品。因此，生物物质分离工程在生物技术产品工业化中具有不可或缺的地位。生物物质分离工程的实施非常复杂且成本高昂，这主要源于原料是特别稀的水溶液，而产物要求高纯度（见图 1.2），加上产物稳定性差，导致回收率不高，抗生素类产品的回收损失一般在 20% 左右。分离与纯化的方法既复杂又昂贵。从现有的资料分析可知，在大多数生物产品的开发研究中，下游加工过程的研究费用占总研究费用的 50% 以上。产品成本构成中，分离与纯化部分占总成本的 40%～80%，精细和药用产品的比例则更高。在生产过程中，下游加工过程所消耗的人力和物力占总成本的 70%～90%。显然，开发新的生物分离过程是提高经济效益或减少投资的关键途径。

总之，生物技术产品的特点给下游加工过程提出了特殊的要求，生物技术产业没有下游加工过程的配套就不可能有工业化的结果，而没有下游加工过程的进步，也无法实现工业化的经济效益。

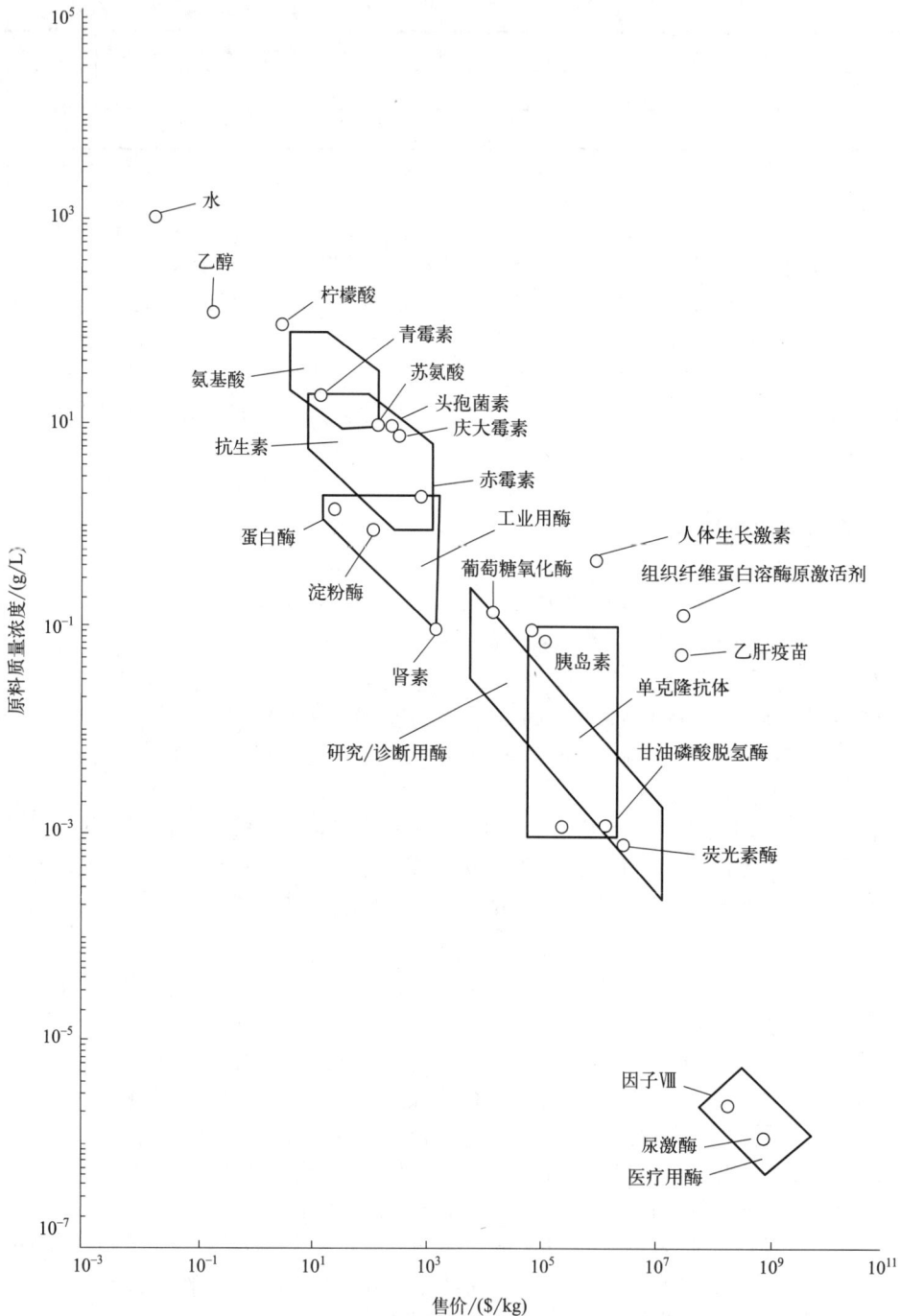

图1.2　发酵液浓度和产品价格之间的关系

1.4　生物技术下游加工过程的一般步骤和单元操作

　　生物技术下游加工过程或生物物质分离工程的设计，不仅取决于产品的属性（如处于胞内或胞外）、分子大小、电荷、溶解度、产品的价值以及生产规模，还与产品的类型、用途和质量（纯度）要求密切相关。所以分离和纯化步骤有不同的组合，提取和精制的方法也有不同的选择，但生物技术下游加工过程有一个基本框架，即常常按生产过程的顺序分为四个类似步骤（见图1.3）。

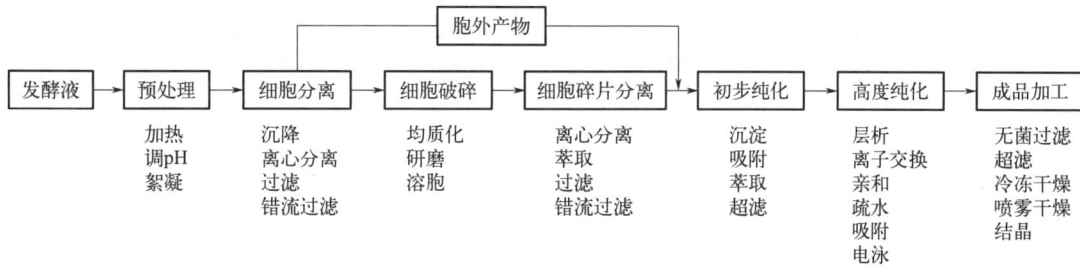

图1.3　生物技术下游加工过程阶段和各阶段的单元操作

1.4.1　发酵液的预处理与固-液分离（或称不溶物的去除）

由于技术和经济原因，在这一步骤中能选用的单元操作相当有限，过滤和离心是基本的单元操作。为了加速固-液两相的分离，可同时采用凝聚和絮凝技术；为了减少过滤介质的阻力，可采用错流膜过滤技术，但这一步对产物浓缩和产物质量改善作用有限。一般来说，目标是以低投资和低成本来换取高回收率和去杂率，但是这些要求往往相互矛盾。

如果产物在细胞内，没有分泌到体外，如 β-半乳糖苷酶以及由重组大肠杆菌产生的重组蛋白质等产品，通过分离收集细胞后，还需进行细胞碎片的分离。

1.4.2　初步纯化（或称产物的提取）

这一步骤的主要目标是提高产品的浓度，并辅以提高其纯度。通过这一步骤，可去除与产品性质差异较大的物质。典型的操作方法包括沉淀、萃取和吸附等。

1.4.3　高度纯化（或称产物的精制）

这一步骤与步骤 1.4.1 类似，仅有限的几个单元操作可选用，但这些技术对产物有高度的选择性，主要用于去除具有相似化学功能和物理性质的杂质。典型的单元操作包括色谱、电泳和沉淀等。

1.4.4　成品加工

产品的最终用途和要求决定了最终的加工方法。浓缩和结晶通常是关键操作步骤，大多数产品还必须经过干燥处理。

由上可知，各个步骤中都有若干单元操作可选择，其中包括许多常用的化工单元操作和若干因生物过程需求而发展起来的单元操作，应根据具体情况进行设计。为便于技术选择，各种主要单元操作的原理和特点列在表 1.2。

表1.2　生物技术产品分离纯化常用单元操作

单元操作			分离类型	选择性	生产能力	应用
固-液分离	过滤	常规	固-液	低	高	真菌
		微滤	固-液	中等	中	细菌、细胞碎片
	离心	常规	固-液	低-中	高	真菌
		超离心	分离	中-高	低	病毒和细胞

	单元操作		分离类型	选择性	生产能力	应用
细胞破壁	机械法		释放	低	中	胞内产品
	酶法		释放	低	中	酶
	化学法		释放	低	中	实验的
产品分离纯化	蒸馏		纯化	中 - 高	高	乙醇和溶剂回收
	萃取	液体	分离	中	高	抗生素
		双水相	分离及纯化	中 - 高	高	酶
		超临界	分离	中 - 高	中	精制油
	沉淀	盐析	分离	低 - 中	高	酶
		溶剂	分离	低 - 中	高	酶
		金属配合物	分离	低 - 中	高	—
		结晶	析出	中 - 高	高	—
	吸附	非活性基	分离	中 - 高	高	抗生素
		特殊活性基	纯化	中 - 高	高	—
		混合活性基	分离	中 - 高	高	—
	膜技术	超滤 (透析过滤)	分离和浓缩	中	高	脱盐和除热原
		电渗析	分离和浓缩	中 - 高	中 - 高	蛋白质溶液脱盐
	液相色谱	低压 亲和	纯化	高	低 - 中	干扰素
		凝胶	纯化	高	低 - 中	胰岛素
		离子交换	纯化	中 - 高	低 - 中	血制品
		层析	纯化	高	低	蛋白质和多肽
		高效 正相	纯化	高	低	—
		逆相	纯化	高	低 - 中	抗生素和多肽
	其他	超临界流体萃取	分离	中 - 高	低 - 中	实验的
		逆流分离	纯化	高	低	实验的
		电泳和等电聚焦	纯化	高	低	蛋白质和多肽
水和溶剂的除去	浓缩	蒸发	浓缩	低	高	抗生素
		反渗透 / 超滤	浓缩	低 - 中	中	抗生素
		冷冻浓缩	浓缩	低	中	咖啡和果汁
	干燥	冷冻干燥	干燥	低	低	多效药品
		喷雾干燥	干燥	低	高	α- 淀粉酶和单细胞蛋白
		滚筒干燥	干燥	低	干	

1.5 生物技术产品及下游加工过程的沿革

1.5.1 生物技术产品的类型

需要使用下游加工过程的生物产品来自两个主要方面。

（1）直接获得产品 含有产品的混合物直接由发酵或培养细胞产生，所以回收可从生物反应器流出的产物开始。

（2）间接获得产品　含有产品的混合物由发酵产生，而从发酵过程得到细胞或酶后，再将其用于产物的转化、修饰后才能获得所需产品。这些生物产品可以根据不同的标准进行分类，主要有以下几种分类方式。

① 按分子质量大小分类

a. 小分子质量　< 1000Da，如抗生素、有机酸、氨基酸等。

b. 大分子质量　> 1000Da，包括酶、抗体、多肽、重组蛋白等。

对于大分子质量的产品（如蛋白质、酶、多糖、核酸等），其分离过程与传统化学工业中的单元操作有所不同；小分子产品（如类脂、氨基酸和次级代谢产物如抗生素）则在许多情况下可以借鉴传统的单元操作进行设计，或根据分子本身的特性和所处系统的需要，适当调整现有工艺。

② 按产品所处位置分类

a. 细胞内　不被细胞分泌到体外的产品，如胰岛素、干扰素、重组蛋白。

b. 细胞外　在胞内产生，然后又分泌到胞外的产品，有抗生素（如红霉素）、胞外酶（如 α- 淀粉酶）等。

对于这两种情况，不能简单地判断哪一种更有利于分离过程。如果产品分泌到培养基中，可通过去除不溶性细胞物质或培养基杂质来加速纯化步骤；然而，其他蛋白质的释放和细胞的自溶可能会使纯化变得更加复杂。如果产品位于细胞内，通过收集细胞可以大幅提高浓缩倍数，但接下来的细胞破碎过程可能会释放细胞残片和其他可溶物，给后续的纯化带来困难。

1.5.2　下游加工过程的沿革

分离与纯化过程几乎涉及所有工业和研究领域，并与反应过程相辅相成。随着科学技术的不断进步，以及对物质纯度要求的日益提高，分离与纯化技术也在持续发展，新技术和新工艺层出不穷，新的原理和概念不断涌现，经历着从无到有、从有到精的诞生与发展历程，生物技术下游加工过程同样经历了这一演变。

如果根据国际经济合作与发展组织对生物技术的定义"应用自然科学和工程学的原理，依靠生物作用剂（biological agents）的作用将物料进行加工以提供产品或用以为社会服务"的技术，则生物技术产业的历史源头可追溯至古老的酿造产业。古老生物技术产品包括酿酒，制造酱油、醋、酸奶、干酪等。在那个时代，所谓的下游加工过程尚未形成明确的概念，这些产品的制作更多是乡间农舍与家庭厨房中的简易操作，如从乳清中过滤出凝胶——乳酪，利用日照来干燥制盐、制酱等。虽然后来由于税收和运输驱动了酒浓缩工艺的出现，但大多数产物仍基本未经复杂的后处理，便直接投入使用。随着生物技术的不断演进，三代生物技术产品相继问世，每一次新产品的诞生都伴随着相应的分离纯化过程的深入研究与开发利用。

（1）传统生物技术产品　传统（第一代）生物技术产品的出现可以追溯到 19 世纪 60 年代。由于清楚了微生物是引起发酵的原因，随后发现了微生物的有关功能，开发了纯种培养技术，从而使生物技术产业的发展进入了近代生物技术建立时期。到 20 世纪上半叶，除了原有酿造业产品的生产技术取得了显著改进外，还逐步开发了通过发酵法生产酒精、丙酮、丁醇等产品的技术。上述产品的特点是大多数属于厌氧发酵过程的产物，其化学结构比原料更为简单，主要采用压滤、蒸馏或精馏等设备，生产方式以经验为依据，接近手工业水平，属于原始分离纯化时期。

（2）第二代生物技术产品　第二代生物技术产品出现于 20 世纪 40 年代。第二次世界大战后，随着青霉素、链霉素等抗生素的工业生产规模不断扩大，大型好氧发酵装置的开发以及化工单元操作的引入，酿造产业逐步转变为发酵产业，进入了近代生物技术的全盛时期。此时，抗生素、氨基酸、有机酸、核酸、酶制剂、单细胞蛋白等一批通过发酵技术生产的产品开始进入工业生产。这一时期的显著特点是产品类型的多样化，不但涵盖了初级代谢产物，也包括次级代谢产物，如抗生素、多糖等。这些产品的分子结构比其原料更为复杂。还包括了生物转化（如甾体化合物）和酶反应（如 6-APA）

等产品。产品的多样性提出了分离、纯化方法多样性的要求。与此同时一个有利的因素也产生了，化学工程工作者加入了生物反应过程的开发行列，一门反映生物与化工相交叉的学科——生化工程在20世纪40年代诞生，并迅速发展。该时期初始，英国的 G.E. 戴维斯和美国的 A.D. 利特尔等人提出了"单元操作"的概念，推动了生产技术的发展，并被引入生物技术产品下游加工过程中（见表1.3）。表1.3显示，在传统化学工业中使用的分离方法中，约80%被应用于生物技术产品的生产。因此，在20世纪60年代之前，生物技术产品的下游加工过程大多是采用化工单元操作或略加改造，这样已能满足传统和近代发酵产品的工业生产需要，虽然那时出现了离子交换色谱及电泳技术，但尚处于实验室阶段。

表1.3　用于生物技术的分离方法类型

分离方法类型	用于传统化学工业中的方法数	用于生物分离中的方法数
物理分离方法	7	7
平衡控制的分离方法	22	18
速率控制的分离方法	13	10
合计	42	35

（3）第三代生物技术产品　20世纪70年代末，进入现代生物技术建立和发展时期。随着基因工程、酶工程、细胞工程、微生物工程及生化工程的快速进展，特别是DNA重组技术和细胞融合技术等一系列重大突破，推动了现代生物技术产品即第三代生物技术产品的研究和开发（见表1.4）。

表1.4　已商品化生产和正在放大的现代生物技术产品

产品类型	产物名称
动物细胞培养生产的产品	EPO、tPA、β- 干扰素、OKT 单抗、乙肝疫苗
植物细胞培养生产的产品	人参皂苷、长春花碱、紫草宁、小檗碱、紫杉醇、迷迭香酸、除虫菊酯、花色素
基因工程发酵产品	人胰岛素、α- 干扰素、人生长因子、HBsAg、集落刺激因子

在现代生物技术上游过程发展的同时，20世纪70年代国际社会也注意到下游加工过程对现代生物技术及其产业化的重要性。许多发达国家纷纷加大研究投入，建立专门的研究机构，甚至包括生产公司和制造商，也都展开了激烈的竞争。如瑞典的 Biolink 公司，它由 Alfa-Laval、Chemp、LKB 和 Pharmacia 四家著名公司联合组建，汇集了多家公司的生物工艺优势，持续推出新一代产品。正是这种投入推动了20世纪80年代以来下游加工过程的迅速发展。已达到工业应用水平的技术主要包括以下几种。

① 回收技术　絮凝、离心、过滤、微滤。发酵液是非牛顿型液体，所以在一般情况下用普通的离心和过滤技术，进行固 - 液分离的效率很低。20世纪70年代以来把在化工、选矿和水处理上广泛使用的絮凝技术引到发酵物料的处理上，大大改善了发酵物料的离心或过滤性能，提高了固 - 液分离效率。

对于传统的离心和过滤技术，多年来也在设备上有了很大改进，如采用倾析式离心机（decanter centrifuge）和预辅助滤剂层或带状真空过滤机等。还有一种新的过滤方法是利用微滤膜进行错流过滤，它具有低能耗、高效率的优点，特别适用于动植物细胞的收集。

② 细胞破碎技术　包括珠磨破碎、压力释放破碎（也称高压匀浆，homogenization）、超声破碎、连续破碎、冷冻加压释放破碎、化学破碎等，细胞破碎技术的成熟使得大规模生产胞内产物成为可能。

③ 初步纯化技术　开发了针对酶和蛋白质的各种沉淀法，如盐析法、有机溶剂沉淀、化学沉淀法、

特种绿色溶剂萃取、大网格树脂吸附法、膜分离法等。特别是超滤技术的出现，解决了大分子物质对热、pH 值、金属离子、有机溶剂等敏感的分离、浓缩和脱盐问题，提供了一种有效的加工技术，并推动了酶制剂工业生产的突破性进展。

④ 高度纯化技术　　开发了各类色谱技术，如亲和色谱、疏水色谱、聚焦色谱、灌注色谱、逆流色谱等，而用于工业化生产的主要是离子交换色谱和凝胶色谱，离子交换色谱是到 20 世纪 60 年代以后才逐渐发展成为工业技术，但真正用于生物大分子的分离是在 20 世纪 70 年代以后，各种类型的弱酸、弱碱型离子交换树脂，如 DEAE- 葡聚糖、DEAE- 纤维素、CM- 纤维素等材料商品化后才有了迅速的发展。20 世纪 80 年代实现了凝胶色谱技术的工业化应用。

⑤ 成品加工　　主要是干燥与结晶技术。根据生物活性物质的热稳定性，可采用喷雾干燥、气流干燥、沸腾床干燥、冷冻干燥等技术。尤其是冷冻干燥技术在蛋白质产品干燥中得到了广泛应用，但其能耗高、设备复杂、操作时间长，且只能进行批次操作，因此有待完善和改进。结晶技术包括超声结晶、萃取结晶、膜结晶等，主要解决了放大问题，实现了工业化生产。

正是以上各种技术和设备的研究开发成功，才使现代生物技术的发展取得重大突破，使胰岛素、生长激素、α- 干扰素、乙肝疫苗、组织纤维蛋白溶酶原激活剂（tPA）、促红细胞生长素（EPO）等一批基因工程和细胞工程产品陆续进入工业化生产阶段，同时一些传统发酵产品的生产也提高了经济效益。

1.6　生物技术下游加工过程的选择准则

设计生物产品下游加工过程时，不仅要从高产率和低成本等总体目标进行考虑，还应做到以下几点。

（1）采用步骤数应最少　　不仅生物过程，对所有的分离纯化流程，都是多步骤组合完成的，但应尽可能采用最少步骤。几个步骤组合的策略，不仅影响到产品的回收率，而且会影响到投资大小与操作成本。所以对于一个下游加工过程，不应将每一步骤割裂开来考虑，而应综合评估步骤数变化带来的整体影响。

（2）采用步骤的次序要相对合理　　在生物技术下游加工过程的四大步骤中，固 - 液分离、高度纯化和成品加工选用技术的范围窄，所以次序不是问题，而在初步纯化时，对于不同特性的产品，具有不同的纯化步骤，表面上看没有明确的单元操作次序，但实际操作中仍存在一些通用的步骤顺序，这些顺序在生产和科研中被广泛采用。

Bonnerjea 等人对已发表的有关蛋白质和酶的分离纯化方法以及它们的多步特征进行了分析，发现有 5 个主要纯化方法，它们的出现频率为：离子过程 75%，亲和过程 60%，沉淀 57%，凝胶过滤 50%，其他 < 33%。从这些数据可以看出，纯化步骤的顺序问题在实际操作中是显而易见的。

根据每种方法在纯化过程中的作用，可以推导出一个合理的步骤顺序：均质化（或细胞破碎）、沉淀、离子交换、亲和吸附、凝胶过滤。

（3）其他因素　　生物技术下游加工过程的设计还应考虑以下因素。

① 产品规格　　产品的规格（或称技术规范）是用成品中各类杂质的最低存在量来表示的，它是确定纯化要求的程度以及由此而生的下游加工过程方案选择的主要依据。如果产品要求低纯度，只需简单的分离流程即可满足纯化需求。但是对于注射药物等高纯度产品，杂质的类型和含量会更加复杂。例如，微生物细胞壁中的某些组分（如热原）可能引起抗原反应，必须在纯化步骤中尽量去除，以符合药品的规格要求。生产过程中，通常会选择凝胶渗透色谱法，利用分子大小的差异去除热原，并且通常将其作为纯化过程的最后一步。

小分子产物的纯化通常面临着与目标产物结构相似但缺乏活性官能团的代谢产物，需要通过分离过程区分活性形式、非活性形式及部分降解形式。物料的物理形态和微生物污染问题也是产品技术规格的重要组成部分，都应仔细考虑。例如，干燥物料的粒度、结晶产品的晶形等，都会对产品的有效性或剂型产生影响。

产品的规格还包括最终产品的微生物污染问题，所以在医药产品的冷冻干燥之前都要预先进行无菌过滤。

② 生产规模 物料的生产规模在某种程度上决定了被采用的加工过程。

在下游加工过程的第一步骤中，如离心、过滤等方法可以适应广泛的规模范围。因此，在这一环节中，技术方法的选择是独立的，与规模无关。然而，在后续步骤中，技术选择则与生产规模密切相关。例如，细胞破碎的机械方法-如珠磨机或匀浆器法，相较于固-液分离方法，其生产能力要小几个数量级。如果某一生产规模超过了细胞破碎机械设备的处理能力，则要同时使用多台设备，或另选其他方法解决，如热处理诱导细胞溶解或酶法处理，但这些方法都有其局限性，需要具体评估后再使用。

此外，色谱和吸附过程中使用的材料也可能影响下游加工过程在不同规模下的适应性。例如，用于生物分离过程的色谱载体如果是由柔软的多糖凝胶如琼脂糖制成，则只能按比例放大到一定的规模。

由上可知，在生产具体产品时，要综合考虑规模效应。

③ 进料组成 进料的组成也是影响分离过程的主要原因之一。产品的定位（胞内或胞外）以及进料中所含的物质，不论是可溶性物质还是不溶性物质，都会对工艺选择产生重大影响。在进料流中，若是一个高浓度的目标产物，意味着分离过程可能很简单；若是存在某些化合物与目标产物非常类似，则表明需要一个非常专一性的分离过程，才能制得符合规格的产品。

微生物或细胞必须进行处理，防止它们释放到环境中，或者采取一些特殊的措施，防止气溶胶形成。充分了解被处理物料的形态学或流变学特性，有助于分离过程的优选，如果生物反应器的流出液是含丝状微生物悬浮液，则过滤是合适的单元操作，但中空纤维型膜过滤系统是不适宜的。同样，含有较高浓度干物质的发酵液或高黏度的培养液，由于粒子的沉降性差，很难通过离心法处理。

④ 产品形式 最终产品的形态特征是一个重要指标，必须与实际应用要求或规范相一致。对于固体产品，要求达到特定的湿度范围和粒子大小分布。如果生产的是结晶产品（很有可能是小分子，大分子例如蛋白质是很难进行结晶的），则必须具备特有的晶体形态和特定的晶体大小，以便于过滤、洗涤、贮藏和运输。

如果所需的是液体产品，则必须在下游加工过程的最后一步进行浓缩，还可能需要过滤操作。

⑤ 产品的稳定性 通常采用调节操作条件来尽量减小热、pH或氧化等因素对产品降解的影响，从而保证产品的稳定性。为了获得适宜的分离工艺，可以在短期内采用较为激烈的条件。例如，在使用酮类萃取剂从 pH 2.0 的青霉素发酵滤液中快速提取青霉素时，由于青霉素结构的不稳定性，提取过程会造成 5%～10% 的收率损失，但这个损失是可以接受的，因为这种流程相比其他可选流程更为经济。

由于在蛋白质活性点或其他活性基团旁边存在巯基，故蛋白质易被氧化，因此必须排除空气并使用抗氧化剂（硫醇保护剂），以便使氧化作用减小到最低程度。必须仔细地设计以减少空气进入系统，使氧化的可能性减少。

在纯化过程中，如果蛋白酶存在，需要在早期阶段进行冷却，以降低它们的反应速率并减少产品损坏。

⑥ 物性 产物的物理性质是设计分离过程时必须考虑的重要因素，包括溶解度、分子电荷、分子大小、官能团、挥发性等，这些物理性质直接影响分离工艺的选择和效果。

⑦ 危害性 产品本身、工艺条件、处理用化学品，应用的微生物细胞都存在着潜在的危害。由于在生物系统中，大量地使用含水液流所以导致的危害性较轻，但是，对于萃取、沉淀和结晶中使用的溶剂，必须引起注意。产品本身可能发生的危害必须加以控制，例如，类固醇抗生素，治疗药品可能需要封闭式操作；如果使用离心操作，则有可能产生气溶胶；如果使用重组 DNA 工程菌系统，则必须控制发酵产生的生物体的排放，发酵产生的气体必须过滤并用专门操作小心处理，直到生物体不能成活为止，即后期进行细胞破碎或专门的细胞致死操作。干燥过程的防护和粉尘及粒子排放的控制是必要的。对于固定化过程，可能使用剧毒化学品（如 CNBr），因此必须采取适当的安全措施。总体来说，在常温

和常压条件下，生物物料加工过程中的危害较低。

⑧ 废水　随着操作规模的扩大，废水处理变得更加困难，因此需要重新评估使用的处理工艺。例如，柠檬酸的分离提取可用溶剂萃取法替代传统的钙盐沉淀法，防止废渣产生。

生物量是生物需氧量（BOD）的主要来源，它通过在废水处理成本上的大小来影响过程的经济性。固体可以在处理前，从含水液流中分离出去，溶剂需要从含水液流中回收，盐浓度应设法限制，可将溶液稀释或在加工过程前预先处理。

随着环保关注度的提升，废水处理和其对环境的影响逐渐成为选择分离工艺时的一个重要因素。

⑨ 分批或连续过程　发酵或生物反应过程可以用分批或连续操作方式。下游加工过程的选择需考虑这些操作方式的特点和限制。某些单元操作，例如色层分离操作，在分批操作中可行，但如果需要与连续发酵过程配合，可能需要进行技术改进。

有些单元操作被认为是连续的，例如连续超滤，但是为了膜的清洗，必须做好过程循环的准备，需要置备缓冲容器或者加倍处理能力，以便于清洗。

1.7　生物技术下游加工过程的发展动向

20 世纪 80 年代以来，虽然新的分离与纯化方法不断涌现，解决了许多生产中的实际问题，提供了大量生物技术产品，但无论是高价的生物技术产品，还是大规模生产的传统产品，随着商业竞争的加剧和生产规模的扩大，产品的竞争优势最终归结为低成本和高纯度。因此，成本控制和质量控制始终是生物技术下游加工过程发展的主要动力和方向。此外，许多实验室技术正逐步走向工业化，有些过程的理论问题尚未完全解决，仍需探索新的高效分离和纯化技术。因此，生物技术下游加工过程的研究与开发仍在不断迈向新的高度。当前应该注重以下几方面的研究和开发。

1.7.1　基础理论研究

随着临床治疗药物蛋白质和工业用酶的广泛应用，对大规模分离纯化蛋白质的需求日益增加，分离纯化蛋白质是生物分离工程中的核心问题。因此，基础理论研究应侧重于深入理解蛋白质之间的相互作用（包括蛋白质的基本性质及其环境影响）、蛋白质与主流体相之间的相互作用以及蛋白质与界面之间的相互作用。只有这样，才能创建新的分离原理，放大实验室的发现并设计最优的分离操作战略。为此，应重点研究蛋白质混合物的平衡分配与界面的相互作用。

1.7.2　提高分离过程的选择性

应用分子识别与亲和作用来提高大规模分离技术精度，例如通过基因工程手段制备融合基因，使基因表达产物与特定的分子识别基因——亲和标志物相连接，形成融合蛋白。利用亲和标志物的特异性，亲和吸附介质可进行融合蛋白的亲和纯化等。

1.7.3　开发分离介质

分离介质，特别是亲和分离剂的开发，是提高分离方法选择性的关键，其中包括能与亲和配基偶联的成相聚合物、亲水头部为亲和配基的助表面活性剂，固定有亲和配基的膜材料，高效、快速选择性高的色谱分离介质和置换剂，分子印迹以及各种智能聚合物（smart polymer）等。

1.7.4　提高分离纯化技术

寻求经济适用的分离纯化技术，推进多种技术的耦合和多步纯化程序的集成，实现物料和能量消耗的最小化，工艺过程效率的最大化。

（1）耦合技术或高效集成化技术　"新"和"老"分离技术的交叉、渗透和融合，形成了所谓的耦合技术（也称子代技术）。例如，萃取与离子交换的耦合（如图1.4所示），膜分离过程与亲和配基或离心分离等的耦合（如图1.5所示）。此外，将离心的处理量、超滤的浓缩效应和色谱的纯化能力集成在一起，形成膨胀床生物分离技术，从而实现更高效的分离纯化过程。

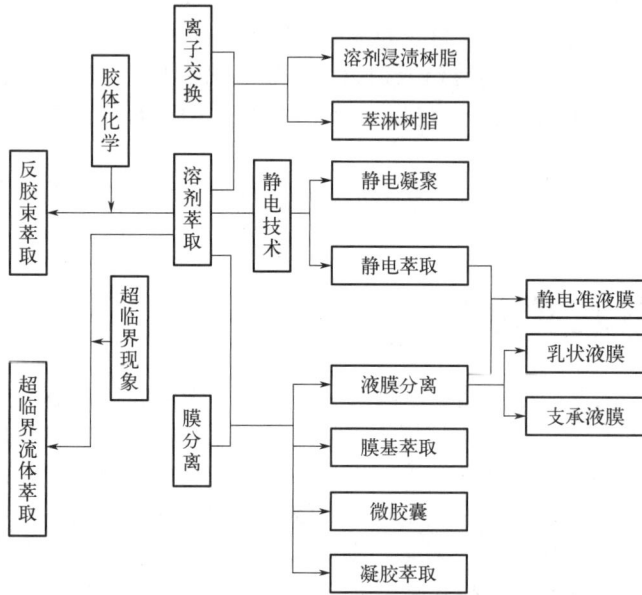

图1.4　溶剂萃取与一些新型分离技术之间的关系

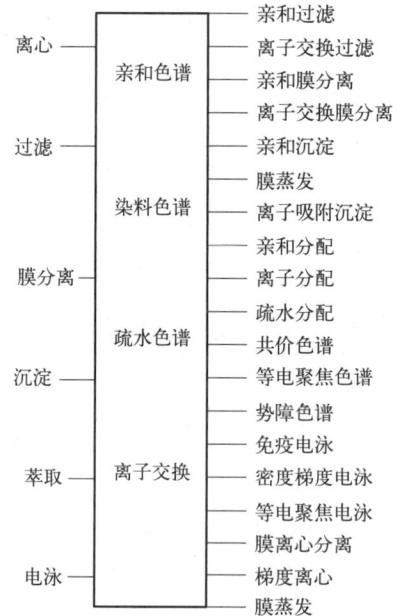

图1.5　子代分离技术的产生

（2）物理场协同作用　超声波、微波、电磁波、等离子体、微/超重力激光等物理场协同提取技术，能够显著提高过程效率。例如，利用超声波辅助酒精提取阿维菌素B1a，可显著提升阿维菌素B1a的提取率，缩短提取周期等。

（3）生物技术下游工程与上游工程相结合　其中包括两个方面的内容。

① 从下游加工过程方便和优化出发，改进上游因素

a. 生物催化剂　一般以开发新物种和提高目标产物量为目标。现在应该转变观念，从整体出发，除了达到上述目标外，还应设法赋予生物催化剂增加产物的胞外分泌量，减少非目标产物的分泌（如色素、毒素、降解酶及其他干扰性杂质等）以及赋予菌种或产物以某种有益的性质以改善产物的分离特性，从而简化下游加工过程。

b. 培养基和发酵条件　它们直接决定着输送给下游的发酵液质量，如采用液体培养基，不用酵母膏、玉米浆等有色物质和杂蛋白等为原料；控制比生长速率、减少消沫剂用量、缩短放罐时间等发酵条件，使下游加工过程更为简便和经济，从而提高整体回收率。

② 将发酵与分离耦合　将发酵与分离过程耦合，形成一体化的产品加工过程，这是一种集成化技术。此技术思路最早在20世纪70年代用于厌氧发酵——乙醇的生产中，并取得了良好的效果，也逐步应用到好氧发酵过程。

1.7.5　使用无毒无害物质

开发绿色生物下游加工技术，选择无害、无毒的原料与中间体，尽量避免或减少使用有害的溶剂和助剂，如采用超临界流体、近临界水溶剂、离子液体等环境友好的介质，推动更加环保的生物加工技术。

1.7.6　生物分离技术的规模化、工程化研究

生物技术产品的工业化要求将实验室技术进行放大，常常借助化学工程中有关"放大效应""返混""质量传递"和"流体输送"等基本理论，结合生化过程的特点，研究大型生化分离装置中的流变学特性、热量与质量传递规律，改进设备结构，掌握放大方法，以增强分离因子、减少放大效应并提高分离效果。以计算机为基础的专家系统（expert system）使生物分离过程经验法则上升为精确的科学，并应用到过程设计中去；采用标准化、模块化技术和成组技术，将相似的信息和过程归类处理，编制软件工具，用于设备投资和操作费用的计算等。如 Lienqueo 等开发的专家系统（expert system），以分离系数及纯度为标准，确定蛋白质分离纯化时应选择的最优分离方法及次序。

总之，生物技术下游加工过程将继续沿着探索和创建"新原理、新技术、新方法、新设备"的方向发展，并突显以下几个特色：① 注重研发分子水平的生物分离过程的研发；② 注重研发以提高选择性为目标的新型分离技术；③ 注重研发以强化传质为目标的耦合分离技术；④ 注重研发具环境友好的绿色分离技术；⑤ 注重研发集成化、规模化、计算机辅助过程设计和经济分析。

综上所述，生物物质分离工程是生物技术产业化的重要环节和基础。无论其难度如何，都必须确保产品质量、节省资源、降低能耗、提高效益、提升收率，并减少对环境的污染，为生物经济时代做出重大贡献。

2　发酵液的预处理和固 - 液分离

○○ ——— ○○ ○ ○○ ———

　　微生物或动、植物细胞是在合适的培养基、pH、温度和通气搅拌（或厌氧）等培养（发酵）条件下进行生长和合成生物活性物质的，因而在其培养（发酵）液中会包含有菌（细胞）体、胞内外代谢产物、胞内的细胞物质及剩余的培养基组分等。不管人们所需要的产物是胞内的还是胞外的或是菌体本身，都首先要进行培养液的预处理和菌体回收，只有将固、液分离，才能从澄清的滤液中采用物理、化学的方法来提取代谢产物，或从细胞出发进行破碎、碎片分离再提取胞内产物。

　　从培养液中回收菌体是固 - 液分离的难题，实际可行的回收方法不多，理想的要求是回收方法廉价、简便和可靠，但实际上是不大可能达到的，因为大多数细胞回收操作受到技术和经济的限制。所以回收操作成为生物技术下游加工过程的瓶颈问题。

　　在生物工程的固 - 液分离中，过滤的方式根据过滤介质和方式的不同，分为滤饼过滤、深层过滤。滤饼过滤是使用织物、多孔材料或过滤膜作为过滤介质，过滤介质主要起着支撑滤饼的作用，过滤介质的孔径不一定要小于最小颗粒的粒径。深层过滤一般应用介质层较厚的过滤介质，悬浊液在通过过滤介质时，固体颗粒被随机吸附或截留在这些孔隙之中。滤饼过滤和深层过滤中料液流动方向与过滤介质表面垂直的过滤方式，称为终端过滤。当料液流动方向与膜平行，而与透过膜的滤液方向垂直时称为错流过滤。错流过滤时，悬浊液流过膜表面时，料液中体积大于截留孔径的物质被截留在膜的表面。

2.1　悬浮液的基本特性

　　悬浮液通常是指固体颗粒度在 10^{-5} cm 以上的固 - 液分散体系，生物细胞培养液基本上也属于悬浮液。其中大部分是水，其次是微生物或动、植物细胞或碎片及少量未用完的培养基，约占培养液体积的 20% 左右（对微生物发酵而言），除此以外，尚有一定量的代谢产物。水的基本性质中与固 - 液分离密切相关的有以下几点。

　　（1）水的极性　水分子由于正负电荷的中心不重合，所以它是极性分子，其偶极矩为 6.17×10^{-3} C·m。"裸露"的氢质子能与另一个水分子中电负性较大的氧原子互相吸引形成氢键，水分子之间由于氢键会发生强烈的缔合作用，如与固体物料表面发生氢键作用，则将强化水分子在物料表面的附着状态而不利于固 - 液分离的进行。

　　（2）水的黏性　它是流体反抗变形的一种性质，反映了流体分子间的相互作用，对水的研究结果表明，它是一种牛顿型流体。水的黏度是温度的函数，改变温度会对分离效率产生显著的影响。但是由于生物细胞及其产物存在热敏性，所以一般在室温和低温下操作，因而水的黏度可看作常量。

　　（3）水的表面张力　水是常见液体中具有最高表面张力的液体之一，且其表面张力随温度的升高而降低。水在固体表面的附着程度及在孔隙内的深入程度都与水的表面张力直接相关。一般说来，液体介质的表面张力越大，固 - 液分离越困难，因此降低水的表面张力是提高固 - 液分离效率的有效途径之一，向悬浮液中添加表面活性剂则是目前行之有效的手段。

　　固相在这里主要是指培养液中悬浮的生物体细胞，现在工业生物技术生产过程中典型的生物体的形状和大小见图 2.1 和表 2.1。

| 细胞碎片 | 细菌细胞 | 酵母细胞 | 动物细胞 | 植物细胞 | 真菌菌丝 | 絮凝物(聚集物) |

图2.1　工业生物技术中典型的固体粒子

表2.1　工业生物技术中典型的固体粒子

固体粒子的类型	尺寸/μm	尺寸变化趋势	回收费用趋势
细胞碎片	< 0.4×0.4		
细菌细胞	1×2		
酵母细胞	7×10		
哺乳动物细胞	40×40	尺寸增加	回收费用增加
植物细胞	100×100		
真菌菌丝或丝状细菌	1~10，丝网状		
絮凝物	100×100		

　　这些细胞不仅尺寸小、形态多样，而且是易变形的柔软体，一经压缩就会变形。由于生物体的特殊性，导致其固-液分离与一般情况有所不同（见表2.2）。

表2.2　细胞回收中细胞和聚集物的重要性质

性质	可能有的特征	注释
尺寸	可能是小的	对细胞而言为1~50μm
化学组成	高度复合物	通常很难对它下定义
尺寸分布	一般是小的	相差5~10倍
相对密度	低，类同于水或生长培养基	在细胞和悬浮的培养液之间，相对密度可用沉降和离心的方法测定
形状	多样，从简单的球体到复杂的丝状体	在全发酵液的流变学特性上有很大的影响
强度	多样性，可相差10倍	植物细胞可能比细菌细胞大10倍
亲水性	常常是亲水的	亲水性细胞难以聚集
毒性	易变的，致病、致命、过敏原反应	抑制毒性是一昂贵的操作
反应性	生物特异、高度复杂	动物细胞呈现生物特异性反应
表面	高的负电荷	相同电荷的细胞难以凝聚
其他	压缩性、胶状的、黏附到设备上	由于形成不透性薄膜，细胞难以过滤
价值	不确定，可变的	依赖于产品的形式、定位（胞外/胞内）
表面附属物	不确定	表面附属物（例如菌毛将引起有机物黏附在表面），凝聚物等

　　从上面对水和固相基本性质的介绍可知：①各类细胞的相对密度与它们的悬浮培养液相似，从而成为沉降和离心操作时难以处理的原因；②细胞在很大程度上属于可压缩性的和黏稠的物料，因此当分离细胞悬浮液时，在过滤操作中会黏附在滤布上，在错流膜过滤时，会在流过的膜上形成凝胶或不透性薄层，这些薄层会降低各类过滤操作的流速；③植物和动物细胞不能经受像微生物细胞同样程度的外加剪切力的作用，所以那些会产生高的机械剪切力的分离技术，如错流膜过滤和离心，显然不适用。当然，对于那些比微生物细胞尺寸大的植物和动物细胞而言，可能其细胞回收相对比较容易，且不很昂贵，但是落后和昂贵的培养技术却成了动、植物细胞对应产物发展的障碍。总之，发酵液和其他生物溶液常常是非牛顿型流体，如青霉素等一些霉菌发酵液属于卡森型流体，链霉素发酵至120h，呈拟塑性流体，灰色链丝菌发酵液为塑性流体等。因此悬浮液的稳定性好、流变行为复杂、黏度高等性质，在很大程度上影响固-液分离的效率和方法的选择。

2.2　悬浮液的预处理

由于所需的产品在培养液和菌体中浓度很低，并与许多杂质夹杂在一起，同时发酵液或生物溶液又属于非牛顿型流体，所以必须进行预处理。

2.2.1　预处理的目的

预处理的目的主要有3个：①改变发酵液的物理性质，提高从悬浮液中分离固形物的速率，提高固-液分离器的效率；②尽可能使产物转入便于后处理的某一相中（多数是液相）；③去除发酵液中部分杂质，以利于后续各步操作。

2.2.2　预处理方法

预处理方法完全取决于可分离物质的性质，如对溶液的 pH 值和热的稳定性，是蛋白质还是非蛋白质本性，分子的质量和大小等。具体方法主要有以下几种。

（1）加热法　是最简单和价廉的预处理方法。即把悬浮液加热到所需温度并保温适当时间。加热可降低悬浮液的黏度，恰当的热量能够加速聚集作用以去除某些杂蛋白等物质，降低悬浮液的最终体积，破坏凝胶状结构、增加滤饼的孔隙度，使固-液分离变得十分容易。但此法的关键取决于产品的热稳定性。

（2）调节悬浮液的 pH 值　全细胞的聚集作用高度依赖于 pH 的大小，恰当的 pH 值能够促进聚集作用，这个方法操作简便，通常通过草酸、无机酸或碱来调节 pH。

（3）凝聚和絮凝　凝聚与絮凝都是悬浮液预处理的重要方法，其处理过程就是将化学药剂预先投加到悬浮液中，改变细胞、菌体和蛋白质等胶体粒子的分散状态，破坏其稳定性，使它们聚集成可分离的絮凝体，再进行分离。这两种方法的特点是不仅能使颗粒尺寸有效增加，并且会增大颗粒的沉降和浮选速率，提高滤饼的渗透性或者在深层过滤时产生较好的颗粒保留作用。但是应当注意，凝聚和絮凝是两种方法、两个概念，其具体处理过程也是有差别的，应该明确区分开来，不可混淆。

① 凝聚　指在投加的化学物质（例如水解的凝聚剂，像铝、铁的盐类或石灰等）作用下，胶体脱稳并使粒子相互聚集成 1mm 大小块状凝聚体的过程。其中凝聚剂（也称无机絮凝剂）的作用，有些是对初始粒子表面电荷的简单中和，另一些是消除双电荷层（采用中性盐，例如 NaCl 等）而脱稳，还有一些是通过氢键或其他复杂的形式与粒子相结合而产生凝聚。

② 絮凝　指使用絮凝剂（通常是天然或合成的大分子量聚电解质以及生物絮凝剂）将胶体粒子交联成网，形成 10mm 大小的絮凝团的过程，其中絮凝剂主要起架桥作用。

絮凝剂相对凝聚剂而言更为昂贵，因此其剂量必须正确使用并经仔细优化。使用过量既不经济，还可能会覆盖在颗粒表面，阻止絮凝并导致悬浮液的重新稳定，或者引起分离操作上的困难，例如造成过滤介质的堵塞或者滤泥结球和砂滤器中暗沟的颈缩等。此外，还会大大增加排污体积。最佳的使用剂量已经找到，一般为粒子表面积中约有一半被聚合物覆盖时所用的絮凝剂量。由于粒子的表面电荷还受 pH 值的影响，所以在预处理时，它的控制也很重要。

③ 絮凝剂的选择和剂量及处理条件的优化　絮凝剂的选择和剂量的最优化，还取决于固体的浓度、粒子的尺寸分布范围、表面化学、电解质的含量等因素，是多种效应的综合结果。除此以外也取决于后续分离过程对所需絮凝剂类型与特性的要求，例如在旋转真空过滤时，需要的是尺寸均匀、小而坚实的絮凝块，包括能俘获超细粒子到絮凝块内，防止滤布的堵塞和滤液的混浊，并且要求絮凝物在处理槽中不易沉降和被搅拌器打碎，这样的絮凝物就不会造成局部空气穿透、滤饼龟裂及在脱水阶段收缩和缝裂；在过滤操作中，采用压带过滤机时，要求灌注的是大而疏松的絮凝物，这样可产生自然导流沉淀并在一定时间内控制滤饼的断裂，最后再由带间机械挤压使滤饼完全龟裂；在重力增稠时，为了提高沉降

速率并在压缩区中快速皱缩，需要的是大而比较脆的絮凝物。

由上可见，凝聚剂和絮凝剂的选择和剂量及处理条件的优化必须进行广泛的试验研究才能确定下来。

④ 凝聚剂和絮凝剂的种类 凝聚剂和絮凝剂种类较多，其中凝聚剂主要是一些无机类电解质，由于大部分被处理物质的颗粒带负电荷，因此工业上常用的凝聚剂大多为阳离子型，按分子量可分为低分子体系（即普通无机盐，包括硫酸铝、氯化铝、明矾、硫酸铁和硫酸亚铁、氯化铁和氯化亚铁等）和高分子体系（见表2.3）两大类。其中低分子凝聚剂成本高，腐蚀性大，凝聚效果在某种场合中不够理想，而高分子凝聚剂加入悬浮液后，一定时间内被吸附在颗粒物表面，以其较高的电荷及较大的分子量发挥电中和及黏结架桥作用，可成倍地提高凝聚效能，且价格相对较低，所以有逐步成为主流药剂的趋势。

表2.3 高分子凝聚剂的种类及名称

类型	名称	
阳离子型	聚合氯化铝 PAC 聚合氯化铁 PFC 聚合磷酸铝 PAP	聚合硫酸铝 PAS 聚合硫酸铁 PFS 聚合磷酸铁 PFP
阴离子型	活化硅酸 AS	聚合硅酸 PS
无机复合型	聚合氯化铝铁 PAFC 聚合硅酸铝 PASI 聚合硅酸铝铁 PAFSI	聚合硫酸铝铁 PAFS 聚合硅酸铁 PFSI 聚合磷酸铝 PAFP
无机有机复合型	聚合铝-聚丙烯酰胺 聚合铝-甲壳素 聚合铝-阳离子有机高分子	聚合铁-聚丙烯酰胺 聚合铁-甲壳素 聚合铁-阳离子有机高分子

有机絮凝剂的分子量大、官能团多、具有很强的吸附架桥能力。与无机絮凝剂相比，具有用量少、絮凝效果好、种类繁多、产生的絮体粗大、沉降速率快、处理过程时间短、产生的沉泥容易处理等优点，所以近20年来有机絮凝剂的使用发展迅速。这类絮凝剂可分为天然高分子改性絮凝剂（淀粉类衍生物、木质素衍生物、甲壳素衍生物、植物胶改性产物等）和人工合成高分子絮凝剂（见表2.4）以及微生物絮凝剂。

表2.4 不同类型的有机高分子絮凝剂

离子类型	官能团	絮凝剂实例
阴离子型	羧基（—COOH） 磺酸基（—SO_3H） 硫酸酯基（—OSO_3H）	聚丙烯酸、海藻酸、羧酸乙烯共聚物、聚乙烯苯磺酸
阳离子型	伯氨基（—NH_2） 仲氨基（—NHR） 叔氨基（—NR_2） 季铵基（—$\overset{+}{N}R_3$）	聚乙烯吡啶、胺与环氧氯丙烷缩聚物、聚丙烯酰胺阳离子化衍生物
非离子型	羟基（—OH） 腈基（—CN） 酰胺基（—$CONH_2$）	聚丙烯酰胺、尿素甲醛聚合物、水溶性淀粉、聚氧乙烯
两性型	同时有阴离子、阳离子两种离子官能团	明胶、蛋白素、干乳酪等蛋白质，改性聚丙烯酰胺

由表2.4可见，人工合成有机高分子絮凝剂按官能团离解后所带电荷的性质不同可分为阴离子、阳离子、非离子和两性等类型，但由于胶体和悬浮颗粒多带负电荷，常使用阳离子中和颗粒所带电荷，使胶体和悬浮物脱稳絮凝，所以，国内外在合成有机高分子絮凝剂方面的研究已经由过去的阴离子、非离

子型逐步向阳离子型高分子絮凝剂转化。人工合成有机高分子絮凝剂的最大特点是可根据使用的需要采用合成的方法对碳氢链的长度进行调节，原材料的成本较低，并且没有天然聚合物易受酶的作用而降解的弱点，所以发展迅猛，但改性后的天然高分子絮凝剂却具有无毒、可生物降解、原材料广等优点，对胶体和悬浮物的处理作用不可忽视。

微生物絮凝剂是一类由微生物产生的具有絮凝功能的高分子有机物，主要包括以下三类：a. 直接利用微生物细胞的絮凝剂，如某些细菌、霉菌、放线菌和酵母，它们大量存在于土壤活性污泥和沉积物中；b. 利用微生物细胞壁提取物的絮凝剂，如酵母细胞壁的葡聚糖、甘露聚糖、蛋白质和 N- 乙酰葡萄糖胺等成分均可用作絮凝剂；c. 利用微生物细胞代谢产物的絮凝剂，其主要成分为多糖，微生物絮凝剂因其具有良好的絮凝沉淀性能，不存在二次污染，使用安全方便，应用前景诱人，但目前停留在实验室研究阶段，还未进行大规模工业应用。

（4）使用惰性助滤剂　惰性助滤剂是一种颗粒均匀、质地坚硬、不可压缩的粒状物质，用于扩大过滤表面的适用范围。使非常稀薄或非常细和小的悬浮液在过滤时发生快速挤压，使介质的堵塞现象得到减轻，易于过滤。其原因是充当过滤介质的助滤剂表面具有吸附胶体的能力，并且由此助滤剂颗粒形成的滤饼具有格子形结构，不可压缩，滤孔不会被全部堵塞，可以保持良好的渗透性，既能使悬浮液中细小颗粒状胶态物质截留在格子骨架上，又能使清液有流畅的沟道。所以使用惰性助滤剂能大大提高过滤能力和生产效率，改善滤液澄清度，降低过滤成本。

助滤剂的使用方法有两种：①在滤布上预涂一层助滤剂，作为过滤介质使用，待滤毕后与滤饼一起除去；②助滤剂按一定比例均匀地混入待滤的悬浮液中，然后一起进入过滤机，使其形成较松的滤饼，降低其可压缩性，让滤液可以顺畅流通。采用方法①，在一个旋转真空过滤机的转鼓上，预涂上助滤剂，就可以对非常细小或可压缩的低固含量（≤ 5%）悬浮液进行过滤。在改进的旋转真空过滤机上，采用一把缓慢向鼓面移动的刮刀，在操作时，将滤饼连同一层助滤剂一起刮去，使过滤表面不断更新，以维持正常的过滤速率，直到助滤剂被全部移走后，再重新涂层。采用方法②，则多数是助滤剂与压滤机结合起来使用，对于菌体较细小、黏度较大的发酵液，可加入助滤剂后进行压滤，或者首先将含助滤剂的悬浮液通过压滤机，形成过滤介质，然后对混有助滤剂的料液进行过滤，这样可提高滤饼的渗透性。对于后一种方法，一般在助滤剂用量等于进料液中固体含量时，滤速最快。

可作为惰性助滤剂的材料很多，如硅藻土、膨胀珍珠岩、石棉、纤维素、未活化的碳、炉渣、重质碳酸钙或这些材料的混合物。助滤剂的用量须经优化，而优化的标准取决于过滤的目的。每单位质量助滤剂的滤液最大产量很可能是最常用的判断标准。但是最长的周期，最快的流速或者滤饼空间的最大利用率，则是另一些判断标准，它们各自要求不同的助滤剂添加速率。为了优化而进行的试验，通常是利用实验室或中试规模的过滤实验来完成的。同时还应注意过滤参数如压力和滤饼厚度的变化所带来的影响。

2.3　悬浮液分离方法和分类

2.3.1　悬浮液分离过程的基本概念

从培养液中分离、去除悬浮的生物物质颗粒，可以利用如下物理、化学性质：颗粒密度；颗粒的大小；颗粒的表面性质。

按照颗粒的密度与周围溶液的差别分离悬浮体时，可以使用以下方法。

（1）沉降（沉清）　用于分离 $2.3\mu m \sim 1mm$ 的大颗粒。

（2）水力旋流分离　用于分离 $5 \sim 700\mu m$ 的颗粒。

（3）离心　用于分离 $400 \sim 900nm$ 的颗粒。

（4）超速离心　用于分离 $10nm \sim 1\mu m$ 的颗粒。

按照颗粒的大小，可以使用以下方法分离生物悬浮体。

(1) 滤饼过滤   通过以织物为过滤载体，织物表面形成的滤饼为分离介质的过滤分离。

(2) 深层过滤   以相对较厚的纤维等形成过滤介质，固体颗粒被截留在过滤介质内部的过滤。

(3) 错流过滤   用微滤膜或陶瓷等为过滤介质，通过错流方式进行过滤。

现已知悉的微生物大小有：病毒大于 10nm，细菌是 0.3 ～ 1.0μm（即 300 ～ 1000nm），酵母是 3 ～ 5μm，霉菌菌丝体和红细胞约 10μm。

丝状霉菌的微小菌落大小约 1mm，可简易地从液体中分离出来，同样，培养基中的不溶解组分（粉料、酒精生产时的醪）、生物催化剂微粒大小约 1mm，它们也能较易地从溶液中除去。而所谓大分子，其颗粒大小在 10 ～ 120nm，微粒在 120nm ～ 10μm，细粒悬浮体在 10 ～ 100μm，大的悬浮体在 100μm ～ 1mm。

颗粒的表面性质则在浮选过程中得到利用，在此方法中被使用的原理不是颗粒的大小或尺寸，而是细胞被空气泡沫维持住的能力，被浮选颗粒在 1 ～ 200μm 变化。

由于被分离颗粒的已知性质会在某种分离方法使用的条件下有所变化，影响其过程的行为，所以某种分离方法的具体选择应取决于试验的结果。

2.3.2   固－液分离过程的分类

固 - 液分离过程的常规分类见图 2.2，根据颗粒收集的方式不同，可分为两大类型。

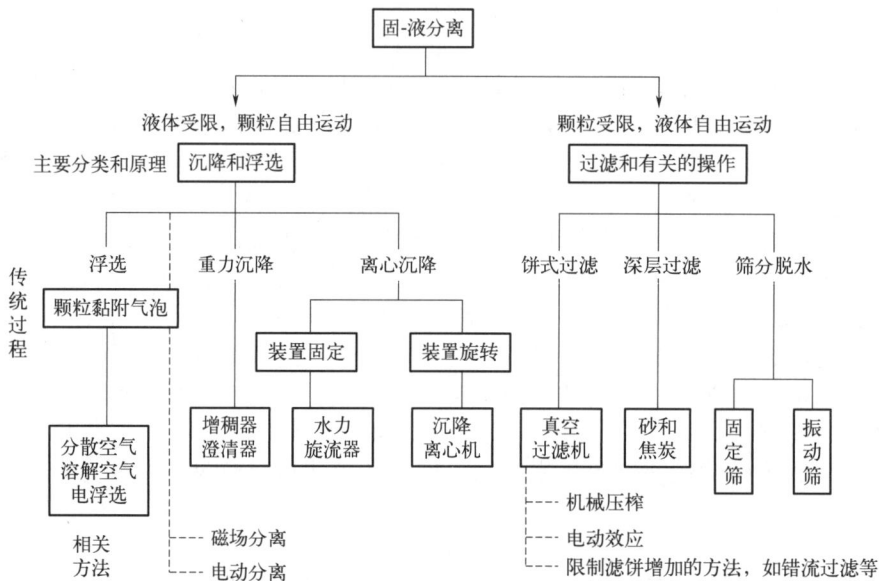

图2.2   固 - 液分离过程的分类

在沉降和浮选所组成的第一类中，液体受限于一个固定的或旋转的容器而颗粒在液体里自由移动，分离是由于内或外力场的加速作用产生的质量力施加在颗粒上造成的。这种力场可能是重力场、离心力场或磁场，其分离过程不以颗粒到达收集表面为结局。如果这个过程是连续的，被收集的颗粒必须从筛分容器中转送或排放。如果作用是重力或离心力（除浮选外），为了进行分离，在固体和悬浮液体之间必须要有密度差，总之，按照这个原理制成的连续操作设备，明显地比过滤过程便宜。

第二类被不严格地统称为过滤，颗粒受到过滤介质的限制，而液体可自由通过介质，在这一类里，固体和悬浮液的密度不一定要有差异，但是一个完全连续的操作实际上是不可能实现的，如若可行则成本或许会很高。

图 2.2 列出了传统的固 - 液分离过程，也提出了近年来的一些新方法，在发酵液或生物培养液的分

离过程中，当前用得较多的还是过滤（包括错流膜过滤）和离心两大方法。

2.4　固－液分离方法——过滤

过滤是目前工业生产中用于分离细胞和不溶性物质的主要方法，其操作是迫使液体通过固体支承物或过滤介质，把固体截留，从而达到固－液分离的目的。由于过滤的对象是生物体及其产物，所以又带来了许多特殊的问题，需要认真对待。

2.4.1　过滤的理论基础

从化工原理中已经知道，过滤操作理论分析的起点是达西（Darcy）定律：

$$U=K\frac{\Delta p}{l}=\frac{1}{A}\times\frac{\mathrm{d}v}{\mathrm{d}t}\tag{2.1}$$

式中，U 为流体的速度；v 为时间 t 内排出液体的体积；A 为床层的横截面积；Δp 为通过厚度为 l 床层时液体的压力降；K 为比例常数，与流体和床层的性质有关，又称达西定律的渗透率（量纲为 M^2），由于达西定律是建立在层流基础上的，所以为常数。

渗透率表达了液体通过颗粒层（介质层）的难易程度，影响渗透率的因素是床层结构，包括组成多孔介质的颗粒大小和孔隙率，在其研究中最著名的表达公式是由 Kozeny（科泽尼）提出来的：

$$U=\frac{1}{K''}\times\frac{\varepsilon^3}{S^2(1-\varepsilon)^2}\times\frac{\Delta p}{\mu l}=K\frac{\Delta p}{\mu l}\tag{2.2}$$

则

$$K=\frac{\varepsilon^3}{K''S^2(1-\varepsilon)^2}\tag{2.3}$$

式中，ε 为床层孔隙率；S 为单位体积颗粒中颗粒的比表面积；K'' 为科泽尼常数，无量纲，计算时一般取 $K''=5$（在大量均匀的球形颗粒床层或低速移动的颗粒床层中），对于其他形式的颗粒，K'' 为 $3.5\sim5.5$，大的颗粒尺寸分布往往引起 K'' 值降低，但高的孔隙率（$\varepsilon>0.8$）却使 K'' 值增加。

假定 $K''=5.0$，并借助渗透试验可得到 K，因此可求出 S。

由式（2.3）可知，渗透率 K 不是常数，而是以 $K=\dfrac{\varepsilon^3}{K''S^2(1-\varepsilon)^2}$ 表示的复合变数，只有当床层体积恒定时，K 值才是常数，常称为穿透参数。

对科泽尼方程有效性的限制因素，包括层流外的流速，非常高的孔隙度，非常广的颗粒尺寸分布和纤维状的、可压缩性大的或吸湿性的填充物质。

科泽尼方程揭示了影响过滤各因素之间的内在联系，奠定了过滤理论的基础。

2.4.2　滤饼过滤

滤饼过滤是生物工程大规模发酵液常用的传统过滤方式。使用织物、多孔材料或过滤膜作为过滤介质，过滤介质只是起着支撑滤饼的作用，过滤介质的孔径不一定要小于最小颗粒的粒径。过滤开始时，部分小颗粒可以进入甚至穿过介质的小孔，但很快由于颗粒的架桥作用，多数固体颗粒被介质阻挡，而逐渐形成滤饼，当滤饼增至一定厚度时，介质的孔径缩小形成有效阻挡。被截留在介质表面的颗粒形成称为滤饼的滤饼层，透过滤饼层的是净化了的滤液。随滤饼的形成真正起过滤介质作用的是滤饼本身，因此称为滤饼过滤。滤饼过滤适合于固体含量大于 0.1% 的悬浮液。其特点在于滤饼过滤介质的孔径，不一定要小于最小颗粒的粒径，过滤初期仍会有一些微小颗粒进入介质小孔，穿过介质使滤液浑浊。随着过滤的持续，许多颗粒一齐拥向介质孔口，在孔中和孔口上形成架桥现象，由于滤饼的空隙很小，使越来越细小的颗粒被截留，形成密实的滤饼层，此后过滤才能真正有效地进行。

（1）基本方程式　在过滤器的设计中，多孔床层特性可归结在球形多孔床层阻力因子 R 中，其定义为：

$$R=K^{-1}$$

过滤期间，流动阻力应由过滤介质自身和逐步积累在它上面的滤饼产生，所以此时的科泽尼方程可写成：

$$U= \frac{\Delta p}{\mu(R_C l_C + R_F l_F)} \tag{2.4}$$

式中，R 为阻力因子；l 为厚度；下标 C 和 F 分别代表滤饼和介质。

滤饼的厚度（l_C）可用式（2.5）表示：

$$l_C= \frac{固体（干滤饼）的干重}{滤液体积} \times 滤液体积 \times \frac{湿滤饼的体积}{干滤饼的质量} \times \frac{1}{过滤面积} \tag{2.5}$$

$$W[ML^{-3}] \qquad V[L^{-3}] \quad 1/\rho_W[L^3M^{-1}] \quad 1/A[L^{-2}]$$

通常给滤饼的比阻 $\alpha[LM^{-1}]$ 定义为：

$$\alpha=R_C/\rho_W \tag{2.6}$$

由于过滤介质产生的流动阻力可以使其转变成为当量滤饼厚度 l_F，设 V_F 是该当量滤饼厚度的滤液当量体积，则滤液的流速可表示为：

$$\frac{dV}{dt} = UA = \frac{A^2 \Delta p}{\alpha W \mu(V + V_F)} \tag{2.7}$$

式中，V 为在时间 t 内累积的滤液体积；U 为滤液通量；A 为过滤面积；Δp 为通过滤饼和过滤介质的压力降；α 为滤饼的比阻；W 为单位滤液体积中沉积固体的干重；μ 为滤液的黏度。

W 值可以用滤饼和悬浮液的有关数据按照式（2.8）求得：

$$W= \frac{\bar{W} \rho_f}{1 - m\bar{W}} \tag{2.8}$$

式中，$\bar{W}$ 为单位质量的悬浮液中干固体的质量；ρ_f 为滤液的密度，kg/m^3；m 为滤饼的湿、干质量比，kg/kg。

m 可以表示为：

$$m = \frac{100}{100 - 滤饼中水分（\%）} \tag{2.9}$$

（2）滤饼比阻（平均质量比阻）　在过滤器设计中，比阻 α（m/kg）是重要的参数，它决定着流速和滤饼性质与其他变量，例如压力降、悬浮液的浓度和过滤面积之间的依赖关系。α 值主要随滤饼性质和比表面积的变化而变化。从上面的公式可以导出：

$$\alpha= \frac{K''S^2(1-\varepsilon)}{\rho_s \varepsilon^3} \tag{2.10}$$

由式（2.2）和式（2.6）可得，　　　　　　$\rho_W = \rho_s(1-\varepsilon)$

式中，ρ_s 为滤饼干固体的密度，kg/m^3。

由式（2.10）可知，物料粒度对滤饼比阻的影响最大，因此粒度越细的物料越难过滤。

滤饼比阻通常与床层的压力降有关：

$$\alpha=\alpha'(\Delta p)^n \tag{2.11}$$

式中，$\alpha'=M^{-n-1}L^{n+1}t^{2n}$；$n$ 是常数，也称为滤饼的可压缩度，当滤饼不可压缩时，$n=0$；对于高度可压缩滤饼，则 n 趋近于 1，工业上所涉及的三种可压缩性滤饼的过滤压力与滤液流速的关系见图 2.3。

在生物过程中，可压缩性滤饼最为常见。由于黏滞力的聚集作用，促使颗粒向过滤介质靠近，ε 和相应的 α 将沿着滤饼厚度而变化，如图 2.4 所示，这个效应可能是过滤过程中平均比阻变化的原因，即使过程中 Δp 保持常数，也会使滤饼达到最大压实。

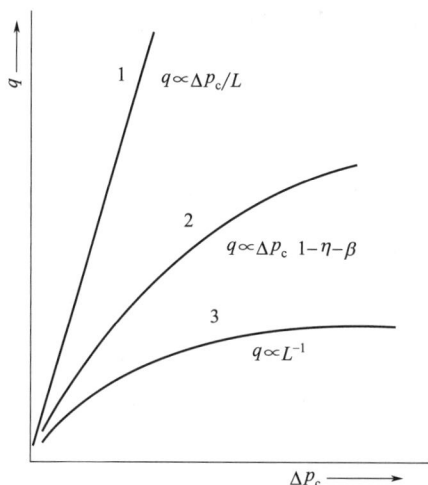

图 2.3　可压缩性不同的滤饼特性

1—不可压缩滤饼；2—中等可压缩滤饼；3—高可压缩滤饼

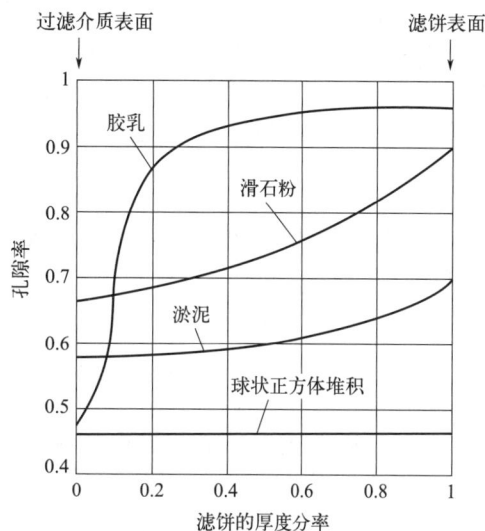

图 2.4　滤饼孔隙率在厚度方向上的分布

（3）过滤的操作方式　过滤时，按照外加压力和流速的变化，可以将过滤操作分为以下三种方式：①恒压过滤，是一种最常见的操作方式，用压缩空气或真空作为推动力；②恒速过滤，也是一种具有工业意义的操作方式，通常用定容泵来输送料液；③变速－变压过滤操作方式，用离心泵来实现。

将式（2.7）积分，可以得到滤液体积与时间之间的关系式：

$$t = a_1 V^2 + a_2 V \tag{2.12}$$

根据选择的操作类型，参数 a_1 和 a_2 有不同的表示方式。

对于恒压过滤：

$$a_1 = \frac{\mu \alpha_{av} w}{2 A^2 \Delta p} \quad \text{和} \quad a_2 = \frac{\mu \alpha_{av} w V_F}{A^2 \Delta p} \tag{2.13}$$

式中，α_{av} 为平均比阻。

α_{av} 由式（2.14）给出：

$$\alpha_{av} = \frac{1}{t} \int_0^t \alpha \, \mathrm{d}t \tag{2.14}$$

对于恒速过滤：

$$a_1 = \frac{\mu \alpha w}{A^2 \Delta p} \quad \text{和} \quad a_2 = \frac{\mu \alpha w V_F}{A^2 \Delta p} \tag{2.15}$$

对于变压-变速过滤：

$$a_1 = \frac{\mu w}{2 A^2} \left(\frac{\alpha}{\Delta p} \right)_{av} \quad \text{和} \quad a_2 = \frac{\mu w V_F}{A^2} \left(\frac{\alpha}{\Delta p} \right)_{av} \tag{2.16}$$

$$\left(\frac{\alpha}{\Delta p} \right)_{av} = \frac{1}{t} \int_0^t \frac{\alpha}{\Delta p} \, \mathrm{d}t \tag{2.17}$$

在最后这种情况下，流速和压力降之间的关系可以从离心泵的特性曲线修正中得到。

由于方程式（2.7）中，V_F 经常被忽视，所以就简化成上述的关系，虽然对于很长的过滤操作，这是合理的，但是对于短期内完成的过滤操作，例如连续真空过滤这是不适当的。在工业设计上，常常使用的是忽略了过滤介质变化因子的方程式。

（4）连续过滤器的设计　间歇过滤器的设计如板框压滤器可以按照式（2.12）来进行。而连续过滤设备的设计需要对基本方程式作出一定的修正。下面以转鼓过滤器为例进行讨论。

① 滤饼生成的时间　如果 ψ 是总过滤面积 A 浸没在悬浮液中的分率，n_R 是单位时间内转鼓旋转的次数，每转一次过滤的时间 t_f（即滤饼生成的时间）为：

$$t_f = \psi / n_R \tag{2.18}$$

现将式（2.12）中的 V 用每一转流出的滤液体积（V_R）代替，t_R 用转鼓旋转一周所需的时间（$t_R = 1/n_R$）来代替，可得：

$$t_R = \frac{1}{n_R} = \frac{t_f}{\varphi} = a_1^c V_R^2 + a_2^c V_R \tag{2.19}$$

式（2.19）与式（2.12）相似，式中的参数 a_1^c 和 a_2^c，可以通过下面的式子关联：

$$a_1^c = a_1 / \psi \quad \text{和} \quad a_2^c = a_2 / \psi \tag{2.20}$$

通过前面三个基本过滤模式的变换可以得到 a_1 和 a_2 表达式，从而可以进一步求得滤饼生成时间 t_f。

② 滤饼的洗涤　洗涤是固-液分离过程中非常重要的部分，其主要原因有：a. 可得到纯度更高的滤饼（回收胞内产物、经济或环境保护的需要）；b. 尽可能多地回收液相中的胞外产物。

滤饼的洗涤有多种方式，一般在生物工艺中以置换洗涤方式为主，其机理是用洗液将保留在新鲜滤饼孔隙中的料液置换出来。洗涤时需要考虑下面两个因素。

a. 洗涤水的需用量　洗涤水的需用量与洗涤后留在滤饼内可溶物的比例有关。残留可溶物的比例和洗涤液体积的关系可用式（2.21）表示。

$$\gamma = (1-\varepsilon)^\beta \tag{2.21}$$

式中，γ 为残留可溶物比例；ε 为滤饼的洗涤效率；β 为洗涤体积除以留在滤饼空隙内的体积，即洗涤比。

利用实验测试结果，可在半对数坐标纸上标绘出有关图形。其例子如图2.5所示。由图2.5可见，实验数据不完全落在直线上，说明经验公式的精度不够，但仍能粗略地计算出所需洗涤液的体积。

b. 洗涤的时间（或洗涤液通过滤饼的速率）　洗涤液因不含固体，因此它的流速是常数，应该等于滤饼形成最后阶段的瞬时滤液流速，根据这一原则，可导出如下方程式：

$$\frac{t_w}{t_f} = 2\frac{V_w}{V_f} = 2\frac{V_w}{V_r} \times \frac{V_r}{V_f} = 2\beta f \tag{2.22}$$

即

$$t_w = 2t_f f\beta = k\beta \tag{2.23}$$

式中，V_w 为需用的洗涤液体积；t_w 为洗涤所需时间；V_r 为留在滤饼内的液体体积；f 为 V_r 与滤液体积 V_f 之比；t_f 为滤饼生成的时间。

所以，滤饼的洗涤时间也可以用洗涤比 β 关联起来。直线的斜率与过滤时间 t_f 有关，如图2.6所示，最大洗涤比采用 1.5～2.0，滤饼中大约有90%的原始溶质被洗去。

③ 滤饼的脱水　滤饼的脱水是一个复杂的过程，根据经验，滤饼的水分通常可用一个相关因子 F 来描述，其定义如下：

$$F=Q\,\frac{\Delta p}{W_c}\times\frac{t_d}{\mu}\qquad(2.24)$$

　　式中，F 为脱水因子；Q 为单位过滤面积的空气体积速率（在出口处测量的）；W_c 为每个循环单位面积上沉积的干滤饼质量；t_d 为每个循环脱水的时间；Δp 为压力降；μ 为液体黏度。

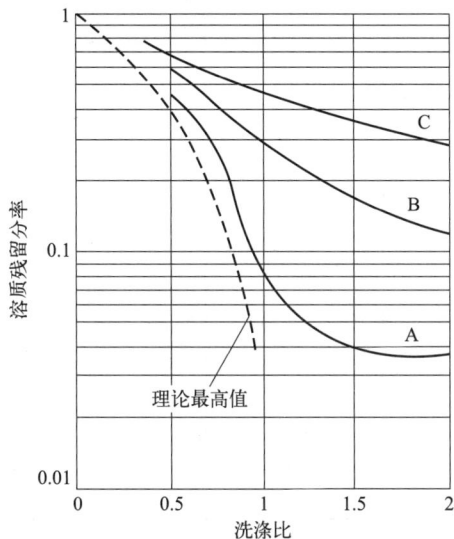

图 2.5　滤饼的洗涤溶质残留分率与洗涤比间的关系
A—高阻滤饼；B——一般情况；C— 低阻滤饼但洗涤效率很差

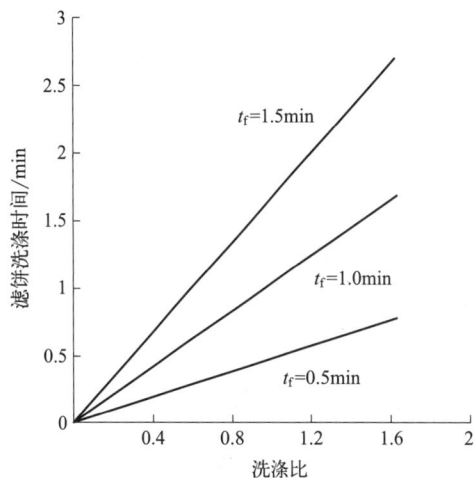

图 2.6　滤饼洗涤时间与洗涤比之间的关系

　　显然，这个因子包含了所需测定真空泵容量的数据。但是，试验通常是在恒压下进行的，$\Delta p/\mu$ 为常数；此外在高的空气速率下，对于那些相对疏松的滤饼，在滤饼的残留水分和 t_d/W_c 之间存在着特殊的关系，见图 2.7。这给设计提供了方便，可使用曲线的平坦部分，这样即使操作参数发生较大的变化，也不致使滤饼最终的湿含量发生明显的变化。

　　（5）滤饼过滤常用过滤器类型　表 2.5 中列举了各类过滤器的类型，其中在生物工艺中应用较广并具有工业意义的过滤器主要是压力和真空过滤器两大类。下面分别作简单介绍。

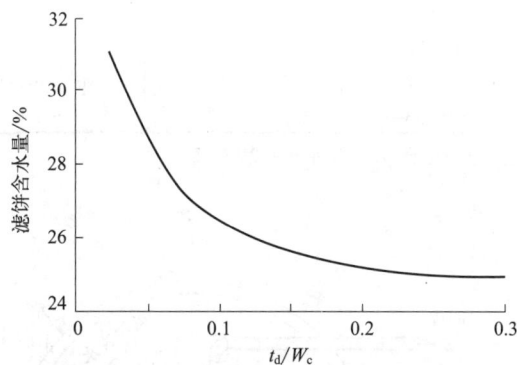

图 2.7　滤饼的含水量与 t_d/W_c 之间的关系

表 2.5　取决于悬浮液固体含量和颗粒尺寸的过滤器选择

设备	固体含量[①]（有效质量）/%	颗粒尺寸/μm	相关性质[②]			
			滤饼干燥	滤饼洗涤	滤液澄清	晶体破损
重力滤器						
转鼓	0.08 ~ 0.8	50 ~ 6000	6	—	6 ~ 7	—
平板	0.05 ~ 5	1 ~ 90000	—	7	7 ~ 8	—
旋转筛	0.09 ~ 0.1	100 ~ 10000	—	—	—	—
砂	0.002 ~ 0.01	0.1 ~ 50	—	—	7 ~ 9	—
台 / 盘	5 ~ 70	50 ~ 80000	5 ~ 7	9	7	8
移动筛	0.009 ~ 0.1	10 ~ 10000	—	—	6	—
振动筛	0.1 ~ 1	30 ~ 100000	5	5	6	—

续表

设备	固体含量[1] （有效质量）/%	颗粒尺寸 /μm	相关性质[2]			
			滤饼干燥	滤饼洗涤	滤液澄清	晶体破损
压缩滤器						
自动过滤 压机	0.2 ~ 40	1 ~ 200	7	7	7 ~ 8	—
压盘	10 ~ 60	1 ~ 200	7	7	7 ~ 8	
螺杆 压滤机	10 ~ 70	1 ~ 200	6	—		
筒	0.002 ~ 0.02	0.6 ~ 50	5	7		8
转鼓	0.7 ~ 8	5 ~ 200	5 ~ 6	7		8
流线式	0.002 ~ 0.1	1 ~ 200	5	7		8
压滤器	0.002 ~ 30	1 ~ 200	6	7		8
卧式叶滤器	0.002 ~ 0.06	1 ~ 100	5	8		8
立式叶滤器	0.008 ~ 0.4	1 ~ 110	5 ~ 6	6		8
砂	0.002 ~ 0.02	0.2 ~ 60	—	—		8
粗滤器	0.002 ~ 0.02	4 ~ 600	—	—	7	
管式元件	0.002 ~ 0.1	0.5 ~ 100	5	7	7 ~ 8	8
真空过滤器						
带/盘	8 ~ 50	20 ~ 80000	5 ~ 7	9	7	8
碟片	4 ~ 40	1 ~ 700	2 ~ 3	2	6	8
转鼓	5 ~ 70	1 ~ 600	4 ~ 5	7	7 ~ 8	8
叶片	0.07 ~ 2	1 ~ 500	4 ~ 5	9	7	8
预涂转鼓	0.01 ~ 0.1	0.6 ~ 100	—	—	8	—
吸滤器	0.02 ~ 0.09	50 ~ 200	—	—	7	
台/盘	8 ~ 50	20 ~ 80000	5 ~ 7	9	7	8
管式元件	0.08 ~ 2	1 ~ 150	2 ~ 3	—	7	—

①近似值。②工作评价 9 代表最高。

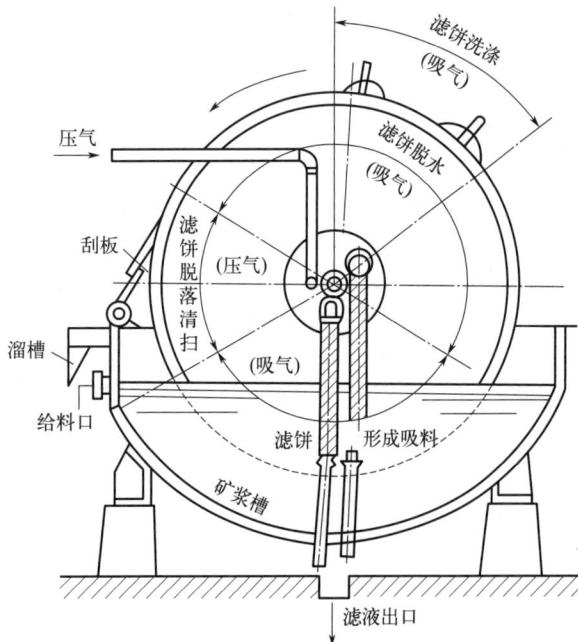

图 2.8 外滤式转鼓真空过滤器的工作过程

① 真空过滤器

a. 转鼓真空过滤器　它是用于大规模生物分离的主要过滤设备，可以分离较难过滤的悬浮固体粒子。能实现自动操作，故劳动强度小。

转鼓真空过滤器的结构如图 2.8 所示。过滤器有一个绕着水平轴转动的鼓，鼓外是大气压而鼓内是部分真空。转鼓的下部浸没在悬浮液中，并以很低的转速转动。鼓内的真空使液体通过滤布进入转鼓，固体黏附在滤布表面形成滤饼，当滤饼转出液面后，再经洗涤、脱水和卸料从转鼓上剥落下来。

转鼓真空过滤器的设计变量包括悬浮液进料方式（顶部或底部）和滤饼卸料装置（重力、内部空气鼓风、刮板、绳卸饼、带卸饼法）以及单或多真空间隔内室。多尔科转鼓滤器不经常使用，因为滤布安装在圆筒的内表面上，所以转鼓表面的利用率较低，洗涤时效果也差，滤饼在卸料时易于剥落，滤布更换困难且工作情况不便观察。这些缺点造成它的应用不及外滤式。

用其他介质如硅藻土、珍珠岩或其他惰性多孔物质预先覆盖在过滤介质上，然后进行过滤时，加有助滤剂的发酵液，会在预涂层的转鼓表面积累一薄层的微生物和助滤剂，并在滤饼生成阶段继续增厚，滤饼经洗涤、脱水，随后用刮刀缓慢地刮掉所积累的生物质滤饼，为后来的悬浮液提供了一层"干净"的表面，因此提高了过滤速率，但是这种外滤式旋转真空过滤机增加了助滤剂的消耗，同时为了保持预涂层，会产生周期性中断进料的缺点。故这种过滤器仅限于低黏度滤液。

b. 圆盘真空过滤器　圆盘真空过滤器由槽体（主要储放给料）、一系列过滤圆盘（在一水平中空轴上旋转，实现固体物料吸附、脱水、卸饼等操作）和分配头（实现相邻过滤阶段间的转换）组成（见图 2.9）。与转鼓真空过滤器相比，圆盘直径大，更易实现大型化。其最大过滤面积可达 400m²。

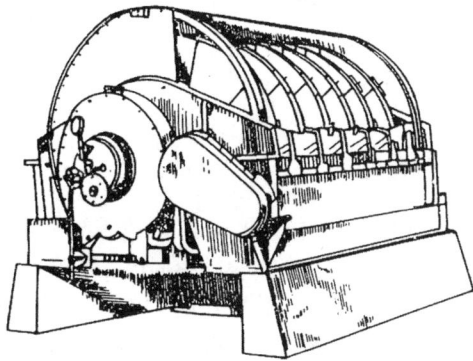

图 2.9　圆盘真空过滤器示意

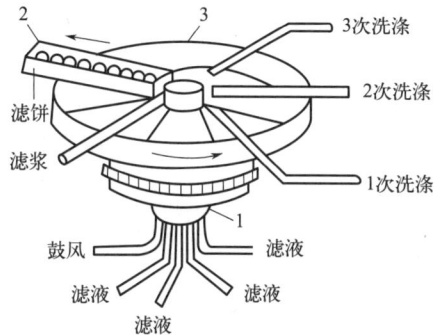

图 2.10　水平圆盘真空过滤器的工作原理
1—分配头；2—螺旋输送机；3—过滤盘

圆盘真空过滤器有两种变种，即水平圆盘真空过滤器及水平回转翻盘式真空过滤器，如图 2.10 和图 2.11 所示。其中前者适用于对滤饼洗涤效果要求较高的场合；而后者过滤时圆盘向上，卸料时则翻转向下，借重力或压缩空气卸去滤饼，因此适合于过滤密度大、浓度高的粗颗粒悬浮液。

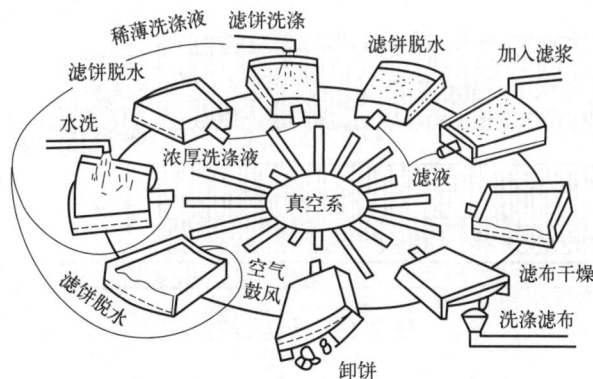

图 2.11　水平回转翻盘式真空过滤器

c. 水平带式真空过滤器　水平带式真空过滤器有固定室型、移动室型和滤带间歇运动型等，其基本结构如图 2.12 所示。这种过滤器的胶带上均匀分布着许多网眼，滤布铺设在胶带上，滤液经滤布和网眼进入真空室，再排入滤液罐，脱水后的滤饼经卸料轮卸下，残余的用刮刀刮下，也可采用压缩空气反吹。水平带式真空过滤器的优点是处理量大（滤饼厚度可达 200mm），并可根据对物质的洗净要求进行滤饼的洗涤，洗涤效果良好，无需搅动装置，操作也灵活。其缺点为：占地面积大，有效过滤面积小，投资较高。近年来为了适应产品微细化、量小多品种、滤饼高洗净的要求，对水平带式真空过滤器进行了完善和改进，开发出了往复盘水平带式真空过滤器、密闭型往复盘水平带式真空过滤机，或增加附加操作如多段逆流洗净，即过滤后洗净滤饼，接着在非真空槽上进行喷淋，最后再过滤、洗净（洗净＋喷淋＋洗净），或强制振动脱水、压榨脱水等使其成为多功能的过滤装置，已在医药品（如青霉素的过滤、粗抗坏血酸的精制）、食品、农药、染料等方面应用。

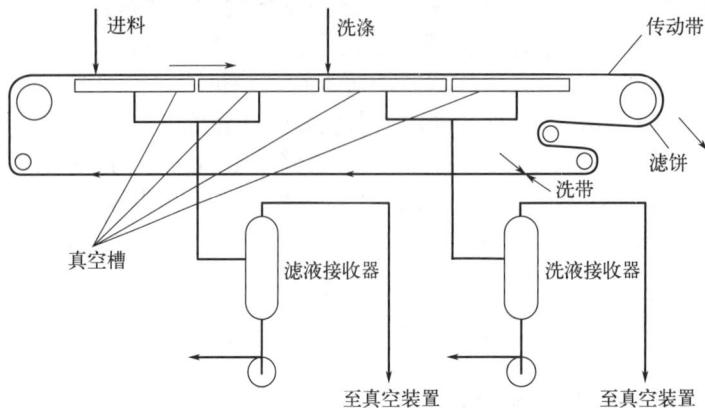

图2.12　水平带式真空过滤器简图

② 压滤器　压滤器的过滤推动力来自泵产生的液压或进料贮槽中的气压。它最重要的特征是通过过滤介质时产生的压力降可以超过 0.1MPa，这是真空过滤器无法达到的。虽然高压操作可使产量提高、滤饼含水量小、滤液澄清，但并非压力越高越好，对于可压缩性颗粒，压力降增大将导致滤饼通透性下降，在某给定压力降下，过滤速率会降低。通透性的降低可能很明显，此时将会抵消甚至有损高压带来的过滤优点。从表面看简单的液压泵比真空过滤器需用的真空泵便宜，但是在压滤中为了完成脱水要求却不得不动用价格昂贵的压气压缩机。对于固体含量高达 10% 和难处理细颗粒所占比例很大的料液都可用压滤器处理。

根据结构型式可将压滤器分为：板框压滤器、加压叶滤器、气压罐式连续压滤器和带式压滤器等，其中前面两种属于间歇型，后面两种属于连续型。

a. 板框压滤器　板框压滤器已有很长的历史，其基本结构如图 2.13 所示。

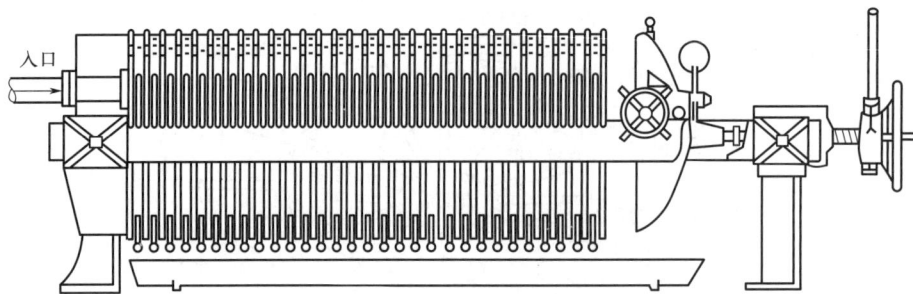

图2.13　板框压滤器

b. 加压叶滤器　加压叶滤器有许多型式，但基本上都是在一垂直或水平设置的圆柱形密封耐压机壳内安装滤叶。滤饼截留在滤叶表面上，滤液透过滤叶后经管道排出。图 2.14 为一种加压叶滤器的结构。

c. 气压罐式连续压滤器　这种压滤器是较新发展起来的高效压滤设备，实际上是把一个类似于真空过滤器的圆盘机芯密封在高压罐内制成的。该设备的安装和维护成本均高于真空过滤器，而且只有当生产能力大大地增加或者用于处理易变的滤液时才是恰当的。另外在滤饼的输送和排出罐外等操作上更为复杂，需要密封装置等。其优点是过滤速率快、滤饼水分低、成饼的速度也较快。过滤的推动力是压力罐内外的压差，一般在 0.2 ~ 0.6MPa。它在生物工艺上应用不多。

d. 带式压滤器　带式压滤器是 20 世纪 60 年代发展起来的一种高效脱水设备。它结构简单、能耗低并可连续操作，所以发展很快。图 2.15 是一种应用非常广泛的带式压滤器。带式压滤机工作的必要条件是料液过滤前都要加絮凝剂进行预处理，使悬浮液形成絮团。絮状物首先进入水平挤干部位，在那里自由水由重力移去，有时系统还采用滤饼自动翻落装置。滤饼表面自由水被挤干而通过带上网眼排出。浆料在驱动带和覆盖带之间夹层中进行压榨，然后通过带子释放水分。沿着带子，滤饼受挤压而变干。为防止滤饼重新吸收释放的水，在带的外表面安装刮刀以去除水分。带式压滤器的有效宽度可达到 2.5m，卸料后，其固体含量可达到 35%～69%。滤饼也可以通过一套曲辊进行挤压脱水。这种方法比较适合于细胞悬浮液的处理。

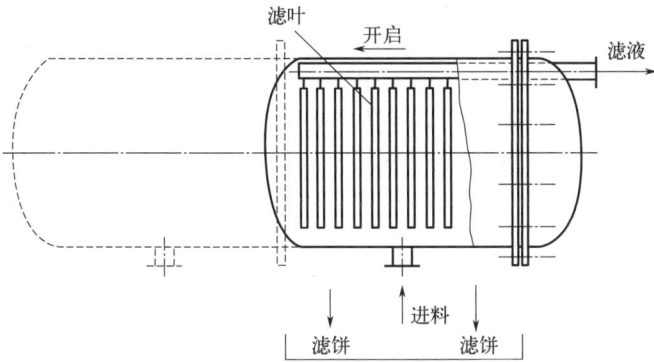

图 2.14　卧式容器，立式叶滤器

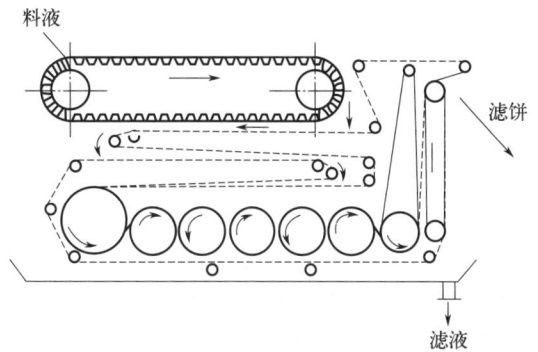

图 2.15　带式压滤器

2.4.3　深层过滤

深层过滤即利用较厚的过滤介质，从流动相中截留固体颗粒。如图 2.16 所示，一般介质的间隙会构成很多弯曲、细长的小通道，当颗粒尺寸小于介质孔道直径时，不能在过滤介质表面形成滤饼，而是进入介质内部，被截留吸附，从而与流体分开。因此过滤作用是在介质里的孔径中进行的，而不是只局限在介质的外表面，该过滤作用会使过滤介质内部的孔道逐渐缩小，所以过滤介质必须定期更换或再生。

深层过滤的机理包括筛分和吸附。粒径大于过滤介质某些孔径的杂质颗粒，可以被截留在过滤介质的空隙中，这种机制称为筛分。深层过滤的另一种过滤机理是吸附，也就是借助于静电作用来吸附杂质颗粒。一般生物分离中的深层过滤介质，表面带有正电荷，悬浮液中的细胞及碎片、胶状物、杂蛋白和核酸等带有负电荷，介质通过静电吸附的方式来拦截杂质颗粒，所以比孔径小的碎片及分子也可以被截留。

深层过滤介质一般采用外松内紧的结构，如图 2.17 所示。当介质的孔径由大逐渐变小，流体流经过滤介质时，较大的颗粒物在外层被捕捉，较小的颗粒物在中间层被捕捉，大多数更小的颗粒物，穿过外层和中间层到达更精密的小空隙被捕捉，这种结构的捕捉能力和承载固体量远远大于内外一样的结构。

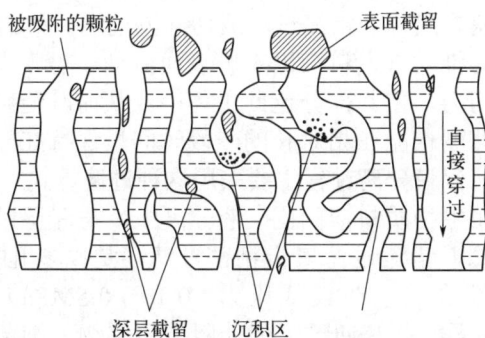

图 2.16　深层过滤示意图

图 2.17　深层过滤介质外松内紧的结构

深层过滤介质的孔径分布有一个很宽的范围，大小不一，所以对颗粒并非 100% 截留。深层过滤介质载量较大，过滤介质中可容纳较多的颗粒。当流体中颗粒较多时往往使用深层过滤，如动物细胞培养液过滤，使用最多的即深层过滤。但料液的固体含量也不能太高，如高浓度细菌发酵液并不适合深层过滤。另外，用于悬浮液过滤的过滤介质大多是一次性的，难以重复利用。

深层过滤的方式按照过滤介质的形状和外观分为滤床、滤芯和滤板。滤床是石英砂、活性炭、酸性白土及硅藻土等填充在圆柱形床体中，常用于过滤固含量较少的悬浮液。滤芯或滤管是由棉、聚丙烯及多层纤维等通过卷绕、线绕和熔喷等方式组成的筒状物。滤板是由纤维素、聚丙烯等纤维细丝，通过加压缠绕，制成厚度为320mm、孔径为 $0.1 \sim 100\mu m$ 的不均一的板式介质。

板式深层过滤介质，应用较为广泛。由纤维素等细丝制成板，然后根据生物制药的工艺要求，通过折叠或者层叠等方式制成板框式过滤器、圆盘式滤器、筒式滤芯或滤囊，安装在支架或滤筒中。层叠式圆盘过滤器的过滤膜片都平铺在过滤器内，该设计能有效减少过滤器对料液的残留，料液进入过滤器后，透过每一个圆盘的上下膜片，进入圆盘中间层，最后所有透过的料液，由过滤器中心孔道流出。筒式滤芯过滤器由微孔滤芯和不锈钢外壳等组成，当液体通过筒体进入滤芯后，固体杂质颗粒被阻挡在滤芯内，透过液通过滤芯由过滤器出口排出，其具有极好的经济性与实用性，是制药行业广泛使用的一种滤器配置形式。囊式过滤器属于一次性使用的过滤器，为过滤器和外壳整合在一起加工制作的抛弃型滤器，其比滤芯式的过滤器在使用上简化了安装步骤，无需拆装，减少了生产与清洗、消毒等验证工作，也减少了套筒购置成本，且易于工艺放大，受到高附加值型生物制药企业的青睐。

深层过滤在生物工程领域可以用于料液澄清、去除培养基中的颗粒及料液中的细胞和杂质等；在食品工业中用于酒类、糖浆的微生物的去除、澄清和过滤（辛格 2014，Venkiteshwaran 2015，Nguyen 2018）以及果汁在膜过滤之前的预过滤；在水处理中用于去除活性炭等颗粒物。深层过滤还可与其他过滤方式结合使用，如在固含量较高的悬浮液进行微滤前，先采用深层过滤去除部分大颗粒，再采用微滤，可以加快微滤过滤速度。另外经初步固 - 液分离后，仍含有部分细胞碎片、胶状物、杂蛋白以及少量的细胞等带有负电荷的杂质时，可采用带有正电荷的深层过滤进行澄清过滤。

2.4.4　错流过滤

固液过滤的方式包括终端过滤和错流过滤。悬浮液流动方向与膜表面垂直的过滤方式，称为终端过滤。例如传统滤饼过滤，在压力推动下，料液流动方向与膜表面垂直，液体全部透过膜，大于膜孔的颗粒被截留后，通常堆积在膜表面，随着时间的增加，膜面上堆积的颗粒越来越多，过滤阻力越来越大，这时必须停下来。在滤饼过滤操作中，大部分压力降都是由滤饼阻力产生的，并且大多数滤饼具有可压缩性，压力降与过滤速率不呈线性关系，使得过滤的操作分析和过滤器的设计十分困难，带有很大的经验性。

人们通过研究得知：如果料液给过滤介质表面一个平行的大流量的冲刷，则过滤介质表面积累的滤饼就会减少到可以忽略的程度，而通过过滤介质的流速则比较小，这种过滤方式称为错流过滤或切向流过滤。如图 2.18 所示，在压力推动下，料液沿着膜表面流动。对膜表面截留物产生剪切力，使其部分返回主体中。从而减轻膜的污染，膜透过速度也能在相对长的一段时间里保持在一个较高的水平。现代膜分离过程主要采用这种过滤方式。

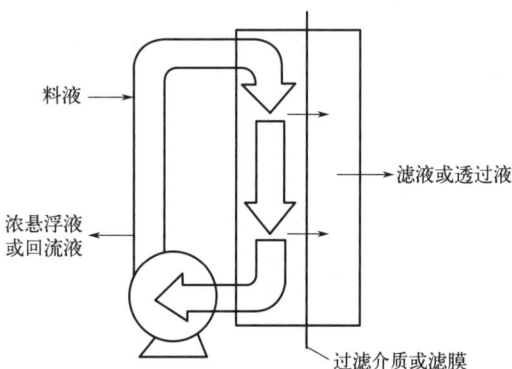

料液 →
滤液或透过液 →
浓悬浮液或回流液 ←
过滤介质或滤膜

图 2.18　错流过滤过程示意（料液快速经过薄膜，以减少形成滤饼）

在生物质料液的固 - 液分离中，与深层过滤和滤饼过滤相比，错流过滤属于精密过滤，是以多孔膜（微滤膜）为过滤介质，在较低压力（ $0.1 \sim 0.5MPa$ ）的推动下，截留 $0.1 \sim 1\mu m$ 之间的颗粒，允许可溶性有机物和无机盐等通过，但能阻挡悬浮物、细菌、部分病毒及大尺度的胶体透过。微滤过滤介质的孔径要小于液体中待截留固体粒子的粒径，起着筛网的筛分作用，所以介质起主要过滤作用。

在生物质料液的固 - 液分离中，错流过滤的微滤膜包括有机膜和无机膜。

微滤有机膜，为有机高分子聚合物，如纤维素、聚丙烯、聚砜、聚四氟乙烯、尼龙等加工而成。这类有机膜用于微滤的组合形式包括一次性囊式膜、筒式（折叠）、管式、卷式等。微滤膜多为比较规则的孔结构，膜孔整齐，孔径分布较为均匀，具有较确切的截留孔径参数，截留效果好，过滤精度高；同时微滤膜的孔隙率大，一般在 70% ～ 80%，过滤速度快，滤膜的厚度薄，约为 150μm 左右，所以流动阻力小，驱动压力低，一般只需较低压力即可。微滤错流过滤一般用于固含量较低料液的过滤或者料液的澄清。在生物工程有关行业中，目前有机微滤膜应用于制药行业的料液澄清，如色谱前料液过滤；还应用于分离纯化后产品的除菌过滤，除菌过滤器主要是过滤精度为 0.22μm 以上的微滤滤芯，热敏性产品溶液可以在即将无菌灌装之前进行膜过滤，达到冷除菌的效果（药监局 85 号通告，2018）。另外微滤还用于制药等车间空气过滤，防止空气中的杂质和有害细菌、微生物等进入罐体、生产线、无菌室等。微滤在食品工业的澄清过滤和去除悬浮物，以及各行业水处理中都有广泛的应用。

无机膜，由多孔陶瓷、多孔玻璃、多孔塑料等加工而成，为多孔固体介质，通常为管式膜。目前应用较多的是陶瓷膜，是由氧化铝、氧化钛、氧化锆等原料经过特殊工艺制备而成的多孔非对称膜。陶瓷膜具有多层结构，通常包括支撑层、过渡层和分离层。支撑层是最底层，孔径较大，用于提供机械强度和支撑；过渡层位于支撑层与分离层之间，起到孔径梯度过渡的作用；分离层是最外层，也是工作层，孔径最小，主要用于实现高效的固 - 液分离（图 2.19）。陶瓷膜通常呈刚性多孔状，其孔道可以是平板形、管状或多通道形。陶瓷膜具有高机械强度、耐高温、耐化学腐蚀、高稳定性、孔径分布均匀以及易清洗的特点。其中，高机械强度使其能够承受高压差和机械冲击；耐高温性能使其能够在高温环境下工作，通常可耐受 200℃ 以上；耐化学腐蚀性能使其对强酸、强碱和有机溶剂具有很高的耐受性；高稳定性保障其长期使用的化学和物理稳定性；孔径分布均匀则保证了高过滤精度和稳定的分离效果；易清洗的特性使其可通过高温蒸汽、化学清洗或逆流清洗进行再生。陶瓷膜广泛应用于发酵液的分离与浓缩以及食品饮料行业的过滤和澄清等生物工程固 - 液分离工艺中。

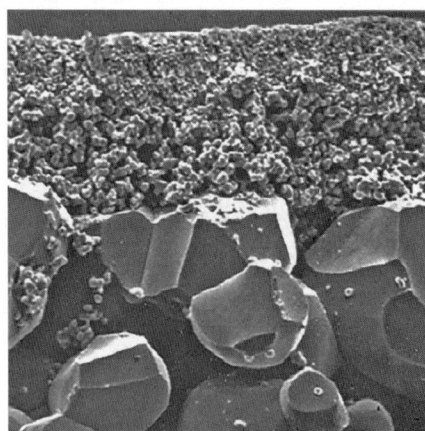

图 2.19 陶瓷膜结构

这种错流方式的固 - 液分离与传统过滤方法相比具有以下特点：①过滤介质——膜是薄的多孔的高分子或无机材质，达西定律的可渗透度比较小，流体流动阻力比较大，过滤介质的阻力成为主要矛盾；②由于滤液不断地通过膜而除去，悬浮物浓度越来越高，为了维持较大的错流流量，用泵循环这种越来越浓的悬浮液十分困难，所以必须周期性地放料，并且得不到干的滤饼；③过滤器的几何形状不同，过滤单位体积料液所需的膜面积大。

与传统的真空过滤或板框过滤相比，错流膜过滤用于生物物质生产的过滤工序具有如下优点。

① 过滤收率高：由于在过滤过程中，洗涤充分、合理、少量多次，故可在滤液稀释量不大的情况下获得高达 97% ～ 98% 的收率。

② 滤液质量好：由于膜孔小且均匀一致，在过滤过程中为绝对过滤，凡体积大于膜孔的固体，包括菌体、培养基，甚至蛋白质均不能通过膜进入滤液，从而在生产过程的早期工序就已将绝大部分杂质排除掉了，给后续工作及最终产品的质量均带来很大的好处。

③ 减少处理步骤：如用鼓式真空过滤器一般需预涂助滤剂，板框过滤器则需清洗、拆装，都很费时、费力。而错流膜过滤只需在 18 ～ 20h 连续操作之后，用清水沿原管路流洗 4 ～ 6h 即可。

④ 对染菌罐批易于处理，也容易进行扩大生产。

由于固 - 液分离是化工、医药、生物、食品等工业部门产物分离中的瓶颈问题，所以引起了各国科学家的重视和研究，首先从限制滤饼增加的方法而言除上面介绍的错流膜过滤外，还可通过重力或离心力的作用来限制滤饼增长；用逆向流动除去滤饼（如 Ebclear 过滤器）、用振动阻止滤饼析出（气压振动管型压滤器）以及动态过滤器（如利用旋转叶轮的十字流动过滤）等。其次在压滤器上也进行了改进，如在压滤器上装备了开板装置、滤饼排出装置，还利用可变室原理设计成活塞式过滤表面（圆筒形压滤器）以及带式压滤器等以加强滤饼的机械压榨，与此同时还进行了磁性分离。电动效应助滤等高层次探索研究及新产品开发，应该借鉴国外先进技术和经验来解决生物技术下游加工过程中的难题，提高劳动生产率。

2.4.5　过滤方式的选择

在生物工程固 - 液分离中，选择合适的过滤方式需要根据分离对象的性质、工艺需求以及设备特性等多方面因素综合考虑。针对以上过滤方式：滤饼过滤、深层过滤、陶瓷膜过滤和微滤澄清过滤等方法的特点，几种过滤方式的选择和应用范围如下。

滤饼过滤：滤饼过滤适用于固相颗粒含量较高、颗粒较大且容易形成滤饼的物料分离。其特点是通过滤饼本身形成的过滤层来进一步提高过滤精度，适合处理高浓度悬浮液或需要浓缩固相的场景，例如发酵液的浓缩或粗颗粒的分离。该方法适用于需要获得固体产品的工艺，但当固体颗粒过细或黏性较高时，滤饼容易堵塞，过滤效率下降，因此不适用于微粒含量较高或需要高精度分离的场景。

深层过滤：深层过滤主要依靠过滤介质的多孔结构在其内部捕获杂质，适合固体颗粒含量较低、悬浮液较稀的分离需求。其优势在于可以处理较大的液体体积，且对杂质颗粒的吸附能力强，适用于澄清和除杂过程，例如发酵液的初步过滤或澄清工艺。对于颗粒较大或固体含量较高的悬浮液，深层过滤易造成过滤介质堵塞，因此不适合浓缩或高固含量物料的分离。

陶瓷膜过滤：陶瓷膜过滤具有高精度、高耐化学性和高机械强度的特点，适用于高温、高压、强酸碱等复杂条件下的分离需求。其过滤精度可达微米级或纳米级，能够高效去除微小颗粒、胶体和微生物，适合对分离效果要求较高的工艺，例如蛋白质提取、药物纯化和发酵液的精细澄清。陶瓷膜过滤适用于需要高过滤效率和长使用寿命的场景，但设备成本较高，适合对经济性要求不敏感的高附加值产品分离。

微滤澄清过滤：微滤澄清过滤主要用于去除溶液中的悬浮颗粒、细胞碎片和大分子杂质，通常以膜过滤的形式进行，其过滤精度较高，可用于澄清低固含量的液体。该方法适合对澄清效果要求较高的工艺，例如发酵液的后处理、细胞培养液的杂质去除和终端产品的澄清。但对于固体含量较高的悬浮液，微滤容易堵塞且过滤速度较慢，应避免用于颗粒浓度较大的分离场景。

综上，在选择过滤方式时，需要综合考虑悬浮液的固体含量、颗粒大小、分离精度需求以及工艺环境（如温度、pH 等）。对于高固含量、大颗粒的悬浮液，可优先考虑滤饼过滤；对于低浓度悬浮液的初步过滤或澄清，可选择深层过滤；对于高精度分离或苛刻条件下的操作，可选择陶瓷膜过滤；对于微粒去除和高澄清度要求的液体，可选择微滤澄清过滤。合理选择过滤方式有助于提高分离效率、降低成本并保证产品质量。

料液性质是影响过滤方法选择的重要因素，料液性质包括悬浮固体的浓度、颗粒的尺寸分布、系统的组成、液体的物理性质（黏度、挥发度、饱和度）、温度和其他特殊的液体和固体性质。例如在选择真空操作时，了解液体的蒸气压和饱和状态对避免闪蒸和固体沉积物溶解来说是必需的；液体黏度超过 $25 \times 10^{-3} Pa \cdot s$ 则不能在预涂层过滤器中处理，当采用纤维过滤介质时，黏度为 $(50 \sim 100) \times 10^{-3} Pa \cdot s$ 的液体也能使用；在微生物胞外多糖的生产中，必须考虑到悬浮液加热的可能性；此外还应考虑料液是否有腐蚀性和磨蚀效应。

过滤方法的选择还应依据过滤需要达到的效果，例如滤液澄清度和稀释度以及滤饼洗涤和最终湿度要求。其中滤液的澄清度限制了过滤设备的选择，即过滤过程的难度和成本是随着澄清度要求的提高而增加的，特别是需要同时获得一个干净的干燥滤饼时，在这种情况下必须串联使用两个或三个不同的过滤器，或者选用预涂层的过滤器。滤液不变稀和滤饼的洗涤，这两个要求是相互矛盾的，特别是当有价值的产物在液相中时。当滤饼洗涤时间是速率控制步骤时，滤饼的厚度应该越小越好。当大批滤饼需要洗涤时，转鼓型或连续卧式过滤器是首选设备；当滤饼的脱水是主要考虑因素时，常常选用间歇式压滤设备，因为要达到脱水的目的，需要采用非常高的压力。

过滤设备和介质材料的选择：设备的结构材料也影响过滤器的选择。在生物技术中，不锈钢或具

2

有表面镀层（铅、橡胶、塑料）的材料使用很普遍。因此从制造的费用来考虑，常选用较为简单的过滤器，而不考虑复杂的过滤设备。在过滤介质选择上应考虑的因素包括热（温度）、化学和机械阻力、堵塞趋势、滤饼排除的难易程度、过滤介质内孔的大小、流体流动阻力和成本等。图 2.20 可使人们对若干过滤介质在净化能力上有所了解。表面光滑的介质有利于滤饼的清除。编织物（棉花、合成纤维）是广泛使用的过滤介质材料。

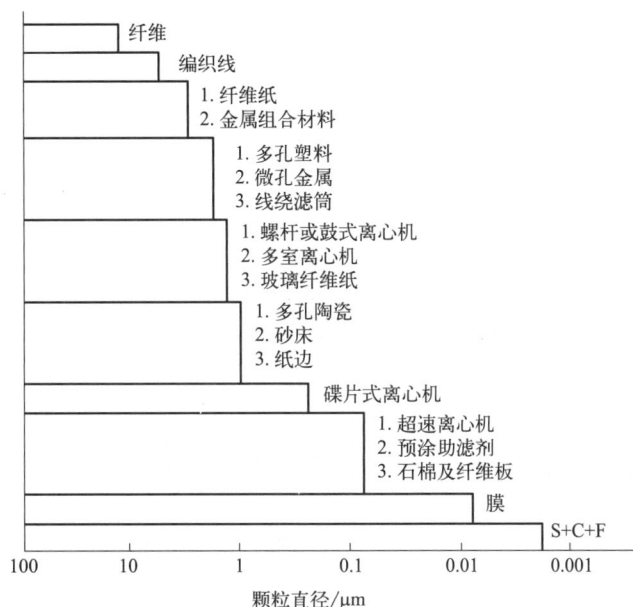

图 2.20 过滤介质的清除能力（以去除最小颗粒直径表示）

间歇过滤和连续过滤的选择：一般含有较高固体浓度的悬浮液都可使用间歇式压滤器，含高百分率细小颗粒的悬浮液可利用连续预涂层过滤器。选择间歇还是连续操作还与给定流速和劳动力的费用有关，对于大量料液的处理，从劳动力费用来看以连续操作更为可取，当以这些依据进行选择时，应该考虑预测到的最大生产能力。过滤过程还受其他一些因素影响，例如无菌或者负载量的要求，它们常常限制了连续过滤器使用；而水的平衡，则要求逆流洗涤系统和连续操作，并使固体能最终合理运输和保藏。

2.5　固－液分离方法——离心

在生物技术产业中，微生物发酵液、动植物细胞培养液、酶反应液或各种提取液，常常是由固相（固形物）与液相组成的悬浮液，这种悬浮液的固－液分离是生物产品生产过程中的重要操作之一，其分离方法除了前面介绍的过滤分离外，还有一种非常有效的分离方法——离心分离，它是利用惯性离心力和物质的沉降系数或浮力密度的不同而进行的一项分离、浓缩或提炼操作。

离心分离对那些固体颗粒很小或液体黏度很大，过滤速率很慢，甚至难以过滤的悬浮液十分有效，对那些忌用助滤剂或用助滤剂使用无效的悬浮液的分离，也能得到满意的结果。但是离心分离结果得到的是浆状物而不是干的滤饼，而且存在离心设备复杂、价格昂贵的缺点。

离心分离不但可用于悬浮液中液体或固体的直接回收，而且可用于两种互不相溶液体的分离（如液－液萃取）和不同密度固体或乳浊液的分离（如制备超离心技术等）。离心分离可分为以下三种形式：①离心沉降，利用固液两相的相对密度差，在离心机无孔转鼓或管子中进行悬浮液的分离操作；②离心过滤，利用离心力并通过过滤介质，在有孔转鼓离心机中分离悬浮液的操作；③离心分离和超离心，利用不同溶质颗粒在液体中各部分分布的差异，分离不同相对密度液体的操作。以下重点介绍离心沉降和离心过滤。

2.5.1 离心沉降

2.5.1.1 离心沉降的原理

离心沉降的基础是固体的沉降。当固体粒子在无限连续流体中沉降时，受到两种力的作用，一种是连续流对它的浮力，另一种是流体对运动粒子的黏滞力。当这两种力达到平衡时，固体粒子将保持匀速运动。

对直径为 d 的球形粒子（大多数生物分离上处理的对象都可以看成为球形粒子），作用在它上面的浮力 F_g 可以表示为：

$$F_g = (\rho_s - \rho)gV = \frac{\pi d^3}{6}(\rho_s - \rho)g \tag{2.25}$$

式中，d 为粒子直径；ρ_s 和 ρ 分别为粒子和流体的密度；g 为重力加速度；V 为粒子体积。

根据 Stokes 定律，悬浮在介质中的球形粒子所受的黏滞力 F_f 可表示为：

$$F_f = 3\pi d\mu u = \frac{1}{2}C_D A\rho u^2 \tag{2.26}$$

式中，μ 为连续流体的黏度；u 为粒子的运动速度；C_D 为阻滞系数；A 为粒子在运动方向上的投影面积。

C_D 不是常数，它取决于雷诺数 Re 的变化，对于球形粒子，根据实验得知：

$$Re < 1 \qquad C_D = 24/Re \tag{2.27}$$

$$1 < Re < 10^4 \qquad C_D = 24/Re + 3/\sqrt{Re} + 0.34 \tag{2.28}$$

$$Re = \frac{dU\rho}{\mu}$$

对于生物物质来说，可以满足 $Re < 1$ 的要求，所以

$$F_f = C_D\left(\frac{1}{2}\rho U^2\right)\left(\frac{\pi}{4}d^2\right) = \frac{24}{Re}\left(\frac{1}{2}\rho U^2\right)\left(\frac{\pi}{4}d^2\right) \tag{2.29}$$

当粒子以匀速运动沉降时，$F_g = F_f$，故最终匀速沉降速率为：

$$u = \frac{d^2}{18\mu}(\rho_s - \rho)g \tag{2.30}$$

由式（2.30）可知，最终沉降速率与粒子直径的平方成正比，与粒子和流体的密度差成正比，而与流体的黏度成反比；也就是说粒子的沉降速率仅仅是液体性质及粒子本身特性的函数。

如果粒子在离心力场中沉降，则重力加速度 g 应变为离心加速度 $\omega^2 r$，即：

$$u = \frac{d^2}{18\mu}(\rho_s - \rho)\omega^2 r \tag{2.31}$$

式中，ω 为旋转角速度，rad/s；r 为粒子离转轴中心的距离。

式（2.31）是离心沉降的基本公式，由此可知沉降速率与 ω 的二次方成正比，因此只要根据要求改变或提高 ω，使粒子做快速旋转，就可获得比重力沉降或过滤时高得多的分离效果。可用离心分离因数 F_r（又称离心力强度）来定量评价：

$$F_r = \frac{\omega^2 r}{g} \tag{2.32}$$

F_r表示粒子在离心机中产生的离心加速度与自由下降的加速度之比，F_r越大，越有利于分离。实践中，常按分离因数F_r的大小，对离心机分类：① $F_r < 3000$，为常速离心机；② $F_r = 3000 \sim 50000$，为中速离心机；③ $F_r \geqslant 50000$，为高速离心机；④ $F_r = 2 \times 10^4 \sim 10^6$，为超速离心机。

2.5.1.2　离心沉降的设备

沉降式离心机，包括实验室用瓶式离心机和工业用无孔转鼓离心机，其中无孔转鼓离心机又有管式、多室式、碟片式以及卧螺式（decanter）等几种型式，见图2.21。

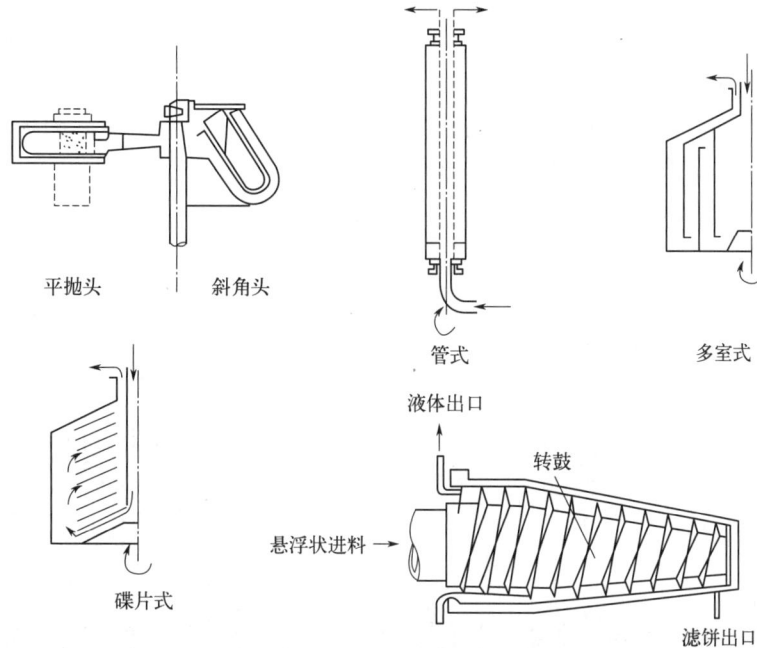

图2.21　离心沉降设备类型

（1）瓶式离心机　这是一类结构最简单的实验室常用的低、中速离心机，转速一般在$3000 \sim 6000$r/min，其转子常为外摆式或角式。操作一般在室温下进行，也有配备冷却装置的冷冻离心机。

（2）管式离心机　分为液-液分离的连续式管式离心机和液-固分离的间歇式管式离心机，它结构简单，仅是一根直管形的转筒，其直径较小，长度较大，转速很高，可达到50000r/min，从而产生强大的离心力，除此之外它还可以冷却，这有利于蛋白质的分离。操作时，悬浮液或乳浊液从管底加入，被转筒的纵向肋板带动与转筒同速旋转，上清液在顶部排出，固体粒子沉降到筒壁上形成沉渣和黏稠的浆状物。运转一段时间后，当出口液体中固含量达到规定的最高水平，澄清度不符合要求时，需停机清除沉渣后才能重新使用，因此操作是间歇式的。

管式离心机转筒一般直径为$40 \sim 150$mm，长径比为$4 \sim 8$，离心力强度可达$15000 \sim 65000$，处理能力为$0.1 \sim 0.4$m³/h，适合固体粒子粒径为$0.01 \sim 100$μm、固液密度差大于0.01g/cm³、体积浓度小于1%的难分离悬浮液，常用于微生物菌体和蛋白质的分离等。

（3）多室式离心机　多室式离心机的转鼓内有若干同心圆筒组成若干同心环状分离室（见图2.22），这样可加长分离液体的流程，使液层减薄，以增加沉降的面积，减少沉降的距离，这同时还具有粒度筛分的作用，悬浮液中的粗颗粒沉降到靠近内部的分离室壁上，细颗粒则沉降到靠近外部的室壁上，澄清的分离液经溢流口或由向心泵排出。多室离心机的出渣比较困难，一般在运转一段时间后，待分离液澄清度不符合要求时，停机清理。这种离心机有$3 \sim 7$个分离室，离心力强度为$2000 \sim 8000$，处理能力为$2.5 \sim 10$m³/h。适于处理颗粒直径大于0.1μm、固相浓度小于5%的悬浮液，常用于抗生素液-液萃取分离，果汁和酒类饮料的澄清等。

（4）碟片式离心机　这是一种应用最为广泛的离心机，它有一密封的转鼓，内装十至上百个锥顶角为 60°～100° 锥形碟片,悬浮液由中心进料管进入转鼓,从碟片外缘进入碟片间隙向碟片内缘流动。由于碟片间隙很小,形成薄层分离,固体颗粒的沉降距离极短,分离效果较好。颗粒沉降到碟片内表面上后向碟片外缘滑动,最后沉积到鼓壁上。已澄清的液体经溢流口或由向心泵排出。碟片式离心机的离心力强度可达 3000～10000,由于碟片数多并且间隙小,从而增大了沉降面积,缩短了沉降距离,所以分离效果较好。碟片间距离一般为 0.5～2.5mm,与被处理物料的性质有关。锥顶角应大于固体颗粒与碟片式表面的摩擦角。根据卸渣方式,碟片式离心机又可分为下面几种类型。

① 人工排渣的碟片式离心机 这是一种间歇式离心机,其转鼓如图 2.23 所示,机器运行一段时间后,转鼓壁上聚集的沉渣增多,而分离液澄清度下降到不符合要求时,则需停机,拆开转鼓,清渣后再行运转。这种离心机用于进料中固相浓度很低的场合(< 1%～2%),但可达到很高的分离因数,特别适用于分离两种液体并同时除去少量固体,也可用于澄清作业,如用于抗生素的提取、疫苗的生产、梭状芽孢杆菌的收集以及维生素、生物碱甾类化合物。

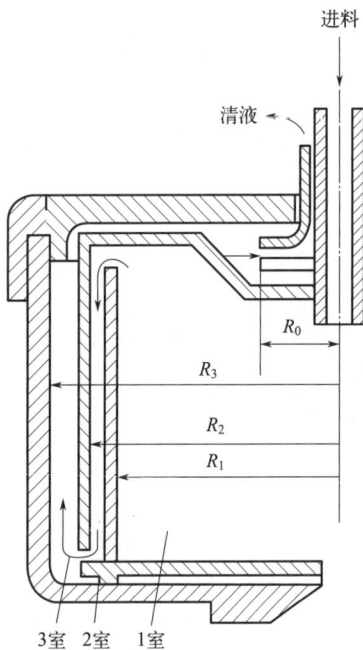

图 2.22 多室式离心机的构造

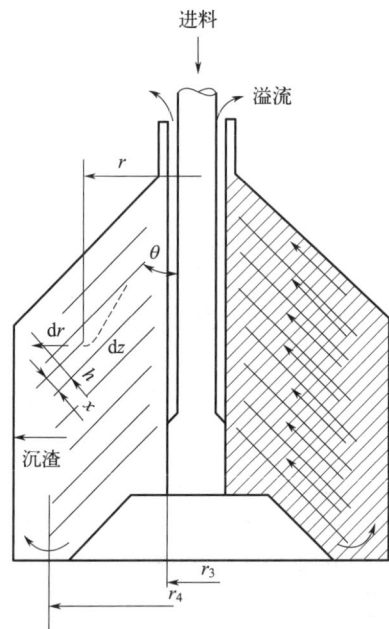

图 2.23 碟片式离心机转鼓及物料流动示意

② 喷嘴排渣碟片式离心机 这是一种连续式离心机,其转鼓呈双锥形(见图 2.24),转鼓周边有若干个喷嘴,一般为 2～24 个,喷嘴孔径为 0.5～3.2mm,由于排渣的含液量较高,具有流动性,故喷嘴排渣碟片式离心机多用于浓缩过程,浓缩比可达 5～20,这种离心机的转鼓直径可达 900mm,最大处理量为 300m³/h,适用于处理颗粒直径为 0.1～100μm、体积浓度小于 25% 的悬浮液,如用于抗生素、酶、氨基酸和微生物,或单细胞蛋白质、酵母、淀粉、糖蜜等。

③ 活门(活塞)排渣碟片式离心机 这种离心机利用活门启闭排渣孔进行断续自动排渣(见图 2.25),位于转鼓底部的环板状活门,在操作时可做上下移动,位置在上时,关闭排渣口,停止卸料;下降时则开启排渣口卸渣,排渣时可以不停车,这种离心机的离心力强度范围为 5000～9000,最大处理能力可达 40m³/h,适于处理颗粒直径为 0.1～500μm、固液密度差大于 0.01g/cm³、固相含量小于 10% 的悬浮液。对一些难分离的物料特别有效,如对大肠杆菌之类,因此其应用范围是最广的。

④ 活门排渣的喷嘴碟片式离心机 这是近年来开发的机型,它和相同直径的活塞机相似,其速度可增加 23%～30%,故可使分离因数达 15000 左右,这是其他碟片式离心机所不能及的,该机型可用于酶制剂、疫苗和胰岛素生产中分离物的澄清,醇生产中细菌的采集以及 rDNA 采集和澄清。

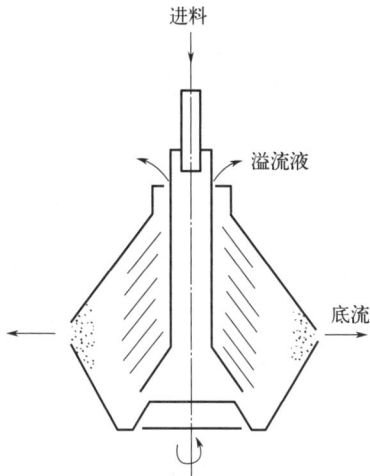

图 2.24　喷嘴排渣碟片式离心机　　　　　　　　**图 2.25**　活门（活塞）排渣碟片式离心机示意

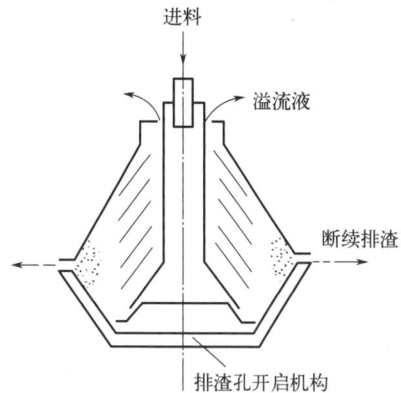

（5）螺旋卸料沉降离心机　螺旋卸料沉降离心机有立式和卧式两种，后者又称卧螺机，是用得较多的形式，如图 2.26 所示。悬浮液经加料孔进入螺旋内筒后由内筒的进料孔进入转鼓，沉降到鼓壁的沉渣由螺旋输送器输送至转鼓小端的排渣孔排出。螺旋与转鼓在一定的转速差下，同向回转，分离液经转鼓大端的溢流孔排出。

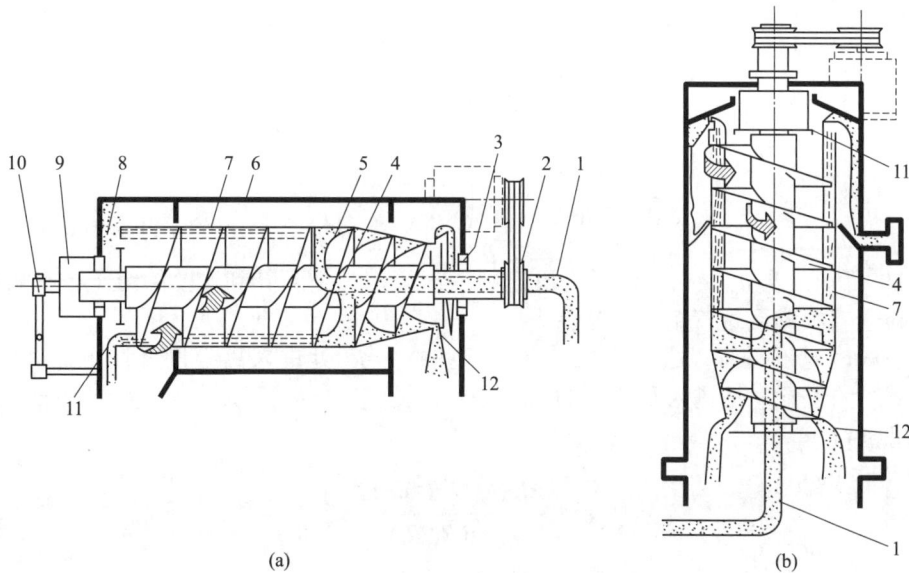

图 2.26　卧式和立式螺旋卸料沉降离心机结构示意
（a）卧式；（b）立式
1—进料管；2—三角皮带轮；3—右轴承；4—螺旋输送器；5—进料孔；6—机壳；7—转鼓；
8—左轴承；9—行星差速器；10—过载保护装置；11—溢流孔；12—排渣孔

转鼓有圆锥形、圆柱形和锥柱形等形式，其中圆锥形有利于固相脱水，圆柱形有利于液相澄清，锥柱形则可兼顾两者的特点，是常用的转鼓形式，锥柱筒体的半锥角范围为 5°～18°。

卧螺机是一种全速旋转、连续进料、分离和卸料的离心机，其最大离心力强度可达 6000，操作温度可达 300℃，操作压力一般为常压（密闭型可从真空到 0.98MPa），处理能力 0.4～60m³/h，适于处理颗粒粒度 2μm～5mm、固相含量 1%～50%、固液密度差大于 0.05g/cm³ 的悬浮液，常用于胰岛素、细胞色素、胰酶的分离和淀粉精制及废水处理等。

2.5.1.3　离心沉降的计算

（1）管式离心机　管式离心机的分离原理可利用理想的管式离心机示意图来分析（见图2.27），其关键是得到某些典型粒子的位置与时间的函数关系。

现假设某典型粒子位于距离心机底部 z 及转轴 r 处的位置上，这一位置在液体表面半径 R_1 和离心管半径 R_0 之间。粒子在运转的离心机中沿着 z 和 r 两个方向运动。

① 在 z 方向上的运动，是由离心机底部进入料液的对流作用引起的，可用下式表示：

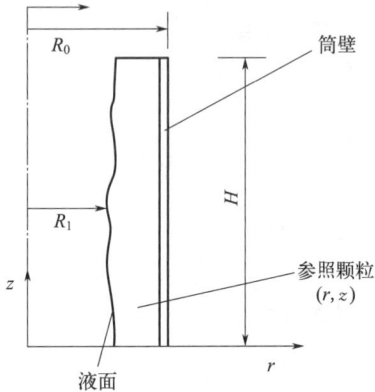

图2.27　管式离心机工作示意

$$\frac{\mathrm{d}z}{\mathrm{d}t} = \frac{Q}{\pi(R_0^2 - R_1^2)} \tag{2.33}$$

式中，Q 为料液流量。

由此可见在 z 方向上的运动速度随 Q 的增加而加大，而与粒子所处位置和重力作用无关。

② 在 r 方向上的运动，$u = \dfrac{\mathrm{d}r}{\mathrm{d}t}$，可用式（2.30）表示。

③ 粒子在重力场中的沉降速率（$u=u_g$）可用式（2.29）表示。

结合式（2.29）和式（2.30），可得到：

$$\frac{\mathrm{d}r}{\mathrm{d}t} = u_g\left(\frac{r\omega^2}{g}\right) \tag{2.34}$$

为了获得粒子在离心机中的运动轨迹，将式（2.34）除以式（2.33），则得到：

$$\frac{\mathrm{d}r}{\mathrm{d}z} = \frac{\mathrm{d}r/\mathrm{d}t}{\mathrm{d}z/\mathrm{d}t} = u_g\left(\frac{r\omega^2}{g}\right)\frac{\pi(R_0^2 - R_1^2)}{Q} \tag{2.35}$$

由式（2.35）可知，若 u_g 很大，粒子将迅速到达管壁，凡是沉降到管壁的粒子才有可能被除去；而当 Q 很大时，粒子就很难到达管壁，不易除去。

利用上面公式，对那些难以去除的粒子[指那些在 $r=R_1$ 处进入离心机及在出口旁，即 $z \approx H$ 处，接近筒壁（$r=R_0$）的粒子]按进入和离开的边界条件将式（2.35）进行积分，得到粒子在离心机中获得分离时的最大流速 Q：

$$Q = \frac{\pi H(R_0^2 - R_1^2)u_g\omega^2}{g\ln(R_0/R_1)} \tag{2.36}$$

在大多数管式离心机中，由于液层很薄，所以 R_0 接近于 R_1，因此式（2.36）可简化如下：

$$\frac{R_0^2 - R_1^2}{\ln(R_0/R_1)} = R_1(R_0+R_1) = 2R^2 \tag{2.37}$$

式中，$R=(R_0+R_1)/2$，为平均半径。式（2.36）可写成：

$$Q = u_g\left[\frac{2\pi HR^2\omega^2}{g}\right] = u_g\sum \tag{2.38}$$

式（2.38）表明了流量 Q 取决于系统的性质 u_g（它包括料液的黏度、密度，固体粒子的大小及密度等）和离心机的特性 $\sum$（它包括离心机的高度 H、转速 ω 及半径 R 等）。这给离心机的设计、放大以及操作带来了方便，可以在固定一种性质的情况，考虑另一种特性变化的影响，反之亦然。

（2）碟片式离心机　碟片式离心机的几何形状比管式离心机复杂得多，其分离原理可利用理想的碟片式离心机示意图来分析（见图2.28）。

在碟片式离心机中，料液从中心管进入离心机底部后，以θ角沿着锥形碟片向上、向内运动。现设典型粒子位于直角坐标的某点(x, y)上，这里的x是指沿着碟片的粒子离开碟片外缘的距离；而y是指离开碟片的垂直距离。碟片外缘与内缘半径分别为R_0和R_1，转速为ω。粒子的运动过程同样可从其在x和y方向上的运动速度来分析得到。

① 粒子在x方向的运动由对流和沉降引起，可用下式表示：

$$\frac{\mathrm{d}x}{\mathrm{d}t} = u_0 - u_\omega \sin\theta \approx u_0 = \left[\frac{Q}{n(2\pi rh)}\right]f(y) \tag{2.39}$$

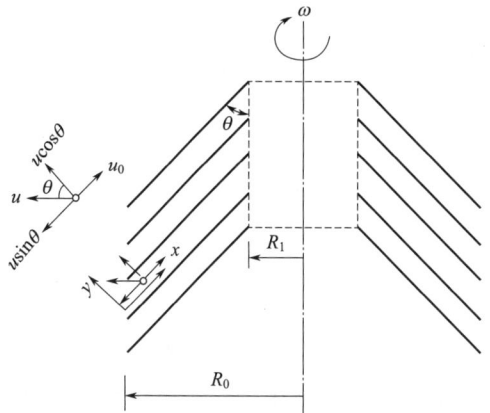

图2.28 理想的碟片式离心机工作示意

式中，u_0是由对流造成的流速，比粒子在离心力作用下产生的x方向上的沉降分速度$u_\omega \sin\theta$大得多；Q为总流量；n为碟片数；r为粒子离转鼓轴线的距离；h为碟片间的垂直距离；$f(y)$为流速随碟片间的距离变化的函数。

② 粒子在y方向的运动，可用下式表示：

$$\frac{\mathrm{d}y}{\mathrm{d}t} = u_\omega \cos\theta = u_g\left(\frac{\omega^2 r}{g}\right)\cos\theta \tag{2.40}$$

为简化推导，现将在离心力场作用下，处于$x=(R_0-R_1)/\sin\theta$、$y=h$上的粒子，沿着碟片底部运动到碟片外缘并捕集到滤渣中的数学表达式整理如下：

$$Q = u_g\left[\frac{2\pi n\omega^2}{3g\tan\theta}(R_0^3 - R_1^3)\right] = u_g\sum \tag{2.41}$$

式中，Q为捕获这些粒子时的最大流量，同样也取决于系统的性质u_g和离心机特性$\sum$；u_g仅是系统性质的函数，与离心机性能无关；$\sum$反映了离心机的几何特性，与系统的性质无关。

（3）卧螺式离心机　卧螺式离心机的分离原理同样可以从粒子运动的规律分析得出，为简化推导过程，根据上面两种离心机讨论的普遍结论，列出计算公式：

$$Q = u_g\sum$$

式中，Q为料液流量；u_g为粒子的自由沉降速率；$\sum$为当量沉降面积，见图2.29和图2.30，与离心机的结构性能有关。

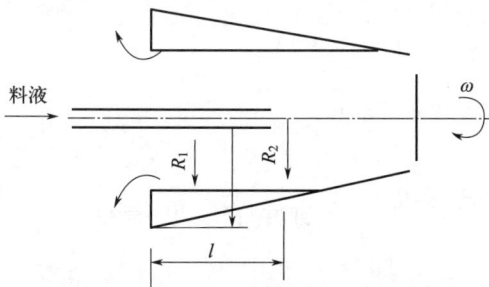

图2.29 卧螺机转鼓示意（圆锥形）

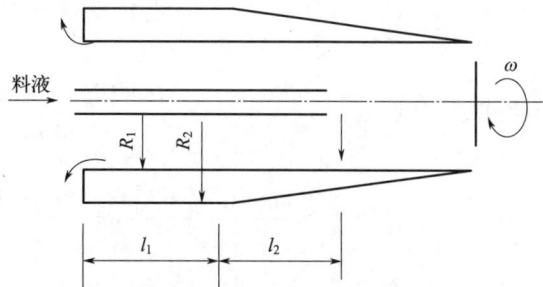

图2.30 卧螺机转鼓示意（锥柱形）

转鼓不同，其当量沉降面积也不同。

① 转鼓为圆锥形

$$\sum = \frac{\pi l \omega^2 (R_0^2 + 3R_0 R_1 + 4R_1^2)}{4g} \tag{2.42a}$$

式中，l 为料液的轴向长度。

② 转鼓为锥柱形

$$\sum = \frac{\pi l_1 \omega^2 (3R_1^2 + R_0^2)}{2g} + \frac{\pi l_2 \omega^2 (R_0^2 + 3R_0 R_1 + 4R_1^2)}{4g} \tag{2.42b}$$

式中，l_1 为圆柱部分料液轴向长度；l_2 为圆锥部分料液轴向长度。

（4）离心设备的放大　大规模离心沉降操作的设计，包括利用实验室小试数据估算大规模离心设备所需的分离能力及合适的商品离心机的选用。

在放大时首先要注意两点：①离心机是高速旋转的机械，有高强度要求，转鼓大小及其转速受强度限制；②实验室小型设备试验与工业规模离心过程存在着很大的差异。常用的放大方法有如下两种。

① 等价时间 G_t 法　等价时间为分离因数和时间的乘积，即：

$$G_t = \frac{\omega^2 R_0}{g} t \tag{2.43}$$

式中，R_0 为特征半径，一般用转鼓半径表示；t 为分离时间。

某些生物物质离心沉降时的典型等价时间值见表 2.6。

表 2.6　某些生物物质离心沉降时的典型等价时间值

生物物质名称	等价时间值 $G_t / \times 10^6 s$	生物物质名称	等价时间值 $G_t / \times 10^6 s$
真核细胞、叶绿体	0.3	细菌细胞、线粒体	18
真核细胞碎片、细胞核	2	细菌碎片、溶酶体	54
蛋白质沉淀物	9	核糖体、多核糖体	1100

在 G_t 值测定后，就可据此选择具有类似大小 G_t 值的大型离心机。该方法比较粗糙，但在选用新型号离心机时常用。

② $\sum$ 因子法　此法用于选用已有的离心机，各种沉降式离心机的 $\sum$ 值重新表示如下：

管式离心机 $$\sum = \frac{2\pi H R^2 \omega^2}{g}$$

碟片式离心机 $$\sum = \frac{2\pi n \omega^2}{3g}(R_0^2 - R_1^2)\cot\theta$$

卧螺式离心机 $$\sum = \frac{\pi l \omega^2 (R_0^2 + 3R_0 R_1 + R_1^2)}{4g} \quad （圆锥形）$$

$$\sum = \frac{\pi l_1 \omega^2 (3R_1^2 + R_0^2)}{2g} + \frac{\pi l_2 \omega^2 (R_0^2 + 3R_0 R_1 + 4R_1^2)}{4g} \quad （锥柱形）$$

选择的离心机应该具有所需的 $\sum$ 值，并且要符合过程对 u_g 和 Q 的要求。

除此以外，还应特别指出的是在离心分离设备的放大工作中，经验和判断往往起着很重要的作用，当然也要仔细分析离心机制造厂提供的资料。

2.5.2 离心过滤

2.5.2.1 离心过滤的原理

离心过滤是将料液送入有孔的转鼓并利用离心力场进行过滤的过程，以离心力为推动力完成过滤作业，兼有离心和过滤的双重作用，其工作原理如图 2.31 所示。由图可知，过滤面积和离心力随半径的增大而增大。

以间歇离心过滤为例，料液首先进入装有过滤介质（滤网或有孔套筒）的转鼓中，然后被加速到转鼓旋转速度，形成附着在鼓壁上的液环。与沉降式离心机一样，粒子受离心力而沉积，过滤介质则阻止粒子通过，形成滤饼。当悬浮液的固体粒子沉积时，滤饼表面生成了澄清液，该澄清液透过滤饼层和过滤介质向外排出。在过滤后期，由于施加在滤饼上的部分载荷的作用，相互接触的固体粒子经接触面传递粒子应力，滤饼开始压缩。所以离心过滤一般分滤饼形成、滤饼的压紧和滤饼压干三个阶段。但是根据物料性质的不同，有时可能只需进行一个或两个阶段。

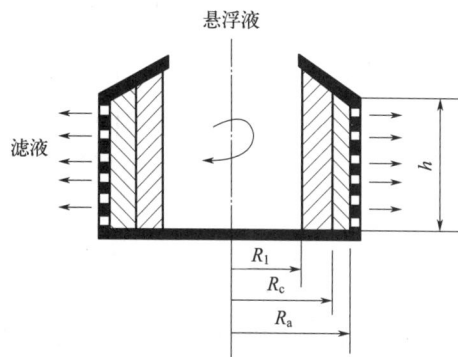

图 2.31　离心过滤工作原理

2.5.2.2 离心过滤设备

离心过滤机设有一个开孔转鼓，可以分离固体密度大于或小于液体密度的悬浮液。它可分连续式和间歇式（见图 2.32）。间歇式离心机通常在减速的情况下由刮刀卸料，或停机抽出转鼓套筒或滤布进行卸料。

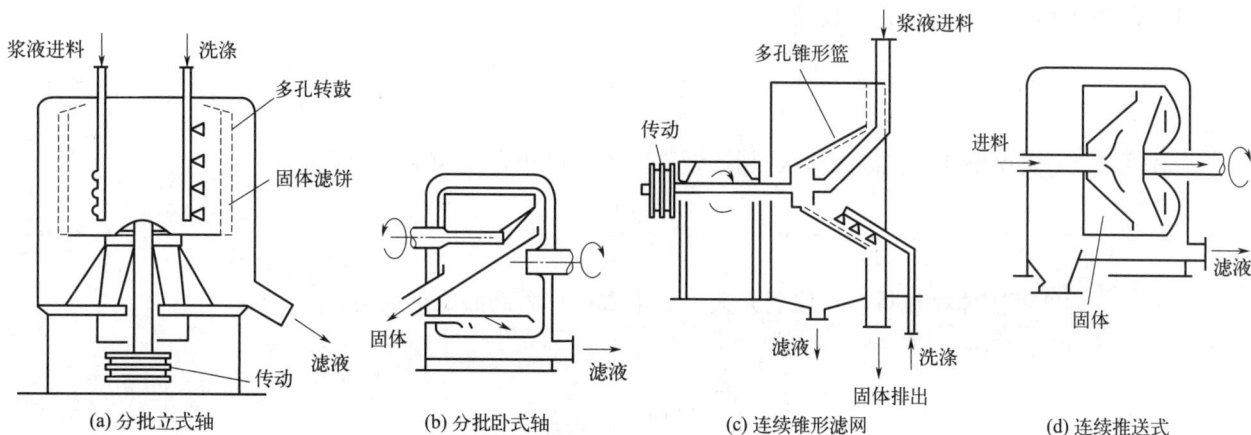

图 2.32　离心过滤设备

连续式离心机则用活塞推料和振动卸料两种方法：①活塞推料离心机借助活塞的往复运动带动推料盘进行脉动卸料，另有多级活塞推料离心机，它是活塞推料离心机的改进型式，其网孔转鼓为多级阶梯结构；②振动卸料离心机为立式结构，其网孔转鼓为锥形，物料由小端进入，转鼓的轴向振动和固体粒子的重力产生指向大端方向的总推动力，该推动力克服了粒子与转鼓间的摩擦力，使粒子从转鼓小端移向大端，达到卸料的目的。

除图 2.32 列举的离心过滤机外，还有一种连续沉降－过滤式螺旋卸料离心机，如图 2.33 所示，它集连续沉降离心机和连续过滤式离心机于一体，在连续沉降式离心机的锥部小端至卸渣口设置一个柱形网孔转鼓段，液体借助于粒子的沉降而澄清，粒子则借助于压缩和锥部排流而脱水，但最终脱水和洗涤在网鼓段进行。

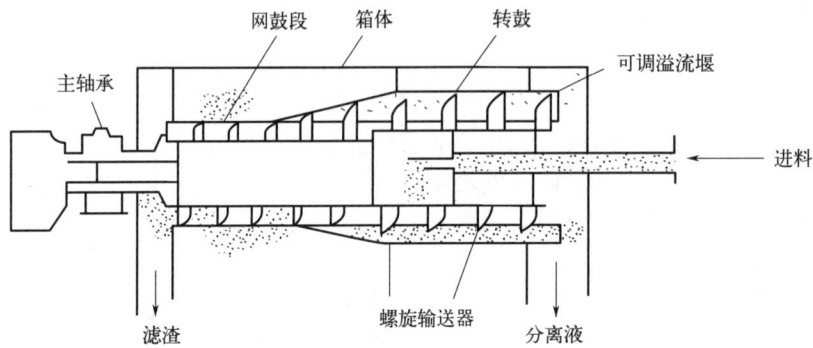

图 2.33　连续沉降 - 过滤式螺旋卸料离心机

2.5.2.3　离心过滤的计算

以工业上常用的篮式（或筐式）过滤离心机作为典型，进行计算讨论。其操作原理如图 2.31 所示，过滤器是半径为 R_0 的多孔圆筒，转鼓的内表面铺有一层流动阻力较小的滤布，料液连续地加入圆筒，被迅速旋转的圆筒甩向内壁，一方面形成恒定料液表面，离轴半径为 R_1，另一方面粒子积累于内壁上形成滤饼，离轴的半径为 R_c。为简化离心过滤计算，假设滤饼是不可压缩的。

离心过滤与菌体过滤时的流动分析十分类似。已知平板型过滤器操作时，通过滤饼的压力降与流速成正比：

$$\Delta p / l = \mu \alpha \rho_0 u \tag{2.44}$$

式中，l 为滤饼厚度；μ 为料液黏度；α 为滤饼比阻力；ρ_0 为单位体积料液中固体的质量。

对于篮式离心机，滤饼不是平板而呈圆柱形，压力降随半径而变化，可用式（2.45）表示：

$$-\frac{\mathrm{d}p}{\mathrm{d}r} = \mu \alpha \rho_0 u \tag{2.45}$$

流体通过滤饼的流速也随半径而异，越接近鼓壁流速越小，可用下式表示：

$$u = \frac{Q}{2\pi r H} \tag{2.46}$$

式中，Q 为滤液的体积流量，与位置无关，是常数；H 为离心机的高度。

结合式（2.45）和式（2.46），可得到：

$$-\frac{\mathrm{d}p}{\mathrm{d}r} = \mu \alpha \rho_0 \left(\frac{Q}{2\pi r H} \right) \tag{2.47}$$

将上式 $R_c \rightarrow R_0$ 积分，可以得到通过滤饼层的压力降：

$$\Delta p = \frac{\mu \alpha \rho_0 Q}{2\pi H} \ln(R_0 / R_c) \tag{2.48}$$

在离心过滤中，造成压力降的推动力应该是施加在流体上的离心力：

$$\Delta p = \frac{1}{2} \rho \omega^2 (R_0^2 - R_1^2) \tag{2.49}$$

结合式（2.48）和式（2.49）便可求得通过滤饼的流体流量：

$$Q = \frac{\pi \omega^2 \rho H (R_0^2 - R_1^2)}{\mu \alpha \rho_0 \ln(R_0/R_c)} \tag{2.50}$$

这里流量并非常数，而是随着滤饼厚度的变化而变化，滤饼厚度增加则 R_c 减小，Q 也减小。并且 Q 和 R_c 都是时间的函数。

实际上，在离心过滤的计算中，所需求的是给定体积料液的过滤时间，因此要将上述公式进行转换，可利用 Q 的定义以及固体的质量守恒公式来完成：

$$Q = \frac{dV}{dt} \tag{2.51}$$

$$\rho_c \pi (R_0^2 - R_c^2) H = \rho_0 V \tag{2.52}$$

式中，ρ_c 为单位体积滤饼中固体的质量；ρ_0 为单位体积料液中所含固体的质量。

将式（2.51）和式（2.52）代入式（2.50）后积分可得过滤时间：

$$t = \frac{\mu \alpha \rho_c R_c^2}{2 \rho \omega^2 (R_0^2 - R_1^2)} \left[\left(\frac{R_0}{R_c} \right)^2 - 1 - 2\ln\left(\frac{R_0}{R_c} \right) \right] \tag{2.53}$$

上式从另一侧面分析，得到厚度为（$R_0 - R_c$）的滤饼所需的过滤时间，该式非常有用，常用于过滤操作的放大。

2.5.3　离心机的选用

对于非机械专业的工程师，不具有设计和制造离心机的能力，生产上需用的离心机性能好坏往往只能以选用为主。在这种情况下，经验方法可助于有效地选择最佳离心机。离心机的操作性能是选择离心机的主要因素，如表 2.7 所示，此外离心机的选择还常常取决于进料中粒子的直径大小和体积分数（见图 2.34 和图 2.35）。

表 2.7　各种离心机的操作性能比较

离心机型式	澄清	增稠	脱水	洗涤	分级	3 相分离（液 - 液 - 固）
过滤式离心机						
网孔转鼓	2	0	3	3	0	0
振动式	1	0	3	0	0	0
活塞推料	1	0	3	3	0	0
沉降式离心机						
圆筒形转鼓	2	1	1	0	0	1
人工卸渣型碟片式	3	0	1	0	0	3
活塞排渣型碟片式	3	1	0	0	1	3
喷嘴排渣型碟片式	3	3	1	0	3	3
连续沉降式螺旋卸料	3	3	1	1	3	3
连续沉降 - 过滤式螺旋卸料	3	0	3	3	2	0

注：0 表示差，1 表示中，2 表示好，3 表示很好。

根据表 2.7 和图 2.34 及图 2.35，就能对各种物料的处理选择相应的离心机。例如从浓集的粗粒子盐水悬浮液中回收氯化钠晶体，要求洗涤该晶体，使其与盐水分离，并且降低晶体残余湿度至 20% 以下，然后送入干燥器进行干燥。虽然可选用具有洗涤功能的连续沉降式螺旋卸料离心机，但过滤式离心机更加有效。其中活塞推料离心机不但具有洗涤能力，而且能从滤液中分离洗涤液。

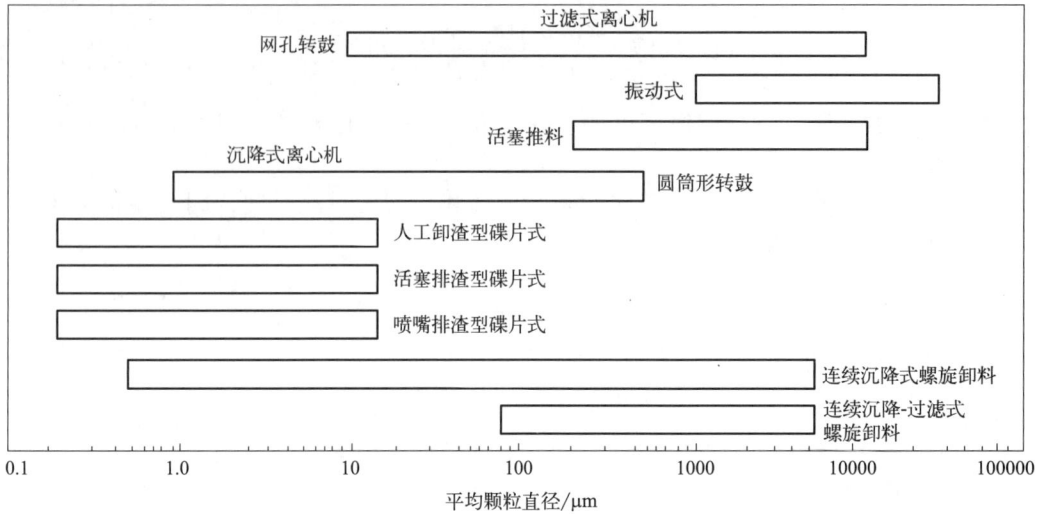

图 2.34 各种离心机所适用的进料颗粒直径范围

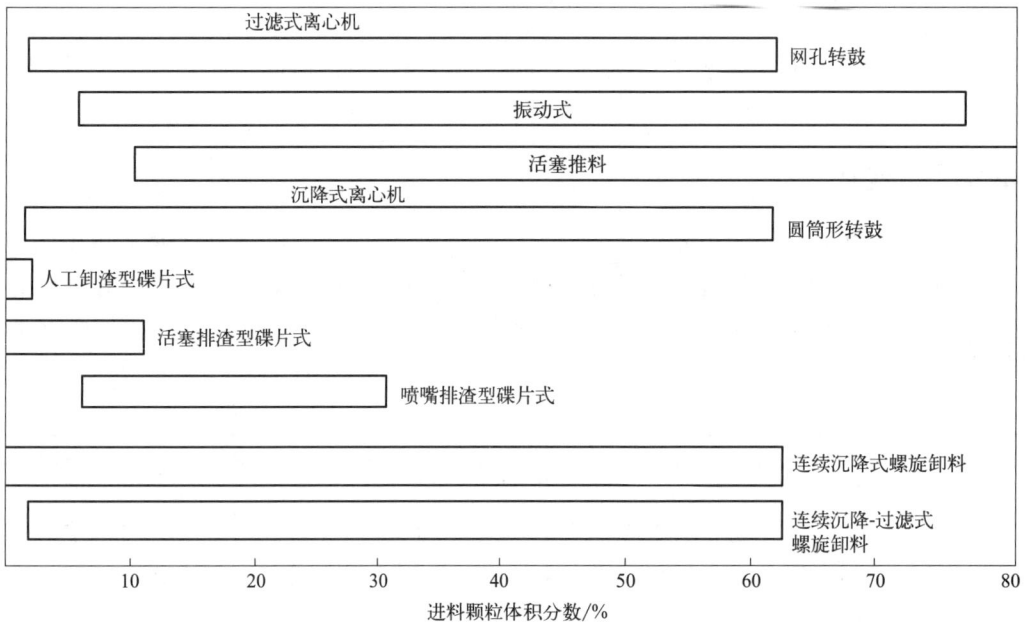

图 2.35 各种离心机所适用的进料颗粒的体积分数

注：对圆筒型离心机，大约 20% 的进料颗粒浓度大大地约束了其一次处理量的大小

2.5.4 离心机在生物工业上的应用

在生物工业中离心机通常用来处理液相黏度在 1 ~ 2mPa·s、固 - 液密度差 ≤ 0.1g/ml 和粒子大小为 0.5 ~ 100μm 的悬浮液，其中的固形物，例如细胞碎片、絮凝废水的细菌和蛋白质沉淀，大多是形状不规则、性软、易碎的物质。被加工的物质，例如酶可能对热和氧敏感。当待处理的是基因操纵、致病的或其他毒性物质时，则在离心机设计时必须考虑灭菌和防止气溶胶。而当蛋白质纯化需采用色层分离纯化步骤时，则常常要求离心操作能提供澄清的上清液。

碟片式离心机在应用中是很受欢迎的设备，它们备有密封的和蒸汽 - 灭菌等多种型式，配有温度控制，并且有些型号能在物料流量达 2000L/h 下，回收粒径为 0.5μm 的颗粒。

离心分离在生物工业上的应用实例见表2.8。

表2.8 离心机在生物工业上的应用

产品/过程	微生物		离心机相对生产能力	设备的类型
	类型	大小/μm		
面包酵母	酵母属	7～10	100	喷嘴碟片式
啤酒制造	酵母属	5～8	70	喷嘴碟片式
乙醇	酵母属	5～8	60	卸渣碟片式
单细胞蛋白	假丝酵母属	4～7	50	喷嘴碟片式 倾析器
抗生素	霉菌	—	10～20	倾析器
抗生素	放线菌	10～20	7	卸渣碟片式
柠檬酸	霉菌	—	20～30	卸渣碟片式 倾析器
酶	芽孢杆菌属	1～3	7	喷嘴碟片式 卸渣碟片式
疫苗	梭菌	1～3	5	无孔转鼓 卸渣碟片式
废水处理	活性污泥	—	—	碟片式
	厌氧菌/被消化固体	—	—	倾析器

离心机在生物技术中的重要地位和作用从牛生长激素（BGH）的分离提取工艺（见图2.36）中可以看出：多次采用离心法将包含体与细胞碎片及可溶性蛋白质分开，目的是使后继的分离纯化简单化。

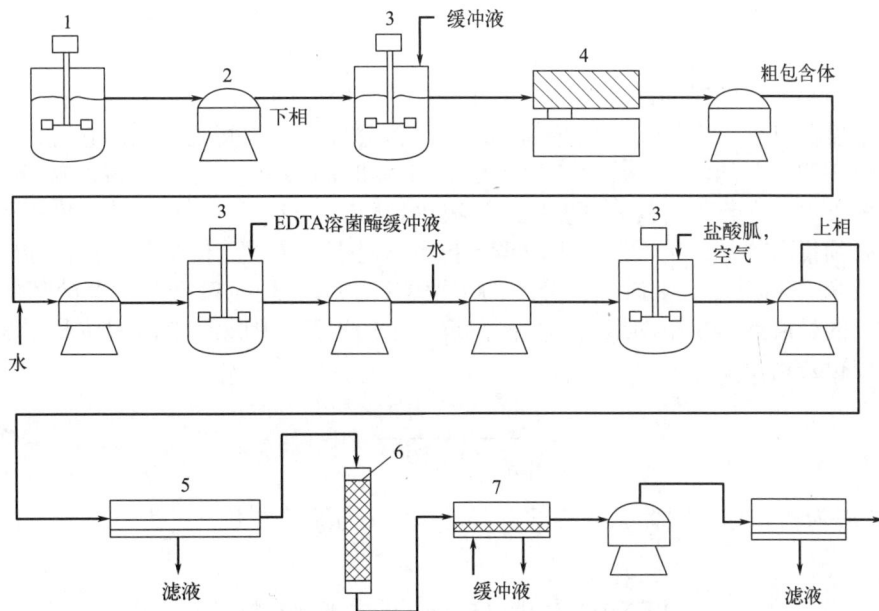

图2.36 包含体产物分离工艺举例

1—发酵罐；2—离心机；3—搅拌混合罐；4—高压匀浆机；5—超滤器；6—凝胶过滤柱；7—透析器

2.5.5 超离心法

根据物质的沉降系数、质量和形状不同，应用强大的离心力，将混合物中各组分分离、浓缩、提纯的方法称为超离心法。它在生物化学、分子生物学以及细胞生物学的发展中起着非常重要的作用。应用超离心技术中的差速离心、等密度梯度离心等方法，已经成功地分离制取各种亚细胞物质，如线粒体、微粒体、溶酶体、肿瘤病毒等。用 $5 \times 10^5 g$ 以上的强大离心力长时间地离心（如 17h 以上），可获得具有生物活性的脱氧核糖核酸（DNA）、各种与蛋白质合成有关的酶系、各种信使核糖核酸（mRNA）和转移核糖核酸（tRNA）等，这为遗传工程、酶工程的发展提供了必需基础。超离心法是现代生物技术领域研究中不可缺少的实验室分析和制备手段。

2.5.5.1　超离心技术的原理

超离心技术中，由于使用的离心机是无孔转鼓，所以也属离心沉降，根据前面的讨论，粒子在离心力场中进行沉降的基本公式为式（2.31）。

由式（2.31）可见，一个球形颗粒的沉降速率不但取决于所提供的离心力，也取决于粒子的密度和直径以及介质的密度。

如果粒子在离心力场中做匀速直线运动，即：

$$u_\omega = \frac{\mathrm{d}r}{\mathrm{d}t} \tag{2.54}$$

结合式（2.31）和式（2.54）并积分，便可求得在某种介质中，使一种球形粒子从液体的弯月面沉降到离心管某部（如底部）所需的时间：

$$t = \frac{18\mu}{\omega^2 d^2 (\rho_s - \rho)} \ln \frac{r_2}{r_1} \tag{2.55}$$

式中，t 为沉降时间；μ 为悬浮介质的黏度；r_1 为从旋转轴中心到液体弯月面的距离；r_2 为从旋转轴中心到离心管底部的距离。

由式（2.55）可知，在某一转速时，沉降一组均匀的球形颗粒所需要的时间与它们直径的平方以及它们的密度和悬浮介质的密度之差成反比，而与介质的黏度成正比。也就是说，当粒子直径 d 和密度 ρ_s 不同时，移动同样距离所需的时间是不同的，或在同样的沉降时间下，其沉降的位置也是不同的，并且可以利用介质的密度和黏度来促进粒子的分离，这是"微分离心"的基础。利用它可以从组织匀浆中分离细胞器，其主要细胞成分的沉降顺序，一般先是整细胞和细胞碎片，然后是核、叶绿体、线粒体、溶酶体、微粒体和核蛋白体。若采用具有密度梯度的液体介质，则这种分离方法可更精密地分离组分。

对上述公式必须指出的是：①不适用于非球形粒子，对于一定质量但形状不同的粒子，沉降速率是不同的，超速离心就是利用这点来研究大分子的构型的；②只适用于符合牛顿型流体的稀的固体悬浮物，对于浓度较高的悬浮液，粒子的运动会受到附近粒子的干扰，因此，必须对浓悬浮液中粒子的运动速度加以校正，校正公式如下：

$$\frac{u'_\omega}{u_\omega} = \frac{1}{1 + \beta \varepsilon_p^{1/3}} \tag{2.56}$$

式中，u_ω 和 u'_ω 为稀和浓的固体悬浮物的沉降速率；β 为经验参数；ε_p 为悬浮粒子在液体中的体积分数。

$$\beta = \begin{cases} 1 + 3.05\varepsilon_p^{2.84} \cdots 0.15 < \varepsilon_p < 0.5（不规则粒子）\\ 1 + 2.29\varepsilon_p^{3.43} \cdots 0.20 < \varepsilon_p < 0.5（球形粒子）\\ 1 \sim 2 \cdots \varepsilon_p < 0.5 \end{cases}$$

2.5.5.2　超离心技术的分类

超离心技术根据处理要求和规模分为制备性超离心和分析性超离心两类。

（1）制备性超离心　制备性超离心的主要目的是最大限度地从样品中分离高纯度的目标组分，进行深入的生物化学研究。它可以分离非常大的物质，例如从成批的或连续的培养液中收集微生物细胞，从组织培养液中得到动植物细胞以及从血液中分离血浆，也可以从已通过某些预纯化的制剂中分离像蛋白质那样的大分子。

　　制备性超离心分离和纯化生物样品一般用四种方法：差速离心法、一般密度梯度离心法、等密度梯度离心法及平衡等密度梯度离心法，如图 2.37 所示。现简单介绍如下。

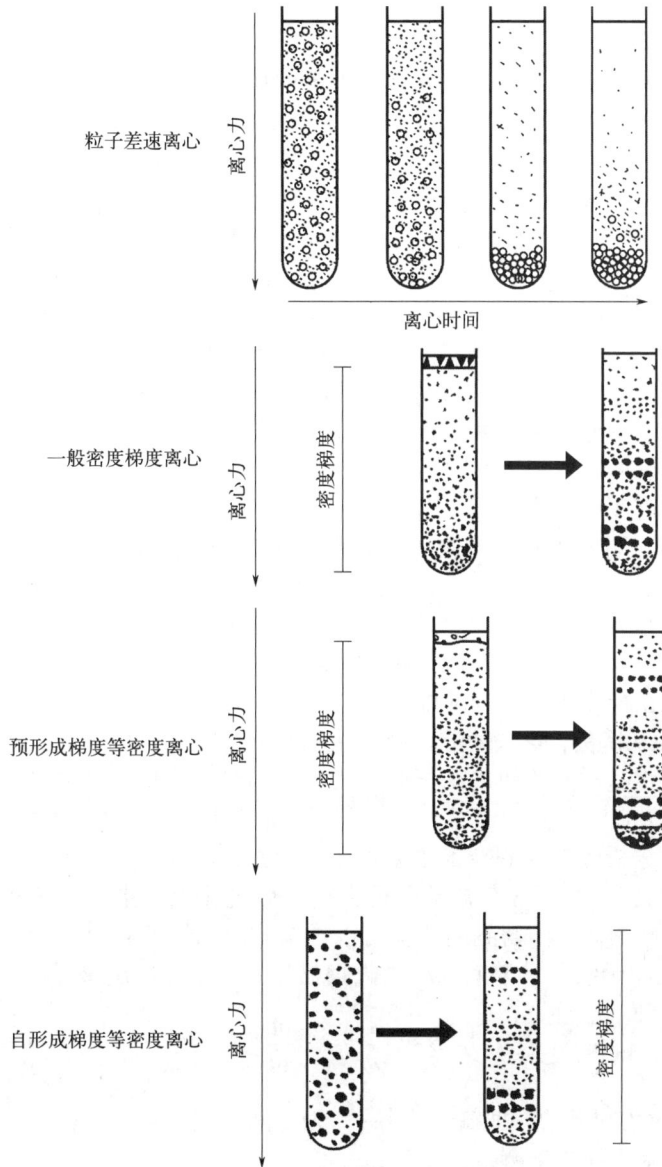

图 2.37　各类超离心分离示意

　　① 粒子差速离心（differential pelleting）　粒子差速离心法，简称差速离心法，是采用逐渐增加离心速率或低速和高速交替进行离心，使沉降粒子在不同离心速率及不同离心时间下分批分离的方法。如取均匀悬浮液，控制离心力及时间进行离心，使最大的粒子先沉降，而上清液中不再含有这种粒子；取出上清液，增加离心力再分离较小的粒子，如此逐级分离。该法的缺点是每次沉降的沉淀粒子不是均一的，在某离心力下除了大粒子都沉淀以外，部分中粒子及少部分小粒子也可能沉淀下来，且数目随着离心时间的延长而增加，故不容易得到粒度均匀的粒子，需要将沉淀重新悬浮、洗涤、再次离心，反复数次，才有较好的效果。差速离心一般用于分离沉降系数相差较大的粒子，如常用于细胞匀浆中细胞器的分离。

② 一般密度梯度离心法（density gradient centrifugation 或称 rate-zonal centrifugation） 一般密度梯度离心法也称分级区带离心，它是把样品铺放在一个连续的液体密度梯度上，然后进行离心，并控制离心分离的时间，使得粒子在完全沉降之前，在液体梯度中移动而形成不连续分离区带。该法仅用于分离有一定沉降系数差的粒子，与粒子密度无关。因此大小相同、密度不同的粒子（如线粒体、溶酶体和过氧化物酶体）不能用此法分离。这种方法已用于 RNA-DNA 混合物、核蛋白体亚单位和其他细胞成分的分离。

③ 等密度离心法（isopycnic centrifugation） 当不同粒子存在密度差时，在离心力场作用下，粒子向下沉降或向上浮起，一直移动到与它们密度恰好相等的位置上（即等密度点）并形成区带，此即等密度离心法。位于等密度点上的粒子没有运动，区带的形状和位置都不受离心时间的影响，体系处于动态平衡。等密度离心的有效分离仅取决于粒子的密度差。密度差越大，分离效果越好，与粒子的大小和形状无关，但是此二者决定着达到平衡的速度、时间和区带宽度。

根据梯度产生的方式，可分为预形成梯度（preformed gradient）和自形成梯度（self-formed gradient）的等密度离心，后者又称平衡等密度离心。

a. 预形成梯度等密度离心 本法需要事先制备密度梯度，常用的梯度介质主要是非离子型的化合物（如蔗糖、甘油等）。离心时把样品铺放在梯度介质的液面上，这个密度包括了所需要研究的密度范围，直到粒子的漂浮密度和梯度的密度相等时，粒子才发生沉降，并排列成不同的区带。用这一技术可以定量地从线粒体和过氧化物酶体中分离溶酶体。

等密度分离也可不用密度梯度来进行，这时样品需先在一个足够使较重粒子沉降的速率下离心，分离除去这些较重的粒子后，再把含有所需粒子的样品悬浮在一个与被分离组分具有相等密度的介质中，重新离心直至所需的物质沉降为止，密度低于所需物质的粒子漂浮在弯月面上。

b. 自形成梯度的等密度离心（平衡等密度离心） 平衡等密度离心常用的梯度介质有粒子型盐类，如铯盐或铷盐和三碘化苯衍生物等。离心时是把密度均一的介质溶液和样品混合后装入离心管中，通过离心自形成梯度，让粒子在梯度中进行再分配。离心达到平衡后，不同密度的粒子在梯度中各自分配到其等密度点的特定位置上，形成不同的区带。粒子达到等密度点的时间与转速有关，提高转速可缩短平衡时间，延长时间可弥补转速不高的问题，一般离心所需的时间应以最小粒子达到平衡的时间为准。这一方法已用于分离和分析人血浆脂蛋白。

（2）分析性超离心 分析性超离心技术主要用于研究纯的或基本上是纯的大分子或粒子（如核蛋白体）。它只需要很少量的物质，并配备有光学分析系统，如光吸收、折射、干扰等，连续地监测物质在离心力场中的行为，从这样的研究中得到的资料可以推断物质的纯度、分子量和构象的变化。

① 分子量的测定 借助于纹影光学系统和吸收扫描光学系统，用沉降速率法可测定沉降系数 S：

$$S = \frac{1}{r\omega^2} \times \frac{dr}{dt} \tag{2.57}$$

式中，ω 为角速度；r 为粒子的瞬间旋转半径；t 为时间。

再利用沉降系数即沉降平衡法来测定分子量：

$$M = \frac{RTS}{D(1-\bar{v}\rho)} \tag{2.58}$$

式中，M 为分子量；R 为摩尔气体常数；T 为热力学温度；S 为沉降系数；D 为分子扩散系数；$\bar{v}$ 为分子的部分比容积（1g 溶质加入大溶剂中所占的体积）；ρ 为溶剂密度。

② 大分子纯度的估计 用沉降速率技术分析沉降界面是测定制剂均质性的最广泛的方法之一，如果试剂是均质的，则会出现单个清晰的沉降界面，如果有杂质，则含有另外一些峰出现在主峰的一侧或两侧。

③ 检测大分子中构象的变化 分子构象上的变化，可以通过检查样品在沉降速率上的差异来证实，分子越是紧密，它在溶剂中的摩擦阻力越小；分子越不规则，摩擦阻力就越大，沉降就越慢，因此通过

样品在处理前后沉降速率的差异，可以检测它在构象上的变化。

（3）超离心设备

① 分析用超离心机　最早的超速离心机主要用于分析蛋白质的纯度，该机主要由一个圆形的转头组成，转头上装有透明小孔，以观察离心时粒子的分布，这转头通过一根柔性轴连接到一个高速的驱动装置上，转头在真空冷冻腔中旋转，转头能容纳两个小室——分析室和配衡室，离心机中还装有一个光学系统，可在预定的时间里拍摄沉降物质的照片，或通过紫外光的吸收或折射率上的不同，对沉降物进行监视。目前，这类离心机又分为专用的分析用超离心机和制备 - 分析两用机组。

② 制备用超离心机　制备用超离心机的结构装置比较复杂，一般由四个主要部分组成：转子，传动和速度控制系统，温度控制系统，真空系统。实验室各类离心机的比较参数值见表2.9。

表2.9　实验室离心机的型式及其使用

参数	离心机的类型			参数	离心机的类型		
	低速	高速	超离心		低速	高速	超离心
速率范围 / (×10³r/min)	2 ~ 6	18 ~ 25	40 ~ 80	细胞	有	有	有
最大离心力 / ×10³g	6	60	600	细胞核	有	有	有
冷冻	有些	有	有	膜细胞器	有些	有	有
真空系统	无	有些	有	膜碎片	有些	有些	有
加速作用 / 制动控制	有些	可调	可调	核糖体 / 多核糖体	—	—	有
使用颗粒				大分子	—	—	有

由上介绍可知，离心分离技术是一种有效的固 - 液分离方法，除常用在生物工程中分离不溶性固体外，还广泛用于化工、食品、轻工、医药、军工、造船、环保等近 30 个工业领域。这不仅是由于离心机和其他分离机械相比可得到含湿量低的固相和高纯度的液相，而且具有占地面积小、停留时间短、无需助滤剂、系统密封好、放大简单、过程连续、分离效率易于调节、处理量大等特点。

生物工程、医药、能源、环保等事业的发展，促使离心分离技术迅猛发展，主要体现在以下几个方面：①加强理论研究，选择最佳设计方案，如采用流场分离法、有限元模拟法、大梯度密度梯级法、反模态分析法等对离心机的工作性能和关键零件进行研究，为设计优良性能的离心机提供了理论依据；②提高技术参数和新机型的问世，如生物工程需要分离极细的颗粒，如细菌、酶及胰岛素等，故最新碟片机已可处理 0.1μm 的极细的颗粒，且分离因数可达 15000，如德国 Westfalia 公司的 CAS160 和瑞典 Alfa-Lakal 公司的 BTAX510 等；③为了提高分离机械的性能、强度、刚度、耐磨性和抗腐蚀性，许多国家采用工程塑料、硬质合金以及性能优良的耐磨耐蚀不锈钢材料制造离心机元件，如法国研制了一种用硬质陶瓷制成的转子，英国研制了用合成树脂构成的连续纤维复合材料的转子等；④强化动态监测和自动化，引入先进自控手段对离心机运行中的各项参数，如温度、流量、速度、振幅和噪声等进行全方面的监测，甚至出现了无人操作的碟片式分离机；⑤大规模定制设计及其应用，把当前个别产品的设计用模块化技术提高到产品族的设计等。人们应充分掌握有关信息，积极采用先进技术和设备把离心机行业的生产推向一个新的水平。

3 细胞的破碎与分离

○○ —————— ·○○ ○ ○○ ——————

3.1 概述

工业上利用微生物生产的大多数化学物质是胞外型的，它们在微生物细胞内合成，然后再分泌到周围环境中。此外还有不少产物是胞内型的，例如大部分的有用酶（见表 3.1）。

表 3.1 部分微生物胞内酶

酶	来源	应用实例
L- 天冬酰胺酶	*Erwinia carotovora Escherichia coli*	治疗急性淋巴癌
过氧化氢酶	*Aspergillus niger*	牛奶灭菌后 H_2O_2 的清除
胆固醇氧化酶	*Nocardia rhodochrous*	胆固醇浆液分析
β- 半乳糖苷酶	*Kluyveromyces fragilis Saccharomyces lactis*	牛奶 / 乳清中乳糖的水解作用
葡萄糖异构酶	*Bacillus coagulans Streptomyces* sp.	高果葡萄糖浆的生产
葡萄糖氧化酶	*Aspergillus niger Penicilluim notatum*	葡萄糖浆液分析食品中氧的清除
葡萄糖 -6- 磷酸脱氢酶	yeast	临床分析
蔗糖酶	*Saccharomyces cerevisiae*	糖果、蜜饯
青霉素酰化酶	*Escherichia coli*	苄青霉素的脱酰作用

进入 20 世纪 70 年代，随着 DNA 重组技术的建立，生物技术出现了一个崭新的局面，生产出了多种人体生理活性物质，其中以大肠杆菌为宿主进行表达的蛋白质产品多为胞内产物（见表 3.2）。并且随着时间的推移，这类产物将会不断增加。

表 3.2 几种大肠杆菌表达的胞内重组药物

药物名	宿主	用途
胰岛素	大肠杆菌	治疗糖尿病
人生长激素（HGH）	大肠杆菌	治疗侏儒症
α- 干扰素	大肠杆菌	治疗毛状细胞白血病和卡波西肉瘤

为了回收和提纯这些胞内产品，必须先将它们从胞内释放到周围环境中去，然后进行分离、纯化，释放可以用分泌性宿主使胞内产物分泌到胞外，也可以用破碎细胞的办法使其释放出来。目前大肠杆菌是最常用的宿主，对于胞内产物的分离，微生物细胞破碎的单元操作就变得尤为重要。细胞破碎是指选用物理、化学、酶或机械的方法来破坏细胞壁或细胞膜。

其中细胞壁的破碎最为关键，因为细胞壁是具有一定刚性和韧性的物质，具有保护细胞的作用。当细胞与周围环境交换营养物或代谢产物时，细胞壁起了调节和控制的作用。此外，它还具有抗机械撞击作用的功能，如帮助细胞抵抗来自发酵液混合的剪切应力、静压力或渗透压力等，所以是难以破碎的。因此对它的物理化学结构作详细的了解，对破碎方法的研究和应用就显得非常必要。

3.2　细胞壁结构和化学组成

细胞壁的化学组成是非常复杂的，它不仅取决于所研究的微生物类型，还取决于细胞的年龄和生长生理学。尽管所有细胞壁中的主要组分都包含有多糖、脂质和排列在三维结构上的蛋白质，但它们在化学组成性质上和各单元排列形成的结构上却存在差异，这些差异可用细胞破碎敏感度上的差异来反映。下面分别介绍各类细胞壁的结构与组成。

3.2.1　细菌

细菌的细胞壁不是坚硬的刚性球体，而是颇具弹性的。绷得紧紧的原生质体会使细胞产生一定的坚韧度，其内压或膨胀压是由渗透压决定的。有关细菌细胞壁的基本结构见图 3.1。

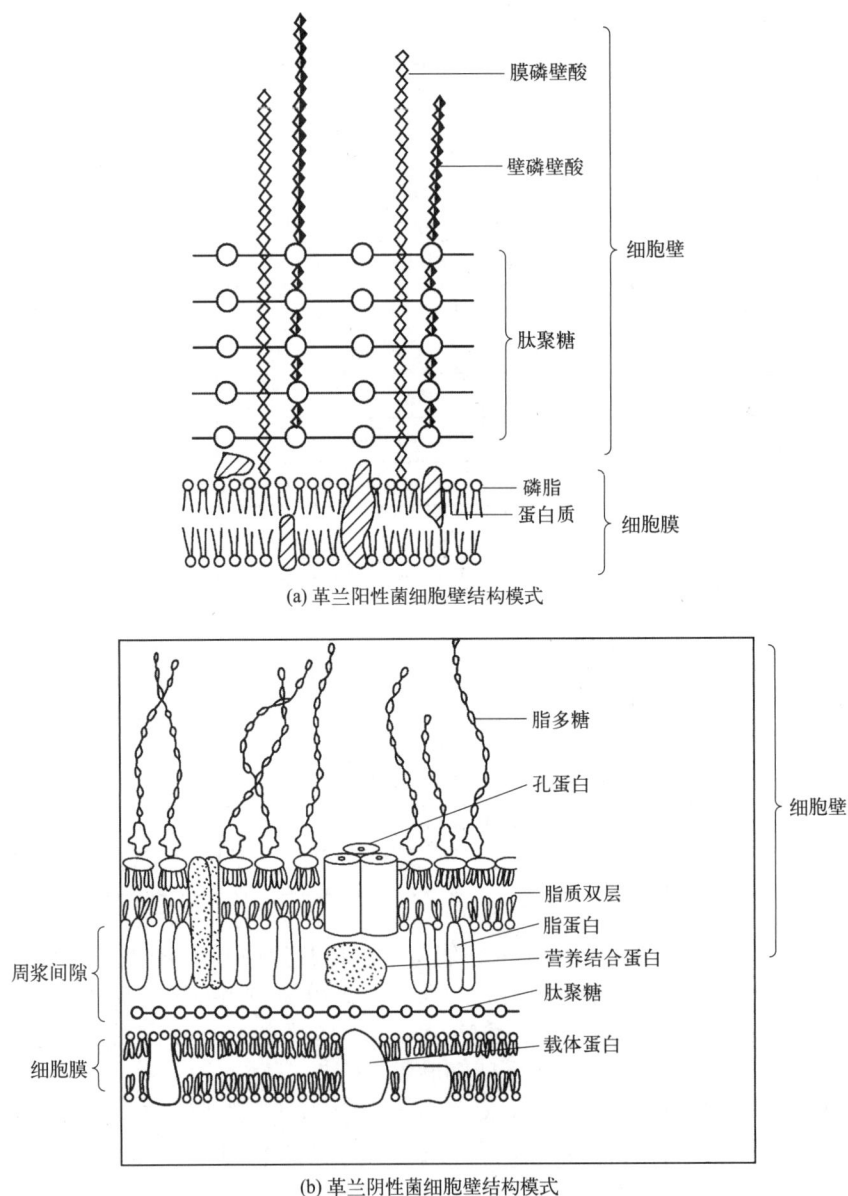

(a) 革兰阳性菌细胞壁结构模式

(b) 革兰阴性菌细胞壁结构模式

图 3.1　革兰菌细胞壁结构

细菌的细胞壁经酸性水解后，可得到如下产物。

（1）肽聚糖　肽聚糖是细胞的主要成分，由 N-乙酰葡萄糖胺、N-乙酰胞壁酸（见图 3.2）和半乳糖胺（少量的，在某些细菌中）组成。

（2）氨基酸　作为蛋白质的结构单元，在细菌的细胞壁中至少有 3 种是能识别到的：D-丙氨酸、L-丙氨酸、D-谷氨酸和 L-赖氨酸（其中一些 D 型氨基酸在蛋白质中是十分稀有的）。

（3）磷壁质　磷壁质是醛糖磷酸酯的聚合物，仅在革兰氏阳性菌中存在。其中聚核糖醇磷酸酯（在金黄色葡萄球菌中）和聚甘油磷酸酯（在枯草芽孢杆菌和粪链球菌中）是两种非常著名的磷壁质，均定位于细菌细胞壁的表面。

图 3.2　细菌细胞壁的主要组分

（4）糖　例如葡萄糖、半乳糖、甘露糖、岩藻糖等。

（5）脂质　细菌中脂质不多，并且主要存在于革兰氏阴性菌中。此外，在分枝细菌和棒状杆菌中，细胞壁含霉菌酸很丰富，显而易见它导致了耐酸反应。

以上这些通过水解作用确定的化合物，通常缔结在大分子结构中。这种大分子缔合，为各类细菌所共有，只存在较小的差异。文献中常按差异的不同，给出肽聚糖、肽葡聚糖、黏肽和胞壁质等不同的命名。由于存在这种大分子缔合，所以细菌对渗透压不敏感。

例如最著名的大分子缔合是金黄色葡萄球菌胞壁质。其基本结构单元由一个 N-乙酰葡糖胺（AGA）和一个 N-乙酰胞壁酸（AAM）组成，以 1,4-β-糖苷键交联并连接到四肽侧链上。

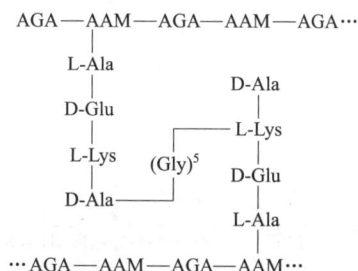

```
AGA——AAM——AGA——AAM——AGA…
  |
 L-Ala
  |                      D-Ala
 D-Glu                     |
  |                      L-Lys
 L-Lys      (Gly)⁵         |
  |                      D-Glu
 D-Ala                     |
                         L-Ala
                           |
      ···AGA——AAM——AGA——AAM···
```

相邻多糖的侧链，用一个多糖链的肽侧链末端 D-丙氨酸去直接连接（如在大肠杆菌中）或者通过一个五甘氨酸肽去连接（如在金黄色葡萄球菌中）。

革兰氏阳性细菌细胞壁的主要成分是胞壁质，在壁中呈厚度为 20～80nm 的均相层。革兰氏阴性细菌和蓝-绿藻类细胞壁较薄（10～25nm），并更加复杂，在电子显微镜下观察到分层，包括细胞质膜在内共有三层：一个刚性的肽聚糖内层和一个双层结构（中间是脂蛋白，外层是脂多糖）。这个双层具有重要的生理和免疫特性。脂类和蛋白质内容物对稳定细胞结构也同样重要，如果被抽提，细胞壁将变得很不牢固。

3.2.2　真菌和酵母

酵母（图 3.3）和真菌的细胞壁在电子显微镜下观察呈纤丝状，约 60nm 厚，厚度取决于生长条件特别是碳源的类别。细胞壁水解可得到下列产物。

（1）糖及其氨基衍生物　主要是葡萄糖、甘露糖、半乳糖、岩藻糖和葡萄糖胺。

这些糖及其氨基衍生物可结合为同聚物或异聚物。酵母细胞壁主要由两种多糖即葡聚糖（30%～34%）和甘露聚糖（30%）组成，此外还有蛋白质（6%～8%）、脂类（8.5%～13.5%）和几丁质（1%～2%）等。

（2）氨基酸　主要是谷氨酸和天冬氨酸，存在于蛋白质中，相当于细胞壁的 5%～7%。

（3）脂质　细胞壁中脂质的总量达 1%～13.5%，量的多少取决于菌种类型、培养发酵液的组成及其他一些因素。

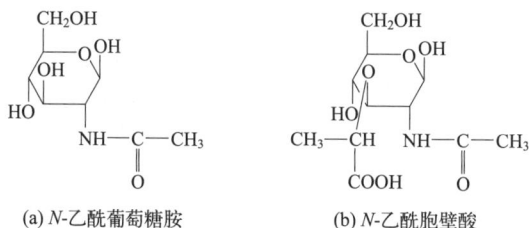

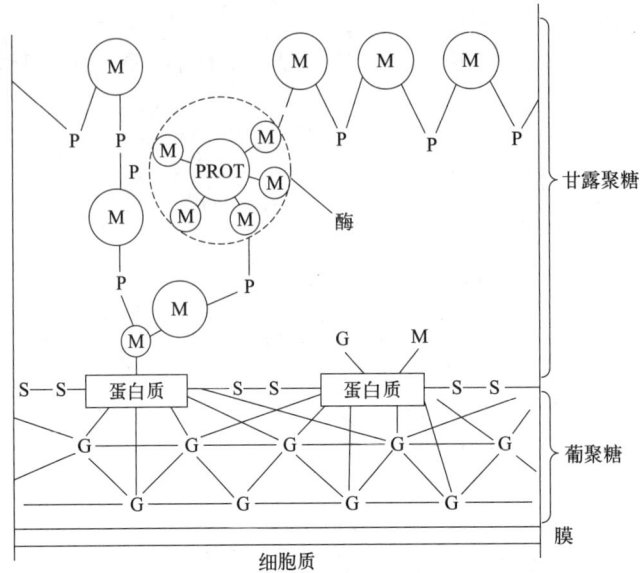

图 3.3　酵母细胞壁的结构示意

M—甘露聚糖；P—磷酸二酯键；G—葡聚糖

3.2.3　藻类

藻类细胞壁非常复杂，其主要结构成分，与其他真核生物一样，是纤丝状的多糖类物质。

3.3　细胞的破碎方法

在许多细胞破碎的方法中，如何进行最佳选择，取决于破碎的目的和待破碎生物体的类型。如果目的是不损伤细胞器或分子的分离，以进一步研究它们在体内的作用，可以选择软处理方法；如果目的是在保持生物活性产品的完整性条件下，定量萃取胞内化合物，则破碎的收率和能耗就相当重要。另外，不同的生物体对破碎有不同的敏感度（见表 3.3），这取决于生物体的大小、形态、龄期、品系、生长条件、细胞壁结构，悬浮液的 pH 值、温度以及细胞的变化（因处理时间的不同而引起的）也同样影响着对破碎的敏感度。此外，这个敏感度可以通过破碎率来测定，其值取决于对未损害完整细胞的分析技术（如直接测定法，测定所释放的蛋白质或酶的活力和测定电导率等）。因此，进行不同破碎方法的效率对比是困难的。

表 3.3　细胞对破碎的敏感度

细胞	声波	搅拌	液压	冷冻压力
动物细胞	7	7	7	7
革兰氏阴性芽孢杆菌和球菌	6	5	6	6
革兰氏阳性芽孢杆菌	5	（4）	5	4
酵母	3.5	3	4	2.5
革兰氏阳性球菌	3.5	（2）	3	25
孢子	2	（1）	2	1
菌丝	1	6	（1）	5

注：上述数字表示了相对敏感度，括号则表示这些数字不是很确切。

　　微生物细胞很坚韧。Wimpenny 曾经指出溶壁微球菌或藤黄八叠球菌内的渗透压大约为 2.0MPa，可想而知耐受这一压力的细胞结构的牢固程度。破碎这样坚固的细胞壁和膜并释放出细胞内容物的方法，在过去的几年中纷纷出台，Wimpenny 依据破碎的原理进行了分类，见图 3.4。细胞的破碎按照是否外加作用可分为机械法与非机械法两大类，除机械法中高压匀浆器和珠磨机不仅在实验室而且在工业上得到应用外，超声波法和非机械法大多处在实验室应用阶段，其工业化的应用还受到诸多因素的限制，因此人们还在寻找新的破碎方法，如激光破碎法、高速相向流撞击法、冷冻 - 喷射法等。

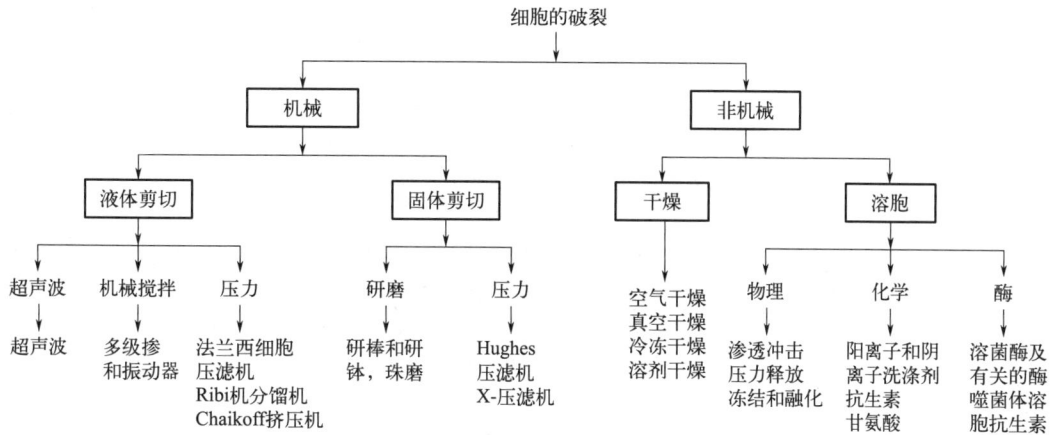

图 3.4　细胞破碎的方法

3.3.1　固体剪切方法（珠磨）

　　将细胞在珠磨机中破碎被认为是最有效的一种细胞物理破碎法。破碎微生物细胞用的珠磨机有多种形式，见图 3.5 ～图 3.7。珠磨机的主体一般是立式或卧式圆筒型腔体，由电动机带动。磨腔内装钢珠或小玻璃珠以提高研磨能力。一般地，卧式构型珠磨破碎效率比立式高，其原因是立式机中向上流动的液体在某种程度上会使研磨珠流态化，从而降低其研磨效率。

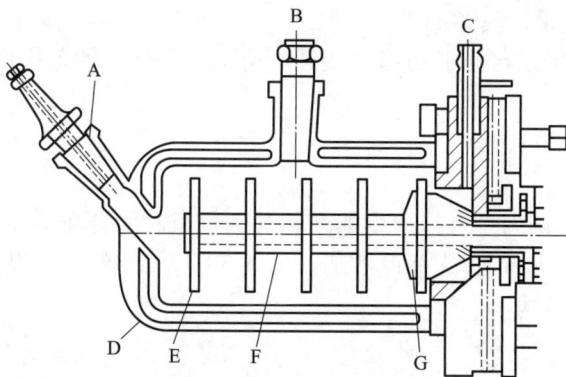

图 3.5　动力分离器，可调节其缝隙（0.02 ～ 0.03mm）将微球与细胞加以分离

A—细胞悬浮液进口；B—微珠加入口；C——破碎细胞出口；
D—冷却剂夹套；E—碟片；F—分隔碟片；G—动力分离器

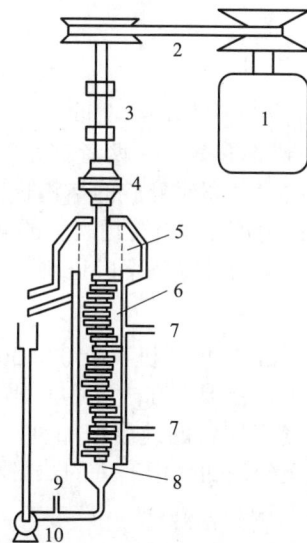

图 3.6　Netzsch-Molinex KE5 搅拌磨简图

1—电动机；2—三角皮带；3—轴承；4—联轴节；5—筒状筛网；
6—搅拌碟片；7—降温夹套冷却水进口；8—底部筛板；
9—温度测量口；10—循环泵

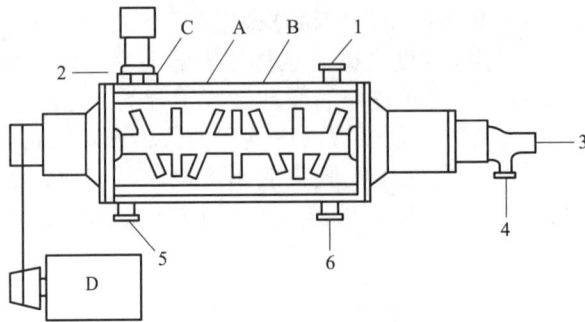

图 3.7　Netzsch LM20 砂磨机简图

A—带有冷却夹套的研磨筒；B—带有冷却转轴及圆盘的搅拌器；C—环状振动分离器；D—变速电动机；
1,2—物料进出口；3,4—搅拌器冷却剂进出口；5,6—外筒冷却剂进出口

① 理论依据　在这类设备中，由于圆盘的高速旋转，细胞悬浮液和珠子相互搅动，细胞的破碎是由剪切力层之间的碰撞和磨料的滚动而引起的。破碎作用将遵循一级动力学定律：

$$\frac{\mathrm{d}R}{\mathrm{d}t} = k(R_{\mathrm{m}} - R) \tag{3.1}$$

式中，R 为 t 时间内蛋白质的释放量，mg/g；R_{m} 为 100% 破碎时最大蛋白质释放量；k 为一级反应速率常数。

将该方法从操作开始到 t 时刻进行积分，可得到：

$$\ln\left[\frac{R_{\mathrm{m}}}{(R_{\mathrm{m}} - R)}\right] = \ln\frac{1}{1-x} = kt \tag{3.2}$$

式中，$x = R/R_{\mathrm{m}}$ 是被释放蛋白质的分数（破碎率）。

对于连续操作，必须考虑返混的程度，所以 n 只连续搅拌研磨罐（CSTR）用连接起来的模式是最合适的，因此可得蛋白质的物料平衡式：

$$\frac{R_{\mathrm{m}}}{R_{\mathrm{m}} - R} = 1 + (k\theta/n)^n \tag{3.3}$$

式中，$\theta = V/Q$ 为平均停留时间；V 为磨腔的总体积；Q 为微生物悬浮液的流速。

② 破碎的速率和效率　两者都是所有这些操作参数的函数，所以它们会影响破碎的比速度，除此以外，搅拌器的设计和研磨腔的结构也会左右破碎的效果，具体如下。

a. 转盘外缘速度 u　由转盘产生的碰撞频率和剪切强度与它的边缘的线速度有关，在一定的范围内，破碎的速率常数 k 与外缘速率成正比：

$$k = Ku \tag{3.4}$$

对于一个 0.6L 的珠磨机，$K = 0.0036\mathrm{m}^{-1}$。

如果超出限定范围，则式（3.4）不成立，这通常被认为是外缘速度的变化导致停留时间分布变化而造成的。并且随着圆盘的速度增加到一限定值后，蛋白质释放就不再增加（见图 3.8）另外外缘速度增加虽然使细胞破碎增加，但产生的热量和消耗的功率也增加。

破碎效率 E 被定义为：

$$E = Rcq/P' \tag{3.5}$$

式中，R 为每千克成品酵母释放的蛋白质数量；q 为物料通过量（处理量）；c 为酵母的浓度；P' 为 5L 珠磨机用于破碎所消耗的功率。

如图 3.9 所示，对于一个处理量给定和蛋白质释放量有要求的悬浮液物料，存在着最佳效率点。

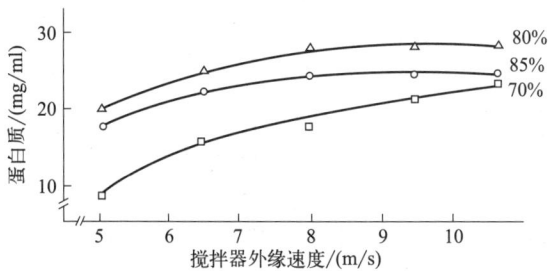

图 3.8 蛋白质释放与搅拌器外缘速度的关系
（珠粒 0.55 ~ 0.85mm；料浆进入量 100L/h，
细胞浓度 40% 细胞湿重 / 体积）

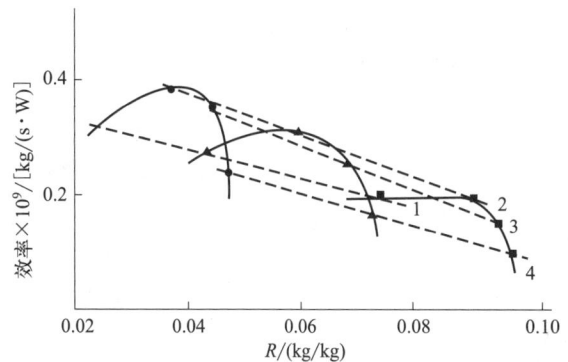

图 3.9 某一珠磨机在不同流量和搅拌器外缘速度下的效率
流量：■ $20×10^{-6}m^3/s$；▲ $50×10^{-6}m^3/s$；● $100×10^{-6}m^3/s$；
搅拌器外缘速度：1—8m/s；2—10m/s；3—15m/s；4—20m/s

通常认为是随着搅拌速率的变更，停留时间分布也改变；随着圆盘外缘速度的增加，轴向弥散程度增加是造成偏离这个规律（$k=Ku$）的原因。显然，由于高的能量消耗、高的热量产生和珠粒的磨损以及因剪切而引起产物的失活，必须限制圆盘外缘速度（实际生产中控制在 5 ~ 15m/s）。

b. 细胞浓度 c　由于细胞浓度对悬浮液的流变性具有影响，因而预计它会对蛋白质的释放速率产生影响，但是观察到的影响在文献报道中有时是互相矛盾的。最佳的细胞浓度应该用实验来确定。一般来说，产生的热量随细胞浓度的降低而下降，但是单位细胞质量所消耗的功率却会增加。一般用 Netzsch LM20 研磨机破碎酵母或细菌时，细胞湿重 / 体积控制在 40% 左右。

c. 珠粒大小　一般来说，磨珠越小，细胞破碎速率也越快，但磨珠太小易于漂浮，并难以保留在研磨机的腔体中，所以它的尺寸不能太小。通常在实验室规模的研磨机中，珠径在 0.2mm 较好，而在工业规模操作中，珠粒直径不得小于 0.4mm。有研究表明，提高磨珠直径起先会提高卡尔酵母蛋白质的释放速率，但磨珠大小再进一步提高时，蛋白质释放速率反而稍有下降，所以对不同的细胞应分别对待。除此以外，磨珠大小与需要提取的酶在细胞中的位置关系很大。如要从酵母细胞中提取 D- 葡萄糖 -6- 磷酸脱氢酶，最好使用 0.55 ~ 0.85mm 大小的玻璃珠，而在提取 α-D- 葡萄糖苷酶时，最好使用较大尺寸（如 1mm 直径）磨珠。

在一定范围内，增加珠粒的装填量（或珠粒负载 - 珠粒的体积占研磨机腔体自由体积的百分比），可以提高细胞破碎速率。但超过某一限度时，将不利于细胞破碎和蛋白质的释放，其原因可能是在高装填量中搅拌不足之故。要消除这种影响，必须提高搅拌器功率，与此同时操作中释放的热量会有很大的增加，给细胞破碎带来困难。因此研磨机腔体内的填充密度应该控制在 80% ~ 90%，并随珠粒直径的大小而变化。

d. 温度　Currie 等人的研究表明操作温度控制在 5 ~ 40℃ 范围内对破碎物影响较小，但是研磨过程中会产生热量累积，使磨室温度升高，如果产品是热不稳定的则操作将不能接受。为了控制温度，可采用冷却夹套和搅拌轴的方式来调节磨室的温度。

e. 流量 Q　如果认为细胞破碎是一级反应，则提高通过单一反应器的料液流量，也即单位时间的处理量，会使破碎量下降。流量对破碎量的影响是由于停留时间分布变化造成的，随着流量的降低，在研磨机中的轴向弥散和返混增加，破碎率将不是流量的一个简单函数。每加工单位质量细胞消耗的能量随着流速的增加而下降；但是高流量会降低细胞的破碎程度和释放蛋白质的产量，因此需要循环部分悬浮液来补偿，而这样会降低珠磨机破碎细胞的能力。

除上述参数外，细胞的破碎效果还与被破碎处理的微生物特性有关。一般说来，酵母比细菌细胞的处理效果好，因为细菌细胞的大小仅为酵母细胞的 1/10，在高速珠磨机中不易破碎。例如一台 20L 珠磨机在最适条件下，每小时处理 200kg 面包酵母，破碎率超过 85%；而在同样条件下，处理细菌细胞每小时仅 10 ~ 20kg。当然酵母属不同，处理效果也不相同。在同样的条件下，酿酒酵母的破碎效果比热带假丝酵母要好。其原因除了两者大小有别外，更主要的是由于后者细胞的机械强度比前者高。

3.3.2 液体剪切方法

在液体剪切破碎装置中，APV Manton-Gaulin 型高压匀浆机是最常用的一种（见图 3.10）。它有一个高压位移泵和一个可调节放料速度的针形阀，通过阀门时会产生高剪切应力。它是 French 挤压器的扩展，只是用一个连续流动的高压泵代替液压机来实现连续大规模操作。如将菌体悬浮液加压后，通过阀芯与阀座之间的通道向环撞击，然后排出。进口处用冰来调节温度，使出口处的温度维持在 20℃ 左右。操作条件随菌体种类、浓度以及酶所处位置而定。通常非结合的酶，压力为 5.45×10^7Pa，菌体浓度 10% ~ 20%（质量分数），处理一次即可；与膜结合的酶，如细胞色素氧化酶，则需进行 3 次破碎。处理酵母菌时，在 30℃ 下，一次可释放出 60% 的水溶性蛋白。

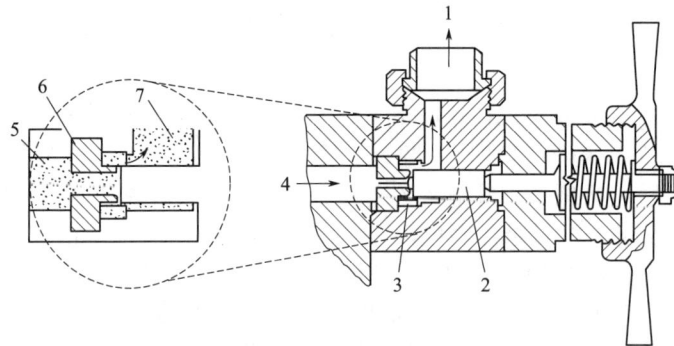

图 3.10 高压匀浆机的排出阀装置

1—出阀口；2—阀体；3—撞击环；4—入阀口；5—细胞悬浮液；6—阀座；7—匀浆

破碎分率与悬浮液通过匀浆器的次数 N 有关，也服从一级反应定律：

$$\ln \frac{R_{\mathrm{m}}}{R_{\mathrm{m}} - R} = kNp^{\alpha} \tag{3.6}$$

式中，R 为蛋白质释放量；R_{m} 为蛋白质最大释放量；p 为操作压力；k 为与温度有关的速率常数；α 对于有机体是一种抵抗破碎能力的量度，不同的有机体其值是不同的，取决于生物体的类型和生长生理状况。

图 3.11 通过 APV 匀浆机的 *E.coli* ML308 细胞释放 β-半乳糖苷酶的效果

（操作压力为 20MPa）

有研究表明酿酒酵母 $\alpha=2.9$，而大肠杆菌 $\alpha=2.21$。有时，所用的培养基不同 α 值也会不同，如图 3.11 所示，大肠杆菌生长在复杂培养基上比生长在简单合成培养基上更坚固。

当悬浮液中酵母浓度在 450 ~ 750kg/m³ 时，破碎率与温度有关并随着温度的增加而增加。当操作温度由 5℃ 提高到 30℃ 时，破碎率约提高 1.5 倍。但是，高温破碎只适用于非热变性产物。如果温度高于 40℃ 则蛋白质在破碎过程中会发生变性。一般认为，在酵母破碎过程中，破碎率与细胞的浓度无关。但是 Doulach 等人的理论分析却认为与细胞的浓度有关，他们以 Kolmogoroff 涡流理论为基础，导出了如下关于可溶性蛋白质释放量的方程式：

$$R = 1 - \exp\left\{-\left[\left(p - p^0\right)/Z\right]^{\beta}\right\} \tag{3.7}$$

式中，Z 为常数；p 为破碎压力；p^0 为临界压力（最低限度压力）；β 为取决于细胞浓度的一个参数，理论值为 0.895。

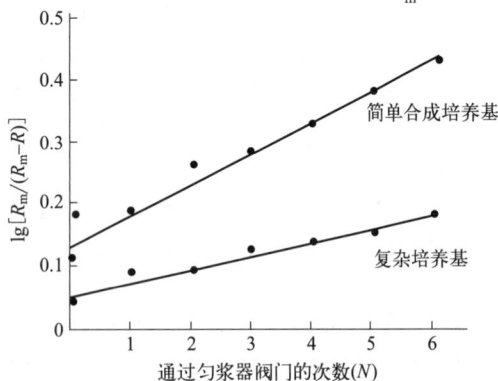

在高压匀浆机的操作中，针形阀反向（上游）压力每增加 10MPa，温度将增加 2℃，为了控制匀浆机的温度，要将悬浮液预冷，破碎后离开匀浆机时也要立即冷却。

操作压力的合理选择很重要，由于破碎过程中能耗与操作压力呈线性关系。提高压力需增加能耗，大约操作压力每升高 100MPa 会多消耗 3.5kW 能量；但是操作压力高，将引起阀座的剧烈磨损，所以不能单纯追求高破碎率。

阀座的型式对破碎细胞也有影响，通常阀门底座有两种型式：刃缘（knife edge）阀座和平边阀座（见图 3.12）。Hetherington 等曾对酿酒酵母在 APV Manton-Gaulin 匀浆机中不同阀座下破碎情况做过研究。结果发现，在相同操作压力下，刃缘阀座较平边阀座破碎效率高（见图 3.13），但是更易磨损。

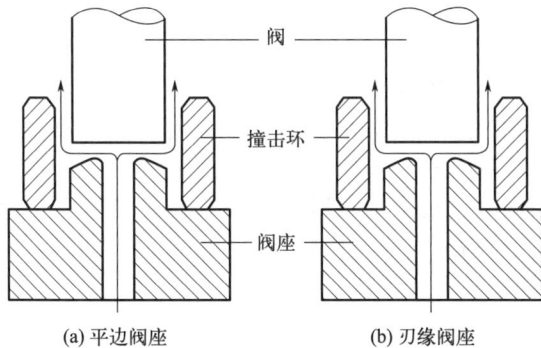

图 3.12　阀座结构

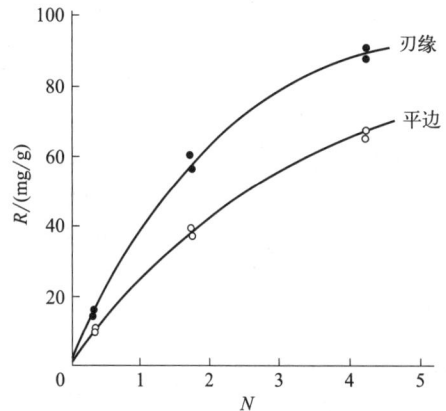

图 3.13　不同阀座中蛋白质的释放情况
○平边；● 刃缘

设备设计的最优化，特别是对于大规模生产，首先需要对细胞破碎的机理有深刻的了解。在破碎过程中发现当悬浮液被加压通过针形阀时，会引起剪切或涡流。一种机理认为是通过针形阀时，压力下降的速度和大小是细胞破碎的原因；另一种机理则认为是来自涡流的旋涡使液体细胞震颤的结果。近年来在实验证据的基础上，有人提出悬浮细胞在平坦表面上的高速喷射撞击是细胞破碎的主要原因：当喷射方向突然改变时，在高压匀浆机的针形阀中将发生撞击。这种冲击在大规模匀浆机中得到了进一步验证，这时对阀的结构和撞击环需重新设计。

大型 APV Manton-Gaulin 匀浆机在 55.2MPa 压力下的加工能力达 53m³/h，在酵母、细菌等多种细胞的破碎上进行了应用，例如 Whitworth 曾经在 55MPa 操作压力下通过 6 次处理解脂假丝酵母得到 30% 可利用蛋白质；又如在一只高压匀浆机中采用 0.28m³/h 的流速，54MPa 操作压力对大肠杆菌进行连续分离胞内蛋白质和 β-半乳糖苷酶的工艺，其流程见图 3.14。

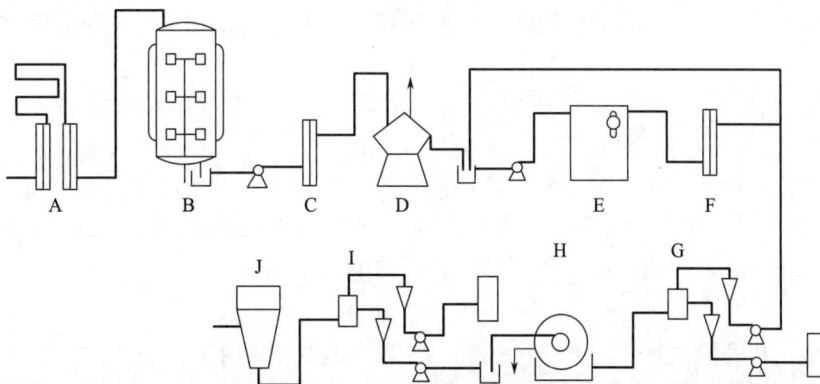

图 3.14　连续从 *E.coli* ML308 发酵液中分离 β-半乳糖苷酶流程

A—培养基连续灭菌器；B—1m³ 发酵罐；C,F—热交换器；D—离心机；E—APV Manton-Gaulin KF3 匀浆机；
G,I—混合槽；H—回转过滤器；J—离心机

高压微射流法（microfluidizer method）是近些年来快速发展起来的利用液体剪切力进行细胞破碎的新技术，是用一个加装增强泵的微通道（水力学直径小于 1mm），以高剪切速率（shear rates）破碎细胞。使用高压泵将流体导入反应腔，物料在振荡头中，速度被增加到 300m/s 以上，液体分成两股或多股细流，然后在极小空间进行强烈的自相碰撞，在撞击的过程中瞬间释放出大部分能量，产生巨大的压力降，使细胞破碎。高压微射流法与常规高压匀浆法的根本区别在于其应用了对射流的原理，利用特有的 Y 形结构，使高压溶液中高速运动的物料自相碰撞，大大提高了腔体的使用寿命，因为使用金刚石材料，解决了金属微粒残落的问题。

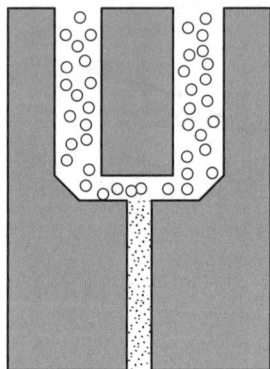

图 3.15 高压微射流细胞
破碎仪腔体示意图

微射流法对细胞膜的破坏有效但比较温和，体现在细胞膜碎片都比较大，因此细胞悬液的黏度较小，意味着后续的过滤、离心等固 - 液分离较为容易。另外，由于微射流仪的操作单元很小，因此可以对温度进行精确控制，使得破碎和降温过程在几十微秒内完成，保证了热敏感蛋白质活性的要求。常规碰撞型均质腔在生产医用注射液时，残落的惰性金属颗粒有可能发生聚集或形成更大颗粒。从病理学角度看，将导致毛细血管血流减少，进而引发人体内组织的机械性损伤，以及引起急性或慢性炎症反应。对射型均质腔的诞生从原理上解决了惰性金属残落的问题和破乳的潜在因素，对射流 Y 形金刚石交互空腔获得制药行业的青睐。但是由于微射流法内部结构原因，当物料的浓度和黏度较大时，对射型较碰撞型更易发生阻塞。

高压微射流细胞破碎仪腔体示意见图 3.15。

总之，在大规模操作中，机械高压匀浆机和珠磨机是用得最多的破碎机。一般来讲，高压匀浆机最适合于酵母和细菌，虽然珠磨机也可用于酵母和细菌，但通常认为对真菌菌丝和藻类更合适。

3.3.3　超声波破碎法

超声波法是另一种液相剪切破碎法。该法已引起理论界的重视。频率超过 15 ～ 20kHz（千赫）的超声波是人耳难以听到的一种声音，它可使悬浮液中微生物细胞失活，在较高的输入功率下，可破碎微生物细胞。

实验表明，在声能高达 200W 的 20kHz 声频下，经超声波处理的酿酒酵母的蛋白质释放量在细胞浓度（湿重）达到 600kg/m³ 之前，与细胞浓度无关，而几乎与输入声能（由 60 ～ 195W）成正比。

① 理论依据　超声波破碎细胞的机理可能与超声波引起空穴现象有关。在相当高的输入声能下，液体各个成核部位会形成许多小气泡。在声波膨胀相中，这些气泡会增大，而在压缩相中气泡会被压缩，直到不能再压缩时，气泡破裂，释放出猛烈的震波。这种震波通过介质传播。在气泡发生空穴现象的破碎期间，大量声能被转化成弹性波形式的机械能，引起局部的剪切梯度使细胞破碎。

液体对声能的吸收是由总的压力决定的，在达到某一限值之前，提高环境压力可以提高声能对震波能的转化率。

在用于细胞破碎的容器中，流体动力学按照完全混合方式，蛋白质释放动力学遵循一级反应定律：

$$1-x=\exp(-kt) \tag{3.8}$$

式中，x 为释放蛋白质的分率；k 为蛋白质释放常数，min^{-1}；t 为超声波发射时间，min。

由实验可知，蛋白质释放常数 k 取决于输入声能。对于从啤酒酵母悬浮液中（200kg 湿重 /m³ 悬浮液），用 190W 的 20kHz 声频的超声波处理时，k 值可由下式求出：

$$k=b(P-P_0)0.9 \tag{3.9}$$

式中，b 为常数；P 为输入功率，J/（kg·s）；P_0 为空穴临界功率。

有若干因素影响超声波对生物产品的回收，其中之一是温度的上升，当气泡破裂时，绝大部分释放出来的能量都以热的形式为液体所吸收，为了避免高温，悬浮液应预先冷却到 0 ～ 5℃，并且还应用冷却的液体连续通入容器夹套，即短期的声波破碎与短期的冷却交替操作；声波破碎／冷却的时间比率称为"负载因素"。

另一个因素是超声处理工艺会引起诸如生成自由基这样的化学效应，它可能对某些需要的分子带来破坏性影响，但对破碎细胞毫无影响。这个问题可以通过添加自由基清除剂如胱氨酸或谷胱甘肽，或者用氢气预吹细胞悬浮液来缓和。

超声波破碎的实验室装置见图3.16，它由一个带夹套的烧杯组成，其形状和尺寸会影响悬浮液的流体动力学。对于刚性细胞可以添加细小的珠粒，产生辅助的"研磨"效应。在这个超声波反应器内，有四根内环管，由于声波振荡能量会泵送悬浮液循环，用插入进出口管到内部烧杯中去的方法，就可以实现连续操作。

② 超声波破碎的影响因素　超声波破碎过程的效率受下列几个参数影响。

a. 振幅　振幅与声能直接相关，影响蛋白质释放的比速度 k。

b. 细胞悬浮液的黏度　黏度影响能耗率并会抑制空穴现象。

c. 表面张力　添加表面活性剂或从细胞中释放出表面活性物质（如蛋白质），能显著地影响声波破碎效率，因为强烈起泡在气-液界面上会促使蛋白质变性和空穴清除，特别是应用高的功率时。

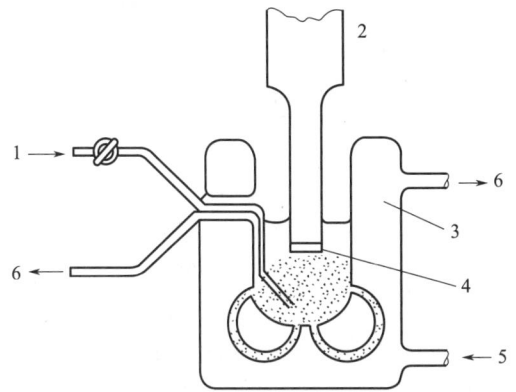

图 3.16　连续破碎池的结构简图

1—细胞悬浮液；2—超声探头；3—冷却水夹套；
4—超声嘴；5—入口；6—出口

d. 被处理悬浮液的体积　大体积需要高的声能引起强烈的涡流和大的气泡形成，从而使空穴消失。

e. 珠粒的体积和直径　添加细小的珠粒，玻璃的或者钢制的，不仅对空穴的形成有帮助，而且产生辅助"研磨"效应，从而提高破碎效率。在相同珠粒填充密度下，随着珠粒直径的变化，k 存在最大值。

f. 探头的形状和材料　对于一个能级恒定的功率，探头的振幅与其面积成反比，然而对于小直径的探头，声能限制在较小的区域并且效率低。特别是当悬浮液的体积小的时候，能量在探头嘴附近被悬浮液吸收，强烈的涡流会变小。对于大的探头，声能消耗在大范围上，结果则使振幅更小。

探头嘴通常用钛制造，因为钛具有良好的声学和机械特性以及对生物活性产物的低毒性。为了维修和替换，探头通常可以拆卸。除钛以外，还可使用其他材料如不锈钢或硬质钢，但是它们的声学和机械特性都不如钛，破碎速率也大幅度降低。

g. 细胞悬浮液的流速　在连续操作中，流速决定于细胞在反应器中的停留时间，并影响破碎的总收率。

声波破碎是一种普通的细胞破碎方法，在许多实验室研究或生化物质的分离制备中都能见到，但是要向大量细胞悬浮液中通入足够的能量是很困难的，故在工业范围中还未采用这种方法。

3.3.4　非机械法

机械方法破碎细胞也存在一些缺点：①需要高的能量并且产生高温和高的剪切力，易使不稳定产品变性失活；②就被破碎的有机体或释放的产物而言，它们是非专一的，并且产生碎片微粒尺寸的大范围分布，大量细颗粒给分离带来了困难。为了减少这些影响，近年来进行了一些研究，在机械方法破碎之前，先用非机械方法来削弱细胞壁的强度或直接使细胞破碎，下面简单介绍一下有关非机械破碎方法。

3.3.4.1　酶解法

利用酶分解细胞壁上特殊的化学键使之破壁是一种很具吸引力的方法，其优点有：产品释放的选择性高；抽提的速率和收率高；产品的破坏最少；对 pH 和温度等外界条件要求低；不残留细胞碎片。但是酶法溶胞的应用受酶的费用限制。若在超滤反应器中使用可溶性固定化酶可望解决酶的费用问题。

单一酶不易降解细胞壁，需要选择适宜的酶及酶反应系统确定特定的反应条件，并结合其他的处理方法，如辐照、加入高浓度盐及 EDTA，或利用生物因素促使生物对酶解作用敏感等。

如果是酵母细胞的破壁，至少有两种酶是必需的，即细胞壁-溶解蛋白酶和 β-(1,3)-葡聚糖酶，但是 β-(1,6)-葡聚糖酶、甘露聚糖酶和甲壳素酶将加速这一溶解过程。

对于细菌，糖苷酶、N-乙酰胞壁酰-L-丙氨酸酰胺酶和多肽酶的混合物将加速肽聚糖的溶解，在破碎革兰氏阴性菌时，为了去除外部双层脂质需要用表面活性剂进行预处理。一些重要微生物细胞壁的降解酶列于表 3.4 中。

表 3.4　重要微生物细胞壁的降解酶

生物体	酶	水解键的类型
细菌	糖苷酶	肽聚糖中 AGA 和 AAM 之间的 β-(1,4)-键残基
	N-乙酰胞壁酰-L-丙氨酸酰胺酶	某些糖肽中的 N-乙酰胞壁酰基残基和 L-氨基酸残基之间的键
	多肽酶	甘氨酸-甘氨酸、丙氨酸-甘氨酸等的肽键
真菌、酵母	β-(1,3)-葡聚糖酶	聚糖中随机 β-(1,3)-键
	β-(1,6)-葡聚糖酶	聚糖中随机 β-(1,6)-键
	甘露聚糖酶	(1,2)-β-D-甘露糖苷键或 (1,3)-β-D-甘露糖苷键或 (1,6)-β-D-甘露糖苷键
	甲壳素酶	甲壳糖和壳糊精中的 N-乙酰-β-D-氨基葡萄糖苷 β-(1,4)-键
	蛋白酶	
藻类	纤维素酶	纤维素中的 α-(1,4)-键

除上述外，可采用的酶还有其他类型的蛋白酶、脂肪酶、溶菌酶、核酸酶、透明质酸酶等。使用一种溶菌酶酶法裂解臭味假单胞菌提取链烷羟化酶已获得成功。

在某些情况下，不加外源酶也可使某些微生物细胞发生自溶，如淀粉液化芽孢杆菌（*Bacillus amyloliquefaciens*）的细胞自溶，虽然细胞自溶比其他破碎方法速度慢，但是这种方法与物料处理量多少无关，如使 100m³ 细胞自溶与使 100cm 细胞自溶的速度几乎相同。

3.3.4.2　化学法

用某些化学试剂溶解细胞壁或抽提细胞中某些组分的方法称为化学渗透法。例如酸、碱、某些表面活性剂及脂溶性有机溶剂（如丁醇、丙酮、氯仿等），都可以改变细胞壁或膜的渗透性，从而使内含物有选择性地渗透出来。

a. 酸碱用来调节溶液的 pH 值，改变细胞所处的环境，从而改变两性产物——蛋白质的电荷性质，使蛋白质之间或蛋白质与其他物质之间的作用力降低而易于溶解到液相中去，便于后面的提取。

b. 有机溶剂常用的是甲苯，它被细胞壁脂质层吸收后会导致胞壁膨胀，最后造成细胞壁的破裂，细胞内的产物就可释放到水相中去，可处理的菌体有无色杆菌、芽孢杆菌、梭菌、假单胞杆菌等菌体。但甲苯具有致癌性，一般选用具有与细胞壁中脂质类似的溶解度参数的溶剂作为细胞破碎用的溶剂。

c. 表面活性剂都是两性化合物，分子中有一个亲水基团和一个疏水基团，在适当的 pH 值和离子强度下，它们凝集在一起形成微胶束，疏水基团聚集在胶束内部将溶解的脂蛋白包在中心，而亲水基团则向外层，这样使膜的通透性改变或使之溶解，该法特别适用于膜结合的酶的溶解。表面活性剂有天然的（如胆酸盐及磷脂等）和合成的 [阴离子型如十二烷基磺酸钠，非离子型如吐温（Tween），阳离子型如二乙氨基十六烷基溴化物] 两类。一般来说离子型的比非离子型更有效，但也容易使蛋白质变性。典型的例子是用表面活性剂 Triton X-100（非离子型），从一种诺卡菌（*Nocardia rhodochrous*）中选择性地提取胆固醇氧化酶。这种表面活性剂比较昂贵并且易污染产物，因此难以大规模应用。

3.3.4.3　物理法

包括渗透压冲击法、冻融法和干燥法。

a. 渗透压冲击法　是指细胞经高渗溶液，如一定浓度甘油或蔗糖溶液处理，使之脱水收缩，然后转入水或缓冲液，因渗透压突然变化，细胞快速膨胀而破裂，使产物释放到溶液中。用此法处理大肠杆菌时，可使磷酸酯酶、核糖核酸酶和脱氧核糖核酸酶等释放至溶液中。蛋白质释放量一般仅为菌体蛋白质总量的 4%～7%，此法对革兰氏阳性菌不适用。

b. 冻融法　是将细胞在低温下冷冻（-15℃）然后在室温下融化，反复多次而使细胞破裂。冷冻时膜的疏水键被破碎而亲水性增强，同时胞内水形成冰晶粒，引起细胞膨胀而破裂。比较脆弱的菌体可采用此法，但释放的蛋白质仅为 10% 左右。

c. 干燥法　是将细胞用不同的方法干燥，使细胞膜渗透性发生变化而破裂，然后用丙酮、丁醇或缓冲液等溶剂抽提胞内物质。抽提的 pH 为 8～9，此时溶解的蛋白质较多，抽提的温度约为 40～50℃，对不稳定的产物需用低温处理。干燥的方法有空气干燥、真空干燥、冷冻干燥等。干燥法条件变化剧烈易引起蛋白质变性。提取不稳定生化物质时，常加某些试剂进行保护，如半胱氨酸、巯基乙醇和亚硫酸钠等还原剂。

3.4　破碎率的评价

破碎率定义为被破碎细胞的数量占原始细胞数量的百分比，即：

$$Y = (N_0 - N)/N_0 \times 100\%$$

由于 N_0（原始细胞数量）和 N（经 t 时间操作后保留下来的未损害完整细胞数量）不能很清楚地确定，因此破碎率的评价非常困难。目前 N_0 和 N 主要通过下面的方法获得。

（1）直接计数法　直接对适当稀释后的样品进行计数，可以通过平板计数技术或在血细胞计数板上用显微镜观察来实现最终染色细胞的计数。

平板计数技术需时长，而且只有活细胞才能被计数，不活的完整细胞虽大量存在却未能计数，会产生很大的误差，如果细胞有团聚的倾向，则误差更大。

显微镜计数相对来讲快速而简单，然而，非常小的细胞，不仅给计数过程带来困难，而且在未损害完整细胞和稍有损伤的细胞之间进行区分也是很困难的。这时可采用涂片染色的办法来解决计数问题。例如，如果是酵母，采用 Bianchi 所提出的方法，就能对完整细胞、破碎细胞和卸载细胞（empty cell）的碎片进行识别和计数。该方法是基于固定在干净片子上的酵母，在细胞壁破碎时能改变其对革兰氏试剂反应的事实：在 1000 倍放大下观察到，完整细胞呈深紫色或黑色，带有细胞质的破碎细胞呈浅紫色或无色，卸载细胞碎片呈绿色。该方法主要的困难是寻找一种合适、可用的细胞染色技术。

（2）间接计数法　间接计数法是在细胞破碎后，测定悬浮液中细胞释放出来的化合物的量（例如可溶性蛋白质、酶等）。破碎率可通过被释放出来化合物的量 R 与所有细胞的理论最大释放量 R_m 之比进行计算。通常的做法是将破碎后的细胞悬浮液离心分离掉固体（完整细胞和碎片），然后对清液进行含量或活性分析。

间接计数法最常用的细胞内含物是蛋白质，当然其他生物活性产物也能作为评价的对象，特别是酶活性释放到基质中，是破碎程度很好的指示参数，但是，在一系列固定条件下，某类细胞破碎率的评价值，在很大程度上取决于为了分析而精选的酶和它在细胞内部的位置（见图 3.17），以及它是否连接在

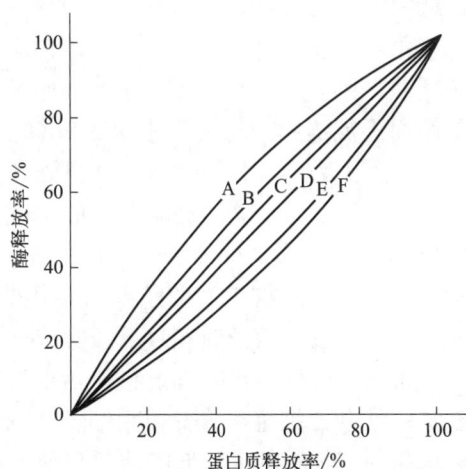

图 3.17　面包酵母中一些酶及酶释放率与蛋白质释放率关系

A—酸性磷酸酯酶；B—蔗糖酶；C—葡萄糖 -6- 磷酸脱氢酶和葡萄糖 -6- 磷酸脱氢酶；D—乙醇脱氢酶；E—碱性磷酸酯酶；F—富马酸酶

膜材料上和它对热及剪切变性的敏感度，甚至包括为了分析而对样品进行稀释的程度都会影响结果。显然最合适的评价对象是那些能很容易地进行分析的产物。

实践中经常需要连续地监测破碎的程度，指示设备运行的好坏，特别是有严重损耗问题的时候。例如，在匀浆器中破碎面包酵母时，细胞的破碎程度与通过匀浆器时细胞悬浮液的升温之间存在着一定的关系，因此，在机器中引入一个差示热电偶系统，就可以连续不断地跟踪操作。

3.5　细胞破碎方法的选择

不同生物体或同一生物体的不同组织，细胞破碎的难易不同，方法各异。选择破碎方法时应根据细胞性质进行选择。提取的物质在细胞质内，可以采用机械法；在细胞膜附近采用非机械法；若与细胞膜或细胞壁结合时，需机械法与化学法相结合。动物细胞没有细胞壁，比较容易破碎，可采用普通的匀浆器研磨即可；韧度比较大的组织需先绞碎再匀浆。植物和微生物细胞有细胞壁，破碎比较困难，需要采取特殊的细胞破碎方法。如植物含纤维比较多的组织必须高速捣碎器内破碎或加砂研磨。微生物常采用自溶、反复冻融、加砂研磨、超声波和加压法等。选择合适的破碎方法还需要考虑下列因素：细胞的处理量、产物对破碎条件的敏感性、需破碎的程度、尽可能温和的方法等。

机械法和非机械法之间各有不同的特点：机械法需要专用设备，利用机械力的作用将细胞切碎，所以细胞碎片细小，胞内物质一般都全部释放，故细胞浆液中核酸、杂蛋白等含量高，料液黏度大，给固-液分离带来较大困难。但也具有很多优点，如设备通用性强，破碎效率高，操作时间短，成本低，大多数方法都适合大规模工业化等。非机械法是利用化学试剂或物理因素等来破坏局部的细胞壁或提高壁的通透性，故细胞破碎率低，胞内物质释放的选择性好，固-液分离容易。但往往破碎率较低，耗费时间长，某些方法成本高，一般仅适合小规模。通常在选择破碎方法时，应从以下四方面考虑：

第一，细胞的处理量。若大规模应用的，多采用机械法。若仅需实验室规模，多采用超声波法或非机械法。

第二，细胞壁的强度和结构。细胞壁的强度除取决于网状高聚物结构的交联程度外，还取决于构成壁的聚合物种类和细胞壁厚度，如酵母和真菌的细胞壁与细菌相比，含纤维素和几丁质，强度较高，故在选用高压匀浆法时，后者就比较容易破碎。某些植物细胞纤维化程度大，纤维层厚，强度很高，破碎也较困难。在机械法破碎中，破碎的难易程度还与细胞的形状和大小有关，如高压匀浆法对酵母菌、大肠杆菌、巨大芽孢杆菌等微生物细胞都能很好适用，但是，对某些高度分枝的微生物，由于会阻塞匀浆器阀而不能适用。在采用化学法和酶法破碎时，更应根据细胞的结构和组成选择不同的化学试剂或酶，这主要是因为它们作用的专一性很强。

第三，目标产物对破碎条件的敏感性。生化物质通常稳定性较差，在决定破碎条件时，既要有高的释放率，又必须确保其稳定。例如在采用机械法破碎时，要考虑剪切力的影响；在选择酶解法时，应考虑酶对目标产物是否具有降解作用；在选择有机溶剂或表面活性剂时，要考虑不能使蛋白质变性。此外，破碎过程中溶液的 pH、温度、作用时间等都是重要的影响因素。

第四，破碎程度。细胞破碎后的固-液分离往往是一个突出要解决的问题，机械法破碎（如高压匀浆法）常会使细胞碎片变得很细小，固-液分离就困难，因此操作条件的控制很重要。适宜的操作条件应从高的产物释放率、低的能耗和便于后续提取这三方面进行权衡。

基于不同方法的特点，将多种破碎方法相结合：机械法破碎效率高，但是需要高速珠磨机、高压匀浆机等贵重设备，同时由于发热大，可能影响重组蛋白质的生物活性；化学法简便，但所用有机溶剂及变性剂也可能影响重组蛋白质的生物活性；物理法操作条件温和，但破碎效率较低；生物酶法条件温和、破碎率较高，但成本也较高。而多种破碎方法相结合能"取长补短"，提高细胞的破碎效率。例如，用细胞壁溶解酶（lysozyme）预处理面包酵母，然后高压匀浆，在 95MPa 压力下匀浆 4 次，总破碎率可接近 100%，而单独高压匀浆法破碎率只有 32%。人酸性成纤维细胞生长因子（aFGF）的基因重组大肠杆菌，采用溶菌酶和超声波振荡相结合的方法来破碎菌体，也可达到很高的产物释放率。先加入溶菌酶，可使细胞壁的网状结构破坏，机械强度减弱；再用超声波法，细胞就能有效地得到破碎。赵烨清等通过化学法与渗透压法的联用，建立了化学 - 渗透压法温和高效破碎大肠杆菌细胞的新工艺。先将大肠杆菌细胞在 1% TritonX-100 中进行预处理，然后再以 35% 的蔗糖或者 20% 的 PEG 8000 为渗透压稳定剂进行 3 ～ 5 次渗透压处理，其胞内蛋白质的释放率可以达到 100%。

3.6　细胞破碎技术的发展

细胞破碎技术需要进一步探索。例如新的破碎技术的发展、多种破碎方法相结合、与生物工程上游技术结合以及与生物工程下游技术结合。

（1）新的细胞破碎技术　低温超高压连续流细胞破碎技术，在进样、破碎、出样，全过程在 4 ～ 6℃低温循环水浴中进行，细胞高压破碎时产生的热量被冷却循环水吸收，解决了散热困难，扩大了大容量应用规模。既保证了细胞的破碎率，同时保持了蛋白质或多肽的活性。

近些年来快速发展起来的高压微射流法，使用高压泵将流体导入反应腔，物料在振荡头中，速度被增加到 300m/s 以上，液体分成两股或多股细流，然后在极小空间进行强烈的自相碰撞，大大提高了腔体的使用寿命，在撞击的过程中瞬间释放出大部分能量，产生巨大的压力降，使细胞破碎。与其它物理破碎法相比，微射流法对细胞膜的破坏有效但比较温和，体现在细胞膜碎片都比较大，因此细胞悬液的黏度较小，意味着后续的过滤、离心等固 - 液分离较为容易。另外，由于微射流仪的操作单元很小，因此可以对温度进行精确控制，使得破碎和降温过程在几十微秒内完成，保证热敏感蛋白质活性的要求。

超临界流体细胞破碎：利用高压 CO_2 易于渗透到细胞内，突然降压使细胞内外压差急剧增大而膨胀破裂。对于细胞壁较厚的微生物，因 CO_2 能破坏细胞壁上的脂溶性成分，降压时破裂发生在一定位置，使破碎后的细胞碎片较大，便于下游分离；同时在降压过程中流体体积膨胀，温度降低，可防止因升温引起生物活性物质失活。

（2）与上游过程相结合　在上游细胞培养过程中，通过改变培养基成分、生长期或操作参数（pH、温度、通气量、稀释率等），使细胞破碎变得容易。例如，某些放线菌为了增强被酶作用的敏感性，在培养过程中添加适量抑制剂，如甘氨酸、蔗糖等，在一定程度上抑制了细胞壁合成，酶解作用就容易进行。另外，通过基因工程手段对菌种进行改造是一种十分有效的方法。例如在细胞内引入噬菌体基因，一定条件下细胞就能自内向外溶解，释放出胞内物质。

（3）与下游技术相结合　细胞破碎与固 - 液分离紧密相关，将细胞破壁后，细胞碎片悬浮在匀浆中，需要去除才有利于目的产物的分离纯化。对于可溶性产品来讲，碎片必须除净，否则将造成色谱柱和超滤膜的堵塞，缩短设备的寿命。因此必须从后续分离过程的整体角度来看待细胞破碎操作，机械破碎操作尤其如此。细胞碎片的固 - 液分离常很困难，由于细胞碎片直径小，采用板框过滤、碟片式离心机分离以及高速管式离心机分离都不能有效地去除。除了从后续分离过程的整体考虑破碎条件外，还可将破碎操作直接与纯化过程结合起来。例如修志龙等人报道用萃取破碎法提取酵母醇脱氢酶，以聚乙二醇和硫酸铵为成相体系，在水平搅拌式珠磨机中对酿酒酵母边破碎边萃取，珠磨机既具有破碎作用，又具有较强的混合能力，使成相各组分充分混合，并使释放出的醇脱氢酶很快达到萃取平衡。经该法处理后的细胞碎片滞留在下相，而 90% 酶分配在上相，用常规离心法分离两液相，即可得到被纯化的醇脱氢酶。该法节省了萃取设备和时间，并利用双水相组分对蛋白质的保护作用而提高了酶活。膨胀床吸附技术是近十几年来出现的一种新型生物分离模式，它可直接从料液中吸附目标产物，不需预先除去料液中的颗粒，该技术集细胞碎片清除、料液浓缩和蛋白质纯化等步骤于一体。

3.7　细胞破碎后基因工程包含体的获得与复性

3.7.1　包含体的形成

随着基因工程技术的迅猛发展，越来越多地通过蛋白质的异源表达为临床和工业生产提供蛋白质和多肽产品。大肠杆菌表达系统是目前最常见、最稳定的外源蛋白表达系统，非常适合用于表达不经过蛋白质翻译后修饰（如糖基化）就具有生物活性的基因工程蛋白。对于大规模、高通量的蛋白质产品制备以及蛋白质组学、结构基因组学的研究，大肠杆菌表达系统通常是首选。外源蛋白在大肠菌种表达量可高达细胞蛋白含量的 50%，这种高表达往往会导致目标蛋白在体内形成不溶的聚集体即包含体（inclusion body，IB）。包含体由于没有完全正确的天然态结构，不具有生物学活性，必须经过分离、体外复性、纯化等工艺才能变成有生物学功能的产品。包含体的形成主要是重组蛋白的表达过程中缺乏某些蛋白质折叠的辅助因子，或环境不适合而无法形成正确的次级键等原因。通常认为高水平表达（比菌体蛋白质高出 2% 以上）的外源蛋白质、高疏水性外源蛋白质以及含有二硫键的蛋白质更容易形成包含体。

① 表达量过高：重组蛋白在宿主系统中高水平表达时，无论是用原核表达体系或酵母表达体系甚至高等真核表达体系，都可形成包含体。事实上，内源性的蛋白质，如果表达水平过高，也会聚集形成包含体，因此，包含体形成的原因主要是高水平表达的结果，即合成速度太快，以至于没有足够的时间进行折叠，二硫键不能正确地配对，过多的蛋白质间非特异性结合，蛋白质无法达到足够的溶解度等。研究发现在低表达时很少形成包含体，表达量越高越容易形成包含体。

② 重组蛋白的氨基酸组成：对含硫氨基酸较多的重组蛋白而言，细菌细胞质内的还原环境不利于二硫键的形成。一般来说含硫氨基酸越多越易形成包含体，而脯氨酸的含量明显与包含体的形成呈正相关。

③ 重组蛋白所处的环境：如发酵温度高或胞内 pH 接近蛋白质的等电点时容易形成包含体。

④ 重组蛋白是大肠杆菌的异源蛋白质，缺乏一些蛋白质折叠过程中所需要的酶和辅助因子，如折叠酶和分子伴侣等，致使中间体大量积累，容易形成包含体沉淀。因此有报道采用共表达分子伴侣的方法以增加可溶蛋白质的比例。

⑤ 在细菌表达蛋白质过程中，蛋白质分子间的离子键、疏水键或共价键等化学作用导致了包含体的形成。

包含体体外复性最大的困难在于复性过程中非天然态的蛋白质分子之间发生聚集作用，所以复性得率非常低。目标蛋白质的活性回收率只有 15% ～ 25%，成为大肠杆菌基因工程生产的主要成本问题与瓶颈所在。

3.7.2　包含体的特性

（1）包含体的结构特征　基因工程菌表达的外源蛋白质由于来不及加工（折叠）而堆积在一起形成致密的颗粒——包含体。含有包含体的细菌于显微镜下因有明显折射率差异而可见到包含体。根据 Schoner 对牛生长激素包含体的研究可知，包含体在差相显微镜下呈现为许多个高度折光的颗粒，含有这些个包含体的大肠杆菌菌体变大，并出现凸起部分。在电镜下看到的包含体无明显的膜存在，直径在 0.5 ～ 1.3μm。根据位置的不同呈现出无定形或次晶的自然状态。包含体的密度（约 1.3mg/ml）要高于其他的细胞成分，因此在细胞裂解后可以通过高速离心与其他细胞成分分离。包含体表面疏松多孔，不溶于水，其中过表达的目标蛋白质占大部分，其余为核糖体元件，RNA 聚合酶，外膜蛋白 ompC、ompF 和 ompA 等，环状或缺口的质粒 DNA，以及脂体、脂多糖等。有研究表明包含体是由聚集体和可溶性蛋白质之间的非平衡态动力学结构单元组成的。研究表明，包含体的形成是由于细胞内部分折叠的过表达蛋白质多肽链之间通过非共价的离子或疏水相互作用，或许更可能是两者的共同作用导致的。有观点认为导致发生聚集作用形成包含体的过表达蛋白质分子具有相同的单一的结构类型。对体内产生聚集作用的蛋白质的研究也表明，这种聚集发生在部分折叠的多肽链之间。

包含体的一个明显的结构特征就是具有类天然态的二级结构。采用拉曼衍射光谱对来源于大肠杆菌过表达 β-半乳糖苷酶形成包含体的二级结构的分析表明，其酰胺键与天然态的蛋白质是一致的。近期采用衰减全反射傅里叶变换红外光谱研究包含体结构时表明，与天然态和盐析沉淀蛋白质相比，包含体疏水特性的形成与天然态蛋白质无关。而是由于非天然态 β 折叠增加的结果，这些不同链的 β 折叠通过氢键的连接而形成稳定结构，这就导致了各多肽链被紧密地包裹在一起，进而形成了具有 β 折叠的中间体。富含这种 β 折叠结构的多肽链或多肽区域可以抵制蛋白酶的降解作用，但是在包含体中存在的天然态结构依然对酶敏感。研究表明包含体蛋白质也存在相对的生物学活性，具体见表3.5。从以上的研究中可以推论包含体的结构具有可变动性，是一个由全部或部分分类天然结构、富 β 多肽链结构以及富 β 多肽聚集体（带有一定的有活性折叠区）组成的混合体。这也启示了对于一些酶类的包含体在进行工业生产时可以考虑跨过复性操作，直接进行催化反应。

表3.5　包含体中存在正确折叠蛋白质的结构与功能示例

包含体蛋白质	结构（检测方法）	生物活性（与可溶性蛋白部分的比率）
绿/蓝色荧光蛋白融合蛋白		包含体内显现强荧光活性（20%～30%）
β-半乳糖苷酶及其融合蛋白		纯化包含体显现高生物活性（30%～100%）
二氢叶酸还原酶		纯化包含体显现低生物活性（6%）
内切葡聚糖酶D		纯化包含体显现高生物活性（25%）
β-内酰胺酶		纯化包含体检测到生物活性
HtrA1丝氨酸蛋白酶		纯化包含体检测到生物活性
白细胞介素-1β	类天然态二级结构（FTIR）	
富含 α 螺旋结构的耐高温蛋白	类天然态二级结构（FTIR；NMR；CD）	
TEM β-内酰胺酶	类天然态二级结构（FTIR）	
脂肪酶	类天然态二级结构（FTIR）	
人粒细胞集落刺激因子	类天然态二级结构（FTIR）	
人生长因子	类天然态二级结构（FTIR）	
α2b-人干扰素	类天然态二级结构（FTIR）	

在体内蛋白质折叠异常或错误会引起折叠中止或构象和结构发生变化，从而造成疾病，现在称为"构象病"或"折叠病"。目前已经发现有 15～20 种蛋白质能形成淀粉样沉淀，与人的纹状体脊髓变性病 L2（Creutzfeld-Jakob disease）、老年痴呆症（Alzhemer）、帕金森病（Parkinson）、淀粉样蛋白病（systemic amyloidoses）和神经变性疾病等相关。从对体内淀粉样折叠病的研究发现，蛋白质骨架之间的聚集受到其自身氨基酸序列的调节，即有一定的氨基酸序列特异性。在大肠杆菌表达的包含体中也有类似的规律。很多研究尝试着从蛋白质的一级结构来预测外源蛋白质形成包含体的趋势，但都没有得到非常一致的结果。形成包含体的蛋白质内在影响因素包括：多肽链的长度；蛋白质家族或者折叠类型家族；平均电荷数；脂肪族氨基酸残基的比例；体外的半衰期；序列中出现一定二肽或三肽的频率；具有正确的 β 折叠残基的比例；形成转角的残基片段。此外发酵过程的参数也会影响包含体的形成与结构，包括培养组成、生长温度、产物生成速率以及热休克蛋白辅助因子等。不同的发酵条件下包含体的形状与结构改变见图3.18。

（2）包含体的生产优势　由于包含体的密度大（约 1.3mg/ml），细胞裂解后通过简单的离心就可将其分离。应用蔗糖梯度离心的方法可以从 E.coli 细胞裂解液中得到纯度很高的包含体。采用去垢剂和低浓度的盐和尿素进行洗涤也可以得到纯度很高的包含体。经过合适的分离和纯化过程，可以分离得到纯度大于 95% 的包含体。溶解具有较高纯度的包含体进行重折叠有利于减少后期的柱纯化过程，获得较高纯度的蛋白质，杂蛋白质的存在会降低变性蛋白质的复性率，因此在溶解前对包含体进行分离和纯化会提高包含体中目标蛋白质的活性回收率。

包含体表达的有利因素包括：①可溶性蛋白质在细胞内容易受到蛋白酶的攻击，包含体表达可以避免蛋白酶对外源蛋白质的降解；②降低了胞内外源蛋白质的浓度，有利于表达量的提高；③包含体中杂蛋白质含量低，且只需要简单的低速离心就可以与可溶性蛋白质分离，有利于分离纯化；④对机械搅拌和超声破碎不敏感，易于破壁并与细胞膜碎片分离。因此，在蛋白质工业化生产中，由于以上优点，很多重要重组蛋白是利用大肠杆菌以包含体形式进行生产的。

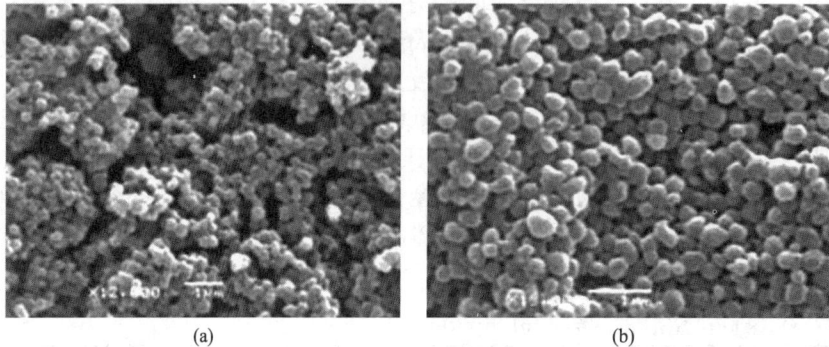

(a)　　　　　　　　　　(b)

图3.18　策略一发酵 Trail 包含体直径 0.29μm（a）和策略二发酵 Trail 包含体直径 0.37μm（b）

3.7.3　包含体回收及复性

从菌体中回收包含体，并获得有生物活性的蛋白质需要经历以下步骤：①细胞破碎；②从细胞破碎液中回收包含体；③洗涤；④对洗涤后的包含体进行溶解（变性）；⑤对变性的蛋白质进行体外重折叠恢复活性；⑥对复性蛋白质进行纯化获得高纯度的蛋白质。其中也可根据情况先对蛋白质进行纯化然后再复性。上述操作中对包含体的溶解与复性是获得活性蛋白质高回收率的关键性步骤。从培养基中回收重组蛋白的常规流程见图3.19。

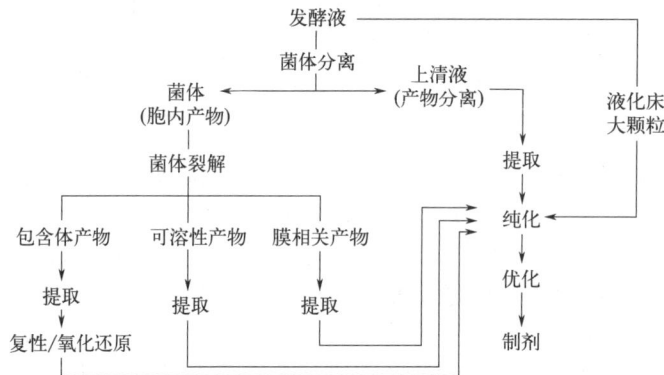

图3.19　从发酵液中回收重组蛋白的常规流程

3.7.3.1　菌体破碎

收集菌体后采用高压匀浆或机械、化学和酶相结合的方法，破碎含包含体的宿主细胞。实验室规模，常采用超声破碎或是利用溶菌酶的作用进行细胞的裂解。在工业生产上，包含体的分离常采用高压匀浆的机械方法实现。

另外可以采用化学法进行细胞破碎，同时溶解包含体，这样减少了单元操作的步骤，却释放出了高分子量的 DNA，这就导致溶液的黏度增加，给目标产物的获得带来了诸多问题。另外，大量来自宿主细胞的蛋白质也混入提取物中，这些问题可通过不同的方法得以部分解决，如 DNA 可以通过沉降来移除。

3.7.3.2　包含体的回收

细胞破碎后，利用包含体的密度、溶解度及粒径与细胞碎片和溶液的差异，来回收包含体。细胞破碎后，采用离心分离，细胞碎片和产物进入上清液，包含体沉淀下来。设计离心的工艺需要对粒度分布和待分离颗粒的密度有所了解。如果细胞碎片和包含体有相似的沉降系数，就不适合用离心了。Wong等对细胞裂解压力的优化进行了详细的研究。研究显示同一操作方法的反复使用会提高包含体和细胞碎片的分离效果，提高包含体的纯度。

3.7.3.3　包含体的洗涤

细胞破碎后，外膜组分被释放出来，例如脂类、脂多糖、核酸和杂蛋白质等成分，可能与包含体发生表面吸附，包含体中这些成分会影响包含体蛋白质的复性，故去折叠前应洗涤包含体以去除杂质。常用的洗涤剂为弱去垢剂 Triton X-100、脱氧胆酸盐、低浓度的变性剂等，经过常规 2～3 次优化条件的洗涤，可得到纯度为 70% 以上的包含体。这些组分可以通过一系列的清洗步骤除去。然而，溶剂有时会给下游工艺带来一定的问题，所以应该尽量避免洗涤。

Falconer 等详细讲述了一种选择性提取重组蛋白包含体的方法，并已经成功地进行了中试。首先，利用化学法溶解细胞，并用尿素、EDTA 复合溶液体系溶解来自宿主细胞的杂蛋白质，而包含体则在二硫键促进剂的帮助下通过表面氧化作用保持其不溶性。然后采取膜过滤的低成本方式在高渗透压下去除可溶部分，最后在分子伴侣存在还原体系中溶解包含体。与传统的机械破碎、离心分离和包含体溶解相比该法可以得到相一致的蛋白质提取物与纯度。但这种方法的缺点是仅仅当蛋白质中半胱氨酸的含量较高时才可以使用。作为一种新的包含体洗涤方法其目的依然是通过 Triton X-100 和 EDTA 的作用，在保护包含体的情况下尽量洗去杂蛋白质。这种方法适用于更多种包含体蛋白质的洗涤，并且很可能随之形成一种相对简洁的包含体复性纯化工艺流程。

3.7.3.4　包含体的溶解

通常需要加入强变性剂才能溶解包含体，常用的变性剂为尿素和盐酸胍，过高浓度的变性剂会使蛋白质完全变性，严重破坏其二级结构无法恢复活性，通常尿素浓度为 6～8mol/L，盐酸胍浓度为 4～6mol/L。尿素中的异氰酸盐或酯会引起蛋白质中氨基或巯基的不可逆修饰，盐酸胍是一种离子型变性剂，它会影响下游的离子交换纯化，但是，盐酸胍的变性能力是尿素的 1.5～2.5 倍。此外还可使用去污剂，如十二烷基硫酸钠（SDS）、十六烷基三甲基氯化铵（CTAC）、N-十二烷基肌氨酸（CAPS），以及极端 pH 缓冲液。以上溶解条件均需优化组合使用，必要时可添加还原剂，例如 β-巯基乙醇、二硫苏糖醇（DTT）等。这样可以保持半胱氨酸残基处于还原态，防止在偏碱的环境下形成错配的分子内或分子间二硫键。

3.7.3.5　包含体蛋白质复性

通过缓慢去除变性剂使目标蛋白质从变性的伸展状态恢复到正常的折叠结构，同时去除还原剂使二硫键正常形成。复性是一个非常复杂的过程，除与蛋白质复性的过程控制相关外，还很大程度上与蛋白质本身的性质有关。一般说来，蛋白质的复性效率在 20% 左右。

（1）蛋白质折叠机理　Anfinsen 在研究 RNase A 时发现一种蛋白质的结构、稳定性和功能的全部信息来源于其氨基酸组成和排列，多肽链的折叠是一个自发的过程，主要取决于给定氨基酸的序列。这一规律被称作生物体内的第二遗传密码。Anfinsen 等提出经典的"热力学假说"（thermodynamic hypothesis），即一级结构决定三级结构。他们认为天然蛋白质多肽链所采取的构象是在一定环境条件下热力学上最稳定的结果，拥有天然构象的多肽链和它所处的一定环境条件（如溶液组分、pH、温度、离子强度等）整个系统的总自由能（Gibbs free energy）最低，所以处于变性状态的多肽链在一定环境条件下能够自发折叠成天然构象。而动力学上，D. Bakei 等认为，如果多肽链所选择的所有构象中仅有一个低自由能状态即天然构象，那么所有非天然构象多肽链将遵循热力学假说由高能态向低能态转变，最终形成天然构象（见图 3.20）。多肽链采取的某些非天然构象也很稳定。若某一多肽链具有两种低能量状态，一种是天然构象，另一种是非天然构象，而且处于这两种低能量状态的多肽链的相互转变由于要克服较高的能垒（energy barrier）而难以实现（图 3.20），那么在蛋白质折叠过程中就会有两种途径相互竞争，一种是正确折叠形成天然构象的途径（on-pathway），另一种是错误折叠成稳定的非天然构象的途径（off-pathway）。后来提出的多维能量景观学说（multidimensional energy landscape）或折叠漏斗（folding funnel）很好地解决了以上两种学说的争论。多维能量景观学说认为：去折叠分子是一组具有不同结构状态的分子群，在折叠过程中各个分子沿着各自途径进行折叠，不存在单一的、特异的折叠途径。在折叠早期，去折叠分子结构松散、自由能大、可选择的构象自由度也大，随着折叠的进行，所形成的构象越来越稳定即自由能越来越小，构象熵也越来越小，折叠中间体数目不断减小，最终形成自由能最小、唯一的天然构象，这一系列逐步收敛的变化呈漏斗状，如图 3.21 所示。

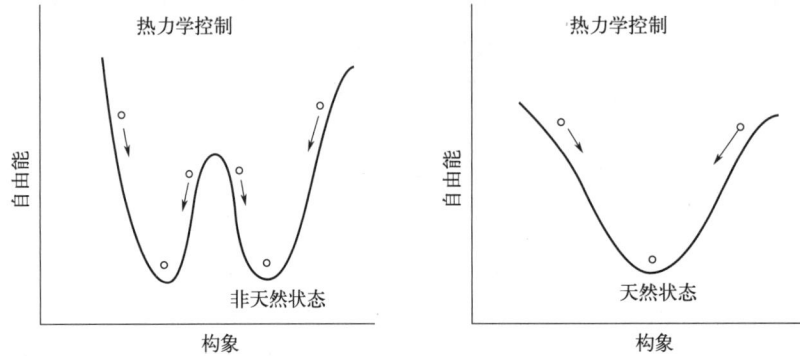

图 3.20　蛋白质折叠的热力学和动力学控制

　　根据以上原理，研究人员总结自己的研究成果，提出了许多蛋白质折叠的模型。

　　① 成核 / 快速生长模型（nucleation/rapid growth model）　伸展多肽链开始折叠时，多肽链上先形成许多小的"核"（nucleus），这些小核由 8 ～ 18 个氨基酸残基组成，它们随机波动，很不稳定，多肽链的其他部分以"核"为模板，快速折叠"生长"，最终形成天然构象，在这个模型中，成核阶段（nucleation）是限速步骤。

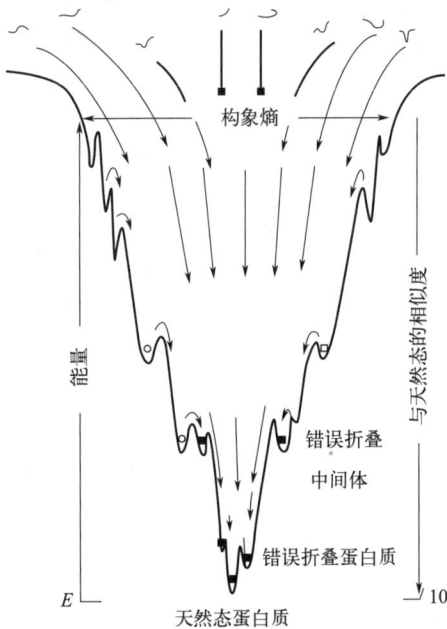

图 3.21　蛋白质折叠多维能量景观示意

　　② 拼图模型（jig-saw puzzle model）　多肽链可以沿多条不同的途径进行折叠，在沿每条途径折叠的过程中都是天然结构越来越多，最终都能形成天然构象，而且沿每条途径的折叠速度都较快，与单一途径折叠方式相比，多途径折叠方式速度较快，另外，外界生理生化环境的微小变化或突变等因素可能会给单一折叠途径造成较大的影响，而对具有多条途径的折叠方式而言，这些变化可能给某条折叠途径带来影响，但不会影响另外的折叠途径，因而不会从总体上干扰多肽链的折叠，除非这些因素造成的变化太大以至于从根本上影响多肽链的折叠。

　　③ 扩散 - 碰撞 - 缔合模型（diffusion-collision-adhesion model）　多肽链在折叠起始阶段迅速形成一些类天然结构或称"微结构域"（micro-domain），如 α 螺旋、β-strands 等，这些结构在伸展的多肽链中不稳定，它们之间相互碰撞相互作用而结合在一起时，这些"微结构域"就稳定下来，多肽链进一步折叠形成天然构象。

　　④ 框架模型（framework model）　在多肽链折叠过程中，先迅速形成二级结构，这些二级结构也是不稳定的，称为"flickering cluster"，多肽链在二级结构的基础上再进行组装，形成三级结构。这个模型认为即使是一个小分子的蛋白质也可以一部分一部分地进行折叠，其间形成的亚结构域（sub-domain）是折叠中间体的重要结构。

　　⑤ 快速疏水折叠模型（rapid hydrophobic collapse model）　伸展多肽链处在极性的水溶液环境中，其疏水侧链基团为避开极性环境而导致多肽链快速折叠，形成"溶球体"（molten globule），然后再进一步折叠形成天然构象。

⑥ 动力学模型（kinetic model）　　多肽链折叠分为三个阶段，在多肽链折叠的起始阶段类似于"拼图模型"，多肽链沿多条途径迅速形成许多具有一些局部结构的中间体，折叠的中间阶段类似于"成核/快速生长模型"的快速生长阶段，多肽链在第一阶段形成的局部结构的基础上进行快速折叠，"生长"形成具有较多天然结构的中间体，复性的最后阶段是中间体向天然构象的转变，这是整个折叠过程中的限速步骤。

虽然针对不同蛋白质的研究产生了不同的折叠模型假说，并且在促使蛋白质进行折叠的驱动力问题上也存在着分歧，但是有一点却得到了科学界普遍认同，即蛋白质是在历经了数量不同、结构不同的不稳定构象后才形成最终的天然结构。在缺少分子伴侣的情况下，中间体可能产生分子间的相互作用从而导致发生聚集和沉淀，这就给复性过程带来了困难。利用折叠模型评估复性得率时，竞争副反应被视为高阶折叠反应，而折叠反应本身近似为一级反应。因此一个重折叠反应可以表示为：

$$\frac{dU}{dt} = -(k_1 U + k_2 N U^n) \tag{3.10}$$

式中，k_1 为折叠反应的净速率常数；k_2 为净聚集常数；U 为未折叠蛋白质的浓度；t 为折叠时间；N 为聚集体数；n 为聚集反应的级数。

假设从折叠或聚集蛋白质到未折叠蛋白质的逆反应可以忽略，并且可能的折叠中间体消失得很快。分析不同的方程就得到二级和三级聚集反应，如方程（3.11）和方程（3.12）所示。

$$Y(t) = \frac{k_1}{U_0 K_2} \ln \left[1 + \frac{U_0 K_2}{k_1} (1 - e^{-k_1 t}) \right] \tag{3.11}$$

式中，$Y(t)$ 是折叠反应的产量；k_1 是净的折叠反应的速率常数；U_0 是最初的变性蛋白质的浓度；K_2 是聚集反应的速率常数。

结合聚集数和聚集速率常数以 $k_2 N$ 来表示。

$$Y(t) = \Psi \{ \tan^{-1} [(1 + \Psi^2) e^{2k_2 t} - 1]^{1/2} - \tan^{-1} \Psi \} \tag{3.12}$$

式中，$\Psi = \left(\dfrac{k_1}{k_2 U_0^2} \right)^{1/2}$；$k_2$ 是净聚集反应的速率常数。

通常折叠反应的目的是减少副反应以提高正确折叠蛋白质的最终产率。人们把主要注意力都放在影响折叠过程的理化条件研究上，因为折叠和聚集的过程受这些因素影响很大。折叠过程中动力学常数对于设计复性参数比如稀释速率、蛋白质终浓度和复性时间等非常重要。一旦找到了最优的折叠条件，由于聚集是一个浓度驱动过程，所以在理想的稀释操作中，产量就仅仅与蛋白质的浓度有关。动力学常数的测定，在复性终点对数据适合不同蛋白质浓度时，可以通过合适的折叠模型方程如式（3.11）和式（3.12）在复性终点前测定不同的蛋白质浓度直接计算得到，或者在一个浓度下通过迭代运算得到，如图 3.22 所示。二级聚集反应在时间无穷大时的产量可以描述为式（3.13）：

$$Y = \frac{k_1}{U_0 K_2} \ln \left(1 + \frac{U_0 K_2}{k_1} \right) \tag{3.13}$$

因此动力学常数很容易从数据集中提出来。但是，折叠动力学常数对于折叠条件的依赖性很大，对于使用的某种缓冲剂来说，必须重新测定。复性生产的规模影响了折叠方法的选择。

（2）包含体复性的影响因素　　影响复性效率的因素有蛋白质的复性浓度、变性剂的起始浓度和去除速度、温度、pH、氧化还原电势、离子强度、共溶剂和其他添加剂的存在与否等。

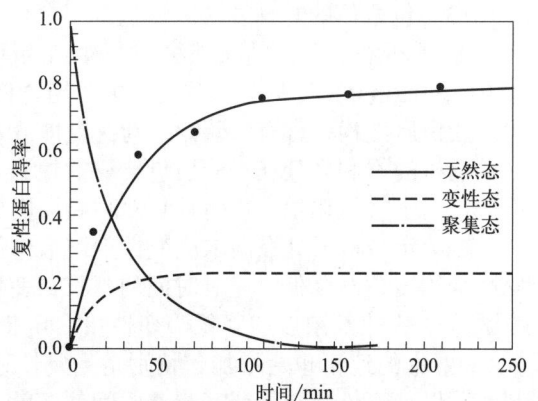

图 3.22　复性过程中不同时间下天然态蛋白和聚集体形成

① 蛋白质浓度　复性过程中的聚集反应是导致复性率低的主要因素。当变性剂浓度降低后，变性的蛋白质分子快速折叠形成具有大量二级结构的中间体，中间体之间通过疏水相互作用发生聚集。在蛋白质折叠过程中，聚集和正确折叠是相互竞争的两个过程。正确折叠是一个一级反应，而聚集属于两个或以上肽链之间的反应，受蛋白质浓度的影响很大。为降低聚集的发生，常将蛋白质浓度降到很低（10～50mg/L），这样做带来的后果就是对于大规模的生产，效率非常低。因此，许多蛋白质复性方面的研究集中在如何在复性的蛋白质浓度尽可能高的情况下减少沉淀，获得高的收率。

② 二硫键　对于结构中含有二硫键的蛋白质来说，半胱氨酸能否形成正确的二硫键是其分子复性的一个重要因素。大肠杆菌体系中的还原环境抑制二硫键形成，形成包含体时会形成大量错配的二硫键。理论上蛋白质结构中存在的二硫键越多，就越可能形成更多的不同组合，而其中只有一种结构是正确的天然构象。改变不适宜的氧化还原条件，使之达到平衡，恢复正确的结构，最早常使用 Cu^{2+} 诱导的空气氧化法，目前最常用的方法是在透析液中加入氧化还原体系，其中又以加入氧化/还原谷胱甘肽最多，二者的浓度比通常为1：（1～10）。此外，还可以使用氧化/还原二硫苏糖醇、胱胺/半胱氨酸、2-羟乙基二硫化物/β-巯基乙醇等。最近有研究显示，在反应体系中加入 S-磺化相关化合物，加大复性系统压力也有利于二硫键的形成。复性过程中多采用4～8℃、生理情况稍偏碱的pH值（8.0左右）和12～24h换一次透析液，但是对于不同的蛋白质，最适的温度、时间和pH值都需要由具体实验所决定。

③ 温度和pH　pH是影响复性的产率和速率的重要因素，尤其是对含有二硫键的蛋白质更是如此。在不影响正确折叠的前提下，高pH可以防止自由硫醇质子化对正确配对的二硫键形成的影响。常用Tris缓冲液维持pH为8～9。通常来说，当环境的pH值接近蛋白质的等电点时，聚集就会增多。

复性温度多在0～40℃，常用20～25℃时室温。在此范围内，随着温度的升高通常会提高折叠的速度。但超过40℃，折叠的效率反而会下降。也有很多复性过程是在4℃下进行的。因为低温下折叠速度减慢，有利于蛋白质形成天然构象。

④ 稀释倍数　稀释倍数也是复性的重要影响因素。稀释时蛋白质浓度和变性剂浓度都在下降。复性时蛋白质浓度通常很低（<0.1g/L），但同时，变性剂浓度也应降到不影响蛋白质的活性。

⑤ 复性辅助因子　通过添加不同的化合物也会帮助复性。这些化合物包括低浓度的变性剂、糖、氨基酸、表面活性剂和多聚物等。

变性剂（如尿素、盐酸胍等）在较高浓度（>3mol/L）下，可使蛋白质失活变为具有一定二级结构的松散肽链。但是，在较低的浓度下是一种很好的促溶剂，能够有效防止变性蛋白质分子间疏水相互作用，防止不可逆聚集体出现。L-Arg可以特异性地结合于错配的二硫键和错误的折叠结构，使折叠错误的分子不稳定，从而推动分子形成正确结构。这种结合不具有蛋白质种类特异性，所以采用L-Arg帮助复性具有一定的通用性。PEG也被用于提高复性产率，其具有脂肪链的结构能结合到折叠中间体上的非极性区，从而阻止聚集的发生。分子伴侣在体外也能促进变性蛋白质的重折叠，比如BIP、PDI、TrxA、TrxC、GroEL、β-环糊精等均有作为分子伴侣在蛋白质复性过程中使用的报道。

（3）包含体的复性方法

① 透析法　利用透析法去除变性剂的驱动力是溶液的渗透压。用变性液将蛋白质稀释至较低浓度（0.01～0.2mg/ml）后装入透析袋中，用含低浓度变性剂复性液低温透析。方法有一步透析和多步透析，如果蛋白质结构中含有二硫键，则在复性液中加入适当比例的还原剂。透析法是目前使用较多的方法。

透析的不利之处在于受质量转移的控制，速度很慢，耗时长，容易形成无活性蛋白质聚集体，因此不适合用于规模化生产，而且复性时局部蛋白质浓度过高，容易形成聚集，降低复性产率。

a. 一步透析　处在高浓度变性剂溶液中的变性蛋白质放在复性缓冲液中透析，使得原有缓冲液中的变性剂浓度逐渐降低。随着时间的延长，变性剂浓度将会降至与复性缓冲液中的变性剂浓度相同。随着原试液中变性剂浓度的降低，变性蛋白质折叠成其中间体或天然结构的速率增大。然而，错误折叠和（或）聚集的速率也会增加。特别是当复性速率很慢时，聚集的程度会大大增加，因为中低浓度的变性剂不足以使变性蛋白质或其折叠中间体溶解。在透析复性中，折叠中间体在中等浓度变性剂中暴露的时间过长。这种复性方法对那些变性状态，或其中间体属可溶的蛋白质具有较好的复性效果。

b. 多步透析　多步透析法是在复性过程中使用一个逐步降低变性剂浓度的方法，并已经成功用于抗体的复性。与一步透析法不同的是，在每一个变性剂浓度条件下需要建立一个平衡。如果错误折叠或聚集的速率比复性速率快，这个方法将不再适用。此方法的一个优点是在中等浓度变性时，可能会发生正确折叠途径的返回，特别是对含二硫键蛋白质的氧化二硫键交换反应。在每个变性剂浓度条件下，折叠中间体可能形成错误折叠或聚集体。然而，中等浓度的变性剂溶液可能使蛋白质分子能够自由改变其结构而向其天然结构转换，并形成正确的二硫键。另外，该方法比较适用于含多种蛋白质分子结构域，而且每一种分子结构域的折叠或者稳定可以不同。在高浓度变性剂条件下，平衡可能会向最稳定的分子结构域折叠。与在低浓度变性剂条件下相比，在高浓度变性剂条件下，这种特殊的结构域的折叠可能更容易形成。

② 稀释法

a. 传统的稀释法　通过用缓冲液和低浓度的变性液稀释包含体蛋白质溶解液，降低变性剂的浓度，促进蛋白质分子的重新折叠。稀释后扩大了复性系统体积，增加了缓冲液用量以及后续浓缩工序工作量，在大规模工业化生产中生产成本较高，但由于其操作过程简单，在众多复性方法中仍然是最常用的方法。

将高浓度的变性剂变性样品加入大体积复性缓冲液中，因变性剂浓度降低使得变性蛋白质快速折叠。有一些参数需要考虑。首先，随着高浓度变性剂溶液和变性蛋白质的逐步加入，缓冲液中变性剂浓度和蛋白质浓度逐渐增大。这意味着在稀释的开始阶段和后面阶段是很不相同的。将高浓度变性剂变性的蛋白质稀释到一个不含低浓度变性剂的缓冲液中意味着变性蛋白质可能会折叠成一个具有刚性结构的中间体，不能自由转变成天然结构。因此，应该在复性缓冲液中添加一定浓度的变性剂，其浓度取决于待复性蛋白质的稳定性。对寡聚蛋白质而言，在稀释的开始阶段，复性过程中的蛋白质浓度低，因此，缓慢稀释会导致在较长时间内复性单体的浓度不足，因此应该采用快速稀释。例如为了避免聚集，在蛋白质浓度较低时，可采用脉冲稀释法。

b. 反稀释法　反稀释法是将复性缓冲液加入含高浓度变性剂的蛋白质溶液中，这样变性剂和蛋白质的浓度同时降低。这使得变性蛋白质或折叠中间体在低浓度变性剂中暴露的时间较长。蛋白质浓度在中等浓度变性剂中较高，这与通常的稀释方法不同，容易产生聚集和沉淀。然而，如果中间体在中等浓度变性剂中是可溶的，而且复性需要较慢的分子结构重排时，这种方法所得的结果较好。

c. 混合法　将复性缓冲液和变性蛋白质溶液以一定的速度混合进行变性蛋白质复性。采用该方法，复性过程中蛋白质和变性剂的浓度保持恒定，这与通常的稀释法或反稀释法不同。蛋白质复性过程与稀释过程相似，也就是说混合使得蛋白质快速向其中间体折叠。通过泵将变性蛋白质和复性溶剂以一定比例输入一个混合器，在复性过程中变性剂和变性蛋白质的浓度保持不变。

稀释法因其工业流程简单而为大多数工业生产所采用，生产过程中仅仅需要一个搅拌釜和一个水泵，生产中也仅仅需要对温度加以控制。包含体溶解后边搅拌均匀边复性，一段时间后就可以获得大量的折叠蛋白质。尽管加工过程简单，然而在大规模生产中，这项技术却存在很多的缺点。伴随着搅拌釜反应器的扩大而混合时间却应保持恒定。这期间必伴随着电力输入的增加，多数情况下，单位体积的功率保持恒定，而混合时间随着规模的增大而延长。工业规模上，设备的混合时间通常持续几分钟，一般的混合设备对大量流入的液体很难实现快速均一的混合。由于混合得不好，高浓度的蛋白质也可能形成聚集体。已经开发了很多新式反应（方法）设备来克服以上缺点。

③ 超滤法　超滤复性是选择合适截留分子量的膜，允许变性剂通过膜而蛋白质质通不过。伴随变性剂除去，以相同的速度加入复性液，蛋白质浓度保持不变。这种方法较稀释和透析的方法耗时显著减少，比较适合工业化生产。但是蛋白质在超滤过程中容易在膜上聚集变质，从而限制了这种方法的应用。通常，透析法和超滤法复性时产生的聚集体要比稀释法时产生的多。West 等将超滤和透析方法结合，使 5g/L 的牛碳酸酐酶（bovine carbonic anhydrase）复性率达到 42%。

④ 色谱法　近年来，色谱技术广泛应用于蛋白质复性。常用的色谱方法有体积排阻色谱法、离子交换色谱法、亲和色谱法、疏水色谱法。疏水色谱柱形成局部疏水环境以利于蛋白质分子形成疏水核，并由此开始折叠复性；使用 Ni 亲和色谱柱可对带有组氨酸标记的蛋白质特异结合；离子交换树脂将变性蛋白质吸附于所带电荷不同的固定相表面。在色谱操作中，线性洗脱（盐梯度、pH 值梯度等）是一种常用的方式，通过线性洗脱使变性剂的浓度逐渐降低，复性条件比较温和，色谱介质的空间隔离降低了蛋白质相互作用产生的聚集，可同时实现蛋白质的复性和纯化，耗时少。缺点是很难避免在交换溶液

时变性蛋白质聚集形成少量沉淀，并强烈吸附在凝胶介质上，造成复性率和柱子载样量降低。西北大学耿信笃教授研究的蛋白质复性及同时纯化装置具有复性效率高、速度快、成本低等特点。

⑤ 其他复性方法 研究发现，聚乙二醇（PEG）可以通过疏水和亲水作用与蛋白质相互结合，抑制蛋白质复性过程中的凝聚沉淀，提高蛋白质复性率。反相微团是表面活性剂在有机溶剂中形成的水相液滴，可使蛋白质在微团中复性为天然构象。环糊精由淀粉通过环糊精葡萄糖基转移酶降解制得，环糊精具有疏水性空腔结合变性蛋白质多肽链的疏水性位点，可以抑制其相互聚集失活，从而促进肽链正确折叠为活性蛋白质。直链糊精能够模拟环糊精在辅助蛋白质复性方面的作用，而且直链糊精的螺旋结构形成一个疏水性空管，可以结合更多的蛋白质分子；在水中溶解度较高，有利于提高复性酶浓度和方便实验操作；价格比环糊精便宜。研究还发现，单克隆抗体具有协助蛋白质复性的作用。去污剂如 N- 十二烷基肌氨酸、十二烷基麦芽糖苷；氨基酸如 L- 精氨酸、甘氨酸；高浓度的 Tris、蔗糖、甘油等也能够抑制聚集，促进天然构象形成。目前 Novagen 公司已开发了含有包含体洗涤液、溶解液、透析液、去污剂、还原剂的复性试剂盒可供使用。

分子伴侣是一组在胞内活动中起重要作用的多种蛋白质和酶的总称，在蛋白质折叠过程中可识别、捕获错误折叠的蛋白质，从而控制折叠过程，包括磷酸二酯酶、脯氨酸异构酶、DnaK 和 GroE。磷酸二酯酶可防止二硫键的错配和分子间聚合。脯氨酸异构酶可以催化以脯氨酸异构反应为限速步骤的蛋白质的复性，提高复性速率。DnaK 可以解聚错误折叠的聚合体。GroE 是近年来研究的热点，GroE 由 GroES 和 GroEL 组成。GroEL 叫结合蛋白质抑制聚合体的形成，相当于变性蛋白质的亲和配基。固定化 GroEL 柱（固定床）相当于变性蛋白质的亲和吸附色谱柱，从而可提高样品的处理量，并使蛋白质在复性的同时得到浓缩和纯化。"小分子伴侣"是指 GroEL 的一个片段，分子较小，更适合于固定化，且不需另加复性辅助因子，实验发现其能有效地促进硫氰酸酶以及芽孢杆菌 RNA 酶的复性。目前分子伴侣由于使用费用高，并需要与复性蛋白质分离，在实际应用中较难开展。有研究者联合使用去污剂和环糊精作为人工分子伴侣辅助蛋白质复性。

⑥ 新发展的复性方法 在稀释复性和透析复性基础上发展起来的新方法有如下几种。

a. 梯度降低变性剂浓度的透析 将高浓度变性剂变性的蛋白质样品放在透析袋中，并浸在变性剂溶液中。用泵不断地将透析液往外抽，并把最终缓冲液用泵不断地输入。输出和输入的速率决定了变性剂浓度降低的梯度。如果速率快，它将类似于一步透析；如果速率慢，它将类似于多步透析。

b. 流动型反应器 用稀释法复性蛋白质时，变性蛋白质迅速与复性液混合，混合时间过长会影响蛋白质复性的效果。Masaaki 等设计的流动型反应器，利用一系列串联的小混合单元对蛋白质进行稀释，避免了一般的批式稀释法中不利于蛋白质折叠的长时间混合。实验证明，这样的设计，可以有效地避免返混，减少聚集体的形成，提高蛋白质复性效率。一种先进的混合设备——振荡流反应器，已经成功地用于溶菌酶的折叠。在这种设备中，混合强度和雷诺数是相关的。振荡雷诺数通常定义为容器直径、振荡频率和振幅的函数，在混合均一性方面，这种反应器的可测量性要好于搅拌釜。Terashima 等设计的活塞流反应器可以在一个相对较小的混合设备中连续稀释操作，提供了另一种提高可测量性的方法，并且提供了和其他操作方式如膨胀床色谱直接相联系的可能性。另外，连续操作使得聚集蛋白质得以回收并再次复性，因而提高了产率。然而，在保证生产率的前提下，必须对操作条件进行优化，在使用连续搅拌釜式反应器进行折叠的过程中，为了除去分子伴侣并降低用于包含体溶解的变性剂浓度以保持恒定的折叠环境，就必须引入超滤设备。

c. 批式加样稀释复性法和连续批式稀释复性 该法也叫脉冲稀释法、阶段稀释法、流加稀释复性法。在该方法中添加蛋白质的时间间隔或补加速度在很大程度上依赖于蛋白质的折叠动力学，变性蛋白质浓度始终保持在较低的水平，避免了一步稀释法中因高浓度蛋白质折叠形成中间体的积累，因而可在较高的蛋白质最终浓度条件下获得高的复性率。这将有助于折叠而对已经折叠的蛋白质并没有负面影响。

d. 温度跳跃复性 由于疏水作用的大小与温度的高低密切相关，在有辅助因子的存在下，可以利用温度调控促进蛋白质的复性。

e. 添加稀释复性法 迄今为止，已发现多种具有抑制变性蛋白质分子间疏水相互作用、促进蛋白质复性的溶质——辅助因子。辅助因子由于价格相对便宜，且复性完后容易除去，在重组蛋白复性过程中得到较为广泛的应用。辅助因子可以分为两类：折叠促进剂和聚集体抑制剂。这两者是相互排斥的，因为折叠促进剂原则上是增加蛋白质之间的相互作用，而聚集体抑制剂则可减小侧链之间的相互作用。聚集体抑制剂减少折叠中间体的聚集，而不影响折叠过程。理想的折叠促进剂应当具有几个重要的性质：价格便宜，成本低；能够抑制蛋白质聚集而不影响蛋白质天然结构的形成；容易与复性后的蛋白质分离。

f. 大分子充塞试剂　蛋白质在体内的折叠过程是在许多其他蛋白质存在的情况下发生的，而体外的折叠大多是在分离纯化后完成的，而且人们一般认为杂蛋白质越少越有利于复性。为了模拟体内的蛋白质折叠过程，人们研究了在体外折叠中特意引入其他种类的蛋白质对其复性的影响。如加入多聚糖、聚乙二醇、牛血清白蛋白、卵清白蛋白等。

g. 双变性复性稀释方法　王小宁等人发明了一种简单高效地处理和纯化包含体的专门技术——包含体双变性复性体系。利用这一体系可以通过两种变性剂的交互转换和几步简单的离心洗涤就可以使目标蛋白质的溶解度大为提高，可以得到 90% 以上的复性得率，而且纯度可一步达到 95%，样本扩大实验结果显示该技术具有比较好的通用性。

根据蛋白质复性数据库 REFOLD 2006 年统计，最常用的复性方法依然是简单易行的稀释复性方法，其比例在统计数据中占 40%。其次是透析复性以及稀释复性与透析复性的联合使用，然后是柱复性。各具体数值见图 3.23 （a）。此外，在各纯化蛋白质中，有 68% 的蛋白质是不带标签的，而带标签的蛋白质则以带组氨酸（His_6）为主，具体见图 3.23 （b）。

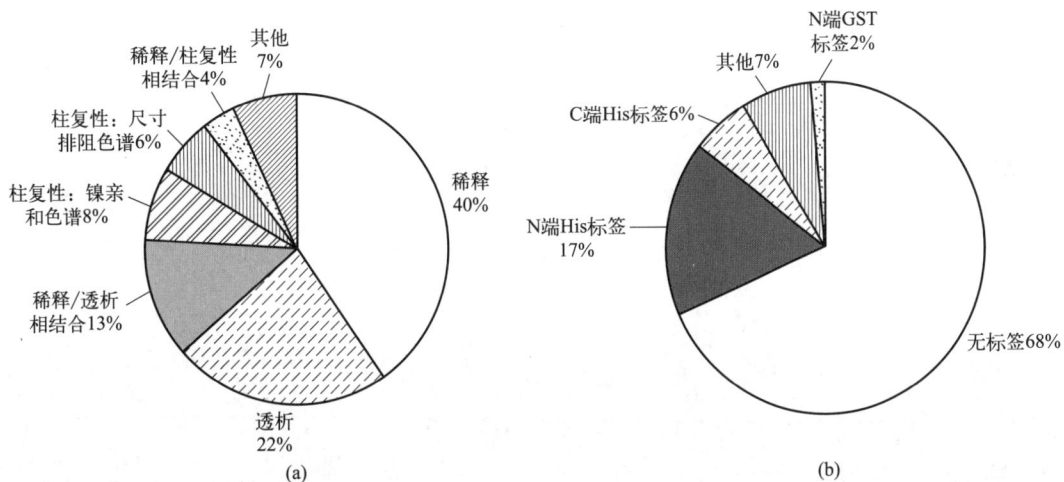

图 3.23　REFOLD 数据库统计蛋白质复性各种方法百分比（a）和蛋白质所带各种纯化标签的百分比（b）

（4）复性效果的检测与评价　研究蛋白质的复性，必须建立适当的检测方法，以鉴定复性蛋白质的生化、免疫学、物性以及蛋白质变性状态与天然态的区别，从而对复性方法进行评价和条件优化。主要的检测方法如下。

① 凝胶电泳　其中最为常用的是还原和非还原的 SDS-PAGE，适于鉴定产物的纯度及复性蛋白质的聚集状态。

② 光谱学方法　主要有紫外光谱、荧光光谱和圆二色谱（CD）等，这些方法可用来研究蛋白质分子复性过程中构象的变化，特别用于鉴定折叠中间体和复性蛋白质的构象。

③ 色谱学方法　近几年人们利用蛋白质天然态和变性态下色谱行为的差异来研究复性过程，并用于复性蛋白质的检测，例如天然态、变性及复性蛋白质、折叠中间体等 SEC 上色谱保留体积的差异；反相色谱检测二硫键的构象，监测折叠过程中二硫键的形成情况等。

④ 黏度与浊度　蛋白质折叠状态不同，其溶解性存在一定差异，从而影响其黏度的变化。测定溶液的浊度（常以 600nm 或 400nm 的光吸收值表示）可反映蛋白质聚集的快慢与程度。

⑤ 免疫学方法　利用酶联免疫、蛋白质印迹法可以测定不同状态蛋白质的抗体-抗原结合力的差异，从而说明其空间构象状态。

⑥ 生物学活性及比活性测定　这是作为对最后的折叠状态评价的一个重要指标，一般是通过采用动物或细胞模型直接测定复性蛋白质所具有的生物学效价。

4 膜分离技术

○○ ——— ○○ ○ ○○ ————————————————

膜分离技术已被国际上公认为 20 世纪末至 21 世纪中期最有发展前途的重大生产技术和前沿技术，是世界各国研究的热点。

4.1 概述

（1）膜分离技术发展的历史 人们对于膜现象的研究是从 1748 年 Abbe Nollet 发现水会自发地扩散穿过猪膀胱而进入酒精中开始的，但长期以来这一现象并未引起人们的重视，直至 1854 年 Graha 发现了透析现象（dialysis）、1856 年 Matteucei 和 Cima 观察到天然膜是各向异性的这一特征后，人们才重视了膜的研究。同期 Dubrunfaut 应用天然膜制成第一个膜渗透器并成功地进行了糖蜜与盐类的分离，开创了膜分离的历史纪元。天然膜的使用存在着局限性，新的科学技术的发展，新的产业部门的兴起，要求开发新的分离技术与过程，从而引发出人工合成分离膜的设想和实践。1864 年 Traube 成功地制备了历史上第一张人造膜——亚铁氰化铜膜，此后，特别是从 20 世纪开始，相继出现了各种不同类型的人工合成分离膜，如 20 世纪 30 年代不同孔径的硝酸纤维超滤膜出现，1950 年 W. Juda 等试制成第一张离子交换膜，1956 年美国首先出售商品化的离子交换膜，1960 年 Loeb 和 Sorirajan 共同制备了不对称反渗透膜，20 世纪 70 年代又研制出了纳米膜，1980 年 Cadatte 研制成了界面聚合复合膜，20 世纪 90 年代研制了无机膜等。随着由不同高分子材料如聚酰胺类、芳香杂环类、聚砜类、聚烯烃类、硅橡胶类、尼龙、含氟高分子类等制成的有机膜和由陶瓷、金属、金属氧化物及玻璃等材料制成的无机膜相继问世。相应的膜分离技术如微滤、超滤、纳滤和反渗透及耦合膜技术如膜萃取、膜蒸馏、膜色谱、渗透蒸发、膜反应器等实现了工业化并广泛应用于食品、医药、生物等领域，产生了重大的经济效益。研制和开发的分离膜类型及应用见图 4.1。

随着膜科学和膜技术的发展，已使传统的生物分离科学和分离工程受到挑战并引起重大变革。21 世纪的膜科学与技术将进一步改进、完善已有的膜过程，不断探索和开拓新的过程与材料，并不断拓展应用领域，使膜技术发挥更大的作用。致力于将新兴的膜分离技术与传统的工艺技术有机地结合起来，不断将膜技术的研究成果从实验室研究推向产业化应用；致力于研究新的膜材料，开发研究新的聚合膜材料；致力于研究开发新的成膜工艺，进一步制备超薄、密度均匀、无缺陷的非对称膜皮层技术与工艺；致力于无机膜的新材料、新工艺研发。加强膜技术的研究、开发、生产与应用的力度，必将对生物技术产业的发展和人类生活质量的提高产生极其深远的影响。

（2）膜分离技术在分离工程中的重要作用及存在的问题 膜分离技术在分离物质过程中不涉及相变，对能

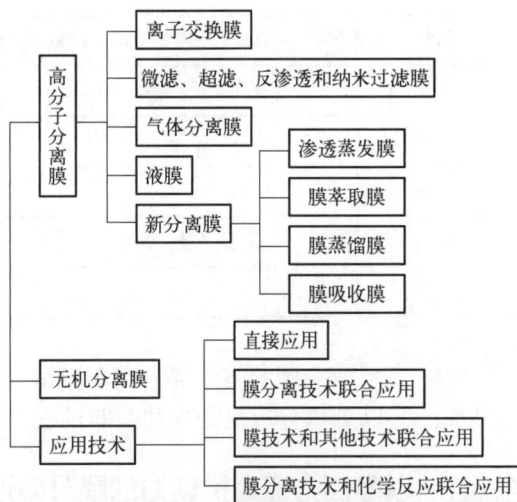

图 4.1 分离膜类型及应用

量要求低，因此与蒸馏、结晶、蒸发等需要输入能量的过程有很大差异；膜分离的条件一般都较温和，对于热敏性物质复杂的分离过程很重要，这两个因素使得膜分离成为生物物质分离的合适方式。此外它操作方便、结构紧凑、维修费用低、易于自动化，因而是现代分离技术中一种效率较高的分离手段，在生物物质分离工程中具有重要作用。当然，它也存在局限性：①操作中膜面会发生污染，使膜性能降低；②膜的耐药性、耐热性、耐溶剂能力都是有限的，使用范围受限制；③单独采用膜分离技术效果有限。

4.2　膜分离过程的类型

膜分离过程是以选择性透过膜为分离介质，利用膜对混合物各组分渗透性能的差异实现分离、提纯或浓缩的新型分离技术，近似于筛分过程，故可按分离粒子或分子的大小予以分类（见图 4.2）。但这种分类不够严格。

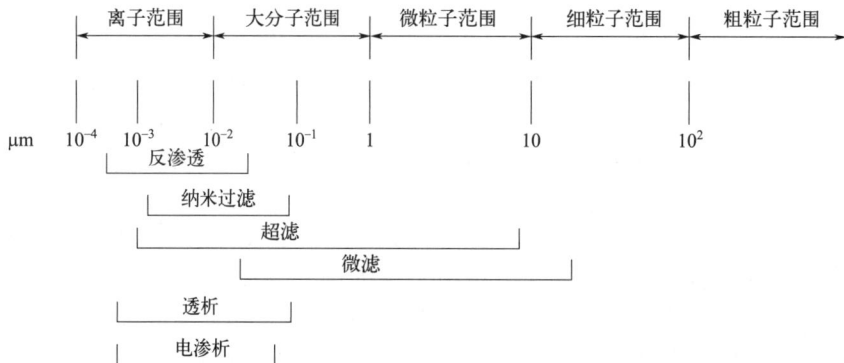

图 4.2　六种膜分离过程分离的粒子大小范围

膜分离过程分类法是依据膜内平均孔径、推动力和传递机制进行的分类，见表 4.1。

表 4.1　膜分离过程分类法

过程	孔径	推动力	机制
微滤	$0.02 \sim 10\mu m$	压力（$0 \sim 1$）$\times 10^5 Pa$	筛分
超滤	$0.001 \sim 0.02\mu m$，分子量 $10^3 \sim 10^6$	压力（$0 \sim 1$）$\times 10^6 Pa$	筛分
纳滤	$1 \sim 10 nm$，分子量 $100 \sim 1000$	压力（$1 \sim 2.5$）$\times 10^6 Pa$	溶解 - 扩散，静电 - 位阻
反渗透	无孔，分子量 < 1000	压力（$0 \sim 1$）$\times 10^7 Pa$	溶解 - 扩散
气体分离	无孔	压力（$0 \sim 1$）$\times 10^7 Pa$	溶解 - 扩散
渗析	$1 \sim 3 nm$	浓度差	筛分加上扩散度差
电渗析	分子量 < 200	电位差	离子迁移
渗透蒸发	无孔	分压差	溶解 - 扩散

生物技术中应用的膜分离过程，根据推动力本质的不同，可具体分为四类：①以静压力差为推动力的过程；②以蒸气分压差为推动力的过程；③以浓度差为推动力的过程；④以电位差为推动力的过程。

4.2.1　以静压力差为推动力的膜分离过程

以静压力差为推动力的膜分离有四种：微滤（MF）、超滤（UF）、纳滤（NF）和反渗透（RO），它们在粒子或被分离分子的类型上具有差别。

（1）微滤　特别适用于微生物、细胞碎片、微细沉淀物和其他在"微米级"范围的粒子，如 DNA 和病毒等的截留和浓缩。

（2）超滤　适用于分离、纯化和浓缩一些大分子物质，如在溶液中或与亲和聚合物相连的蛋白质（亲和超滤）、多糖、抗生素以及热原，也可以用来回收细胞和处理胶体悬浮液。

以上两种分离过程中使用的膜都是微孔状，作用类似于筛子，微滤中静压力差范围为 $(0.1 \sim 1) \times 10^5 Pa$，超滤中静压力差在 $(0.1 \sim 1) \times 10^6 Pa$。在许多情况下，希望通过施加更大的操作压力来加快过程的进行，故对工业应用的聚合膜进行了不断的研究，目前使用的聚合物超滤膜的最高操作压力可达 $34.5 \times 10^5 Pa$，而无机材料的微滤和超滤膜其操作压力通常是 $1.5 \times 10^5 Pa$，它们在 $4 \times 10^6 Pa$ 的压力下会破裂。

（3）纳滤　是一种分离性能介于反渗透和超滤之间的膜分离过程，膜孔径为 $1 \sim 10 nm$，截留分子质量 $100 \sim 1000 Da$，膜上常带电荷，可分离低分子量有机物和多价离子，操作压力在 $(1 \sim 2.5) \times 10^6 Pa$，主要用于半咸水脱盐、水软化、生物制药、微污染物脱除及废水治理等。

（4）反渗透　溶剂从盐类、糖类等浓溶液中透过膜，因此渗透压较高，必须提高操作压力，打破溶剂的化学平衡，才能使反渗透过程进行，因此反渗透过程中压力差 $(0.2 \sim 1) \times 10^7 Pa$，工业上反渗透过程已应用于海水脱盐、超纯水制备，从发酵液中分离溶剂如乙醇、丁醇和丙酮以及浓缩抗生素、氨基酸等。

4.2.2　以蒸气分压差为推动力的膜分离过程

以蒸气分压差为推动力的膜分离过程有两种，即膜蒸馏和渗透蒸发。

（1）膜蒸馏（MD）　膜蒸馏是在不同温度下分离两种水溶液的膜过程，已经用于高纯水的生产，溶液脱水浓缩和挥发性有机溶剂的分离，如丙酮和乙醇等。膜蒸馏中使用的膜应是疏水性微孔膜，气相透过微孔膜而液相因膜的疏水特性被阻止通过。两个温度在溶液-膜界面上形成两个不同的蒸气分压，在这种情况下，水和挥发性有机溶剂蒸气在较高的溶剂蒸气压下，从温度高的流体一侧流向膜的冷侧并凝结成一个馏分，这个过程是在大气压和比溶剂沸点低的温度下进行的。当处理高溶质浓度溶液时，在料液一侧存在着渗透压效应。

（2）渗透蒸发　也是以蒸气分压差为推动力的过程，但是在过程中使用的是致密（无孔）的聚合物膜。液体扩散能否透过膜取决于它们在膜材料中的扩散能力。在膜的低蒸气压一侧，已扩散过来的组分通过蒸发和抽真空的办法或加入一种恰当的惰性气体流，从表面去除，用冷凝的办法回收透过物。当一个液体混合物的各组分在膜中的扩散系数不相同时，这个混合物就可以分离，这一过程不仅已取代共沸蒸馏法，用来分离共沸有机混合物，而且还用来从水溶液中分离如乙醇、丁醇、异丙醇、丙酮和乙酸之类的有机组分，尤其是当它们形成共沸混合物时。

渗透蒸发的机理不仅可用扩散能力来说明，也可用溶解能力来说明，添加水溶性或醇溶性有机化合物，可以湿润而不能透过膜，这样将增加膜内水溶性或醇溶性组分的比例，从而增加膜对这一组分的选择性。

从渗透蒸发发展起来的另一个过程是渗透萃取（perstraction），在这个过程中，对于透过物的移去不是使用真空而是使用清洗液体，然后用传统的重蒸馏法来分离清洗液体和透过物的混合物，清洗液体重新回到渗透器中。合适的清洗液体应该能与透过物完全混溶，其通过膜的渗透率可以忽略不计，并且易与透过物分离。这一过程中能量主要消耗在传统的蒸馏上，尽管可以选用一种沸点与透过物各组分沸点相差甚远的清洗液体以减少能耗，但如果透过物不是昂贵的产品，一般也不采用渗透萃取。

4.2.3　以浓度差为推动力的膜分离过程

渗析是一种重要的、以浓度差为推动力的膜分离过程，它最主要的应用是血液（人工肾）的解毒，也用在实验室规模的酶的纯化上，使用的是微孔膜如胶膜管。酶的传统纯化办法是使用渗析袋，从样品中除去无用的低相对分子质量溶质和置换存在于渗透液中的缓冲液，由于样品中盐和有机溶剂的浓度高，渗透压的结果导致水向渗透袋内迁移，体积增加，所以渗透在除去多余的低相对分子质量溶质的同时，引进了一个新的缓冲液（或许是水）。可以制作不同尺寸的渗析管，阻止分子量 15000～20000 以上的分子通过，让所有的低相对分子质量分子扩散通过管子，最后两侧的缓冲液组成相等。渗析法虽然速度相对比较慢，但是方法和设备都比较简单，现在普遍使用的是渗析管。渗析也可以用来分离气相混合物，其作用原理是聚合物膜对不同气体表现出不同的渗透率。

4.2.4 以电位差为推动力的膜分离过程

离子交换膜电渗析（EDTM），简称电渗析，是一个膜分离过程，在该过程中，离子在电势的驱动下，通过选择性渗透膜，从一种溶液向另一种溶液迁移。用于该过程的膜，只有共价结合的阴离子或阳离子交换基团。阴离子交换膜只能透过阴离子，阳离子交换膜则只能透过阳离子。将离子交换膜浸入电解质溶液，并在膜的两侧通以电流时，则只有与膜上固定电荷相反的离子才能通过膜。

在离子交换电渗析中，阳极和阴极之间平行交替地排列着阴离子、阳离子交换膜，形成许多独立的小单元，当加上电压后，含离子溶液在电场下通过这些单元，有的单元里的正离子、负离子可透过阴离子、阳离子交换膜进入另一单元而变成脱盐水，另一些单元中正离子、负离子因电场作用和膜电荷的排斥作用而留在单元里，加上迁移过来的离子生成浓盐水。在这一过程中，由于电极的还原反应和氧化反应还分别在电极室和电极表面形成氢气和氧气或氯气。工业上电渗析装置多由几百对膜组成，在实际应用中可根据要求具体设置。由于电极反应所耗的能量，不论层数多少都是定值，所以通常都尽可能地多设置。

离子交换膜电渗析最大的应用是海水淡化，苦咸水淡化生产饮用水，在生物技术中它已在血浆处理、免疫球蛋白和其他蛋白质的分离上应用。

4.3 膜及其组件

各种新材料是发展先进科学技术的必要物质基础，膜科学技术的发展亦是如此。各种新型膜材料的开发，推动了膜科学技术的纵深发展。下面就对膜及组件的情况进行介绍。

4.3.1 膜的定义和类型

（1）膜的定义 在一定流体相中，有一薄层凝聚相物质，把流体相分隔成为两部分，这一薄层物质称为膜。膜本身是均匀的一相或是由两相以上凝聚物质所构成的复合体。被膜分隔开的流体相物质是液体或气体。膜的厚度在 0.5mm 以下，否则就不称为膜。不管膜本身薄到何等程度，至少要具有两个界面，通过它们分别与两侧的流体相物质接触，膜可以是完全可透性的，也可以是半透性的，但不应该是完全不透性的。它的面积可以很大，独立地存在于流体相间，也可以非常微小而附着于支撑体或载体的微孔隙上。膜还必须具有高度的渗透选择性，作为一种有效的分离技术，膜传递某物质的速度必须比传递其他物质快。

（2）膜的类型 膜可以根据它们的形态学（有孔或无孔、孔的大小、膜厚的对称性）和化学特性（膜材料）以及组件的外形和种类来分类。

① 有孔膜和无孔膜 虽然某些重要的膜分离过程不是以静压力差为推动力的，但是采用的膜与微滤和超滤中一样，是多孔膜，因此多孔膜经常被看作为是一种滤器，而且认为是"表面滤器"，不是"深层滤器"，虽然有可能产生误导，但这个术语是重要的。因为它解释了微滤膜和超滤膜分离粒子和分子的机理。分离过程在多孔膜的表面进行，根据筛分机理，通过膜的粒子或分子的迁移取决于孔和粒子的大小；深层过滤器是由纤维或念珠随意填充而成，粒子会被截留于其中，因此截留粒子的能力大小取决于它们厚度的大小，微滤中不使用这类过滤器，因为它们仅仅作为非常稀的悬浮液的过滤器。

微滤膜（图 4.3）孔的大小用孔径表示，大小在 0.05 ～ 10μm，超滤膜孔的大小在 1 ～ 50nm，通常用截留分子量（MWCO）来表示在表面被截留分子的限度，商业上可得到的超滤膜的 MWCO 值在 $1.5 \times 10^3 \sim 300 \times 10^3$，经计算一个平均孔径为 1.75nm、$10 \times 10^3$MWCO 的膜（Amicon 公司生产）孔隙密度为 3.0×10^9 孔 /cm²。图 4.4 描述了这类超滤膜的孔径分布，孔与孔道有着非常清楚的区别。如果微滤膜孔的大小是按分子截留来定义的，那么孔径在 0.1μm 的膜的截留分子量 $> 2 \times 10^6$。

图 4.3　微滤膜表面上截留的粒子和细菌

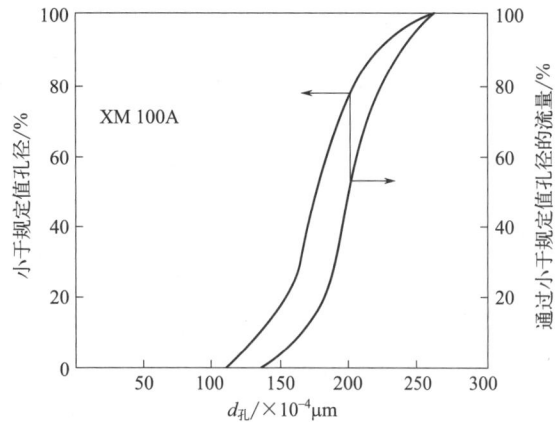

图 4.4　Amicon 公司 100000MWCO 超滤膜的孔径分布和流量预测

以上描述的多孔膜都是微孔，通常这种膜仅用于微滤膜，因为微滤膜和超滤膜不仅在孔的大小上不同，而且在结构的对称性上也不同。微滤膜和超滤膜也应用在膜蒸馏和气体分离过程中。

在反渗透过程中，截留的物质是分子量低的溶质如抗生素、蔗糖和盐类，而溶剂渗透过膜，所以应将膜设计成孔径范围在 0.5 ～ 1nm 的均相薄层。纳滤、渗透蒸发和渗透萃取（perstraction）膜也是均相薄膜，同样，气体分离也可以用均相膜来完成。

② 膜对称性　微滤中使用的膜厚度是对称的，孔的大小全部一样，它们被设计成各向同性膜，见图 4.5。

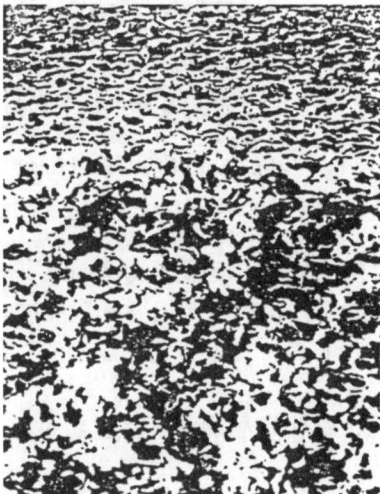

图 4.5　用于微滤的各向同性的 PVDF 膜截面图（放大 5000 倍）

图 4.6　聚砜超滤膜截面图（放大 5000 倍）

不对称膜或各向异性膜（见图 4.6），有一层超薄层（厚度为 1μm 或更小），对纳滤、反渗透、渗透蒸发和渗透萃取来说，超薄层是均相的；对超滤、膜蒸馏和气体分离来说，薄层上应有明确定义的大小孔径。超薄层起到膜的专一特性的作用，被置于一层较厚的海绵状多孔性支撑层上（100 ～ 200μm）

（见图 4.7），支撑层的结构决定着这些膜层的透过通量，与同样厚度的对称膜相比，通量要大得多。不对称的超滤膜和反渗透膜，不仅在超薄层的性质上不同，而且在支撑层的结构上也不相同。超滤膜的支撑层由锥形微孔组成，呈尖头向上的锥形通道，反渗透膜的支撑层也是微孔的，但像一个海绵，支撑层下的小孔沿底层在直径上增大。反渗透膜的机械强度大于前者，所以反渗透过程可以承受更大的加压（100×10^5Pa 以上）。

通常认为不对称膜很少会堵塞，这是因为膜的独特结构使保持在公称截留分子量以上的粒子或小分子不能透过膜，而对于各向同性的膜（微滤膜），与孔径同样大小的粒子可能会堆积并不可逆地堵塞孔道。

③ 膜的孔道特性　包括孔径、孔径分布和孔隙率。微滤和超滤膜的孔径、孔径分布和孔隙率可由电子显微镜直接观察测定。微滤膜的最大孔径还可用泡点法测定，即在膜表面覆盖一层水，从下面通入空气，逐渐增大空气压力，当有稳定的气泡冒出时，称为泡点。由泡点的压力 p，按 $d=4v\cos\theta/p$ 计算出孔径 d，其中 v 为液体的表面张力，θ 为液体与膜之间的接触角。

④ 膜材料　商业微滤各向同性膜由多种聚合物制作而成，如亲水性和疏水性的 PVDF（聚偏氟乙烯）、聚丙烯、硝酸纤维、醋酸纤维、丙烯腈共聚物和疏水性多醚砜。近年来还使用了许多材质为矿物质或硅酸盐的不对称膜（见图 4.8），它们是由多孔煅烧碳载体与几个悬浮层的金属氧化物，通常为氧化铝、氧化锆、氧化钛等，形成的薄微孔膜组成的，或者由同样材质的多孔载体和微孔膜组成，氧化锆就是这样一种陶瓷膜。

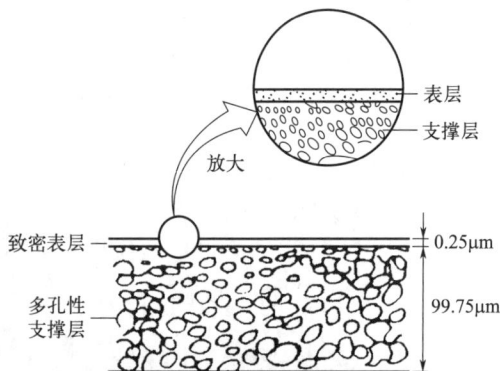

图 4.7　醋酸纤维素膜横截面

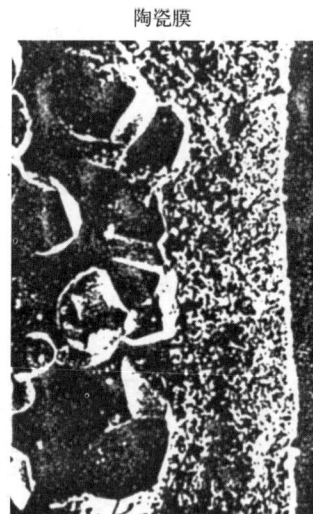

陶瓷膜

具有15μm气孔的烧结多孔氧化铝载体

图 4.8　陶瓷膜的扫描电子显微镜照片

商业超滤聚合膜主要由聚砜、硝酸纤维或醋酸纤维、再生纤维素、硝化纤维素和丙烯酸合成。陶质或无机的超滤膜虽然孔的大小有特殊的要求，但是膜结构和全部材料都与无机微孔膜相同。

对于反渗透，纤维和纤维质材料（主要是醋酸纤维及其衍生物）是最普遍的膜材料，有时也使用聚醚、聚酰胺和其他材料。

目前常用的纳滤膜材料有聚酰胺、聚乙烯醇、磺化聚砜、磺化聚醚砜等，主要特征是表面带（正或负）电荷。

近年来开发的新型膜材料还有如下几种：a. 聚氨基葡萄糖；b. 在高分子材料中加入低分子液晶材料制成复合膜，如聚氯乙烯与双十八烷基二甲基铵盐构成的复合膜；c. 无机多孔膜；d. 功能高分子膜，不仅用于分离和输送流体物质，而且还用于能量传递；e. 纳米过滤膜。除此以外，改革膜体结构，加强"超薄膜""超低压膜""低污染膜""荷电膜"和"复合膜"的研究也是当前发展的新动向。有关膜的分类、材料、功能和制备技术等方面的概述见表 4.2。

表 4.2　膜材料及其特性

类型	材质	制备方法	特点
有机膜			
均质膜	主要有硅橡胶膜、聚碳酸酯膜、均质醋酸纤维膜	水上展开法、等离子或单体聚合法	膜种类多、制备容易、价格低，但耐热性及机械强度较差
非对称膜	有醋酸纤维素、芳香聚酰胺、聚砜、聚烯烃、聚乙烯、含氟聚合物等	L-S 沉浸凝胶相转化法	
复合膜	在多孔支撑层表面覆盖一层超薄致密皮层	高分子溶液涂敷、界面缩聚、就地聚合、等离子体聚合、水上延伸法等	
无机膜			
致密膜	金属或固体电解质，如 Pd、Pd-Ag、ZrO_2	合金烧铸及挤压成型法、物理或化学气相沉积法、电镀等	热稳定性好、机械强度高、抗化学腐蚀及孔径可精密控制
多孔膜	主要有金属膜、陶瓷膜、碳分子膜、分子筛膜、无机聚合物膜等	粉浆烧铸法、溶胶-凝胶法、相分离/浸溶法、径迹腐蚀法	

4.3.2　表征膜性能的参数

除了上述膜的孔道特征外，表征膜性能的参数还有水通量、截留率、截留分子量、抗压能力、pH 适用范围、对热和溶剂的稳定性等。

（1）水通量　膜对纯水的通过量称水通量，是用在压力为 0.1 MPa、温度为 20℃的条件下，透过一定量纯水所需的时间来测定的。表 4.3 列出了国家海洋局杭州水处理中心生产的部分超滤膜的水通量。

表 4.3　部分超滤膜的水通量

型号	膜材料	工作压力 /MPa	截留分子量	水通量 /（m^3/d）
中空纤维超滤				
HFN30K	PS	0.1	30000	8.5
HFN-50K	PS	0.1	50000	12
HFN-100K	PS	0.1	100000	17 ~ 19
HFN-30K	PAN	0.1	20000 ~ 50000	24
HFW-06K	PS	0.2	6000	6
HFW-10K	PS	0.2	10000	8.5
HFW-20K	PS	0.2	20000	12 ~ 13
卷式超滤				
SUFⅡ-01	PAN	0.25 ~ 0.3	80000	16 ~ 18
SUFⅡ-02	PSA，PS，PAN	0.25 ~ 0.3	50000	14 ~ 16
SUFⅡ-03	PSA，PS	0.25 ~ 0.3	30000	13 ~ 14
SUFⅡ-04	PSA，PS	0.25 ~ 0.3	20000	12 ~ 13

（2）膜的截留率和截留分子量

① 截留率　表示分离效率。超-微滤膜截留给定溶质的能力可用表观截留率 $\delta_表$ 来表示，并定义为：

$$\delta_表 = \frac{c_b - c_f}{c_b} \tag{4.1}$$

式中，c_b 和 c_f 分别为主体溶质浓度和透过溶质浓度。

如果膜能完全截留溶质，则透过溶质浓度为 0，其截留率为 1；如果溶质为盐类，可自由透过，则

截留率 $\delta_{表} = 0$。

但是在膜分离中，如果有浓差极化现象，使膜表面的浓度比主体浓度高，就存在截留率，即：

$$\delta = \frac{c_m - c_f}{c_m} \tag{4.2}$$

理论上，δ 对给定的膜 - 溶质系统来说是常数，并且与流动条件无关。c_m 值不能直接从实验测得，必须用式 $J = K_d \ln \dfrac{c_m - c_f}{c_b - c_f}$ 计算得出，K_d 值是进料速度的函数，可写为：

$$K_d = b\, v_s^a \tag{4.3}$$

根据式（4.3）可将 $J = K_d \ln \dfrac{c_m - c_f}{c_b - c_f}$ 方程式改写为：

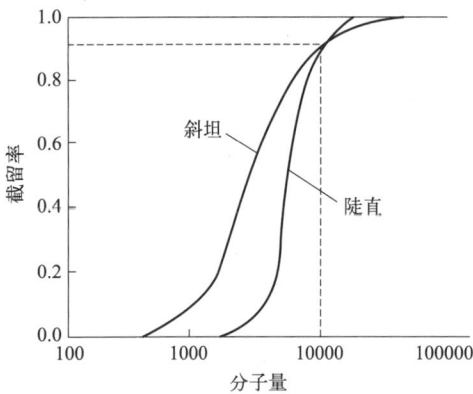

图 4.9 截留曲线

$$\ln \frac{1 - \delta_{表}}{\delta_{表}} = \ln \frac{1 - \delta}{\delta} + \frac{J}{b v_s^a} \tag{4.4}$$

由式（4.4）可以得出，$\ln[(1-\delta_{表})/\delta_{表}]$ 与 $[J/ v_s^a]$ 呈线性关系，用外推法至纵坐标上，可估算出实际截留率。

截留率与分子量之间的关系称截留曲线（见图 4.9），好的膜应有陡直的截留曲线，可使不同分子量的溶质分离完全，而斜坦的截留曲线会导致分离不完全。在反渗透时则用透盐率表示分离效率。

② 截留分子量（MWCO） 它被定义为相当于一定截留率（通常为 90% 或 95%）的分子量，随制造厂商而定。由截留分子量可按表 4.4 估计孔径大小。

表 4.4 由 MWCO 估计孔径

MWCO（球状蛋白质）	近似孔径 /nm
1000	2
10000	5
100000	12
1000000	28

截留率不仅取决于溶质分子的大小，还与分子的形状、膜对溶质的吸附作用、其他高分子溶质的共存、温度、pH、浓度等因素有关。

4.3.3 膜组件

聚合膜主要有两种形式，即平板式和管式，据此设计的膜组件有四种形式，平板式见图 4.10，管式见图 4.11 和图 4.12，螺旋卷式见图 4.13，中空纤维式见图 4.14。除此外，有一种超滤和微滤轴向旋转过滤器，或称为动态压力过滤器，由内外两个不锈钢圆筒组成，圆筒上覆有膜，内筒以 2000 ～ 3000r/min 旋转，使液体处于动力状态减少浓差极化，适宜于过滤悬浮液（见图 4.15）。各种膜组件的比较列于表 4.5。

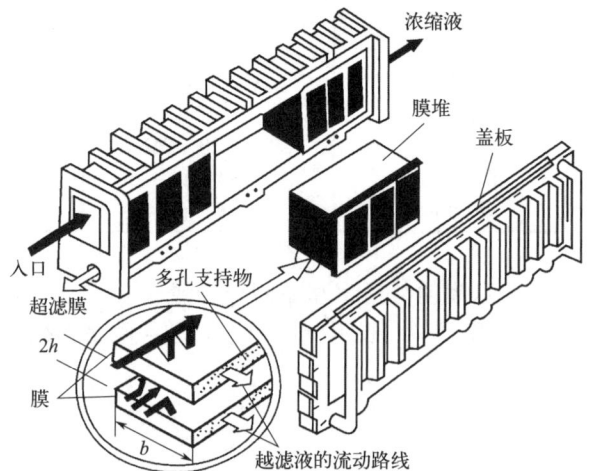

图 4.10 平板式膜组件

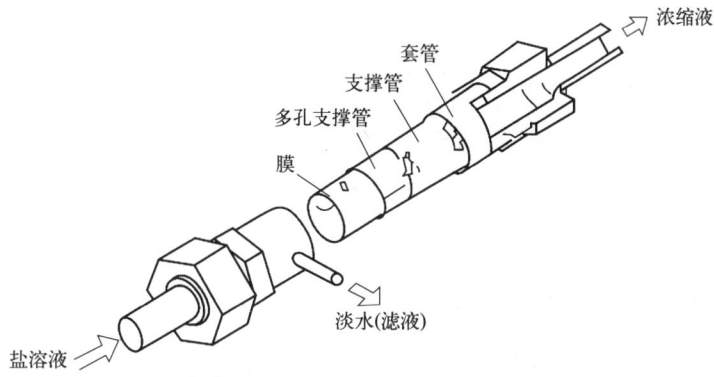

图4.11 管式膜组件的构造简图

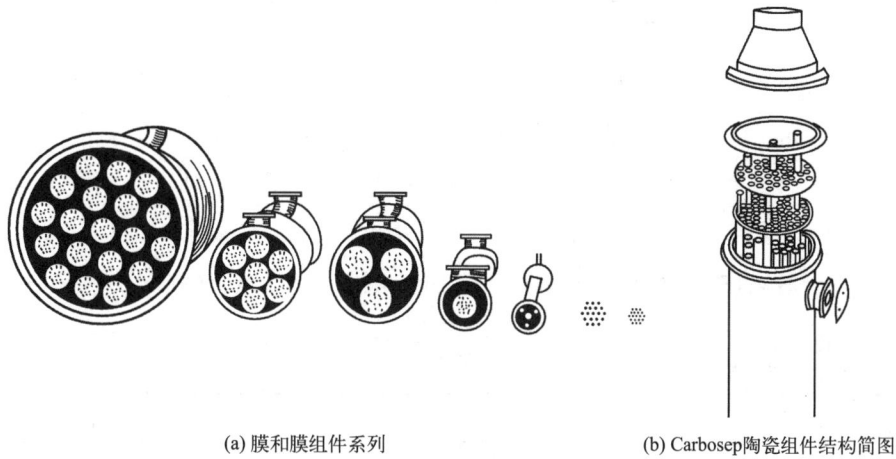

(a) 膜和膜组件系列   (b) Carbosep陶瓷组件结构简图

图4.12 陶瓷膜组件

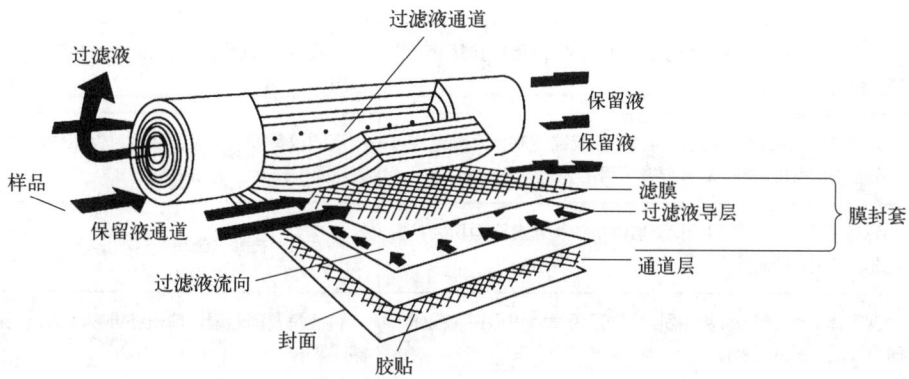

图4.13 螺旋卷式膜组件

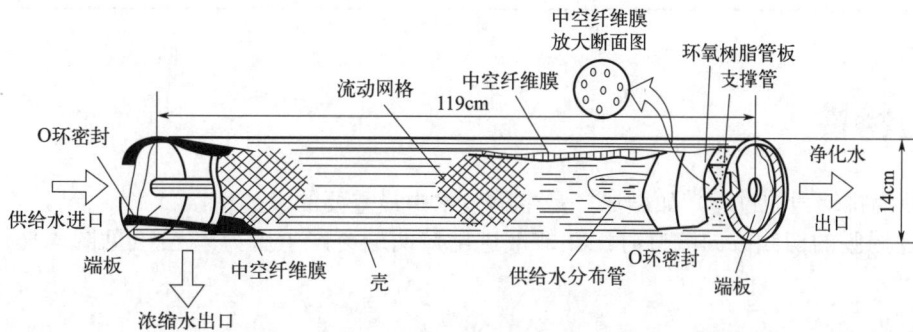

图4.14 中空纤维式膜组件

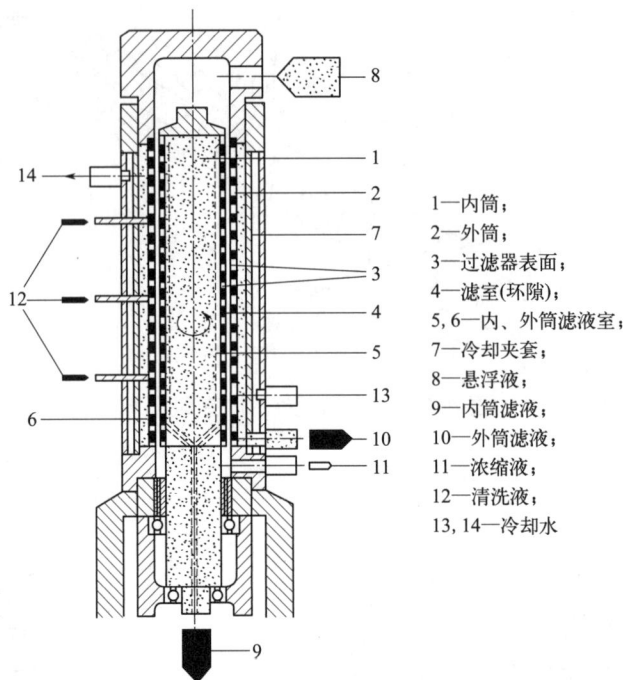

1—内筒；
2—外筒；
3—过滤器表面；
4—滤室(环隙)；
5,6—内、外筒滤液室；
7—冷却夹套；
8—悬浮液；
9—内筒滤液；
10—外筒滤液；
11—浓缩液；
12—清洗液；
13,14—冷却水

图 4.15 动态压力过滤器（MBR Bioreactor AG Sulzer Group）

表 4.5 各种膜组件的优点和缺点

膜组件	优点	缺点
平板式	保留体积小，操作费用低，低的压力降，液流稳定，比较成熟	投资费用大，大的固含量会堵塞进料液通道，拆卸比清洁管道更费时间
螺旋卷式	设备投资很低，操作费用也低，单位体积中所含过滤面积大，换新膜容易	料液需经预处理，压力降大，易污染，难清洗，液流不易控制
管式	易清洗，单根管子容易调换，对液流易控制；无机组件可在高温下用有机溶剂进行操作并可用化学试剂来消毒	高的设备投资和操作费用，保留体积大，单位体积中所含过滤面积较小，压力降大
毛细管式	设备投资和操作费用低，单位体积中所含过滤面积大，易清洗，能很好控制液流	操作压力有限，薄膜很易被堵塞
中空纤维式	保留体积小，单位体积中所含过滤面积大，可以逆流操作，压力较低，设备投资低	料液需要预处理，单根纤维损坏时，需调换整个组件，不够成熟
动态膜	局部混合十分好，渗透流高，酶传递性高	单位体积中所含过滤面积小，比较难放大

4.4 压力特性

以静压力差为推动力的过程，如微滤，是生物技术中最重要的膜过程。

当料液沿过滤膜的切线方向流过时，在料液进出口两端会产生压力差 Δp（见图 4.16），用式（4.5）表示：

$$\Delta p = p_i - p_0 \tag{4.5}$$

式中，p_i 为进口压力；p_0 为出口压力。

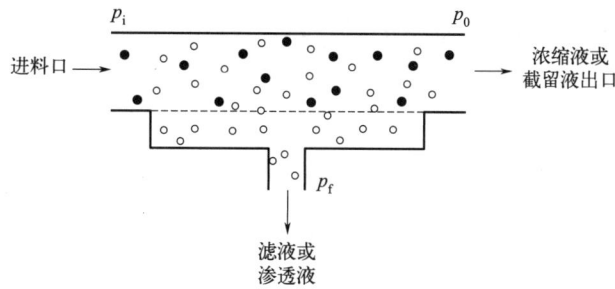

图 4.16 错流过滤的压力变化

这个压降与错流流动的流量 Q 或者速率 v_s 有关，即

$$\Delta p = \phi(Q) = f(v_s) \tag{4.6}$$

与此同时，膜两侧的推动力也取决于压力，这个跨膜的压力可用式（4.7）表示：

$$\Delta p_{TM} = \Delta p_T - \Delta \pi \tag{4.7}$$

式中，Δp_T 和 $\Delta \pi$ 分别为超滤中料液侧和滤液侧的压力差和渗透压差。

在大多数超滤应用中，截留溶质的渗透压（大分子和胶体粒子）与施加的外压相比较小，因此可以忽略不计，Δp_T 就作为跨膜压力：

$$\Delta p_{TM} = \Delta p_T = \frac{p_i + p_0}{2} - p_f \tag{4.8}$$

通常滤液透过液的压力是可以忽略的，p_f（低压侧压力）认为是零，可以得到跨膜压力和错流压力的关系如下：

$$\Delta p_{TM} = p_i - \Delta p/2 \tag{4.9}$$

这表明，对一定的进口压力，错流速率的变化也会影响 Δp_{TM}，故而溶剂的透过量 J 也将受到错流流动的影响；错流流动加大，将使 Δp_{TM} 减少，造成溶剂通量 J 下降。由此可见，错流流动不是越大越好，而是存在有一个最佳流动。

4.5 浓差极化

浓差极化是指在超滤过程中，由于水透过膜，因而在膜表面的溶质浓度增高，形成梯度，在浓度梯度的作用下，溶质与水以相反方向扩散，在达到平衡状态时，膜表面形成一溶质浓度分布边界层，它对水的透过起着阻碍作用（见图 4.17）。通过改变诸如速度、压力、温度和料液浓度之类的操作参数，可以降低浓差极化效应，所以这一现象是可逆的。

浓差极化降低了超-微滤膜的运行效果，因此把浓差极化效应减少到最低程度是重要的。图 4.18 总结了几种控制浓差极化的方法。

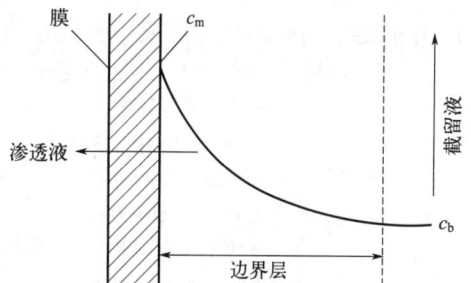

图 4.17 浓差极化示意

边界层从膜的起端开始，随着液体的流出，边界层厚度增加，最后达到一恒定值，如图 4.19 所示。达到一恒定速度和恒定浓度时的管道长（L_v，L_c）由式（4.10）和式（4.11）给出。

$$L_v = Bd_h Re \tag{4.10}$$

$$L_c = \frac{0.1\gamma_{\mathrm{m}} d_{\mathrm{h}}^3}{D} \tag{4.11}$$

式中，B 为常数，其值在 0.029～0.05；d_{h} 为水力直径；Re 为雷诺数；γ_{m} 为膜表面的剪切率；D 为扩散系数。

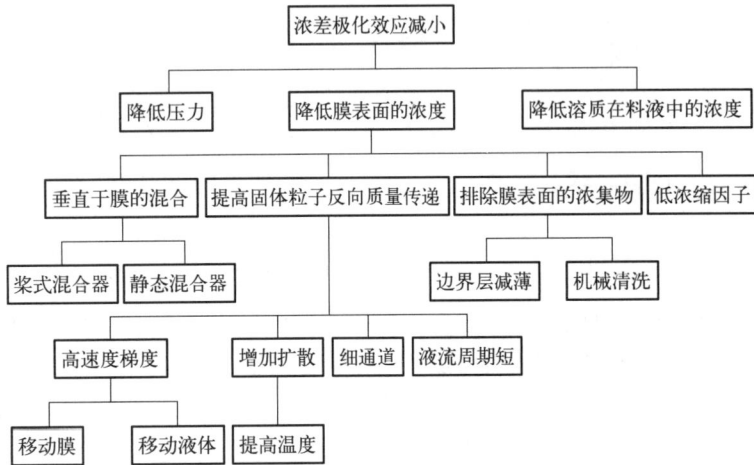

图 4.18　浓差极化效应减小的方法

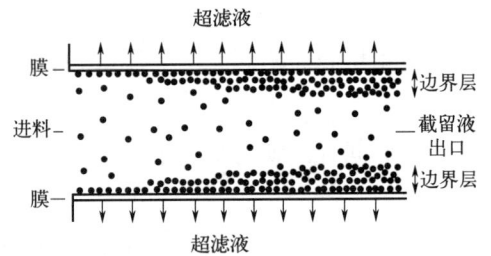

图 4.19　极化边界层的产生

4.6　膜的污染

　　膜分离过程实用化中的最大问题是膜组件性能的时效变化，即随着操作时间的增加，膜透过流速的迅速下降，溶质的截留率也明显下降，这一现象被称为膜的污染。究其原因是由于被处理物料中的微粒、胶体粒子和溶质大分子与膜发生物理化学相互作用或机械作用从而引起在膜面或膜孔内吸附、堵塞，使膜产生透过流量与分离特性的不可逆变化现象，主要是由膜的劣化和水生物（附生）污垢所引起的。

　　(1) 膜的劣化　是由于膜本身的不可逆转的质量变化而引起的膜性能变化，有如下三类。

　　① 化学性劣化　水解、氧化等原因造成。

　　② 物理性劣化　挤压造成透过阻力大的固结和膜的干燥等物理性原因造成。

　　③ 生物性劣化　由供给液中微生物引起的膜劣化和由代谢产物引起的化学性劣化。pH 值、温度、压力都是影响膜劣化的因素，要注意它们的允许范围。

　　(2) 水生物（附生）污垢　是由于形成吸着层和堵塞等外因而引起的膜性能变化。

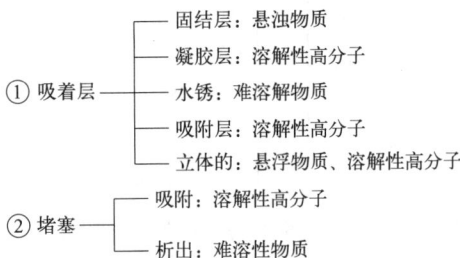

```
        ┌── 固结层：悬浊物质
        ├── 凝胶层：溶解性高分子
① 吸着层 ├── 水锈：难溶解物质
        ├── 吸附层：溶解性高分子
        └── 立体的：悬浮物质、溶解性高分子

      ┌── 吸附：溶解性高分子
② 堵塞 └── 析出：难溶性物质
```

　　一般来说，凝胶层具有很大的抑制溶质的能力，往往其截留率高，与此相反，固结层和水垢是作为停留层而起作用的，故其截留率低；当产生堵塞时，不论其原因如何，都使膜透过流速减少，截留率上升，超滤时这种堵塞最成问题，而反渗透时，因膜的细孔非常小，所以不太容易堵塞，主要问题是吸着层；微滤法主要利用膜的堵塞进行分离，所以不认为堵塞是问题。

（3）预防和控制膜污染　开发新型便利的清洗技术，可为膜技术的应用提供更广阔的空间，防止污染应根据产生的原因不同使用不同的方法。

① 预处理法：预先除掉使膜性能发生变化的因素，但会引起成本的提高。如用调整供给液的 pH 值或添加阻氧化剂来防止化学性劣化；预先清除供给液中的微生物，以防止生物性劣化等。

② 开发新型抗污染的膜，如共混膜、复合分离膜等。开发耐老化或难以引起附生污垢的膜组件，如设计合理的流道结构，使流体处于湍流状态，或引入外加场、湍动或旋转装置等强化措施，优化膜组件。

③ 加大供给液的流速或使用湍流促进器、电场、超声波强化过滤或脉冲流技术等改善膜面料液的水力学条件，可防止或延缓固结层和凝胶层的形成，减小膜污染。

（4）污染膜的清洗　对于已形成附着层的膜可通过清洗来改善膜分离过程。根据膜污染程度和设备配套情况不同可选择在线和离线清洗。具体方法如下。

① 化学洗涤　根据所形成的附着层的性质，可分别采用 EDTA 和表面活性剂、酶洗涤剂、酸碱洗涤剂等。

② 物理洗涤　包括反冲、负压清洗、机械清洗（泡沫球擦洗）、水浸洗、气液清洗、超声波处理（或亚音速处理）和电子振动法等。

4.7　膜过滤理论

有许多研究者进行过尝试，试图将过滤通量看作是系统操作参数和物理特性的函数进行模拟，但是都不十分令人满意。其中主要问题是不能准确地模拟膜表面附近发生的现象。

4.7.1　微孔模型

在理想情况下，即假定圆柱形的孔垂直于膜表面，超 - 微滤膜的性能可用微孔模型来描述，对于纯溶剂或者溶质的浓度可以忽略时，通量可用 Hagen-Poiseuille 定律来表示：

$$J=\varepsilon_m \frac{d_{孔}^2}{32\mu l_{孔}} \Delta p_{TM} \tag{4.12}$$

式中，J 为渗透通量，体积 /（单位面积·单位时间）；ε_m 为膜表面孔隙率；$d_{孔}$ 为孔径；$l_{孔}$ 为孔长度（膜厚度）；μ 为动力黏度；Δp_{TM} 为膜两侧压差（跨膜压差）。

为表征膜的渗透性，引入水力阻力 W_m，其定义为：

$$J = \frac{1}{W_m} \Delta p_{TM} \tag{4.13}$$

膜的水力阻力（W_m）是膜的特征值，并用纯溶剂的通量来定义。

在这个模型中，假定通过微孔的流动是层流（雷诺数小于 1800），密度恒定（液体不可压缩性），通量与时间无关（稳态条件下），流体是牛顿型并且边界效应可忽略。根据这个模型，可知通量与膜两侧压差成正比，与黏度成反比，黏度主要由料液组成、温度和流速决定（仅对于非牛顿型流体），因此增加温度和压力，以及减少料液浓度理应增加通量。实际上在低压力、低料液浓度和高料液速度时这是成立的。但当过程严重偏离这些条件中的任何一个时，通量变得与压力无关（见图 4.20）。在这种情况下，必须用一个质量传递模型来描述超 - 微滤过程。由图 4.20 可见，在低压力、

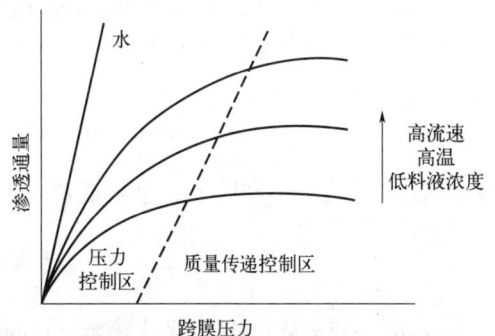

图 4.20　渗透通量与操作参数间的关系图示

低料液浓度和高料液流速时（此时浓差极化效应最小），通量受膜两侧压力的影响。在高压力下（与其他条件无关），由于凝胶 - 极化层的压实，可以观察到通量 - 压力模型偏离线性现象。

4.7.2　质量传递模型

（1）质量传递模型讨论　最早解释超 - 微滤中极化效应的模型是凝胶极化模型，又称质量传递模型，这一模型最初由 Michaelis 提出，后经 Blatt 和 Porter 进一步发展。该模型以薄膜理论为基础，模型的基本假设是当外加压力超过一个确定值时，膜的渗透速率受沉积在膜上凝胶层的限制，膜的有效厚度增加，水力渗透率减小，并且大分子溶液的渗透压可以忽略不计。

在超 - 微滤过程期间，可认为有三种通量存在，如图 4.21 所示。这些通量是对流传递溶质摩尔通量（J_c）、反传递（反扩散）溶质摩尔通量（J_d）和透过溶质摩尔通量（J_f），稳态时，这三种溶质摩尔通量互相平衡，因此：

$$J_c = J_f + J_d \tag{4.14}$$

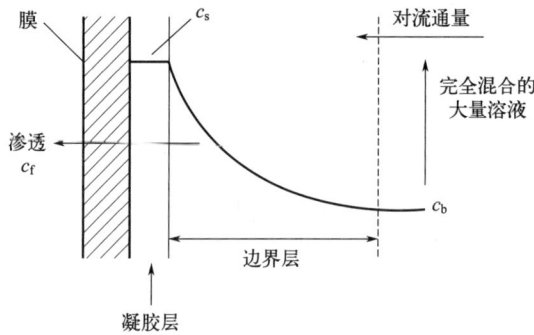

图 4.21　有凝胶层的大分子溶质超 - 微滤浓差极化示意

这个方程式可通过溶质浓度来表示：

$$J_c = Jc_f + D\frac{dc}{dx} \tag{4.15}$$

式中，J 为透过膜通量；c 为溶质浓度；c_f 在滤液中溶质的浓度；D 为溶质的扩散系数；dc/dx 为边界层上的微分单元中的浓度梯度。

这个方程式沿边界层进行积分得：

$$J = \frac{D}{\delta}\ln\frac{c_m - c_f}{c_b - c_f} \tag{4.16}$$

式中，δ 为边界层厚度；c_b 为主体溶质浓度；c_m 为膜表面溶质浓度。

通常 δ 不能精确知道，但是比例 D/δ 被认为是质量传递系数（K_d），如果膜表面的溶质浓度达到饱和浓度（c_s），即 c_m 保持不变等于 c_s，即使主体浓度进一步增加，下面的方程式仍存在：

$$J = K_d\ln\frac{c_s - c_f}{c_b - c_f} \tag{4.17}$$

如果溶质分子在膜上完全被截留（$c_f = 0$），则式（4.17）可简化为：

$$J = K_d\ln\frac{c_s}{c_b} \quad 或 \quad \frac{c_s}{c_b} = \exp(J/K_d) \tag{4.18}$$

c_m/c_b（或 c_s/c_b）称为极化模数（polarization modulus）。

应该注意，这个模型中没有压力项，模型仅仅在与压力无关的范围内才有效。

（2）质量传递系数的估算　为了估算质量传递系数，可以使用准数经验关联式（由热和质量传递理论导出），层流和湍流最常用的等式如下：

$$Sh=A(Re)^{\alpha}(Sc)^{\beta}(d_h/L)^{\omega} \tag{4.19}$$

式中，$Sh[=K_d(d_h/D)]$ 为 Sherwood 数；$Re[=(d_h v\rho)/\mu]$ 为雷诺数；$Sc[=\mu/(\rho D)]$ 为 Schmidt 数；d_h 为水力直径；L 为通道长度；μ 为动力黏度；ρ 为密度；A、α、β、ω 为经验常数。

表 4.6 汇总了一些质量传递系数的经验关系式。

表 4.6　质量传递系数经验关系式

流　型	K_d 关系式
湍流（$Re > 4000$）	$K_d = 0.023 \dfrac{V_s^{0.8} D^{0.67} \rho^{0.47}}{d_h^{0.2} \mu^{0.47}}$
层流（$Re < 1800$）	
$L_v < L$	$K_d = 1.86 \dfrac{V_s^{0.33} D^{2.33}}{d_h^{0.33} L^{0.33}}$
$L_v > L$	$K_d = 0.664 \dfrac{V_s^{0.5} D^{0.67} \rho^{2.67}}{d_h^{0.5} \mu^{2.67}}$

（3）质量传递模型的局限性和改进　在质量传递模型中，假定在膜上形成凝胶层，这使得通量不再取决于膜的特性，而仅仅取决于凝胶层的水力阻力。因此，通量与形成凝胶层的物质的性质和沿膜的流速紧密相关，而与压力无关。在实践中，这些结论没有一个是观察到的。用不同的膜在质量传递范围内得到的通量仅依赖于膜的类型和诸如主体浓度或料液速度等参数。但是质量传递模型已成功地用于预测主体浓度变化效应、水力学范围以及通量曲线平稳段的出现上。

对于在质量传递范围内的压力效应，Blatt 等人认为在膜表面已达到饱和浓度时，溶质粒子的反扩散梯度就不可能进一步增加。膜两侧压力的增加引起初始阶段通量的提高，由于通量变大，使凝胶层变厚，因此水力阻力不断增加直至重新达到原先的通量。

胶体溶液的微滤是另外一种情况，不能用质量传递模型来解释。一般地，通量要比这个模型预测的高好几倍，并在稀溶液中经常找不到通量的平稳期。Blatt 等认为这一事实是由于相当大的反扩散造成的（Fick 定律导出）。或者是由于大分子溶质（< 100nm）和细胞（1μm）之间大小不同，导致凝胶层水力阻力不能控制渗透速率。凝胶的水力渗透率（P）是粒子直径（d_p）的函数，见下式：

$$P = \frac{d_p^2 \varepsilon^2}{180(1-\varepsilon)^2} \tag{4.20}$$

式中，ε 为孔隙率。

当粒子直径从 10^{-8}m 增加到 10^{-6}m 时，渗透率将增加 10^4 倍，这时孔隙率并不重要。

在胶体溶液中所观察到的异常高通量现象是由远离膜表面粒子的反扩散造成的，这个反扩散被认为是管状收缩效应的结果（见图 4.22）。Serge 和 Siberberg 首先观察到，他们所研究的刚性颗粒的稀悬浮液沿管子流动时，粒子向远离管壁的方向迁移，在偏离半径的某些地方达到平衡。由于这个现象，膜面上沉积的颗粒具有了向中心径向迁移的速度，结果膜面污染程度减轻，通量增大。尽管这一效应的原因还未完全阐明清楚，但是径向迁移速度可采用下列通式表示：

$$V_{RM} = f[V_s Re(r_p/R)^{\alpha} r/R] \tag{4.21}$$

式中，V_s 为流体速度；Re 为雷诺数；r_p 为粒子半径；R 为管子半径；r 为管中粒子的径向位置；α 为依赖于流体水力学体系的常数。

由式（4.21）可知，径向迁移速度与流体速度 v_s 成正比，而和管径 R 成反比，所以窄通道超微滤器有利于悬浮液的处理。

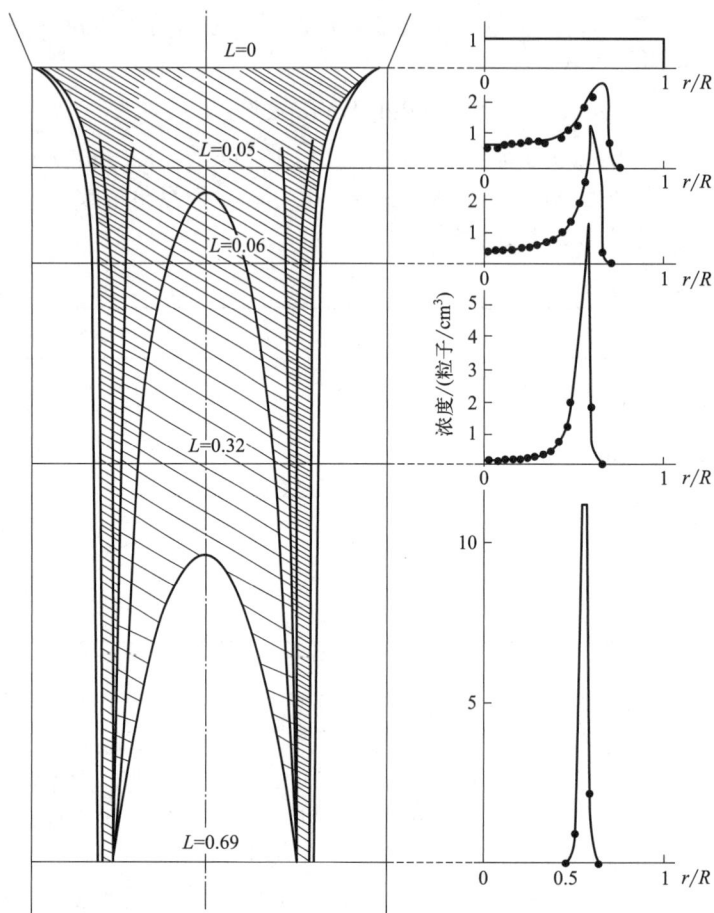

图 4.22　管状收缩效应

粒子的浓度看成是粒子在半径为 R 的管子中的径向（ r ）和纵向（ L ）位置的函数，起始浓度为
1 粒子 /cm²；浓度用阴影来表示，紧密阴影（大于 2 粒子 /cm²），密阴影（1 ~ 2 粒子 /cm²），
较密阴影（0.5 ~ 1 粒子 /cm²），最稀的阴影（0 ~ 0.5 粒子 /cm²）

4.7.3　阻力模型

微孔模型 $\left(J = \varepsilon_{\mathrm{m}} \dfrac{d_{孔}^2}{32\mu l_{孔}} \Delta p_{\mathrm{TM}} \right)$ 仅仅适用于纯溶剂。在溶液或悬浮液的膜过滤期间，由于浓差极化现

象，水力学阻力会显著地增加，因此提出了阻力模型。

在阻力模型中，通量被认为是连续地受控于若干水力阻力：

$$J = \frac{\Delta p_{\mathrm{TM}}}{W_{\mathrm{m}} + W_{\mathrm{d}} + W_{\mathrm{b}}}　\tag{4.22}$$

式中，W_{m} 为膜阻力；W_{d} 为沉积溶质阻力（膜污染阻力）；W_{b} 为边界层阻力（浓差极化阻力）。

溶质在膜上可逆或不可逆地沉积所导致的阻力，都视为沉积阻力。对于每一张膜，W_{m} 是常数，可用新膜进行纯化试验求得。W_{m} 值不仅对于建立模型时有用，而且对评价清洗步骤的效率和膜的长期稳定性也有用。极化层的水力阻力 W_{d} 和 W_{b}，依赖于外加压力和这一层中溶质的浓度。假定溶质阻力可借助于比阻来表征，并且与粒子的特性有关，则可用 Carman-Kozeny 关系式表示：

$$a=180\times\frac{1-\varepsilon}{\rho d_{\mathrm{p}}^{2}\varepsilon^{3}} \tag{4.23}$$

式中，a 为比阻；ε 为孔隙率；ρ 为密度；d_{p} 为固体粒子的直径。

$$W_{\mathrm{d}}=a_{\mathrm{d}}M_{\mathrm{d}}$$

$$W_{\mathrm{b}}=a_{\mathrm{b}}M_{\mathrm{b}}$$

式中，M_{d} 为单位膜面积上沉积溶质的质量；M_{b} 为边界层（界面层）上溶质滞留的质量。

如果假设沉积为一个动力学过程：

$$M_{\mathrm{d}}=M_{\mathrm{d}}(t) \tag{4.24}$$

则式（4.22）变为：

$$J=\frac{\Delta p_{\mathrm{TM}}}{W_{\mathrm{m}}+a_{\mathrm{d}}M_{\mathrm{d}}(t)+a_{\mathrm{b}}M_{\mathrm{b}}} \tag{4.25}$$

可近似用式（4.26）表示：

$$J=A(\Delta p_{\mathrm{TM}})^{n} \tag{4.26}$$

式中，A 和 n 是常数。

虽然这个模型可描述不少特性，但由于它不能解释偏离线性的机理，故用处不大。

4.7.4　渗透压模型

在原来的表达式中，膜两侧的压力差由方程式（$\Delta p_{\mathrm{TM}}=\Delta p_{\mathrm{T}}-\Delta\pi$）得到，由于假设大分子的渗透压与外加压力相比可以忽略不计，因此在孔隙模型中没有考虑 $\Delta\pi$，但是当溶质浓度过高时，就不能将其忽略。

渗透压模型假设，通量偏离纯水的原因是膜表面存在渗透压，因此：

$$J=\frac{\Delta p_{\mathrm{T}}-\Delta\pi}{W_{\mathrm{m}}}=\frac{\Delta p_{\mathrm{T}}-\pi_{\mathrm{m}}}{W_{\mathrm{m}}} \tag{4.27}$$

如果渗透液不含溶质，则 $\pi_{\mathrm{f}}=0$。膜表面的渗透压（π_{m}）可写成：

$$\pi_{\mathrm{m}}=f(c_{\mathrm{m}}) \tag{4.28}$$

确定 c_{m} 最简便的方法是利用质量传递模型，由式（4.18）得到。当 $c_{\mathrm{s}}=c_{\mathrm{m}}$ 时，则：

$$c_{\mathrm{m}}=c_{\mathrm{b}}\exp\frac{J}{K_{\mathrm{d}}} \tag{4.29}$$

或

$$J=\frac{\Delta p_{\mathrm{T}}-f\left(c_{\mathrm{b}}\exp\dfrac{j}{K_{\mathrm{d}}}\right)}{W_{\mathrm{m}}} \tag{4.30}$$

从理论上讲，上式与观察到的通量行为是一致的。增加膜两侧的压力差会提高通量，但溶质向膜表面的对流传递加快，c_{m} 值随之增加，反过来使 π_{m} 增加，从而部分抵消了推动力的增加。由于 $\pi=f(c)$，因此在某一点上 c_{m} 的微小增加将有可能导致 π_{m} 的极大增加，完全抵消了高压效应，甚至使通量减少。

由质量传递模型有关方程（见表 4.6 所列公式）可知，质量传递系数是由适当的关联式来确定的，因此，在这些条件下，增加 K_{d} 值，由式（4.29）可知 c_{m} 值将会降低，π_{m} 也降低，推动力（$\Delta p_{\mathrm{T}}-\pi_{\mathrm{m}}$）增加，从而通量增加。渗透压模型假设在膜表面溶质的浓度是所有变量的函数，包括外加压力，但质量传递模型则假设溶质浓度与操作条件无关。

4.8 过程讨论

4.8.1 过程方法

超 - 微滤的工作模式可分为浓缩、透析和纯化几种。

（1）浓缩 在浓缩悬浮粒子或大分子的过程中，产物被膜截留在料液罐中，见图 4.23。

浓缩物的最终体积 V_c，在分批浓缩中，可由其初始体积 V_0 和透过体积 V_f 之间的质量平衡来确定：

$$V_c = V_0 - V_f \tag{4.31}$$

应该注意到，由于系统阻留住了一定的体积，故浓缩物的最终体积准确地说不等于料液罐内的最终体积。

体积浓缩系数（CF）可定义为：

$$CF = \frac{V_0}{V_c} \tag{4.32}$$

被膜完全截留的大分子使料液浓度增加了 CF 倍。完全透过物料的浓度不受影响，但在截留率 δ 不是 1 或 0 的情况下，产物的浓度可由下式给出：

$$c_c = c_0 (CF)^\delta \tag{4.33}$$

式中，c_c 和 c_0 分别为最终和初始产物的浓度。

产物回收率 R 可通过最终浓缩物中和初始进料中产物总量求得：

$$R = \frac{V_c c_c}{V_0 c_0} = \frac{c_c}{c_0} \times \frac{1}{CF} \tag{4.34}$$

该式也可以写成：

$$R = (CF)^{\delta - 1} \tag{4.35}$$

透过液浓度 c_f 可由产物质量衡算得到：

$$c_f = (V_0 c_0 - V_c c_c)/V_f \tag{4.36}$$

（2）透析 在悬浮粒子或大分子的透析过滤中，产物被膜截留住，低分子量溶质（盐、蔗糖和醇）则通过膜（见图 4.24）。

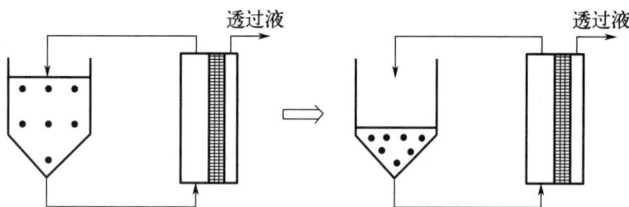

图 4.23 超 - 微滤分批浓缩的示意

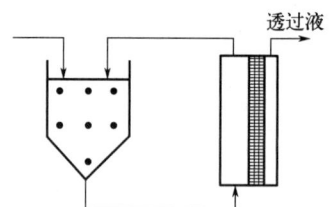

图 4.24 超 - 微滤透析的示意

如果是进行盐的交换，透过液可用去离子水或缓冲液替代。在透析过滤时，小分子溶质的浓度可由方程式（4.37）给出：

$$c_f = c_0 \exp \left(-\frac{1 - \delta}{V_f / V_0} \right) \tag{4.37}$$

式中，δ 为截留率；V_f 和 V_0 为透析过滤和截留体积；c_f 和 c_0 为相应的低分子量溶质浓度。

透析过滤可用间歇方式进行，用去离子水或缓冲液反复浓缩和稀释。

由上可知，在浓缩模式中，溶剂和小分子溶质被除去，料液逐渐浓缩。但通量随着浓缩的进行而降低，故欲使小分子达到一定程度的分离所需时间较长；透析过滤是在不断加入水或缓冲液的情况下进行的，其加入速度和通量相等，这样可保持较高的通量，但处理的量较大，透过液的体积也大，并且影响操作所需的时间。在实际操作中，常常将两种模式结合起来，即开始采用浓缩模式，当达到一定浓度时，转换为透析过滤模式，其转换点应以使整个过程所需时间最短为标准。此时，大分子溶质的浓度 c 和其在凝胶层上的浓度 c_m 间的关系应符合下式（设大分子溶质的截留率为1）：

$$c = c_m/e \tag{4.38}$$

式中，e 为自然常数。

（3）纯化　采用这一工作模式纯化溶剂和低分子量溶质，它们被回收在透过液中，在截留的物质中也可能同样含有目标产物（图4.25）。

产物在透过液中浓度 c_f 由质量衡算求得，产物在纯化过程中的总回收率 R 为：

$$R = \frac{V_f c_f}{V_0 c_0} \tag{4.39}$$

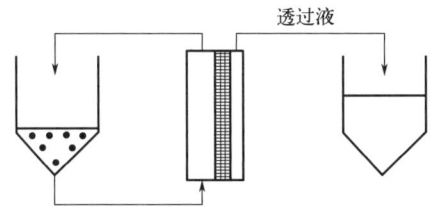

图4.25　超-微滤纯化的示意

式中，V_f 和 V_0 分别为透过液和初始浓缩液体积。

物料中，如果低分子量溶质是目标产物，则使用浓缩和透析过滤相结合的过程。截留的液流首先浓缩到最大水平，同时允许纯化溶质通过膜。然后用一个或几个透析过滤步骤洗去附着在截留物上的溶质。在这个过程中，可以用最小的稀释量来达到最大的产物回收率，截留物也可以同样被高度纯化。在某些分级分离过程中，当高分子量和低分子量溶质都是目标产物时，这种方法是十分有效的。

4.8.2　中空纤维膜组件的工作模式

中空纤维膜组件的工作模式分为超滤、再循环、逆洗。

如图4.26（a）所示，超滤时料液从膜组件底部进入，流进中空纤维，可透过物通过膜流入组件的低压一侧，在透过液上出口管流出。

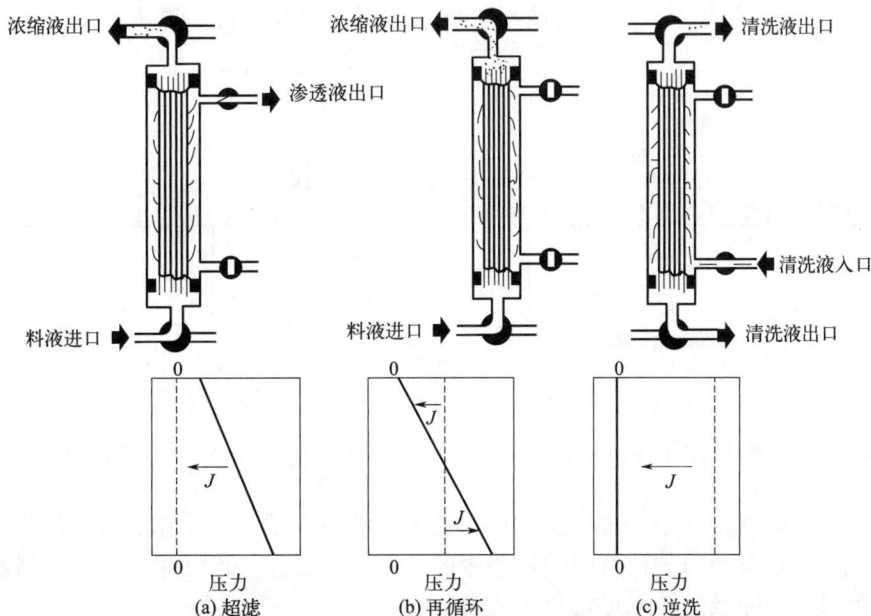

图4.26　中空纤维膜组件操作示意及膜内（—）和膜外（- - -）的压力变化

再循环是过程进行时清洗的有用方法，在这一情况下，透过液的出口管关闭 [见图 4.26（b）]，组件内充满滤液，则在组件一半的地方透过液的压力大于浓缩液的压力从而引起了逆洗过程。当料液反流时，在相同的清洗条件下，会造成另一半中空纤维组件的净化。当处理含有高悬浮固体和蛋白质沉淀的液流时，再循环特别有效。

逆洗 [见图 4.26（c）]，也可用于清洗操作。通过关闭一个透过液出口，并把两个操作出口接通大气。透过液通过加压流入组件，流向纤维并迫使其渗入中空纤维膜内侧，使积累的污垢脱离膜而流出组件。逆洗操作和再循环只适用于中空纤维膜，因为只有它们是自撑成列管式的。

4.8.3　超 - 微滤系统的工厂布置

设置和布置超 - 微滤系统有如下几种方法。

（1）开路式操作　在这一操作方式中（见图 4.27），料液一次性通过组件，导致透过液的体积非常少，回收率低，除非采用非常大的膜。开路式操作仅用于浓差极化效应忽略不计和流动速率要求不高的情况下。

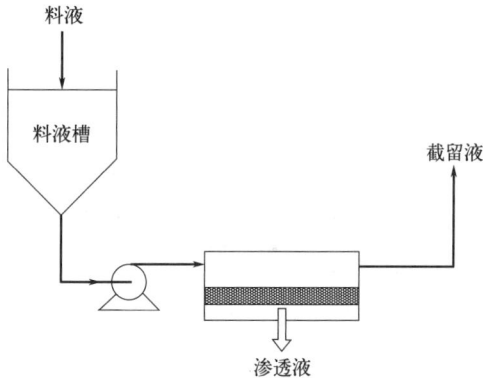

图 4.27　开路式单程连续操作示意　　　　图 4.28　浓缩液完全循环的分批操作示意

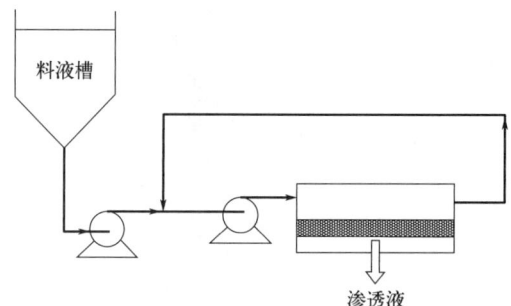

（2）间歇式操作　在实验室和中试规模试验中最常用的是间歇式操作（见图 4.28）。截留液需回流入进料罐中，以达到循环的目的。这是浓缩一定量物质的最快方法，同样要求的膜面积最小。图 4.29 和图 4.30 表示了两种不同的循环形式。浓缩液部分再循环的间歇操作特别适用于需要连续处理进料液流和其他贮罐不空的时候。

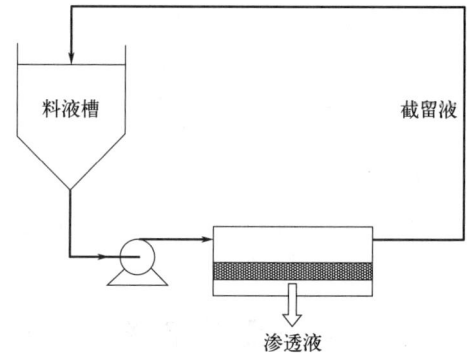

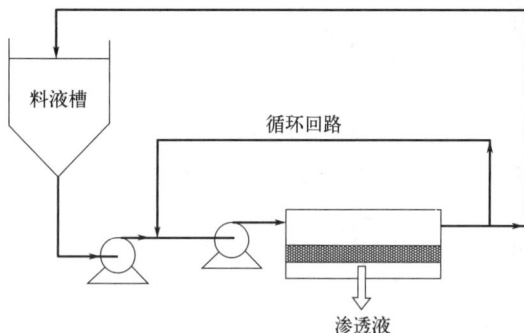

图 4.29　浓缩液部分循环的分批操作示意　　　　图 4.30　死端式分批操作示意

（3）进料和排放式操作　在这一操作方式中，开始运转与间歇式操作相类似，浓缩液一开始全部回流，当回路中浓度达到最终要求的浓度时，回路中的一部分浓缩液要连续排放，控制料液进入回路的流量等于透过液的流量和浓缩液排放流量之和（见图 4.31）。

这一方法的优点是最终浓度在系统一开始后就能很快达到，但这个操作在大多数情况下是不利的，因为连续操作回路过程的浓缩系数与间歇式操作最终浓缩时浓缩系数相当时，这一操作是在比间歇式操作还要低的通量下进行的。

（4）多级再循环操作　这一操作方式（见图4.32），仅仅是为了克服进料和排放式操作时通量低的缺点而发展起来的一种方式，但它同时也保留了较快地得到最终所需浓度的优点。其中只有最后一级是在最高浓度和最低通量下进行的，而其他各级却都是在较低浓度和较高通量的情况下进行的。因此总膜面积低于相应的单级操作，接近于间歇式操作。该操作方式通常最少要求3级，7～10级是比较普遍的。

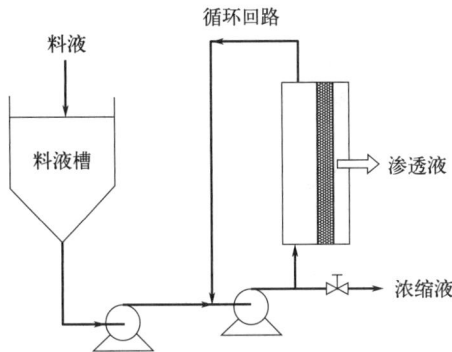

图4.31　进料和排放式操作示意　　　**图4.32**　三级进料和排放联结系统的多级操作示意

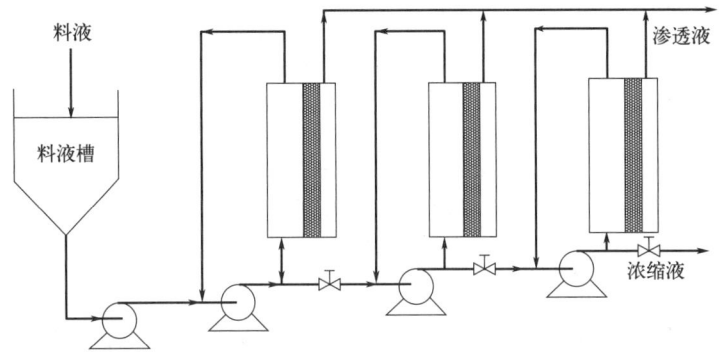

4.9　膜分离技术的应用简介

膜分离技术克服了生物产品传统分离过程中的许多缺陷，目前不仅广泛应用于生物、医药、食品、净水、环保等领域，而且还应用在化工、冶金、能源、电子、石油、仿生等行业，其中微滤可截留直径为0.02～10μm的粒子，用于发酵液的除菌、澄清及细胞收集等。超滤膜孔径为2～20nm，可分离分子量为数千至数百万的物质，如蛋白质、胶体、病毒、热原、酶、多糖等。纳滤膜最小孔径达1nm，它能截留分子量100以上的有机物而使小分子有机物透过膜，能分离同类氨基酸和蛋白质，实现高分子量和低分子量的有机物的分离。反渗透因膜的致密结构对离子实现有效截留，仅允许溶剂水分子通过，主要用于海水的脱盐、纯水的制造以及小分子产品的浓缩等。由于膜具有物质分离、能量转换、物质转化、控制释放、电荷传导、物质识别等功能，膜技术的发展遵循了模拟自然、改造自然、回归自然、服务自然的规律，因此可以预见，它将为我国发展循环经济保驾护航，为创办绿色产业奠定技术基础。

4.10　纳米膜过滤技术

液相膜处理技术包括反渗透（RO）、超滤（UF）、微滤（MF）、渗析（O）和电渗析（ED）。近年来国外又开发出另一滤膜系列——纳米过滤（nanofiltration），它介于反渗透与超滤之间，能截留有机小分子而使大部分无机盐通过，操作压力低，在食品工业、生物化工、医药及水处理等许多方面有很好的应用前景。纳米过滤（简称纳滤）是介于反渗透与超滤之间的一种以压力为驱动力的新型膜分离过程，这种膜过程，拓宽了液相膜分离的应用范围。刚开始时有人曾想将纳米过滤（NF）归于超滤（UF）或反渗透（RO）范畴，但都不够确切，直至几年前，纳米过滤才渐渐从超滤与反渗透中独立出来，成为一种相对独立的单元操作过程（见图4.33）。

纳米过滤膜的截留分子量一般小于1000，大于300，近来也有报道大于200或100的（见图4.34），这与制膜的水平有关。

由图4.34可见，纳米过滤膜的截留分子量范围比反渗透膜大而比超滤膜小，因此可以截留能通过超滤膜的溶质而让不能通过反渗透膜的溶质通过，根据这一原理，可用纳米过滤来填补由超滤和反渗透所留下的空白部分。

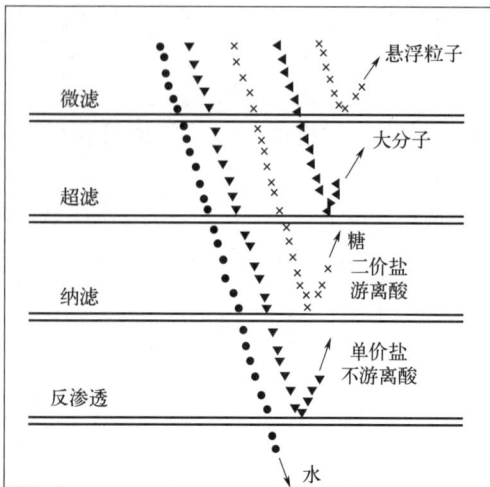

图 4.33　膜的分类与特性

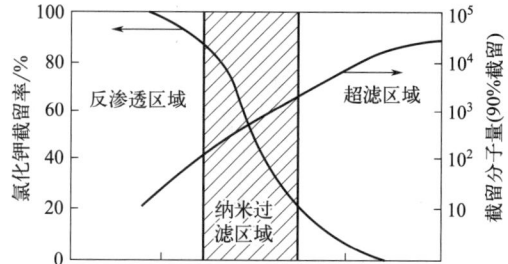

图 4.34　纳滤与反渗透、超滤操作性能比较

纳米过滤的关键同样是膜的材料及其制作，鲜为人知的是，一些犹太科学家早在 20 世纪 70 年代即研究制造了一系列化学性能超乎寻常的稳定的纳米膜。只是这一系列膜问世于纳滤一词形成之前，因此这些犹太科学家当时称其为选择性反渗透膜（selective reverse osmosis membrane，SelRO）。尽管如此，由于技术垄断及保密等其他方面的原因，SelRO 系列纳米膜的性质、特点以及它们在大规模工业化生产中的应用实践直到 20 世纪 90 年代才公布于世。与此同时，20 世纪 80 年代初期，美国 Film Tec 的科学家研究了一种薄层复合膜，它能使 90% 的 NaCl 透析，而 99% 的蔗糖被截留。显然这种膜不能称为反渗透膜（因为不能截留无机盐），也不属于超滤膜的范畴（因为不能透析低分子量的有机物）。由于这种膜在渗透过程中截留率大于 95% 的最小分子约为 1nm，因而它被命名为"纳米过滤"。这是纳滤一词的由来。

纳米过滤的特点：①在过滤分离过程中，它能截留小分子的有机物并可同时透析出盐，即集浓缩与透析为一体；②操作压力低，因为无机盐能通过纳米滤膜而透析，使得纳米过滤的渗透压远比反渗透为低，从而降低了对系统动力的要求和设备的投资费用；③与反渗透相比，纳滤通量大，降低了成本。

鉴于上述特点，这种膜分离过程在工业流体的分离纯化方面会大有作为，比超滤和反渗透的应用面要广得多，所以引起各国著名的反渗透膜制造商竞相投入巨资，研究制造纳米滤膜并开发其应用领域，使该高新分离技术得到迅速发展，为繁荣经济作出了贡献。

4.11　纳滤膜的性质与特点

大多数的纳滤膜是由多层聚合物薄膜组成的复合体，且常为不对称结构，含有一个较厚的孔状支撑层（100～300μm），其上有一层薄的表皮层（0.05～0.3μm），薄表皮层主要起分离作用，也是水流通过的主要阻力层，该表皮层为活性层，通常荷负电化学基团。按照表皮层的组成可分为芳香聚酰胺类复合膜、聚哌嗪酰胺复合膜、磺化聚醚砜复合膜、混合型复合膜等，按照纳滤膜的荷电情况可分为荷负电膜、荷正电膜、双极膜，其中荷正电膜因易被水中的荷负电胶体粒子吸附，所以很少应用；荷负电膜可选择性地分离多价离子，如果需要同时选择性分离多价阴离子和阳离子，则可使用双极膜。

一般认为纳滤膜是多孔性的，其平均孔径为 2nm，通常截留分子量范围为 100～200，见图 4.35。

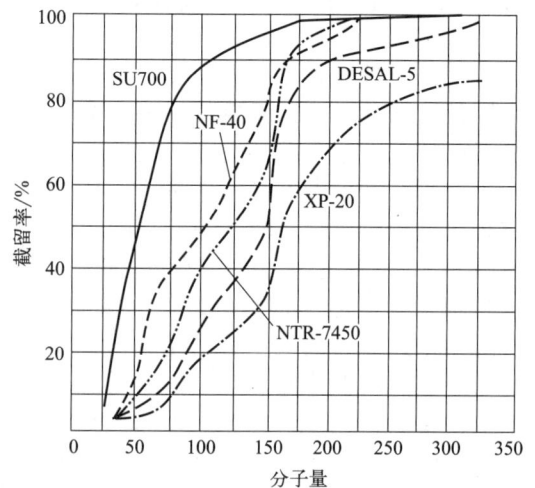

图 4.35　不同纳滤膜截留率与截留分子量关系

纳滤膜同样要求具有良好的热稳定性、pH 值稳定性和对有机溶剂的稳定性。目前世界上已有几家公司，如以色列的 Membrane Products Kiryat Weizmann 公司（MPW）、美国加利福尼亚州的 Desalination System 公司及明尼苏达州的 Film Tec 公司，分别生产的 SelRO、DESAL-5、FT-40 等系列膜都已具备了这些条件，这些膜能够承受80℃的温度，在pH值0～14范围内工作，并对许多溶剂有较强的抵抗作用。目前已商品化的一些纳滤膜的性质与操作特性见表 4.7。

表4.7　代表性纳滤膜的性质和操作特性

公司与地址	膜名称	活性膜层[1]	电荷	水穿透系数 /[L/（m²·h·MPa）]	NaCl		MgSO₄	
					含量 /%	截留率 /%	含量 /%	截留率 /%
Celfa，Germany	DCR-100	—	—	51.9	0.35	10	—	—
DDS Nakskob，Denmark	HC50	—	—	20.8	0.25	60	—	—
Desalination System Escondido，CA	DESAL-5	—	—	47.1	0.1	50	0.1	96
Film Tec（Dow） Minneapolis，MN	NF-40	PA	负	25.0	0.2	45	0.2	97
	NF-70	PA	负	72.0	0.2	70	0.2	98
	XP-20	—	—	50.0	0.2	25	0.2	75
	XP-45	—	—	30.7	0.2	75	0.2	98
Kalle Germany	NF-PES10/PP60	—	—	103.8	0.5	15	—	—
	NF-CA50/PET100	—	—	31.0	0.5	55	—	—
Membrane Products Kiryat Weizmann Rehovot，Israel	MPT-10	—	—	29.3	0.2	63	—	—
	MPT-20	—	—	50.0	0.2	18	—	—
	MPT-30	—	—	51.6	0.2	20	—	—
Nitto-Denko Osaka，Japan	NTR-7250	PVA	负	62.5	0.2	50	0.2	98
	NTR-7410[2]	SPS	负	500	0.5	10	0.5	9
	NTR-7450[2]	SPES	负	92.0	0.5	50	0.5	32
Osmonics Minnetonkia，MN	B-type TLC[2]	—	负	47.2	0.2	50	0.2	25
PCI England	AFC-30	PA	负	25.00	0.2	35	0.2	97
Toray Japan	SC-L100	CA	中性	31.3	0.2	75	0.2	97
	UTC-20HF	PA	负	94.7	0.2	66	0.2	99
	UTC-60	PA	两性	47.3	0.1	85	0.2	99
UOP San Diego，CA	TFCS-4921			340	0.05	85		95
	ROGA-4231			330	0.2	75		95

①CA=醋酸纤维；PA=聚酰胺；PVA=聚乙烯醇；SPS=磺化聚砜；SPES=磺化聚醚砜。②这些膜与其他纳滤膜相比较对 MgSO₄ 的截留率低，但是对 Na₂SO₄ 的截留率大于 90%。

注：—表示无现成数据。

（1）SelRO 系列纳滤膜的性质与特点　为便于了解和应用，现以 MPW 公司生产的、商标为 SelRO™ 系列纳滤膜为例，介绍它们的分类特点和典型应用（表 4.8）。

表 4.8　SelRO™ 纳滤膜的分类

膜型号	特　性	应　用
10	高度滤除低分子量有机物，高流量薄膜	农业化学废物，乳清脱盐，抗生素浓缩和脱盐，浓缩 10 倍
20	抗污浊，分子量切割尖锐分明，最宜盐类迁移	药物和含有机物液流的浓缩和脱盐
30	对酸 / 碱稳定	染料废水处理
31	耐高温	从酸性液流中除去重金属离子
32	坚牢的膜应用于有腐蚀性的场合	处理离子交换流出物
34		糖 / 糖蜜脱盐
40	对溶剂稳定	缩氨酸和抗生素的浓缩
50	耐醇类、酮类、醋酸、酯类、直链烷烃、质子惰性的溶剂类	含残留溶剂的废液处理
60	耐醇类、酮类、醋酸、酯类、直链烷烃、质子惰性的溶剂类	浓缩含油漆车辆的溶剂内的聚合物黏胶

典型的对热、酸、碱和溶剂均稳定的膜列于表 4.9。由表 4.9 可见，型号 10 与 20 系列的纳滤膜具有敏锐的分子量截留区与高的膜通量，膜的稳定性能适中；型号 30 系列的纳滤膜可耐极端的酸、碱条件。表 4.10 进一步举例说明了 MPT-34 纳滤膜在各种极端的酸、碱条件下的稳定性能。型号 40、50 与 60 是在各种极性与非极性溶剂中保持高度稳定的纳滤膜。其中型号 40 是亲水性溶剂稳定的纳滤膜，而型号 50 与 60 则是在憎水性溶剂中稳定的纳滤膜。

表 4.9　SelRO 纳滤膜的性质

型号	膜的名称[①]	分子量截留区	水的通量（30℃，39MPa）/LMH	pH 耐受范围	溶剂稳定性	使用的最高温度 /℃
10	MPT-10	200	150	2 ~ 11		60
20	MPT-20	450	120	2 ~ 10	一般	50
	MPS-21	400	100	2 ~ 10	一般	45
30	MPT-30	400	130	0 ~ 12		70
	MPT-31	400	120	0 ~ 14		70
	MPT-32	300	110	0 ~ 14		70
	MPT-34	200	60	0 ~ 14		70
	MPS-31	450	100	0 ~ 14		70
	MPS-32	350	60	0 ~ 14		70
	MPS-34	300	60	0 ~ 14		70
40	MPS-42	200	25	2 ~ 10	极好	40
	MPS-44	250	60	2 ~ 10	极好	40
50	MPS-50	700	0	4 ~ 10	极好	40
60	MPS-60	400	0	2 ~ 10	极好	40

① MPT 与 MPS 中的 T、S 分别指管式膜与卷式膜。

表 4.10　MPT-34 纳滤膜在不同酸碱中的稳定性

酸 / 碱介质	含量 /%	一种分子量为 900 的有机物在 MPT-34 纳滤膜中的截留率 /%	
		360h 后	1000h 后
HCl	5	99.9	99.9
	32	99.9	99.9
	37	99.9	99.9

酸/碱介质	含量/%	一种分子量为 900 的有机物在 MPT-34 纳滤膜中的截留率/%	
		360h 后	1000h 后
H₂SO₄	20	99.9	99.9
	50	99.9	99.9
	70	99.9	99.9
H₃PO₄	20	99.9	99.9
	50	99.9	99.9
CH₃COOH	15	99.9	99.9
NaOH	3	99.9	99.9
KOH	3	99.9	99.9

（2）SelRO 纳滤膜的构型与组件　SelRO 系列纳滤膜包括卷式与管式两种构型的组件。卷式膜由于单位体积中拥有较大的膜面积，因而造价较低，但要求通过膜的料液必须经预处理步骤，以避免分离过程中膜间隙内堵塞；管式膜单位体积中膜面积小、造价高，但料液可不经预处理直接浓缩。并且不易堵塞，方便清洗，这两种构型的横截面见图 4.36。由于平板式构型的膜浓差极化严重，所以一般不采用。

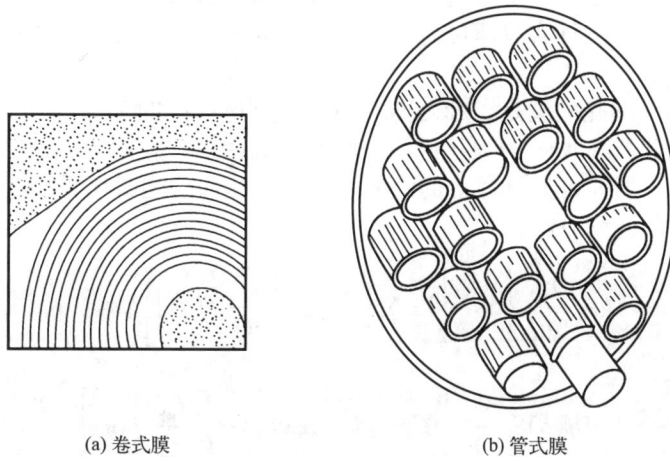

(a) 卷式膜　　　　　　　　　(b) 管式膜

图 4.36　SelRO 纳滤膜的剖面示意

4.12　纳米过滤的分离机理

纳滤虽也属于压力驱动的膜过程，但传质机理与反渗透有所不同，反渗透膜通常属于无孔致密膜，溶解-扩散的传质机理能成功解释其截留性能。而纳滤膜的孔径处于纳米数量级，究竟将其描述成有孔膜还是无孔膜，若描述成有孔膜，则需要描述溶质在仅比水分子大几倍的微孔中的传质过程；若描述成无孔膜，但它的真实孔径又比反渗透膜大，用溶解-扩散理论来描述它肯定不合适。另外，纳滤膜多为荷电膜，其对无机盐的分离不仅受化学势控制，同时也受电势梯度的影响。对中性不带电荷的物质（如葡萄糖、麦芽糖等）的截留则是由膜的纳米级微孔的分子筛效应引起的。

目前，根据分离对象的不同，可将纳滤膜传质机理分成两类：①分离对象为非电解质溶液时，其传质模型不考虑电解质与膜表面电荷的静电作用，主要有摩擦模型、空间位阻-孔道模型、溶解-扩散模型、不完全溶解-扩散模型和扩散-细孔流模型等；②分离对象为电解质溶液时，其传质过程受静电作用影响较大，相应的传质模型有固定化电荷模型、空间电荷模型、静电位阻模型和杂化模型等。下面简单地介绍使用较多的四类模型。

（1）非平衡热力学模型　将反渗透的非平衡热力学模型应用到纳滤膜，就形成了纳滤膜的非平衡热力学模型。该模型不考虑膜内部的透过机理，以非平衡热力学为基础，推导出二元物系透过膜的体积通量 J_v 和溶质通量 J_s，用下列方程组表示：

$$J_v= L_p(\Delta p-\sigma\Delta\pi) \tag{4.40}$$

$$J_s=(1-\sigma)(C_s)_m J_v+ \omega\Delta\pi \tag{4.41}$$

式中，L_p 为水力渗透系数；σ 为反射系数（膜特征参数）；ω 为溶质渗透系数（膜特征参数）；$\Delta\pi$ 为膜的渗透压差；$(C_s)_m$ 为膜内溶质浓度。

由 Vant Hoff 渗透压方程可求：

$$\Delta\pi =RT\Delta C$$

式中，R 为气体常数；T 为操作温度；ΔC 为膜两侧溶液的浓度差。

从式（4.40）、式（4.41）可以看出，溶质通量由两部分组成：$(1-\sigma)(C_s)_m J_v$ 为第一部分，表示因体积流而透过的溶质通量，并且在由体积流携带的溶质量 $(C_s)_m J_v$ 中，只有 $(1-\sigma)(C_s)_m J_v$ 部分透过了膜，而 $\sigma(C_s)_m J_v$ 部分则被膜"反射"了回去；$\omega RT\Delta C$ 为第二部分，称为扩散项，表示溶质以扩散方式通过膜的部分。

膜特征参数可以通过关联膜过滤实验数据求得。根据膜对单组分溶质的截留率随溶剂透过通量变化的实验数据关联得到膜的反射系数和溶质透过系数。如果已知膜的结构特性，上述膜特征参数则可以根据数学模型来确定，从而无需进行实验即可表征膜的传递分离机理。这些数学模型有电荷模型、细孔模型等。

（2）细孔模型（PM）　细孔模型是在 Stokes-Maxwell 摩擦模型的基础上引入了立体阻碍影响因素后建立起来的，该模型假定膜具有均一的细孔结构，膜孔为圆柱形，孔径为 r_p，溶质为具有一定大小的刚性小球，其半径为 r_s，圆柱形孔内充满静止的液体，溶质在孔内传递时所受到的推动力和阻力相当，以此为基础可得到细孔模型的通量方程：

$$J_v= \frac{r_p^2}{8\mu L}\left\{\Delta p-\left[1-S_F\left(g(q)+\frac{16q^2}{9}f(q)\right)\right]\Delta\pi\right\} \tag{4.42}$$

$$J_s=Df(q)S_D\frac{A_k}{L}\Delta C_s+J_v S_F\ \overline{C}_s\left[g(q)+\frac{\overline{V}_s f_{wb}}{\overline{V}_w f_{sw}}f(q)\right] \tag{4.43}$$

其中，引进参数 $q= \dfrac{r_s}{r_p}$

位阻因子 $S_D= (1-q)^2$

$$S_F= (1-q)^2(1+2q-q^2)$$

式中，μ 为溶液黏度；L 为膜厚度；$g(q)$、$f(q)$ 为考虑孔壁影响的修正因数；D 为溶质扩散系数；A_k 为膜总的孔道面积与膜有效面积比值，即开孔率；ΔC_s 为膜两侧溶液的浓度差；$\overline{C}_s$ 为膜内溶质的平均浓度；$\overline{V}_w$、$\overline{V}_s$ 为水、溶质的真实摩尔体积；f_{wb} 为水（自由水）和膜间摩擦系数；f_{sw} 为溶质和水（自由水）间摩擦系数。

运用细孔模型，只要知道膜的微孔径结构和溶质分子大小，就可计算出膜特征参数，从而得知膜的截留率与膜透过体积流速的关系，也可在已知溶质分子大小下通过实验求得膜的特征参数，并根据细孔模型估算出纳滤膜的细孔结构参数。

（3）电荷模型　电荷模型包括空间电荷（space charge，SC）模型和固定电荷（fixed charge，FC）模型。空间电荷模型最早由 Osterle 等提出，认为荷电膜由孔径均一、孔内壁面电荷分布均匀的柱状微孔组成，模型由表示微孔内电位分布和离子浓度分布的 Poisson-Boltzmann 方程、离子传递的 Nernst-Planck 方程和溶液体积流速的 Navier-Stokes 方程等基本方程式组成，是表征荷电膜的分离性能及传递系数的精确模型。常用于描述多孔荷电膜内电解质的传递现象、荷电膜内流动电位、膜电位等电性质及膜的反射系数等传递参数。固定电荷模型最早由 Teorell、Meyer 和 Sievers 提出，又称为 Teorell-Meyer-Sievers（TMS）模型，该模型认为膜是一个凝胶相，其电荷分布均匀、贡献相同。固定电荷模型由表示膜界面离子浓度分布的 Donnan 方程、膜内离子传递的 Nernst-Planck 方程及膜内外的电中性条件等基本方程式组成，可用于表征荷电膜内的传递现象，描述膜的浓差电位、膜电位和膜对溶剂及电解质分离特性。

（4）静电位阻（ES）模型　　以荷电孔结构为基础，参考空间位阻孔模型（SHP）和固定电荷（TMS）模型建立了静电排斥和立体阻碍模型，又简称为静电位阻模型。此模型假定膜分离层由孔径均一、表面电荷分布均匀的微孔构成，其结构参数包括孔径 r_p、开孔率 A_k、孔道长度（膜分离层厚度 Δx），电荷特性参数则表示为膜的体积电荷密度 X（或膜的孔壁表面电荷密度 q）。根据上述膜的结构参数和电荷特性参数，对于已知的分离体系就可以运用静电位阻模型预测各种溶质（中性分子、离子）通过膜的传递分离特性（如膜的特征参数）等。诸多纳滤膜的透过实验显示静电位阻模型可以较好地描述纳滤膜的分离机理。

由上可见，提出的模型虽多，但都不够确切，大部分学者认为，纳滤膜的分离作用主要是粒径排斥和静电排斥。溶质的分离除了因为膜孔和溶质大小不同外，还因为膜和溶质的电荷极化。对于非荷电分子，筛滤或粒径排斥是分离的主要原因；对于离子，筛滤和静电排斥共为分离的原因。在所有的应用中，膜面和孔电荷性在水和溶质分子穿过膜的过程中起了相当重要的作用。

4.13　纳滤膜的污染及解决方法

纳滤作为一种压力驱动膜过程，在实际应用中与超滤和反渗透一样也会面临污染及清洗问题。膜污染可定义为由于被截留的颗粒、胶粒、乳浊液、悬浮液、大分子和盐等在膜表面或膜内的（不）可逆沉积，包括吸附、堵孔、沉淀、形成滤饼等。

纳滤膜介于有孔膜和无孔膜之间，除了浓差极化、膜面吸附和粒子沉积作用是其应用中被污染的主要因素外，纳滤膜通常又是荷电膜，溶质与膜面之间的静电效应也会对纳滤过程的污染产生影响，这一点是纳滤污染与超滤、反渗透污染的一个重要不同之处。

污染能破坏膜的性能并最终缩短膜的寿命，而增加膜的操作和维护费用。从表观上看，污染使过滤的通量随时间而衰减。膜通量降低有两个原因，一是浓差极化的影响，是可逆的，通过降低料液浓度或改善膜面料液的流体力学条件，如提高流速，采用湍流促进器和设计合理的流通结构等方法，减轻已经产生的浓差极化现象，使膜的分离特性得以部分恢复；二是溶质吸附和粒子沉积，在膜面形成凝胶层，降低了水力渗透性和渗透通量，并可形成长期而不可逆的污染。这时，对膜进行清洗未必完全有效，部分膜的产水能力可能永久丧失，此时就需要更换新膜。

（1）纳滤膜过程污染的主要影响因素　　纳滤过程的污染主要受到操作条件（操作压力、供料速率及湍流程度）、膜类型（膜材料、膜表面性能和粗糙度、孔径大小和分布及膜的结构等）、供料性能（溶质和溶剂的性质、浓度）和预处理（过滤、氧化等）的影响。当纳滤膜的材料、结构等性能确定以后，污染的影响因素主要和操作条件与供料性能有关，其中很多与超滤、反渗透过程污染的影响因素相似。

（2）控制纳滤膜污染的方法　　控制纳滤过程污染的方法也与控制超滤、反渗透膜污染的方法相似，大体可分为四种。一是对已经污染了的膜进行清洗；二是改变进料的部分物理化学性质；三是改变操作方式；四是对膜表面进行改性。

如何充分发挥纳滤膜的特点，获得最佳的分离效果除了防止和控制纳滤膜的污染难题外，搞清和优化影响纳滤膜分离特性的各种因素，如操作压力，操作时间，料液流速、浓度，溶质的分子量、粒径、极性和电荷，溶液的表面电荷大小等也是至关重要的。只要通过不断的科学研究，完善传质机理，避免或控制膜的污染，优化过程的操作条件和影响因素，一个新兴的、值得瞩目的纳滤膜技术必将展现广阔的发展前景。

4.14　纳米过滤的应用

纳米过滤具有很好的工业应用前景，目前已在许多工业中得到有效的应用（见表4.11）。下面将举例具体介绍它们的处理过程。

表4.11　纳滤膜的应用

行业	处理对象	行业	处理对象
制药工业	母液中有效成分的回收 抗生素的分离与纯化 维生素的分离与纯化 缩氨酸的脱盐与浓缩	化学工业	工业酸/碱使用后的纯化，回收和再利用 电镀业中铜的回收
食品工业	酸/甜乳清的脱盐与浓缩 乳品厂/饮料厂苛性碱的回收	纯水制备	超高纯水 水的脱盐 沾污地下水的净化
染料工业	活性染料的脱盐与浓缩	废水处理	印染厂废水的脱色 造纸厂废水的净化与再生水的循环使用

　　（1）纳米过滤在抗生素的回收与精制上的应用　在抗生素（如赤霉素、青霉素）的生产过程中，常用溶剂萃取法进行分离提取，抗生素被萃取到有机溶剂中（如乙酸乙酯）中，后续工序常用真空蒸馏或共沸蒸馏进行浓缩。现MPW公司生产的MPF-50和MPF-60膜，可以直接用于上述过程，其中透过该膜纯化的有机溶剂，可继续作萃取剂循环使用，而浓缩液中为高密度的抗生素。此外，在抗生素的萃取过程中，一般在水相残液中还含有0.1%～1%抗生素和较多量的有机溶剂，如果用亲溶剂并稳定的膜MPF-42，则同样能回收抗生素与溶剂。

　　（2）纳米过滤在各类肽的纯化与浓缩中的应用　在肽和多肽化合物的纯化中过去通常采用蒸发过程来完成色谱洗脱液的浓缩，如今可用亲溶剂并稳定的膜MPF-42来进行肽与多肽的浓缩。

　　使用溶剂稳定的SelRO膜显示出两个优点：①与蒸发浓缩过程相比，纳米过滤可在低温下进行肽与多肽的浓缩并使浓缩过程从几天缩短到几小时，同时可以得到完整的产品；②浓缩过程同时可以进行产品的纯化，这是因为小分子的有机污染物和小分子盐将与溶剂同时透过膜，而肽与多肽被膜截留。例如从有机溶剂中截留天冬甜肽（天冬酰苯丙氨酸甲酯），结果见表4.12。

表4.12　有机溶剂中的肽的浓缩与脱盐

膜	MPT-40	MPT-42
天冬甜肽截留率/%	98	98
NaCl截留率/%	20	10
通量/LMD	480	600

注：天冬酰苯丙氨酸甲酯（分子量=294.3）浓度0.1%；溶剂50：50=乙腈/水；NaCl浓度2.5%；压力3.5MPa。

　　（3）低聚糖的分离和精制　低聚糖是2个以上单糖组成的碳水化合物，分子量数百至数千，主要应用于食品工业，具有很好的保健功能。

　　天然低聚糖的提取，如大豆低聚糖也可从大豆乳清废水中回收，采用超滤分离去除大分子蛋白质，反渗透除盐和纳滤精制分离低聚糖，大大地提高了经济效益。从合成低聚糖中制取高纯度低聚糖，通常采用高效液相色谱法（HPLC）分离精制，但后面浓缩需要的能耗也很高。采用纳滤膜技术来处理可以达到 HPLC 法同样的效果，甚至在很高的浓度区域实现三糖以上的低聚糖同葡萄糖、蔗糖的分离和精制，而且大大降低了操作成本。

（4）果汁的高浓度浓缩　果汁的浓缩可以减少体积，提高其稳定性，传统上是用蒸馏法或冷冻法浓缩，不但消耗大量的能源，还会导致果汁风味和芳香成分的散失。采用反渗透膜和纳滤膜串联起来进行果汁浓缩，可使果汁的溶质浓度表达的浓缩极限从 30% 提高到 40%，并且在浓缩过程中果汁的色、香、味不变，还可以节省大量能源。

（5）牛奶及乳清蛋白的浓缩　纳滤膜在乳品工业中也有着广泛的应用，如乳清蛋白的浓缩，牛奶中低聚糖的回收，牛奶的除盐、浓缩等。实验表明用纳滤能有效地除去杂味和盐味而且不破坏牛奶的风味、营养价值，比其他任何一种处理方法评价都高。

（6）农产品的综合利用　霍霍巴（jojoba）种子中含有 50% ～ 60% 的霍霍巴油，适于作为化妆品的天然添加剂。但其压榨后的残渣中含有一种称为西蒙精（simmondsin）的物质，当它作为饲料时会破坏动物的食欲，故需进行处理。采用纳滤技术对霍霍巴压榨残渣中的纤维素、蛋白质和西蒙精进行分离精制后，分别作为家畜饲料及食欲调节剂，获得较好的经济效益。

（7）水的脱盐　纳滤膜的最大应用到目前为止仍在水的脱盐上，去除水中由于 SO_4^{2-} 和 HCO_3^- 的钙盐及镁盐引起的硬度和溶解的有机物，典型的流程见图 4.37。由于膜易被硅、锰、铁污染，因此进水常用酸进行处理，使溶解的盐沉淀并收集。处理过的进水被送至第一级纳滤膜，从第一级、第二级透过的水即为纯化水，而在第二级中截留的水溶液，内含大量的 SO_4^{2-} 和 HCO_3^-，可进一步处理回用。在操作压力为 0.5 ～ 0.7 MPa 时，纳滤膜能去除 85% ～ 95% 硬度和 70% 单价离子。该法操作压力低、能耗减小，但高价的纳滤膜抵消了这些优点。

（8）膜生化反应器的开发　将膜技术与酶反应器耦合，利用膜分离产物，底物和酶被截留，不断添加底物，即可以达到反复利用酶并得到高产率生化产品的目的。同时还可将膜与发酵罐联用，以提高菌体细胞的利用率。如将纳滤膜与生物反应器耦合用于乳酸生产，利用膜截留底物和菌体细胞，得到较高的产率。

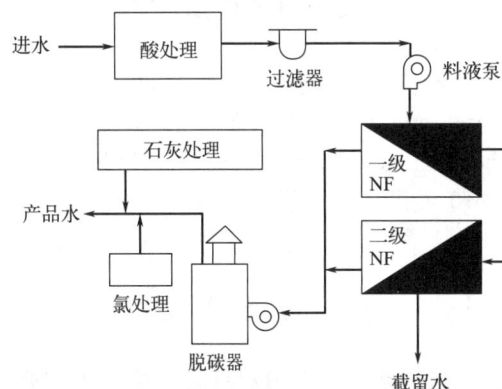

图 4.37　水的纳米过滤软化流程

从以上所述的各种应用中可进一步看出，纳米过滤膜是一种相当有用的工具，因此这种技术的发展必将推动整个膜技术的完善，促进科技事业和产业改造的发展。

膜工业及研究领域一方面致力于新型功能膜材料及膜技术的开发，另一方面耦合膜技术集成化亦已成为一个重要的研究方向。耦合膜技术就是将膜分离技术与其他分离方法或反应过程有机地结合在一起，充分发挥各个操作单元的特点。其中除了本章介绍的亲和膜技术外，还包括渗透蒸发、膜吸收、膜蒸馏、膜萃取、膜反应器等。

亲和分离技术被认为是解决生物工程下游产品回收和纯化的高效方法。亲和分配、亲和沉淀、亲和色谱等技术正在迅速发展，其中亲和色谱已成为色谱领域中的一个重要分支，它的选择性和特异性极强，是其他技术无法比拟的，但填充亲和色谱柱技术在发展中遇到某些固有限制，如流速低、填充颗粒的压缩、扩散传递慢，故造成柱效率不高并且不易大规模应用。

在亲和分离技术发展的同时，膜分离技术作为生物大分子纯化分离的一个有力工具也获得了迅速的发展，其特点是处理量大，可以大规模操作，但由于是利用膜孔径大小来分离，纯度相对较低。膜分离和亲和色谱两种技术各有自己的特长和不足，简要比较见表 4.13。

为了弥补上述不足，自 20 世纪 80 年代中期以来，已有人把这两种技术有机地结合起来，发挥各自的长处，于是出现了膜亲和过滤方法。这一方法实际上包括两个分支：①亲和膜分离技术，制备带有亲和配基的分离膜，直接进行产物分离；②亲和 - 错流膜过滤，将水溶性或非水溶性高分子亲和载体与产物进行特异反应，然后用膜进行错流过滤。

表 4.13 膜分离和亲和色谱的比较

项目	膜分离	亲和色谱
原理	利用膜孔径大小	利用化学和生物特异性相互作用
过程	一般为低压，可连续操作	低、中、高压都有，一般为分段式操作
介质	板式、卷式、中空纤维式超滤或微孔滤膜	担体、填料、一般在柱中进行
规模	处理量大，可达克，甚至千克级	处理量小，大多为毫克级；制备级可达克级
成本	相对较低	很高
设备	较简单	较复杂
速度	快	较慢
产物	纯度相对较低	纯度很高

4.15 亲和膜分离技术

亲和膜分离技术首要的是要研制出一种有效地用于生物大分子纯化分离的"亲和膜"（affinity membrane，AM）。制备亲和膜的关键是要选择合适的膜材料，并对膜进行表面化学改性（surface chemical modification）。Stephen E. Eale 博士称："膜表面改性技术领导膜进入了 20 世纪 90 年代，""未来的 10 年将是产生新的更为先进的第三、第四代膜的时代。"这种膜主要指的是亲和膜，可见 20 世纪 90 年代是亲和膜分离技术飞速发展的时代。21 世纪，带有活性配基的亲和分离膜将占主导地位。

4.15.1 基本过程和操作方式

（1）亲和膜的分离过程 整个过程如图 4.38 所示。

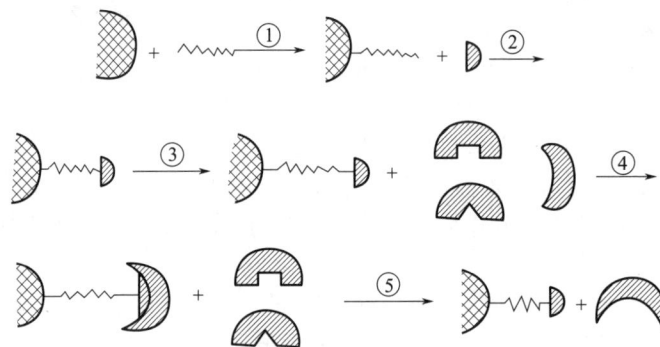

图 4.38 亲和膜的分离过程

① 分离膜的改性 基于微孔滤膜或超滤膜上所具有的某些官能团，通过适当的化学反应途径将其改性，接上一个间隔臂（spacer），一般应是大于 3 个碳原子的化合物。

② 亲和膜制备 选用一个适合的亲和配基（ligand），在一定条件下让其与间隔臂分子产生共价结合，生成带有亲和配基的膜分离介质。

③ 亲和配位 将样品混合物缓慢地通过膜，使样品中欲分离的物质与亲和配基产生特异性相互作用，配位生成配基和配位物（ligate）为一体的复合物（complex），其余不和膜上配基产生亲和作用的物质则随流动相通过膜流走。

④ 洗脱 改变条件，如洗脱液的组成、pH 值、离子强度、温度等，使复合物产生解离，并将解离

物收集起来，进一步处理。

⑤ 亲和膜再生　将解离后的亲和膜进行洗涤、再生、平衡，以备下次分离操作时再用。

（2）实现膜上亲和分离需解决的几个关键问题

① 膜表面要有足够多并可利用的化学基团（一般为—OH、—NH$_2$、—SH 或—COOH），使其能进行活化，接上合适的间隔臂和配基。

② 要有足够数量可利用的化学基团则必须有足够高的表面积，要便于让生物大分子自由地出入膜，必须有足够大的孔径。

③ 孔分布应窄而均匀，以获得高的通透量和分离效能。

④ 为了实现快速分离，常要加压操作，因此要求膜有一定的机械强度，能承受一定的压力，长期使用不变形。

⑤ 亲和膜要耐酸、耐碱、耐高浓度的缓冲液和有机溶剂。

（3）亲和膜的分离操作方式

① 亲和超滤过程（图 4.39）　在大多数情况下都使用错流方式（cross flow），这种方式的优点是膜有双重的分离作用，不仅所需要的生物大分子可以获得分离，而且可去除部分溶剂，达到浓缩的目的。

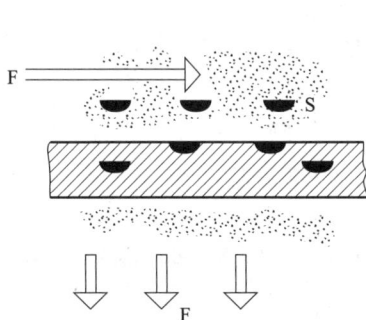

图 4.39　亲和超滤过程示意　　　　图 4.40　微孔亲和膜过滤过程示意

为样品分子；为溶液分子

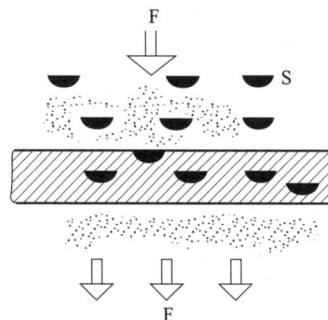

② 微孔亲和膜过滤过程（图 4.40）　混合物通过膜时，只有和膜亲和配基产生相互作用的物质被滞留在膜上，其余物质均随冲洗剂通过膜流走，目前大部分亲和操作采用此种方式。

亲和膜组件的形状有板式、圆盘式、中空纤维式等，前两种较为简单，成本低、容量小，中空纤维式便于实现连续、自动、规模化操作，图 4.41 是中空纤维式固载化酶膜反应器简图。

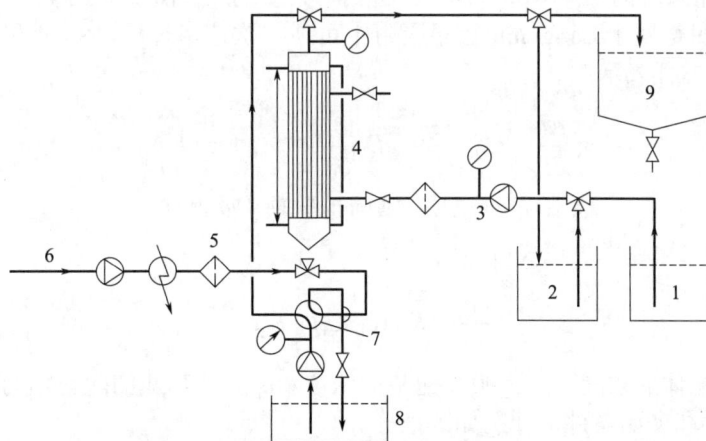

图 4.41　中空纤维式固载化酶膜反应器简图

1—交联或活化试剂；2—酶或蛋白质溶液；3—灭菌过滤器；4—中空纤维膜分离器；
5—预置过滤器；6—料液；7—切换阀；8—清洗液；9—产物或纯化物

4.15.2　基本理论

由于亲和膜分离过程非常复杂，故到目前为止真正基于物理 - 化学 - 生物特异性相互作用的理论关系式还未建立，最初基于配基 - 蛋白质相互作用的吸附 - 解离平衡过程所提出的亲和模型有一定的局限性。20 世纪 90 年代 Suen 用对流、扩散和 Langmuir 吸附理论对亲和膜分离过程作了数学分析，推导出了蛋白质和配基之间形成的配合物浓度与蛋白质浓度和配基浓度之间的关系式。

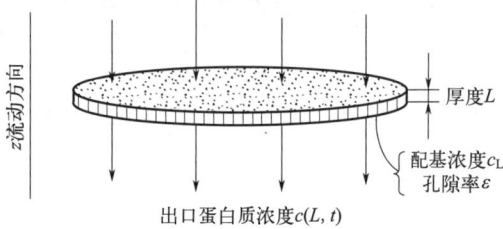

图 4.42　亲和膜的分离机理

Suen 假设样品溶液以层流方式沿着轴向通过已固载化上配基的多孔膜层（见图 4.42），蛋白质在膜上的吸附是等温吸附过程，料液蛋白质浓度为 c_0，膜上配基浓度为 c_L，蛋白质和配基之间形成的配合物浓度为 $c_s(z,t)$。另外做如下假设。

① 溶质在径向的浓度梯度忽略不计。

② 边界层上的质量传递时间（BLMT）d_p/k_c 远远小于轴向对流时间 L/v，BLMT 系数 k_c 由 Athalye 等人的关系式确定。

$$\frac{k_c D_p}{D} = \left[64 + \left(\frac{1.09}{\varepsilon} \right)^3 ReSc \right]^{1/3} \tag{4.44}$$

式中，D_p 为填充床中微粒大小，与膜孔径 d_p 同一数量级；D 为轴向扩散系数；k_c 为边界层质量传递系数；ε 为膜孔隙率；Re、Sc 为雷诺数和施密特数，$ReSc = D_p \varepsilon v / D$。

由式（4.44）可知 $k_c D_p / D > 4$，故 $d_p / k_c < (d_p)^2 / (4D)$，对于亲和膜系统，$(d_p)^2 / (4D) \leqslant L/v$。这样就产生了一个类似于液相中蛋白质 A 和亲和配基 B 相互作用的反应过程。

③ 蛋白质和固定在膜上的配基之间的结合如下式所示：

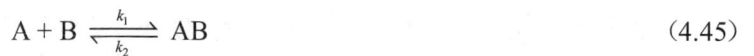

$$A + B \underset{k_2}{\overset{k_1}{\rightleftharpoons}} AB \tag{4.45}$$

式中，AB 为蛋白质与配基所形成的配合物；k_1 为结合速率常数；k_2 为离解速率常数。

假设为单价吸附，k_2/k_1 是解离常数 K_d，K_d 越小，则复合物越稳定。如抗生物素 - 生物素蛋白质系统 $K_d = 10^{-15}$；抗原 - 抗体系统的 $K_d = 10^{-6} \sim 10^{-12}$；酶底物系统的 $K_d = 10^{-4} \sim 10^{-6}$。

反应式（4.45）表明是属于 Langmuir 等温吸附中可逆二次速率过程，Suen 和 Etzel 对膜截面上的质量平衡采用如下的连续方程表示：

$$\varepsilon \frac{\partial c}{\partial t} + \varepsilon V \frac{\partial c}{\partial Z} = \varepsilon D \frac{\partial^2 c}{\partial Z^2} - (1 - \varepsilon) \frac{\partial c_s}{\partial t} \tag{4.46}$$

非稳态项　对流项　轴向扩散项　吸附项

根据式（4.45），其二次速率表达式可写为：

$$\frac{\partial c_s}{\partial t} = K_1 c (c_L - c_s) - K_2 c_s \tag{4.47}$$

式中，c 为溶液中配体的浓度；c_L 为膜上配基的浓度；c_s 为所形成的配合物的浓度。

Suen 根据边界条件和初始条件进行了如下推导。

① 包括轴向扩散在内的蛋白质吸附等温线方程，用无量纲的量来表示：

$$\frac{\partial c}{\partial \tau} + \frac{\partial c}{\partial \zeta} = \frac{1}{Pe} \times \frac{\partial^2 c}{\partial \zeta^2} - m \frac{\partial c_s}{\partial \tau} \tag{4.48}$$

$$\frac{\partial c_s}{\partial \tau} = \frac{n}{m} C(1-C_s) - \frac{n}{m(r-1)} C_s \tag{4.49}$$

式中，τ、ζ、C、C_s 分别为距离和浓度的比率，$\tau = \dfrac{vt}{L}$，$\zeta = \dfrac{Z}{L}$，$C = \dfrac{c}{c_0}$，$C_s = \dfrac{c_s}{c_L}$；Pe 为轴向贝克来（Péclet）数；m 为配基总容量对进料蛋白质浓度的比率；n 为传递单位的无量纲量；r 为无量纲分离因子，因此分离因子可确定在平衡状况下加载到膜基体上的最大蛋白质浓度。

② 忽略轴向扩散的可逆吸附等温线方程：

$$c(\zeta=1) = \frac{J(n/r,\ nT)}{J(n/r,\ nT) + [1 - J(n,\ nT/r)]\exp[(1-1/r)(n-nT)]} \tag{4.50}$$

$$T = \frac{\varepsilon k_2 r}{(1-\varepsilon)c_1} (\tau-1) \tag{4.51}$$

$$J(x,y) = 1 - \exp(-y) \int_0^x \exp(-\eta)I_0(2\sqrt{\eta y})\mathrm{d}\eta \tag{4.52}$$

式中，I_0 为修正的零次贝塞尔方程，$x = n/r$，$y = nT$。

通过计算机及有关软件包可以解出上述方程式，并对分离结果作出解释，指出对于亲和分配过程较合适的 k_1 值范围为 $1.0\times10^3 \sim 2.6\times10^5 \mathrm{mol}^{-1}\cdot\mathrm{s}^{-1}$，典型的 k_2 值范围在 $1.0\times10^{-7} \sim 3.9\times10^{-9}\mathrm{s}^{-1}$。这些数据反映出可溶性蛋白质和固载化配基之间固有的解离速率。它们不受质量传递的限制，膜越薄，轴向扩散的影响越显著，允许使用的流速越低，用薄膜堆积成厚膜，可降低轴向扩散的影响，有利于提高操作流速，增加样品负荷容量，缩短分析时间。

4.15.3　亲和膜制备

在亲和膜的分离过程一节中已对亲和膜的制备方法作了简单介绍，现就其中所需的材料和亲和方法作些重点讨论。

（1）基质材料　对于亲和膜所用的基质材料除了与亲和色谱分离中对基质要求有良好的化学稳定性、高的机械强度、能耐受细菌攻击和对具有生物活性的物质，如多肽、蛋白质等相容性要好等外，特别应选用那些在分子结构中具有可进行化学反应的活性基团（如羟基、氨基、羧基、巯基等）的材料和孔径足够大、孔径分布尽可能均匀的膜，以利于键合上尽可能多的间隔臂和配位基，产生较高的亲和容量和通透量，获得尽可能多的目标产物和分离效能。

到目前为止，虽然已有多种亲和色谱的固体填料如葡聚糖、琼脂糖、纤维素、聚丙烯酰胺、聚羟乙基甲基丙烯酯、多孔玻璃和硅胶等，已在亲和膜的制备和分离中获得了应用，但都未能成为一种符合要求、理想的亲和膜。近年来又新发展了一些成膜材料，如聚乙烯醇、聚胺、改性聚砜以及聚醚氨基甲酸酯类物质等使制成亲和膜效果有所提高，但研制开发适合于进行亲和分离的膜仍然是一个重要任务。

（2）配基及其选择　在亲和纯化中，一般将亲和作用分子对中被固定在载体上的，能被蛋白质所识别并与之结合的原子、原子团和分子称为配基。亲和膜分离是基于欲分离的生物大分子和键合在膜上的亲和基团之间的生物特异性相互作用，因此配基的选择和正确使用特别重要。配基可分为如下两类。

① 通用型配基　也称基团特异性配基，如活性染料、外源凝集素等。这类配基靶目标不是附着分离物质的构型或序列，而是附着其分子上的官能团，它几乎可与末端含有糖基的所有溶质相偶联，见表 4.14。

表 4.14　通用型配基及其特异性

配基名称	特异性
活性染料，如 Cibacron blue F3GA	核苷酸余因子、脱氢酶、白蛋白、干扰素、生长因子、脂蛋白等
Procion Red HE-3B	碱性磷酸酶、胞毒因子、脂蛋白、血纤维蛋白酶原等

续表

配基名称	特异性
伴刀豆球蛋白 A、麦胚外源凝集素、扁豆植物凝集素等	多糖、糖蛋白、糖脂、含有糖残基构型的膜蛋白等
胰蛋白酶抑制剂、苯基硼酸、各种氨基酸酯	胰蛋白酶、糖基化红细胞、多糖、核酸和其他底物含有顺式 二醇基类的物质、D- 氨基酸
蛋白质 A、蛋白质 G	各种免疫球蛋白和其亚类
核糖、核糖核酸、脱氧核糖核酸	核酸酶、聚合酶、核苷酸

② 特异性配基　分成两组：a.酶和底物或抑制剂对；b.各类免疫试剂对，如抗原 - 抗体、细胞接收体 - 调节剂等。特异性配基的突出优点是高选择性，可取得最佳的分离效果，但是其制备十分复杂、困难，易失活变性，价格又十分昂贵，因此它们的广泛使用受到限制。

配基的选择应符合下述两个条件：①生物大分子与配基间的亲和力要合适，亲和力太强易造成生物大分子失活，亲和力太小，结合率不高；②配基要有可与基质材料牢固结合的基团，且结合后又不影响亲和分子对之间的亲和力。

（3）间隔臂及其选择　如果欲分离生物大分子的立体构型使其很难接近膜上的配基产生空间位阻效应时，应考虑在膜与配基之间插入一个具有一定几何长度的有机基团即间隔臂。一个理想的间隔臂不仅应具有一定的长度（至少 4 ~ 6 亚甲基的桥），而且需自身不带任何电性和附加的活性中心，疏水性适当，以避免对分离产物产生非特异性相互作用。亲和作用中较常用的间隔臂见表 4.15，其中用得最多的是含氨基的胺类化合物。

表 4.15　亲和作用中较常用的间隔臂

名称	结构	名称	结构
烷胺类	$-O-\overset{NH}{\underset{\|\|}{C}}-NH-R-NH_2$	聚胺类	$-O-\overset{NH}{\underset{\|\|}{C}}-NH-(CH_2)_2-NH-(CH_2)_2-NH_2$
二胺类	$H_2N-R-NH_2$	聚醚类	$-O-(CH_2)_2-O-(CH_2)_2-O-(CH_2)_2-OH$
多肽类	$-O-\overset{NH}{\underset{\|\|}{C}}-NH-\overset{R}{\underset{\|}{CH}}-\overset{O}{\underset{\|\|}{C}}-NH-\overset{R}{\underset{\|}{CH}}-\overset{O}{\underset{\|\|}{C}}-NH-$ $-\overset{R}{\underset{\|}{CH}}-\overset{O}{\underset{\|\|}{C}}-NH-\overset{R}{\underset{\|}{CH}}-COOH$	氨基酸	$H_2N-R-COOH$

（4）亲和介质和配基的结合方法　在选择材料并制备好膜后，膜的活化或改性是制备亲和膜的关键性步骤，其主要方法如下：①溴化氰法；②环氧法；③羰基二咪唑法；④碳二亚胺法；⑤三嗪活化法；⑥高碘酸氧化法。

4.16　亲和膜分离技术的应用

Zale 等人对于蛋白质 A/IgG、外源凝集素 /IgG、肝素 / 抗凝血酶Ⅲ、抗体因子Ⅷ / 因子Ⅷ等系统的实验表明，原亲和色谱所受扩散速率限制已被克服，亲和膜分离过程速率受控于配体 - 配基间缔合动力学。直接从澄清后培养液中回收纯化灰鼠单克隆抗体仅需 15min。

Krause 等人从大肠杆菌培养液中纯化苹果酸脱氢酶，经 3 次亲和膜操作，可以达到纯化比为 200 倍，回收率超过 90%，可以用于纯化产品。

（1）亲和膜分离过程举例——IgG 的亲和膜分离

① 起始膜材料的选择　在动物细胞培养液中，细胞的尺寸大于 10μm，而各种蛋白质的尺寸一般都小于 0.01μm，故选用 0.65μm 的微孔膜来截留细胞而透过蛋白质，也就是说选用 0.65μm 的中孔纤维微孔滤膜为起始材料（当然不同的分离对象应选择不同的微孔膜材料）。

② 膜的表面处理　普通聚砜类的微孔膜易与蛋白质发生杂吸附，不能用于选择性亲和生物大分子，必须加以表面改性使之亲水化，但如经改性后膜孔表面的主要基团是羟基的话，它作为偶联吸附配基的基团是不活跃的，难以在常温下与配基反应，而提高反应温度又会使配基结构变化并失去吸附活性，因此还需将羟基转化为活泼基团。如可采用表氯醇法活化羟基。

③ 接配基反应　接配基的方法有溴化氰活化法、高碘酸氧化法和表氯醇法。溴化氰活化法不仅毒性大，而且成键不稳定，导致配基泄漏；用高碘酸氧化法，虽然成键稳定，但活化位点少，配基偶联量低；故采用活性更高的表氯醇法活化羟基，如图 4.43 所示。在 60℃ 的碱性溶液中，表氯醇与膜孔表面的羟基反应脱去氯化氢，使固相表面引入活泼的环氧基团。配基（蛋白质 A）表面有氨基（—NH$_2$），在常温、碱性条件下就可以与环氧基反应，从而将配基（简示为 L-NH$_2$）偶联在膜上。可用于对小鼠 IgG 单抗吸附。此法解决了活性位点少的不足，可以获得较高的配基偶联量，从而提高了亲和容量。

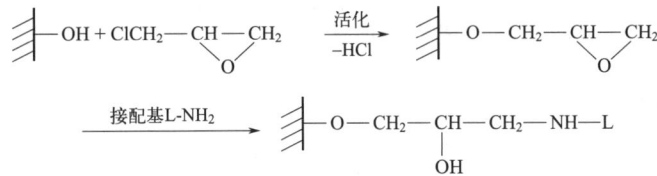

图 4.43　表氯醇活化膜羟基与接带氨基的配基

④ 具体操作过程　第一步将细胞培养液或小鼠 IgG 单抗液（pH 调至 8.0）引入中孔纤维蛋白质 A 亲和膜的管道中，在管中做切向流（错流）过滤，亲和吸附和过滤同时进行。第二步淋洗，用 pH 8.0 的磷酸盐缓冲液溶液（PBS）洗膜除去膜间杂质。第三步洗脱，用 pH 3.5 的柠檬酸缓冲液将膜上蛋白 A 吸附的单抗解吸下来。第四步再生，用 pH 8.0 的 PBS 洗膜，以利下一次吸附操作。

（2）亲和膜分离技术的特点　亲和膜分离技术从分离性能上看有两个明显的特点：①兼过滤和亲和吸附于一身，分离速度快；②产物在流经膜孔的过程中被孔臂上的配基所吸附，不存在像多孔颗粒中那样的孔内扩散控制，故宏观吸附速率快。因此在很短的时期里，亲和膜分离技术得到迅速发展，见表 4.16。当然亲和膜分离技术也有其自身的弱点，如它的造价比一般的过滤膜要贵十几倍；其次是它的介质厚度小，吸附高浓度产物时，介质的吸附容量尚未饱和时就有可能有相当多的产物未被吸附而透过。可以将其使用在价格昂贵的生物工程药物的提取上，以及采用正反向变流亲和吸附的方法提高膜的吸附量等办法，使其扬长避短，促进生物技术产业的发展。

表 4.16　代表性亲和膜的特征和应用

名称	研制单位	特征	应用
Nalgene	Memtek Corp.	圆形，φ2.5cm、4.7cm，孔径 0.2μm、0.5μm，交联，结合	酶及血清白蛋白的纯化
Actidick（聚乙烯、硅胶）	FMC.Corp	圆形，φ4.7μm，孔径 1μm，交联，包埋	肽、蛋白质及酶的固载化
MemSep1000	Millipore	圆形，床体积 1.4ml，孔径 1.2μm，结合蛋白质 A 6mg	单抗和多抗的分离
MemSep1010	Millipore	床体积 4.9ml，蛋白质 A28mg	单抗和多抗的分离
Nugel（聚合物、硅胶）	Separation Corp	平板式 10cm×20cm，包埋、涂渍、结合	抗原、抗体、重组蛋白及酶的纯化
Polymer（氨基苯甲醚）	Biotechnology Inst.of Canada	板式亲和超滤，结合型	胰蛋白酶和胰凝乳蛋白酶的纯化

名称	研制单位	特征	应用
Protrans	Biochemic	板式 15cm×15cm，结合孔径 0.2～2μm	细胞生长剂，IgG，干扰素的纯化
Nylon66（尼龙 66）MemA	Fluka	卷式 0.3m×3m，结合孔径 0.2μm	RNA、DNA 转录，中性蛋白纯化
PS-105（改性聚砜）	中科院大连化学物理研究所	板式 10cm×10cm，结合孔径 0.2～0.5μm	胰蛋白酶抑制剂的分离

4.17 亲和膜过滤

亲和膜过滤又称亲和过滤（affinity filtration）或亲和超滤（affinity cross-flow filtration，ACFF）是 1981 年由 Hedda 等人首先提出并得到迅速发展的一种新型大规模分离纯化技术。这一技术是生物化学、化学工程和生物工程等多门学科前沿的交叉点，它将亲和色谱和膜过滤特别是超滤技术有机地结合起来，兼有亲和色谱和膜过滤的优点，从而成为目前研究的热点。

4.17.1 亲和膜过滤的特点

因为亲和膜过滤是亲和色谱与膜过滤相结合的技术，所以先分别简要介绍一下这两者的优点和缺点。

亲和色谱是目前分离选择性最好、纯化倍数很高的一种生物技术产品的实验室常用分离纯化方法。其原理是利用生物大分子及其配基（例如酶与底物或抑制剂、抗体与抗原、激素与受体等）之间的生物特异性与可逆的亲和作用，专一性地吸附生物大分子而达到分离纯化的目的。

亲和色谱的优点是简单、快速，甚至从细胞的粗提液中经一步色谱就能纯化成百上千倍。此外配基对相应的蛋白质有稳定作用，故使蛋白质的回收率和比活力比较高，并且亲和性的吸附剂可反复使用。但亲和色谱是一种昂贵的分离技术，作为一种间歇操作的吸附色谱，柱中装载的昂贵的亲和载体利用率很低，由于使用粒径小、强度低的亲水性载体，柱的通量小，易被堵塞和污染，传质阻力大，造成过程速率很低，大柱中的流动状况复杂，装柱技术的熟练程度和经验对柱的性能影响很大，放大困难，故到目前为止还主要用于纯度要求很高、价值昂贵的小量产品的生产上。

至于膜分离技术，从 20 世纪 60 年代发展至今，已在生物技术领域中得到了广泛的应用。特别是超滤，以压力为驱动力，溶质按分子大小不同而分离，过程无相变化、能耗小，无需添加化学试剂，易于大规模操作。但超滤技术的选择性差，不能把分子量相近的生物分子分开。

新近发展起来的亲和膜过滤，其特点是同时体现了亲和色谱中生物特异性吸附的优点及膜分离可大规模操作的优点，将"亲和载体"（水溶性或非水溶性）分散在溶液中进行吸附，避免了固定床操作带来的种种缺点，使亲和膜过滤技术具有很强的生命力。

4.17.2 亲和膜过滤过程及其关键问题

亲和膜过滤的"主角"是一种叫做"亲和载体"的粒子（affinity escort）。亲和载体的结构包括一个由对生物分子无特异吸附性的物质组成的内核以及内核表面上连接的某些特定基团，这些基团必须对所提取的蛋白质有一定的特异吸附性。亲和载体必须拥有以下两种特性之一：或能溶于水溶液，或易于悬浮在水溶液中。之所以对载体有上述要求是因为在操作过程中，这些载体必须易于用泵来进行转送。亲和载体由于具有了上述的特殊结构，因此可以与分离对象蛋白质选择性地结合并形成复合体，然后再用膜对加入载体的发酵液进行过滤并保留复合物，而那些杂蛋白则随液体流过膜，从而实现了分离对象与杂蛋白的分离与纯化。得到的复合体，只需改变缓冲液以释放结合在亲和载体上的蛋白质，同时进行第二次膜过滤，就可以将分离对象与载体分离，载体在进行重新复活处理后还可循环使用（见图4.44）。

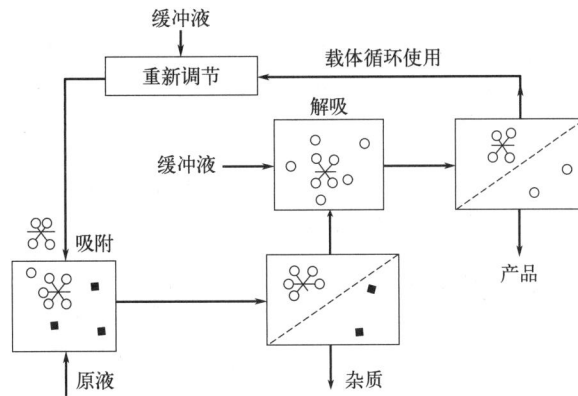

图4.44 亲和膜过滤流程总图

○产品；■杂质；✖亲和载体；----膜

亲和载体的制备通常有两种途径（见表4.17），采取哪一条途径与内核的性质密切相关。而载体的内核有两种类型，一种是水溶性的大分子量聚合物；另一种是非水溶性的粒子，种类较多，有各种菌类的完整细胞（酵母、芽孢杆菌、链球菌等细胞）。纳米硅石微粒、琼脂糖凝胶、脂质体等也均被作为基质使用过。

表4.17 两类载体的亲和膜分离体系

	载体	配基	纯化蛋白	载体尺寸
非水溶性载体	热灭活酵母细胞	对氨基苯甲酰胺	伴刀豆球蛋白A	5μm
	淀粉颗粒	汽巴克弄蓝	乙醇脱氢酶	1～10μm
	链球菌	表面基团	牛免疫球蛋白G	1μm
	细胞壁片段	蛋白A	人免疫球蛋白G	1.6μm×0.6μm
	琼脂糖珠粒	对氨基苯-β-D-硫代半乳糖吡喃糖苷	β-半乳糖苷酶	50～200μm
	单颗粒硅石	汽巴克弄蓝	乙醇脱氢酶	12nm
	脂质体	生物素	抗生物素蛋白	25～70nm
	脂质体	对氨基苯甲酰胺	胰蛋白酶	60nm
	聚合脂质体	对氨基苯甲酰胺	胰蛋白酶	100～200nm
	脂质体	对氨基苯甲酰胺	胰蛋白酶	20～60nm
	葡聚糖琼脂糖交联凝胶珠粒	汽巴克弄蓝	人体血清白蛋白，溶菌酶	11～15μm
	琼脂糖凝胶珠粒	伴刀豆球蛋白A	辣根过氧化物酶	45～165μm
	琼脂糖凝胶珠粒	蛋白G	牛血清免疫球蛋白G	45～165μm
	琼脂糖凝胶珠粒	肝素	乳铁蛋白	45～165μm
水溶性载体	葡聚糖	对氨基苯甲酰胺	胰蛋白酶	分子量2×10^5
	葡聚糖	大豆胰蛋白酶抑制剂	胰蛋白酶	分子量2×10^5
	聚丙烯酰胺	间氨基苯甲酰胺	胰蛋白酶	分子量$>1\times10^5$
	聚丙烯酰胺	间氨基苯甲酰胺	尿激酶	分子量$>1\times10^5$

当用不溶于水的粒子作为亲和载体的内核时，载体所能吸附的最大蛋白质量受粒子表面积的限制。要想让载体尽量多地结合蛋白质，就必须让粒子具有尽量大的表面积，也就是说要求粒子的直径尽量地小，这一原则与亲和色谱中粒子要小的原则是一致的。

与非水溶性内核相比以水溶性物质作为亲和载体内核，由于它分散在水相中，所以这种载体与分离对象的结合更为有效并更为迅速。而且由于水溶性内核在水溶液中的可伸展性，使它的表面基团在与蛋白质结合时，消除了空间障碍，从而大大提高了过程速率。可见能否成功地开发出性能优良的水溶性高聚物亲和载体，是亲和膜过滤能否达到高效低成本及其在生物技术产品大规模分离提纯中成功应用的主要因素之一。

有关配基及其与载体的偶联与亲和膜中所述类同。

4.17.3　亲和膜过滤技术的基本理论

（1）亲和作用的一般理论　亲和分离是利用存在于生物系统中两个不同分子间可逆的非共价结合的相互作用来进行的，这些作用及其产生的原因如表 4.18 所示。

表 4.18　亲和载体与目标蛋白质的可能结合形式及其原因

结合形式	产生原因
离子间的相互作用	主要因氨基酸侧链的电荷引起静电作用
氢键结合	配体含 O 原子或 N 原子时，与结合部位形成氢键
疏水性相互作用	配体与结合部位都含有非极性基团
对金属原子配位	目标分子与配体的一部分都与同一金属原子配位
弱共价键结合	如醛基和羟基间形成的弱共价键，存在可逆性

假设固定在吸附剂上的活性点 B，只能亲和一种溶质 A，它们的相互作用可用式（4.45）来描述。

许多研究者认为吸附和未被吸附溶质之间的平衡关系可以用 Langmuir 等温线来描述，Chase 提出了一个包含 Langmuir 等温线的质量传递速率方程式，对吸附到固定相上的溶质的质量传递可用下式描述：

$$\frac{\mathrm{d}q}{\mathrm{d}t} = k_1 c(q_\mathrm{m} - q) - k_2 q \tag{4.53}$$

式中，c 为未被吸附的溶质浓度；q 为已被吸附的溶质浓度；q_m 为最大被吸附溶质浓度。

这个质量传递速率方程式既包含了溶质到固定配基上吸附和解吸速率的参数，又表明了来自质量传递的影响。当达到平衡时，式（4.53）可以转换成吸附等温线：

$$q^* = \frac{q_\mathrm{m} c^*}{K_\mathrm{d} + c^*} \tag{4.54}$$

式中，* 表示平衡值。

在间隙操作条件下，进料的吸附质与吸附剂的悬浮液相混合。假定吸附前，混合液中吸附质的浓度为 c_load，吸附剂的体积百分数为 Φ，Graves 和 Wu 用吸附等温线和质量平衡式导出了间隙操作中未被吸附的吸附质平衡浓度的关系式：

$$c^* = \frac{-b + (b^2 + 4c_\mathrm{load} K_\mathrm{d})^{1/2}}{2} \tag{4.55}$$

式中，$b = \Phi q_\mathrm{m} + K_\mathrm{d} - c_\mathrm{load}$，在 K_d 和 q_m 已知的条件下，未被吸附和被吸附的吸附质的平衡量就很容易求得。

（2）渗析理论　渗析也是一种膜分离技术，它截留溶剂，总的说来，被膜截留的液体体积是恒定的，但也有少量渗透，将补充的缓冲液加入到被膜所截留的一方液体中去，以补偿过滤流中所漏去的液体体积。另外由于物质透过膜，使得截留液中它的浓度下降。截留液中某一物质的浓度，可由质量平衡关系导出的下列表达式进行计算：

$$c = c_0 \exp(-fV/V_0) \tag{4.56}$$

式中，c 为截留液中被分离物质浓度；c_0 为被分离物质的原始浓度；V 为过滤液的全部体积；V_0 为截留液的体积（常数）；f 为膜的截留因子，取决于一种物质透过膜的能力。

f 值的范围为 0～1。大分子量的物质不能渗透过膜到另一侧，小分子量物质可以完全无阻地通过膜。因此，当两种组分的 f 值有非常大的差别时渗透提供了两种组分的有效分离。

（3）亲和 - 错流过滤模型　间歇式亲和 - 错流过滤的第一步是吸附质被亲和载体所吸附，被吸附或未被吸附的吸附质可用前面介绍的式（4.54）和式（4.55）来预测。在吸附过程中吸附质的浓度随时间而变化，通过方程式（4.53）与一个质量平衡式联立，得到的式（4.57）可用来计算吸附质的浓度：

$$c = c_{\text{load}} - \phi \left[\frac{(x+y)[1 - \exp(-2y\phi k_1 t)]}{(x+y)/(x-y) - \exp(-2y\phi k_1 t)} \right] \tag{4.57}$$

式中，$x = 0.5(c_{\text{load}}\phi + q_{\text{m}} + K_{\text{d}}/\phi)$；$y^2 = x^2 - c_{\text{load}}q_{\text{m}}/\phi$。

第二步是洗涤，在洗涤阶段真正将吸附质从杂质中分离出来，图 4.45 表示了这一过程的流程，它类似于渗透过程，所不同的是存在有亲和载体，为了使过程中吸附质的损失减少到最低量，必须使绝大部分的吸附质与载体相结合。

对储存在一个搅拌槽内的流体体积与过滤单元中截留一方的截留液体积进行质量衡算，可得到：

$$V_0 \frac{\text{d}c}{\text{d}t} = Q_{\text{fil}}fc - V_0\phi \frac{\text{d}q}{\text{d}t} \tag{4.58}$$

式中，Q_{fil} 为过滤液的流量；其他变量定义与前面相同。

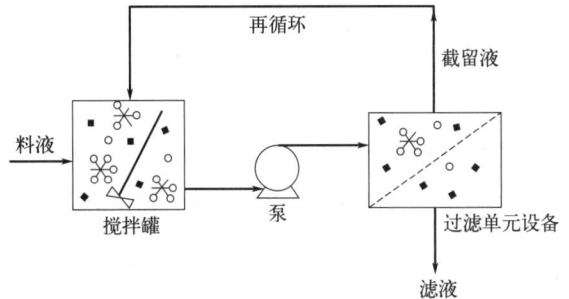

图 4.45　亲和 - 错流过滤洗涤阶段流程

在方程式（4.58）中最后一项是指吸附质从载体中释放出来，释放项中的 $\frac{\text{d}q}{\text{d}t}$ 可用方程式（4.53）来计算。这两个微分方程就能完全表征这个系统，但得不到解析解，需用数值解法，例如四阶 Runge-Kutta 解法来求得浓度对时间的关系。

对于极限情况，如在反应与扩散足够快并维持平衡时，将方程式（4.57）对 c 求导并代入方程式（4.58）中得到式（4.59）。

$$\frac{V}{V_0} = \frac{1}{f}\left[\left(1 + \frac{\phi q_{\text{m}}}{K_{\text{d}}}\right)\ln\frac{c_0}{c} + \frac{\phi q_{\text{m}}}{K_{\text{d}}}\ln\left[\frac{K_{\text{d}} + c}{K_{\text{d}} + c_0}\right] + \frac{\phi q_{\text{m}}(c - c_0)}{(K_{\text{d}} + c)(K_{\text{d}} + c_0)}\right] \tag{4.59}$$

这是关于吸附质的浓度与全部过滤体积之间的关系式。式（4.59）中 c_0 是洗涤开始阶段未被吸附的吸附质浓度，它可以通过方程式（4.55）求得。

另一极限情况是吸附质从载体中释放非常缓慢，可以忽略，即 $\frac{\text{d}q}{\text{d}t} = 0$，浓度按方程式（4.58）求解。这种情况与渗析一样，必须指出的是此处的 c_0 是部分吸附质被偶联到亲和载体以后剩余吸附质的浓度。注意，在上述两种极限情况下虽然浓度与时间无关，但浓度的变化量与总的过滤体积有关。

在洗脱阶段，变化了缓冲液，它对吸附不利，所以吸附质被释放出来，洗脱缓冲液作为过滤液流过柱并收集包含有吸附质的滤液作为纯化产品。用于洗涤阶段的基本方程式同样适用于洗脱阶段，但不同的是当洗脱缓冲液取代洗涤缓冲液时，吸附质和载体之间的亲和力在逐渐变化，当洗脱缓冲液存在时，亲和相互作用可忽略不计，因此吸附质被释放出来，产品在无需很大体积的缓冲液条件下就被洗脱下来。

4.17.4　亲和膜过滤的应用

亲和膜过滤技术研究最早报道见于 1980 年。Patrick Hubert 等人将雌二醇作配基连接于水溶性载体 dextran-T2000，用于从 *Pseudomonas testosteroni* 提取物中纯化 Δ5-4 酮甾醇异构酶，截留率为 90%。虽然杂蛋白的截留率也比较高，但由于亲和膜过滤技术的特点，决定了其广阔的应用前景，目前亲和膜过滤技术已在生物工程和制药工程等领域得到了广泛的应用。

（1）分离纯化伴刀豆球蛋白A　伴刀豆球蛋白A（ConA）是一种应用最广的植物凝集素，可凝集动物的许多种细胞，促进淋巴细胞的分裂和抑制细胞的一些生理活动如表面受体的迁移、吞噬作用等，Mattiasson等利用热杀死酵母细胞作为载体，细胞表面存在的糖为配基，以D-葡萄糖溶液为洗脱剂从 Canavalia ensiformis 原始抽提液中提取伴刀豆球蛋白A，产品收率为70%，得到了电泳纯级产品。伴刀豆球蛋白A（分子量为102000）和热杀细胞（直径为5nm）之间的亲和反应在一混合室中进行，而洗提和解吸在超滤膜装置中完成。游离形式的伴刀豆球蛋白A可通过超滤膜，而伴刀豆球蛋白A-热杀细胞的复合物则因体积大而被截留。过滤液（纯化后的蛋白质溶液）用截留分子量为 3.5×10^4 的超滤膜进行浓缩。

（2）分离纯化尿激酶　尿激酶为一种血纤维蛋白溶酶原激活剂，可促进体内血栓溶解。由于尿激酶浓度非常低（$1\sim50$ng/ml），从人尿中分离这种酶十分昂贵。现Male等采用在无氧的条件下，经N-丙烯酰-间氨基苯甲脒和丙烯酰胺共聚而成的聚合物作为大分子配体，采用亲和超滤技术（超滤膜的截留分子量为105）从人尿液中分离纯化尿激酶，收率为49%，所得的尿激酶的比活力接近于最高商品级，而以尿激酶和过氧化物酶混合溶液为原料时，回收率达86%。

（3）分离纯化胰蛋白酶　胰蛋白酶是一种动物来源的蛋白水解酶（尤以动物的胰脏含量最丰富），属于内肽酶，专一地水解赖氨酸与精氨酸羧基形成的肽键。临床上用于抗炎症和消化药物的复配，工业生产上用于皮革加工和生丝处理、畜血蛋白的水解和蛋白胨制备等方面。近年来，该酶也用于酒类和饮料的澄清。Luong等采用一种水溶性的N-丙烯酰-间氨基苯甲脒和丙烯酰胺共聚物（分子量$>10^5$）为大分子配体，与提取液中的胰蛋白酶相互作用形成复合物，然后使用连续亲和超滤技术（超滤膜的截留分子量为105）使复合物被截留而其他杂质则通过膜，用精氨酸或氨基苯甲脒对复合物进行洗提，从中分离出胰蛋白酶，该项技术有效地提高了胰蛋白酶的质量，降低了胰蛋白酶的分离费用。

（4）手性拆分对映异构体　许多药物和农药化学品多存在立体异构体，并且在通常情况下，只有一种异构体具有想得到的活性，而其他的手性异构体可能会产生毒副作用。例如酞蘼哌啶酮S-对映异构体具有可怕的致人体畸形的副作用，因此美国食品与药品管理局（FDA）和专利医药产品委员会（CPMP）要求制造单一的对映异构体作为药剂。常用的消旋体分离方法有色谱法、非对映异构体的盐结晶法、立体选择酶催化法等。但这些方法生产的成本高、放大困难，而亲和超滤技术可完全克服上述缺点，具有广阔的应用前景。例如Garnier等采用牛血清蛋白作为大分子配体来拆分色氨酸消旋体，当溶液的pH值为9时，采用单级亲和超滤技术分离出的D-色氨酸的纯度为91%，整个过程拆分回收率为89%。

除此以外，亲和膜过滤还可用于β-半乳糖苷酶、乙醇脱氢酶、乳酸脱氢酶、辣根过氧化物酶、IgG等的分离提取，也可用于测定单股核酸目标分子的碱基序列、转移酶的活性等。

随着亲和超滤技术的发展，即高性能的大分子配体合成技术的发展，亲和超滤技术的应用领域将会不断扩大，极大地推动热敏性物质（蛋白质、酶、维生素、中草药等）和分子量相近物质（同分异构体、同系物等）分离技术的发展。

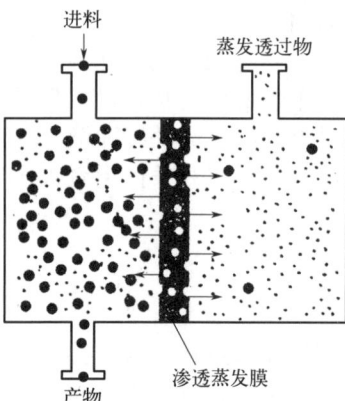

图 4.46　渗透蒸发过程

渗透蒸发又称渗透汽化（pervaporation，PV），即通过渗透蒸发膜，在膜两侧组分的蒸气分压差作用下，使液体混合物部分蒸发，从而达到分离目的的一种膜分离法（见图4.46）。这是一种具有独特分离性能和节能性能的分离方法。

"渗透蒸发"一词最早出现在1917年Kober发表的文章中，该论文介绍了他在纽约州立健康研究实验室中用带有火棉胶的容器，进行从白蛋白-甲苯溶液中脱水的选择性实验时发现了这一现象。多伦多（Toronto）大学的Farber，1935年提出了可用渗透蒸发的方法浓缩蛋白质，1956年Heisler等人发表了用一组再生纤维进行从乙醇溶液中渗透蒸发脱水的研究结果。Heisler和他的助手们在为美国农业部东部地区实验室工作时，又对分离的基础化学和食品应用两个方面进行了研究，用渗透蒸发使土豆泥脱水。由于人们未能找到既有分离效果又有较高通量的膜，渗透蒸发一直没能得到实际应用。直到 20 世纪 50 ~ 60 年代，美国 Binning 用均质膜对液体混合物如水、乙醇、异丙醇三元恒沸物的分离进行了广泛的研究，对很多种混合物进行分离，获得了相关物质的高分离度和高渗透速率，并开发了组件设计及其膜的制作技术，这是首次有关渗透蒸发方面的重大研究。与此同时，Kammermyer、Michaels、Long、Neel、Choo 等人对渗透蒸发开始了深入系统的研究，但未能实现工业化。该技术真正得到广泛重视却是在能源危机后的 70 ~ 80 年代初，新聚合物的合成，膜制作技术的发展以及工业中降低能耗的实际要求，使得渗透蒸发过程受到了各国的重视。针对多种体系，特别是乙醇 - 水体系的分离，进行了大量的研究，从而使第一代渗透蒸发膜及其组件走向工业应用，在化学工业、生物化学工程及其他工业领域中引起了极大的兴趣。1986 年连续召开了多次关于渗透蒸发的国际学术会议，从基础理论到实际应用进行了广泛的讨论。欧洲和日本等发达国家的政府和商业界都大量拨款资助，有力地促进了渗透蒸发研究工作的发展。目前，渗透蒸发过程已经从实验研究发展到工业化应用，有些高选择性的膜如聚乙烯醇复合膜已经商品化，在欧洲、日本和美国相继建成了有机溶剂和有机溶剂混合物的脱水工厂，新的耐酸碱的膜及其有机液体混合物的分离膜的研制有了进一步发展，新的渗透蒸发分离过程如从水中分离有机物、有机混合物的分离已处于中试阶段，渗透蒸发与生化反应相结合的过程已开始实验室规模以上的研究，新的膜器已经开发应用。可以预见，渗透蒸发与气体分离将成为 21 世纪生物技术产业中最重要的分离技术之一。

4.18　渗透蒸发的原理和特点

4.18.1　渗透蒸发的定义和基础知识

（1）渗透蒸发的定义　渗透蒸发是分离液体混合物的一种新型的膜分离技术。与其他膜过程不同，渗透蒸发膜的分离过程是用一张渗透蒸发膜，将进料液相和透过气相分隔开，并在气相侧抽真空或通以惰性气流吹扫，把渗透组分的蒸气压控制到接近零，液相中产生的化学位梯度（膜两侧的分压压差）作为传质推动力的膜分离过程。由于料液中各组分的物理化学性质不同，它们在膜中的热力学性质（溶解度）和动力学性质（扩散速率）存在差异，因而料液中各组分渗透通过膜的速率不同，使它们分别富集在膜的两侧，从而实现分离。由此可得到如下结论。①在渗透蒸发中，膜的选择性是不同组分透过膜速率大小的决定因素。只要膜选择得当，甚至可使含量极少的溶质透过膜，而与大量的溶剂分离，从而节省大量的能耗。②渗透蒸发过程的推动力是组分在膜两侧的蒸气分压差，其值越大，推动力越大，传质和分离所需的膜面积越小，因而要尽可能地提高这种蒸气分压差，为提高组分在膜上游侧蒸气分压，一般采用加热料液的方法，由于液体压力的变化对蒸气压影响不敏感，故料液侧采用常压操作方式，降低组分在膜下游侧的蒸气分压可用冷凝法、抽真空法、冷凝加抽真空法、载气吹扫法、溶剂吸收法来实现，分别见图 4.47 ~ 图 4.51。

（2）基础知识

①渗透通量　渗透蒸发的迁移理论和模型最早是由 Aptel 和 Neel 在 1986 年提出来的。一般对通过无孔膜迁移的渗透蒸发用熟知的溶解 - 扩散模型来描述，按此模型渗透蒸发中料液侧组分通过膜的传递可分成三步：a. 组分吸收进入膜表面；b. 组分扩散透过膜；c. 从下游侧表面解吸进入气相，所以渗透蒸发是唯一有相变化的膜分离过程。

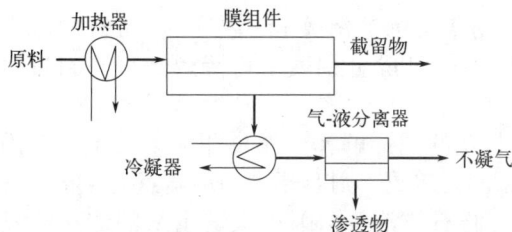

图 4.47　热渗透蒸发过程示意

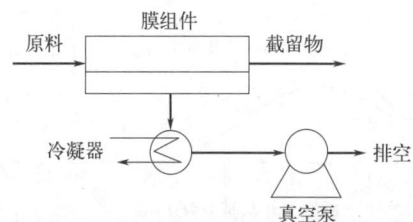

图 4.48　下游侧抽真空的渗透蒸发过程示意

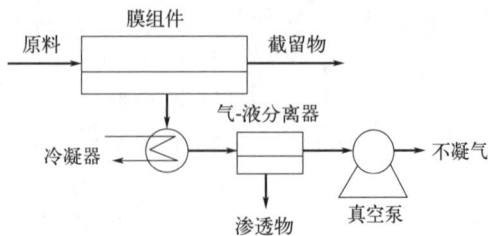

图 4.49 下游侧冷凝加抽真空的渗透蒸发过程示意

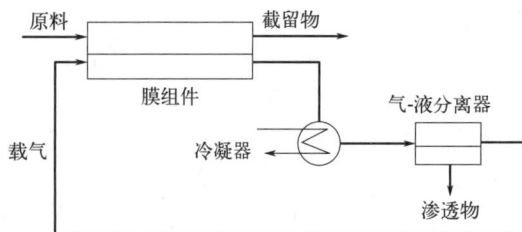

图 4.50 下游侧惰性气体吹扫渗透蒸发过程示意

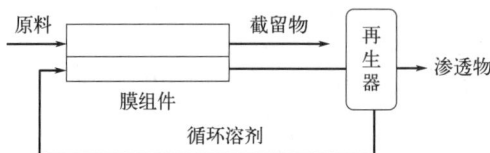

图 4.51 下游侧采用溶剂吸收法的渗透蒸发过程示意

通常认为在液体和蒸气之间的化学位差是迁移过程的推动力。在料液中各组分都能溶解在膜中，并扩散通过膜到透过侧，各组成的通量可由下式给出：

$$J_i = -D_i c_i \frac{d[\mu_i/(RT)]}{dx} \tag{4.60}$$

对于渗透蒸发，通过膜的活度差远大于压力差，所以式（4.60）可改写为：

$$J_i = -D_i c_i \frac{d(\ln a_i)}{dx} \tag{4.61}$$

式中，J_i 为渗透通量，kmol/(m²·s)（摩尔通量），m³/(m²·s)（体积通量）；a_i 为渗透组分活度；D_i 为扩散系数，$D_i = RTB$，B 为迁移率；x 为传递过膜的距离；c_i 为在膜上的物质的量浓度；μ_i 为化学位；R 为摩尔气体常数；T 为热力学温度。

式（4.61）表明了扩散系数和活度（与浓度密切相关）是控制分离的两个重要因素。

② 渗透蒸发过程的选择性 α_p　它通过料液和透过液中液体组分来计算：

$$\alpha_p = \frac{c_i''/c_j''}{c_i'/c_j'} \tag{4.62}$$

对于一个膨胀的膜，这个关系式类似于吸附过程的选择性 α_s：

$$\alpha_s = \frac{c_i^m/c_j^m}{c_i'/c_j'} \tag{4.63}$$

相应的浓缩因子 β 定义为：

$$\beta = \frac{c_i''}{c_i'} \tag{4.64}$$

式中，c_i 为某可渗透组分 i 的浓度；c 带有的上标单撇号（'）、双撇号（"）和 m 分别表示可渗透组分在料液、渗透液和膜中的浓度。

③ 渗透蒸发的图形解释　如果在大多数组分可用的范围内分离时 α 和 β 为常数，则有更大的现实意义，但是在大多数工业系统中它们不是常数，因此报道出来的渗透蒸发选择性都如 McCabe-Thiele 图。图 4.52 是乙醇与水的关系图，由图

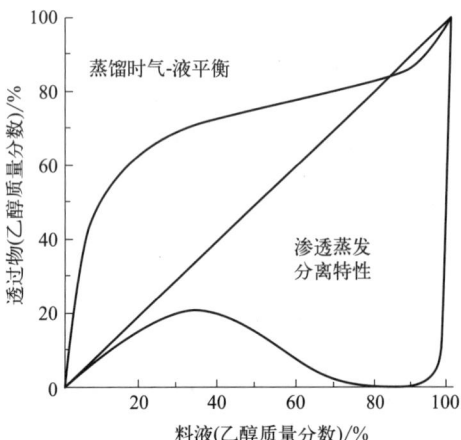

图 4.52 渗透蒸发的分离特性：乙醇 – 水

中上、下方两条曲线相比可知渗透蒸发时的气 - 液平衡曲线比蒸馏时的气 - 液平衡曲线离对角线的距离大，恒沸点消失了，这说明分离变得容易了，而且可直接制备纯乙醇。

分离因素也常被定义为由于膜引起的选择性增加，将其与热力学蒸发相比较，可以推理如下：

$$\alpha_{\text{渗透蒸发}} = \frac{p_i''/p_j''}{c_i'/c_j'} \tag{4.65}$$

$$\alpha_{\text{蒸发}} = \frac{p_i'/p_j'}{c_i'/c_j'} \tag{4.66}$$

$$\alpha_{\text{膜}} = \frac{p_i''/p_j''}{p_i'/p_j'} \tag{4.67}$$

综合以上结果：

$$\alpha_{\text{渗透蒸发}} = \alpha_{\text{蒸发}}\,\alpha_{\text{膜}} \tag{4.68}$$

这个关系式示于图 4.53 中，即为十分有名的 Shelden-Thompson 图。对于气 - 液两相系统，一个典型的蒸气 - 液体平衡过程（例如蒸馏过程）如图 4.53（a）所示，由于物质挥发性的差异决定了气 - 液平衡图上两相组成与位置，并从中可知其分离程度的大小。

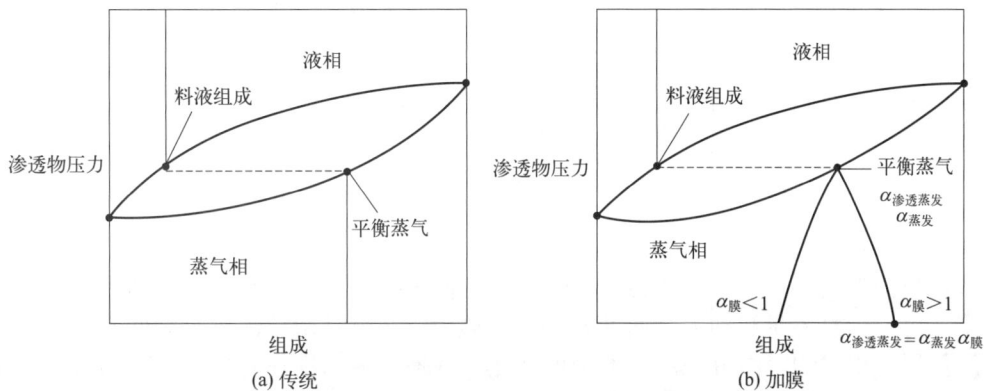

图 4.53　传统的和采用膜后的气 - 液平衡

当采用渗透蒸发膜时，以平衡为基础理论的传统蒸发现象在新的系统中发生了变化，新系统的选择性为图 4.53（a）中的蒸发选择性乘上膜固有的选择性，如图 4.53（b）所示的那样。当膜的固有选择性大于 1 时，就增强了整个过程的选择性；当其小于 1 时，就降低了分离的选择性。这种调节单级蒸馏选择性的能力是渗透蒸发有吸引力的地方。

直观地看，Shelden-Thompson 方程式对渗透蒸发行为的预测和模型化没有帮助，同时公式也缺少热力学的相容性，但是以热力学平衡条件对非平衡过程渗透蒸发进行模型化是有益的。

目前的渗透蒸发模型有不平衡热力学模型、溶解 - 扩散模型和吸附 - 毛细管流动模型等，其中溶解 - 扩散模型为人们广泛接受，它特别适合于致密、均匀的无孔膜，对复合膜则适用于活性层。

4.18.2　渗透蒸发的原理

渗透蒸发膜分离过程是液体组分与固体无孔膜的一侧表面接触，在膜内浓度梯度作用下，扩散通过膜并在其另一侧表面汽化的过程，如图 4.54 所示。

因为该过程中蒸发速率远远大于扩散速率，可认为蒸发不影响整个过程的传质阻力，过程主要受控于溶解及扩散步骤。

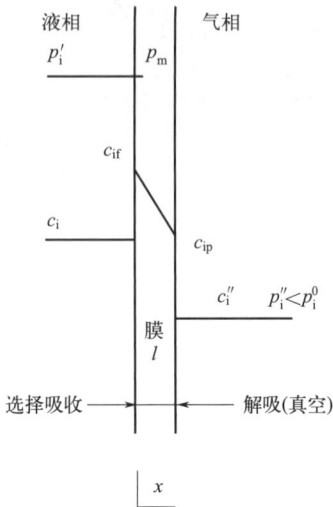

图 4.54　渗透蒸发过程简图

为了推导出理想的渗透通量及分离系数的表达式，特做如下假设。

① 膜内渗透分子的扩散是一维稳态扩散，即渗透通量、化学位梯度及膜结构都不随时间而变化。

② 膜内压力恒定，且都与上游侧压力相等，$p_m=p_i''$。

③ 扩散系数、活度系数、各组分摩尔体积与浓度无关。

根据以上假设，可推导出渗透蒸发过程的渗透通量及分离系数。

$$J_i=-D_ic_i\frac{\mathrm{d}\ln a_i}{\mathrm{d}x} \tag{4.69}$$

由于溶解 - 扩散模型下游侧压力趋于零，可得：

$$J_i=Q_ic_i/l \tag{4.70}$$

$$\alpha_{ij}=\frac{J_i/J_j}{c_i'/c_{if}'}=\frac{Q_i}{Q_j} \tag{4.71}$$

式中，Q_i 为渗透率，是溶解度常数 S_i 与扩散系数 D_i 的乘积；$S_i=c_{if}/c_i$，c_{if}、c_i 分别为膜中和液相中组分浓度。

假设 D_i 是与浓度无关的常数，以 Q_i、S_i 代入式（4.70），可得：

$$J_i=S_iD_ic_i/l=D_i\frac{c_{if}}{l}=-D_i\frac{\Delta c_{if}}{\Delta z} \tag{4.72}$$

此即一维稳态扩散的 Fick 定律，也可写成：

$$J_i'=-D_i\frac{\Delta(c_{if}\overline{V_i})}{\Delta z}=-D_i\frac{\Delta\phi_i}{\Delta z} \tag{4.73}$$

式中，$\overline{V_i}$ 为偏摩尔体积；ϕ 为三元体系的体积分数。

二元溶液在膜内形成了一个三元体系。对于非理想性较强的溶液，在膜内的渗透过程中，存在着强烈的伴生作用，可分为热力学和动力学两部分，其中热力学部分是由溶液组分之间以及各组分与膜内高分子间的相互作用所引起的，组分在膜内的浓度变化与其他组成的存在有关；而动力学部分是由于组分对高分子链节的塑性化作用使扩散系数与浓度有很大的关系，根据 Flory-Huggins 理论，三元体系 Gibbs 混合自由焓为：

$$\Delta G^M=RT(n_i\ln\phi_i+n_j\ln\phi_j+n_m\ln\phi_{jn}+\psi_{ij}u_2n_i\phi_j+\psi_{im}n_i\phi_m+\psi_{jm}n_j\phi_m) \tag{4.74}$$

式中，n_i、n_j、n_m 分别为溶解过程达到平衡时膜相组分 i、j 和膜的摩尔分数；u_2 为引入的表征组分 i 和组分 j 在膜中体积分数的比例系数，$u_2=\phi_j/(\phi_i+\phi_j)$；$\psi_{ij}$ 为溶液浓度的函数，与过程热力学性质有关，$\psi_{ij}=\frac{1}{n_i\phi_i}\left(n_i\ln\frac{n_i}{\phi_i}+n_j\ln\frac{n_j}{\phi_j}+\frac{\Delta G_E}{RT}\right)$，式中 ΔG_E 可由文献或关联方程式计算而得；ψ_{im}、ψ_{jm} 可由实验测定纯组分对膜的平衡溶胀量来计算。

对式（4.74）求导并且用体积分数代替浓度，对其中的扩散系数用 Brun 的六参数方程来表达，最终可得到如下修正溶解 - 扩散模型的简化形式：

$$J_i'=-\varepsilon_iD_i\frac{\mathrm{d}\phi_i}{\mathrm{d}z} \tag{4.75}$$

$$J_j'=-\varepsilon_jD_j\frac{\mathrm{d}\phi_j}{\mathrm{d}z} \tag{4.76}$$

式中，ε_i、ε_j 为三元体系中各相互作用力对组分在膜内溶解过程的影响系数。

　　以上两式从形式上看很接近 Fick 定律，比较简单，但实际的渗透蒸发传递过程受到膜内浓度、压力、温度等多种因素影响，加上混合物组分共存时的伴生效应，故理想模型很难满足实际应用的需要。

4.18.3　渗透蒸发的特点

　　① 单级选择性好是渗透蒸发的最大特点。从理论上讲，渗透蒸发的分离程度无极限，适合分离沸点相近的物质，尤其适于恒沸物的分离。对于回收含量低的溶剂也是一种好方法。

　　② 过程操作简单，易于掌握，但有相变，故能耗较高。

　　③ 由于操作中进料侧原则上不需要加压，所以不会导致膜的压密，透过率不会随时间的延长而减少，并且在操作过程中形成溶胀活性层，膜自动转化为非对称膜，对膜的透过率及寿命有益。

　　④ 与反渗透等过程相比，渗透蒸发的通量要小得多，一般在 $2000g/(m^2 \cdot h)$ 以下，而且有高选择性的渗透蒸发膜，通量往往在 $100g/(m^2 \cdot h)$ 左右。

　　由上可知，在一般情况下渗透蒸发技术尚难与常规分离技术相匹敌，但由于渗透蒸发所特有的高选择性，在某些特定的范围内，如常规分离技术无法解决或虽能解决但能耗太大的情况下，还需采用该技术。渗透蒸发技术与常规分离技术的结合应用，可以扬长避短，使该技术的发展显示良好的前景。

4.19　渗透蒸发膜及膜材料的选择

4.19.1　渗透蒸发膜的分类

　　(1) 根据膜材料的化学性质和组成分类　渗透蒸发膜据此可大致分为两类。

　　第一类是亲水膜即优先透水膜，主要由亲水材料制成，如亲水高聚物，用于有机溶液的脱水。这类膜的产品很多，以乙醇-水体系的分离为例，一些结构上含有氮原子的壳聚糖衍生物、聚烯丙基胺和聚离子配合物对此体系具有较高的脱水能力，其 $\alpha_{乙醇-水}$ 高达 $1940g/(m^2 \cdot h)$ 以上，并且可以维持较高的通水量，一般大于 $97g/(m^2 \cdot h)$，最大可达 $2170g/(m^2 \cdot h)$，交联聚乙烯醇复合膜、壳聚糖、纤维素及其衍生物，钴交联藻蛋白酸和磺化聚乙烯离子膜对乙醇浓溶液也有较高的脱水能力，而玻璃纸具有最高的通水量，通常可达 $6000g/(m^2 \cdot h)$，而 $\alpha_{乙醇-水}$ 仅为 5。这些透水型膜之所以具有很强的脱水能力，主要因为在其高聚物结构上存在着大量的极性亲水基团，如羟基、氨基及铵离子等，这些基团的存在使得膜具有很高的吸附水和扩散水的能力。

　　第二类渗透蒸发膜为亲油膜即优先透过有机物膜，是由疏水高聚物制成的，主要用于水的纯化、污染控制和有机物回收等。这些组成膜的高聚物分子中不存在亲水基团，以乙醇-水体系为例，它将优先透过乙醇，是透乙醇型渗透蒸发膜。根据这种膜的分离性能，可以了解到一些含有疏水性的氟原子和硅原子的改性硅橡胶和改性聚三甲基硅基丙炔膜有较高的脱除乙醇的能力，而结构非常复杂的三氟丙基二甲基硅基丙炔与三甲基硅基丙炔共聚物膜有较高的乙醇通量 $563g/(m^2 \cdot h)$ 和分离系数 $\alpha_{乙醇-水}$，全氟碳膜有最高通量 $10000g/(m^2 \cdot h)$，但分离系数 $\alpha_{乙醇-水}$ 仅为 5.5。

　　(2) 根据结构不同分类　可将膜分为以下几类。

　　① 对称均质无孔膜　该类膜孔径在 1nm 以下，膜结构呈致密无孔状，成膜方法多采用自然蒸发凝胶法。这类膜选择性好，耐压，但其结构致密，流动阻力大，通量往往偏小。

　　② 非对称膜　这类膜由同种材料的活性皮层（厚度约为 $0.1 \sim 1\mu m$）及多孔支撑层构成。活性层保证膜的分离效果，而支撑层的多孔性又降低了膜传质阻力，这类膜的生产技术已成熟，只是目前尚未制得分离性能特别好的渗透蒸发用膜，多用作渗透蒸发复合膜的支撑膜。

　　③ 复合膜　该类膜与对称膜、非对称膜相比，有扩散阻力小、渗透通量高、机械强度好等优点，同时在选材和制备方面也有其自身的特点。复合膜由不同材料的活性皮层与支撑层组成。活性层材料的选择原则与渗透蒸发均质膜类似，主要依据 Flory-Huggins 相互作用参数理论或溶解度参数理论进

行粗略选择，再通过一些实验手段来验证和评估膜材料与组分分子间的亲和性。支撑层其材料多为无机或有机多孔材料，选择的主要依据是材料的物理化学性质、机械性质和结构。复合膜常用的制备方法有两种：a. 浸涂法，用已合成的聚合物稀溶液作超薄层，采用浸渍或喷涂的方法使膜液黏附于支撑膜上，再经干燥或交联等形成复合膜；b. 界面聚合法，将单体直接放在多孔支撑体表面，就地聚合。活性皮层与支撑层可分别制备，按要求改变和控制皮层厚度及致密性，使皮层及支撑体各自功能优化。GFT 膜（由交联的聚乙烯醇活性层、聚丙烯腈支撑层及聚酯增强材料所组成的复合膜）就是这类结构的膜。

④ 离子交换膜　这类膜的制备技术在国内外都已普及，近几年应用于渗透蒸发研究。

此外，考虑到包括渗透速率、选择性、机械强度、耐溶剂性等综合膜性能的要求，采用辐照接枝、高分子改性以及高分子中掺杂分子筛、等离子聚合物法和自组装等用于渗透蒸发膜的研究和制造。

4.19.2　膜材料的选择

膜材料的选择对取得良好的分离性能是至关重要的。目前有几种指导膜材料选择的理论，在此主要介绍溶解度参数法。

分离膜能否完成预期的分离目的，主要取决于液体组分对膜的相对渗透力。任何化合物对一种膜的渗透通量由其平衡效应及动态效应决定。一方面，这种效应受渗透组分和膜之间的吸引力及排斥力的影响。当两者间吸引力大时，会导致渗透物在膜相中的溶解度增加，但吸引力太强时，则会因渗透物在膜材料中滞留，反而使渗透通量减小，极端情况下，很强的亲和力会使膜溶胀，甚至溶解。另一方面，强的排斥力和立体效应，则会阻止渗透物进入膜中。影响渗透物和膜相互作用的因素主要有偶极力、色散力、氢键及立体效应。当溶液中组分 A、B 化学性质相似时，其分离机理是按分子有效尺寸大小来分离，即主要受控于立体效应。而对一般的分离体系就必须考虑到分子间相互作用的影响。表征这种分子间力对分离过程影响可使用 Hansen 提出的三维溶解度参数（δ），它是膜材料选择时的一个主要定量参数。δ 可由其色散分量 δ_d、偶极分量 δ_p 和氢键分量 δ_h 表示：

$$\delta^2 = \delta_d^2 + \delta_p^2 + \delta_h^2 \qquad (4.77)$$

组分和聚合物之间的溶解度差值可由下式计算：

$$\Delta\delta_{m,i} = \left[(\delta_{d,m} - \delta_{d,i})^2 + (\delta_{p,m} - \delta_{p,i})^2 + (\delta_{h,m} - \delta_{h,i})^2 \right]^{1/2} \qquad (4.78)$$

$\Delta\delta_{m,i}$ 的大小反映着组分和高分子之间相互作用的强弱，$\Delta\delta_{m,i}$ 值越小，组分与高分子的相互作用越强，高分子的溶胀程度越大，组分与聚合物越易互溶；$\Delta\delta_{m,i}/\Delta\delta_{m,j}$ 的值还可以反映膜对组分 i 和组分 j 的溶解选择性。聚合物和溶剂的 δ、δ_d、δ_p、δ_h 值，可从有关书籍和手册中查到。

表 4.19、表 4.20 分别给出了部分聚合物、溶剂的 δ、δ_d、δ_p、δ_h 值。

采用溶解度参数选择膜材料，在某些情况下可作出正确估算。但也出现结果与实验不符的情况，故在实际中还需结合实验进行材料的选择。

表 4.19　部分聚合物的 δ 值

聚合物	$\delta/(\text{J/cm}^3)^{1/2}$	聚合物	$\delta/(\text{J/cm}^3)^{1/2}$	聚合物	$\delta/(\text{J/cm}^3)^{1/2}$	聚合物	$\delta/(\text{J/cm}^3)^{1/2}$
聚乙烯	17.6	聚乙二醇	19.2	醋酸纤维素	25.8 ~ 26.8	芳香聚酰胺	32.5
聚丙烯	16.4	聚丙二醇	17.8	三醋酸纤维素	24.5	尼龙 6	25.4
聚苯乙烯	21.7	磺化聚砜	28.8	乙基纤维素	21.5 ~ 23.5	芳香聚酰亚胺	38.9
聚氯乙烯	22.5	聚丙烯腈	29.4	纤维素	49.3	聚砜	25.8

表 4.20　部分溶剂的 δ、δ_d、δ_p、δ_h 值　　　　　　　　　　　　　　　　　$(J/cm^3)^{1/2}$

溶剂	δ	δ_d	δ_p	δ_h	溶剂	δ	δ_d	δ_p	δ_h
正丙烷	14.3	14.5	0	0	二硫化碳	20.4			
正丁烷	13.9	14.1	0	0	吡啶	22.3	19.0	8.80	5.93
正己烷	14.9	14.9	0	0	甲醇	29.6	15.1	12.3	22.3
环己烷	16.8	16.8	0	0.20	乙醇	26.0	15.8	8.80	19.4
乙醚	15.1	14.5	2.86	5.11	异丙醇	23.5	15.8	6.1	16.4
四氯化碳	17.8	17.8	0	0.61	正丁醇	23.3			
对二甲苯	18.0	17.8	0	2.66	二甲基甲酰胺	24.8	17.4	13.7	11.2
甲苯	18.2	18.0	1.43	2.04	二甲基乙酰胺	22.7	16.8	11.4	10.2
乙酸乙酯	18.6	15.8	5.32	7.16	二甲亚砜	29.6	19.0	19.4	12.3
苯	18.8	18.4	0	2.04	甲酚	27.2			
甲乙酮	19.0	16.0	9.00	5.11	甲酸	27.6	14.3	11.9	16.6
丙酮	20.4	15.5	10.4	6.95	N-甲基吡咯烷酮	23.1	18.0	12.3	7.2
三氯甲烷	19.0	17.8	3.07	5.73	苯酚	29.6			
邻苯二甲酸二丁酯	19.2				甲酰胺	36.6	17.2	26.2	19.0
四氢呋喃	18.6	16.8	5.73	7.98	乙腈	23.5	15.3	18.0	6.14
氯苯	19.4	19.0	4.30	2.04	乙二醇	32.9	17.0	11.0	26.0
二氯乙烷	18.6	17.0	6.75	4.70	丙三醇	36.2	17.4	12.1	29.2
环己酮	20.2	17.8	6.34	5.11	磷酸三乙酯	25.4	16.8	16.0	10.2
二氧六环	20.2	19.0	1.84	7.36	水	47.9	15.5	16.0	42.3

4.19.3　渗透池

渗透池是渗透蒸发的关键设备。由于渗透蒸发必须在较好的真空度下进行操作，因此渗透池密封的好坏是渗透蒸发分离器能否正常工作的关键。除了密封外，渗透池的设计还必须有尽可能大的面积体积比（面积／体积），以提高渗透池的效率。目前使用的渗透池主要有板框式、螺旋卷式、管式和中空纤维式渗透池，其中管式和中空纤维式处于研制和发展阶段，故下面主要介绍前两种渗透池。

① 板框式渗透池由不锈钢板框和网板组装而成。板框是由三层不锈钢薄板焊接在一起的，以便在平板间形成供液体流动的流道。这样的设计可获得最大的面积体积比。分离膜安装在板框上，背面用网板隔开（图 4.55）。

板框式渗透池设备投资费用较高，但其制备和安装比较简单、可靠，故目前绝大多数都采用这种渗透蒸发器。

② 螺旋卷式渗透池是将平板膜和隔离层一起卷制而成的（图 4.56）。层间用胶黏剂密封。螺旋卷式渗透池体积小，钢材用量少，因此制造费用较低。但组装和密封的难度很高，因此只有较小型的设备供应用。

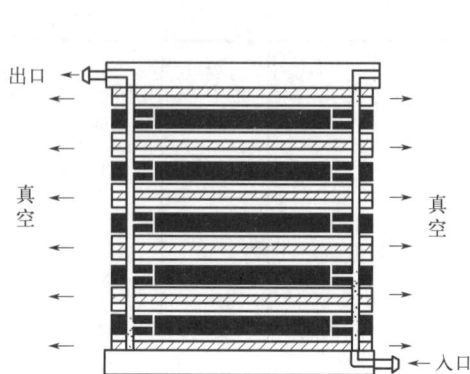

图 4.55　板框式渗透池的结构

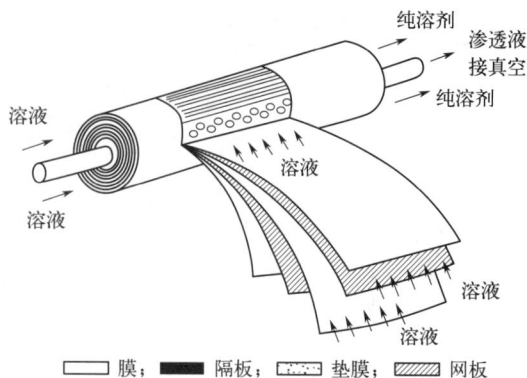

图 4.56　螺旋卷式渗透池的结构

▨▨ 膜；▭ 隔离垫片

4.20　渗透蒸发过程及其影响因素

4.20.1　渗透蒸发的分离过程

渗透蒸发的分离过程可以采用间歇式或连续式的操作方法。

（1）间歇式操作　通常只需要一级渗透池。待处理的溶液放置在原料槽中用循环泵将溶液送入渗透池中，经处理后返回到槽中，直至槽中溶液的浓度达到所需值止。透过膜的渗透液在减压下蒸发，冷凝除去。间歇法的操作简单、灵活，适用于处理量小的场合，但膜在使用过程中易损坏，寿命较差。

（2）连续式操作　可以实现溶液的连续进料和产物的连续出料，故常需通过几级渗透池。为了减少温度降，所以在级间要加热，为了使杂质不断地从渗透池脱除，需控制好溶液在渗透池中的流动速度，以保证被处理溶液达到所要求的纯度。这种方法适用于大规模工业生产，具有较高的分离效率，膜的使用寿命长，生产成本低，但要求被处理溶液的品种比较单一。

4.20.2　操作条件对分离过程的影响

工艺流程确定之后，操作条件就是影响过程分离效率的决定因素，操作条件包括温度、压力、膜后真空度、料液组成和流动状态等。

（1）温度　一般情况下提高料液的温度可以提高组分的扩散系数，使组分的渗透通量增加，即提高温度能大大提高单位膜面积的生产能力。同时料液温度的提高可相应降低膜后侧对真空度的要求，降低操作成本，但料液温度的提高会增加能耗和降低膜的使用寿命和换膜周期，从而提高操作成本。因此需综合各方利弊进行优化。

（2）压力　料液操作压力的变化对渗透蒸发的推动力影响较小，故对渗透蒸发的分离效果影响不大，一般料液侧的压力仅仅是为了克服料液流动的阻力，有时为避免因料液温度的提高使易挥发组分汽化，需适当提高些操作压力。

（3）膜后真空度　膜后侧压力的减小，一方面导致渗透通量增加，减小体系分离所需的总膜面积；另一方面将增加真空泵的能耗。除此之外还受到渗透侧冷凝温度的限制。所以膜后真空度的选择也需综合考虑上述各方因素后优化确定。

（4）料液组成　料液的组成直接影响组分在渗透蒸发膜中的溶解度，进而影响到组分在膜中的扩散系数和分离性能，并进而影响所需的膜面积。对于多组分体系，由于多组分在膜中扩散过程中的"耦合"效应，常常使多组分体系实际的渗透通量比按理想体系计算得到的结果大，而分离系数比理想值小。因而对料液组成的确定应根据膜的性能和上、下游工艺流程综合确定。

（5）流动状态　料液侧流体的流动将影响渗透蒸发过程的浓差极化和温差极化。一般地讲，提高料液流速可以增加流体流动的湍流程度，减薄浓度和温度边界层，保证流体在膜面分布得均匀，减少沟流和死区，但提高流体速度会增加渗透池的阻力降和能耗，从而增加操作费用。

4.21　渗透蒸发的应用

4.21.1　渗透蒸发工艺流程实验装置

在实验室中进行渗透蒸发操作一般采用如图 4.57 所示的实验装置。

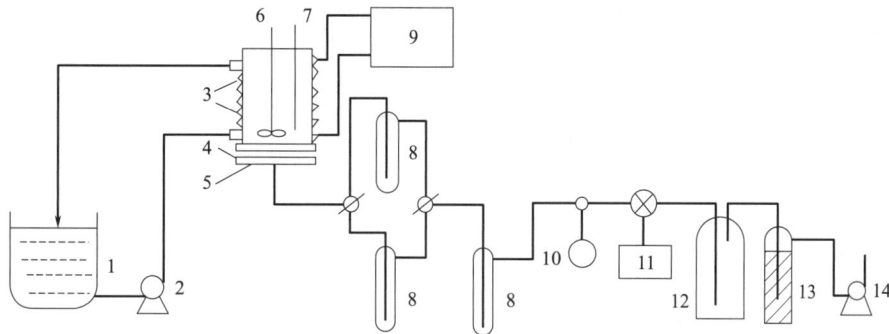

图 4.57　渗透汽化实验装置示意

1—原料槽；2—循环泵；3—电加热带；4—膜；5—渗透池；6—搅拌器；7—温度计；8—冷阱；9—温控仪；
10—真空规；11—压力控制器；12—缓冲瓶；13—干燥瓶；14—真空泵

4.21.2　渗透蒸发膜分离的应用

渗透蒸发过程可按下面四个方面分类，其具体应用也分别从这四个方面举例介绍。

（1）从液体有机物中脱除水分　如乙醇的脱水，由生物质制取乙醇是今后解决能源问题的一条重要途径，采用生物反应器，利用微生物发酵连续制备乙醇。目前在工艺中的能耗几乎有 70% 用于醇 - 水的蒸馏分离过程，渗透蒸发为此提供了解决办法。法国已在 1988 年于东部 Betheniville 地区，采用德国 GFT 公司的乙醇脱水典型流程（见图 4.58），建造了一座用渗透蒸发法从生物质发酵所得的乙醇 - 水溶液中制取无水乙醇的工厂，生产流程见图 4.59。

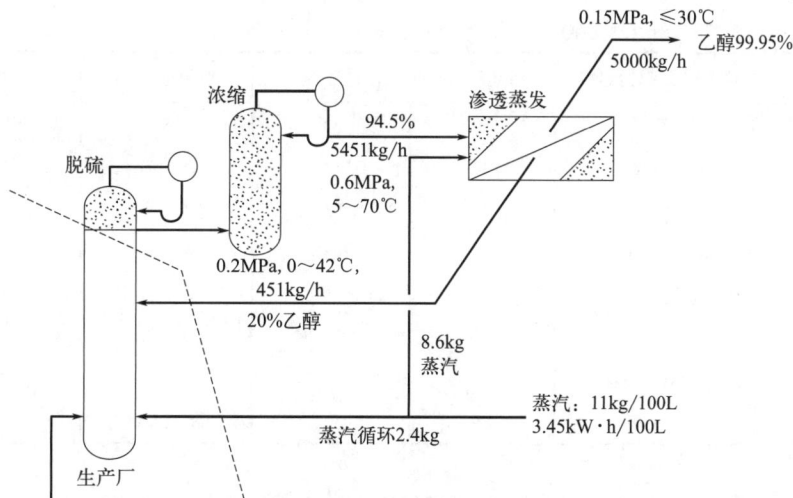

图 4.58　乙醇渗透蒸发系统

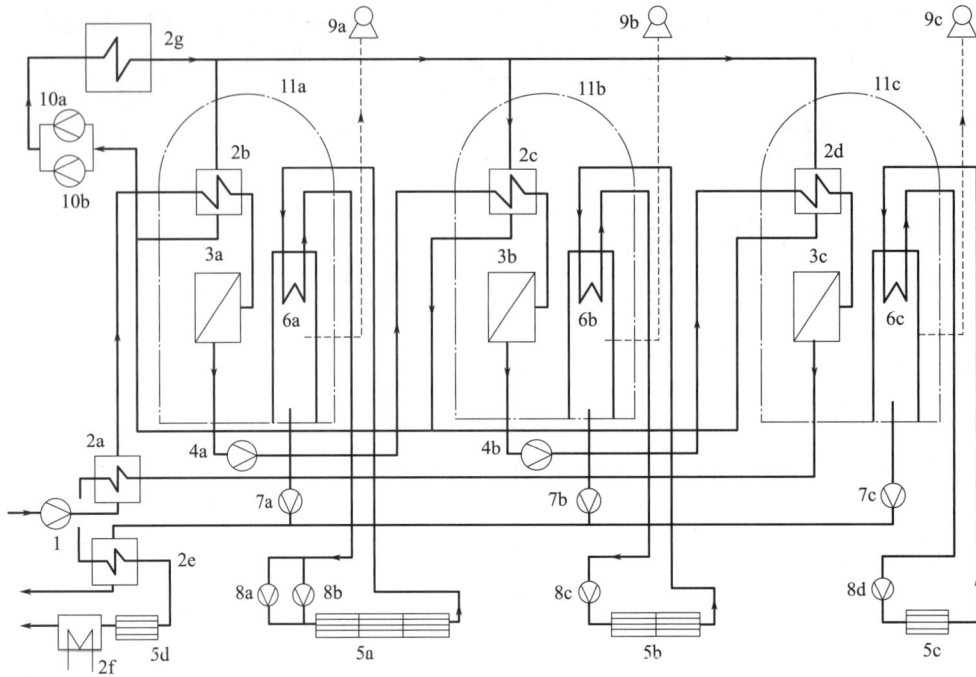

图 4.59 渗透蒸发工厂流程

1—进料泵；2a ~ 2g—换热器；3a ~ 3c—PV 膜组件；4a, 4b—增压泵；5a ~ 5d—翅片式空气冷却器；
6a ~ 6c—冷凝器；7a ~ 7c—透过物泵；8a ~ 8d—冷剂用压缩机；9a ~ 9c—真空泵；
10a, 10b—热媒用泵；11a ~ 11c—真空容器

GFT 膜渗透蒸发分离工艺是将渗透蒸发与蒸馏法结合，可使 10% 乙醇 - 水混合物经处理后可得 99.8%
的无水乙醇。无论选用哪种膜，在很大程度上都依赖于分离系数、过滤量及混合液的组成。除了与蒸馏法
结合外，也可组合选择性透过有机物乙醇的膜及选择性透过水的膜，也能获得相当好的分离效果。

渗透蒸发除了用于乙醇脱水外，还可用于其他有机物的脱水。

（2）从水中去除有机物　例如从啤酒和酒中脱去乙醇，流程如图 4.60 所示，最终可使乙醇浓度下
降至 0.7%，目前最低可达 0.1% 浓度。这种低浓度乙醇的啤酒或酒仍保留啤酒风味及高分子成分。

只要选择不同的渗透蒸发膜，就可从水中除去某特定的有机物（见表 4.21）。

表 4.21　选择性渗透有机物的渗透蒸发膜（有机物 - 水系统）

膜材料	有机料液的质量分数 /%	温度 /℃	渗透压 /kPa	选择性（α）	有机物通量 /[kg/（m² · h）]
聚丙烯	酮 45	30	6.5	3	0.1 ~ 1.2
硅橡胶	丁醇 0 ~ 8	30	—	45 ~ 65	< 0.035
硅橡胶	异丙醇 27 ~ 100	25	0.33	0.5 ~ 12	0.03 ~ 0.11
硅橡胶	异丙醇 9 ~ 100	25	0.67	9 ~ 12	0.03 ~ 0.11
聚酰胺酯	乙酸 1.5 ~ 9	50	< 0.2	—	0.18 ~ 0.28
聚丙烯酸	乙酸 48	15	—	2 ~ 8	0.4 ~ 0.55
硅橡胶	乙酸乙酯 0.5 ~ 4	30	0.2 ~ 0.4	高	—
GFTZ 醇膜（PDMS）	乙醇 87 ~ 100	60	—	150 ~ 10000	0 ~ 1.6

如用硅橡胶制成的膜，可从水中去除各种有机物，如乙醇、丙醇、乙酸乙酯、1,1,2- 三氯乙烷、三
氯甲烷（见图 4.61）。渗透液中有机物浓度与料液中有机物浓度呈直线关系，选择性强度与有机物在水
中的溶解度和憎水性强度有关，憎水性愈强，渗透蒸发愈好，相反则愈差。

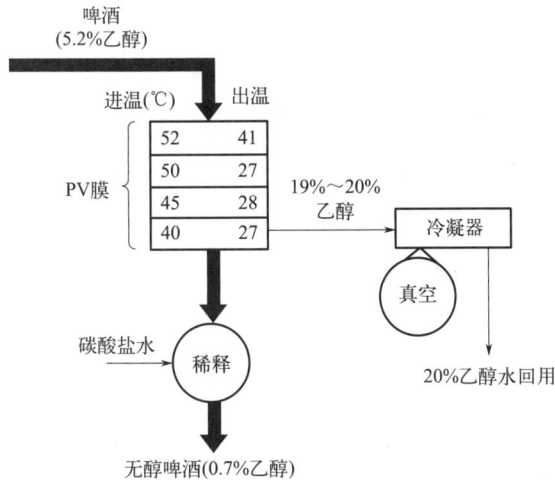

图4.60　用渗透蒸发过程从啤酒中脱醇

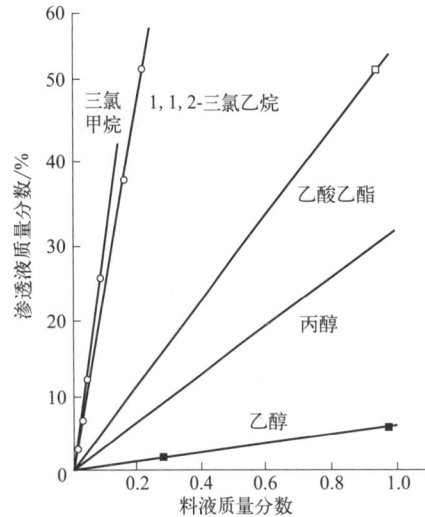

图4.61　从水中渗透蒸发各种有机物

从水中去除挥发性有机物有空气吹脱、蒸汽汽提、树脂或炭吸附、溶剂萃取、蒸馏和渗透蒸发等多种方法，但是各种方法适宜的初始浓度是不同的，其中渗透蒸发适宜在有机物初始浓度为 0.01% ～ 7%。利用渗透蒸发从水中去除有机物，可以起到回收溶剂、减少污染、浓缩有机物等作用。

（3）有机物 / 有机物的分离　早在 1958 年就有报道用渗透蒸发来分离苯与环己烷，有关有机物 - 有机物分离的渗透蒸发膜的选择性举例列于表 4.22 中。

表 4.22　有机物 - 有机物渗透蒸发膜的选择性

膜材料	有机料液的质量分数 /%	温度 /℃	渗透压 /kPa	选择性（α）	有机物通量 /[kg/（ m² · h ）]
聚丙烯	丙酮 50	30	1 ～ 31	—	0 ～ 0.025
	丁醇 50				
PTFE/PVP ①	丁醇 10	25	< 0.1	23.5	0.3
	环己烷 90				
PTFE/PVP	氯仿 65	25	—	3.9	2.65
	正己烷 35				
聚乙烯醇复合材料	异丙醇 8	60	—	> 900	< 0.01
	正己烷 92				
聚乙烯醇复合材料	异丙醇 8	60	—	> 900	< 0.02
	甲苯 92				
聚乙烯	异丙醇 25 ～ 70	42 ～ 60	—	—	0.1 ～ 2
	苯 30 ～ 75				

① PTFE 表示聚四氟乙烯，PVP 表示聚乙烯吡咯烷酮。

从理论上讲，渗透蒸发是分离有机物非常有用的技术，因为它破除了共沸混合物及挥发度差异小等带来的干扰，分离因素取决于膜和化合物的性质。具体应用例子有：①芳烃与脂肪族化合物的分离，如苯与环己烷的分离；②不同脂肪族化合物的分离，如异癸烷与环己烷的分离；③直链烷烃与烯烃的分离，如戊烷与戊烯的分离；④从碳氢化合物中分离出含氯的碳氢化合物，如环己烷与氯仿的分离等；⑤异构化合物之间的分离，如 3 种二甲苯之间的分离等。

（4）蒸气渗透　从理论上讲与液膜间的渗透蒸发相类似，当进料是某种混合蒸气，进行渗透蒸发时即为蒸气渗透。在液相渗透蒸发时用的膜同样可用蒸气渗透，该方法尚在进一步开发之中。由于方法中处理对象为气相料液，从而避免了液相渗透蒸发中必须加入能量进行蒸发及由此产生的投资增加现象，还可省去热交换器设计和多级设备的连接与输送泵系统。蒸气渗透操作中沸点控制是相当重要的，既要使温度接近其沸点操作，同时要防止液相产生。早年前德国已用 GFT 膜及其设备来分离各种气相有机物中的氢（脱氢过程），美国的 MTR 公司已用作污染物的处理，从富溶剂蒸气中回收有机物。还有从空气中回收有机物的（污染物处理）许多报道，特别是从空气中除去含卤有机物。蒸气渗透的应用才刚刚开始，前途无量。

5 萃取法

○○ ——— ○○ ○ ○○ ———————

5.1 概述

被誉为现代分离能手的溶剂萃取（液 - 液萃取）是现代分离技术中的一种，不仅广泛应用于石油化工、湿法冶金、精细化工等领域，而且在生物物质的分离和纯化中也是一种重要的手段。这是因为它具有如下的优点：①萃取过程具有选择性；②能与其他需要的纯化步骤（例如结晶、蒸馏）相配合；③通过转移到具有不同物理或化学特性的第二相中，来减少由于降解（水解）引起的产品损失；④可从潜伏的降解过程中（例如代谢或微生物过程）分离产物；⑤适用于各种不同的规模；⑥传质速度快，生产周期短，便于连续操作，容易实现计算机控制。

液 - 液萃取是一种利用物质在两个互不相溶的液相中（料液和萃取剂）分配特性不同来进行分离的过程。其操作流程如图 5.1 所示，由下述步骤组成：①萃取剂和含有组分（或多组分）的料液混合接触，进行萃取，溶质从料液转移到萃取剂中；②分离互不相溶的两相并回收溶剂；③萃余液（残液）的脱溶剂。其中离开液 - 液萃取器的萃取剂相称为萃取液，经萃取剂相接触后离开的料液相称为萃余液（残液）。

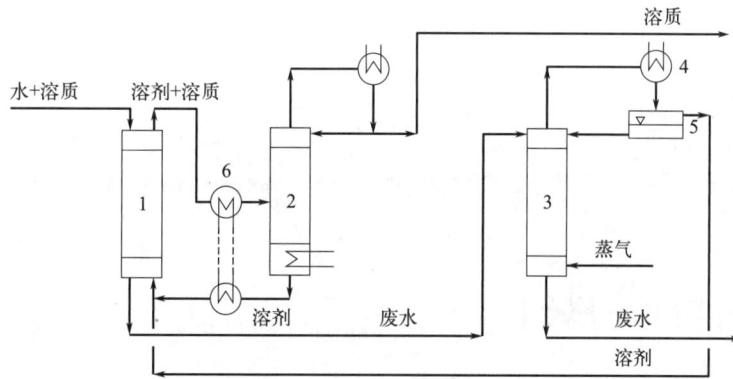

图 5.1 液 - 液萃取过程

1—萃取器；2—溶剂 / 溶质塔；3—汽提塔；4—冷凝器；5—分离器；6—热交换器

5.1.1 溶剂萃取的应用

生物产品溶剂萃取的典型应用主要在两个方面。

（1）从发酵培养液中萃取化合物（产物） 萃取的目标产物是在微生物细胞发酵期间或者微生物细胞生长时产生的。但是也不完全如此。被萃取的产物释放在发酵培养基中，溶剂萃取过程的主要目的是将化合物从细胞释放的其他类似物中有效地分离出来。

（2）从生物反应液或生物转化液中萃取产物 在这种情况下，利用不同纯化度的细胞或酶来进行生化反应，使底物转化为目标产物，其溶剂萃取过程与从发酵培养液中的萃取情况不同，它是从未反应的底物中分离反应得到的产物。

对于生物系统的溶剂萃取,这些应用可根据被萃取物的分子大小,进一步区分为两种主要类型。在这两种类型中,溶剂萃取过程有根本的不同。

① 小分子类　化合物的分子量约小于1000,包括抗生素、有机酸等,它们能用萃取非生物化合物相类似的方法液 - 液萃取得到化合物,即萃取到有机相中,这是本章讨论的重点内容。

② 大分子类　分子量约大于1000,在这一类中包含的化合物有酶、抗体、蛋白质等,对于此类化合物,传统的液 - 液萃取技术,如不加以真正的改变是不适用的。

通常,蛋白质不溶于有机溶剂,并且经过这样的接触后会变性(活性损失和结构特性的变化),但通过对存在于蛋白质表面带电基团相互作用的影响,可使天然蛋白质的构型稳定下来。虽然通常的有机溶液萃取是不适用的,但萃取系统可以设计成能使大分子例如蛋白质保存在水环境中进行萃取。

利用亲水性溶质(聚合物 / 聚合物或聚合物 / 盐),可以建立一个双水相萃取系统。将它们溶解在水溶液中,当超过临界浓度时,会表现出不相容性。不同组成的两相,各自只能优先浓缩一个组分,蛋白质在两相之间的分布是基于蛋白质的表面特性。

同样,如果能够提供一个系统,屏蔽来自有机相的变性和不溶性,如在表面活性剂聚集的极性核中或者在非极性溶剂的反胶束中,有机溶剂还是能够应用于萃取生物活性蛋白质的。

5.1.2　生物质的萃取与传统的萃取相比较

将溶剂萃取过程应用到生物产物上,可能在下述范围内出现问题。

(1) 生物系统的错综复杂和多组分特性　这里包含了两部分的复杂性,即组分的种类的复杂性和相的复杂性,而且其全部(或者即使是部分)特性都是难以得到的。在生物产物的萃取过程中,通常含有固体(细胞、培养基组分等)。固体的影响是生物产物萃取过程的一个特色。

(2) 传质速率　质量传递受不利于质量传递过程的可溶和不溶的表面活性组分的影响。

(3) 相分离性能　在萃取过程中,不溶性固体和可溶性表面活性组分的存在,对相分离速率和相分离程度都会产生重大的不利影响。这可能是在溶剂萃取应用到生物系统中最成问题的地方。

(4) 产物的不稳定性　目标产物可能由于代谢或微生物的作用而不稳定,或者可能在实现有效萃取时,因化学作用而不稳定。青霉素的萃取是最为典型的例子。

(5) 与时间有关的过程行为　在传统的萃取过程中,一般与时间有关的行为表现得很不明显,而在生物系统中,影响溶剂萃取过程的关键参数,例如流变学,在加工过程中可以表现为与时间有关的行为特性。

5.2　萃取过程的理论基础

将选定的某种溶剂,加入液体混合物中,由于混合物中不同组分在同种溶剂中的溶解度不同,就可将所需要的组分分离出来,这个操作过程为萃取。例如青霉素游离酸在醋酸戊酯中的溶解度比在水中大45倍(pH=2.5),而青霉素G钠盐在水中的溶解度大于20mg/ml,在醋酸戊酯中只有0.22mg/ml;又如红霉素在富含乙二醇溶剂中的溶解度,比在富含K_2HPO_4溶液中浓度大10倍以上。所以上述两种抗生素都能从第二种溶剂向第一种溶剂转移,即从第二种溶剂中分离出来,并在第一种溶剂中得到浓缩。

溶质在两相中的分配受平衡的限制,而不同溶质在两相中分配平衡的差异是实现萃取分离的基础。

5.2.1　分配定律

溶质的分配平衡规律即分配定律是指在一定温度、压力下,溶质分布在两个互不相溶的溶剂里,达到平衡后,它在两相的浓度比为一常数K_0,这个常数称为分配系数。

$$K_0 = \frac{X}{Y} = \frac{萃取相浓度}{萃余相浓度}$$

(5.1)

应用上式时，须符合下列条件：①必须是稀溶液；②溶质对溶剂的互溶没有影响；③必须是同一种分子类型，即不发生缔合或离解。某些物质的分配系数见表 5.1。

表 5.1 分配系数的选择

类型	溶质	溶剂	K_0	备注
氨基酸	甘氨酸	正丁醇	0.01	25℃
	丙氨酸	正丁醇	0.02	
	赖氨酸	正丁醇	0.2	
	谷氨酸	正丁醇	0.07	
	α- 氨基丁酸	正丁醇	0.02	
	α- 氨基己酸	正丁醇	0.3	
抗生素	天青霉素	正丁醇	110	
	放线菌酮	二氯甲烷	23	
	红霉素	醋酸戊酯	120	
	林肯霉素	正丁醇	0.17	pH4.2
	短杆菌肽	苯	0.6	
		氯仿 - 甲醇	17	
	新生霉素	醋酸丁酯	100 / 0.01	pH7.0 / pH10.5
	青霉素 F	醋酸戊酯	32 / 0.06	pH4.0 / pH6.0
	青霉素 K	醋酸戊酯	12 / 0.1	pH4.0 / pH6.0
蛋白质	葡萄糖异构酶	PEG1550/ 磷酸钾	3	4℃
	富马酸酶	PEG1550/ 磷酸钾	0.2	4℃
	过氧化氢酶	PEG/ 粗葡聚糖	3	4℃

当溶质在互不相溶的两相间达到平衡时，溶质在每一相的化学势是相等的，即：

$$\mu(H)=\mu(L) \tag{5.2}$$

式中，$\mu(H)$、$\mu(L)$ 分别为溶质在重相和轻相中的化学势。

而

$$\mu(H)=\mu^{\ominus}(H)+RT\ln a_H \tag{5.3}$$

$$\mu(L)=\mu^{\ominus}(L)+RT\ln a_L \tag{5.4}$$

式中，$\mu^{\ominus}(H)$、$\mu^{\ominus}(L)$ 分别为溶质在重相和轻相中的标准化学势；a_H、a_L 分别为溶质在重相和轻相中的活度。

标准化学势与组成无关，但与温度、压力有关，所以有：

$$\mu^{\ominus}(L)+RT\ln a_L=\mu^{\ominus}(H)+RT\ln a_H \tag{5.5}$$

$$\frac{a_L}{a_H} = e^{\frac{\mu^{\ominus}(H)-\mu^{\ominus}(L)}{RT}} \tag{5.6}$$

当温度一定时，标准化学势为常数，故：

$$\frac{a_L}{a_H} = K_0 \tag{5.7}$$

如为稀溶液，可以浓度代替活度：

$$K_0 = \frac{X}{Y} = \exp\left[\frac{\mu^\ominus(H) - \mu^\ominus(L)}{RT}\right] = 常数 \tag{5.8}$$

上式说明，分配系数 K_0 的对数与溶质在两相中标准化学势的差值成正比。

轻相与重相溶剂完全不互溶的相平衡类似于吸收，可用直角坐标表示，如图 5.2 所示。

如果重相中溶质的浓度较小，平衡线接近于直线，其斜率即为分配系数的数值。轻相和重相溶剂部分互溶的相平衡关系，应用三角形相图（三元相图）来表示。如 A 和 B 部分互溶的三相系统见图 5.3。

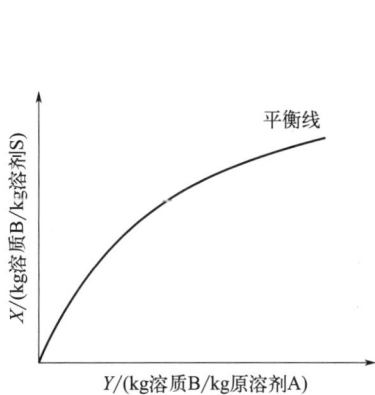

图 5.2 平衡线在直角坐标上的标绘（溶剂 S 与原溶剂 A 不互溶）

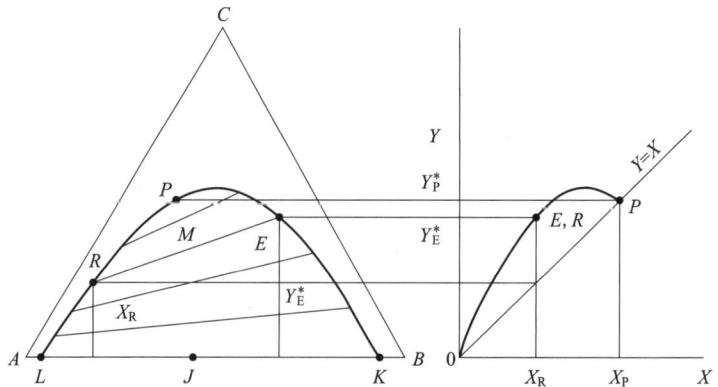

图 5.3 三液相系统（A 和 B 部分互溶）

5.2.2 萃取过程取决于溶剂的特性

溶剂萃取法属于平衡分离过程中物质添加型（溶剂）分离过程，因此关键要选择一种合适的溶剂。从化学观点出发，两个最重要的特性是对产物的高容量和与水相比对产物有高的选择性。这两个技术要求分别用平衡分配系数 K_0 和分离因子 α 来描述。

除上述外，经济和推理上的因素以及物理化学方面的因素也很重要（见表 5.2），对于生物转化过程，影响萃取剂选择的另一个因素是溶剂对生物催化剂、微生物或酶的毒性问题。

表 5.2 在生物转化中萃取溶剂的选择准则

项目	选择准则
物理化学方面	与水溶液不互溶 对产物有高的分配系数 与水溶液不发生乳化 低黏度 在密度上同水有大的差别
生物学方面	在消毒过程中对热稳定
经济和推理方面	对生物催化剂、酶或活细胞无毒性 低成本 能大批供应 对人员无毒 不易燃

（1）萃取过程的选择性　溶剂的选择性或分离因子用于评价在两种溶剂中，A 和 B 两个组分的分离效率和难易性，并定义 α 为：

$$\alpha_{AB} = \frac{c_{A'}/c_{B'}}{c_{A''}/c_{B''}} \tag{5.9}$$

式中，$c_{A'}$ 和 $c_{B'}$、$c_{A''}$ 和 $c_{B''}$ 分别为两相中两个组成的摩尔分数。

如果在两相中达到平衡条件并且选择同样的标准状态，则在两相中组分的活度相等：

$$c_{A'}\gamma_A = c_{A''}\gamma_{A''} \tag{5.10}$$

$$c_{B'}\gamma_B = c_{B''}\gamma_{B''} \tag{5.11}$$

因此，分离因子可用下式给出：

$$\alpha_{AB} = \frac{\gamma_{A''}/\gamma_{B''}}{\gamma_{A'}/\gamma_{B'}} \tag{5.12}$$

活度系数 γ 取决于组成，同样分离因子也取决于组成并且可以计算，例如，对于甲苯 - 丙酮 - 水的系统，用如下的比率形式进行：

$$\frac{\text{L中丙酮的质量比}\times\text{L中水的质量比}}{\text{R中丙酮的质量比}\times\text{R中水的质量比}}$$

L 和 R 分别为萃取相和萃余相。

图 5.4 为甲苯 - 丙酮 - 水系统的分离因子。对于任何有用的萃取操作，选择性必须大于 1；如果选择性是 1，在临界点，则不能分离。

（2）萃取溶剂的选择　从分配系数与溶质在两相中标准化学势的差值关系可知，选择合适的萃取溶剂是提高萃取过程效率的关键之一。虽然，热力学理论目前还不能为溶剂的选择提供定量的理论依据，但可以定性地指导溶剂的选择。

① 利用溶解度参数理论指导溶剂的选择　根据溶解度参数理论，分配系数 K_0 可以写成如下形式：

$$\ln K_0 = \frac{\overline{V}_H(\delta_A - \delta_H)^2 - \overline{V}_L(\delta_A - \delta_L)^2}{RT\overline{V}_A} \tag{5.13}$$

式中，$\overline{V}_H$、$\overline{V}_L$ 和 $\overline{V}_A$ 分别表示重溶剂 H（料液）、轻溶剂 L（萃取溶剂）和溶质 A 的偏摩尔体积；δ_H、δ_L 和 δ_A 为对应的溶解度参数。

某些常用溶剂的溶解度参数列于表 5.3。

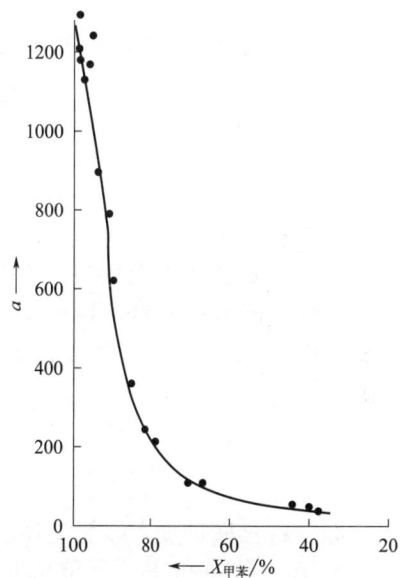

图 5.4 甲苯 - 丙酮 - 水系统的分离因子（20℃）

表 5.3　某些常用溶剂的溶解度参数

溶剂	$\delta\times10^4/(\mathrm{J}^{1/2}/\mathrm{m}^{3/2})$
乙酸戊酯	1.64
苯	1.88
丁醇	2.78
乙酸丁酯	1.74
二硫化碳	2.05
四氯化碳	1.76
氯仿	1.88

溶剂	$\delta \times 10^4/(\mathrm{J}^{1/2}/\mathrm{m}^{3/2})$
环己烷	1.68
己醇	2.19
丙酮	1.53
戊烷	1.45
全氟己烷	1.20
甲苯	1.82
水	1.92

应用这个理论，从两种已知 δ 值的溶剂萃取实验中，获得溶质的溶解度参数 δ_A，随后就可以采用溶剂的 δ 值估算分配系数，从而指导新溶剂的选择。

② 根据"相似物容易溶解在相似物中"的规律选择溶剂 就溶解度关系而论，重要的相似是在分子的极性上。极性液体易于互相混合并溶解盐类和极性固体，而非极性化合物则易溶于低极性或没有极性的液体中。

介电常数是一个化合物摩尔极化程度的量度，如果知道该值，就可以预知一个化合物是极性还是非极性。物质的介电常数，可通过测定该物质在电容器的二极板间的静电容量 C 来确定。所以也可通过测定被提取产物的介电常数，来寻找极性相当的溶剂。

5.2.3 弱电解质的萃取过程与水相的特性

萃取溶剂的选择，常常受价格高、易挥发、易燃烧或对产物有毒害等限制，不能实现理想化。这时，可用改变溶质在水相中的状态来改善萃取操作，具体方法有：①改变溶质的离子对，但不应使溶质发生化学变化，而导致丧失生物效能；②改变水相的 pH 值，降低溶质的离子化程度，同样也应防止产物丧失生物效能。

（1）通过离子对改变溶质 改变溶质取决于溶质的离子特性，即溶质必须离子化，才可用改变溶质中相反离子的办法来修饰其特性，用一种在萃取溶剂中溶解度更大的离子取代原来的离子。

改变相反离子的一个例子是四丁基铵的萃取，如果这种阳离子的氯化物用氯仿来萃取，其分配系数为：

$$K_0 = \frac{[\mathrm{N(C_4H_9)_4^+}\text{在氯仿中}]}{[\mathrm{N(C_4H_9)_4^+}\text{在水中}]} = 1.3$$

如果将乙酸钠加入该氯化物溶液中，重新用氯仿萃取，则 $K_0=132$，萃取分离效果大大改善。

在第一种情况下，萃取液是 $\mathrm{N(C_4H_9)_4^+Cl^-}$ 离子对的稀溶液；但是在第二种情况下，得到的是 $\mathrm{N(C_4H_9)^+CH_3COO^-}$ 离子对的加浓萃取液。表 5.4 列出了某些用于改善萃取的相反离子。

表 5.4 用于离子对萃取的典型逆离子

离子	化学结构	备注
乙酸根离子	$\mathrm{CH_3COO^-}$	简单；在有机溶剂中可溶性小
丁酸根离子	$\mathrm{CH_3(CH_2)_2COO^-}$	在有机溶剂中可溶性比乙酸根高
四丁基铵离子	$\mathrm{(C_4H_9)_4N^+}$	经常选择
十六烷基三丁基铵离子	$\mathrm{CH_3(CH_2)_{15}(C_4H_9)_3N^+}$	可能成胶束形式
全氟辛酸根离子	$\mathrm{CF_3(CF_2)_6COO^-}$	在有机溶剂中可能保持离子状态
十二酸根离子	$\mathrm{CH_3(CH_2)_{10}COO^-}$	可能成胶束形式

续表

离子	化学结构	备注
亚油酸根离子	$CH_3(CH_2)_4CH \!\!=\!\! CHCH_2CH \!\!=\!\! CH(CH_2)_7COO^-$	可能成液晶形式
胆酸盐离子		从胆汁酸制备
四苯基硼离子	$B(C_6H_5)_4^-$	在许多溶剂中会降解

（2）通过调节溶液的 pH 值来改变溶质的性质　弱电解质以非离子化的形式溶解在有机溶剂中，而在水中会部分离子化并存在有电离平衡，反映在分配系数上，除了热力学常数外，还有表观分配系数（或称分配比）。它们之间存在有一定的依赖关系。若以青霉素（弱酸）为例，存在有下述电离平衡方程式：

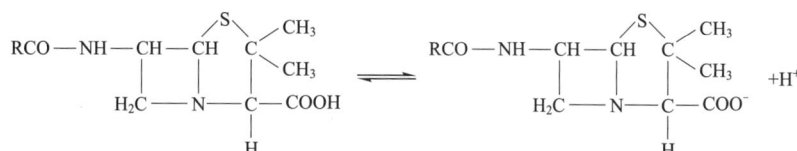

D.Rowley 指出青霉素在水相和有机相中分配表现出三个特点：①青霉素虽在水中可以解离，但是在水相和有机相之间分配的仅仅是青霉素游离酸（不离解的分子）；②在萃取时不发生青霉素分子的电离作用；③在有机溶剂中青霉素分子不离解为离子。

在这些前提下，可以得到相平衡特性是 pH 值的函数。青霉素在两相间的分配，相应地可表示为：

$$K_0 = \frac{[RCOOH]_L}{[RCOOH]_H} \tag{5.14}$$

$$K = \frac{[RCOOH]_L}{[RCOOH]_H + [RCOO^-]_H} \tag{5.15}$$

式中，K_0 为不离解的青霉素分配系数；K 为表观分配系数；$[RCOOH]_L$ 为青霉素在有机溶剂中的浓度；$[RCOOH]_H$ 为水相中不电离的青霉素浓度。

$$C = [RCOOH]_H + [RCOO^-]_H \tag{5.16}$$

式中，C 为水相中青霉素的总浓度；$[RCOO^-]_H$ 为水相中青霉素负离子的浓度。

青霉素在水中的电离，可用电离平衡常数 K_a 来表示：

$$K_a = \frac{[H^+][RCOO^-]_H}{[RCOOH]_H} \tag{5.17}$$

式中，$[H^+]$ 为水中氢离子浓度。

用上面 4 个关系式，可以推导出表观分配系数的计算式：

$$K = K_0 \frac{1}{1 + K_a/[H^+]} = K_0 \frac{[H^+]}{K_a + [H^+]} \tag{5.18}$$

或

$$K = K_0 \frac{1}{1 + 10^{pH - pK_a}} \tag{5.19}$$

式中，$pK_a = -\lg K_a$。

已知青霉素的电离平衡常数 $K_a = 10^{-2.75}$，所以当 pH 值小于 1.0 时，青霉素在有机相和水相之间的分配接近于不电离的青霉素游离酸的分配；而在 pH 值大于 5 时，分配系数 K 随着 $[H^+]$ 下降而比例下降；

当 pH 在 1.0～5.0 时，分配系数可由关系式（5.19）计算求得。

对于弱碱，可以得到类似的结果：

$$K=K_0\frac{K_b}{K_b+[H^+]} \tag{5.20}$$

或

$$K=K_0\frac{1}{1+10^{pK_b-pH}} \tag{5.21}$$

某些羧酸的 pK_a 及 K_0 值列于表 5.5 中，其他各类生物溶质的 pK_a 值可在文献中查到。

表 5.5　以油醇萃取羧酸时，某些羧酸的 pK_a 及 K_0 值

酸	pK_a	K_0
乙酸	4.75	0.34
柠檬酸	3.14	0.05
甲酸	3.75	0.04
富马酸	3.03	0.10
葡糖酸	3.60	0.02
衣康酸	3.65	0.10
乳酸	3.86	0.02
苹果酸	3.40	0.02
琥珀酸	4.16	0.04

利用上述公式还可对溶质 A 和 B 的萃取分离选择性 β 进行计算：

$$\beta=\frac{K(A)}{K(B)}=\frac{K_0(A)}{K_0(B)}\times\frac{1+K_a(B)/[H^+]}{1+K_a(A)/[H^+]} \tag{5.22}$$

对于发酵产物如乙醇和羧酸水溶液的液 - 液萃取，还可以采用路易斯酸性和碱性的供体 - 受体概念对溶剂的容量和选择性进行解释。

选择性是衡量质量的尺度，而容量是衡量数量的尺度，在萃取时，溶剂的选择性较高则所需的级数较少，容量较大，则对调节两相的体积流速更有利。选择性和容量有时出现对抗性行为，即一个溶剂具有高的选择性却是低容量的，反之亦然。因此，在选择溶剂时，应从选择性和容量两个方面进行考虑。

除此以外，当液 - 液萃取应用于生物转化过程时，必须考虑另一个因素即生物相容性，即萃取剂必须对生物催化剂，微生物机体或酶无毒。限于篇幅在此不予详细讨论。

5.3　乳化和去乳化

乳化属于胶体化学范畴，是指一种液体以细小液滴（分散相）的形式分散在另一不相溶的液体（连续相）中，这种现象称为乳化现象，生成的这种液体称为乳状液或乳浊液。

在液 - 液萃取过程中，往往会在两相界面产生乳化现象，这种现象对于萃取过程的进行通常是不利的，给分离带来麻烦，即使采用离心机，也很难将两相完全分离，如果萃余的废发酵液中夹带溶剂，收率就会相应降低，经萃取的溶剂中夹带发酵液也会给以后的精制造成困难，因此必须设法破除。而要破除乳化，先要了解乳化现象的本质。

5.3.1　乳化和去乳化的本质是表面现象

从热力学关系推演可知乳化的产生是一种自发过程，而乳状液本身又是一个不稳定的热力学系统。

由 Gibbs 热力学关系出发，经过一系列推演可得到下式：

$$\gamma = -\frac{c}{RT} \times \frac{\mathrm{d}\sigma}{\mathrm{d}c} \tag{5.23}$$

式中，γ 为溶液单位表面上与溶液内部相比时溶质的过剩量，称表面过剩浓度，mol/m^2；c 为溶液主体内溶质的浓度，mol/L；σ 为表面张力，N/m；R 为摩尔气体常数，$8.314J/(K \cdot mol)$；T 为热力学温度，K。

当水相内存在的表面活性物质含量上升时，表面张力下降，即 $\mathrm{d}\sigma/\mathrm{d}c < 0$。则在界面上有一定的吸附量（乳化层）。而且表面张力下降时，自由能变化 $\Delta G < 0$，为一自发过程。由此可见，在两相界面引起自发乳化的进程中，一定存在某种表面活性物质。用表面张力与浓度之间关系来探索引起乳化的表面活性物质已在微生物代谢产物的液 - 液萃取中得到应用。

通过对柠檬酸发酵液组成（列于表 5.6）的分析测定，可以发现其中仅蛋白质明显地影响表面张力（见图 5.5）。并随着蛋白质含量的上升，表面张力明显下降，可见蛋白质是引起该发酵液乳化的表面活性物质。

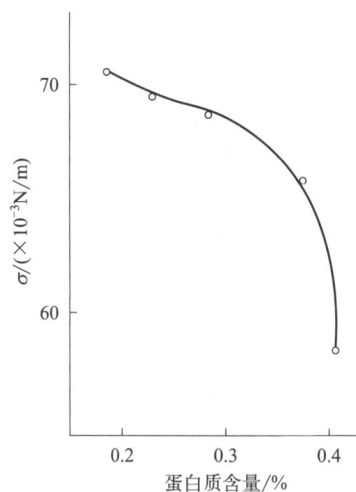

图 5.5 蛋白质含量与表面张力关系

表 5.6 柠檬酸发酵液的组成

组分	酸 /%	还原糖 /%	蛋白质 /%	钙 /$\times 10^{-6}$	镁 /$\times 10^{-6}$	铁 /$\times 10^{-6}$
组成	10.6	0.80	0.644	8	14	15

5.3.2　乳状液的类型及其消除

乳状液可分为"水包油（O/W）"和"油包水（W/O）"两种类型。在生产过程中形成何种类型的乳状液，主要由表面活性剂的性质所决定，如果表面活性剂的亲水基团强度大于亲油基团，则易形成 O/W 型乳状液；如亲油基强度大于亲水基，则易形成 W/O 型乳浊液。

工业上常用 HLB 数（亲憎平衡值）来表示，表面活性剂的亲水与亲油程度的相对强弱见表 5.7。表中对不同的 HLB 值作了分类。HLB 数愈大，亲水性愈强，形成 O/W 型乳状液；HLB 数愈小，亲油性愈强，形成 W/O 型乳状液。

表 5.7 HLB 值的应用

表面活性物质在水中的状态	HLB 值	应用
在水中无分散	0 2 4	W/O 型乳化
略有分散	6	润湿剂
不稳定乳状液	8	
稳定乳状液	10 12	
向透明溶液转变	14	O/W 型乳化
透明溶液	16 18	

由蛋白质引起的乳化，构成形式为 O/W 型，液滴平均粒径在 2.5 ～ 30μm。

这种界面乳状液可放置数月不凝聚。这一方面是由于蛋白质分散在两相界面，形成无定形黏性膜起保护作用；另一方面，发酵液中存在着一定数量的固体粉末，对于已产生的乳化层也有稳定作用。

乳状液的消除方法甚多，有过滤或离心分离、化学法（加电解质破坏双电层）、物理法（加热、稀释、吸附等）、顶转法（加入其他表面活性剂）。这些方法不仅耗费能量和物质，而且都是在乳化产生后再消除。同时这些方法必须首先将界面聚结物分离出来再处理，在工业上较难实行。因此，最好采用预处理手段，将发酵液中表面活性物质（蛋白质）除去，消除水相乳化的起因。

5.4　萃取方式和过程计算

工业生产中萃取操作包括三个过程：①混合，料液和萃取剂密切接触；②分离，萃取相与萃余相分离；③溶剂回收，萃取剂从萃取相（有时也需从萃余相）中除去，并加以回收。因此在萃取流程中必须包括混合器、分离器与回收器。

混合器在实验室中常用分液漏斗，工业上则用搅拌罐等，将料液和萃取剂以湍流方式在管道中混合，或用喷射泵进行涡流混合。分离器常用碟片式离心机，如国产的 DRY-400、俄罗斯的 САЖ-3 型、德国的 Westfalia OEH1000b 及 OEP 1000b 型等；还有管式离心机，如国产 GF-105 型。也有将混合与分离在同台设备中完成的，如各种对向交流萃取机（有 Luwesta EK10007 多级离心萃取机、Podbielniak 萃取机和 Alfa-Lava 萃取机等）。回收器实际上是化工单元操作中的蒸馏设备，与萃取操作可以不同步进行。

萃取操作流程可分为分批和连续，单级和多级萃取流程，后者又可分为多级错流萃取流程和多级逆流萃取流程，以及两者结合进行操作的流程。

对各种萃取操作过程进行计算时，一般先假定：①萃取相和萃余相之间能很快达到平衡，即每一级都是理论级；②两相完全不互溶，并能完全分离。下面进行具体介绍。

5.4.1　单级萃取

单级萃取是液 - 液萃取中最简单的操作形式，一般用于间歇操作，也可以进行连续操作。它是只用一个混合器和一个分离器的萃取操作：将料液 F 与萃取剂 S 一起加入萃取器内，并用搅拌器加以搅拌，使两种液体均匀混合，在萃取器（即混合器）内产物由一相转入另一相。经过萃取以后的溶液流入分离器，分离得到萃取相 L 和萃余相 R。最后将萃取相送入回收器，在回收器中将溶剂与产物进一步分离，经回收后溶剂仍可作为萃取剂循环使用，留下的溶液即为萃取产品（产物），其流程见图 5.6。

(1) 萃取设备　实验室中常用分液漏斗进行，较大规模的萃取装置可使用混合罐，如若混合后两相不易分离，可接上一台管式离心机或采用各类混合沉降器，如图 5.7 所示。

(2) 单级萃取过程的计算　单级萃取过程的计算有如下两种方法。

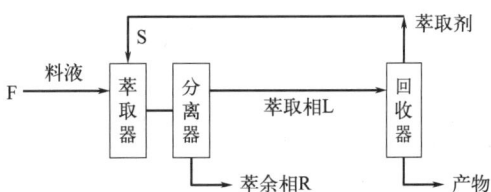

图 5.6　单级萃取流程示意图

① 解析计算法　进行这样的计算首先需要建立两个关系式，即平衡关系式及溶质的质量衡算关系式。对于稀溶液，平衡关系式可以表示为：

$$X=K_0Y \tag{5.24}$$

式中，X 为溶质在萃取溶剂中的浓度；Y 为溶质在进料溶剂中的浓度。

溶质的质量平衡公式可写成：

$$HY_F+LX_F=HY+LX \tag{5.25}$$

式中，Y_F 为料液（重相）中溶质的浓度；X_F 为萃取溶剂（轻相）中溶质的浓度，一般地，新鲜萃取溶剂中不含溶质，即 $X_F=0$；H 及 L 分别为重相和轻相的体积，可认为是常数。

从式（5.24）及式（5.25）可以解出萃取操作达到平衡时溶质在两相中的浓度：

$$X=K_0 Y_F/(1+E) \tag{5.26}$$

$$Y=Y_F/(1+E) \tag{5.27}$$

式中，E 为萃取因子。

E 可通过下式求得：

$$E=K_0 L/H \tag{5.28}$$

显然，当 K_0 值很大时，大部分溶质会转移到萃取溶剂中去。

单级萃取过程的收率或称萃取分率由下式定义得到：

$$P=\frac{LX}{HY_F}=\frac{E}{1+E} \tag{5.29}$$

未被萃取分率为：

$$\varphi=\frac{1}{1+E} \tag{5.30}$$

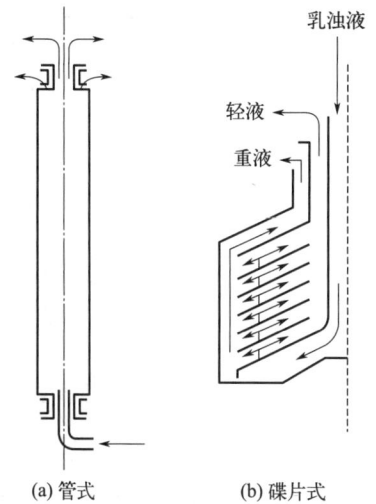

图 5.7 液体离心机实例

(a) 管式　　　(b) 碟片式

② 图解方法　虽然解析方法很直接，但当平衡关系式不是线性时，就稍显复杂，而用图解方法就很方便。只需将上面的质量衡算关系式和溶质平衡关系式在直角坐标上分别以平衡线和操作线标绘出来，两条线的交点坐标即为萃取平衡时溶质在两相中的浓度值。

由于单级萃取最大只能达到一个理论级，萃取效果很有限。在实际的工艺过程中，一般采用多级萃取的办法来提高萃取效果。多级萃取有"错流"和"逆流"两种方式。

5.4.2　多级错流萃取

多级错流萃取由几个萃取器串联组成，料液经第一级萃取（每级萃取由萃取器与分离器所组成）后分离成两个相；萃余相流入下一个萃取器，再加入新鲜萃取剂继续萃取；萃取相则分别由各级排出，混合在一起，再进入回收器回收溶剂，回收得到的溶剂仍可作萃取剂循环使用，见图 5.8。

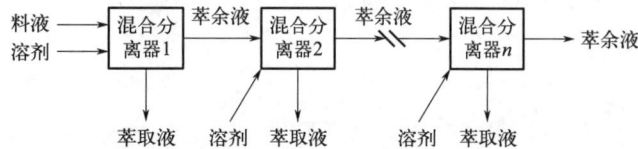

图 5.8 多级错流萃取系统

（1）萃取设备　可将各类混合 - 澄清器单元串联起来，如图 5.9 所示。

（2）多级错流萃取过程的计算

① 解析方法　首先，溶质在两相中的分配服从分配定律，即：

$$X=K_0 Y \tag{5.31}$$

设各级中溶剂的用量相等，则第一级的物料衡算式为：

$$HY_F=HY_1+LX_1 \tag{5.32}$$

因为：$X_1=K_0 Y_1$，所以：

$$HY_F=HY_1+LK_0 Y_1$$

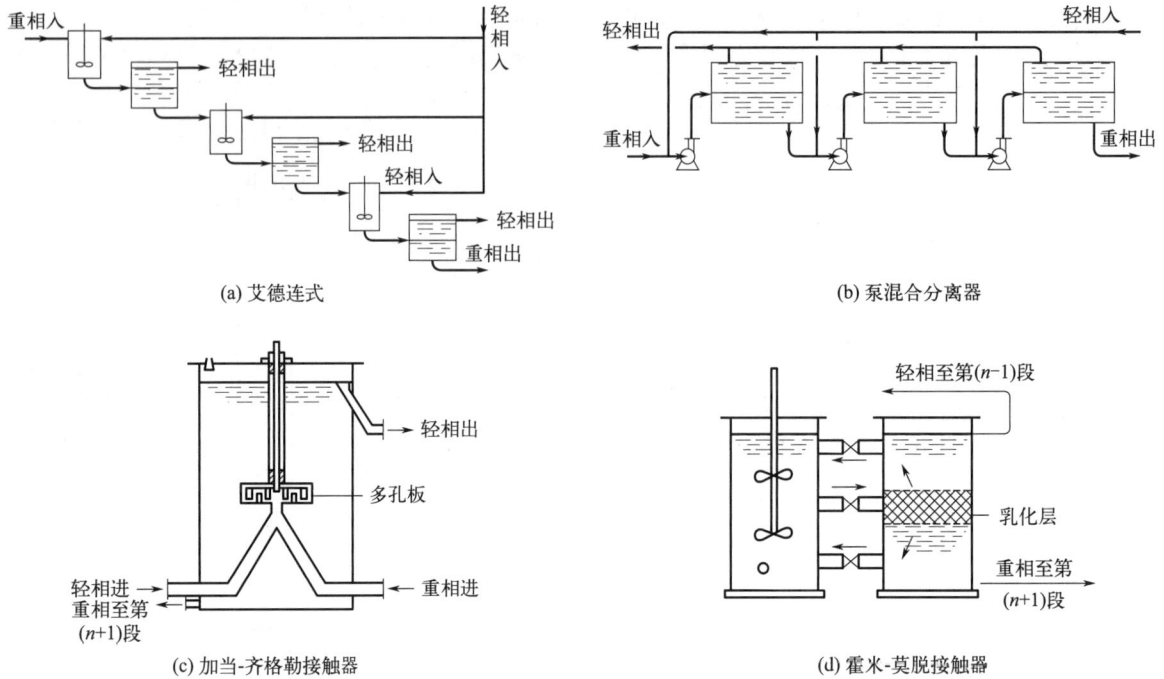

(a) 艾德连式

(b) 泵混合分离器

(c) 加当-齐格勒接触器

(d) 霍米-莫脱接触器

图5.9　三级错流萃取装置

则：

$$Y_1 = \frac{Y_F}{1+E} \tag{5.33}$$

对于第二级，依照上述方法，同样得到：

$$Y_2 = \frac{Y_F}{(1+E)(1+E)} \tag{5.34}$$

同理，对第 n 级，可得到：

$$Y_n = \frac{Y_F}{(1+E_1)+(1+E_2)+\cdots+(1+E_n)} = \frac{Y_F}{(1+E)^n} \tag{5.35}$$

解方程式可求出理论级数 n，为：

$$n = \frac{\lg \dfrac{Y_F}{Y_n}}{\lg(1+E)} \tag{5.36}$$

过程的萃取分率或收率为：

$$P = \frac{(1+E)^n - 1}{(1+E)} \tag{5.37}$$

而未萃取分率为：

$$\varphi = \frac{HY_n}{HY_F} = \frac{1}{(1+E)^n} \tag{5.38}$$

② 图解方法　如果液-液萃取中两溶剂完全不互溶，或互溶度很小，通常用直角坐标进行图解计算。物系的相平衡关系：$X=f(Y)$ 可以很方便地标绘在坐标内（可以是线性关系或非线性关系）。

设各级所加入的萃取溶剂中已含有少量溶质，则第一级中溶质的物料衡算为：

$$HY_F+L_1X_s=HY_1+L_1X_1 \tag{5.39}$$

$$或 -\frac{H}{L_1}=\frac{X_1-X_s}{Y_1-Y_F} \tag{5.40}$$

式中，X_s 为在所加萃取溶剂中溶质的浓度；其他符号同前。

同理，对于任一级 n，溶质的物料衡算式为：

$$-\frac{H}{L_n}=\frac{X_n-X_s}{Y_n-Y_{n-1}} \tag{5.41}$$

不难看出，上式为一个直线方程，其斜率为 $-\dfrac{H}{L_n}$，该直线所通过的两点坐标分别为（X_n，Y_n）和（X_s，Y_{n-1}）。由于从任一理论级得到的萃取相和萃余相均处于平衡状态，坐标为（X_n，Y_n）的点必位于平衡曲线上。因此，如果已知某点的坐标（X_s，Y_{n-1}）及其直线的斜率 $-\dfrac{H}{L_n}$，此直线在直角坐标中的位置即可确定，该直线与平衡线的交点坐标即为（X_n，Y_n）。

具体解法见图 5.10，由点 V（X_s，Y_F）作斜率为 $-\dfrac{H}{L_1}$ 的直线，交平衡线于 T 点，T 点的坐标为（X_1，Y_1）；再由点 U（X_s，Y_1）作斜率为 $-\dfrac{H}{L_2}$ 的直线，交平衡线于 W 点，W 点的坐标为（X_2，Y_2）；其余以此类推，直至萃余相浓度达到预定指标为止。以上步骤重复的次数，亦即所作直线的数目，就是所需理论级数。

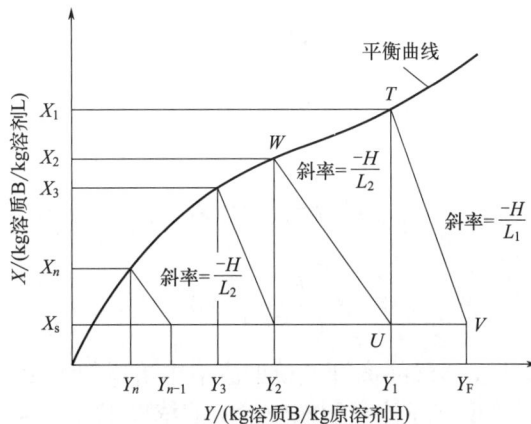

图 5.10　多级错流萃取直角坐标图解法

在多级错流萃取中，各级所用的溶剂量通常是相同的，因此，各直线的斜率相等。

在多级错流萃取中由于溶剂分别加入各级萃取器，故萃取推动力较大，萃取效果较好；缺点是仍需加入大量的溶剂，因而产品浓度稀，需消耗较多的能量来回收溶剂。

5.4.3　多级逆流萃取

在多级逆流操作中，包括若干萃取级，料液与溶剂分别从两端加入，萃取相与萃余相逆流流动，操作系连续进行。其流程见图 5.11。

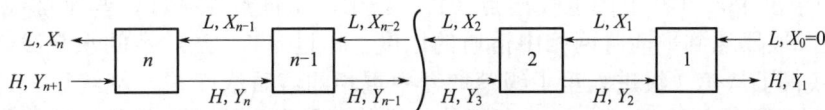

图 5.11　理想化的多级逆流萃取过程

（1）萃取设备　应用在多级逆流萃取上的设备主要有两类：①由单级混合-澄清器串联成多级萃取设备，如混合澄清槽、单级离心萃取器等；②塔式萃取设备，如多级筛板塔。图 5.12 表示了一个用乙酸戊酯萃取青霉素的三级逆流萃取系统。

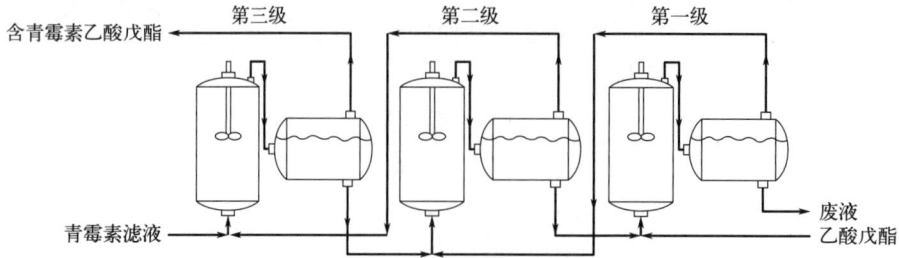

图 5.12　在三级逆流萃取装置中用乙酸戊酯从澄清的发酵液中分离青霉素

两相在一个提供良好接触的混合器中混合在一起，达到平衡以后，在澄清器中进行分离。

（2）多级逆流萃取过程的计算

① 解析方法　多级逆流萃取操作的每一级也需要用一个平衡线方程和一个操作线方程来描述。对于第 1 级，平衡线及操作线方程（参见图 5.10）分别为：

$$X_i = K_0 Y_i \tag{5.42}$$

$$HY_{i+1} + LX_{i-1} = HY_i + LX_i \tag{5.43}$$

对于第 1 级，由于 $X_0 = 0$，可以解得：

$$Y_2 = (1+E)Y_1 \tag{5.44}$$

对于第 2 级：

$$Y_3 = (1+E)Y_2 - EY_1 = (1+E+E^2)Y_1 \tag{5.45}$$

以此类推，对于第 n 级：

$$Y_{n+1} = (1+E+E^2+\cdots+E^n)Y_1 \tag{5.46}$$

或

$$Y_{n+1} = \left(\frac{E^{n+1}-1}{E-1}\right)Y_1 \tag{5.47}$$

式（5.47）表示了加料浓度 Y_{n+1} 与最终离开系统的废液中溶质的浓度 Y_1 之间的关系。只要知道萃取因子 E 和级数 n，就可以由进料浓度 Y_{n+1} 计算废液中溶质的浓度 Y_1。同样多级逆流萃取过程的萃取分率 P 可以给出：

$$P = \frac{LX_n}{HY_{n+1}} = E\left(\frac{Y_n}{Y_{n+1}}\right) = \frac{E^{n+1}-E}{E^{n+1}-1} \tag{5.48}$$

则未被萃取分率为：

$$\varphi = \frac{E-1}{E^{n+1}-1} \tag{5.49}$$

② 图解方法　按照上面解析方法中列出的平衡线与操作线方程，在直角坐标上进行标绘，可得到如图 5.13 所示的曲线，即可用于分析多级逆流萃取操作。例如，当确定所需的萃取级数 n 时，只要先从总物料平衡公式中求出 Y_1，并在上图上找出点（Y_1，$X=0$），从该点作垂线，与平衡线交点的坐标（Y_1，X_1）代表了第 1 级萃取器达到平衡时两相中溶质的浓度。作过（Y_1，X_1）点的水平线，与操作线相交于（Y_2，X_1）点，就获得了从第 2 级进入第 1 级萃取器中重相的溶质浓度 Y_2。继续这一过程，直至得到的 Y_{n+1} 超过或等于进料中溶质的浓度 Y_F，这时所得的阶梯数就是所求的萃取级数。这样所得的级数是一个

理想的级数，实际所需的级数总大于它。

③ 萃取计算诺模图　萃取分离、浓缩过程的主要指标是产物从一相转入另一相的完全程度、浓缩倍数以及萃取的选择性等，它们是由一系列物理 - 化学和工艺因素，如所用的有机溶剂、水相的 pH、萃取的温度、相的体积比、所用设备效率等决定的。

为了便于选择合理的萃取条件和相应的设备，必须恰当地分析主要因素对过程效率的影响。有人建议用由未萃取分率 φ、浓缩倍数 m、水相 pH 和使用设备的理论级数 n 定量连接的诺模图来完成上述任务，预测逆流萃取的合理条件。诺模图的制作主要依据下列三个函数关系式。

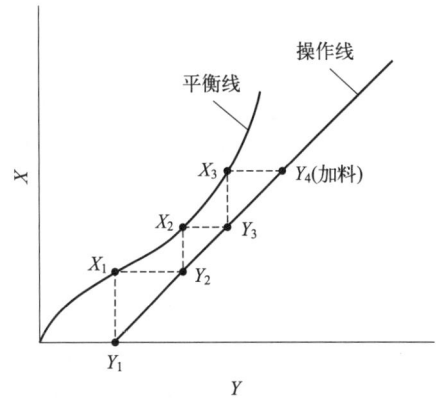

图 5.13　逆流萃取的图解分析

$$K=f(\mathrm{pH}) \tag{5.50}$$

$$E=K\frac{1}{m} \tag{5.51}$$

$$\varphi=\frac{E-1}{E^{n+1}-1} \tag{5.52}$$

由式（5.51）、式（5.52）分析可见，只要知道在一定温度下分配系数 K 和溶液 pH 关系（m 和 n 是可以任选的），其他参数就可求出。利用电子计算机进行计算，然后将对应数值绘制成诺模图，即可根据生产实际要求选择最佳萃取条件。例如，红霉素发酵液用乙酸丁酯萃取，分配系数与 pH 关系式如下：

$$K=-1.47+0.382\times(\mathrm{pH}) \quad （萃取）$$
$$K'=2.65-0.234\times(\mathrm{pH}) \quad （反萃取）$$

加上式（5.51）和式（5.52），利用算法语言编制程序，电子计算机运算，得 pH、K、E、φ 等一系列数值，进行描绘得图 5.14。整个图分三部分，左面（Ⅰ）和右面（Ⅲ）部分绘出了萃取因子 E 在不同的 $1/m$ 与 pH 值的关系，在诺模图的中间部分（Ⅱ）给出了红霉素的未被萃取分率 φ 与萃取因子 E 的关系。

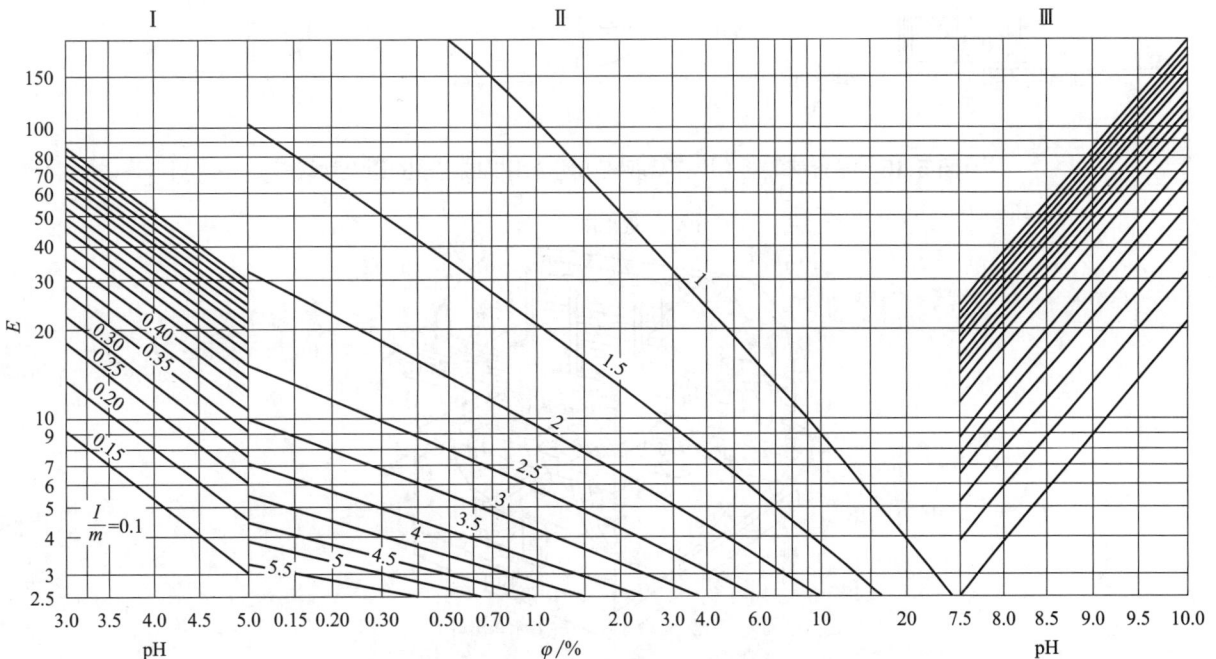

图 5.14　红霉素萃取计算诺模图

Ⅰ—$E=f(\mathrm{pH},m)$，适用于红霉素自丁酯相反萃取到水相；Ⅱ—$\varphi=f(E,n)$；

Ⅲ—$F=f(\mathrm{pH},m)$，适用于红霉素自水相萃取到丁酯相

在给定的相比、pH 值和 n 下，可以确定 φ 值。例如，当 pH=9.5，乙酸丁酯与滤液的体积比 m=0.3，所用设备的理论级数为 1，从滤液中提取红霉素求 φ 时，首先在图Ⅲ部分横坐标上找到 pH=9.5 点，垂直上升找出与 m=0.3 曲线相交的点，从交点作横坐标轴的平行线到诺模图中间部分Ⅱ与 n=1.0 曲线相交，从交点作垂直线与横坐标轴相交的点即为水相中残留量的百分数 φ=2.5%；若乙酸丁酯流量下降到 20%，则红霉素在平衡水相中的含量增加到 3.7%。诺模图同样可以用于确定两相比 m、理论级数 n 等。

5.4.4 微分萃取

当轻相和重相连续不断地逆流通过萃取器时，就会产生微分萃取，在两相的接触中，溶质从一相转移至另一相中，但一般不可能达到平衡，这种微分萃取方法同样能达到产物分离的目的，且不需要考虑在多级萃取中的沉降时间。微分萃取通过多次相间接触，目标组分可以逐渐从原始相中分离到萃取相中，提高了分离效率；微分萃取中每一级只需使用较少的溶剂，可显著减少溶剂用量，降低成本和环境影响。

（1）萃取设备　微分萃取过程的设备有喷洒、填充、转盘萃取塔以及离心萃取机，见图 5.15 和图 5.16。

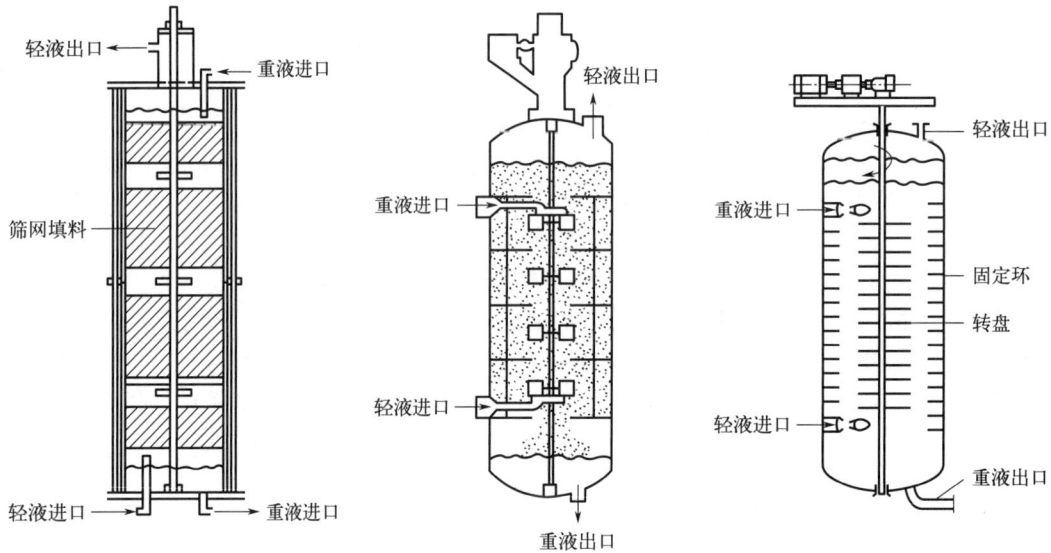

图 5.15　微分萃取器（填充萃取塔和两个用机械方法的逆流萃取塔）

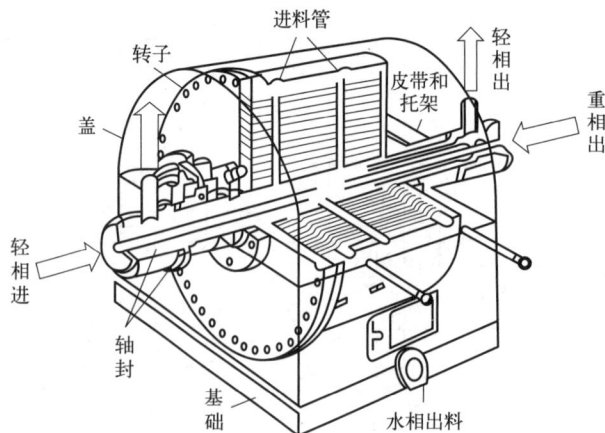

图 5.16　Podbielniak 离心萃取器示意

简单的萃取柱即为一垂直空筒，为了提高传质效果，可在筒内放入各种内部构件，如在筒内放置填料、转盘、搅拌器、脉冲加装置等。操作时，轻液自柱底进入，重液则自柱顶加入，轻相和重相连续不断地逆流流动接触过程中，在外力作用下，分散相以细小的液滴分散在连续相，并缓缓地往下沉降，溶质在此时发生传递。

在微分萃取器中，逆流流动是由液体在密度上的差异引起的，如果推动力是重力，轻液从底部进入而重液从顶部进入。能否进行微分萃取，取决于轻、重两相液体的密度差，若密度差很大，两相流体的逆向流动非常容易，易于微分萃取；反之，若密度差很小，则此过程就很难进行，甚至不宜采用微分萃取，而采用离心萃取器则比较好（图 5.16）。离心萃取器对于密度差非常小的液体是非常有用的，在设备中停留的时间非常短暂，例如从发酵液中萃取青霉素。

（2）微分萃取过程计算　图 5.17 表示了一个理想化的微分逆流萃取过程，重和轻液流逆流通过，但是在接触足够长时也达不到平衡。

① 平衡关系　与其他类型的萃取一样，平衡关系为：

$$X=K_0Y^* \tag{5.53}$$

式中，X 为萃取塔内某一位置上轻液相中溶质的浓度；Y^* 为与 X 相呈平衡的重液相中溶质的浓度。

这个等式称为平衡线。

② 物料平衡公式　从微分萃取器底部到 Z 之间，可写成：

$$HY+LX(=0)=HY_0+LX \tag{5.54}$$

$$X=\frac{H}{L}(Y-Y_0) \tag{5.55}$$

式中，Y_0 为 $Z=0$ 时重相中的浓度；X 与 Y 是高度为 Z 处，轻相与重相中溶质的浓度，它们并不处于平衡。

这个等式称为操作线。

③ 物料平衡关系　在一个微分体积 $A\Delta Z$ 范围内，重相中的物料衡算：

溶质在重相中积累＝流入重相中溶质－流出重相中溶质－从重相转移到轻相的溶质

由于溶质在重相的积累为零，所以上式可表示为：

$$0=H(\,Y|_Z-Y|_{Z+\Delta Z}\,)-\gamma A\Delta Z \tag{5.56}$$

除以 $A\Delta Z$ 并使 $\Delta Z \to 0$ 可得：

$$0=\frac{H}{A}\times\frac{\mathrm{d}Y}{\mathrm{d}Z}-\gamma \tag{5.57}$$

式中，γ 为传质速率。

γ 由式（5.58）给出：

$$\gamma=Ka(Y-Y^*) \tag{5.58}$$

式中，a 为单位体积中两相间的接触面积；Y 为重相中溶质浓度；Y^* 为与轻相浓度 X 呈平衡的重相浓度；K 为传质速率常数，是流体黏度、流速及温度的函数。

将以上两式结合起来，可以得到：

$$\frac{\mathrm{d}Y}{\mathrm{d}Z}=\left(\frac{Ka}{H/A}\right)(Y-Y^*) \tag{5.59}$$

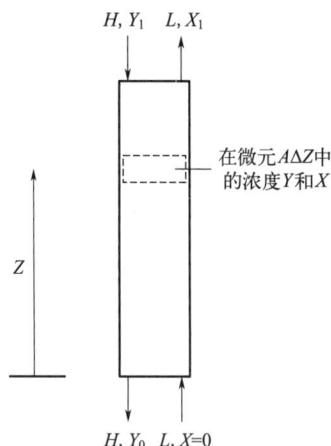

H, Y_1　L, X_1

在微元 $A\Delta Z$ 中的浓度 Y 和 X

Z

H, Y_0　$L, X=0$

图 5.17　一种理想化的微分逆流萃取装置

式（5.57）、式（5.58）及式（5.59）是微分萃取器的基本公式，可以计算所需微分萃取器的高度：

$$1=\int_0^1 dZ = \frac{(H/A)}{Ka}\int_{Y_0}^{Y_1}\frac{dY}{Y-Y^*} \tag{5.60}$$

$$=\frac{(H/A)}{Ka}\int_{Y_0}^{Y_1}\frac{dY}{Y-X/K_0}$$

$$=\frac{(H/A)}{Ka}\int_{Y_0}^{Y_1}\frac{dY}{Y-[H/(LK_0)](Y-Y_0)}$$

$$=\frac{(H/A)}{Ka}\left[\frac{E}{E-1}\ln\frac{(Y_1-Y_1/K_0)}{Y_0}\right]$$

$$=[\text{HTU}]\{\text{NTU}\} \tag{5.61}$$

式中，方括号中的量，一般称为传质单元高度或 HTU，代表萃取设备的效率；大括号中的量，一般称为传质单元数或 NTU，反映分离的难易。它们是微分萃取分离设备设计的基础。

5.4.5 分馏萃取

通过液 - 液萃取，将一种溶质从另一种溶质中分离。分馏萃取的设备与单一溶质萃取时的设备类似，如图 5.15 所示，只是在溶质进入体系的位置上作了改进，可以在中间位置引入。理想化的分馏萃取系统如图 5.18 所示。

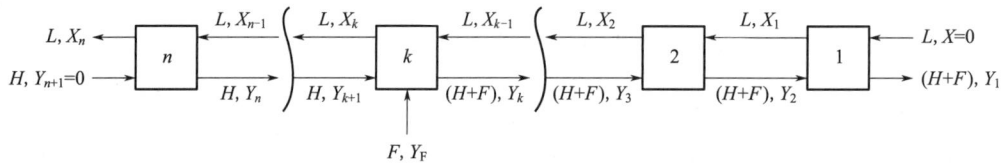

图 5.18 一个理想化的分馏萃取

两种不相混溶的液流，逆流通过一个接触器，而溶质从接触器中心附近进入（F，Y_F）轻溶剂 L，从料液 F（含溶质的重溶剂）中优先萃取或者分离第一种溶质，即"萃取段"，不含溶质的重溶剂则洗涤除去萃取物中不希望有的第二种溶质——"洗涤段"。第二种溶质随残液流离开接触器。

平衡关系式仍是：
$$X=K_0Y \tag{5.62}$$

总的物料平衡是：
$$FY=LX_n+(H+F)Y_1 \tag{5.63}$$

萃取段溶质的质量平衡式为：

$$Y_k=\left[\frac{(E')^k-1}{E'-1}\right]Y_1 \tag{5.64}$$

式中，$E'=KL/(H+F)$。

洗涤段的溶质的质量平衡式为：

$$X_k=\left[\frac{(1/E)^{n-k+1}-1}{(1/E)-1}\right]X_n \tag{5.65}$$

式中，$E=LK_0/H$，结合方程式（5.62）、式（5.63）及式（5.64），可消去 X_k 和 Y_k，得到：

$$X_n=K_0\left[\frac{(E')^k-1}{(1/E)^{n-k+1}-1}\right]\left[\frac{1/E-1}{E'-1}\right]Y_1 \tag{5.66}$$

将上式与总质量平衡式结合起来，就可解出离开体系的轻、重相中溶质的浓度。

分馏萃取操作有两个功能，加料在右边起萃取溶质的作用，而左边则起提纯作用。其结果是在加料级的溶质浓度最大，而向两边逐渐降低。

5.5　传统萃取技术的拓展与萃取新技术

5.5.1　离子对 / 反应萃取

上述讨论的液 - 液萃取属于物理萃取，是指用一个有机溶剂择优溶解目标溶质。

在物理萃取的应用中一个主要的限制是需要寻找一种在有机相和水相之间对目标溶质分配系数足够高的溶剂。除此以外，用有机溶剂萃取弱电解质（有机酸或有机碱）时都要调节溶液的 pH 使其小于 pK_a 或大于 pK_b，而这样会影响目标溶质的稳定性，因此启发人们寻找新的萃取体系。

5.5.1.1　离子对 / 反应萃取的介绍

离子对 / 反应萃取就是使目标溶质与溶剂通过配位反应、酸碱反应或离子交换反应生成可溶性的配合物，易从水相转移到有机溶剂萃取系统中。

（1）萃取剂　离子对 / 反应萃取中主要有两类萃取剂。

① 有机磷类萃取剂　在类似的条件下，用有机磷类化合物萃取弱的有机酸比醋酸丁酯等碳氧类萃取剂分配比要高很多。典型的磷类萃取剂有磷酸三丁酯（TBP）、氧化三辛基膦（TOPO）和二 -（2-乙基己基）磷酸（DEHPA），最早用于金属萃取。现已用于氨基酸等生物产品的萃取。

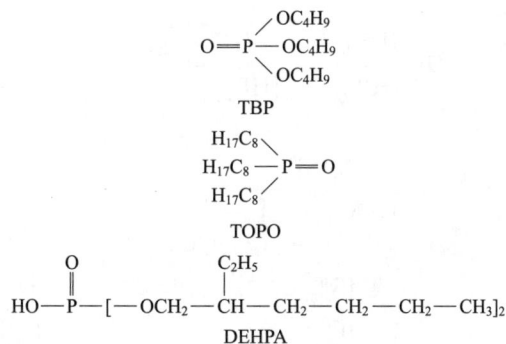

$$
\begin{array}{c}
\quad\quad\quad\quad \diagup OC_4H_9 \\
O{=}P{-}OC_4H_9 \\
\quad\quad\quad\quad \diagdown OC_4H_9 \\
\textbf{TBP}
\end{array}
$$

$$
\begin{array}{c}
H_{17}C_8 \diagdown \\
H_{17}C_8 {-}P{=}O \\
H_{17}C_8 \diagup \\
\textbf{TOPO}
\end{array}
$$

$$
\begin{array}{c}
\quad\quad O \\
\quad\quad \| \quad\quad\quad\quad C_2H_5 \\
HO{-}P{-}[{-}OCH_2{-}CH{-}CH_2{-}CH_2{-}CH_2{-}CH_3]_2 \\
\textbf{DEHPA}
\end{array}
$$

② 胺类萃取剂　用溶解在稀释剂中长链脂肪胺从水溶液中萃取带质子的有机化合物是一个可行的过程，并用于发酵液中大规模回收柠檬酸。有机酸的可萃性取决于有机相的组成、胺类萃取剂和稀释剂（如煤油等），典型的烷基胺类萃取剂如三辛胺（TOA）和二辛胺（DOA）等。

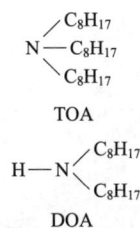

$$
\begin{array}{c}
\quad\quad\quad \diagup C_8H_{17} \\
N{-}C_8H_{17} \\
\quad\quad\quad \diagdown C_8H_{17} \\
\textbf{TOA}
\end{array}
$$

$$
\begin{array}{c}
\quad\quad\quad\quad\quad \diagup C_8H_{17} \\
H{-}N \\
\quad\quad\quad\quad\quad \diagdown C_8H_{17} \\
\textbf{DOA}
\end{array}
$$

（2）稀释剂的要求   两类萃取剂都需溶于稀释剂中，稀释剂必须符合某些重要的参数。并且会影响萃取剂与溶质的结合，下列因素对稀释剂的选择是很重要的。

① 分配系数   在萃取时分配系数应大于 1.0，而在反萃取时应小于 0.1，才能使反萃取的提余液中获得较高的浓度。稀释剂能够影响分配系数，特别是通过萃取剂 / 溶质复合物的溶剂化作用。

② 选择性   非特异性萃取应该萃取尽可能少的杂质，这时使用非极性稀释剂更好。

③ 毒性   对食品和药品应用低毒或无毒的溶剂，长链烷烃由于它们具有低毒性和低的水溶性，因此，理应优先于氧化了的溶剂。

④ 水溶性   低的水溶性，使溶剂的回收减至最少。

⑤ 稳定性   烷烃比醇、酯和卤代烃更难降解。

⑥ 黏度和密度   低黏度和低密度的稀释剂会使分相更容易。

⑦ 第三相的形成   当被萃取的溶质浓度达到临界值时，离子对 / 反应萃取体系会出现形成第三相的问题，所有的离子对都有一定的极性，因此在非极性的稀释剂中稳定性很差。在使用烷烃稀释剂时，超过了离子对的溶解度就会从有机相中分离出第三相，这是由于离子对组成的富相脱离上面富稀释剂的有机相，第三相的形成，极大地取决于稀释剂的性质、离子对的结构和温度。

5.5.1.2 离子对 / 反应萃取的应用

（1）青霉素萃取   例如可用中性磷类萃取剂 TBP 进行萃取，具体反应如下（以 HP 表示青霉素分子）。

① 青霉素在水相内的解离平衡：

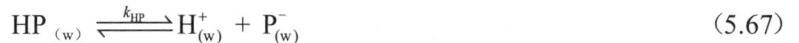

$$HP_{(w)} \overset{k_{HP}}{\rightleftharpoons} H^+_{(w)} + P^-_{(w)} \tag{5.67}$$

式中，k_{HP} 为离解平衡常数。

② 萃取反应平衡：

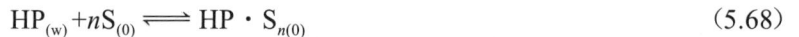

$$HP_{(w)} + nS_{(0)} \rightleftharpoons HP \cdot S_{n(0)} \tag{5.68}$$

$$K_s = \frac{[HP \cdot S_n]_{(0)}}{[HP]_{(w)}[S]^n_{(0)}} \tag{5.69}$$

其分配比为：

$$D = \frac{[HP]_{(0)}}{[HP]_{(w)}} = \frac{[HP \cdot S_n]_{(0)}}{[HP]_{(w)} + [P^-]_{(w)}} \tag{5.70}$$

$$= \frac{K_s[S]^n_{(0)}}{1 + K_{HP}/[H^+]_{(w)}}$$

$$= \frac{K_s[S]^n_{(0)}}{1 + 10^{pH+pK}} \tag{5.71}$$

式中，$[S]_{(0)} = [S^0]_{(0)} - n[HP]_{(0)}$，$[S^0]$ 为萃取剂的初始浓度，mol/L。

（2）柠檬酸的萃取   例如用叔胺的烷烃溶液来萃取柠檬酸，具体反应如下：

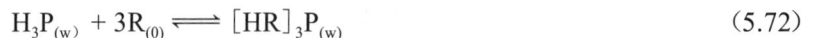

$$H_3P_{(w)} + 3R_{(0)} \rightleftharpoons [HR]_3P_{(w)} \tag{5.72}$$

$$\Updownarrow$$

$$3H^+_{(w)} + P^{-3}_{(w)}$$

这称为离子对反应，其分配比为：

$$D = \frac{K_s R_{(0)}^3}{1 + K_{H_3P}/[H^+]_{(w)}^3} \tag{5.73}$$

虽然离子对／反应萃取体系对生物产物的萃取具有选择性高、溶剂损耗小、产物稳定等优点，但是由于溶剂的毒性会引起产品残留毒性影响健康，所以国内外还无应用实例，只有那些可用于工业原料的产物，才有使用价值，故有待进一步研究开发。

5.5.2　反胶束萃取

表面活性剂分子能够形成各种各样的有组织的结构，如胶束、反胶束、微乳和油珠。充分利用胶束体系和反胶束体系的性质和特点，形成胶束萃取、浊点萃取、反胶束萃取等技术，在生物技术、精密分离和分析化学等许多领域具有相当大的应用潜力。本部分着重介绍反胶束萃取。

随着基因工程和细胞工程的发展，尽管传统的分离方法（如溶剂萃取技术）已在抗生素等物质的生产中广泛应用，并显示其优良的分离性能，但它却难以应用于蛋白质等生物大分子的提取和分离。原因在于这类物质多数不溶于非极性有机溶剂或与有机溶剂接触后会引起变性和失活。

20世纪80年代中期发展起来的反胶束萃取技术解决了这一难题。近年来该项研究已在国内外深入展开，从所得结果来看，反胶束萃取具有成本低、溶剂可反复使用、萃取率和反萃取率都很高等突出的优点；此外，反胶束萃取还有可能解决外源蛋白的降解，即蛋白质（胞内酶）在非细胞环境中迅速失活的问题，而且由于构成反胶束的表面活性剂往往具有溶解细胞的能力，因此可用于直接从整细胞中提取蛋白质和酶。可见，反胶束萃取技术为蛋白质的分离提取开辟了一条具有工业开发前景的新途径。

5.5.2.1　反胶束溶液形成的条件和特性

反胶束溶液是透明的、热力学稳定的系统。反胶束（reversed micelle）是表面活性剂分散于连续有机相中一种自发形成的纳米尺度的聚集体，所以表面活性剂是反胶束溶液形成的关键，应该首先介绍。

（1）表面活性剂　表面活性剂是由亲水憎油的极性基团和亲油憎水的非极性基团两部分组成的两性分子。可分为阴离子表面活性剂、阳离子表面活性剂、非离子型表面活性剂（常用的表面活性剂及相应的有机溶剂见表5.8）和两性离子表面活性剂（如卵磷脂），它们都可用于形成反胶束。

表5.8　常用的表面活性剂及其相应的有机溶剂

表面活性剂	有机溶剂
AOT	正烃类（$C_6 \sim C_{10}$）、异辛烷、环己烷、四氯化碳、苯
CTAB	己醇／异辛烷、己醇／辛烷、三氯甲烷／辛烷
TOMAC	环己烷
Brij60	辛烷
Triton X	己醇／环己烷
磷脂酰胆碱	苯、庚烷
磷脂酰乙醇胺	苯、庚烷

在反胶束萃取蛋白质的研究中，用得最多的是阴离子表面活性剂AOT，其化学名为丁二酸-2-乙基己基酯磺酸钠，结构式见图5.19。这种表面活性剂容易获得，其特点是具有双链，极性基团较小，形成反胶束时不需加助表面活性剂，并且所形成的反胶束较大，其半径为170nm，有利于大分子蛋白质进入。

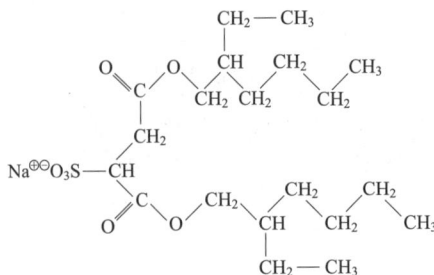

图 5.19　AOT 的结构式

　　常使用的阳离子表面活性剂为溴化十六烷基三甲胺（cetyl-trimethyl-ammonium bromide，CTAB）等。将阳离子表面活性剂如 CTAB 溶于有机溶剂形成反胶束时，与 AOT 不同，还需加入一定量的助溶剂（助表面活性剂）。这是由于它们在结构上的差异造成的，Mitchell 等根据堆砌几何模型作了解释，认为存在反胶束的必要几何条件是堆砌率 $(V/L)/a_0 > 1$（V 为碳氢链平均体积，L 为碳氢链的长度，a_0 为表面的表面活性剂极性头面积）。AOT 是具有双链、极性头较小的表面活性剂，所以堆砌率高；而 CTAB 是单链的表面活性剂，必须掺入助表面活性剂，在不影响 a_0 和 L 的情况下，提高碳氢链平均体积 V，保证堆砌率大于 1。

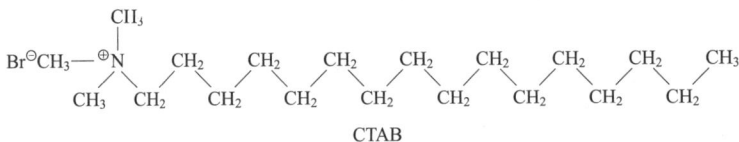

CTAB

　　（2）临界胶束浓度　临界胶束浓度（critical micelle concentration，CMC），是胶束形成时所需表面活性剂的最低浓度。这是体系特性，与表面活性剂的化学结构、溶剂、温度和压力等因素有关。CMC 的数值可通过测定各种物理性质的突变（如表面张力、渗透压等）来确定，见图 5.20。

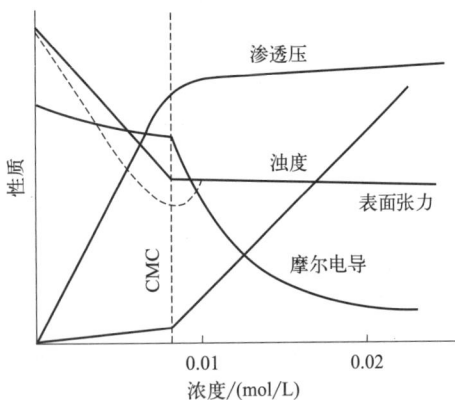

图 5.20　十二烷基硫酸钠溶液的物理性质

　　由图 5.20 可以看出，表面活性剂十二烷基硫酸钠与溶液物理化学性质之间的关系，在浓度为 0.008mol/L 时各性质都有一个突变现象。由于实验方法不同，所得的 CMC 值往往难以完全一致，但是突变点总是落在一个很窄的浓度范围内。故用 CMC 范围来表示更为方便。

　　（3）胶束与反胶束的形成　将表面活性剂溶于水中，当其浓度超过临界胶束浓度（CMC）时，表面活性剂就会在水溶液中聚集在一起而形成聚集体，在通常情况下，这种聚集体是水溶液中的胶束，称为正常胶束（normal micelle）。结构示意见图 5.21（a）。胶束中，表面活性剂的排列方向是极性基团在外，与水接触，非极性基团在内，形成一个非极性的核心，在此核心可以溶解非极性物质。若将表面活性剂溶于非极性的有机溶剂中，并使其浓度超过临界胶束浓度（CMC），便会在有机溶剂内形成聚集体，这种聚集体称为反胶束，其结构示意于图 5.21（b）。在反胶束中，表面活性剂的非极性基团在外与非极性的有机溶剂接触，而极性基团则排列在内形成一个极性核（polar core）。此极性核具有溶解极性物质的能力，极性核溶解于水后，就形成了"水池"（water pool）。当含有此种反胶束的有机溶剂与蛋白质的水溶液接触后，蛋白质及其他亲水物质能够通过螯合作用进入此"水池"。由于周围水层和极性基团的保护，保持了蛋白质的天然构型，不会造成失活。蛋白质的溶解过程和溶解后的情况示意见图 5.22。

　　（4）反胶束的形状与大小　由上可知，用于萃取蛋白质等生物物质的胶束是反胶束。反胶束的形状通常为球形，也有人认为是椭球形或棒形；反胶束的半径一般为 10 ～ 100nm，可由理论模型推算。计算公式如下：

$$R_m = 3W_0 M_w / (a_{au} N_a \rho_w) \tag{5.74}$$

式中，M_w 和 ρ_w 分别为水的分子量和密度；N_a 为阿伏伽德罗常数；a_{au} 为每个表面活性剂分子在反胶束表面的面积，它与表面活性剂、水相和有机溶剂的特性有关，对于离子型表面活性剂，在室温下，$a_{au}=0.5 \sim 0.7\text{nm}^2$，并可近似认为是一常数；$W_0$ 为每个反胶束中水分子与表面活性剂分子数的比值，假定表面活性剂全用于形成反胶束并忽略有机溶液中的游离水，则 W_0 就等于反胶束溶液中水与表面活性剂的物质的量浓度比值：$W_0 \approx [\text{H}_2\text{O}]/[\text{surfactant}]$。

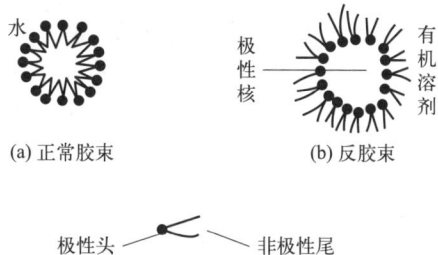

图 5.21　正常胶束和反胶束的结构示意　　　　**图 5.22**　蛋白质在反胶束中的溶解示意

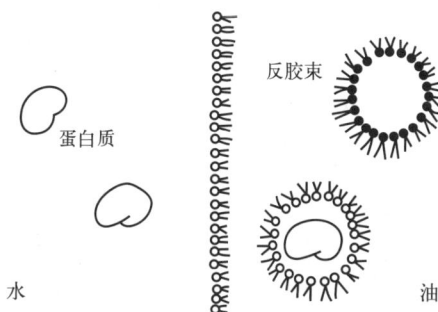

由式（5.74）可知，R_m 与 W_0 成正比，因此可通过测定与水相平衡的反胶束相所增溶的水量来判定反胶束尺寸的大小和每个反胶束中表面活性剂的分子数。

在反胶束溶液与水相平衡的情况下，W_0 值取决于表面活性剂和溶剂的种类、助表面活性剂、水相中盐的种类和浓度等，对 AOT/异辛烷/H_2O 体系，当 $W_0=50$ 时，反胶束的流体力学半径为 18nm，每个反胶束中的表面活性剂分子数为 1380，而极性核表面的 AOT 分子的有效极性基团面积可达 0.568nm^2。当 W_0 超过 60（最大含水量）时，透明的反胶束溶液将变为浑浊，并发生分相。对于季铵盐形成的反胶束，W_0 一般小于 3。在无平衡水相存在的情况下，W_0 可以人为地在一定范围内调节。

蛋白质进入反胶束中后，会使反胶束的结构如大小、聚集数和 W_0 等发生变化，这些变化的具体情况正在研究之中。反胶束的尺寸更多是采用实验手段来测定的，如超离心沉降法、小角度 X 射线散射法、似弹性光散射法等。

5.5.2.2　反胶束萃取蛋白质的基本原理

（1）三元相图及萃取蛋白质　对一个由水、表面活性剂和非极性有机溶剂构成的三元系统，存在有多种共存相，可用三元相图表示，图 5.23 是水 -AOT- 异辛烷系统相图示例。

由图 5.23 可知，能用于蛋白质分离的仅是位于底部的两相区，在此区内的三元混合物分为平衡的两相：一相是含有极少量的有机溶剂和表面活性剂的水相；另一相是作为萃取剂的反胶束溶液。这共存的两相组成，用系线（图 5.23 中虚线）相连。这一体系的物理化学性质非常适合于萃取操作，因为界面张力在 $0.1 \sim 2\text{mN/m}$ 范围内，密度差为 $10\% \sim 20\%$，反胶束溶液黏度适中，大约为 $1\text{mPa} \cdot \text{s}$ 这一数量级。

蛋白质进入反胶束溶液是一种协同过程。即在宏观两相（有机相和水相）界面间的表面活性剂层，同邻近的蛋白质发生静电作用而变形，接着在两相界面形成了包含有蛋白质的反胶束，此反胶束扩散进入有机相中，从而实现了蛋白质的萃取，其萃取过程和萃取后的情况见图 5.24。

改变水相条件（如 pH 值和离子种类及其强度等）又可使蛋白质由有机相重新返回水相，实现反萃取过程。

（2）水壳模型　反胶束系统中的水通常可分为两部分，即结合水和自由水。结合水是指位于反胶束内部形成水池的那部分水；自由水即为存在于水相中的那部分水。蛋白质在反胶束内的溶解情况，可用水壳模型（water-shell model）解释：大分子的蛋白质被封闭在"水池"中，表面存在一层水化层与胶束内表面分隔开，从而使蛋白质不与有机溶剂直接接触。水壳模型很好地解释了蛋白质在反胶束内的状况，其间接证据较多，例如，似弹性光散射的研究证实在蛋白质分子周围至少存在一个单分子的水层，α- 糜蛋白酶在反胶束中的荧光特性与在主体水中很相像，反胶束中酶所显示的动力学特性接近于在主体水中等，这些事实都有力地支持了水壳模型。此外，尚有被封闭在水池中的蛋白质以被吸附的状态附着于胶束的极性壁上和蛋白质的非极性部分，与多个微胶束的非极性连接，形成蛋白质溶解于多个微胶束之间的模型解释，但以水壳模型证据最多，也最为常用。

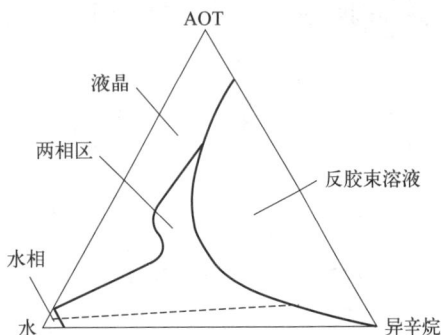

图 5.23　水 -AOT- 异辛烷系统相图

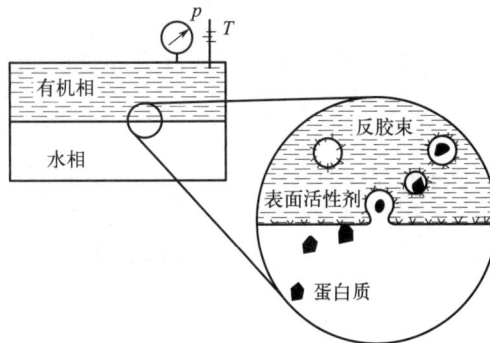

图 5.24　反胶束萃取蛋白质的示意

（3）反胶束萃取中蛋白质的分配特性　反胶束萃取过程的分配特性不仅取决于起始两相的结构和性能，而且随着蛋白质进入反胶束还会使反胶束的结构发生变化，所以以定量分子热力学模型的建立既复杂又困难。根据上面介绍的"水壳"结构模型，可提出一种唯象热力学模型。

假设一分子的蛋白质 P 与 n 个空胶束 M 作用，形成了蛋白质 - 胶束配合物 PM_n，其化学平衡式可写为：

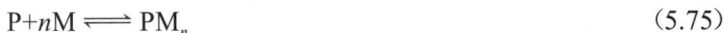

$$P + nM \rightleftharpoons PM_n \tag{5.75}$$

反应达到平衡时，其平衡常数 K_a 等于：

$$K_a = \frac{[PM_n]}{[P][M]^n} \tag{5.76}$$

对于溶液中的化学反应：

$$\Delta G = -RT \ln K_a \tag{5.77}$$

假设 $W_0 > W_{临}$，则蛋白质反胶束萃取过程的推动力可以认为主要是静电作用。因此，ΔG 可认为是由两部分组成的，一是系统化学位的变化 ΔG°；二是在两相主体界面上过量的带电表面活性剂造成的相际电位差 $\Delta \Psi$。带电的蛋白质由水相传入反胶束之后引起的系统自由能变化量 $Q\Delta \Psi$，根据法拉第定律，电量应为：

$$Q = ZF \tag{5.78}$$

式中，Z 为蛋白质的净电荷数；F 为法拉第常数。

根据以上分析，可推出蛋白质在两相间的分配系数：

$$K_p = \frac{[PM_n]}{[P]} = [M]^n \exp\left(-\frac{\Delta G^\circ + ZF\Delta\psi}{RT}\right) \tag{5.79}$$

反胶束浓度 [M] 与表面活性剂浓度 $[S_u]$ 间的关系为：

$$[M] = [S_u]/N_{ag} \tag{5.80}$$

式中，N_{ag} 为聚焦数，通常认为在实验范围内与表面活性剂浓度无关；n 为与蛋白质 - 胶束配合物大小有关的因素，同蛋白质与反胶束内表面静电作用的程度有关，作用越强，蛋白质 - 胶束的配合物越小。

在此，假定 n 与蛋白质净电荷数 Z 之间存在线性关系，即：

$$n=n_0-\beta Z \tag{5.81}$$

式中，β 为常数；n_0 为 $Z=0$ 时的 n 值。

联立式（5.79）、式（5.80）和式（5.81）可得：

$$\ln K_p= \left(n_0-\beta Z\right)\ln\frac{[S_u]}{N_{ag}}-\left(\frac{\Delta G^o+ZF\Delta\psi}{RT}\right) \tag{5.82}$$

（4）蛋白质溶入反胶束溶液的推动力　蛋白质溶入反胶束溶液的推动力主要包括表面活性剂与蛋白质的静电作用力和位阻效应。

① 静电作用力　在反胶束萃取体系中，表面活性剂与蛋白质都是带电的分子，因此静电相互作用肯定是萃取过程中的一种推动力。其中一个最直接的因素是 pH 值，它决定了蛋白质带电基团的离解速率及蛋白质的净电荷，当 pH=pI 时，蛋白质呈电中性；pH ＜ pI 时，蛋白质带正电荷；pH ＞ pI 时，蛋白质带负电荷，即随着 pH 的改变，被萃取蛋白质所带电荷的符号和多少是不同的。因此，如果静电作用是蛋白质增溶过程的主要推动力，对于阳离子表面活性剂形成的反胶束体系，萃取只发生在水溶液的 pH ＞ pI 时，此时蛋白质与表面活性剂极性头间相互吸引；而 pH ＜ pI 时，静电排斥将抑制蛋白质的萃取。对于阴离子表面活性剂形成的反胶束体系，情况正好相反。

此外，离子型表面活性剂的反离子并不都固定在反胶束表面，对于 AOT 反胶束，约有 30% 的反离子处于解离状态，同时，在反胶束"水池"内的离子和主体水相中的离子会进行交换，这样，在萃取时会同蛋白质分子竞争表面活性剂离子，从而降低了蛋白质和表面活性剂的静电作用力。另一种解释则认为离子强度（盐浓度）影响蛋白质与表面活性剂极性头之间的静电作用力是由于离解的反离子在表面活性剂极性头附近建立了双电层（称德拜屏蔽），从而缩短了静电吸引力的作用范围，抑制了蛋白质的萃取，因此在萃取时要尽量避免后者的影响。

② 位阻效应　许多亲水性物质，如蛋白质、核酸及氨基酸等，都可以通过溶入反胶束"水池"来达到它们溶于非水溶剂中的目的，但是反胶束"水池"的物理性能（大小、形状等）及其中水的活度可以用 W_0 的变化来调节，并且会影响大分子如蛋白质的增溶或排斥，达到选择性萃取的目的，这就是所谓的位阻效应。

5.5.2.3　反胶束萃取体系及其操作

（1）反胶束萃取体系

① 单一反胶束体系　是由一种表面活性剂形成的最简单的反胶束体系。研究最多的是 AOT/ 异辛烷体系，它结构简单，反胶束体积相对较大，适用于等电点较高、分子量较小的蛋白质的分离。除此以外，还有二油基磷酸（DOLPA）、TOMAC、CTAB、Tween 85 等少数几种表面活性剂，可以直接形成稳定的反胶束，其余表面活性剂必须通过加入助溶剂（如脂肪类醇）以改善反胶束的溶解能力。

② 混合反胶束体系　由两种或两种以上的表面活性剂构成的反胶束体系称为混合反胶束体系。由于两表面活性剂的协同作用使其对蛋白质的萃取率和分离效率有所提高，如将 AOT 与 DEHPA 构成的混合体系可萃取分子量较大的牛血红蛋白，萃取率达 80%。

③ 亲和反胶束体系　在反胶束中导入与目标蛋白质有特异亲和作用的助溶剂（助表面活性剂）时，所形成的体系为亲和反胶束体系，助表面活性剂的极性头是一种亲和配基，可选择性结合目标蛋白质。采用这种体系可使蛋白质的萃取率和选择性大大提高，并可使操作范围（如 pH、离子强度）变宽，如 AOT/ 异辛烷体系加入辛基 -β-D- 吡喃葡糖苷，使伴刀豆球蛋白 A（ConA）的萃取选择性提高 10 倍，并使萃取的 pH 范围增大。

（2）蛋白质增溶于反胶束溶液中的方法

① 注入法　将蛋白质的缓冲液直接注入反胶束相中。

② 液 - 固萃取法　反胶束溶液与固相蛋白质粉末接触将蛋白质引入反胶束。

③ 液 - 液萃取法　蛋白质水溶液与反胶束相混合，蛋白质转移到反胶束中。

前两种方法主要用于与反胶束体系中酶的催化反应有关的领域，而且对疏水性较强的酶常采用液 -

固萃取法。第三种方法相对较慢,形成的最终体系是稳定的,它是反胶束技术用于生物分离的基础,是今后研究的重点。

5.5.2.4 反胶束萃取蛋白质的主要影响因素

由上可知,蛋白质的萃取,与蛋白质的表面电荷和反胶束内表面电荷间的静电作用,以及反胶束的大小有关,所以,任何可以增强这种静电作用或导致形成较大的反胶束的因素,都有助于蛋白质的萃取,影响反胶束萃取蛋白质的主要因素见表 5.9,只要对这些因素进行系统的研究,确定最佳操作条件,就可得到合适的目标蛋白质萃取率,从而达到分离纯化的目的。

表 5.9 影响反胶束萃取蛋白质的主要因素

与反胶束相有关的因素	与水相有关的因素	与目标蛋白质有关的因素	与环境有关的因素
表面活性剂的种类	pH 值	蛋白质的等电点	系统的温度
表面活性剂的浓度	离子的种类	蛋白质的大小	系统的压力
有机溶剂的种类	离子的强度	蛋白质的浓度	
助表面活性剂及其浓度		蛋白质表面的电荷分布	

现对几个主要因素进行讨论。

(1) 水相 pH 值对萃取的影响

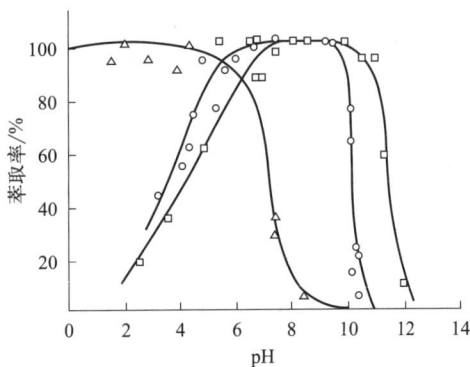

图 5.25 pH 值对蛋白质萃取率的影响
○细胞色素 c (pI=10.6, M_r=12384);
□溶菌酶 (pI=11.1, M_r=14300);
△核糖核酸酶 a (pI=7.8, M_r=13683)

水相的 pH 值决定了蛋白质表面电荷的状态,从而对萃取过程造成影响。只有当反胶束内表面电荷,也就是表面活性剂极性基团所带的电荷与蛋白质表面电荷相反时,两者产生静电引力,蛋白质才有可能进入反胶束。故对于阳离子表面活性剂,溶液的 pH 值需高于蛋白质的 pI 值(pH > pI);而阴离子表面活性剂需 pH < pI 时,反胶束萃取才能进行。但如果 pH 值过高或过低,在界面上产生白色絮凝物,并且萃取率也降低,这种情况可认为是蛋白质变性之故。水相 pH 值对几种分子量较小的蛋白质的萃取影响见图 5.25。

对不同分子量的蛋白质,pH 对萃取率的影响有差异性,当蛋白质分子量增加时,只有增大 pH-pI 的绝对值,相转移才能顺利完成,如 α- 糜蛋白酶(分子量为 25000)的萃取率在 pH 值低于 pI 值 2～4 时达到最高,而牛血清蛋白(分子量为 68000)在相同的系统中根本不发生相转移。蛋白质的分子量 M_r 与 pH-pI 绝对值呈线性关系。这种关系,对阴离子及阳离子表面活性剂所形成的反胶束体系同样适用。

(2) 离子种类和强度对萃取率的影响 阳离子的种类如 Mg^{2+}、Na^+、Ca^{2+}、K^+ 对萃取率的影响主要体现在改变反胶束内表面的电荷密度上。通常反胶束中表面活性剂的极性基团不是完全电离的,有很大一部分阳离子仍在胶团的内表面上(相反离子缔合)。极性基团的电离程度愈大,反胶束内表面的电荷密度愈大,产生的反胶束也愈大。表面活性剂电离的程度与离子种类有关。同一离子强度下的四种离子对反胶束的 W_0 的影响见表 5.10。由表可知,极性基团的电荷密度按 K^+、Ca^{2+}、Na^+、Mg^{2+} 的顺序逐渐增大,电离程度也相应地逐渐增大。

表 5.10 阳离子种类对 W_0 的影响

离子种类	K^+	Ca^{2+}	Na^+	Mg^{2+}
离子强度	0.3	0.3	0.3	0.3
W_0	9.2	15.4	20.0	43.6

水相为 $MgCl_2$ 溶液时，水相浑浊，不能很好地分相，这可能是因为极性基团的电荷密度太大，致使有些表面活性剂如 AOT 溶于水相，形成乳状液。水相为 NaCl 或 $CaCl_2$ 溶液时，萃取率基本上不随盐浓度而变，因为 Na^+ 和 Ca^{2+} 存在时，反胶束内表面的电荷密度较大，以致在盐浓度较高时，胶束的大小及胶束表面与蛋白质表面间的静电引力仍足够大，足以使蛋白质仍能溶于反胶束中。除此以外，还有有机溶剂的种类，引入的助表面活性剂类型以及温度等其他因素也会影响反胶束的结构。

离子强度对萃取率的影响主要是由离子对表面电荷的屏蔽作用所决定的：①离子强度增大后，反胶束内表面的双电层变薄，减弱了蛋白质与反胶束内表面之间的静电吸引，从而减少蛋白质的溶解度；②反胶束内表面的双电层变薄后，也减弱了表面活性剂极性基团之间的斥力，使反胶束变小，从而使蛋白质不能进入其中；③ 离子强度增加时，增大了离子向反胶束内"水池"的迁移并取代其中蛋白质的倾向，使蛋白质从反胶束内被盐析出来；④盐与蛋白质或表面活性剂的相互作用，可以改变溶解性能，盐的浓度越高，其影响就越大。如离子强度（KCl 浓度）对萃取核糖核酸酶 a、细胞色素 c 和溶菌酶的影响见图 5.26。由图可见，在较低的 KCl 浓度下，蛋白质几乎全部被萃取；当 KCl 浓度高于一定值时，萃取率就开始下降，直至几乎为零。当然，不同蛋白质开始下降时的 KCl 浓度是不同的。

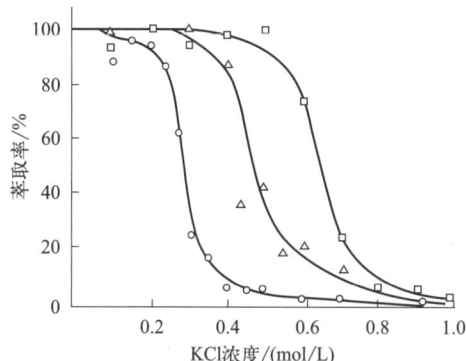

图 5.26 离子强度对蛋白质萃取率的影响

○ 细胞色素 c；□ 溶菌酶；△ 核糖核酸酶 a

（3）表面活性剂类型和浓度的影响　前面提到的四种类型表面活性剂都可用于形成反胶束，关键是应从反胶束萃取蛋白质的机理出发，选用有利于增强蛋白质表面电荷与反胶束内表面电荷间的静电作用与增加反胶束大小的表面活性剂，除此以外，还应考虑形成反胶束及使反胶束变大（由于蛋白质的进入）所需能量的大小，反胶束内表面的电荷密度等因素，这些都会对萃取产生影响。目前研究中常用的单一反胶束体系有许多不足，如不能用于分子量较大的蛋白质的萃取和往往在两相界面上形成不溶性的膜状物等，为克服这些不足，可通过在单一表面活性剂中加入具有亲和作用的生物表面活性剂或另一种非离子型表面活性剂的方法来改善萃取性能。

增大表面活性剂的浓度可增加反胶束的数量，从而增大对蛋白质的溶解能力。但表面活性剂浓度过高时，有可能在溶液中形成比较复杂的聚集体，使反胶束尺寸减小，造成空间阻力。同时会增加反萃取过程的难度。因此，应选择蛋白质萃取率最大时的表面活性剂浓度为最佳浓度。总结反胶束体系对核糖核酸酶 a 与伴刀豆球蛋白 A 进行萃取的结果，得到了分配系数 K 同表面活性剂浓度 [S] 以及 pH 值的关系式：

$$\ln K = A + B \cdot pH + (C + D \cdot pH)\ln[S] \tag{5.83}$$

式中，系数 A、B、C、D 取决于蛋白质的性质，可通过实验测定。

所以也可利用有关关系式求得表面活性剂的浓度。

（4）反萃取及蛋白质的变性　反胶束萃取蛋白质时，反萃取速率比萃取速率要慢，如溶菌酶萃取时，两相接触混合 1.5min，即可达到分配平衡，而在反萃取时，需 5min 以上，说明反萃取过程并不是一件简单的事情。从负载有机相中反萃取蛋白质，除了对蛋白质的回收率和分离度等进行评估外，还应对其分离过程中微观变化分子构象进行评估，因为它将直接影响蛋白质的生物活性。

对于反萃取条件，一般根据蛋白质正向萃取的特性来考虑，即选择正向萃取率最低时的 pH 值、离子种类和浓度作为反萃取的条件，如用 AOT-异辛烷-水体系萃取溶菌酶时其最佳水相 pH 值小于 pI 值（pI=11.1），在 pH8 左右时最好，而最佳盐浓度（KCl）为 0.2mol/L，因此其反萃取的条件控制在 pH=12.0，盐浓度 [KCl]=1.0mol/L，接触混合 6min 时，反萃取率就可达 99.6%，这说明如果反萃取条件控制合适，是能够达到定量回收蛋白质这一目的的。但一般来讲，单靠调节反萃取液的性能，回收率常常都较低，因此相继研究了一些新的方法。例如，通过加入试剂如乙酸乙酯破坏反胶束体系，使目标蛋白质释放出来；向增溶了蛋白质的反胶束溶液中通入气体（如乙烯、二氧化碳），可使蛋白质沉淀出来；利用硅胶吸附反胶束溶液中的蛋白质，再进行洗脱，回收蛋白质；用分子筛来沉淀 AOT- 异辛烷反胶束溶液中的酶和细胞色素等；通过加入反离子表面活性剂来实现蛋白质的反萃取过程。

有关萃取和反萃取过程的微观变化，可用分析萃取前后的 α 螺旋分率来评估。

5.5.2.5　反胶束萃取蛋白质的应用

在萃取时蛋白质首先进入反胶束的内部，然后含蛋白质的反胶束再扩散进入有机相，从而实现对蛋白质的萃取。改变此体系水相的条件（例如 pH 值、离子强度等）又可以使蛋白质由有机相重新返回水相，实现反萃取过程。形成了含蛋白质的反胶束后，可用离心法或膜分离方法实现反胶束与混合液的分离。蛋白质的释放可采用反萃取或破乳的方法实现。例如用浓度 $250mol/m^3$ 的 AOT- 异辛烷反胶束溶液，从全发酵液中提取和提纯碱性蛋白酶，通过优化工艺过程，酶的提取率可达 50%；对于溶菌酶（pI=11.1）和肌红蛋白（pI=6.8）的混合溶液，用二烷基磷酸盐 - 异辛烷反胶束溶液萃取，并用缓冲液将混合液的 pH 值调至 9.0，则溶菌酶完全进入有机相中，而肌红蛋白则留在水相中；用 AOT- 异辛烷反胶束体系同时萃取花生蛋白和花生油，油被直接萃入有机相，而蛋白质则进入反胶束的极性核中，再以离心方法将其分离，油与有机溶剂用蒸馏方法分离，对含蛋白质的反胶束层进行反萃取，可得到未变性的蛋白质；用反胶束萃取方法从全料液提取和纯化棕色固氮菌的胞内脱氢酶，在反胶束的表面活性剂作用下，菌体细胞先被溶裂，析出的酶进入反胶束中，再通过选取适当的反萃取液回收高浓度的活性酶。

另外，反胶束萃取可以用于蛋白质的复性，如用 AOT- 异辛烷反胶束溶液萃取变性的核糖核酸酶，将负载有机相连续与水接触除去变性剂盐酸胍，再用谷胱甘肽的混合物重新氧化二硫键，使酶的活性完全恢复，最后由反萃取液回收复性的、完全具有活性的核糖核酸酶，总收率达 50%。反胶束可用于酶的固定化，反胶束体系能较好地模拟酶的天然环境，所以在反胶束中，大多数酶能够保持较高的活性和稳定性，甚至表现出"超活性"。因此，反胶束体系有可能成为生物转化的通用介质，例如脂酶仅能催化油水界面上的脂肪分子，对纯样脂肪体系无能为力，但利用反胶束就可以解决这个问题，反胶束中的脂酶可催化脂肪的合成或分解。将多酚氧化酶成功地固定于反胶束中用于水中的芳香族化合物的解毒，避免了直接进行催化反应时该酶不稳定、易受其他物质抑制，且反应后酶难以再利用等问题，相反所得的反应产物却是水不溶性的，易于分离。

5.5.2.6　反胶束萃取蛋白质技术研究进展

（1）新型反胶束体系的设计和开发及萃取选择性的提高　不同结构的表面活性剂形成的反胶束含水量和性能有很大差别，通常希望所选的表面活性剂能形成极性核较大的反胶束，以利于大分子量蛋白质的萃取，且反胶束与蛋白质的作用不应太强，以减少蛋白质的失活。近年来合成得到的一系列双油基磷酸型（DOLPA、DTDPA、DEPTA）表面活性剂具有较强的疏水性可与蛋白质疏水部位相互作用，从而显著地提高了蛋白质的萃取率。向单一反胶束体系中加入助表面活性剂或导入亲和试剂形成复合反胶束体系，如 AOT-TOA（长链烷基胺）混合体系和 CTAB- 己烷体系中加入色素（汽巴克弄蓝 3GA）为亲和配基的混合体系，可提高对蛋白质的萃取容量或萃取率和选择性。

（2）反胶束酶系统的研究　由于在反胶束中，大多数酶能够保持较高的活性和稳定性，甚至表现出"超活性"，因此反胶束体系有可能成为生物转化的通用介质。所以近年来集中研究了反胶束中酶的定位和结构、酶的催化动力学特征、酶的催化活性和稳定性，这些都是对于反胶束酶系统在生化反应中的应用具有重大意义的内容。

（3）反胶束萃取技术与其他方法技术的结合

① 反胶束萃取技术与超临界流体萃取技术的结合，表面活性剂在超临界流体如 CO_2、乙烯等中也能聚集成反胶束，如利用 PEPE（全氟聚酯羧酸铵）在 CO_2 中形成的反胶束萃取 BSA，这种超临界反胶束溶液增强了超临界流体萃取极性物质的能力。

② 反胶束溶液作为蛋白质核磁共振光谱分析的介质，可采用低黏度、低凝固点的短链脂肪烷烃（乙烷、丙烷、丁烷），在一定压力下，形成 AOT 反胶束体系增溶待测蛋白质，再进行核磁共振光谱分析，解决了分子质量大（35kDa）的蛋白质溶液难以用核磁共振技术进行结构分析的问题。

5.5.3 浊点萃取技术

浊点萃取（cloud point extraction，CPE）是近年来出现的一种新型液 - 液萃取技术，它以表面活性剂胶束水溶液的溶解性和浊点现象为基础，通过改变实验条件而引起相分离，从而将水溶性物质与亲油性物质分离。由于该法不需使用挥发性有机溶剂，因而不污染环境，具有经济、安全、高效、操作简便、应用范围广等特点，且能用于大规模生产中的分离纯化。

5.5.3.1 浊点萃取

（1）表面活性剂与浊点现象　表面活性剂的重要功能之一是它的增溶作用（solubilization）。增溶作用是表面活性剂在水溶液中浓度达到临界胶束浓度（CMC）而形成胶束后，能使不溶或微溶于水的有机物的溶解度显著增大，形成澄清透明溶液的现象。浊点萃取法除利用了表面活性剂增溶作用外，还利用了表面活性剂的另一重要性质——浊点现象。所谓浊点（CP）现象，是指在一定的温度范围内，表面活性剂易溶于水成为澄清的溶液，而当温度升高（或降低）一定程度时，溶解度反而减小，会在水溶液中出现浑浊、析出、分层的现象。溶液由透明变为浑浊时的温度称为浊点。这种浑浊的溶液静置一段时间（或离心）后形成透明的两液相，一相为量少且含有较多被萃取物的表面活性剂相，另一相为量大且表面活性剂的浓度处于 CMC 的水相。这种现象是可逆的，一经冷却又可恢复为均相的溶液。产生浊点现象的温度依表面活性剂的类型、浓度和外界条件的变化而变化。一些表面活性剂的浊点温度见表 5.11。

表 5.11 CPE 中常用表面活性剂的浊点温度

表面活性剂		浊点温度 /℃
聚氧乙烯脂肪醇 $[C_nH_{2n+1}(OCH_2CH_2)_mOH，C_nE_m]$	C_4E_1	44.5
	C_6E_2	0
	C_6E_6	83
	C_8E_3	8
	C_8E_4	40
	C_8E_5	60
	$C_{10}E_3$	0
	$C_{10}E_4$	17.9
	$C_{10}E_5$	41.6
	$C_{10}E_8$	81.5
	$C_{12}E_4$（Brij 30）	2.0
	$C_{12}E_5$	28.9
	$C_{12}E_6$	50.1
	$C_{12}E_8$	77.9
	$C_{12}E_{10}$	77
	$C_{12}E_{23}$（Brij 35）	> 100
	$C_{13}E_8$（Genapol X-080）	42
	$C_{14}E_5$	20
	$C_{14}E_6$	42.3
	$C_{16}E_{10}$（Brij 56）	64 ～ 68
对叔辛苯基聚己二醇醚 $[(CH_3)_3CCH_2C(CH_3)_2C_6H_4(OCH_2CH_2)_mOH，OPE_m 或 t-C_8¢E_m]$	$t-C_8¢E_{7-8}$（Triton X-114）	22 ～ 25
	$t-C_8¢E_{9-10}$（Triton X-100）	64 ～ 55

表面活性剂		浊点温度 /℃
正烷基苯基聚己二醇醚 [RC₆H₄O(CH₂CH₂O)ₘH，NPEₘ 或 t-Cn ¢ Eₘ]	NPE₇.₅（PONPE-7.5） NPE₁₀（PONPE-10） NPE₁₀₋₁₁（Igepal CO-710）	1 63 70 ~ 72

一般表面活性剂的浊点随其类型和浓度而变化，即随憎水部分的碳链的增长而降低，随亲水链的增长而升高；随浓度的增大而升高。

表面活性剂溶液的相分离行为与表面活性剂的种类有关。当表面活性剂为非离子型时，体系的温度要加热到浊点温度以上时才产生浊点分离现象，温度在浊点温度以下为单相；当表面活性剂为两性型时，体系的温度则要降低到浊点温度以下时才产生浊点分离现象，浊点温度以上为单相。其相图如图 5.27 所示。

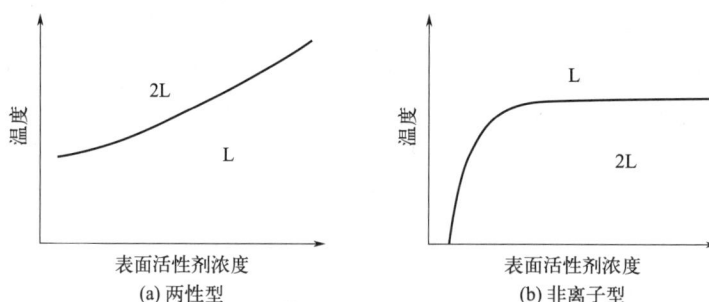

图 5.27 不同种类表面活性剂溶液浓度与温度的关系

（2）产生浊点现象的原因 产生浊点现象的原因目前还不十分清楚。现已有如下几种观点：①当温度升高时，表面活性剂胶束的集聚数增加，使胶束的体积增大从而引起相分离；②非离子型的表面活性剂溶于水中是靠分子内的亲水基与水分子通过氢键结合而实现的。形成氢键是一放热过程，因此加热时，这种氢键的结合力会被减弱甚至消失，当温度超过某一范围时，表面活性剂不再水合而从溶液中析出产生浑浊等。

（3）浊点萃取的过程 CPE 一般要经过下述过程：

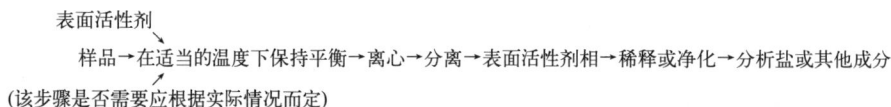

表面活性剂
样品→在适当的温度下保持平衡→离心→分离→表面活性剂相→稀释或净化→分析盐或其他成分
（该步骤是否需要应根据实际情况而定）

5.5.3.2 影响浊点萃取效率的因素

浊点萃取效率的高低受表面活性剂的结构、浓度，体系的平衡温度、时间、酸度、离子强度等多种因素的影响。

（1）表面活性剂的类型及性质的影响 对非离子型表面活性剂（C_nE_m）而言，CPE 效率受其憎水和亲水两部分的影响。理想的表面活性剂应是：n 的数目适中，m 的数目较小。因此 C_8E_3、C_7E_3 是人们认为较理想的物质。

（2）平衡温度和时间的影响 要具有较好的萃取效率，平衡温度至少要比表面活性剂的浊点温度高出 15 ~ 20℃。延长平衡时间会提高萃取效率，通常平衡时间在 30min 左右就具有较好的萃取效率。

（3）pH 的影响 体系的 pH 值对离子型表面活性剂体系影响十分显著。要获得较好的萃取效率，体系的 pH 应控制在被萃取物处于电中性状态。在萃取生物大分子如蛋白质时，体系的 pH 应控制在等电点附近，此时蛋白质具有较强的疏水性，易被萃取。

（4）添加剂的影响 添加剂的加入对萃取效率影响不大，但在很大程度上影响表面活性剂的 CP，引发表面活性剂水溶液的相分离。①使非离子型表面活性剂的 CP 降低的物质，如盐析型的电解质和一些有机物（如水溶性脂肪醇、脂肪酸、多元醇、聚乙二醇等），它们使非离子型表面活性剂 CP 降低的原因，主要是由于使胶束中氢键断裂脱水，导致表面活性剂分子沉淀而引发相分离。②使表面活性剂 CP 升高的物质有盐溶型的电解质、可溶于胶束的非极性有机物、蛋白质变性剂、阴离子型表面活性剂和其他水溶助剂（如甲苯磺酸钠）。③对于两性型表面活性剂，添加剂的作用与对非离子型表面活性剂的作用时的情况完全相反。

5.5.3.3 浊点萃取的应用

浊点萃取技术最早用于生物学领域，用非离子表面活性剂 Triton X-114 成功分离出乙酰胆碱酯酶、噬菌调理素、细菌视紫红质、细胞色素 c 氧化酶等内嵌膜蛋白，其操作步骤较简单。应用浊点萃取技术分离纯化蛋白质已可实现规模操作，具体应用见表 5.12。

表 5.12　CPE 法在分离纯化生物分子中的应用实例

分离出的生物大分子	表面活性剂	条件及收率
嗜天青中的蛋白酶 3	Triton X-114 TBS（5mmol/L）	Tris-HCl（pH7.4）150mmol/L NaCl，离心，上清液中加蔗糖，37℃培养
细胞色素 b5	Triton X-114	产率 91%，Tris-HCl 缓冲液（pH7.4），葡聚糖硫酸盐
香蕉多酚氧化酶	Triton X-114	活性回收率 50%，磷酸盐相分离
蘑菇菌盖中酪氨酸	Triton X-114	E=84%，37℃
植物细胞色素 P450	Triton X-114	E=26%，硼酸盐、磷酸盐两次萃取
己糖激酶	C_9APSO_4/ 辛基 -β-D 葡糖苷	E=58%
细胞色素 c，大豆胰蛋白酶抑制剂，即清蛋白	$C_{10}E_4$	10mmol/L 柠檬酸 /20mmol/L 磷酸氢钠缓冲液（pH7.0），0.02% 叠氮化钠酶 C_8-Lecithin
哺乳脱氢酶	Triton X-114	E=83%，汽巴克弄蓝配合物，PEG，羟丙基淀粉

除此以外，还在生物样品的分析、金属离子的萃取、有机小分子的分离和一些物质的分析检测的预处理上得到了广泛的应用。

5.5.4　双水相萃取

反胶束萃取虽然克服了溶剂萃取时提取胞内产物必须先经细胞破碎后才能提取纯化以及这类产物易受环境因素的变化而失活的问题，但同样存在着相的分离问题。因此基因工程产品的商业化迫切需要开发适合大规模生产的、经济简便的、快速高效的分离纯化技术。其中双水相萃取技术（aqueous two-phase extraction，ATPE），又称水溶液两相分配技术（portion of two aqueous phase system），是十分引人注目、极有前途的新型分离技术。

5.5.4.1 双水相体系

（1）双水相的形成　在聚合物 - 盐或聚合物 - 聚合物系统的混合时，会出现两个不相混溶的水相，典型的例子如在水溶液中的聚乙二醇（PEG）和葡聚糖，当各种溶质均在低浓度时，可以得到单相均质液体，但是，当溶质的浓度增加时，溶液会变得混浊，在静置的条件下，会形成两个液层，实际上是其中两个不相混溶的液相达到平衡，在这种系统中，上层富集了 PEG，而下层富集了葡聚糖。这两个亲水成分的非互溶性，可用它们各自分子结构上的不同所产生的相互排斥来说明，葡聚糖本质上是一种几乎不能形成偶极现象的球形分子。而 PEG 是一种具有共用电子对的高密度直链聚合物。各个聚合物分子，都倾向于在其周围有相同形状、大小和极性分子，同时，由于不同类型分子间的斥力大于同它们的亲水性有关的相互吸引力，因此聚合物发生分离，形成两个不同的相，这就是所谓的聚合物不相溶性（incompatibility）。

某些聚合物溶液与一些无机盐溶液相混时，只要浓度达到一定范围时，体系也会形成两相，成相机理还不十分清楚，有人认为是盐析作用。

（2）双水相系统的类型　许多高聚物都能形成双水相体系，如非离子型高聚物，聚乙二醇（PEG）、葡聚糖（dextran）、聚丙二醇、聚乙烯醇、甲氧基聚乙二醇、聚乙烯吡咯烷酮、羟丙基葡聚糖、乙基羟乙基纤维素和甲基纤维素，聚电解质，葡聚糖硫酸钠、羧甲基纤维素钠和 DEAE 葡聚糖盐酸盐等。某些高聚物和无机盐也能形成双水相体系，常用的无机盐有磷酸钾、硫酸铵、氯化钠等。

其中最常用的是 PEG/Dextran 和 PEG/ 无机盐体系。利用生物物质在两相中不同的分配系数，可以实现它们的分离。在 PEG/ 盐体系中，一般蛋白质主要分配在下相，只有疏水性很强的蛋白质或等电点较低的蛋白质，才有可能分配在上相中。这种体系中盐浓度太高，后续的纯化工艺不能采用有效的色谱方法。虽然该体系的成本低，比较适合于工业规模的应用，但废盐水的处理比较困难，不能直接排入生物氧化池中。

在高聚物 / 高聚物体系中，蛋白质在两相中的分配取决于高聚物分子量、浓度、pH 值及盐浓度等因素，细胞的分配也不固定，这种体系可以直接用离子交换色谱进一步纯化，而且可回收高聚物，使成本大大降低，该体系的成本比 PEG/ 盐体系的成本高出 3 ～ 5 倍，但不会造成严重的环境污染，并且比较易于生物降解。从以上的对比中，可以看出两种体系各有千秋，应根据具体分离、纯化对象选择不同的系统。

（3）混溶性和相平衡

① 相图　双水相系统的相平衡特性可以用类似于传统的溶剂萃取的常规方式来描述。在图 5.28 中表示了聚乙二醇 6000- 葡聚糖 - 水系统的相图（4℃时），它是一条双节线 $\overline{ASB}$，这两种聚合物都能与水无限混合，当它们的组成位于曲线的上方时（用 M 点表示）体系就会分成两相，分别有不同的组成密度，轻相（或称上相）组成用 A 点表示，重相（或称下相）组成用 B 点表示。A、B 点称为结点。由图可知，上相主要含 PEG，下相主要含葡聚糖。直线 $\overline{AMB}$ 称为系线，是相图的重要特征，关系到相的平衡组成。所有组成在系线上的点，分成两相后，其上下相组成均分别为 A 和 B，但是其体积比（V_A/V_B）不同。

相体积比与线段比（$\overline{BM}/\overline{MA}$）有关，可从聚合物的质量平衡方程导出，并用相图上的线段比（$\overline{BM}/\overline{MA}=V_A/V_B$）估算，即服从杠杆规则。图中褶点 S 代表系统的临界点，在这点上，两相的差异减小，它们的组成和体积相等，体系中总组成的微小变化，都会导致一个两相体系向单相体系的转变。系线的长度是系统总组成、上、下相浓度的关联参数，它反映了与该线两端有关的两相密度上的差异，两相密度差随系线长度的增加而增加，相分离速度直接取决于相密度差，从相图可见，靠近临界点的相间密度差较小，因此相的分离速度较慢，远离临界点的聚合物的浓度高，聚合物富相的黏度会增加也会导致低的分离速度，所以在中间组成时，分离速度最佳。在很多双水相系统中，含水量较高时，两相的密度会趋向一致，密度的典型值在 1000 ～ 1100kg/m³。由上可见，密度差是一个与过程操作和设计有关的重要因素。

② 混溶性　一对聚合物形成双水相系统的倾向，可以利用它们的疏水性进行定性的研究，图 5.29 上列出一系列常见液体的疏水性递减进行排列的情况，因此在表中任何两个组分的距离间隔反映了它们可能的混溶性，这样，两个组分在表上靠得越近就越易混溶，相反离得越远，则越不易混溶，这个疏水阶梯的概念，在选择合理的溶质对时是有用的，在有水的情况下，可以呈现两相的特性。

5.5.4.2　双水相萃取过程的理论基础

（1）表面自由能的影响　蛋白质等生物大分子物质在两相中的分配也服从 Nernst 分配定律，即：

$$K=\frac{c_t}{c_b} \tag{5.84}$$

式中，c_t、c_b 分别代表上相和下相中溶质（分子或粒子）的浓度。

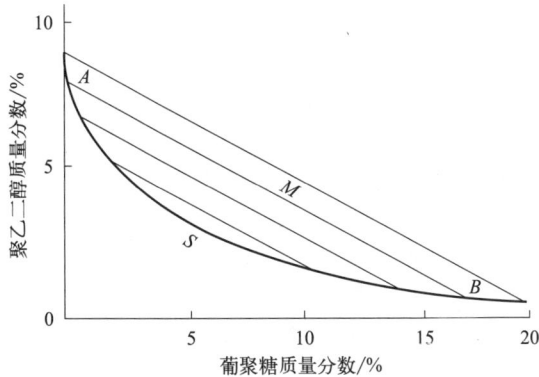

图 5.28　4℃时聚乙二醇 6000- 葡聚糖 – 水系统的三角相图

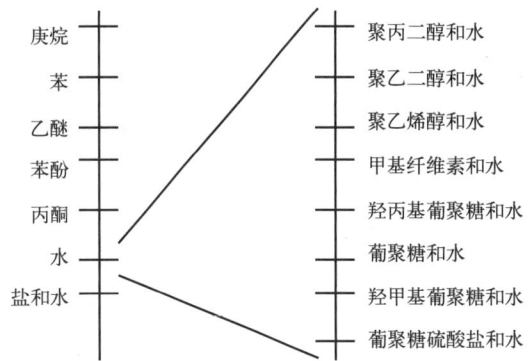

图 5.29　按照疏水性递减次序表示的一些常用液体

当相系统固定时，分配系数 K 为常数，与溶质的浓度无关。

溶质的分配，总是两相中互相作用最充分或系统能量达到最低的那个相占优势，根据两相平衡时化学位相等的原则，可以求得分配系数 K 服从 Brownstedt 方程式，即：

$$\ln K = \frac{\Delta E}{kT} = \frac{M\lambda}{kT} \tag{5.85}$$

式中，M 为物质分子量；λ 为系统的表面特性系数，$\lambda = -(\gamma_{p1} - \gamma_{p2})$；$\gamma_{p1}$、$\gamma_{p2}$ 分别为高聚物与上相界面和下相界面之间的界面张力；k 为玻耳兹曼常数；T 为温度。

显然因大分子物质的 M 值很大，λ 的微小改变会引起分配系数很大的变化。因此，利用不同的表面性质（表面自由能），可以达到分离大分子物质的目的。

（2）表面电荷的影响　如果粒子带有电荷，并在两相中分配不相等时，就会在相间产生电位，称为道南电位（Donnan potential）。可用下式表示：

$$\psi = U_2 - U_1 = \frac{RT}{(Z^+ - Z^-)F} \ln \frac{K_B^{Z^-}}{K_A^{Z^+}} \tag{5.86}$$

式中，U_2、U_1 分别表示相 2 和相 1 的电位；Z^+、Z^- 分别表示一种盐的正、负离子价；$K_A^{Z^+}$、$K_B^{Z^-}$ 分别表示当正、负离子不带电时在两相间的分配系数；F 为法拉第常数；R 为摩尔气体常数，J/(mol·K)；T 为热力学温度，K。

当一种盐的正、负离子对两相有不同的亲和力，即 $K_A^{Z^+}$ 与 $K_B^{Z^-}$ 不相等时，就会产生电位差，正、负离子的离子价之和越大，此电位差就越小。电位差的变化，也会对分配系数产生影响。

综合以上两种主要影响因素，分配系数可用 Gerson 提出的公式表示：

$$-\lg K = a\Delta\gamma + \delta\Delta\phi + \beta \tag{5.87}$$

式中，a 为表面积；$\Delta\gamma$ 为两相表面自由能之差；δ 为电荷数；$\Delta\phi$ 为电位差；β 为由标准化学位和活度系数等组成的常数。

由式（5.87）可见，分配系数和表面自由能与电位差成指数关系。由于影响分配系数的因素很多，加上各因素间又互相影响，因此目前尚不能定量地关联分配系数与能独立测定的蛋白质的一些分子性质之间的关系。最佳条件还得靠实验来得到。

5.5.4.3　双水相分配平衡的影响因素

影响物质在双水相系统中分配的因素主要有双水相系统的聚合物组成（包括聚合物类型、平均分子量）、盐类（包括离子的类型和浓度、离子强度、pH 值）、溶质的物理化学性质（包括分子量、等电点）以及体系的温度等。通过选择合适的萃取条件，可以提高生物物质的收率和纯度，也可以通过改变条件将生物物质从双水相体系中反萃出来。

（1）双水相中聚合物组成的影响 改变聚合物的类型，包括平均分子量及其分布和浓度都会对相的疏水性产生影响，从而改变蛋白质等大分子和细胞等固体颗粒的分配系数。除此之外，聚合物的构型也有影响，如支链的高聚物比直链的高聚物易于形成双水相体系等。

双水相萃取法很大程度上取决于使用的聚合物的类型，当两种不同聚合物的溶液混合时，可能存在三种情况：①完全混溶性（均相溶液）；②物理的不相容性（相分离）；③复杂的凝聚（相分离，聚合物聚集在同一相中，纯溶剂-水聚集在另一相中）。离子和非离子聚合物都可以使用在双水相系统的构成上，但是当这两种聚合物是离子化合物并带有相反电荷时，它们互相吸引并发生复杂的凝聚。

聚合物分子量对分配系数有影响。在聚合物浓度不变的前提下，降低聚合物的分子量，被分配的蛋白质或核酸等生物大分子或细胞碎片和细胞器等颗粒，将更多地分配在该相，如在 PEG/葡聚糖系统中，蛋白质的分配系数随着葡聚糖相对分子质量的减小而降低，但随 PEG 分子量的减小而增加。

聚合物分相的最低浓度为临界点，蛋白质均匀地分配在两相，分配系数接近 1，系线的长度为 1，但随着成相聚合物的总浓度或聚合物/盐混合物的总浓度增大，系线的长度增加，即系统远离临界点。此时两相性质的差别也增大，蛋白质趋向于一侧分配，表现在分配系数增大超过 1 或减小低于 1。当系统远离临界点时，表面张力也增加，如果被分配的是细胞等固体颗粒，则它们易集中在界面上，使界面体积减小，从而使系统能量减小。

（2）水相物理化学性质的影响 双水相系统的性质主要取决于下列物理化学参数：密度（ρ）和两相间的密度差、黏度（μ）和两相间的黏度差以及表面张力（σ）。

表 5.13 列出了聚合物包括聚乙二醇和葡聚糖的浓度对这些参数的影响。聚合物浓度的增加对相体积比（1.5～0.9）改变不大，但是界面宽度、两相间的密度差、下相的黏度和界面张力都明显增加，富含 PEG 上相的黏度相对较低并且大致保持恒定。在含水系统中，界面张力是很低的，并且随系线的长度呈指数规律增加。

表 5.13 聚乙二醇 4000/葡聚糖 PL500 系统的物理化学常数

PEG（质量分数）/%	dextran（质量分数）/%	界面宽度（质量分数）/%	V_T/V_B	$\Delta\rho$ /（kg/m³）	μ /（mPa·s）	μ_g /（mPa·s）	σ /（mN/m）
6.0	5.8	6.2	1.5	18	4.1	43	0.3×10^{-2}
6.5	6.1	10.5	1.4	32	3.6	100	0.12×10^{-2}
7.0	6.6	14.4	1.5	48	3.7	145	0.81×10^{-2}
8.0	7.6	19.8	1.7	64	4.3	303	2.0×10^{-2}
9.0	8.5	24.8	1.9	79	4.4	364	4.1×10^{-2}

系线长度代表了系统达到平衡时上、下相和总组成的关系，在临界点附近系线的长度趋向于零，上相和下相的组成相同，因此，分配系数应该是 1。随着聚合物和成相盐浓度增大，系线的长度增加，上相和下相相对组成的差别就增大，产物如酶在两相中的界面张力差别也增大，这将会极大地影响分配系数，使酶富集于上相。

以 PEG-$(NH_4)_2SO_4$ 系统双水相萃取糖化酶为例，在 $(NH_4)_2SO_4$ 浓度固定不变的条件下，增加 PEG4000 的浓度有利于酶在上相的分配，当 PEG4000 在 25%～27% 时，分配系数高达 47.3，浓度过高则不利于酶的分配；在 PEG4000 固定为 26% 时，增加 $(NH_4)_2SO_4$ 浓度，糖化酶的分配系数也增大，这主要是由于 $(NH_4)_2SO_4$ 盐析作用影响增强的缘故，$(NH_4)_2SO_4$ 最适为 16%，过高也不好，酶蛋白会因盐析作用过强而产生沉淀。

（3）盐类的影响 在水溶液中，存在的离子会影响溶质在两水相间的分配。在一个含水混合物中引入盐时，由于盐的阳离子和阴离子的不均匀分配（见表 5.14），会在界面上产生一个电位，这个电位值（ψ）可由下式计算得到：

$$\psi=[FRT/(Z^++Z)]\ln(K_B^-/K_A^+) \tag{5.88}$$

式中，R 为摩尔气体常数；T 为热力学温度；F 为法拉第常数；K_B^- 和 K_A^+ 为阴离子和阳离子的分配系数；Z^+ 和 Z^- 为阳离子和阴离子的电荷。

表 5.14　阴阳离子在两相中的分配系数

离子	$\lg K^+$
K^+	-0.084
Na^+	-0.076
NH_4^+	-0.036
Li^+	-0.015
I^-	+0.151
Br^-	+0.083
Cl^-	+0.051
F^-	+0.040

注：相系统为 8%（质量分数）PEG4000 和 8%（质量分数）dextran，20℃，零界面势。

在有溶质即蛋白质的情况下，在界面上蛋白质的分配系数和电位之间的相互关系，可用下列方程式描述：

$$\ln K_p = \ln K_p^0 + \frac{FZ_p(U_2 - U_1)}{RT} \tag{5.89}$$

式中，Z_p 为蛋白质的静电荷；K_p 为蛋白质的分配系数；K_p^0 为在零界面势系统中或蛋白质等电点时的分配系数，此时 $Z_p=0$；U_1、U_2 分别为相 1 和相 2 中的电位。

在两相之间形成的电位差对蛋白质和核酸等生物大分子的分配产生很大影响。例如加入 NaCl 对卵蛋白和溶菌酶分配系数的影响见图 5.30。pH=6.9 时溶菌酶带正电，卵蛋白带负电，二者分别分配于上相和下相。当加入浓度低于 50mmol/L NaCl 时，上相电位低于下相电位，使溶菌酶的分配系数增大，卵蛋白的分配系数减小。由此可见，加入适量的盐类，可大大促进带相反电荷的两种蛋白质的分离。

当盐浓度增加到一定程度时，其影响减弱。盐浓度超过 1 ～ 5mol/L NaCl，由于盐析作用，蛋白质易分配在上相，分配系数几乎随盐浓度呈指数增加，并随蛋白质的不同，增大程度各异。利用此特性，可使蛋白质相互分离。

磷酸盐除了可作为形成双水相体系的成相盐外，也可作为缓冲剂调节体系的 pH。由于磷酸不同价态的酸根在双水相体系中有不同的分配系数，因而可通过控制不同磷酸盐的比例和浓度来调节相间电位差，从而影响物质的分配。例如 pH > 7 的磷酸盐缓冲液，由于其中的 HPO_4^{2-} 在 PEG/dextran 系统中的分配系数相当低，因此可方便地改变界面电位，而使带负电荷的蛋白质转入高 PEG 相。

（4）pH 值的影响　pH 值对分配的影响反映在两个方面：① pH 值会影响蛋白质中可解离基团的解离度，从而改变蛋白质所带电荷和分配系数；② pH 值影响磷酸盐的离解程度，从而改变 $H_2PO_4^-$ 和 HPO_4^{2-}

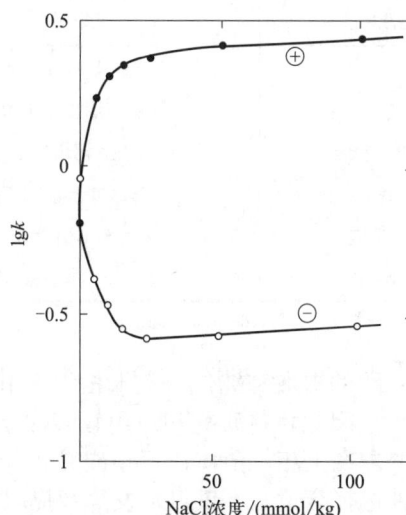

图 5.30　加入 NaCl 对卵蛋白和溶菌酶分配系数的影响
相系统：8%（质量分数）dextran500，8%（质量分数）PEG4000，0.5mmol/L 磷酸钠，pH 6.9；● 溶菌酶；○ 卵蛋白

间的比例，影响相间电位差。这样蛋白质的分配受这两方面的综合影响，pH 的微小变化会使蛋白质的分配系数改变 2 ～ 3 个数量级。加进不同的盐类，pH 值的影响是不同的。在等电点处，蛋白质不带电荷，对不同的盐分配系数应该相同。利用此特性可测定蛋白质的等电点，称为交错分配（cross partitioning）。

（5）温度的影响　可以用 Brownstedt 方程式来评述温度对物料在两水相间分配的影响，像在图 5.31 中看到的那样，系统温度较小的变化，可以强烈地影响临界点附近相的组成。

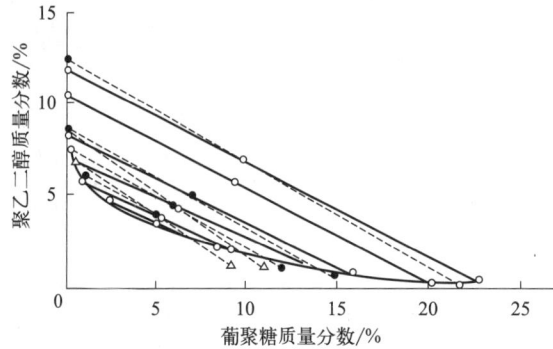

图 5.31　不同温度下葡聚糖 / 聚乙二醇 / 水系统相图（葡聚糖 500/ 聚乙二醇 6000）

○20℃；●37℃；△75℃

温度的变化也同样影响液相物理性质的变化，例如黏度和密度，从而影响了溶质在两相间的分配。但总的来说，温度对分配系数的影响不是很敏感。此外成相聚合物对蛋白质有稳定化作用，所以在室温下操作，活性、收率依然很高，并且黏度较冷却（4℃）时低，有利于相分离和节省了能源开支。

5.5.4.4　双水相系统的应用

双水相萃取自发现以来，无论在理论上还是实践上都有很大的发展，被广泛应用在生物化学、细胞生物学和生物化工等领域。目前双水相萃取技术已实现了细胞器、细胞膜、病毒等多种生物体和生物组织以及蛋白质、酶、核酸、多糖、生长素等大分子生物物质的分离与纯化，取得了较好的效果。其中最重要的领域是蛋白质的分离和纯化，如表 5.15 所示。具体分离、纯化应用介绍如下。

表 5.15　双水相萃取技术在分离中的应用举例

分离物质	举例	体系	分配系数	收率 /%
酶	过氧化氢酶的分离	PEG/dextran	2.95	81
核酸	分离有活性核酸 DNA	PEG/dextran	—	—
生长素	人生长激素的纯化	PEG/ 盐	6.4	60
病毒	脊髓病毒和腺病毒	PEG/NaDS	—	90
干扰素	分离 β- 干扰素	PEG- 磷酸酯 / 盐	630	97
细胞组织	分离含有胆碱受体的细胞	三甲胺 -PEG/dextran	3.64	57

注：PEG 为聚乙二醇；dextran 为葡聚糖。

（1）酶的提取和纯化　双水相的应用始于酶的提取。由于 PEG/ 精葡聚糖体系太贵，而粗葡聚糖黏度又太大，因此目前研究和应用较多的是 PEG/ 盐体系。表 5.16 列出了一些应用实例。在这些体系中，酶主要分配在上相，菌体在下相或界面上。料液中湿细胞含量可高达 30%，酶的提取率可达 90% 以上。如果条件选择合适，不仅可从发酵液提取酶，实现它与菌体的分离，而且还可将各种酶彼此分离。例如双水相萃取法与传统的酶粗分离方法（如盐析或有机溶剂沉淀等）相比也有很大的优势，处理量相同时，双水相萃取法比传统的分离方法设备用量要少。如以 β- 半乳糖苷酶为例，用沉淀或双水相萃取纯化的比较见表 5.17。

表5.16   从破碎的细胞中萃取分离酶的例子

菌体	酶	双水相的组成	细胞浓度/%	分配系数	收率/%
Candida boidinii	过氧化氢酶	PEG4000/粗 dextran		2.95	81
	甲醛脱氢酶	PEG4000/粗 dextran	20	11.0	94
	甲酸脱氢酶	PEG4000/粗 dextran	20	7.0	91
	甲酸脱氢酶	PEG1000/磷酸钾盐	33	4.9	90
	异丙醇脱氢酶	PEG1000/磷酸钾盐	20	19	98
Saccharomyces cerevisiae	α-硫代葡萄糖苷酶	PEG4000/dextran T500	30	2.5	95
	葡萄糖-6-磷酸脱氢酶	PEG1000/磷酸盐	30	4.1	91
	乙醇脱氢酶	PEG/盐	30	8.2	96
	己糖激酶	PEG/盐	30		92
Escherichia coli	异亮氨酰-tRNA 合成酶	PEG6000/磷酸钾盐	20	3.6	93
	延胡索酸酶	PEG1550/磷酸钾盐	25	3.2	93
	天冬氨酸酶	PEG1550/磷酸钾盐	25	5.7	96
	青霉素酰化酶	PEG4000/粗 dextran	20	1.7	90
	β-半乳糖苷酶	PEG/盐	12	6.2	87
	亮氨酰-tRNA 合成酶	PEG6000/磷酸钾盐		0.8	75
	苯丙氨酰-tRNA	PEG6000/磷酸钾盐		1.7	86

注：PEG 为聚乙二醇；dextran 为葡聚糖。

表5.17   β-半乳糖苷酶不同纯化方法的比较

方法	步骤数	流量/（kg/h）	酶收率/%	纯化倍数	总纯度/%
沉淀法	3	0.77	63	3.5	23
双水相萃取	1	10～15	77	12.8	43

(2) 蛋白质的提取　除酶外，双水相萃取还广泛应用于其它类型的蛋白质分离。例如双水相萃取特别适用于 β-干扰素这些不稳定的、在超滤或沉淀时易失活的蛋白质的提取和纯化。β-干扰素是合成纤维细胞或小鼠体内细胞的分泌物。培养基中总蛋白质浓度为 1g/L，而它的浓度仅为 0.1mg/L。用一般的 PEG/dextran 体系不能将 β-干扰素与主要杂蛋白质分开，必须是具有带电基团或亲和基团的 PEG 衍生物如 PEG-磷酸酯与盐的系统才能使 β-干扰素分配在上相，杂蛋白质完全分配在下相而得到分离，并且 β-干扰素的浓度越高，分配系数越大，纯化系数甚至可高达 350。这一技术已用于 1×10^9U β-干扰素的回收，收率达 97%，干扰素的特异活性 $\geqslant 1 \times 10^6$U/mg 蛋白质。这一方法与色谱技术相结合，组成双水相萃取-色谱纯化联合流程，已成功地用于工业生产。

人生长激素的提取：用 PEG4000 6.6%/磷酸盐 14% 体系从 *E.coli* 碎片中提取人生长激素（hGH），当 pH 值=7，菌体含量为 1.35g/100ml 干细胞，混合 5～10s 后，即可达到萃取平衡，hGH 分配在上相，其分配系数高达 6.4，相比为 0.2，收率大于 60%，对蛋白质的纯化系数为 7.8。若进行三级错流萃取（见图 5.32），总收率可达 81%，纯化系数为 8.5。

(3) 核酸的分离及纯化　用 PEG/dextran 体系萃取核酸时，盐组成的微小变化将会引起分配系数的急剧变动，如图 5.33 所示。由图可见，有活性的 DNA 与无活性的 DNA 分配系数的差别较大，这可能与失活后 DNA 双螺旋解体，造成更多未配对的碱基裸露在外有关。据此可通过 10 级逆流分配平衡将两者几乎完全分开，结果如图 5.34 所示。

(4) 病毒的分离和纯化　当病毒进入双水相体系后，可控制不同的 NaCl 浓度，使病毒全部分配在上相或全部分配在下相或彼此分开，从而实现各种病毒的提取、纯化和反萃取。例如用 PEG6000（0.5%）、NaDS（硫酸葡聚糖）（0.2%）及 NaCl（0.3mol）组成的体系，使脊髓灰质炎病毒浓缩 80 倍，活性收率大于或等于 90%。

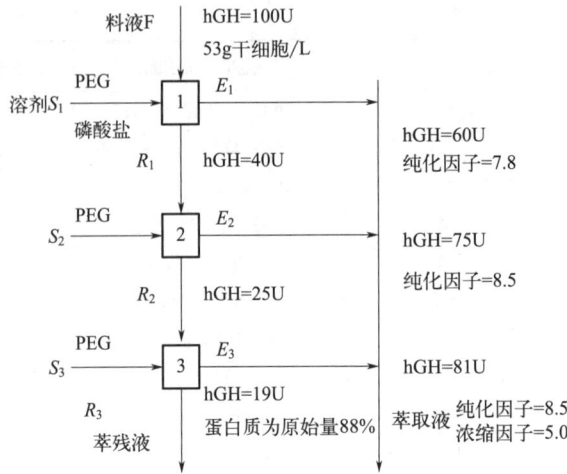

图 5.32　从 *E.coli* 中提取 hGH 的三级错流萃取

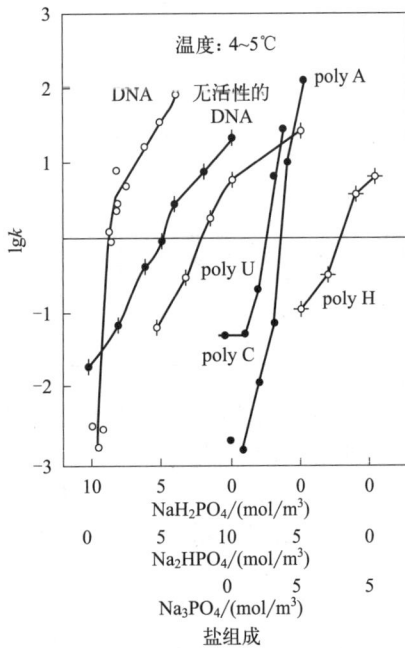

图 5.33　盐组成对不同核酸分配系数的影响

PEG6000 4%/dextran5%（质量分数）

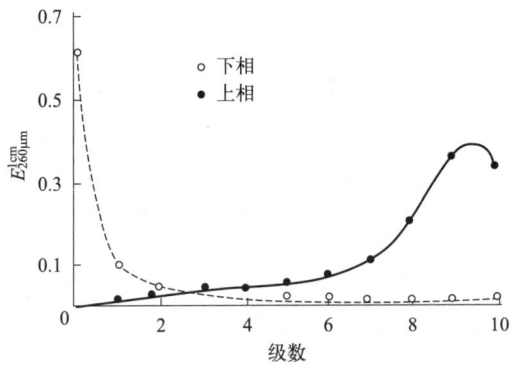

图 5.34　单链 DNA 与双链 DNA 的逆流分离

PEG6000 4%/dextran500 5%；
NaH₂PO₄0.005mol/L；Na₂HPO₄0.005mol/L

　　（5）生物小分子产物　除上述大分子外，还能利用双水相体系萃取分离生物小分子产物，如抗生素（包括 β- 内酰胺类抗生素、大环内酯类抗生素、多肽类抗生素）、氨基酸及二肽（如赖氨酸、苯丙氨酸、谷氨酸和多种二肽）和植物有效成分等的分离。

　　（6）生物活性物质的分析检测——双水相萃取分析（PALA）　双水相萃取分析技术已成功地应用于免疫分析、生物分子间相互作用的测定和细胞数的测定。如强心药物异羟基毛地黄毒苷（简称黄毒苷）的免疫测定，可用 ^{125}I 标记黄毒苷的血清样品，加入一定量的抗体，保温后，在加入双水相体系 [7.5%（质量分数）PEG4000，22.5%（质量分数）MgSO₄] 分相后，抗体分配在下相，黄毒苷在上相，测定上相的放射性即可确定免疫效果。

　　（7）细胞碎片的去除　双水相萃取法与传统的过滤法和离心法去除细胞碎片相比，无论在收率上还是成本上都要优越得多，如表 5.18 所示。

表5.18　不同方法除去细胞碎片的比较

方法	细胞量/kg	体积/L	浓度/(kg/L)	处理量/(L/h)	时空产量/[kg/(L·h)]	收率/%	浓缩倍数	时间/h	成本/$
双水相萃取碟片式离心机连续分离	100	330	0.3	120	0.11	90	3~5	3	7800
碟片式离心机间歇离心（∑：7000m²）	100	1000	0.1	100	0.01	85	1	10	30000
转鼓式过滤器（A：1.5m²）	100	500	0.2	60	0.02	85	1	8.3	46000
中空纤维错流过滤　A：10m²①	100	200	0.05	200	0.005	85	1	10	25000
中空纤维错流过滤　A：20m²②	100	400	0.03	400	0.003	85	1	10	40000

① 酶滞留比 R=0。② 酶滞留比 R=0.7。

5.5.4.5　双水相成相聚合物的回收

在生物分子回收和纯化以后，怎样从含有目标产物残余物的水溶液中回收聚合物或盐就成为决定双水相萃取法生产成本高低的重要问题。

对于传统 PEG/盐双水相系统的回收，如果产品是蛋白质，并且分配在盐相，则盐可以在错流过滤操作方法下，用超滤或渗析膜过滤回收。如果蛋白质积聚在聚乙二醇中，它可以通过加入盐来精制，加入的盐导致蛋白质在盐相中重新分配。PEG 的分离同样可以用膜分离来实现，即用选择性孔径大小的半透膜来截留蛋白质，同时排除 PEG 进行回收。另一种方法是通过盐析或使用水-可混溶性的溶剂来沉淀蛋白质，但是固体（产物）的去除被存在的 PEG 阻碍。也可使用离子交换和吸附，它们是通过蛋白质与基质的选择性相互作用进行的。然而，当黏性聚合物溶液通过柱被处理的时候，会出现高的压力降。在上述三种方法中，膜分离是分离和浓缩被纯化的蛋白质并同步去除聚合物的最佳方法。除此以外，也可以通过电泳或亲和分配和双水相萃取结合的方法来回收或减少 PEG 的用量。

要发挥双水相萃取技术优势，降低成相材料成本是关键。合成价格低廉，并且具有良好分配性能的聚合物及将其从后续的操作过程中回收是双水相萃取技术研究中的一个主要方向。

5.5.4.6　双水相萃取技术的发展趋势

（1）新型双水相系统的开发

① 低成本双水相体系的开发目前主要集中在寻找一些廉价的高聚物取代现用昂贵的高聚物，如采用变性淀粉、麦芽糊精、阿拉伯树胶等取代葡聚糖，羟基纤维素取代 PEG，都获得一定成功。

② 新型功能双水相体系是指高聚物易于回收或操作简便的双水相体系。用乙烯基氧与丙烯基氧的共聚物（商品名 UCON）和 PEG 可形成温敏性双水相体系。常温条件下，PEG、UCON 和水混合后为均相体系，当加热到 40℃时，形成两相体系，上相为 PEG 和 UCON，下相为水，这种体系可以实现 PEG 和 UCON 的循环利用。

③ 以热分离聚合物和水组成的新型双水相体系，热分离聚合物的水溶液在高于某一临界温度时分离成两相，该温度点被称为混浊点。大多数水溶性热分离聚合物是环氧乙烷（EO）和环氧丙烷（PO）的随机共聚物（简称 EOPO 聚合物）。水-EOPO 热分离两相体系由几乎纯水的上相和富含聚合物的下相组成。如 Triton 和水形成的热分离双水相体系，当温度高于体系混浊点时，表面活性剂和水形成双水相，上相为表面活性剂，下相为水。

④ 正、负离子混合表面活性剂双水相系统的开发如十二烷基硫酸钠-十六烷基三甲基溴化铵组成的双水相，它具有含水量高（质量分数可达 99%）、两相容易分离、表面活性剂的用量很小且可循环使用等独特优点。目前，国内已有利用该系统分离蛋白质、酶、氨基酸和卟啉等的报道。

⑤ 离子液体双水相系统的开发：离子液体是在室温或接近室温下以液体状态存在的有机熔融盐，完全由离子组成，与有机溶剂相比表现出许多优异性能，如液体状态温度范围宽，具有良好的物理化学

稳定性，几乎没有蒸气压，无可燃性，对大量无机和有机物都有良好的溶解能力，具有溶剂和催化剂的双重功效。在双水相系统中引入液体离子交换剂，对界面电位有很大的影响，导致在分配系统上选择性增加，这个过程可以认为如同离子交换色谱一样。如用 $[C_4min][BF_4]\cdot NaH_2PO_4$ 双水相体系萃取青霉素。在最优化条件下萃取率可达 93.7%，同时降低了青霉素的降解率，萃取过程也不会发生乳化现象。

⑥ 亲和双水相萃取技术：亲和作用效应能从复杂的混合物中选择性分离蛋白质，其原理是通过它与辅酶、底物、抑制剂和抗体的生物特异性相互作用，如在亲和色谱过程中那样来实现。亲和双水相分配即在组成相系统的聚合物如 PEG 或葡聚糖上偶联一定的亲和配基，根据配基的性质不同，可分为基团亲和配基、染料亲和配基和生物亲和配基三种。目前在 PEG 上接上亲和配基就达 10 多种，分离纯化的物质已有几十种。例如将亲和配基 IgG 偶联在高分子 Eudragit S100 上，它主要分布在双水相系统的上相，用它来提纯重组蛋白质 A，纯度可提高 26 倍，达到 81%，收率为 80%。染料亲和配基同样也可应用于双水相酶的亲和分配上，如 Cibacron blue-PEG 衍生物引入 PEG/ 葡聚糖系统后会使磷酸果糖激酶的分配系数成千倍地提高。

（2）双水相萃取技术与相关技术的集成   双水相分配技术除了其自身独特优势外，也有一些不足之处，如易乳化、相分离时间长、成相聚合物的成本较高、单次分离效率不高等，一定程度上限制了双水相分配技术的工业化推广和应用。因此必须设法克服这些困难，其中与相关技术的集成化（见图 5.35）给双水相分配技术注入了新的生命力。

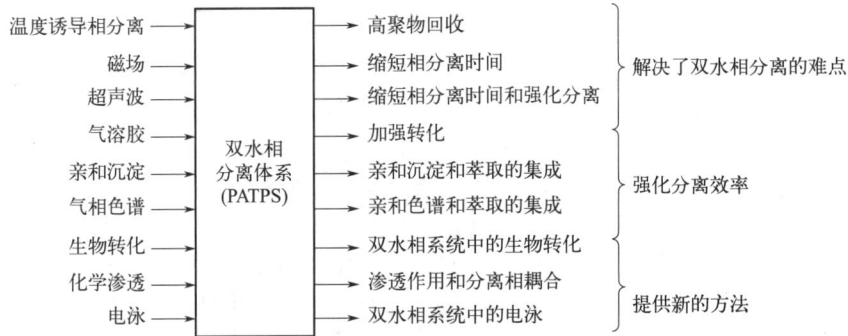

图 5.35 双水相技术与相关技术集成化示意

由图 5.35 可见，双水相萃取与相关技术的集成可以归纳成以下 3 个方面：①与温度诱导相分离、磁场作用、超声波作用、气溶胶技术等常规技术实现集成化；②与亲和沉淀、气相色谱等新型生化分离技术实现过程集成；③将生物转化、化学渗透和电泳等技术引入双水相分配。双水相萃取技术和相关技术的集成化不仅改善了双水相萃取技术中存在的诸多问题，简化了分离流程，提高了分离效率，并且给已有的技术赋予了新的内涵，为新的分离过程的诞生提供了新的思路。

（3）双水相萃取过程的开发   采用常规的搅拌设备或静态混合器进行双水相萃取操作，存在着混合的物系相分离时间长的缺点。近年来，有人分别用聚丙烯中空纤维束按膜萃取的方法或利用喷雾塔的方式来进行双水相萃取。分别对多种酶和牛血清清蛋白的传质速率进行了测定，用修正的 Handlols-Baronn 对传质系数进行关联得到了较好的结果。它对双水相萃取过程的设备选型和设计具有一定的参考价值。除此以外，近年来，在天冬氨酸酶、乳酸脱氢酶、富马酸酶与青霉素酰化酶等多种产品的双水相萃取过程中均采用了连续操作，有的还实现了计算机控制，这不仅提高了生产能力，并对保证获得高活性和质量均一的产品具有重要意义。

（4）双水相萃取相关理论的发展   双水相萃取技术发展至今还没有一套比较完善的理论来解释生物大分子在体系中的分配机理。这是因为生物物质在双水相系统中分配为四元系统，所以不可避免地造成理论计算的复杂性。因此，建立溶质在双水相系统中分配的机理模型一直是双水相系统相关研究的重点和难点。

有关溶质在双水相系统中分配模型的前期研究中，比较成功的主要有 2 类模型：①渗透维里模型；② Flory-Huggins 晶格模型。模型①在预测聚合物的成相行为和蛋白质的分配上有较高的准确度；

模型②在粒子的能量概念上可以很好地拟合实验数据。自 20 世纪 80 年代中期以来，又相继报道了诸如 Baskir 晶体吸附模型、Hayne 模型、Pitzer 模型、Grossman 自由体积模型等，但结果均难以令人满意。直至 1989 年，以 Flory-Huggins 理论为基础，推导出 Diamond-Hsu 模型既可用于计算聚合物 / 聚合物双水相系统中低分子质量肽的分配系数，又能计算高分子质量蛋白质的分配系数，有一定的普适性。20 世纪 90 年代后期，Diamond 等和梅乐和等又相继提出了改进的 Diamond-Hsu 模型，进一步提高了 Diamond-Hsu 模型的精确度和普适性。近年来这方面的研究工作还在继续。

双水相萃取技术的研究发展很快，近年来已达到可在计算机控制下连续操作的大规模生产水平。总之，双水相萃取技术在生物下游技术中已显示出了宽阔的前景和巨大的潜力。

5.5.5　超临界萃取法

作为一个分离过程，超临界流体萃取（supercritical fluid extraction）过程介于蒸馏和液 - 液萃取过程之间，在超临界状态下较其在常温常压条件下可获得极大的提高。它是利用超临界流体（supercritical fluid，SCF），即温度和压力略超过或靠近临界温度（T_c）和临界压力（p_c）、介于气体和液体之间的流体，作为萃取剂，依靠被萃取的物质在不同的蒸气压力下所具有的不同化学亲和力和溶解能力进行分离、纯化的单元操作，即此过程同时利用了蒸馏和萃取现象——蒸气压和相分离均在起作用，从固体或液体中萃取出某种高沸点或热敏性成分，以达到分离和纯化的目的。

对超临界现象的观察和研究已有 100 多年的历史，但是由于超临界流体及其混合物相平衡现象的复杂性，人们对此一直缺乏足够的认识和理解。直到 20 世纪 50 年代，美国的 Todd 和 Elgin 等人从理论上提出了超临界流体用于萃取分离的可能性以后，超临界流体萃取技术才有了迅速的发展，研究范围越来越广，专利申请陆续不断，工业化应用过程开发辐射四方。现在，超临界流体萃取技术已成为一门新型的分离技术，应用领域相当广泛，特别是在分离或生产高经济价值的产品，如药品、食品和精细化工产品等方面有广阔的应用前景。

5.5.5.1　超临界流体萃取的基本原理

超临界流体是气态和液态共存的一种边缘状态，没有相界面。纯 CO_2 的压力、温度与物质的状态关系如图 5.36 所示。

超临界流体的密度比气体大数百倍，具体数值与液体相当；其黏度接近于气体，但比起液体来，要小两个数量级；扩散系数介于气体和液体之间（大约是气体的 1/100，比液体要大数百倍）。因而超临界流体既具有液体对溶质有比较大溶解度的特点，又具有气体易于扩散和运动的特性，传质速率大大高于液相过程。也就是说超临界流体兼具气体和液体的性质。超临界流体和常温下气体、液体的三个基本性质（密度、黏度、扩散系数）的比较如表 5.19 所示。

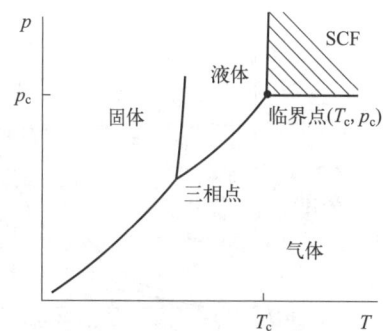

图 5.36 临界点附近的相图

表 5.19　超临界流体与气体、液体的物性比较（15 ~ 30℃，常压）

流体物性	密度 / (g/cm³)	黏度 /Pa · s	扩散系数 / (cm²/s)
气体	(0.6 ~ 2) × 10⁻³	(1 ~ 3) × 10⁻⁵	0.1 ~ 0.4
超临界流体	0.2 ~ 0.9	(1 ~ 9) × 10⁻⁵	(0.2 ~ 0.7) × 10⁻³
液体与有机溶剂	0.6 ~ 1.6	(0.2 ~ 3) × 10⁻³	(0.2 ~ 2) × 10⁻⁵

超临界流体具有接近液体的密度和类似液体的溶解性能，具有接近气体的黏度和扩散系数，因此具有较高的传质速率和很快达到萃取平衡的能力，用它作为萃取剂时，常表现出十几倍，甚至几十倍于通常条件下流体的萃取能力和良好的选择性。除此以外，它所具有的某些传递性质，也使之成为理想的萃取溶剂。下面具体介绍它的有关性质。

（1）超临界流体条件下的溶解度　超临界流体最重要的性质是具有很大的压缩性，压力和温度微小的变化都可以引起流体密度较大的变化。现已确认，溶质在一种溶剂中的溶解度取决于两种分子之间的作用力，这种溶剂 - 溶质之间的相互作用随着分子的靠近而强烈地增加，也就是随着流体相密度的增加而强烈地增加。超临界流体的溶解能力主要取决于密度，密度增加，溶解能力增强；密度减小，溶解能力减弱，甚至丧失对溶质的溶解能力。因此，可以利用压力和温度的变化，改变超临界流体的密度，实现萃取和分离的过程。

图 5.37 表示了三种温度下萘在不同密度的超临界 CO_2 中的溶解度。在恒定温度下，溶解度随 CO_2 密度的增加而增加，物质在超临界流体中的溶解度 C 与超临界流体的密度 ρ 之间的关系可以用式（5.90）表示：

$$\ln C = m\ln\rho + b \tag{5.90}$$

式中，m 为正数；b 为常数。

m 和 b 值与萃取剂及溶质的化学性质有关，选用的超临界流体与被萃取物质的化学性质越相似，溶解能力就越大。

图 5.38 表示在 35℃、40℃、45℃ 三种温度下，萘在超临界 CO_2 中的溶解度与压力的关系。由图 5.38 可见，在 35℃ 下，当压力较低时，溶解度很小，但是，当压力接近临界点时（p_c=7.38MPa），溶解度显著地增加。接着，当压力大于 20MPa 时，后面的曲线，梯度变化又变得十分小。这种状况，很大程度上还取决于系统的温度，如萘在超临界 CO_2 中的溶解度，在系统压力大于 15MPa 时，随着温度的升高而逐渐增大；但当系统压力小于 10MPa 时，温度升高则 CO_2 的密度急剧减小，所以溶解度也急剧下降。这种溶解度的非理想性，不仅在萘 - 超临界 CO_2 体系中存在，也同样存在于其他体系中。实测的溶解度与由蒸气压按理想气体处理所得的计算值之比有时高达 10^{10} 倍。

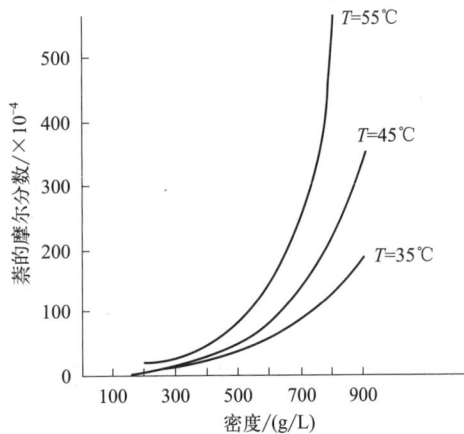

图 5.37　不同 CO_2 密度下萘的溶解度

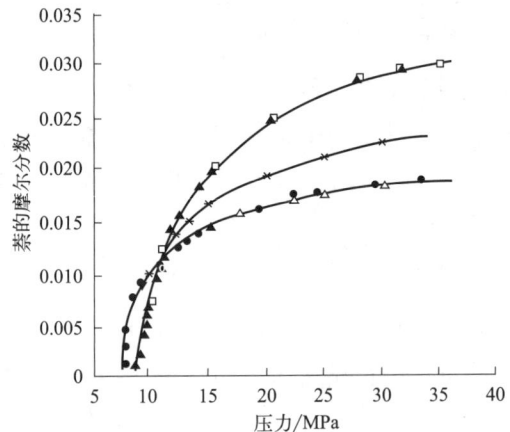

图 5.38　不同温度下，萘在超临界 CO_2 中的溶解度与压力的关系

● 35℃、▲ 45℃，Tsekhanskaya 等人实验结果；

△ 35℃、＊ 40℃、□ 45℃，Palvra 等人实验结果

（2）超临界流体的传递性质　超临界流体显示出在传递性质上的独特性，产生了异常的质量传递性能，如前所述，溶剂的密度对于溶解度而言是一个非常重要的性质。但是，作为传递性质，必须对热和质量传递提供推动力。黏度、热传导性和溶质的扩散系数等都对超临界流体特性有很大的影响。

超临界流体的传递性质数值的范围在气体和液体之间，例如在超临界流体中的扩散系数比在液相中的要高出 $10 \sim 100$ 倍，但是黏度就只有其 $\dfrac{1}{100} \sim \dfrac{1}{10}$，这就是说超临界流体是一种低黏度、高扩散系数、易流动的相，所以能又快又深地渗透到包含有被萃取物质的固相中去，使扩散传递更加容易并能减少泵送所需的能量。同时，超临界流体能溶于液相，从而降低了与之相平衡的液相黏度和表面张力，并且提

高了平衡液相的扩散系数，有利于传质。超临界流体的热传导性大大超过了浓缩气体的热传导性，与液体基本上在同一数量级。另外，在 $T-T_c \leqslant 10K$ 时超临界流体的热传导性对压力的变化很敏感（或者说是密度的变化）。这种性能在对流热传递过程中和热与质量传递过程同时发生的情况下有一个比较强的效应。

图 5.39 表示了在不同温度下，氮气的密度与热导率的关系，从稀的气体到液体，包括超临界的增强作用。当氮作为超临界流体应用时，它不是一个好的溶剂，但这个流体的性质具有启发性。该图揭示了在传递性质上的独特性能（黏度有一个非常小的临界增强作用），当密度接近临界密度时，它的热导率显示出很大的增强作用。这种情况发生在临界温度近旁（但是 $T > T_c$），在临界点附近它发散到无穷大。这个区域经常用于超临界流体萃取。

（3）超临界流体的选择性　超临界流体萃取过程能否有效地分离产物或除去微量杂质，关键是超临界流体萃取中使用的溶剂必须具有良好的选择性。

提高溶剂选择性的基本原则是：①操作温度应和超临界流体的临界温度相接近；②超临界流体的化学性质应和待分离溶质的化学性质相接近。若两条原则基本符合，效果就较理想；若符合程度降低，效果就会递减。图 5.40 表示了温度为 40℃、压力为 39.5MPa 下菲在各种气体中的溶解度与这些萃取流体临界温度的关系。由图可见，N_2、CH_4、CF_4 三种物质的临界温度远离操作温度，而且三种超临界流体和菲的化学性质迥异，故菲在其中的溶解度很小。CO_2、C_2H_6 的临界温度和操作温度相近，但 C_2H_6 与菲的化学性质比 CO_2 更接近，因此，菲在 C_2H_6 中的溶解度要比在 CO_2 中的大。至于 C_2H_4，其临界温度与操作温度相比较低，但其化学性质比 C_2H_6 与菲更接近，故菲在其中的溶解度为最大，可以预计，若操作温度改为略高于乙烯的临界点，则萃取的效果可能会更好些，但萃取温度一定要高于乙烯的临界温度，否则将不再是超临界流体萃取。

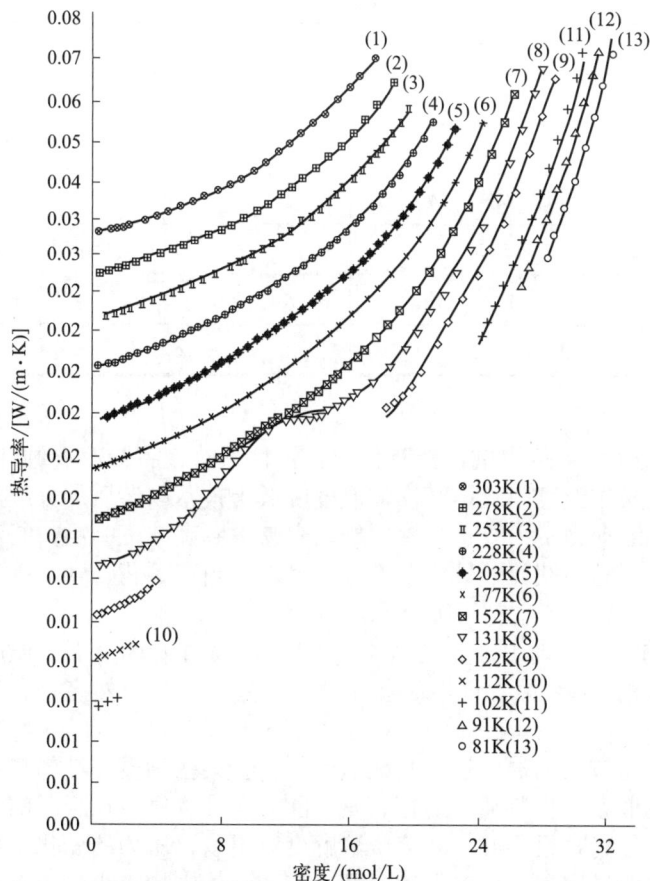

图 5.39　氮的热导率与密度、温度的关系

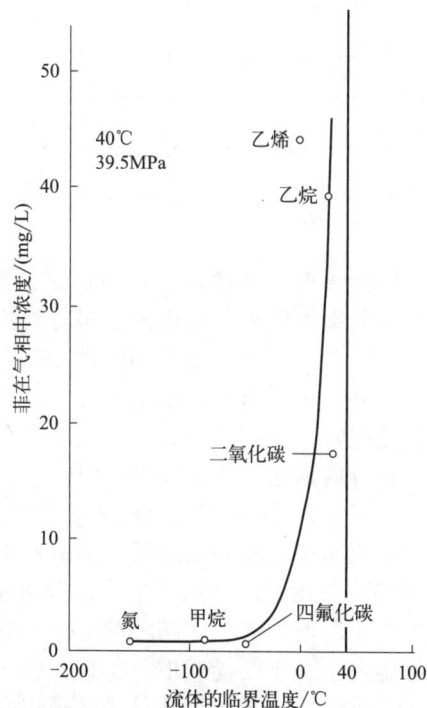

图 5.40　菲在各种气体中的溶解度

（4）超临界流体的选定　超临界流体的选定是超临界流体萃取的关键。应按照分离对象与目的不同，来选定超临界流体萃取中使用的溶剂，它可以分为非极性和极性溶剂两种。表 5.20 给出了一些常用超临界萃取剂的临界温度和临界压力，表中最后几种萃取剂为极性溶剂，由于极性和氢键的缘故，它们具有较高的临界温度和临界压力。

表 5.20　一些超临界萃取剂的临界性质

萃取剂	T_c/K	p_c/MPa	V_c/（cm³/mol）[①]
乙烯	282.4	5.04	130.4
三氟甲烷	299.3	4.86	132.7
一氯三氟甲烷	302.0	3.87	180.4
二氧化碳	304.2	7.38	93.9
乙烷	305.4	4.88	148.3
氧化亚氮	309.6	7.22	97.4
丙烷	369.8	4.25	203.0
正丁烷	425.2	3.80	255
正戊烷	469.7	3.37	304
丙酮	508.1	4.70	209
苯	562.2	4.89	259
丁醇	563.1	4.42	257
甲苯	591.8	4.10	316
甲醇	512.6	8.09	118
乙醇	513.9	6.14	167.1
丙醇	536.8	5.17	219
氨	405.5	11.35	72.3
水	674.3	22.12	57.1

① V_c（临界体积）$=1/\rho_c$。

作为萃取溶剂的超临界流体必须具备以下条件：①萃取剂需具有化学稳定性，对设备没有腐蚀性；②临界温度不能太低或太高，最好在室温附近或操作温度附近；③操作温度应低于被萃取溶质的分解温度或变质温度；④临界压力不能太高，可节约压缩动力费；⑤选择性要好，容易得到高纯度制品；⑥溶解度要高，可以减少溶剂的循环量；⑦萃取溶剂要容易获取，价格要便宜。另外，当在医药、食品等工业上使用时，萃取溶剂必须对人体没有任何毒性，这一点也是很重要的。

到目前为止，表 5.20 中列出的、已研究过的萃取溶剂中，二氧化碳由于具有合适的临界条件（温度接近室温、压力适中），同时对健康无害、不燃烧、不腐蚀、价格便宜并且易于处理，是天然产物和生物活性物质提取和精制的理想和最常用的溶剂。

（5）夹带剂的使用　单一组分的超临界溶剂有较大的局限性，其缺点包括：①某些物质在纯超临界流体中溶解度很低，如超临界 CO_2 只能有效地萃取亲脂性物质，对糖、氨基酸等极性物质，在合理的温度与压力下几乎不能萃取；②选择性不高，导致分离效果不好；③溶质溶解度对温度、压力的变化不够敏感，使溶质从超临界流体中分离出来时耗费的能量增加。针对上述问题，在纯流体中加入少量与被萃取物亲和力强的组分，以提高其对被萃取组分的选择性和溶解度，添加的这类物质称为夹带剂，有时也称为改性剂（modifer）或共溶剂（cosolvert）。

夹带剂可分为两类：一是非极性夹带剂，二是极性夹带剂。二者所起的作用机制各不相同。夹带剂可以从两个方面影响溶质在超临界流体中的溶解度和选择性：一是溶剂的密度，二是溶质与夹带剂分子间的相互作用。一般来说，少量夹带剂的加入对溶剂的密度影响不大，甚至还会使超临界溶剂密度降低。而影响溶解度与选择性的决定因素是夹带剂与溶质分子间的范德华力或其他特定的分子间作用力，如形成氢键及其他各种化学作用力等。另外，在溶剂的临界点附近，溶质的溶解度对温度、压力的变化最为敏感，加入夹带剂后，混合溶剂的临界点相应改变，如能更接近萃取温度，则可增加溶解度对温度、压力的敏感程度。图 5.41 表示了在 35℃ 下用超临界 CO_2 萃取胆甾醇时，添加 3.5%（摩尔比）甲醇为夹带剂可以提高溶解度，两条等温线近似平行。这种在同一密度下使溶解度增加

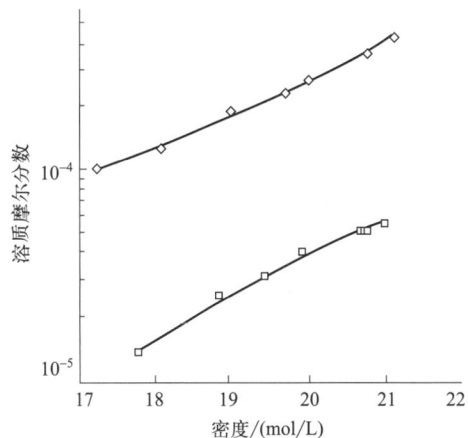

图 5.41　用甲醇为夹带剂时在超临界 CO_2 中胆甾醇的溶解度

6 倍的现象，可以用胆甾醇中的羟基（—OH）和甲醇中的氢（—H）形成氢键来解释。"夹带组分效应"已为大家所共知，而且已应用到从咖啡豆中提取咖啡因等过程中。

夹带剂的添加量一般不超过临界流体的 15%（摩尔比）。除了甲醇外，夹带剂还有水、丙酮、乙醇、苯、甲苯、二氯甲烷、四氯化碳、正己烷和环己烷等。夹带剂不仅包括通常的液体溶剂，还包括溶解于超临界流体中的固态化合物，如萘也可作为夹带组分。

5.5.5.2　超临界流体萃取的热力学基础

对超临界流体的观察和研究已有 130 多年历史了，人们进行了大量的工作，试图将超临界流体萃取工艺应用于化工、食品、药物、香料等工业实践中去，但真正收到商业实效的为数甚少，其原因不仅是所需超临界流体萃取设备费用昂贵，更重要的是人们对超临界流体的热力学知识知之甚少。所以在这里只能作简单的介绍。

（1）超临界流体的相平衡　超临界流体萃取涉及的是多元混合物，但是它的相平衡特征可以用二元体系来加以说明。

根据相律，二元体系最多有 3 个独立变量，因此，二元混合物的相平衡可以通过三维相图来充分描述。最方便的变量是压力、温度和某一组分的浓度，即 p-T-X 图。由于 p-T-X 相图比较复杂，更简单的表示超临界流体相平衡特征的办法是给出相应的等温 p-X 图和 p-T 图。在超临界流体中溶质溶解度的增加和临界状态对其溶解度的影响，都可以通过相图描述出来。高压流体相平衡（或混合物的 p-T 图）的分类是以临界线的形态和数目，三相线的存在与否，以及临界线与纯组分临界点和三相点的连接方式为依据的。

本节主要列举一些二元体系相图。在所感兴趣的温度、压力范围内，有无固相存在，其相图大不相同。限于篇幅，在此仅介绍出现固相混合物的情况。

超临界流体萃取的对象往往是不大容易挥发的物质（常为固体），因此含有固相的流体相平衡行为尤为重要，并且重点在阐明当温度超过溶剂流体的临界温度时，流体和固体共存时的高压相图，如图 5.42（a）表示的第二类 SCF- 固体系统的 p-T 图形。由图可见，在温度低于 UCEP 温度时（T_1），重组分在超临界流体中的溶解度在任何压力下都很小 [图 5.42（c）]，可是当温度接近 UCEP 温度时，若将压力升高到 UCEP 压力附近，溶解度就会突然急剧增加，在 UCEP 处，液 - 气临界曲线与固 - 液 - 气三相平衡曲线相交，在 p-X 图上，固 - 流体平衡曲线必然与水平系线相切，因而出现固 - 流体平衡曲线向右，即朝纯固体（$X_1=1$）的方向急剧弯曲 [图 5.42（d）]，在 UCEP 附近便有相当可观的固体溶解在超临界流体中，若在 UCEP 压力附近改变温度也会有同样的效果。溶解度在 UCEP 附近，对微小压力或温度的变化有如此高的敏感性，为超临界流体萃取提供了极佳的机会。当温度超过 UCEP 温度时 [见图 5.42（e）]，轻组分在液相中的溶解度较重组分在气相中的溶解度增长为快。温度超过 UCEP 温

度愈多［见图 5.42（f）］，出现固 - 流体和液 - 气两个完全分离的二相平衡区。这类二元混合物的三维相图见 5.42（b）。

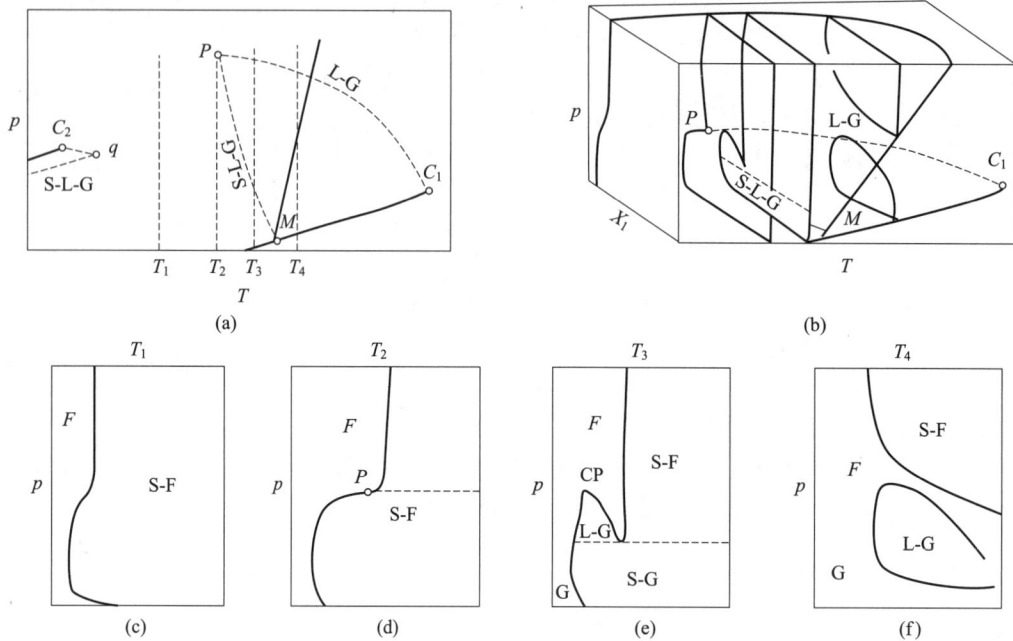

图 5.42　第二类第一种相图

S-L-G 曲线有负斜率；M—三相点；C_1，C_2—临界点；P—上会溶点；q—下会溶点

（2）超临界流体溶解度现象的热力学分析　超临界流体的相平衡理论解释了超临界流体为何具有如此高的溶解能力，但还需从热力学上加以分析，并提出估算溶解度的方法，这对于超临界流体萃取分离工艺和设备的设计是十分重要的。

超临界流体相平衡的最简单情况是二元体系的固 - 流体（S-F）平衡。因为气体在固体中的溶解度可以忽略不计，所以固体相可以看作为纯相，体系的所有非理想行为都集中在气相（即流体相）中。

根据热力学相平衡原理，可得到固体在超临界流体中的溶解度：

$$y_1 = \frac{p_1^S}{p} \times \frac{\varphi_1^S}{\varphi_1^F} \exp \frac{\left[v_1^S \left(p - p_1^S \right) \right]}{RT} \tag{5.91}$$

式中，p_1^S 为在体系温度下纯固态组分 1 的饱和蒸气压；p 为体系的总压；φ_1^S 为组分 1 在压力为 p_1^S 下的逸度系数；φ_1^F 为在体系温度 T 和压力 p 下流体相中组分 1 的逸度系数；v_1^S 为纯组分 1 的固态摩尔体积；T 为温度；R 为摩尔气体常数；y_1 为固体相组分 1 在流体相中的溶解度。

式（5.91）可简写为：

$$y_1 = \frac{p_1^S}{p} E \tag{5.92}$$

式（5.92）由 J.M.Prausnitz 提出，式中 E 通常称为增强因子（enhancement factor），它等于：

$$E = \frac{\varphi_1^S}{\varphi_1^F} \exp \left[\frac{v_1^S \left(p - p_1^S \right)}{RT} \right] \tag{5.93}$$

E 中包含有 φ_1^S、$\exp \left[\dfrac{v_1^S \left(p - p_1^S \right)}{RT} \right]$ 和 φ_1^F 三项，由于固体的饱和蒸气压通常很低，所以 φ_1^S 常接近

于 1；指数项（Poynting 修正因子）即使在普通压力达到 10MPa 范围内也不会大于 2，因此逸度系数 φ_1^F 对增强因子 E 起主要作用，在高压下 φ_1^F 值远小于 1，则增强因子 E 成为一很大的数值。例如在 25℃ 和 20MPa 下，实验测得的萘 - 乙烯体系的 E 值高达 35000。E 值的大小，直接反映了固体溶解在超临界流体中的值较之在相同温度、压力下的理想气体中的值增大了多少倍。当 $E=1$ 时称为理想溶解度。图 5.43 表示了萘 - 乙烯体系的等温溶解度曲线。图中间断线（-----）表示理想溶解度曲线；实线（——）表示实际溶解度曲线，由 Peng-Robinson（PR）状态方程回归得到。增强的溶解度较理想溶解度一般大四五个数量级。

J.S.Rowlinson 和 M.J.Richardson 采用 Virial（维里）方程的 Leiden 形式，导出了增强因子的表达式（从略），式中主要参数有二类，一是混合物的摩尔体积，二是 Virial 系数，但所有的 Virial 系数仅与温度和组成有关，与压力无关。所以，等温压缩将缩小混合物的摩尔体积 V，即增大密度 ρ，从而使 E 变大，提高溶解度。

在压力不高的情况下（大约不超过轻组分的临界压力的一半），E 可由简化的 Virial 方程计算：

$$\ln E = \frac{V_1 - 2B_{12}}{V} \tag{5.94}$$

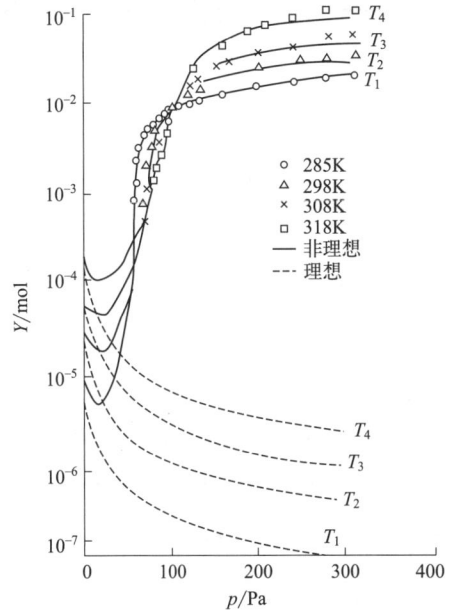

图 5.43　萘在超临界乙烯中的等温溶解度
间断线为理想溶解度曲线，实线为实际增强的溶解度回归曲线

式中，B_{12} 为组分 1 和超临界流体 2 分子间的相互作用维里系数。

B_{12} 可用经验方法计算。若分子间的相互作用越大，则 B_{12} 的负值越大，溶解度增加就越多。在压力高的情况下，上述 Virial 方程的应用受到限制，目前还缺乏估算的方法。

利用上面介绍的公式，可以对温度、压力影响超临界流体中溶解度的增强现象作进一步的解释。

① 随着压力增加，摩尔体积 V 降低，导致 $\ln E$ 值增加，超临界流体对固体的溶解能力提高。但在温度太高或溶质挥发度太低的情况下，则必须将压力提升到足够高时才能获得适量的溶解度。

② 温度对溶质在超临界流体中溶解度的影响随压力而变，在低压力下，温度升高使流体密度大大降低，从而减小了固体的溶解度；在高压下，温度升高引起的流体密度变化很小，这时固体的饱和蒸气压随温度升高而增加起了主导作用，结果导致固体溶质在超临界流体中的溶解度增加。

③ 对于一给定的流体，一方面，降低温度会使摩尔体积变小，并使其 B_{12} 成为更大的负值，从而使增强因子 E 变大；但是另一方面，温度下降也使溶质的饱和蒸气压 p_1^S 下降，$y_1 \propto p_1^S$，因而减少了它的溶解度。这两个相反因素作用的结果，表现在固体的溶解度上有一个最大值。

另外，液体溶质在超临界流体中溶解度变化的热力学分析要复杂得多，这是因为气体溶解于液体中并改变其性质，所以就必须同时考虑液 - 气平衡中的气相和液相两个方面，由于篇幅限制，这里不再介绍。

（3）超临界流体相平衡的热力学模型　由于高压相平衡的实验测定技术要求很高，所以要对工业上有意义的所有二元和三元混合物的相平衡进行测定是不可能的，因此，如能建立起合适的热力学模型，预测高压流体的相平衡规律，将是十分有意义的工作。但是这一任务并不容易，因为所研究的体系具有高度不对称性（即各组分的分子大小、结构、能量、极性及临界性质相差很大）、流体的高度可压缩性（导致了溶剂分子在溶质分子周围的高度集聚）以及在临界点附近存在的数学上的特异性。

经过许多学者的研究，现已提出了各种类型的状态方程式（EOS），应用于超临界流体相平衡的模拟，有一些比较普通的模式列于表 5.21 中。例如 Wang 和 Johnston 用 Carnahan-Starling-van der Waals

（CSVDW）方程去关联胆甾醇在35℃时，添加有0%和3.5%（质量分数）甲醇的CO_2中的溶解度以及预测含7%或9%浓度（质量分数）夹带剂时的胆甾醇溶解度，结果表示在图5.44上。

表5.21 用于模拟超临界流体溶质平衡的状态方程式

Redlich-Kwong（RK）	$p = \dfrac{RT}{V-b} - \dfrac{a}{\sqrt{T}V(V+b)}$
Soave（S）	$p = \dfrac{RT}{V-b} - \dfrac{a}{V(V+b)}$
Peng-Robinson（PR）	$p = \dfrac{RT}{V-b} - \dfrac{a(T)}{V(V+b)+b(V-b)}$
Partel-Teja（PT）	$p = \dfrac{RT}{V-b} - \dfrac{a(T)}{V(V+b)+c(V-b)}$
Carnahan-Starling-van der Waals（CSVDW）	$p = \dfrac{RT}{V} \times \dfrac{1+\zeta+\zeta^2-\zeta^3}{(1-\zeta)^3} - \dfrac{a}{V^2}$
Carnahan-Starling-Redlich-Kwong（CSRK）	$\zeta = \dfrac{b}{4V} \quad p = \dfrac{RT}{V} \times \dfrac{1+\zeta+\zeta^2-\zeta^3}{(1-\zeta)^3} - \dfrac{a}{\sqrt{T}V(V+b)}$

对于某些更加复杂的状态方程式，虽能更准确地拟合数据和代表物料的状况，但是对这些方程式中要求的参数估计存在着一系列的困难，尤其是有些状态方程式，涉及许多可调参数，例如修正后的Benedict-Webb-Rubin方程式有32个可调参数，这些参数必须由一系列的实验数据来决定，所以要做大量的实验工作来取得准确的数据，这就有很大的困难。事实上在这样高的压力条件下，那些生物分子是没有现成的物性数据可查的。有关临界温度、临界压力、蒸气压和热力学常数等，需要通过各种方法来进行估算。

5.5.5.3 超临界流体萃取的基本过程和设备

（1）超临界流体萃取的基本过程 超临界流体萃取所用的方法、设备和流程应该适应过程的特殊性，有的需适应萃取相中的溶质是直接的精制产品，如香料；有的则需适应萃取相中的溶质是要去除的杂质，而保留的是有用的"载体"，如从烟草中除去尼古丁。有的是液体-流体超临界萃取；有的则是固体-流体超临界萃取。图5.45表示了超临界流体萃取过程的典型流程图，是用超临界CO_2从植物性基质B中提取产品A。

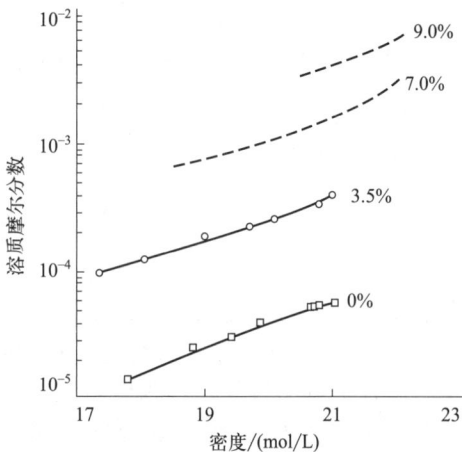

图5.44 胆甾醇在用甲醇为夹带剂的超临界CO_2中的溶解度

□ 纯CO_2；○3.5%甲醇；--- 用CSVDW状态方程式关联，再用CSVDW状态方程式预测

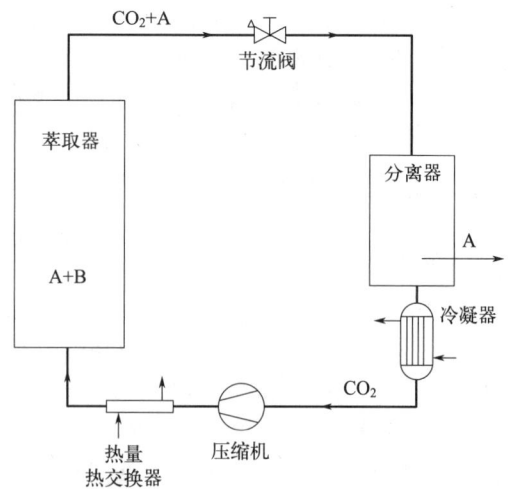

图5.45 超临界流体萃取流程

超临界流体在萃取器中，从基质中萃取化合物 A，流体的溶解能力受密度控制。流体相通过节流阀膨胀使 CO_2 密度减小，萃取物 A 从流体相中分离出来并收集在分离器中，而溶剂再经过压缩机增压和热交换器降（升）温后，循环使用。由上可见，过程基本上由萃取与分离两个主要阶段组成。从热力学和动力学角度考虑，可将超临界分离过程分为下面三种（见表 5.22），其实例如图 5.46、图 5.47、图 5.48 所示。

表 5.22　SC-CO_2 萃取典型工艺流程

流程	工作原理	优点	缺点	实例
等温变压工艺	萃取和分离在同一温度下进行。萃取完毕，通过节流阀降压进入分离器。由于压力降低，CO_2 流体对被萃取物的溶解能力逐步减小，萃取物被析出，得以分离	由于没有温度变化，故操作简单，可实现对高沸点、热敏性、易氧化物质接近常温的萃取	压力高，投资大，能耗高	图 5.47 SFE 啤酒花的流程
等压变温工艺	萃取和分离在同一压力下进行。萃取完毕，通过热交换升高温度。CO_2 流体在特定压力下，溶解能力随温度升高而减小，溶质析出	压缩能耗相对较小	对热敏性物质有影响	图 5.46 丙烷脱沥青流程
恒温恒压工艺	流程在恒温恒压下进行。该工艺分离萃取物需特殊的吸附剂，如离子交换树脂、活性炭等，进行交换吸附。一般用于除去有害物质	该工艺始终处于恒定的超临界状态，所以十分节能	需特殊的吸附剂	图 5.48 咖啡因 SFE 的水吸收流程

在图 5.46 的沥青沉清器中分别加入原料液和丙烷，并使温度达到 50℃，此时液体丙烷能溶解出沥青以外的所有原料油中的组分。由于丙烷在这时黏度小，所以可方便地将沥青分离出来。然后采用使少量丙烷汽化的方法将体系的温度下降到 4℃，就可使大量蜡被离析出来。可将体系再次升温到 100℃，此时丙烷对溶质的溶解能力将进一步下降，使树脂在树脂沉清器中沉析出来。分离出沥青、蜡、树脂等溶质后的油进入脱沥青油蒸馏塔。经蒸馏后，塔顶获得再生溶剂作循环使用，塔底得脱沥青油成品。

在图 5.47 中自萃取器底部放出的萃取相经膨胀阀节流降压，使溶剂的溶解度减小而进入分离器中析出，自分离器顶部放出的二氧化碳进入冷凝器冷凝成液体后用二氧化碳泵增压到萃取压力，并使之经蒸发器汽化，然后进入冷凝器循环使用。

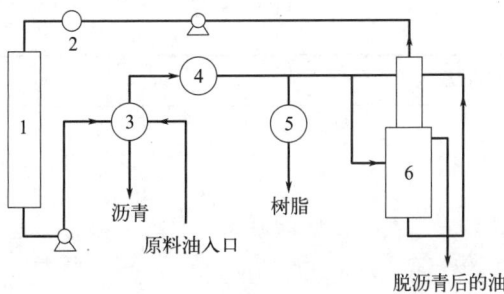

图 5.46　丙烷脱沥青流程（等压变温工艺）

1—丙烷贮槽；2—丙烷冷凝器；3—沥青沉清器；4—换热器；
5—树脂沉清器；6—脱沥青油蒸馏塔

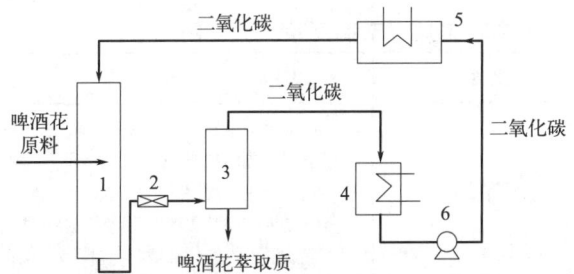

图 5.47　SFE 啤酒花的流程（等温变压工艺）

1—萃取器；2—膨胀阀；3—分离器；4—冷凝器；5—蒸发器；
6—二氧化碳泵

在图 5.48 中将装有咖啡豆的萃取塔中通以超临界二氧化碳，使其中的咖啡因被萃取出来，将自萃取塔底部放出的萃取相送入吸收塔，与逆向流下的水进行质量交换，因在 31.1MPa 和 313K 下，咖啡因在超临界二氧化碳和水溶解的分配系数约为 0.03～0.04（质量分数之比），因而自萃取塔顶离去的二氧化碳中的咖啡因已大部分被水吸收，经脱除咖啡因后的二氧化碳返回萃取塔重复使用。自吸收塔底部放出的高压水经膨胀阀减压后进入脱气器，使溶解的二氧化碳从水相放出，经 CO_2 压缩机压缩后重新进入吸收塔底部，脱气后的液体水溶液进入蒸发器，底部获得咖啡因，水汽经冷凝后用泵加压送入吸收塔顶部作循环使用。

近年来，还有一种新的分离过程，即添加惰性气体的等压分离法。在超临界流体中加入 N_2、Ar 等惰性气体，可以改变物质的溶解度。如在超临界 CO_2 中加入 N_2 后，咖啡因在 CO_2 中的溶解度显著下降。根据这一原理建立起来的超临界流体萃取过程叫做添加惰性气体的萃取分离法流程，此流程的操作都在等温等压下进行，故能耗低。但关键是必须有超临界流体与惰性气体分离的简便方法。

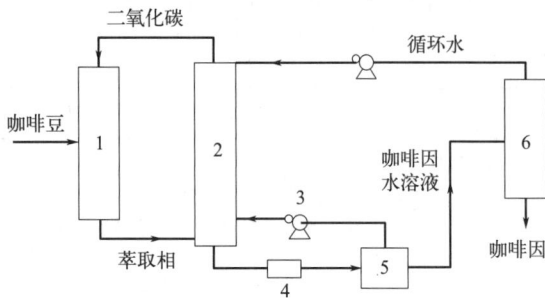

图 5.48　咖啡因 SFE 的水吸收流程（恒温恒压工艺）

1—萃取塔；2—吸收塔；3—CO_2 压缩机；
4—膨胀阀；5—脱气器；6—蒸发器

（2）超临界流体萃取的设备　超临界流体萃取过程的主要设备由高压萃取器、分离器、换热器、高压泵（压缩机）、储罐以及连接这些设备的管道、阀门和接头等构成。

萃取器：是装置的核心部分，有间歇式和快开式两种萃取器。目前大多数是间歇式的静态装置，进出固体物料需打开顶盖。为提高操作效率，生产中大多采用并联式操作以便切换萃取器；对于某些不易进行粉碎预处理的固体物料，为了提高生产效率，萃取器顶盖须设计成开放式封头并配置有液压自控系统，从而实现自动启闭。

分离器：是溶质和超临界溶剂实现分离的装置，结构与萃取器相似，一般配置有温度和压力控制设备，分离器内应有足够的空间，便于气-固分离，几何形状简单并设有收集器。新型、高效的分离器还可避免分离中的雾化现象。

为了解决规模化生产时高压条件下固体进出料的困难，还进行了连续式超临界流体萃取器装置的研究和开发。

5.5.5.4　超临界流体萃取的应用

超临界流体萃取技术是近年来发展起来的一种新型的物质分离纯化技术，在化工、医药、食品、生物、环保、材料等领域已引起人们广泛的兴趣，展现出广阔的应用前景，见表 5.23。下面是对超临界流体萃取在生物工业中的应用介绍。

表 5.23　超临界流体萃取的应用实例

工业类别	应用实例
医药工业	①原料药的浓缩、精制和脱溶剂（抗生素等） ②酵母、菌体生成物的萃取（γ-亚麻酸、甾族化合物、酒精等） ③酶、维生素等的精制、回收 ④从动植物中萃取有效药物成分（化学治疗剂、生物碱、维生素 E、芳香油等） ⑤脂质混合物的分离精制（甘油酯、脂肪酸、卵磷脂）
食品工业	①脂质体制备技术 ②植物油的萃取（大豆、棕榈、花生、咖啡等） ③动物油的萃取（鱼油、肝油） ④食品的脱脂（马铃薯片、无脂淀粉、油炸食品） ⑤从茶、咖啡中脱除咖啡因，啤酒花的萃取等 ⑥植物色素的萃取，β-胡萝卜素的提取 ⑦含酒精饮料的软化 ⑧油脂的脱色、脱臭
化妆品香料工业	①天然香料的萃取（香草豆中提取香精）、合成香料的分离、精制 ②烟草脱烟碱 ③化妆品原料的萃取、精制（表面活性剂、单甘酯等）

续表

工业类别	应用实例
生物工业	①从发酵液中去除生物稳定剂 ②从水溶液中提取有机溶剂 ③微生物的临界流体破碎过程 ④工业废物的分解 ⑤木质纤维材料的处理
化学工业	①烃的分离（烷烃与芳烃、萘的分离，α-烯烃的分离，正烷烃和异烷烃的分离） ②有机溶剂的水溶液的脱水（醇，甲醇、乙醇等） ③有机合成原料的精制（羧酸、酯、酐，如己二酸、对苯二酸、己内酰胺等） ④共沸化合物的分离（水-乙醇等） ⑤作为反应的稀释溶剂应用（聚合反应、烷烃的异构化反应） ⑥反应原料回收（从低级脂肪酸盐的水溶液中回收脂肪酸）
其他	①超临界流体色谱 ②活性炭的再生

（1）用超临界 CO_2 提取甾族化合物　研究人员在工业实验室中研究了从超临界 CO_2 中溶解和沉淀各种甾族化合物的情况，同时测验了从土曲霉发酵液中提取一种化合物的可能性。在这个研究的第一部分中，对 3 个标准化合物 [impenem（依米配能）、mevinolin（梅奴灵）和 efrotomycin（呋罗托霉素）] 进行了筛选，实验中观察到，即使在压力高于 38MPa 时，这些复杂的分子在超临界 CO_2 中的溶解度还是很小，添加共溶剂可增加溶质的溶解度。如加入丙酮，结果使呋罗托霉素的溶解度增加 10 倍。加入 5% 甲醇预先同 CO_2 混合，对梅奴灵有最强的影响，使溶质的溶解度增加 10 倍 [最高为 0.45%（质量分数），38MPa 和 40℃]。当超临界 CO_2 膨胀减压到大气压，只要含有 3%（质量分数）的甲醇，梅奴灵就会沉淀出来，所得颗粒大小在 1～50μm，比用普通方法从甲醇和水混合溶液中结晶出来的颗粒小，约为原来的 1/5。X 射线衍射检测表明，用超临界流体萃取技术所制得的结晶，完全能保持其结构特性，可完全代替当前为使颗粒减小而使用的研磨方法。

（2）超临界条件下的酶催化反应　见表 5.24，超临界 CO_2 是一种特殊的非水反应溶剂，酶在其中处理 24h 后，催化活性基本保持不变，并且扩散阻力小，传质速率快，二氧化碳还与蛋白质分子之间存在很强的相互作用，酶的构型会发生变化，引起表面基团的运动和活性中心的出现，从而可选择性地催化手性化合物。

表 5.24　超临界条件下的酶催化反应

反应	酶	载体	反应器	反应介质和条件
对硝基磷酸苯酯的水解	碱性磷酸酶	—	间歇	CO_2，35℃，10MPa
对甲酚和对氯酚的氧化	多酚氧化酶	玻璃珠（62～149μm）	间歇，连续	CO_2/O_2，36℃，34MPa CHF_3/O_2，34℃，34MPa
甘油三油酸酯与硬脂酸的酸解	脂肪酶	硅藻土和离子交换树脂（444μm）	间歇	CO_2，50℃，30MPa
乙酸乙酯与异戊醇醇解	脂肪酶	离子交换树脂（444μm）	连续	CO_2，60℃，10MPa
胆甾醇的氧化	胆甾醇氧化酶	玻璃珠	间歇，连续	CO_2，35℃，10MPa
甘油三辛酸酯与油酸的酸解	脂肪酶	离子交换树脂（444μm）	间歇	CO_2，60℃，10MPa
N-乙酰-L-苯丙氨酸与乙醇的转酯	枯草溶菌素	—	间歇	CO_2，45℃，15MPa

（3）超临界水中纤维素水解转化制备葡萄糖　纤维素是非常有应用前景的可再生生物资源，以此为原料可以生产能源、化学品、食品和药物等，其中关键是首先要使它水解转化成葡萄糖。在近临界条件下（T=473～650K，p=25MPa），纤维素迅速转化，总反应速率比酸催化过程提高 10～100 倍，温度为 673K 时，在不到 15s 的时间内纤维素几乎 100% 转化，提高温度可提高葡萄糖的产率。

（4）超临界流体中的细胞破碎技术（CFD）　细胞破碎是生物技术下游加工过程中回收胞内酶和重组 DNA 蛋白的重要步骤。用一氧化二氮流体，在 40℃，循环 25min，35MPa 的条件下进行超临界流体细胞破碎，对于酵母（68g/L），蛋白质、核酸释放率分别达 27% 和 67%；对于 E.coli（69g/L），蛋白质、核酸释放率分别达 17% 和 51%；对于枯草杆菌（93g/L），核酸释放率达 21%。CFD 过程所需压力低于高压匀浆法，并有良好的调节性能（包括温度、压力、停留时间、膨胀速度），适用于各类细胞的破碎。

除上述外，还可用超临界流体溶液快速膨胀过程来制备超细颗粒药物和用气体抗溶剂过程来制备高聚物沉淀，如制备用作 HPLC 载体材料的聚苯乙烯微细颗粒等。

5.5.5.5　超临界流体萃取的优点和缺点

（1）超临界流体萃取的优点　超临界流体萃取对生物产品的分离具有极大的诱惑力，其原因是它具有许多特点。

① 超临界萃取同时具有液相萃取和精馏的特点。超临界萃取过程是由两种因素，即被分离物质挥发度之间的差异和它们分子间亲和力的大小不同，同时发生作用而产生相际分离效果的。如酒花的萃取，可控制在不同的柱高，排放出不同挥发度的产物；超临界 CO_2 对咖啡因和芳香素具有不同的选择性。

② 超临界流体萃取独特的优点是它的萃取能力取决于流体的密度，而密度很容易通过调节温度和压力来加以控制。

③ 超临界流体萃取中的溶剂回收很简便，并能大大节省能源。被萃取物可通过等温减压或等压升温的办法与萃取剂分离；而萃取剂只需重新压缩便可循环使用。

④ 超临界流体萃取工艺可以不在高温下操作，因此特别适合于热稳定性较差的物质。同时产品中无其他物质残留。

⑤ 超临界流体萃取的操作压力可根据分离对象选择适当的萃取剂或添加夹带剂来控制，以避免高压带来的影响。

由上可知，超临界流体萃取是一项具有特殊优势的分离技术，特别适用于提取或精制热敏性和易氧化的物质，如医药品和食品等。

（2）超临界流体萃取的缺点

① 高压下萃取时相平衡较复杂，物系数据缺乏。

② 高压装置和高压操作，投资费用高，安全要求也高。

③ 超临界流体中溶质浓度相对较低，故需要大量的溶剂循环。

④ 超临界流体萃取过程固体物料居多，连续化生产较困难。

（3）超临界流体应用原则　基于超临界流体的以上特点，在选用超临界流体的过程中，应遵循以下原则：①选用的超临界流体的化学性质应该稳定，对设备无腐蚀性；②选用的超临界流体的 T_c 应该接近室温或操作温度，不应太高或太低；③操作温度应低于被萃取溶质的分解温度；④选用的超临界流体的 p_c 尽量低，以降低压缩动力；⑤超临界流体对萃取溶质的溶解度要高，以减小溶剂的循环量。

5.5.5.6　超临界流体萃取今后的主要研究方向

超临界流体萃取技术在生物工程中的研究与应用已经取得了一定的进展，但仍待进一步完善，今后的发展方向为以下几个方面。

（1）超临界流体萃取工艺的研究　超临界流体萃取生物物质的实例很多，但是它们的成分复杂，不同组分的萃取工艺条件亦不同，选择合适的萃取工艺条件以提高目标组分的萃取效率和选择性仍将是今后研究的重点。

（2）超临界流体萃取过程的基础理论研究　超临界流体萃取过程的热力学和传质理论是超临界流体萃取的理论依据，深入的基础理论研究有助于更好地提高超临界流体萃取的效率，优化萃取工艺，并为超临界流体萃取过程的设计和优化提供理论上的依据。

（3）超临界流体萃取过程的强化研究　在超临界流体萃取前采用超声波或微波等技术对植物进行细

胞壁破壁、在萃取过程中加入夹带剂或表面活性剂以及引进外场（如超声场、电场等）辅助萃取等强化手段来提高萃取效率。但有关发酵和生物转化产物的超临界流体萃取的外场强化报道还很少，它也是今后研究的一个重要方向。

（4）超临界流体萃取技术与其他分离技术的耦合研究　由于胞内外产物和生物转化产品的成分极其复杂，采用单一的超临界流体萃取技术往往不能满足产品的纯度要求，此时可将超临界流体萃取技术与其他分离技术（如精馏、膜分离、吸附、柱色谱法等）耦合起来，以获得更高纯度的目标产品。

（5）超临界流体萃取过程的工程化研究　超临界流体萃取装置属于高压设备，若要实现连续化生产，提高生产效率，降低劳动强度，还需要解决高压条件下固体进出料系统的设计问题，既要维持萃取釜的高压密封性，又要保证萃取釜的原料和萃余物的连续进出。

随着研究工作的不断深入，有关超临界流体萃取的基础理论研究及应用研究将得到不断的完善，并将在生物工程中得到更加广泛的应用。

5.5.6　液膜萃取法

由于固体膜存在选择性低和通量小的缺点，故人们试图用改变固体高分子膜的物态，使穿过膜的扩散系数增大、膜的厚度减小，从而使透过速度跃增，并再现生物膜的高度选择性迁移。这样，在 20 世纪 60 年代中期诞生了一种新的膜分离技术——液膜分离法（liquid membrane separation），又称液膜萃取法（liquid membrane extraction），这是一种以液膜为分离介质、以浓度差为推动力的膜分离操作。它与溶剂萃取虽然机理不同，但都属于液 - 液系统的传质分离过程。

液体膜的问世，是现代科学发展的必然。但是，它的首创过程却是偶然的。具有分离选择性的人造液膜是 Martin 在 20 世纪 60 年代初研究反渗透脱盐时发现的，由于在盐水中加进了百万分之几的聚乙烯甲醚，就在固膜（醋酸纤维膜）和盐溶液之间的表面上形成了一张液膜（支撑液膜），它使盐的渗透量稍微降低一点，但选择透过性却显著增大。

20 世纪 60 年代中期，美国林登埃克森研究与工程公司的美籍华人 N.N.Li（黎念之）博士在测定表面张力的实验中，发现了不带固膜支撑的新型液膜——界面膜，是一种悬浮在被分离混合液中的乳化液膜，其膜很薄而且表面积极大，故处理能力比固膜及带支撑液膜大得多。这是一次重大的技术突破，使分离科学提高到新的水平。

20 世纪 70 年代初，E.L.Cussler 又研制成功含流动载体的液膜，将液膜技术推向深入。所谓流动载体，就是在膜中加入某种可溶性的载体化合物，它能够在液膜内往返传递待分离的迁移物质，提高了选择性。

经过近数十年的广泛研究，该技术在冶金、环保、医药、生物等领域的应用已日趋成熟。众所周知，发酵法是生产生化产品的主要方法，目前发酵法生产中存在的问题之一是发酵产物的分离和后续的浓缩。衡量一项技术能否用于下游过程要考虑如下因素：浓缩能力、选择性、连续性、预处理和费用。液膜分离技术在上述几方面较传统分离技术有显著优点，适于生化产品的提取。特别是利用促进迁移的传质机理进一步提高液膜分离选择性，能够从含有多种分离产物的发酵液中高效分离目标产物，萃取和反萃取同时进行，显著提高分离和浓缩效果。液膜分离不需要大量预处理，过程设计和放大基于经典的液 - 液萃取理论，易于实现工业化。能耗低，化学品消耗少，不产生二次污染，经济效益较好，被认为是生物化工产品提取过程中最有应用前景的技术之一。

5.5.6.1　液膜及其分类

（1）液膜的定义及其组成　液膜是用于分隔与其互不相溶的液体的一个介质相，它是被分隔两相液体之间的"传质桥梁"。如果此中介相（膜）是一种与被它分隔的两相互不相溶的液体，则这种膜便被称为液膜。通常不同溶质在液膜中具有不同的溶解度与扩散系数，液膜对不同溶质的选择性渗透，实现了溶质之间的分离。

液膜通常由膜溶剂90%以上，表面活性剂1%～5%，流体载体（包括膜增强添加剂）1%～5%组成。膜溶剂是成膜的基体物质，一般为水或有机溶剂，选择的依据是液膜的稳定性和对溶质的溶解性。表面活性剂能明显降低液体的表面张力或两相的界面张力，对液膜的稳定性、渗透速率、分离效率和膜的重复使用有直接影响。流动载体的作用是选择性迁移指定的溶质或离子，常为某种萃取剂。膜增强添加剂用于增加膜的稳定性，即要求液膜在分离操作时不会过早破裂，在破乳工序中又容易被破碎。通常将含有被分离组分的料液作连续相，称为外相；接受被分离组分的液体，称内相；处于两者之间的成膜液体称为膜相，三者组成液膜分离体系。

（2）液膜的分类 液膜分离技术按其构型和操作方式的不同，主要分为乳状液膜（liquid surfactant membranes）、支撑液膜（supported liquid membranes）和流动液膜（flowing liquid membrane）。

① 乳状液膜：乳状液膜的制备是首先将两个不互溶相即内相（回收液）与膜相（液膜溶液）充分乳化制成乳液，再将此乳液在搅拌条件下分散在第三相或称外相（原液）中而成。通常内相与外相互溶，而膜相既不溶于内相也不溶于外相。在萃取过程中，外相的传递组分通过膜相扩散到内相而达到分离的目的。萃取结束后，首先使乳液与外相沉降分离，再通过破乳回收内相，而膜相可以循环制乳，见图5.49。上述多重乳状液可以是O/W/O（油包水包油）型，也可以是W/O/W（水包油包水）型。前者为水膜，用于分离碳氢化合物，而后者为油膜，适用于处理水溶液。

上述液膜的液滴直径范围为0.5～2mm，乳液滴直径范围为1～100μm，膜的有效厚度为1～10μm，因而具有巨大的传质比表面，使萃取速率大大提高。

② 支撑液膜：支撑液膜是由溶解了载体的液膜，在表面张力作用下，依靠聚合凝胶层中的化学反应或带电荷材料的静电作用，含浸在多孔支撑体的微孔内而制得的（见图5.50）。由于将液膜含浸在多孔支撑体上，可以承受较大的压力，且具有更高的选择性，因而，它可以承担合成聚合物膜所不能胜任的分离要求。支撑液膜的性能与支撑体材质、膜厚度及微孔直径的大小密切相关。支撑体一般都要求采用聚丙烯、聚乙烯、聚砜及聚四氟乙烯等疏水性多孔膜，膜厚为25～50μm，微孔直径为0.02～1μm。通常孔径越小液膜越稳定，但孔径过小将使孔隙率下降，从而将降低透过速率。所以开发透过速率大而性能稳定的膜组件是支撑液膜分离过程达到实用化目的的技术关键。

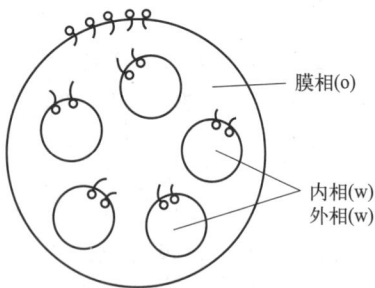

图5.49 乳状液膜示意

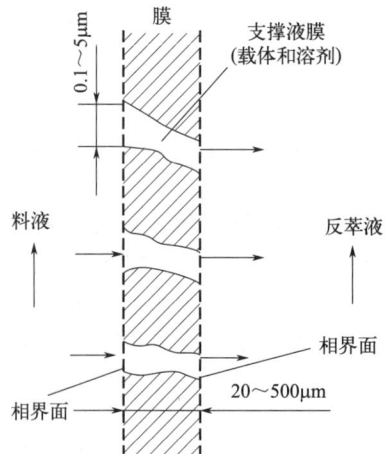

图5.50 支撑液膜示意

支撑液膜使用寿命只有几小时至几个月，不能满足工业化应用要求，可以采用以下措施来提高稳定性：a.开发新的支撑材料，现用的超滤膜或反渗透膜不符合支撑液膜特殊的要求，开发具有最佳孔径、孔形状、孔弯曲度的疏水性的膜材质和膜结构的支撑体势在必行，如复合膜的制备，使穿过膜的扩散速率加快，更可增加稳定性；b.支撑液膜的连续再生，通过各种手段在不停车的情况下，连续补加膜液，使膜的性能得以稳定；c.载体与支撑材料的基体进行化学键合，即所谓"架接"以制成载体分子的一端固定在支撑体上，另一端可自由摆荡的支撑液膜系统，这样既能满足载体的活动性，又能满足载体的稳定性。

③ 流动液膜：也是一种支撑液膜，其核心特点是液膜相（通常为含载体的有机溶剂）在装置中持续流动，从而在料液相和反萃相之间建立传质通道。流动液膜通过泵送系统使液膜相循环流动，不仅避免了支撑液膜因溶剂挥发或载体流失导致的稳定性问题，还能通过强制对流显著提高传质效率。流动液膜在操作过程中膜溶剂有损失可及时补充，不必停止萃取操作进行液膜再生，适用于工业级连续操作。

5.5.6.2　液膜萃取的机理

液膜分离具有高效、快速、专一等优点，主要源于膜结构和传递机理两方面的突破。其传质机理按液膜中有无流动载体分为以下两大类。

（1）无流动载体液膜分离机理　这类液膜分离过程主要有三种分离机理，即选择性渗透、化学反应、萃取和吸附。图 5.51 是这三种分离机理示意图。

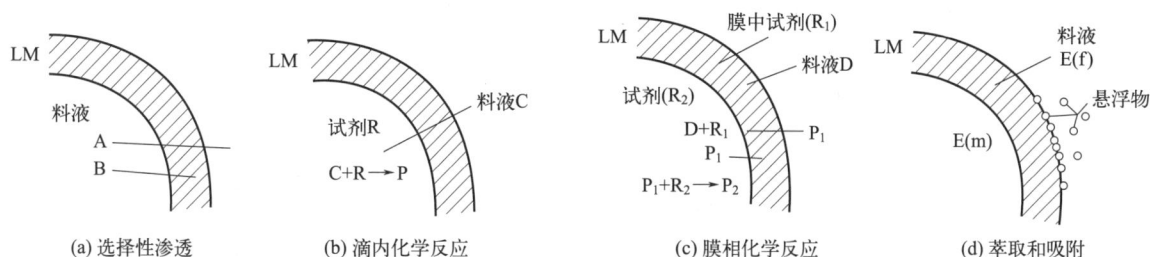

图 5.51　液膜分离机理

(a) 选择性渗透　　(b) 滴内化学反应　　(c) 膜相化学反应　　(d) 萃取和吸附

① 选择性渗透（单纯迁移）　这种液膜分离属单纯迁移选择性渗透机理，即膜中不含流动载体，内外相不含与待分离物质发生化学反应的试剂，依据待分离组分（A 和 B）在膜中溶解度和扩散系数不同，从而导致待分离组分在膜中渗透速率不同实现分离。但当分离过程进行到膜两侧被迁移的溶质浓度相等时，输送便自行停止，因此它不能产生浓缩效应。分离机理如图 5.51（a）所示。

② 化学反应　又可分成两类。

a. 滴内化学反应（Ⅰ型促进迁移）　在液膜内相添加与溶质发生不可逆化学反应的试剂（R），使料液中待分离溶质（C）与其生成不能逆扩散透过膜的产物（P），从而保持渗透物在膜相两侧的最大浓度差，以促进溶质（C）的迁移。从而强化了从料液中分离（C）组分的目的。分离机理如图 5.51（b）所示。

b. 膜相化学反应（属载体传输，Ⅱ型促进迁移）　在制乳时加入流动载体，载体分子（R_1）先在外相选择性地与料液中的 D 组分发生化学反应，生成中间产物（P_1），然后这种中间产物扩散到膜的另一侧，与液膜内相中的试剂（R_2）作用，生成不溶于液膜的 P_2，并使 R_1 重新还原释放，把溶质 D 释放到内相，而流动载体又扩散到外相侧，重复上述过程，如图 5.51（c）所示。整个过程中，流动载体没有被消耗，只起了搬移溶质的作用，被消耗的只是内相中的试剂。这种含流动载体的液膜在选择性、渗透性和定向性三方面更类似于生物细胞膜的功能，使分离和浓缩同时完成。

③ 萃取和吸附　如图 5.51（d）所示，这种液膜分离过程具有萃取和吸附的性质，它能把有机化合物萃取和吸附到液膜中，也能吸附各种悬浮的油滴及悬浮固体等，达到分离的目的。

（2）有载体液膜分离机理　有载体液膜分离过程主要决定于载体的性质。载体主要有离子型和非离子型两类，其渗透机理分为逆向迁移和同向迁移两种。

① 逆向迁移　它是液膜中含有离子型载体时溶质的迁移过程（见图 5.52）。载体 C 在膜界面Ⅰ与欲分离的溶质离子 1 反应，生成配合物 C_1，同时放出供能溶质 2。生成的 C_1 在膜内扩散到界面Ⅱ并与溶质 2 反应，由于供入能量而释放出溶质 1，形成载体配合物 C_2 并在膜内逆向扩散，释放出的溶质 1 在膜内溶解度很低，故其不能返回去，结果是溶质 2 的迁移引起了溶质 1 逆浓度迁移，所以称为逆向迁移，它与生物膜的逆向迁移过程类似。

② 同向迁移　液膜中含有非离子型载体时，它所载带的溶质是中性盐，在与阳离子选择性配位的同时，又与阴离子配位形成离子对而一起迁移，故称为同向迁移（见图 5.53）。载体 C 在界面Ⅰ与溶质 1、2 反应（溶质 1 为欲浓集离子，而溶质 2 供应能量），生成载体配合物 C_2' 并在膜内扩散至界面Ⅱ，在界

面Ⅱ释放出溶质 2，并为溶质 1 的释放提供能量，解络载体 C 在膜内又向界面Ⅰ扩散。结果溶质 2 顺其浓度梯度迁移，导致溶质 1 逆其浓度梯度迁移，但两溶质同向迁移，它与生物膜的同向迁移相类似。

上述有载体液膜分离机理不仅适用于乳状液膜也适用于支撑液膜。

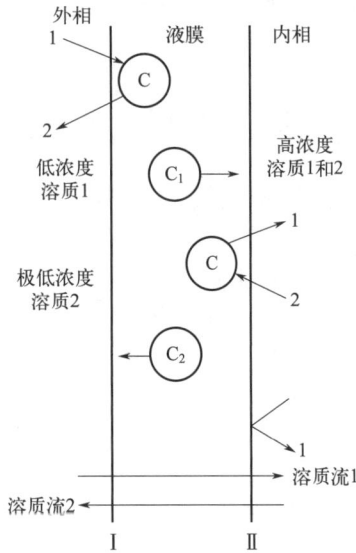

图 5.52　逆向迁移机理

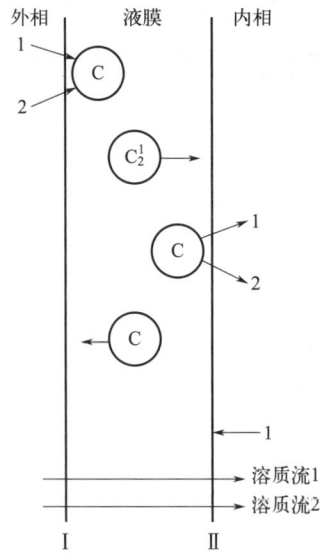

图 5.53　同向迁移机理

5.5.6.3　液膜萃取过程的数学模型

液膜萃取过程的数学模型是以数学关系式来描述实际系统的。将模型中的因变量、独立变量及参数与实际系统中的物理量和化学量直接联系起来，从而为实用和过程放大提供依据。针对不同的分离机理需要建立相应的数学模型。

（1）乳化液膜传质动力学模型　在这类液膜的数学模型研究过程中经历了从平板模型、空心球模型，到渐进前沿模型、修正渐进前沿模型、扩散 - 反应模型等一个发展过程。但目前理论体系较为完善、实用的数学模型大致有两类：一类是源于渐进前沿模型及其基础的修正；另一类是扩散 - 反应模型（适用于内相反应速率较慢的情况）。

渐进前沿模型和扩散 - 反应模型尽管较其他模型有优势，但它们和其他传质模型一样，未完全真实地反映体系的传质特征，避开了乳液渗透溶胀和液膜破损效应的影响，从而带来数学模型的部分失真。

本节介绍的是针对膜渗透溶胀和膜破损进行了修正的改进的渐进前沿模型。液膜传质过程的浓度分布如图 5.54 所示。

建立乳状液膜传质数学模型时，假设：

① 由于表面活性剂的存在，乳液滴无再分散，滴内无内循环；

② 传递组分在膜相自由地扩散直至和内相试剂发生瞬间不可逆反应；

③ 在乳液滴内存在一尖锐的边界，即反应前沿 $\varphi(t)$，在反应前沿的内部区域无传递组分，外部区域无内相反应试剂；

④ 随着反应的进行，反应前沿不断向乳液滴中心收缩；

⑤ 忽略乳液滴及其内部微滴尺寸的不均匀性；

⑥ 传质过程的阻力主要是膜外相边界层阻力、膜相的扩散阻力和外界面反应阻力；

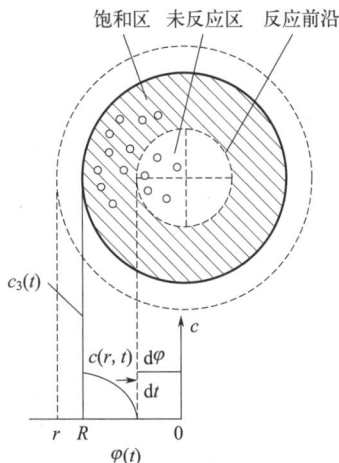

图 5.54　改进的渐进前沿模型示意

⑦ 液膜传质过程中，忽略膜破裂所造成的外水相 pH 变化，过程恒温，分离前后各项理化性质不变，有关常数恒定；

⑧ 考虑乳液的渗透溶胀及液膜破损，忽略夹带溶胀的影响，并且乳液滴的体积随渗透量而变化。

根据上述假设，可以建立如下方程组。

溶质在乳液滴内的扩散方程：

$$\frac{\partial c}{\partial t} = \frac{D_e}{r^2} \times \frac{\partial}{\partial r}\left(r^2 \times \frac{\partial c}{\partial r}\right) \quad \varphi(t) < r < R \tag{5.95}$$

$$\left.\begin{array}{l} t=0,\ r \leqslant R\text{时},\ c=0 \\[2mm] t>0,\ r=R\text{时},\ D_e\dfrac{\partial c}{\partial r}=k_0(c_3-c/\alpha) \\[2mm] t>0,\ r=\varphi(t)\text{时},\ c=0 \end{array}\right\} \tag{5.96}$$

式中，c 为溶质在乳滴内的平均浓度；k_0 为外相传递系数；$\varphi(t)$ 为反应前沿半径；D_e 为滴内有效扩散系数；R 为乳液滴的外球半径；r 为乳液滴的半径坐标；c_3 为溶质在外相的浓度；α 为溶质在外相与乳液相间的分配系数；t 为时间。

连续相物料平衡方程：

$$-\left(v_3\frac{dc_3}{dt}-J_\varphi\right)=\frac{3}{R}(V_i+V_m)D_e\left.\frac{\partial c}{\partial r}\right|_{r=R} \tag{5.97}$$

$$t=0,\quad c_3=c_{30}$$

式中，溶质的泄漏流量 $J_\varphi=\dfrac{dV_i'}{dt}\bar{c}_i=B_mV_3(c_{30}-c_3)$；$\bar{c}_i$ 为溶质在内相的平均浓度；V_i、V_m、V_3 为内相、膜相和外相的体积；V_i' 为考虑膜破损时的内相体积；B_m 为膜破裂系数；c_{30} 为溶质在外相的初始浓度（同时引进乳液渗透溶胀和液膜破损效应，具体公式及推导略）。

反应前沿处的物料平衡方程：

$$-\frac{V_i'}{V_i+V_m}c_i\frac{d\varphi(t)}{dt}=D_e\left.\frac{\partial c}{\partial r}\right|_{r=\varphi(t)} \tag{5.98}$$

$$t=0,\quad \varphi(t)=R$$

式中，c_i 为内相反应试剂的浓度。

式（5.95）属线性抛物线偏微分方程，式（5.95）～式（5.98）构成了一个偏微分方程组。由于模型中引入了渗透溶胀和液膜破损项，大大增加了求解的难度，一般要采用数值解法。其过程是首先用 Laudau 变换固定动边界，然后用 Crank-Nicolson 隐式差分法对变换后的方程进行有限差分，用追赶法解三对角差分方程组，再用迭代法跟踪动边界。具体求解从略。

利用改进的渐进前沿模型可以求取分配系数、滴内有效扩散系数、乳液滴 Sauter 平均直径、外相传质系数 k_0 等。

用改进的渐进前沿模型对苯丙氨酸物系在典型条件下传质结果的模型值和实验值作了比较，如图 5.55 所示，两者吻合良好，说明建模时不仅要考虑滴内外传质、界面反应，还需考虑渗透溶胀和液膜破损。

（2）支撑液膜的传递过程模型　将支撑液膜（SLM）置于料液和反萃取（或萃取）液之间，利用液膜（通常含有载体）内发生的促进传递作用，可将欲分离的物质从料液一侧传递到反萃取液一侧，这是一个反应 - 扩散过程。溶质在促进传递中的浓度分布如图 5.56 所示。当载体与产物离子界面反应很快，溶质在支撑液膜 - 反萃取液中的平衡分配系数 α_d 比支撑液膜 - 料液中分配系数 α_a 低得多，并且处在稳态过程时，通过边界层和膜的通量可用 Fick 定律来表示。

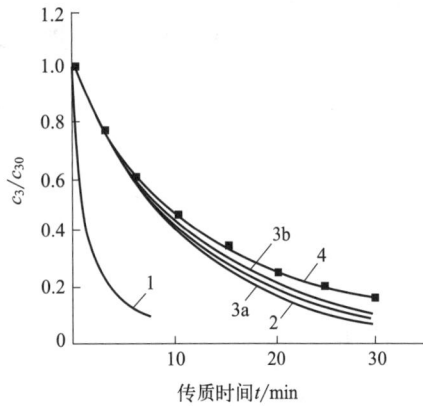

图 5.55 pH=3.0 时模型理论值与实验值的比较

（搅拌转速 400r/min）

1—渐进前沿模型；2—外相边界层及膜相扩散控制模型；3a—考虑外相
边界层和渗透溶胀的渐进前沿模型；3b—考虑外相边界层和液膜破损的
渐进前沿模型；4—改进的渐进前沿模型；■ 实验值

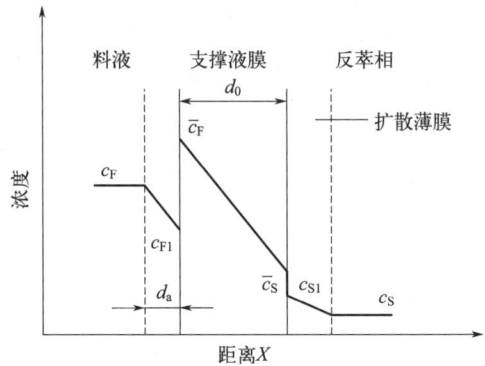

图 5.56 稳态条件下支撑液膜的浓度分布

① 通过料液侧相界面层的通量为：

$$J_F = \frac{D_a}{L_a}(c_F - c_{Fi}) \tag{5.99}$$

式中，D_a 为溶质在边界层中的扩散系数；L_a 为边界层的厚度；c_F、c_{Fi} 分别为溶质在料液主体和 SLM 界面上的浓度。

② 在料液侧 SLM 界面处界面通量为：

$$J_{iF} = K_1 c_{Fi} - K_{-1}\bar{c}_F \tag{5.100}$$

式中，K_1、K_{-1} 分别为界面上化学反应速率常数；$\bar{c}_F$ 为 SLM 界面内的浓度。

③ 通过膜的整个通量为：

$$J_0 = \frac{D_0}{L_0}(\bar{c}_F - \bar{c}_S) \tag{5.101}$$

式中，D_0 为溶质在膜中的扩散系数；L_0 为膜的厚度；$\bar{c}_S$ 为反萃相一侧膜界面内的浓度。

④ 在反萃相侧 SLM 界面处界面通量为：

$$J_{iS} = K'_{-1}\bar{c}_S - K'_1 c_{Si} \tag{5.102}$$

式中，K'_{-1}、K'_1 分别为界面上化学反应速率常数；c_{Si} 为反萃相膜界面层的浓度。

⑤ 通过反萃相侧界面层的通量为：

$$J = \frac{D_a}{L}(c_{Si} - c_S) \tag{5.103}$$

式中，c_S 为反萃相中溶质的浓度。

料液侧的分配比率为：

$$E_F = \frac{\bar{c}_F}{c_{Fi}} \tag{5.104}$$

反萃相侧的分配比率为：

$$E_S = \frac{\bar{c}_S}{c_{Si}} \tag{5.105}$$

在稳态条件下，由方程式（5.99）～式（5.105），可得到膜的整个通量为：

$$J = \frac{E_F}{m_a(E_F + E_S) + m_0} c_F - \frac{E_S}{m_a(E_F - E_S) + m_0} c_S \tag{5.106}$$

式中，$m_a = \dfrac{L_a}{D_a}$，$m_0 = \dfrac{L_0}{D_0}$，分别为通过边界层和膜的扩散参数。

定义料液和反萃取相侧的渗透选择性系数分别为：

$$P_F = \frac{E_F}{m_a(E_F - E_S) + m_0} \tag{5.107}$$

$$P_F = \frac{E_s}{m_a(E_F - E_S) + m_0} \tag{5.108}$$

则式（5.106）可简写为：

$$J = P_F c_F - P_S c_S \tag{5.109}$$

事实上，SLM 的通量是随 c_F 和 c_S 的变化而变化的，即：

$$J = -\frac{dc_F}{dt} \times \frac{V_F}{Q} = \frac{dc_S}{dt} \times \frac{V_S}{Q} \tag{5.110}$$

式中，Q 为膜面积；V_F 和 V_S 分别为料液和萃取相体积。

如果 $V_F = V_S = V$，且 $c_F + c_S = c_0$，由式（5.109）和式（5.110）可得：

$$-\frac{dc_F}{dt} = c_F(P_F + P_S)\frac{Q}{V} - c_0 P_S \frac{Q}{V} \tag{5.111}$$

在 $t=0$，$c_F = c_0$ 时，积分上式可得：

$$\ln\left[\frac{c_F}{c_0} - \frac{E_S}{E_F}\left(1 - \frac{c_F}{c_0}\right)\right] = -(P_F + P_S)\frac{Q}{V}t \tag{5.112}$$

由于在通常情况下，$\dfrac{E_S}{E_F}\left(1 - \dfrac{c_F}{c_0}\right) \ll \dfrac{c_F}{c_0}$，所以上式可简化为：

$$\ln\frac{c_F}{c_0} = -\frac{Q}{V}(P_F + P_S)t \tag{5.113}$$

很显然，如果知道了渗透选择性系数，就可估算出达到一定萃取要求时所需的时间和膜面积。

5.5.6.4　液膜材料的选择与液膜分离的操作过程

（1）液膜材料的选择　液膜分离技术的关键是选择最适宜的流动载体、表面活性剂和有机溶剂等材料来制备合乎要求的液膜，并构成合适的液膜体系。

作为流动载体必须具备如下条件：①溶解性，流动载体及其配合物必须溶于膜相，而不溶于邻接的溶液相；②配位性，作为有效载体，其配合物形成体应该有适中的稳定性，即该载体必须在膜的一侧强烈地配位指定的溶质，从而可以转移它，而在膜的另一侧很微弱地配位指定的溶质，从而可释放它，实现指定溶质的穿膜迁移过程；③载体应不与膜相的表面活性剂反应，以免降低膜的稳定性。

流动载体按电性可分为带电载体与中性载体，一般来说中性载体的性能比带电载体（离子型载体）好。中性载体中又以大环化合物最佳。表 5.25 中列举了一些流动载体的例子。此外还有羧酸、三辛胺、肟类化合物及环烷酸等，可用作萃取剂，也可用作液膜的流动载体。

表 5.25　适用于液膜的三种流动载体

载体名称	聚醚	莫能菌素配合物	胆烷酸配合物
载体结构	（冠醚结构图）	（含 OH、M⁺ 等的结构图）	（含 COO⁻M⁺ 的甾体结构图）

注：聚醚是合成的，其余两种是天然产物。

表面活性剂在液膜分离中起着极为重要的作用，直接影响着液膜的稳定性、溶胀性能及液膜乳液的破乳、油相回用等，而且对渗透物通过液膜的扩散速率也有显著影响。

表面活性剂的选择是很复杂的问题，虽有一些规律，但主要凭经验选择。在液膜体系中表面活性剂的加入能否促其形成稳定的乳状液，首先取决于表面活性剂的 HLB。表面活性剂的 HLB 值是表示表面活性剂亲水性的一个参数，可理解为表面活性剂分子中亲水基和憎水基之间的平衡数值。非离子型表面活性剂的 HLB 值可用下式计算：

$$\text{非离子型表面活性剂 HLB} = \frac{\text{亲水基部分的分子量}}{\text{表面活性剂的分子量}} \times \frac{100}{5}$$

由上式可见，HLB 愈大表面活性剂的亲水性愈强，一般 HLB 为 3～6 的表面活性剂用作油包水型乳化剂，HLB 为 8～15 的表面活性剂用作水包油型乳化剂。如果单一的表面活性剂不能满足乳化液膜的要求，可利用 HLB 的加和性配制成复合乳化剂。

其次是参考一些经验性的选择依据：①要考虑乳化剂的离子类型，表面活性剂包括阴离子、阳离子和非离子型三种，要根据具体情况加以采用，其中尤以非离子型表面活性剂为佳，易制成液状物并在低浓度时其乳化性能良好，所以在液膜技术中普遍采用；②要用憎水基与被乳化物结构相似并有很好亲和力的乳化分散剂，这样乳化效果好；③乳化分散剂在被乳化物中易溶解，则乳化效果好。

一种较为理想的液膜用表面活性剂应具备以下特点：①制成的液膜有尽可能高的稳定性，有较大的温度适应范围，耐酸、碱，且溶胀小；②能与多种载体配合使用；③容易破乳，油相可反复使用；④无毒或低毒，保存期长。而市售的表面活性剂很难满足上述性能要求，可被选用的产品十分有限，因此筛选和合成适用于液膜使用的表面活性剂成为重要的研究方向。

最早采用的表面活性剂有 Span-80 山梨醇单油酸酯，由它构成的液膜还不够稳定并且会发生严重的溶胀，耐温性能也差，因此在实际应用中受到了很大的限制。研究和应用较多的一类液膜用表面活性剂是 ENJ-3029、ECA-4360、上 -205、兰 -113A、兰 -113-B，属聚胺类及其衍生物的混合物，其性能远优于 Span-80。1982 年后国内又合成了多种阴离子表面活性剂如 LMS-2、LMS-3、LMA-1、307-1、EM301、PSN-89414 及 LYF，它们均属于磺化聚合物产品，由它们制备的液膜载体稳定性好，溶胀小，容易破乳，是较好的表面活性剂。

除上述外，日本学者开发了一系列与类脂相似的亲油基由两条烷基链构成的表面活性剂。主要是非离子型表面活性剂 $2C_nGE$ 类，阴离子型表面活性剂 $2C_{18}\Delta^9CA$、$2C_{18}\Delta^9PA$、$2C_{18}\Delta^9SA$，阳离子型表面活性剂 $2C_nQA$ 类及两性型表面活性剂 $2C_{18}GEQAPA$。其中，在谷氨酸骨架上导入两条亲油基而得到的非离子型表面活性剂——$2C_{18}\Delta^9GE$ 的性能最为优越，只需 Span-80 或 ECA-4360 的 1/10 以下的低浓度即可形成十分稳定的液膜，溶胀小，同时破碎乳液比较容易。

　　膜溶剂的选择主要应考虑液膜的稳定性和对溶质的溶解度，所以要有一定的黏度，并在有流动载体时溶剂能溶解载体而不溶解溶质；在无流动载体时能对欲分离的溶质优先溶解而对其他溶质的溶解度很小。为减少溶剂的损失，还要求溶剂不溶于膜内、外相。

　　常用的膜溶剂除 Sloon（中性油）和 Isopar-M（异链烷烃）外，还可使用辛醇、聚丁二烯以及其他有机溶剂。

　　(2) 液膜分离的操作过程及设备

　　① 液膜分离操作过程　共分四个阶段，见图 5.57。

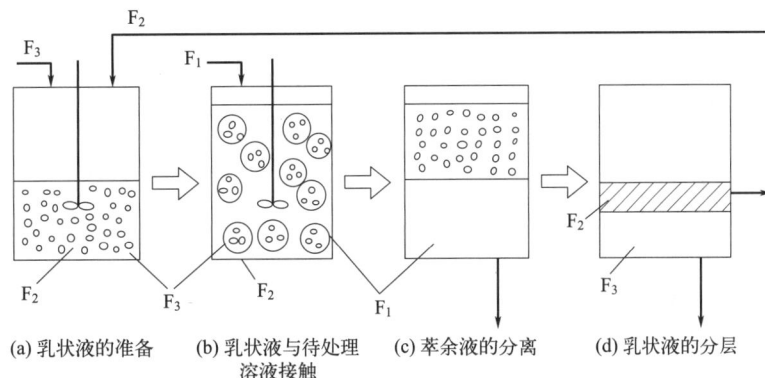

图 5.57　液膜分离流程

F_1—待处理液；F_2—液膜；F_3—内相溶液

(a) 乳状液的准备　(b) 乳状液与待处理溶液接触　(c) 萃余液的分离　(d) 乳状液的分层

　　a. 制备液膜　将反萃取的水溶液 F_3（内水相）强烈地分散在含有表面活性剂、膜溶剂、载体及添加剂的有机相中制成稳定的油包水型乳液 F_2，见图 5.57（a）。

　　b. 液膜萃取　将上述油包水型乳液，在温和的搅拌条件下与被处理的溶液 F_1 混合，乳液被分散为独立的离子并生成大量的水/油/水型液膜体系，外水相中溶质通过液膜进入水相被富集，见图 5.57（b）。

　　c. 澄清分离　待液膜萃取完后，借助重力分层除去萃余液，见图 5.57（c）。

　　d. 破乳　使用过的废乳液需破碎，分离出膜组分（有机相）和内水相，前者返回再制乳液，后者进行回收有用组分，见图 5.57（d）。破乳方法有化学、离心、过滤、加热和静电破乳法等，目前常用静电破乳法。

　　② 液膜分离设备　液膜分离操作过程相应的设备主要包括混合制乳设备、接触分离设备、沉降澄清设备和破乳设备四种。

　　a. 混合制乳设备　实验室中制备乳状液膜的间歇式装置如同小型玻璃发酵罐，即带有变速马达的搅拌器、挡板、热电偶控温装置和球形底的玻璃仪器。实际生产中的制乳设备有简单混合器（见图 5.58）、胶体磨、均质器和超声波乳化器等多种。

　　b. 接触分离设备　实验室设备如同柱式膜反应器，实际生产中则采用桨式间歇搅拌釜、混合-澄清器和转盘塔（见图 5.59）等设备。

　　c. 沉降澄清设备　有底部带卸料口的普通贮罐和旋液分离器，见图 5.60。

　　d. 破乳设备　化学破乳可将破乳剂一起在管道中混合后送入加热器，升温脱水，再导入填充塔进一步破乳脱水；或用碟片式离心机破乳或静电破乳容器。对于支撑液膜分离装置则可采用各类固膜组件。

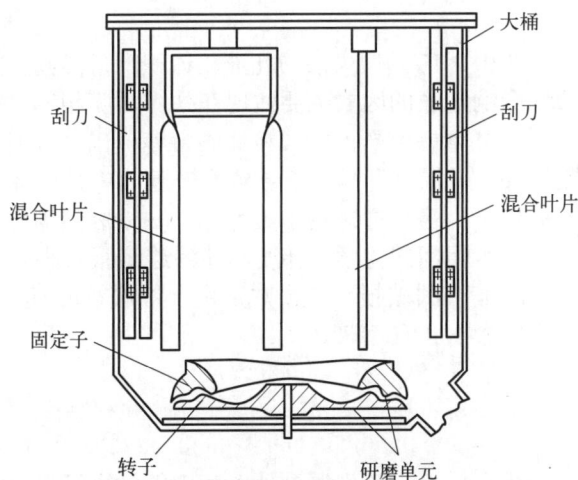

图 5.58　简单混合器

（注：器外可以有套，使蒸汽或冷液通过，以维持恒定温度）

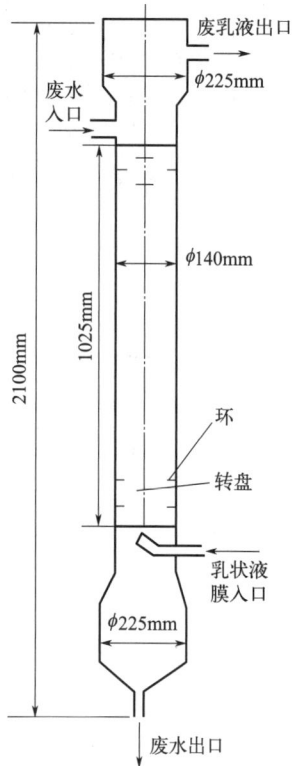

图 5.59 转盘塔设计

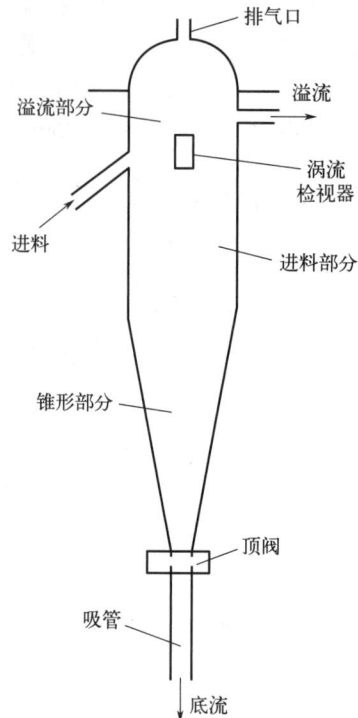

图 5.60 旋液分离器示意

（3）影响液膜分离效果的因素 影响液膜分离效果的因素包括两方面：液膜体系组成和液膜分离的工艺条件。

① 液膜体系组成的影响 有关液膜体系组成在前面已有介绍，可根据处理体系的不同，选择适宜的配方，保证液膜有良好的稳定性、选择性和渗透速率，以利提高分离效果。液膜的上述三个性质中稳定性是液膜分离过程的关键，它包括液膜的溶胀和破损两个方面。

a. 液膜的溶胀：溶胀是指外相水透过膜进入了液膜内相，从而使液膜体积增大。可用乳状液的溶胀率 E_a 来表示：

$$E_a = \frac{V_e - V_{e0}}{V_{e0}} \times 100\% \tag{5.114}$$

式中，V_e 为增大后的乳液相体积；V_{e0} 为乳液相初始体积。

影响溶胀的因素主要体现在外界对膜相物性的影响、内外水相化学位的影响和膜相与水结合的加溶作用，其中表面活性剂和载体起重要作用。此外，影响因素还有：ⓐ搅拌强度，搅拌速率增大，渗透溶胀增加；ⓑ温度升高，将导致水在膜相中扩散系数增加，并使表面活性剂在非水溶剂中对水的加溶能力明显增大，最后使渗透溶胀加剧；ⓒ膜溶剂黏度大，则扩散系数减小，溶水率低，则膜相含量少，能减小内外水相间的化学位梯度，使渗透溶胀减小。

b. 液膜的破损 破损则是由于液膜被破坏，使内相水溶液泄漏到外相，可用破损率 E_b 来表示，如内相中含 NaOH 溶液，则：

$$E_b = \frac{C_{Na^+} V}{C_{Na^+,内} V_内} \times 100\% \tag{5.115}$$

式中，C_{Na^+} 为泄漏到外水相中的钠离子浓度，mol/L；$C_{Na^+,内}$ 为内相中钠离子的初始浓度；V 为外水相体积，L；$V_内$ 为内水相体积，L。

影响液膜破损的因素主要有外界剪切力作用使乳液产生破损和膜结构及其性质变化产生破损两个方面，同时也与搅拌温度、膜溶剂、外相电解质等条件有关。

因此，必须合理选择表面活性剂、载体、膜溶剂、外相电解质的种类和浓度，降低搅拌强度、乳水比和传质时间，有效地控制温度，尽可能地减少渗透溶胀对膜强度的影响，避免液膜破损率过高，以保证膜分离的效果。

② 液膜分离工艺条件的影响

a. 搅拌速率的影响　制乳时要求搅拌速率大，一般在 2000～3000r/min，这样形成的乳液滴的直径小，但当连续相与乳液接触时，搅拌速率在 100～600r/min。搅拌速率过低会使料液与乳液不能充分混合，而搅拌速率过高，又会使液膜破裂，二者都会使分离效果降低。

b. 接触时间的影响　料液与乳液在最初接触的一段时间内，溶质会迅速渗透过膜进入内相，这时由于液膜表面积大，渗透很快，如果再延长接触时间，连续相（料液）中的溶质浓度又会回升，这是由于乳液滴破裂造成的，因此接触时间要控制适当。

c. 料液的浓度和酸度的影响　液膜分离特别适用于低浓度物质的分离提取，若料液中产物浓度较高，可采用多级处理，也可根据被处理料液排放浓度要求，决定进料时浓度。料液中酸度决定于渗透物的存在状态，在一定的 pH 值下，渗透物能与液膜中的载体形成配合物而进入膜相，则分离效果好，反之分离效果就差。

d. 乳水比的影响：液膜乳化体积（V_e）与料液体积（V_w）之比称为乳水比，对液膜分离过程来说，乳水比愈大，渗透过程的接触面积愈大，则分离效果越好，但乳液消耗多，不经济，所以应选择一个兼顾两方面要求的最佳条件。

e. 膜内比 R_{oi} 的影响：膜相体积（V_m）与内相体积（V_{io}）之比称为膜内比，一般而言产物的传质速率随 R_{oi} 的增加而增大，但这种增加趋势均不大。这是因为一方面 R_{oi} 增加，载体量也增大，对提取过程是有利的；但另一方面，R_{oi} 增加亦使膜厚度增大，从而增加传质阻力，不利于提取过程。这两方面的影响，使产物的提取率虽随 R_{oi} 的增加而增大，但幅度较小。R_{oi} 增加，膜的稳定性加强了，而从经济角度出发，希望 R_{oi} 越小越好，因此需兼顾这两方面的情况进行 R_{oi} 的选取。

f. 操作温度的影响：一般在常温或料液温度下进行分离操作，因为提高温度虽能加快传质速率，但降低了液膜的稳定性和分离效果。

总之，应综合考虑各种影响因素，优化操作过程，提高分离效果。

5.5.6.5　液膜分离技术的应用

液膜分离技术由于其过程良好的选择性和定向性，分离效率又高，而且能达到浓缩、净化和分离的目的，因此，广泛用于化工、食品、制药、环保、湿法冶金、气体分离和生物制品等工业中，近年来液膜分离技术在发酵液产物分离领域中也引起了人们的关注，进行了较为广泛的研究和开发工作。下面着重介绍在这一方面的应用。

（1）液膜分离萃取有机酸　柠檬酸是利用微生物代谢生产的一种极为重要的有机酸，广泛应用于食品、饮料、医药、化工、冶金、印染等各个领域。对于柠檬酸的提取，目前国内外均采用传统的钙盐法进行生产，存在工艺流程长、产品收率低、原材料消耗大、污染环境等问题。液膜分离技术可用于分批或连续地萃取发酵产物，如图 5.61 和图 5.62 所示。

选用的液膜体系：萃取剂为 Alamine（三元胺）；稀释剂为正庚烷；反萃取剂为 Na_2CO_3；乳化剂为 Span-80。萃取柠檬酸的机理如图 5.63 所示。

具体步骤：

① 在外相与膜相的界面上，三元胺与柠檬酸反应形成铵盐。

$$6R_3N + 2C_6H_8O_7 \longrightarrow 2(R_3NH)_3C_6H_5O_7$$

② 生成的铵盐在膜相内转移，然后在膜相与内相界面间被 Na_2CO_3 反萃取形成柠檬酸钠。

$$2(R_3NH)_3C_6H_5O_7 + 3Na_2CO_3 \longrightarrow 2C_6H_5O_7Na_3 + 3(R_3NH)_2CO_3$$

③ 碳酸铵盐 $[(R_3NH)_2CO_3]$ 在膜相与外相界面间转移并释放出 CO_2，胺得到再生。

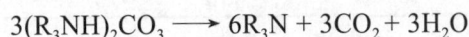

$$3(R_3NH)_2CO_3 \longrightarrow 6R_3N + 3CO_2 + 3H_2O$$

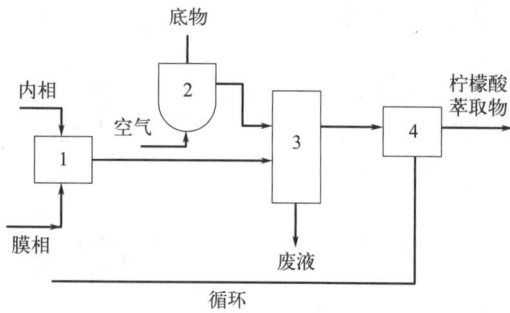

图 5.61 液膜萃取分批分离柠檬酸

1—乳化装置；2—发酵罐；3—混合 - 分离装置；4—破乳装置

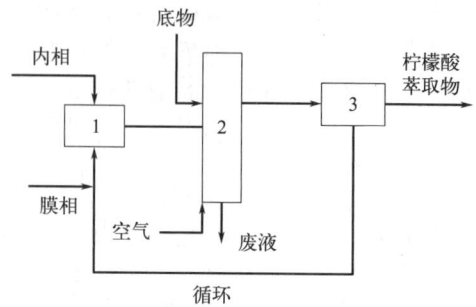

图 5.62 液膜萃取连续分离柠檬酸

1—乳化装置；2—发酵 - 分离装置；3—破乳装置

（2）液膜分离萃取氨基酸 大多数氨基酸均可利用微生物发酵法生产，离子交换法分离、提取，但存在周期长、收率低、"三废"严重等弊端，可采用液膜法进行有效分离，工艺流程见图 5.64。它特别适用于从低浓度氨基酸溶液中提取氨基酸，能降低损耗，甚至还可以建立无害化工艺。

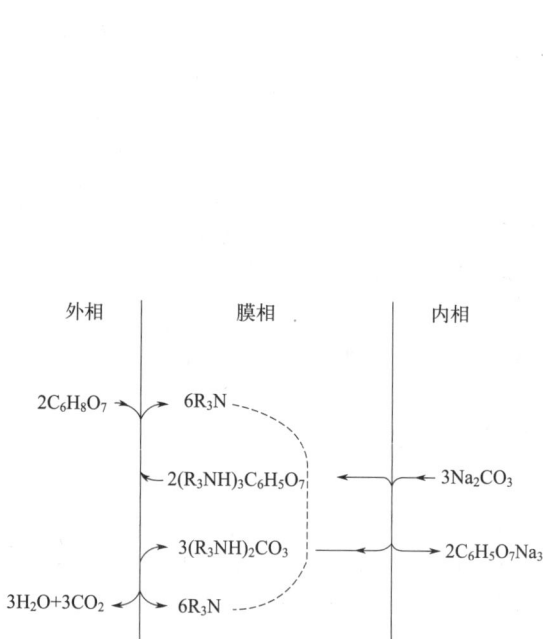

图 5.63 液膜萃取分离柠檬酸的机理

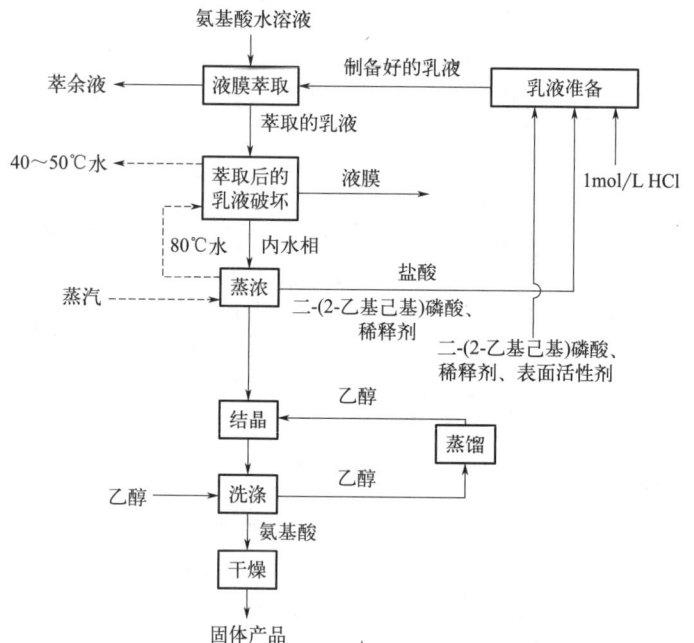

图 5.64 从水溶液中提取氨基酸工艺流程

此外，也可用三辛胺 Aliquat 336 为萃取剂，癸醇为稀释剂，微孔聚丙烯膜为支撑体，从发酵液中分离 L- 缬氨酸。

（3）液膜分离萃取抗生素 青霉素是最早生产的一种抗生素，用离心逆流溶剂萃取法从发酵液中回收得到，由于提取过程中 pH 值变化较大，有机溶剂消耗量大，所以稳定性差、收率低，可用液膜萃取来改造原有工艺。其液膜体系见表 5.26。分离过程的机制见图 5.65。

表 5.26 用于分离青霉素 G 的液膜体系

相名	试剂名称
内相	Na_2CO_3
膜相	月桂胺萃取剂，煤油稀释剂，表面活性剂 Span-80（质量分数 5%）
外相	发酵液，用柠檬酸调节 pH 值至 5 ~ 8

（4）液膜分离进行酶反应　液膜分离技术用于酶反应，实际上是液膜包酶，类似于生化工程中的固定化酶，它是将含有酶的溶液作为内相制成乳液，再将此乳液分散于外相中。液膜包酶有许多优点。首先包裹后的酶可免受外相中各组分对其活性的影响，避免了酶与底物和产物的分离，乳液可以重复使用，不必破乳。另外，由于物质在液体中的扩散速率比在固体中快得多，而且可以根据需要，在膜相添加载体促进底物从外相向内相的传递或产物从内相向外相的传递，这是固定化酶所无法做到的。例如用液膜分离技术固定化 α- 胰凝乳蛋白酶，将 DL- 氨基酸甲酯转化为 L- 氨基酸，其分离体系及反应条件见表 5.27，反应过程的示意图见图 5.66。

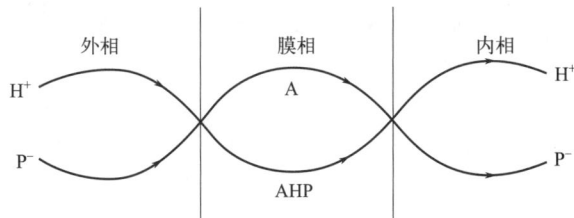

图 5.65 液膜萃取分离青霉素的机制

A—载体；AHP—复合物；H⁺—氢离子；P⁻—青霉素离子

表 5.27 DL- 氨基酸甲酯酶解反应的液膜体系及条件

相名或条件	试剂名称或反应条件
内相	α- 胰凝乳蛋白酶（0.1mg/ml），用磷酸缓冲液维持 pH 为 7.0
膜相	有机相：煤油 94%（质量分数）[S-60NR] 表面活性剂：Span-80，5%（质量分数） 萃取剂：Adogen 464，1%（质量分数）
外相	底物：0.05mol/L 苯丙氨酸甲酯，pH7.0
各相体积比	内相 / 膜相 =7/10，乳化液 / 外相 =1/4
乳化条件	在 10℃下，7000r/min，乳化 30min
反应条件	300r/min；搅拌反应，25℃

此外，有人用液膜固定青霉素酰化酶从发酵液中转化青霉素为 6-APA 和固定亮氨酸脱氢酶转化 α- 酮异己酸为 L- 亮氨酸等。

（5）液膜分离萃取蛋白质　蛋白质因通过液膜时相对易失活，故一般不直接用液膜分离。结合反胶束的液膜，膜相中的反胶束作为蛋白质载体，在膜相中往返输送蛋白质，发挥流动载体的功能，具有迅速大量分离蛋白质的优势。Stobbe 等用结合了反胶束的乳化液膜分离蛋白质，用 Span-80 和 AOT 两种表面活性剂分别稳定膜和内部反胶束。以 α- 胰凝乳蛋白酶作为模型蛋白质，通过优化实验，获得了 98% 的最大萃取率，并保留了 60% 的酶活性。同样也可以利用反胶束乳状液膜来萃取溶菌酶等。

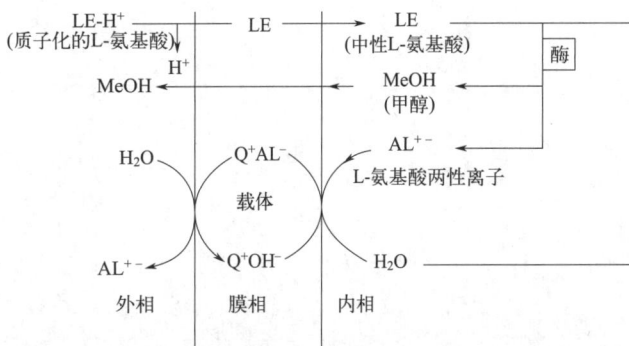

图 5.66 DL- 氨基酸甲酯酶解为 L- 氨基酸的示意

Tsai 等以反胶束作为支撑液膜载体萃取了 α- 胰凝乳蛋白酶。其他学者也用此法完成了牛血清白蛋白、溶菌酶、细胞色素 c 和肌红蛋白的萃取。

支撑液膜与色谱法结合也可用于蛋白质分离，如 Ghosh 用此法分离了单克隆抗体和牛血清白蛋白。

除上述外，液膜分离技术还可应用于混合脂肪酸、生物碱、酒类的分离，手性化合物的拆分等。液膜技术在生物工程方面的应用研究大多处于实验室阶段，作为新型的分离纯化和浓缩技术，液膜的溶解性、乳化性、破乳和稳定性、膜相成分的毒性、各种场合液膜组成及对特定分离过程应有特定性质载体等仍然有待进一步完善。

6 沉淀法

6.1 概述

沉淀是一个广泛应用于生物产品（特别是蛋白质）下游加工过程的单元操作。它能够起到浓缩与分离的双重作用，就广义而言，沉淀是一个溶质与溶剂之间关系可以交变的过程，通常用加入试剂的办法，改变溶剂和溶质的能量平衡来降低其溶解度，使生物产物离开溶液生成不溶性颗粒，沉降析出。

沉淀和结晶在本质上同属一种过程，都是新相析出的过程，主要是物理变化，当然也存在有化学反应的沉淀或结晶。沉淀和结晶的区别在于形态的不同，同类分子或离子以有规则排列形式而析出称结晶，同类分子或离子以无规则的紊乱排列形式析出称为沉淀。

沉淀法的优点是设备简单、成本低、原材料易得、便于小批量生产，在产物浓度越高的溶液中沉淀越有利、收率越高；缺点是所得沉淀物可能聚集有多种物质，或含有大量的盐类，或包裹着溶剂，所以沉淀法所得的产品纯度通常都比结晶法低，过滤也较困难。

应用沉淀技术分离生物产物的典型例子是蛋白质（酶）的分离提取，无论是实验室规模还是工业生产，沉淀法都得到了普遍应用，工业上利用蛋白质溶解度之间的差异从天然原料如血浆、微生物抽提液、植物浸出液和基因重组菌中分离蛋白质混合物已有 80 多年的历史了。

在一些蛋白质的纯化工艺中，沉淀法可能是唯一的分离方法，如从血浆中通过 5 步沉淀生产纯度高达 99% 的免疫球蛋白（IgG）和 96%～99% 的白蛋白（图 6.1）。有些蛋白质若在溶液中所占比例较小或终产物要求的纯度很高，单独使用沉淀法达不到要求时，尚需与其他分离技术结合使用。

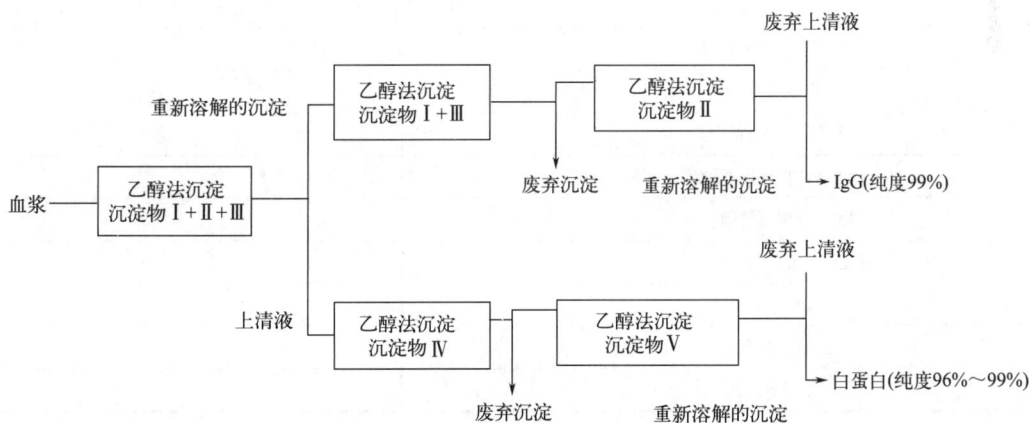

图 6.1 利用蛋白质沉淀大规模提纯白蛋白与免疫球蛋白的工艺流程

沉淀法分离蛋白质的特点有：①在生产的前期就可使原料液体积很快地缩小至原来的 1/50～1/10，从而简化生产工艺、降低生产费用；②使中间产物保持在一个中性温和的环境；③可及早地将目标蛋白从其与蛋白水解酶混合的溶液中分离出来，避免蛋白质降解，提高产物稳定性；④用蛋白质沉淀法作为色谱分离的前处理技术，可使色谱分离使用的限制因素降低到最小。

6.2　蛋白质的溶解特性

蛋白质是一种含有由 DNA 编码的多种 L-α-氨基酸，通过 α-碳原子上的取代基间形成的酰胺键连成的，具有特定空间构象和生物功能的肽链构成的生物大分子。它的溶解行为是一个独特的性质，并由其组成、构象以及分子周围的环境所决定。

蛋白质在自然环境中其表面大部分是亲水的，但是其内部大部分是疏水的，所以通常是可溶的，见图 6.2。

20 多种氨基酸的疏水性和空间构象各不相同，例如苯丙氨酸具有强疏水性，而精氨酸则呈现亲水性。这种差异导致蛋白质表面形成不均匀分布的荷电区域，同时亲水区和疏水区也呈现特定排布，从而决定了蛋白质在水相环境中的溶解程度。

影响蛋白质溶解度特性的另一个因素是它的大小，一般而言，小分子蛋白质比起在化学上类似的大分子蛋白质更易溶解。

当然，蛋白质的溶解度同样也取决于所处环境的物理化学性质。溶剂（例如水）的可利用度是至关重要的，同时这些性质就本质而言是水分子间的氢键和蛋白质表面所暴露出的 N 原子、O 原子等的相互作用（包括在蛋白质表面的溶剂化作用），所以易受溶液温度、pH、介电常数和离子强度等参数变化的影响。

影响蛋白质溶解度的主要因素列于表 6.1 中，可将这些因素分成蛋白质性质和溶液性质两类，由于改变蛋白质性质较难，故对其溶解度的调控，常常是通过改变溶液的性质来实现的。显然，在水溶液体系中，水的可利用度是关键，并且已有很多物质可用来引起蛋白质的相对脱水。这些物质沉淀蛋白质的本领构成了许多蛋白质沉淀方法的基础。

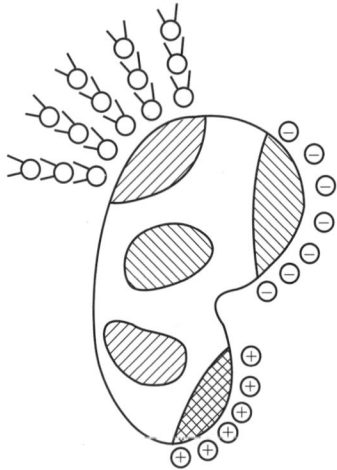

图 6.2　蛋白质分子表面的憎水区域和荷电区域

◯C 水分子；▨ 憎水区域；⊕ 阳离子；
◯荷负电区域；⊖ 阴离子；⊗ 荷正电区域

表 6.1　影响蛋白质溶解度的参数

蛋白质性质	溶液性质
分子大小	溶剂可利用度（如水）
氨基酸组成	pH
氨基酸序列	离子强度
可离子化的残基数	温度
极性/非极性残基比率	
极性/非极性残基分布	
氨基酸残基的化学性质	
蛋白质结构	
蛋白质电性	
化学键性质	

当然，蛋白质也可用改变其结构的办法来使其不可溶，改变的方法是使埋藏在分子内部的疏水基团暴露出来，但这种分子结构的改变是不可逆转的，会引起蛋白质的变性。利用蛋白质的相对热稳定性，进行选择性变性，已用于蛋白质的分离，但这并不是真正的沉淀过程。

当溶液中蛋白质超过了溶解度时，液相中的蛋白质分子处于过饱和状态，在这种环境下，蛋白质分子不再全部溶剂化，在其相互作用下沉淀逐渐增多并凝聚在一起以保持一个稳定的构型，这是一个排斥溶剂分子的过程。蛋白质在这样的沉淀中，以一种刚性的、稳定的状态存在，这种状态又可通过溶解度的重新调整恢复到原先的溶剂化形式。

6.3 蛋白质胶体溶液的稳定性

蛋白质可看作是一个表面分布有正、负电荷的球体,这种正、负电荷是由氨基和羧基的离子化形成的,换句话说,该球体是带有均衡电荷分布的胶体颗粒。因此蛋白质的沉淀,实际上与胶体颗粒的凝聚和絮凝现象相似。这样就需要了解这些颗粒在溶液中是如何保持稳定的,又是如何破坏稳定并使胶体分子集聚和沉淀下来的。

蛋白质分子在溶液中的稳定性可用 Derjaguin-Landau 和 Verwey-Ovebeek(DLVO)理论进行描述,该理论是以胶粒间的范德华力和胶粒与液体界面存在的电荷斥力平衡为基础的。

6.3.1 静电斥力

通常认为蛋白质胶体表面带有负电荷,由于静电引力的作用使溶液中带相反电荷的粒子(即正离子)被吸附在其周围,在界面上形成了双电层。但是这些正离子还受到热运动的影响,具有离开胶粒表面的趋势,在这两种相反作用的影响下,双电层就分裂成两部分,在相距胶核表面约一个离子半径的 Stern(斯特恩)平面以内,正离子被紧密束缚在胶核表面,称为吸附层或紧密层;在 Stern 平面以外,剩余的正离子则在溶液中扩散开去,距离越远,浓度越小,最后达到主体溶液的平均浓度,称为扩散层,这样就形成了扩散 - 双电层的结构模型,见图 6.3。

在扩散 - 双电层中存在着距表面由高到低的三种电位:①胶粒表面的电位 φ_0(Nernst 电位);② Stern 平面上的电位 φ_s;③在剪切面上的电位 ζ,称 ζ 电位。这三种电位中只有 ζ 电位能实际测得,所以认为它是控制胶粒间电排斥作用的电位,它随着溶液中离子浓度和价数的升高而下降,从而使颗粒间斥力强度减小,溶液趋于不稳定,蛋白质就会沉淀下来。如蛋白质处于等电点状态时,扩散层厚度为零则 ζ 电位为零,不产生静电相互作用,而从溶液中沉淀出来;在低离子强度时,蛋白质颗粒距离处于中间状态,扩散双电层中 ζ 电位足够大,静电斥力抵御分子间的范德华力(分子引力),使蛋白质溶液处于稳定状态。

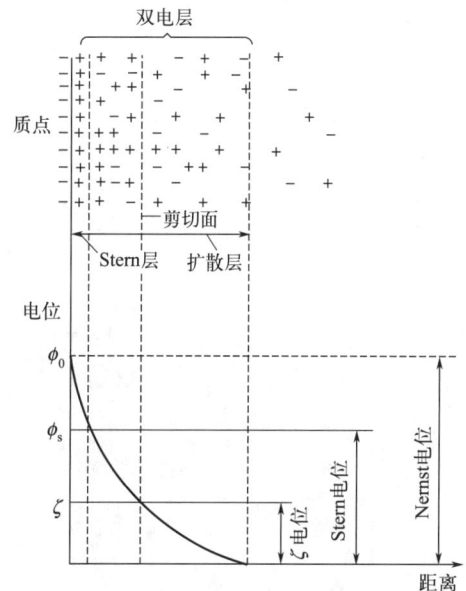

图 6.3 双电层的 Stern 模型和对应的电位

6.3.2 吸引力

胶粒间存在着范德华力,即 Keeson 引力(定向力或偶极力)、Debye 引力(诱导力)和 London 引力(色散力)。这些范德华力及其产生的位能 V_a 随着颗粒间距离的增加而减小。

颗粒间相互作用的位能还取决于离子强度。在低离子强度时,颗粒距离处在中间状态,双电层斥力占优势,可看作为一个凝聚的活化能势垒;在高离子强度时,吸引力超过排斥力,相互间的总位能表现为吸引位能。

由于 DLVO 理论并不随蛋白质化学的进展而发展,因此这个理论所假定的条件并不完全适合于蛋白质分子,即使是球状蛋白质也在很大程度上偏于球形,另外表面电荷的分布也常常是不均匀的,而且有很大部分的表面积是疏水的,除此以外,还有其他一些影响胶体颗粒稳定性的力也没有被考虑进去。但是,DLVO 理论对于理解破坏蛋白质溶液的稳定性仍有很大帮助,同时还有助于针对具体蛋白质选择最合适的沉淀剂及沉淀技术。

6.3.3　水化膜

蛋白质溶于水之后会形成胶体，其表面的亲水基团如—NH₂、—COOH、—OH 及—CO—NH—等，会与水分子发生水化作用（hydration），在蛋白质表面形成水化层。蛋白质表面的水化层结合的紧密程度由亲水区的大小决定。而且水化层的大小直接影响蛋白质的相互聚集沉淀。蛋白质表面的水化层越厚，其相互形成的胶体结构就越稳定，也就越难以形成沉淀。

6.4　蛋白质沉淀方法

从两种蛋白质混合物中分离出其中一种蛋白质已出现了许多种方法，通常根据所加入沉淀剂的不同来进行分类，具体包括：①加入中性盐盐析；②将 pH 值调节到等电点；③加入可溶性有机溶剂；④加入非离子型亲水性聚合物；⑤加入聚电解质絮凝；⑥加入多价金属离子等。在选择方法时，应从以下几个因素，如沉淀剂是否会引起蛋白质分子的破坏、沉淀剂本身的性质、沉淀操作的成本和难易程度、残留沉淀剂的去除难度和最终产品的产率及纯度的要求等，进行综合考虑。

6.4.1　盐析法

6.4.1.1　盐析法机理

从前面的分析可知，在蛋白质溶液加入中性盐后会压缩双电层、降低 ζ 电位，即中性盐既会使蛋白质脱水，又会中和蛋白质所带的电荷，使颗粒间的相互排斥力失去，而在布朗运动的互相碰撞下，蛋白质分子结合成聚集物而沉淀析出，其机理可用图 6.4 表示。

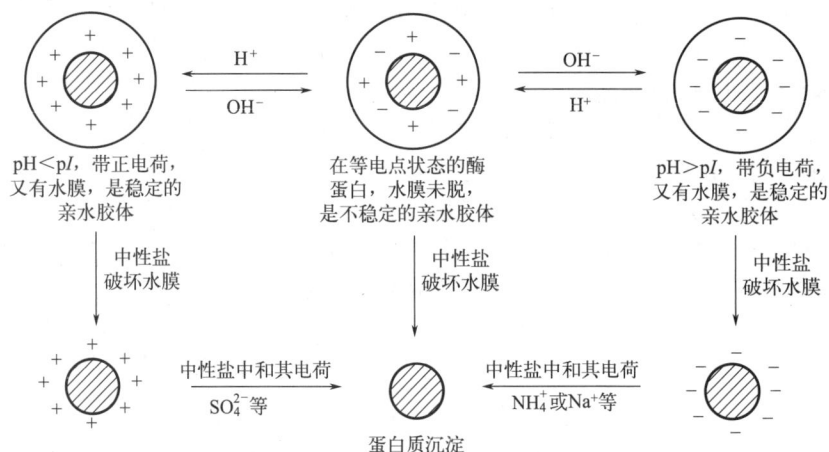

图6.4　盐析机理示意

6.4.1.2　盐析方程

盐析过程中，蛋白质的溶解度与盐浓度的关系常用 Cohn 经验式表示：

$$\lg S = \beta - K_s \mu \tag{6.1}$$

式中，S 为蛋白质的溶解度，g/L；μ 为离子强度，等于 $1/2 \sum m_i Z_i^2$；m_i 为离子 i 的物质的量浓度；Z_i 为离子 i 所带电荷；β 为常数；K_s 为盐析常数。

在浓盐溶液里，蛋白质溶解度的对数值与溶液中离子强度成线性关系，见图 6.5。但是由于离子强度在盐析情况下较难测定，只有在离子完全离解，即稀溶液时才能有效分析，所以式（6.1）并不十分准确，因而常用浓度代替离子强度，则上式变为：

$$\lg S = \beta - K_s m \tag{6.2}$$

式中，m 为盐的物质的量浓度；常数 K_s 和 β 分别为盐析曲线的斜率和 Y 轴截距。

具体的盐析曲线见图 6.6。β 值为蛋白质在纯水中即离子强度为零时的假想溶解度的对数值，是 pH 值和温度的函数，在蛋白质等电点（pI）时最小。K_s 与温度和 pH 值无关，但和蛋白质及盐的种类有关。由此用盐析法分离蛋白质时可以有两种方法。

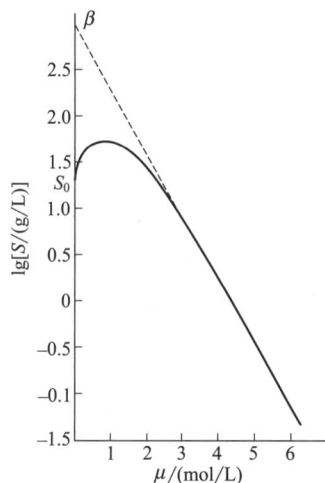

图 6.5 碳氧血红蛋白的 $\lg S$ 与硫酸铵的离子强度 μ 的关系

pH6.6；温度 25℃；S_0 为起始蛋白质浓度，17mg/L

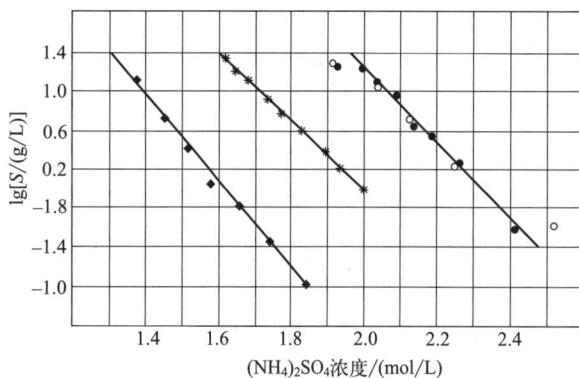

图 6.6 蛋白质在浓盐溶液中的溶解度

① 在一定的 pH 值及温度条件下，改变盐的浓度（即离子强度）达到沉淀的目的，称为"K_s"分级盐析法。

② 在一定的离子强度下，改变溶液的 pH 值及温度，达到沉淀的目的，称为"β"分级盐析法。

一般粗提蛋白质时常用方法①，进一步分离纯化时常用方法②。

除上所述外，常数 β 和 K_s 还会随试剂加入的方法和速度而变化，这表明沉淀可能以稳定的形式存在，却并不一定处于热力学平衡状态。图 6.7 表示了硫酸铵的不同添加方法对延胡索酸酶盐析的影响情况。

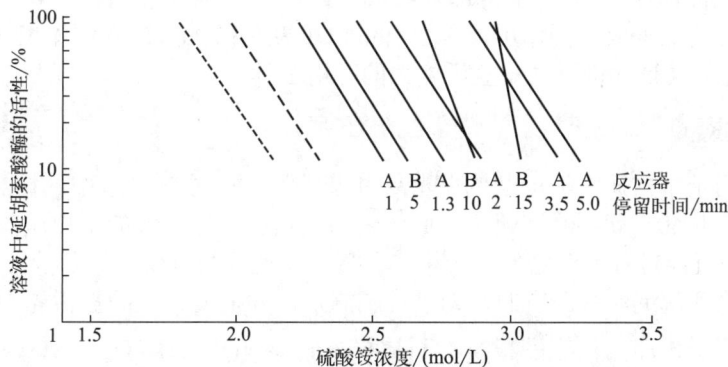

图 6.7 硫酸铵与蛋白质溶液接触的条件对酵母延胡索酸酶盐析的影响

--- 分批操作，盐以颗粒形式加入；-- 分批操作，盐以饱和溶液形式加入；

—— 连续操作（CSTR），盐以饱和溶液形式加入

虽然 Cohn 公式能够描述盐析状态下蛋白质的溶解度，但它不能体现低盐浓度（盐溶状态）下蛋白质的溶解度，所以它不可能对如图 6.8 中不同盐浓度下蛋白质溶解度的实验数据进行预测。

Melander 与 Horvath 应用了 Sinanoglu 有关蛋白质盐析时溶剂与溶质相互作用的理论，在对有盐存在时的蛋白质的溶解度特性作了进一步的研究，在他们所得到的模型中，认为溶质被溶剂形成的空腔所接纳，因此蛋白质盐析时的总能量应为溶质传递到溶液中去的能量，包括形成溶剂分子空腔的能量和溶质与溶剂之间静电相互作用的能量之和。

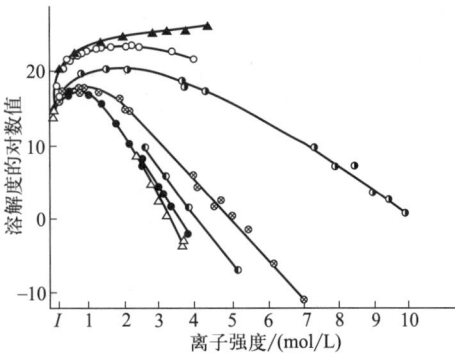

图 6.8　碳氧血红蛋白在不同盐溶液中的盐溶和盐析

▲氯化钠；○氯化钾；◎硫酸镁；◇硫酸铵；柠檬酸钠；●硫酸钠；△磷酸钾

综合 Kirkwood 的静电作用模式和 Sinanoglu 的空腔理论后，Melander 和 Horvath 得到了在不同盐浓度下蛋白质溶解度的计算方程式：

$$\ln S = \ln S_0 + \frac{1}{RT}\left[\frac{Bm^{1/2}}{1+Cm^{1/2}}+D\delta m\right] - \frac{1}{RT}\left[N\phi+4.8N^{1/3}(k-1)V^{2/3}\right]\sigma m \tag{6.3}$$

式中，S 为蛋白质溶解度；S_0 为纯水中蛋白质溶解度；R 为气体常数；T 为热力学温度；B 为低离子强度下，蛋白质上有效电荷比例常数；m 为盐的物质的量浓度；C 和 D 为常数；δ 为蛋白质的偶极矩；N 为阿伏伽德罗常数；ϕ 为沉淀作用下脱水蛋白质的表面积；k 为表面张力校正因子；V 为溶剂摩尔体积；σ 为摩尔表面张力增量，表示当盐加入水时产生的表面张力的变化。

式（6.3）包括盐溶和盐析效应，在高盐浓度下（即盐析时）等同于 Cohn 等式，其中 β 常数用下式表示：

$$\beta = \ln S_0 + \frac{Bm^{1/2}}{RT(1+Cm^{1/2})} \tag{6.4}$$

在高盐浓度下，式（6.4）的第二项变为常数，可以简化为：

$$\beta = \ln S_0 \tag{6.5}$$

同样 Cohn 公式中 K_s 可以表示为：

$$-K_s = \frac{D\delta}{RT} - \frac{1}{RT}\left[N\phi+4.8N^{1/3}(k-1)V^{2/3}\right]\sigma \tag{6.6}$$

式（6.6）表明，沉淀曲线斜率 K_s 由两部分组成，其中第一项包含偶极矩 δ，并引起静电相互作用（盐溶）；第二项被认为是疏水或盐析作用，包含有蛋白质表面积（ϕ）、摩尔体积（V）和盐溶液表面张力增量（σ）。所以上述公式是评价不同盐盐析能力的有用工具。

6.4.1.3　盐析影响因素

（1）盐种类　常用于蛋白质沉淀的盐为硫酸铵和硫酸钠，硫酸铵在水中的溶解度很高但具腐蚀性，硫酸钠虽无腐蚀性但低于 40℃ 就不易溶解，因此只适用于热稳定性较大的蛋白质的沉淀过程。磷酸钠与磷酸钾也常用于蛋白质沉淀过程，但它们的价格较昂贵。其他盐类沉淀效果都要比硫酸铵差。早在 1888年 Hofmeister 就对一系列盐沉淀蛋白质的行为进行了测定，并根据它们的盐析能力，对阳离子和阴离子进行了排序，其中阴离子排序为柠檬酸根＞酒石酸根＞ F^- ＞ IO_3^- ＞ $H_2PO_4^-$ ＞ SO_4^{2-} ＞ CH_3COO^- ＞ Cl^- ＞ ClO_3^- ＞ Br^- ＞ NO_3^- ＞ ClO_4^- ＞ I^- ＞ CNS^-，阳离子排序为 Th^{4+} ＞ Al^{3+} ＞ H^+ ＞ Ba^{2+} ＞ Sr^{2+} ＞ Ca^{2+} ＞ Cs^+ ＞ Rb^+ ＞ NH_4^+ ＞ K^+ ＞ Na^+ ＞ Li^+。该顺序被命名为 Hofmeister 序列，又称感胶离子序。

（2）盐析饱和度与盐析分布曲线　盐析饱和度是指在特定条件（温度、pH 等）下，使目标蛋白质从溶液中析出所需盐的最低浓度。通常用饱和百分比（%）表示（如 30% 饱和度硫酸铵）。不同的蛋白质沉淀所需盐析饱和度不同，通过调节饱和度（如 20%、50%、80%）分级沉淀不同蛋白质。

$(NH_4)_2SO_4$ 的溶解度在 0～30℃ 变化很少，在水中饱和溶液的浓度约为 4.05mol/L，饱和溶液的密度为 1.235g/m³。在 20℃饱和浓度为 533g/L，但加入（NH₄）₂SO₄ 体积会增大，1L 水中加（NH₄）₂SO₄ 至饱和，体积增至 1.425L，所以要使 1L 水达到饱和，需加（NH₄）₂SO₄ 761g。

考虑到溶解（NH₄）₂SO₄ 体积要增大，则于 20℃时，使 1L M_1 物质的量浓度（NH₄）₂SO₄ 溶液增至 M_2 物质的量浓度，所需加入的（NH₄）₂SO₄ 质量为 G g：

$$G = \frac{533(M_2 - M_1)}{4.05 - 0.3M_2} \tag{6.7}$$

上式如以饱和度表示，则从 S_1 增至 S_2，需加入质量为：

$$G = \frac{533(S_2 - S_1)}{100 - 0.3S_2} \tag{6.8}$$

上式还可以列成表，更为方便。

盐析分布曲线是描述蛋白质溶解度随盐饱和度变化的曲线，反映不同盐浓度下蛋白质的析出行为。假定有起始浓度 $c_0 = 30$g/L 的碳氧肌红蛋白（carboxymyoglobin，COMb）的溶液，其溶解度曲线如图 6.9 所示，当硫酸铵饱和度 P 达到 58% 时，COMb 开始沉淀。然后逐渐增加饱和度，每增加 1 个单位的饱和度，即将沉淀除去，这样就得到相当于饱和度范围在 58%~59%、59%~60%、60%~61% 之间的沉淀量，即为盐析分布曲线。作出 dS/dP 对 P 的微分曲线，可根据溶解度曲线用图解微分法得到，见图 6.10。不难证明两者形状是相似的，只是纵坐标的刻度不同。

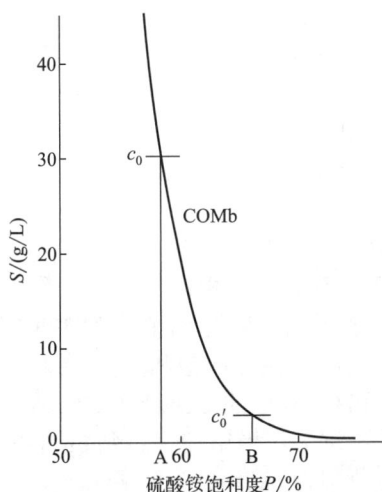

图 6.9　碳氧肌红蛋白的溶解度曲线　　　图 6.10　碳氧肌红蛋白盐析时沉淀分布曲线

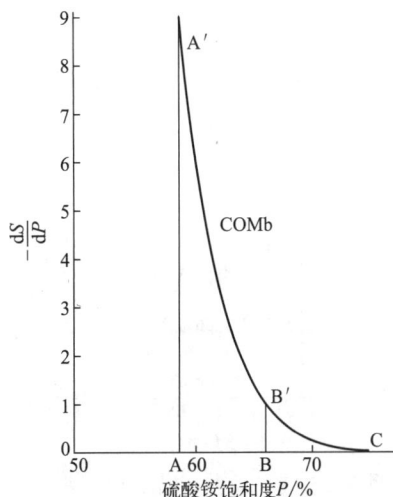

实际所需（NH₄）₂SO₄ 的饱和度，需通过试验确定。对多数蛋白质，当达到 85% 饱和度时，溶解度都小于 0.1mg/L，通常为了兼顾收率与纯度，饱和度的操作范围在 40%~60% 之间。

（3）pH 和温度影响

① pH 的影响：同时考虑到蛋白质的等电点性质，当 pH 位于等电点附近时，蛋白质的溶解度最低，利于盐析操作。pH 主要影响 β 值的变化。由于 β 代表溶解度的对数，故 β 变化一个单位，溶解度就变化 10 倍。通常在等电点附近有极小值。卵清蛋白和碳氧血红蛋白这两种蛋白质的相对溶解度会随 pH 而变化很大，当 pH 从 5 变到 6 时，在一定盐浓度下，这两种蛋白质溶解度之比的变化可达几千倍。以磷酸盐沉淀 COHb（碳氧血红蛋白）和以硫酸盐沉淀 OA（卵清蛋白）时，β 随 pH 的变化见图 6.11。

② 温度的影响：在高浓度盐的溶液中，蛋白质的溶解度随温度升高而减小。这是由于蛋白质分子水化时要放热，失水时就要吸热，因而温度升高有利于失水而沉淀。在进行盐折时，必须控制温度，这常常容易被忽视。

案例分析：pH 和温度对碳氧血红蛋白溶解度的影响（以磷酸盐作为盐析剂）。如图 6.12 所示，图中直线都相互平行，说明 K_s 不随 pH 和温度而变。β 的变化，相当于直线沿纵轴方向移动。由 K_s 之值，可以计算当 β 增加一个单位，要达到原先的溶解度，则硫酸铵的饱和浓度需增加 7% 左右。

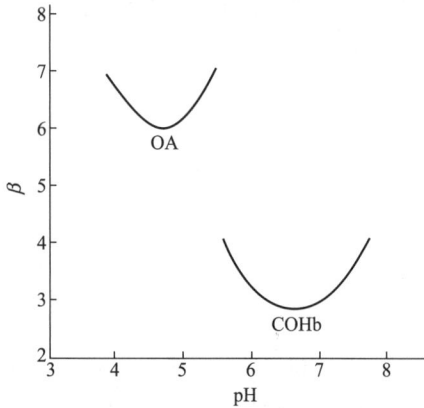

图 6.11　pH 变化对卵清蛋白和碳氧血红蛋白 β 的影响

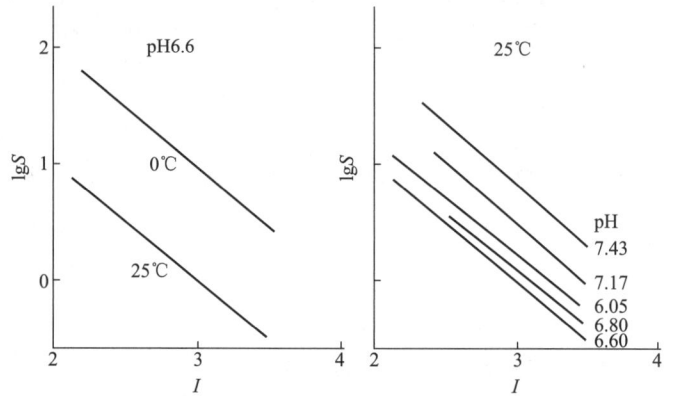

图 6.12　pH 和温度对碳氧血红蛋白的磷酸盐盐析曲线的影响

（4）起始蛋白质浓度的影响　对盐析过程，人们往往会直觉地认为，只要 pH 和温度一定，某种蛋白质的沉淀有一定的硫酸铵饱和度，实际上沉淀所需的饱和度还和蛋白质的起始浓度有关，Dixon 和 Webb 对此作了理论分析。在控制溶液 pH 和温度的同时，蛋白质初始浓度也是一个重要的因素。蛋白质浓度较高时比较有利于沉淀的形成，但是浓度过高时，沉淀形成较快，易发生共沉淀。蛋白质浓度较低时，需消耗大量的盐，对后续处理造成较大的困扰。

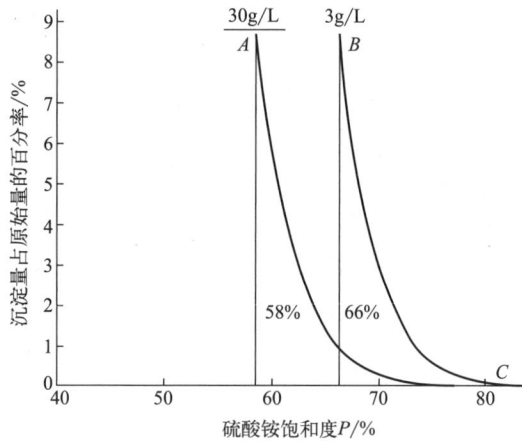

图 6.13　两种不同浓度的蛋白质的盐析曲线

在图 6.13 中，c_0=30g/L 的溶液，沉淀过程沿曲线 AC 进行。如取另一起始浓度 c_0=3g/L 的溶液，则沉淀过程按曲线 BC 进行。如果把沉淀的量进行归一化，即把沉淀的量表示成原始蛋白质量的百分率，则可以证明对两种不同的起始浓度的溶液，有相同的分布曲线，只是发生沉淀的盐浓度有所不同。对起始浓度为 30g/L 的 COMb 溶液，大部分蛋白质在硫酸铵饱和度为 58%～65% 之间沉淀出来；但对稀释 10 倍的 COMb 溶液，在此饱和度范围内，蛋白质并不沉淀，当饱和度达到 66% 时才开始沉淀，而相应的沉淀范围为 66%～73% 饱和度。

由此可见，沉淀蛋白质的范围并不是固定的，而是和起始浓度有关。一般的工业生产过程中，蛋白质溶液中并不是单一组分，若是为了获得较高的沉淀量而提升盐浓度，使得杂质的含量随之提高，共沉淀的可能性增大，不利于后续的进一步纯化。另外，组成相近的蛋白质，分子量越大，沉淀所需盐的量越少；蛋白质分子不对称性越大，也越易沉淀。

6.4.1.4　盐析加盐方式

在蛋白质盐析时，可以加入固体的盐，也可以加入盐的饱和溶液来改变蛋白质溶液的盐含量使其沉淀，其盐含量可以表示为饱和百分率，固体盐用量可按下式计算：

$$X = \frac{G(S_1 - S_2)}{1 - (VG/1000)S_2} \tag{6.9}$$

式中，X 为每升溶液中加入固体盐的质量，g；G 为饱和溶液中的盐浓度，g/L；S_1 为初始盐含量，%；S_2 为所需盐含量，%；V 为饱和溶液中盐的表观比容。

若使用饱和溶液，则加入的体积用下式计算：

$$Y = \frac{1000(S_2 - S_1)}{1 - S_2} \tag{6.10}$$

式中，Y 为 1L 溶液中，使盐含量从 S_1 变为 S_2 时所需加入的饱和溶液体积。

硫酸铵的不同添加方法对酵母延胡索酸酶和醇脱氢酶（ADH）K_s 和 β 值的影响见表 6.2。

表6.2　用硫酸铵盐析酵母延胡索酸酶和醇脱氢酶过程中接触条件对 Cohn 方程中参数的影响

盐类型	过程类型	反应器容积 /ml	停留时间 /min	β				K_s			
				延胡索酸酶		醇脱氢酶		延胡索酸酶		醇脱氢酶	
				I	E	I	E	I	E	I	E
颗粒固体	间歇	15	720		5.79		7.5		2.71		3.20
饱和溶液	间歇	15	720		6.67		7.5		2.81		3.20
饱和溶液	连续	380	1.0	6.96	7.12	13.61	14.01	2.81	2.81	5.29	5.29
饱和溶液	连续	380	1.3	7.51	7.65	14.23	14.78	2.81	2.75	5.26	5.26
饱和溶液	连续	380	2.0	7.74	8.17	15.11	15.87	2.81	2.81	5.40	5.40
饱和溶液	连续	380	3.5	8.41	8.92	17.11	18.02	2.81	2.81	5.52	5.52
饱和溶液	连续	380	5.0	8.54	9.14	17.37	18.08	2.81	2.81	5.40	5.40
饱和溶液	连续	1870	5.0	7.04	7.42	13.01	13.7	2.81	2.81	5.29	5.29
饱和溶液	连续	1870	10.0	13.13	13.48	15.18	15.57	4.70	4.70	5.49	5.49
饱和溶液	连续	1870	15.0	21.75	27.63	20.39	20.74	7.24	9.04	6.58	6.58

注：I 表示立即分离沉积相；E 表示原始悬浮液平衡 12h 后分离沉积相。

固体加盐法操作简单快捷，但加盐时应缓慢加入，并且边加边搅拌，否则易造成局部盐浓度过高导致蛋白质变性，且溶解放热需控温。饱和溶液加盐法通过预配饱和盐溶液缓慢加入，温和可控且重现性好，尤其适合敏感蛋白质，但会稀释样品并增加准备时间。选择时需权衡效率与蛋白质稳定性。

6.4.2　等电点沉淀法

蛋白质的离子化既与蛋白质的详细结构有关，也与溶液的 pH 值有关。一般来说，溶液的 pH 值高，蛋白质带负电，pH 值低，蛋白质带正电，当溶液的 pH 值为某一值时，蛋白质几乎不带电，即净电荷为零，或者说它带相等的正电和负电，这时的 pH 值称为等电点，常用 pI 表示。对于不同的蛋白质它们的 pI 值是不同的，表 6.3 给出了几种酶和蛋白质的等电点（pI）。若蛋白质溶液的 pH 值等于其 pI 值时则其溶解度最小，见图 6.14。所以，蛋白质等电点沉淀法就是基于不同蛋白质离子具有不同等电点这一特性，用依次改变溶液 pH 值的办法，将杂蛋白沉淀除去，最后获得目标产物。在蛋白质疏水性比较大和结合水比较小时这种类型的沉淀更有效。

表6.3　几种酶和蛋白质的等电点

酶 / 蛋白质	等电点	酶 / 蛋白质	等电点
胃蛋白酶	1.0	血红蛋白	6.3
卵清蛋白	4.6	肌红蛋白	7.0
血清蛋白	4.9	胰凝乳蛋白酶	9.5
尿素酶	5.0	细胞色素	10.65
β- 乳球蛋白	5.2	溶菌酶	11.0
γ- 球蛋白	6.6		

等电点沉淀法中的 pH 值作用于 β 值而隐含在 Cohn 公式中，pI 值通常在 pH4 ～ 6 范围内变化，一般用无机酸（如盐酸、磷酸和硫酸）作沉淀剂。

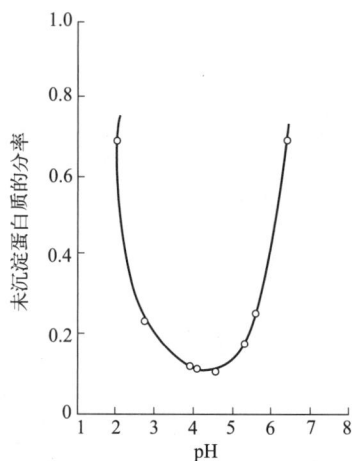

图 6.14 pH 值对大豆蛋白质溶解度的影响

例如，谷氨酸的发酵生产过程中，从发酵液提取粗制的谷氨酸常用的方法是用盐酸和硫酸调等电点提取工艺。其成功的概率大小和收率的高低直接取决于发酵液的优劣。但是在实际工业生产中由于菌种、原料、设备或者操作的原因，常会存在一些隐患，容易使发酵液出现异常，导致不容易用等电点法提取。其原因是异常发酵液含不利于等电点提取的有害物质较多。如生物蛋白（包括植物性和动物性）、胶体物质含量较高，黏性增强、泡沫大，酮酸高甚至呈现异臭，外观色泽呈现红褐色，严重的尚有絮状不溶性悬浮物的存在。在考虑生物蛋白对提取的影响时，一定要注意，不同种类的蛋白质具有不同的等电点，在中和过程中，时刻要关注蛋白质絮状物的变化。

另外这个技术的最大缺点是无机酸会引起较大的蛋白质不可逆变性的危险。其 pH 值要控制在一定范围内，否则会使其他一些物质遭到破坏造成严重的经济损失。同时这也提醒我们在工业生产中要注意发酵液的变化和酸的加入要均匀，不可使局部 pH 过低。

为了提高等电点法的沉淀能力，常将其与盐析法、有机溶剂法或其他沉淀法一起使用。

6.4.3　有机溶剂沉淀法

许多能与水互溶的有机溶剂如乙醇、丙酮、甲醇和乙腈，常用于低盐浓度下沉淀蛋白质。不同有机溶剂沉淀蛋白质的效率受蛋白质种类、温度、pH 值和杂质等因素影响。

乙醇是工业上最常用的沉淀剂，早在 80 年前，Edwin Cohn 及其合作者就是用乙醇来完成蛋白质沉淀经典实验的。他们应用低温乙醇分级沉淀人血浆的办法制备了白蛋白溶液，并通过冷冻干燥将乙醇从成品中去除，所得产品成功地救治了 1941 年珍珠港空袭后的幸存者。除此以外免疫球蛋白、血纤维蛋白原等其他许多蛋白质都是利用上述方法进行沉淀的。

如同盐析一样，随着沉淀剂——有机溶剂浓度的上升，蛋白质溶解度也呈指数规律下降，见图 6.15。但是并非所有蛋白质都符合这一规律，因为有机溶剂的加入会使溶质的构型及溶剂（水）的介电常数等同时发生变化，所以定量地描述这一过程就十分困难。

6.4.3.1　有机溶剂沉淀原理

早期人们认为有机溶剂沉淀法的机理是加入溶剂后，会使水溶液的介电常数降低，而使蛋白质分子间的静电引力（库仑力）增大，而导致凝集和沉淀。在等电点时，介电常数和蛋白质溶解度之间关系可用下式描述：

$$\lg S = K/\varepsilon^2 + \lg S_0 \tag{6.11}$$

式中，S_0 是当 $K/\varepsilon^2 \to 0$ 时，S 的外推值；ε 为水 - 有机溶剂混合物的介电常数；K 为常数（K 为包含了因水合作用所改变的水的介电常数值）。

后来又提出了另一种说法，认为有机溶剂沉淀法的机理是蛋白质的溶剂化，使原来和蛋白质结合的水被溶剂所取代，从而降低了它们的溶解度。但是这种理论不能说明为什么乙醇比丙酮的亲水性强，丙酮却比乙醇沉淀蛋白质的能力强，也解释不了丙酮、乙醇之类溶剂在所谓脱去蛋白质水膜的过程中容易造成变性，而盐析脱水时不造成变性。事实证明丙酮、乙醇等有机溶剂不仅是蛋白质的沉淀剂，而且还

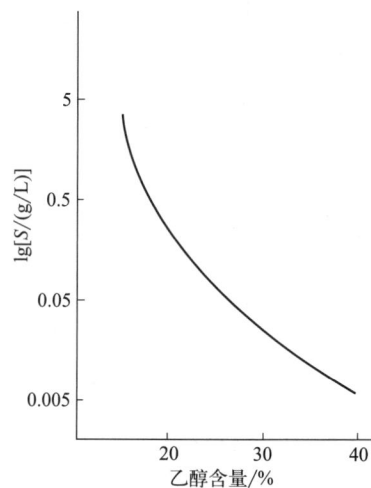

图 6.15 在 pH 值 4.8 时，人白蛋白在乙醇 - 水溶液中的溶解度

是一种变性剂，可见使用有机溶剂使蛋白质在沉淀和变性之间既有区别又相关联。

近年来对蛋白质变性的研究有所发展，对有机溶剂沉淀蛋白质的机理进行了新的探索，认为有机溶剂可能破坏蛋白质的某种键如氢键，使其空间结构发生某种程度的变化，致使一些原来包在内部的疏水基团暴露于表面，并与有机溶剂的疏水基团结合形成疏水层，从而使蛋白质沉淀，当蛋白质的空间结构发生变形超过一定程度时，便会导致完全的变性。可见，必须把有机溶剂使蛋白质的沉淀和变性之间的关系有机地结合起来，才可能正确地阐明其机理。

6.4.3.2 有机溶剂沉淀的影响因素

在沉淀过程中应该控制好有关参数：①温度，当乙醇与水混合时，会放出大量的稀释热，使溶液的温度显著升高，对不耐热的蛋白质影响较大，生产上常用搅拌、少量多次加入的办法，以避免温度骤然升高损失蛋白质活力，另外，温度还会影响有机溶剂对蛋白质的沉淀能力，一般温度越低沉淀越完全，所以在乙醇沉淀人血浆蛋白时，温度控制在 -10℃下进行；②乙醇浓度，通常随着乙醇浓度的上升蛋白质溶解度下降，如血纤维蛋白原的最大溶解度在乙醇为 8% 时达到最大，而当乙醇为 40% 时达到最小；③ pH 值，在确定了乙醇浓度以后，蛋白质的最低溶解度出现在蛋白质的等电点处，因此可以通过调节 pH 值来选择性分离蛋白质；④蛋白质浓度，应避免使用很稀的浓度，这是因为蛋白质在高浓度下才比较稳定。

有机溶剂沉淀法的优点是某些蛋白质沉淀的浓度范围相当宽，所得产品的纯度较高，从沉淀的蛋白质中除去有机溶剂很方便，而且有机溶剂本身可部分地作为蛋白质的杀菌剂；缺点是需要耗用大量的溶剂，而溶剂的来源、储存都比较困难或麻烦，并且沉淀操作需在低温下进行，使用上有一定的局限性，收率也比盐析法低。

6.4.4 非离子型聚合物沉淀法

非离子型聚合物最早在 20 世纪 60 年代时被用来沉淀分离血纤维蛋白原和免疫球蛋白，从此高分子量非离子型聚合物沉淀蛋白质的方法被广泛使用。许多高分子量的非离子型聚合物如聚乙二醇（PEG）、聚乙烯吡咯烷酮（PVP）和葡聚糖等都可用于沉淀蛋白质，其中最常用的是 PEG，分子量 200 ～ 20000 的不同聚合程度的产品都是有效的，通常在蛋白质沉淀中使用 PEG6000 或 PEG4000，这是因为低分子量的聚合物无毒，所以在临床产品的加工过程中被优先使用。

加入非离子型聚合物沉淀蛋白质的计算公式与盐析法的计算公式相似：

$$\lg S = \beta - Kc \tag{6.12}$$

式中，S 为蛋白质溶解度；c 为 PEG 的浓度；β 为 Y 轴的截距，是一个常数，受溶液条件的影响（如 pH 值和离子强度）；K 为斜率，也是一个常数，由蛋白质的大小和 PEG 的类型决定。

虽然式（6.12）适用性很强，但是低浓度蛋白质溶液（如 1.5g/L）和高浓度蛋白质溶液（如 75g/L 和 150g/L）时，实验结果会偏离线性，这种情况可以通过蛋白质之间的相互作用来修正：

$$\lg S + f S = \beta - Kc \tag{6.13}$$

式中，f 为蛋白质之间的相互作用系数。

这一应用说明见图 6.16。

使用 PEG 沉淀分离蛋白质方法的优点是：①体系的温度只需控制在室温条件下；②沉淀的颗粒往往比较大，同其他方法相比，产物比较容易收集；③ PEG 非但不会使蛋白质变性而且可以提高它的稳定性，但也有报道说它会使有些蛋白质不稳定。PEG 沉淀分离蛋白质的缺点是：PEG 比其他沉淀剂更难从蛋白质溶液中除去，为此需用超滤和液 - 液萃取来解决。

PEG 沉淀作用的机理是基于体积不相容性，即 PEG 分子从溶剂中空间排斥蛋白质，优先水合作用的程度取决于所用 PEG 分子大小和浓度，排斥体积与 PEG 分子大小的平方根有关，这些因素与被分离的蛋白质无关，并且在蛋白质溶解度上的差别取决于蛋白质分子的相对大小和蛋白质 - 蛋白质分子间的相互作用，这种相互作用是 PEG 的空间排斥作用，使蛋白质浓度增加而产生的。

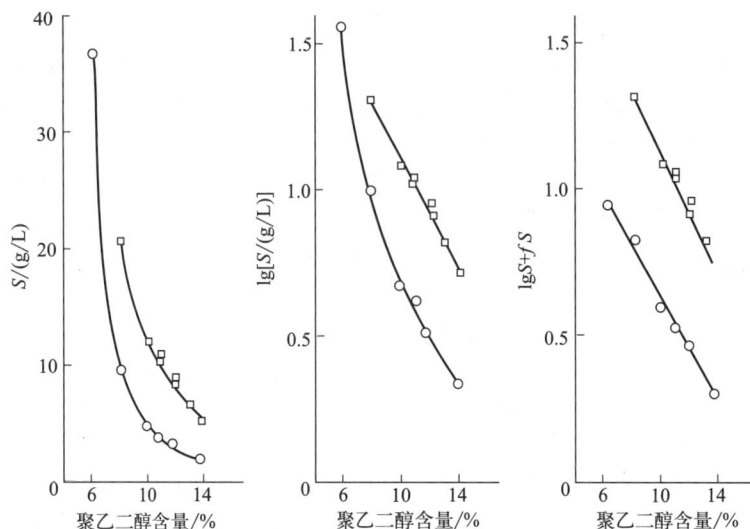

图 6.16　蛋白质浓度对用 PEG6000 沉淀酵母醇脱氢酶时的影响

□ 8g/L 总蛋白质；○ 75g/L 总蛋白质

上面的解释与已经观察到的 pH 值对溶解度的影响是一致的，蛋白质的溶解度在等电点 pI 时最小，并且与蛋白质浓度和自缔合的程度有关。

6.4.5　聚电解质沉淀法

聚电解质是含有重复离子化基团的水溶性聚合物。可用于蛋白质沉淀的聚电解质有聚丙烯酸、聚乙烯亚胺、羧甲基纤维素和离子型多糖如肝素等。

这些沉淀剂的作用，同离子交换色谱的作用一样，沉淀分离与蛋白质上的净电荷以及聚电解质的大小和电荷密度有关，蛋白质分子的相反电荷与聚电解质结合，形成一个多分子配合物，当配合物超过游离蛋白质的溶解度极限值时，就发生沉淀。虽然，高分子量聚电解质的沉淀作用可以用聚合物架桥机理来描述，但是低分子量聚电解质的沉淀作用还是用电荷中和作用原理来描述比较好。

影响沉淀过程的因素有溶液 pH 值、反离子的类型和浓度，以及聚电解质的量，若聚电解质过量，将导致蛋白质重新溶剂化。

6.4.6　金属离子沉淀法

金属离子在蛋白质分级沉淀上的作用是从金属离子与纯血浆蛋白的特异相互作用的研究中得到认识的。实验利用低浓度的锌和钡与冷乙醇一起分离血浆蛋白，目的是想减少乙醇的浓度或用量来提高血浆分级分离的质量和选择性，并使溶剂分离蛋白质的操作更易控制，最后发展为用锌或其他金属离子完全取代乙醇。

金属离子的沉淀作用是由于它们能与蛋白质分子中的特殊部位起反应所造成的。例如锌易与组氨酸残基中的咪唑基结合，使蛋白质的等电点转移，从而降低蛋白质的溶解度。

近来，对于金属离子沉淀蛋白质的概念有所扩大，这是因为有些蛋白质不能被游离的金属离子所沉淀，而是需要使用它们的双螯合物来进行沉淀，如用锌的螯合物与基因工程的聚组氨酸肽段相结合，从而使蛋白质沉淀。

金属离子沉淀蛋白质，一般可分为三类：第一类为能与羧基、氨基等含氮化合物以及含氮杂环化合物强烈结合的一些金属离子，如 Mn^{2+}、Fe^{2+}、Co^{2+}、Ni^{2+}、Cu^{2+}、Zn^{2+}、Cd^{2+}；第二类为能与羧酸结合而不与含氮化合物结合的一些金属离子，如 Ca^{2+}、Ba^{2+}、Mg^{2+}、Pb^{2+}；第三类为与巯基化合物强烈结合的一些金属离子，如 Hg^{2+}、Ag^+、Pb^{2+}。实际应用时，金属离子的浓度常采用 0.02mol/L。复合物中金属离子的去除，可用离子交换法或 EDTA 金属螯合剂。

6.4.7 亲和沉淀

（1）亲和沉淀简介　亲和沉淀是将生物亲和作用与沉淀分离技术结合起来的一种蛋白质纯化方法，其实质是配基 - 产品复合物的沉淀，即利用蛋白质与特定生物或合成的分子（免疫配位体、基质、辅酶、染料等）之间高度专一的相互作用而设计出来的一种特殊选择性的分离技术，其沉淀原理不是依据蛋白质溶解度的差异，而是依据"吸附"有特殊蛋白质的聚合物的溶解度的大小。亲和过程提供了一个从复杂混合物中分离提取单一产品的有效方法。

这个技术包含有三个步骤：①在初始阶段，将一个目标蛋白质与键合在可溶性载体上的亲和配位体配位形成沉淀；②所得沉淀物用一个适当的缓冲液进行洗涤，洗去可能存在的杂质；③用一种适当的试剂将目标蛋白质从配位体中离解出来。

（2）配位体及其选择　配位体可以是均相双功能的，也可以是非均相双功能的。

① 均相双功能配位体有两个或多个相同的亲和配基联结在一个可溶性载体上并用于沉淀多亚基蛋白质的活性部位以非共价的形式结合，因而发生沉淀。最初的亲和沉淀是利用了双官能团的核苷酸衍生物辅酶Ⅰ沉淀四聚体酶——乳酸脱氢酶（LDH）。其沉淀机制为：LDH、辅酶Ⅰ和丙酮酸盐形成强有力结合的三元复合物，其中 LDH 先溶解在 0.05mol/L 的磷酸盐缓冲液中，由于 LDH 是一种四聚体酶，辅酶Ⅰ能和两分子 LDH 发生作用而形成大分子聚集物，当这些聚集物足够大的时候，溶液体系最终发生沉淀。加入还原型辅酶Ⅰ（10mmol/L）到分离的沉淀物中，就可将酶从亲和配基中分离出来，回收率达 85%。但因辅酶Ⅰ价格贵、易降解、难以工业化，后又研究利用 Cibacron blue F3GA 三嗪染料衍生物来沉淀辅酶Ⅰ（NAD）相关的脱氢酶。另一个例子是用在表面上的金属配位残基来沉淀蛋白质，如将亚氨基二醋酸螯合的 Cu（Ⅱ）复合体，固定到一个可溶性的聚乙二醇分子上并用于沉淀血红细胞蛋白。

② 非均相双功能配位体有不同的官能团结合在载体上，其中一个是为了键联蛋白质而另一个是为了沉淀。例如由对氨基苯脒与苯甲酸衍生物聚合的可逆性亲和载体，其中对氨基苯脒是胰蛋白酶的亲和配基，而苯甲酸基为 pH 敏感基团，可影响聚合物的溶解度。将亲和载体加入 pH8.0 的牛胰抽提液中，充分混合后调 pH 值至 4.0 的水清洗，在加酸至 pH2.0 洗脱回收，得胰蛋白酶收率为 76%。

亲和沉淀是当今蛋白质分离纯化研究领域中的焦点之一，其实例列于表 6.4 及表 6.5。

表6.4　亲和均相双功能配位体沉淀纯化蛋白质的实例

蛋白质	大分子配位体
LDH, ADH, GDH	N_2, N'_2- 含脂双叠氮基 - 二（N^6- 羧甲基 -NAD）
LDH, BSA	二 - 汽巴克弄蓝 F3GA
LDH	甲氧基化 - 对磺酸盐异构体普施安蓝 H-B
巨头鲸肌红蛋白	Cu(Ⅱ)₂EDTA，Cu(Ⅱ)₂PEG-IDA
抗生物素蛋白质	葡聚糖 - 生物素

注：LDH 为乳酸脱氢酶；ADH 为抗利尿激素；GDH 为葡萄糖脱氢酶；BSA 为牛血清白蛋白。

表6.5　亲和非均相双功能配位体沉淀纯化蛋白质的实例

蛋白质	配位体	载体	沉淀作用
胰蛋白酶	对氨基苯脒	苯甲基聚丙烯酰胺	低 pH 值
胰蛋白酶	STI	壳聚糖	高 pH 值
WGA	N- 乙酰半乳糖胺亚单位	壳聚糖	高 pH 值
蛋白质 A	IgG	羟丙基甲基纤维素琥珀酸乙酯	低 pH 值
胰蛋白酶	对氨基苯甲脒	NIPAM+NASI（GMA）	温度升高
蛋白质 A	IgG	NIPAM+NASI（GMA）	温度升高
LDH	汽巴克弄蓝	葡聚糖	加入 ConA
IgG	蛋白质 A	半乳甘露聚糖	添加硼酸盐

注：LDH 为乳酸脱氢酶；STI 为大豆胰蛋白酶抑制剂；WGA 为小麦胚芽凝集素；NIPAM 为 N- 异丙基丙烯酰胺；NASI 为 N- 丙烯酰基苹果酰胺；GMA 为环氧丙基异丁烯酸酯；IgG 为免疫球蛋白。

这种方法可以较经济有效地使用配基，能够大规模、快速、特异性地分离纯化酶及蛋白质。

6.5　沉淀动力学

溶解度是一个平衡特性，但是溶解度值的降低是一个动力学过程。当体系变得不稳定以后，分子互相碰撞并产生聚集作用，通常认为相互碰撞由下面几种运动引起：①热运动（Brownian 运动）；②对流运动，由机械搅拌产生；③差示沉降，由颗粒自由沉降速率不同造成的。其中前两种机理在蛋白质沉淀中起主导作用，第 3 种机理在沉降过程中起主导作用（如在废水处理中）。由于 Brownian 运动所造成的碰撞导致异向聚集，而由于对流运动所造成的碰撞则导致同向聚集。

为了简化沉淀过程的动力学，可把沉淀分离过程分成下述 6 个步骤：①初始混合，蛋白质溶液与沉淀剂在强烈搅拌下混合；②晶核生成，新相形成，产生极小的初始固体微粒；③扩散限制生长，晶核在 Brownian 扩散作用下生长，生成亚微米大小的核，这一步速度很快；④流动引起的生长，这些核通过对流传递（搅拌）引起的碰撞进一步生长，产生絮体或较大的聚集体，这一步是在较低的速度下进行的；⑤絮体的破碎，破碎取决于它们的大小、密度和机械阻力；⑥聚集体的陈化，在陈化过程中，絮体取得大小和阻力平衡。

沉淀剂的性质和浓度及加入蛋白质溶液的方式、反应器的几何形状和水力学特性都会影响沉淀过程的动力学和聚集体的数量与大小。沉淀剂的加入可快可慢，可以溶液形式也可以固体形式加入（如硫酸铵）。在搅拌式反应器或管式反应器或活塞式流动反应器中，它们的混合情况各不相同，因此沉淀剂和蛋白质溶液之间的接触状况在这些反应器中很不相同，得到的絮体或聚集体的性质也不相同。

搅拌强度在成核阶段是一个非常重要的因素，可以通过混合速率来控制初始微粒的数量和大小。可以假定：初始微粒是在非常小的液体穴内形成的（湍动的涡流），在此穴中沉淀剂扩散很快。如果脱稳作用快于涡流存在的时间，则沉淀物中所含的蛋白质多少和微粒的大小可以用涡流的大小和蛋白质的含量（蛋白质浓度）来计算。其中涡流的大小可用微米级的湍流 λ_0（Kolmogrov 长度）来计算：

$$\lambda_0 = \left(\frac{\varepsilon_0}{\upsilon^3}\right)^{-1/4} \tag{6.14}$$

式中，υ 为动力学黏度；ε_0 为单位液体质量消耗的功 $[P/(\rho V)]$。

所以初始微粒的数量和大小随混合能量的变化而变化。

6.5.1　凝聚动力学

① 异向凝聚　胶体颗粒由于布朗运动相碰而凝聚的现象称为异向凝聚。在沉淀的起始阶段，所形成的"初始"微粒按布朗扩散控制条件长大，根据 Smoluchowski 理论，对相同大小微粒的扩散控制聚集作用可用一个二级速率方程式来描述：

$$\frac{dN}{dt} = \frac{K_a}{W} N^2 = \frac{8\pi Dd}{W} N^2 \tag{6.15}$$

式中，N 为经过 t 时间后溶液中存在的颗粒数目；K_a 为比速率常数；d 为颗粒直径；W 为稳定系数，用于计算颗粒周围的电场效应；D 为布朗扩散系数。

② 同向凝聚　机械搅拌使胶体颗粒相碰后的凝聚作用称为同向凝聚。当颗粒尺寸长到直径大于 $1\mu m$ 时，凝聚作用不再受扩散控制，在连续搅拌下，颗粒将碰撞并在某种程度上发生凝聚，如果碰撞还受均匀剪切速率 $\bar{r}$ 影响，则可用式（6.16）描述：

$$-\frac{dN}{dt} = \frac{2}{3} A \bar{r} d^3 N^2 \tag{6.16}$$

式中，A 为碰撞效率因子。

如果颗粒的体积分率是 $\varphi=\pi d^3 N/6$，则

$$-\frac{\mathrm{d}N}{\mathrm{d}t}=\frac{4}{\pi}\,A\varphi\,\bar{r}\,N \tag{6.17}$$

从 $t=0$（$N=N_0$）积分到 $t=t$（$N=N$），则：

$$\ln\frac{N}{N_0}=\frac{4}{\pi}\,A\varphi\,\bar{r}\,t \tag{6.18}$$

$Ca=\bar{r}\,t$，称 Camp 数，为无量纲积。

剪切速率取决于单位体积 V 所消耗的搅拌功率 P：

$$\bar{r}=\left(\frac{P/V}{\mu}\right)^{1/2} \tag{6.19}$$

式中，μ 为溶液的黏度。

因此：

$$\frac{\mathrm{d}N}{\mathrm{d}t}=\frac{2}{3}\,Ad^3\left(\frac{P/V}{\mu}\right)^{1/2}N^2 \tag{6.20}$$

6.5.2　絮凝体的破碎

凝聚物或絮凝体的形成和生长动力学是比较复杂的，而且比表观描述的动力学更加复杂。一方面在任何时间里颗粒的大小总是不相等的，剪切率在任何时间和地方都是不相同的；另一方面其他机制都是叠加的，会限制絮凝体的生长，因此颗粒的生长是不一样的，凝聚物在搅拌下很易破碎，因为在这种环境下凝聚物受到高的垂直和切向张力，已有几种机理用于描述这样的张力。

① 由于围绕在凝集体周围的湍流速度波动而导致压力波动，进而引起凝集物"膨胀"变形和破裂。

② 凝聚物的破碎是由于黏滞力的升高而分裂成两个或两个以上更小的絮凝体。

③ 从大凝聚物表面风化得到的初始颗粒或初始颗粒的小絮凝体是由于围绕凝聚物外的流动液体的摩擦力而产生的。

④ 由于颗粒与颗粒或颗粒与表面的碰撞而使凝聚物粉碎。

从上述机理来看，异向和同向凝聚不可能分得很清楚，往往是同时发生的。因此在描述凝聚动力学的模式中，将异向和同向凝聚都考虑进去。

6.5.3　凝聚物的陈化

长期以来一直认为沉淀剂应在强烈搅拌下加入溶液中去，强烈搅拌行为通常可以促进热能的快速扩散，减少在微观水平上混合物的分离程度并减少因沉淀剂的局部高浓度而引起的变性效应，尤其是在试剂的投加点处。强烈搅拌同样有利于晶核的形成率与颗粒之间的碰撞率从而促进同向粒子的生长。然而强烈搅拌也会导致絮体高比率破碎，并且在高剪切速率下凝聚物有减小的趋势。

因此对搅拌强度需作综合考虑，值得注意的是理论上最终要求是要得到大的、密度高的、强度好的絮凝体，便于溶剂回收和承受后继分离过程的操作压力。目前采用的操作是在沉淀作用开始阶段，即在沉淀剂加入时，施加一个短暂强烈的搅拌作用，使系统均匀化并加速晶体的生成作用，接着是一个较长的凝聚体陈化阶段，在这一阶段搅拌强度要小得多，凝聚体生长在大小分布上达到平衡并可获得一个密度和强度较高、紧密结合在一起的絮体。从机械的角度来看它们更加稳定并能承受住离心分离器、管道以及各种型式设备中的应力。在陈化期间，关于搅拌条件常采用 Camp 数值或陈化参数为判据，其值应大于 10^{-5}。

7 吸附法

○○ ──── ○○ ○ ○○ ──────────

7.1 概述

通常，一种物质从一相移动到另外一相的现象称为吸附。如果吸附仅仅处在表面上，就称为表面吸附；如果被吸附的物质遍及整个相中，则称为吸收。

在人类的生活和生产中，固体吸附很早就有所使用并进入工业规模，如除臭、脱色、吸湿、防潮等诸多方面。

固体吸附与生物工程也有着密切的关系，如在酶、蛋白质、核苷酸、抗生素、氨基酸等产物的分离、精制中，可应用选择性吸附的方法，发酵行业中空气的净化和除菌也离不开吸附过程。除此以外，在生物产品的生产中，还常用各类吸附剂进行脱色、去热原、去组胺等杂质。

早期使用的吸附剂有高岭土、氧化铝、酸性白土等无机吸附剂，还有凝胶型离子交换树脂、活性炭、分子筛和纤维素等。但由于这些吸附剂或是吸附能力低，或者容易引起失活，都不理想。另外要成为一个经济的生产过程，吸附剂必须能上百次甚至上千次地反复使用。为了能经受得起多次且剧烈的再生过程，吸附剂需要有良好的物理化学稳定性，再生过程还必须简便迅速。近年来一些合成的有机大孔吸附剂，即所谓大网格聚合物吸附剂，可以满足上述要求，用于工业规模生产。除了上述的物理吸附剂和静电吸附剂（主要是离子交换树脂）外，还有亲和吸附剂，系借助于溶质与吸附剂之间一种特殊的生物结合力而实现吸附的。

吸附法一般具有以下特点：①常用于从稀溶液中将溶质分离出来，由于受固体吸附剂的限制，处理能力较小；②对溶质的作用较小，这一点在蛋白质分离中特别重要；③可直接从发酵液中分离所需的产物，成为发酵与分离的耦合过程，从而可消除某些产物对微生物的抑制作用；④溶质和吸附剂之间的相互作用及吸附平衡关系通常是非线性关系，故设计比较复杂，实验的工作量较大。

7.2 吸附过程的理论基础

7.2.1 基本概念

固体可分为多孔和非多孔性两类。非多孔性固体只具有很小的比表面，用粉碎的方法可以增加其比表面。

多孔性固体由于颗粒内微孔的存在，比表面很大，可达每克几百平方米。换句话说，非多孔性固体的比表面仅取决于可见的外表面，而多孔性固体的比表面由"外表面"和"内表面"所组成，内表面积可比外表面积大几百倍，并且有较高的吸附势，因此应用多孔性吸附剂较有利。

固体表面分子（或原子）处于特殊的状态。由图 7.1 可见，固体内部分子所受的力是对称的，故彼此处于平衡，但在界面上的分子同时受到不相等的两相分子的作用力，因此界面分子的力场是不饱和的，即存在一种固体的表面力，它能从外界吸附分子、原子或离子，并在吸附表面上形

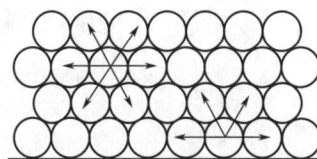

图 7.1 界面上分子的内部分子所受的力

成多分子层或单分子层。物质从流体相（气体或液体）浓缩到固体表面从而实现分离的过程称为吸附作用，在表面上能发生吸附作用的固体称为吸附剂，而被吸附的物质称为吸附物。

7.2.2　吸附的类型

吸附作用根据其相互作用力的不同来分类。

在实践中，产生吸附效应的力有范德华力、静电作用力以及在酶与基质结合成配合物时存在的疏水力、空间位阻等。按照范德华分子间力或键合力的特性，通常可分为以下三种类型。

（1）物理吸附　吸附剂和吸附物通过分子力（范德华力）产生的吸附称为物理吸附。这是一种最常见的吸附现象，其特点是吸附不仅限于一些活性中心，而是整个自由界面。

分子被吸附后，一般动能降低，故吸附是放热过程。物理吸附的吸附热较小，一般为（2.09～4.18）$\times 10^4$J/mol。物理吸附时，吸附物分子的状态变化不大，需要的活化能很小，多数在较低的温度下进行。由于吸附时除吸附剂的表面状态外，其他性质都未改变，所以两相在瞬间即可达到平衡。有时吸附速率很慢，这是由于在吸附剂颗粒的孔隙中的扩散速率是控制步骤的缘故。

物理吸附是可逆的，即在吸附的同时，被吸附的分子由于热运动会离开固体表面，分子脱离固体表面的现象称为解吸。物理吸附可以成单分子层吸附或多分子层吸附。由于分子力的普遍存在，一种吸附剂可吸附多种物质，没有严格的选择性。但由于吸附物性质不同，吸附的量有所差别。物理吸附与吸附剂的表面积、细孔分布和温度等因素密切相关。

（2）化学吸附　化学吸附是由于吸附剂在吸附物之间的电子转移，发生化学反应而产生的，属于库仑力范围，它与通常的化学反应不同的地方，在于吸附剂表面的反应原子保留了它或它们原来的格子不变。反应时放出大量的热，一般在（4.18～41.8）$\times 10^4$J/mol。由于是化学反应，故需要一定的活化能。化学吸附的选择性较强，即一种吸附剂只对某种或几种特定物质有吸附作用，因此化学吸附一般为单分子层吸附，吸附后较稳定，不易解吸。这种吸附与吸附剂表面化学性质以及吸附物的化学性质有关。

物理吸附与化学吸附本质上虽有区别，但有时也很难严格划分，可能在某些过程以物理吸附为支配作用，而在另一些过程中以化学吸附为支配作用。两种吸附的比较见表7.1。

表7.1　物理吸附与化学吸附的比较

理化特性	物理吸附	化学吸附
吸附焓 /（kcal[7]/mol）	＜ 10	＞ 20[1]
吸附速率	受扩散控制	受表面化学反应控制
温度效应	几乎没有	有影响
专一性	低[2]	高[3]
相互作用	可逆[4]	不可逆
表面覆盖	完全	不完全
活化能	小	大
吸附质 / 吸附剂量	大[5]	小[6]

[1] 大，对化学键的形成与破裂同化学反应相似。
[2] 任何表面上均能吸附各种吸附质，整个表面吸附情况相同。
[3] 在吸附剂表面，存在比一般吸附量更多的吸附点。
[4] 很快达到平衡。
[5] 只依赖于吸附质的物理化学特性。
[6] 依赖于吸附质和吸附剂的物理化学特性。
[7] 1cal=4.1840J。

（3）交换吸附　吸附剂表面如为极性分子或离子所组成，则会吸引溶液中带相反电荷的离子形成双电层，这种吸附称为极性吸附。在吸附剂与溶液间发生离子交换，即吸附剂吸附离子后，它同时要放出等物质的量的离子于溶液中，因此也称交换吸附。离子的电荷是交换吸附的决定因素，离子所带电荷越多，它在吸附剂表面的相反电荷点上的吸附力就越强，电荷相同的离子，其水化半径越小，越易被吸附。

此外，根据吸附过程中所发生的吸附质-吸附剂之间的相互作用的不同，还可将吸附分成亲和吸附、疏水吸附、盐析吸附和免疫吸附等，还可根据实验中所采用的方法，将吸附分成间歇式和连续式两种。

7.2.3　物理吸附力的本质

物理吸附作用的最根本因素是吸附质和吸附剂之间的作用力，也就是范德华力，它是一组分子引力的总称，具体包括三种力：定向力（Keeson 引力）、诱导力（Debye 引力）和色散力（London 引力）。范德华力和化学力（库仑力）的主要区别在于它的单纯性，即只表现为互相吸引。

在描述质点（原子或分子）的相互作用时，往往是用它们相互作用的能量 U（也就是使得质点彼此分开所必须消耗的功）来表示的。因此分子引力的总能量可表示为

$$U_{范德华} = U_{定向} + U_{诱导} + U_{色散}$$

（1）定向力　由于极性分子的永久偶极矩产生的分子间的静电引力称定向力。它是极性分子间产生的作用力，其平均能量为：

$$U_{定向} = -\frac{2}{3kT} \times \frac{\mu_1^2 \mu_2^2}{r^6} \tag{7.1}$$

式中，μ_1 为吸附剂功能基偶极矩；μ_2 为吸附质分子偶极矩；r 为两偶极子中心之间的距离；k 为玻耳兹曼常数；T 为热力学温度。

由式（7.1）可以看出分子极性越大，μ 越大，作用力也越大；分子的支链会导致 r 增大，不利于吸附；吸附作用还与热力学温度成反比。偶极矩与分子对称性、取代基位置等结构因素有关。

（2）诱导力　极性分子与非极性分子之间的吸引力属于诱导力。极性分子产生的电场作用会诱导非极性分子极化，产生诱导偶极矩，因此两者之间互相吸引，产生吸附作用。设极性分子的永久偶极矩为 μ_1，非极性分子的极化度（polarizability）为 a_2，则它们间诱导力的能量为：

$$U_{诱导} = -\frac{a_2 \mu_1^2}{r^6} \tag{7.2}$$

若为两个极性分子间的诱导力，则其能量为：

$$U_{诱导} = -\frac{a_1 \mu_2^2 + a_2 \mu_1^2}{r^6} \tag{7.3}$$

由式（7.2）和式（7.3）可见，诱导力与温度无关。

（3）色散力　非极性分子之间的引力属于色散力。当分子由于外围电子运动及原子核在零点附近振动，正负电荷中心出现瞬时相对位移时，会产生快速变化的瞬时偶极矩，这种瞬时偶极矩能使外围非极性分子极化，反过来，被极化的分子又影响瞬时偶极矩的变化，这样产生的引力叫色散力。色散力的能量为：

$$U_{色散} = -\frac{3a^2 h v_0}{4r^6} \tag{7.4}$$

式中，h 为普朗克常数；v_0 为电子的振动频率，s^{-1}。

因为 $h v_0$ 约等于原子的电离能 I（焦耳），所以上式可以写成：

$$U_{色散} = -\frac{3Ia^2}{4r^6} \tag{7.5}$$

色散力也与温度无关，且是普遍存在的，因为任何系统中都有电子存在。色散能和外层电子数有

关，随着电子数的增多而增加。

上述各力的数值大小，对于各种物质是不一样的，取决于吸附物的性质。例如固体吸附剂表面的极性如果不均匀而吸附物分子具有永久偶极矩，那么在吸附过程中起主要作用的是定向力，色散力的能量相对较小；如果吸附物是非极性分子，那么定向力等于零，而在吸附过程中起主要作用的是色散力。换句话说，在分子间相互作用的总能量中，各种力所占的相对比例是不同的，主要取决于两个性质，即吸附物的极性和极化度。极性越大，定向力作用越大；极化度越大，色散力的作用越大。诱导力是次级效应，计算结果表明，其能量约为分子间力的总能量的5%。

在通常距离上（十分之几个纳米），上述分子间相互作用力的能量约为几千焦耳/摩尔。要比化学键的能量小得多。

（4）氢键　另一种特殊的分子间作用力是氢键。它是一种介于库仑引力与范德华力之间的特殊定向力，比诱导力、色散力都大。

氢键是在分子结构中，当H原子与电负性较强的F、O、N等原子构成共价键时，电子对偏离中心，H原子显正电性，所以有富余的正电荷能吸附另外一个电负性较强的F、O、N等原子，而形成的一种有一定方向性的作用力，其能量在$(21 \sim 33) \times 10^3$J/mol。

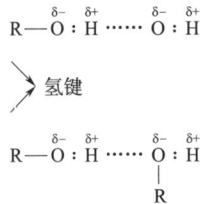

$$R—\overset{\delta-}{O} : \overset{\delta+}{H} \cdots\cdots \overset{\delta-}{O} : \overset{\delta+}{H}$$

氢键

$$R—\overset{\delta-}{O} : \overset{\delta+}{H} \cdots\cdots \overset{\delta-}{O} : \overset{\delta+}{H}$$
$$| \\ R$$

上式可用$\overset{\delta-}{X} : \overset{\delta+}{H} \cdots\cdots \overset{\delta-}{Y}$表示，显然X、Y两种原子电负性越大，半径越小，氢键就越能形成，作用也就越大，越有利于吸附。

不同元素原子所形成的氢键大小次序如下：F—H⋯⋯F ＞ O—H⋯⋯N ＞ N—H⋯⋯O ＞ N—H⋯⋯N ＞ N ≡ C⋯⋯N。

（5）推斥力　由前面的公式可以看出，当分子间距离减小时，范德华力增大，但仅能增加到一定的限度。

当质点（原子或分子）间距离非常接近时，就明显地表现出斥力。这是由于当电子云互相接近时，电子间产生斥力，斥力随距离增大而急剧降低（$U_{推斥}$正比于r^{-12}）。因此范德华作用力的能量中也应考虑斥力。

$$U = -\frac{C}{r^6} + \frac{d'}{r^{12}} \tag{7.6}$$

式中，d'为斥力常数。

当吸引力和推斥力平衡时，两原子或分子中心间的距离称为范德华半径，其值始终大于相应的共价半径。因为分子间作用力距离较远，故范德华力一般较弱。

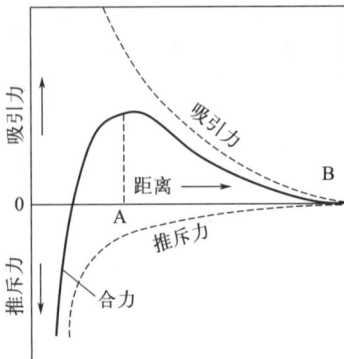

根据上述公式，可见吸附力场中，任一点的位能U应为它到表面之距离的函数（图7.2）。当距离大于OB时，吸引力未表示出来。当吸附表面和分子间的距离减小时，其吸引力的能量逐渐增加，当距离减至分子半径OA时，达到最大值。当距离再减小时，推斥力急剧增加。因此当吸附分子中心间的距离比一个分子半径稍大一点时，吸附物分子处在最稳定的状态。这时该层的吸附相当高，大大超过吸附物的升华或凝聚热，第二层和以后各层吸附得较弱，吸附能接近于升华或凝聚热。

图7.2　吸引力和推斥力

7.2.4　吸附等温线

固体在溶液中的吸附，是溶质和溶剂分子争夺表面的净结果，即在

固 - 液界面上，总是被溶质和溶剂两种分子占满。如果不考虑溶剂的吸附，当固体吸附剂与溶液中的溶质达到平衡时，其吸附量 m 应与溶液中溶质的浓度和温度有关。当温度一定时，吸附量只和浓度有关，$m=f(c)$，这个函数关系称为吸附等温线。吸附等温线表示平衡吸附量，并可用来推断吸附剂结构、吸附热和其他理化特性。从现象上来看，生物分离中至少有四种可能的等温线，如图 7.3 所示。

最普遍的是凸型——朗格缪尔型，这样的上升曲线，是由于被吸附物在最强亲和力的位点上首先被吸附，而它的附加增量是那些较弱的结合力引起的，所以呈一条双曲形饱和曲线，这种图形说明是单分子层吸附，一旦形成以后，吸附过程就不再继续进行。另外，在起始阶段吸附过程进行得很快，然后变得缓慢，这种行为基本上属于化学吸附。

在分配体系中，出现最多的等温线如图 7.3 中的凹型和直线型，凹型是一条渐近于纵坐标的渐近曲线，显示出是一种多分子层的吸附，并且，不同于以前的情况，多分子层好像在一开始就形成了；而直线型等温线常常出现在其他几种等温线的限定浓度范围内。

假定用一填满吸附剂的柱子，分离含有两种不同生物分子 A 和 B 的混合物，其浓度分别为 c_A 和 c_B，它们的吸附等温线如图 7.4 所示。吸附质的浓度与被吸附量的比（c/m）是衡量吸附质对吸附剂亲和性的尺度，因为亲和力越大，c/m 就越小。假如在 $c_A=c_B$ 时，B 对吸附剂的亲和力大于 A，则：

$$\frac{c_A}{m_A} > \frac{c_B}{m_B} \tag{7.7}$$

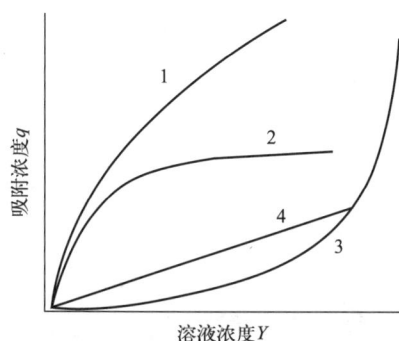

图 7.3　常见的吸附等温线类型

1—弗罗因德利希（经验型），凸型吸附等温线；

2—朗格缪尔型，凸型吸附等温线；3—凹型；4—直线型

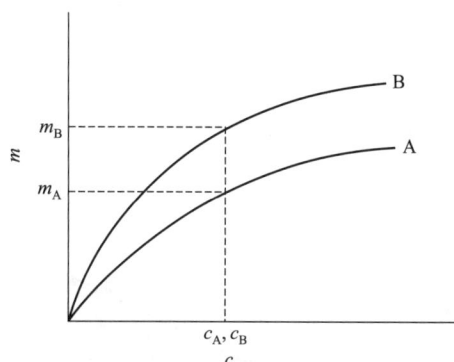

图 7.4　两种对吸附剂具有不同亲和力的生物产品（A 和 B）的吸附等温线

在这种情况下，由于 A 的亲和力小，它将首先从柱中排出，然后，经过一段时间后才出现 B。对于这种实验状况的定量的解释，可用不同的数学公式来表述。

（1）弗罗因德利希（Freundlich）等温线　弗罗因德利希提出了如下经验公式：

$$m=Kc^{1/n} \tag{7.8}$$

其对数形式是：

$$\lg m=\lg K+n^{-1}\lg c \tag{7.9}$$

式中，m 为单位质量吸附剂上吸附的吸附质量；c 为吸附质的平衡浓度；K 和 n 为经验参数，它们可通过双对数坐标图上曲线的截距和斜率求得。

经验的弗罗因德利希等温线描述了大量抗生素、类固醇、甾类激素在溶液中的吸附过程，例如赤霉素在 Amberlite XAD-2 型大网格聚合物吸附剂上的吸附等温线就服从于弗罗因德利希方程式，见图 7.5，由图求得 $K=0.86$，$n=4$。

（2）朗格缪尔（Langmuir）等温线　单分子层吸附等温线方程式由朗格缪尔建立的。朗格缪尔方程式以下列假定为基础：吸附是在吸附剂的活性中心上进行的，这些活性中心具有均匀的能量，且相隔较

远。因此吸附物分子间无相互作用力；每一个活性中心只能吸附一个分子，即形成单分子吸附层。

但是，在生物分子和吸附剂之间的相互作用，如酶和它的底物之间，常常不是一个简单的结合。在吸附剂表面上，接合点和许多特征构型面向一个蛋白质，例如一个蛋白质本身可能是一个低聚物的四元结构，因此，不仅提供一个表面去结合，而且出现了相互作用力的多分散性，即可以预料到有一个特征离解常数的值域。为求简化，最好找出一个值域的平均数并应用一个单值来近似表示大多数分子的相互作用。吸附实验表明，大多数结合，可用单一的表观离解常数来表示，值域平均值变化将取决于占有吸附点的百分比。同样，分配系数（α）是实验中的重要参数，会下降，直接的原因是由于趋近于饱和，间接的原因是由于结合点的占有率增加从而导致平均亲和力较低，给出的 α 值也较低。

蛋白质与吸附剂之间的反应不易用简单的数学公式表示，这不仅因为蛋白质与吸附剂之间的反应是在蛋白质表面上不止一个点上进行的，而且这些点上相互作用的类型也是不同的，特别是吸附剂本身表现出结合点的不均匀排列。假定相互作用的区域是随意分布的，如图 7.6 所示，因此，没有一个简单的参数，能够适当地描述蛋白质 - 基体的相互作用，同时蛋白质的色层分离理论必须兼顾近似和假定两个方面。在这种情况下，吸附过程可以通过如下的方程式来描述：

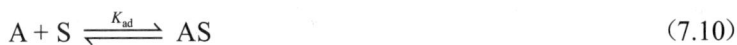

$$A + S \underset{}{\overset{K_{ad}}{\rightleftharpoons}} AS \tag{7.10}$$

式中，A 为未被吸附的吸附质分子；S 为吸附剂表面未被占有的活性点；AS 为占据活性点的吸附质分子。

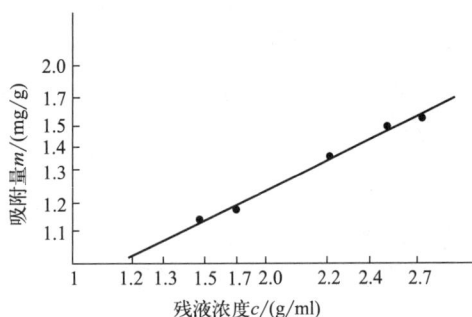

图 7.5　赤霉素在 Amberlite XAD-2 上的吸附等温线

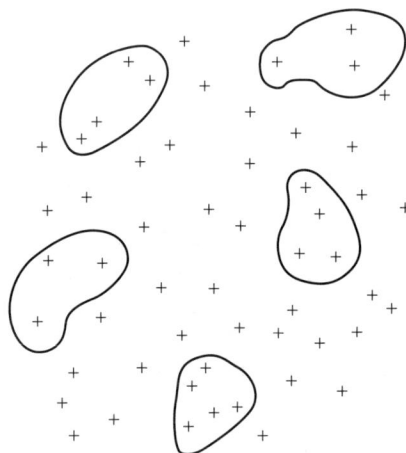

图 7.6　离子交换剂上吸附点的多分散性（表示蛋白质分子与交换剂上 3，4，5 个正电荷相互作用，由于在吸附剂上的不均一性，所以带电基团分布是随机的）

在理想状态下，平衡的热力学常数 K_{ad}，可以用浓度来代替活度表示：

$$K_{ad} = \frac{a_{AS}}{a_A a_s} = \frac{[AS]}{[A][S]} \tag{7.11}$$

式中，[AS] 和 [S] 为表面浓度。

朗格缪尔提出了一个新的变量，即表面占据分率，相当于所占据的活性点的平均值：

$$\phi = \frac{[AS]}{[AS]+[S]} \tag{7.12}$$

分子和分母均除以 [S]，则式（7.12）变为：

$$\phi = \frac{K_{ad}[A]}{K_{ad}[A]+1} \tag{7.13}$$

假定占据了吸附剂表面上所有活性点，则每单位质量吸附剂所吸附的吸附质分子数（质量）应为 A_{max}，而在一给定时间内，只有 A 分子数（质量）的吸附质被吸附，则表面占据分率等于：

$$\phi = \frac{A}{A_{max}} \tag{7.14}$$

将式（7.13）和式（7.14）结合，则可得到朗格缪尔等温线：

$$A = \frac{A_{max}K_{ad}[A]}{1 + K_{ad}[A]} \tag{7.15}$$

在朗格缪尔方程式中（其图示曲线见图 7.3），当 [A] 高时，$K_{ad}[A] \gg 1$，则处于饱和状态。$A = A_{max}$，换言之，一旦单分子层吸附完全时，它就不可能有更多的分子再被吸附；相反，[A] 低时，$K_{ad}[A] \ll 1$，朗格缪尔等温式变为：

$$A = A_{max}K_{ad}[A] \tag{7.16}$$

在这种情况下，被吸附的吸附质的量与吸附质的平衡浓度呈线性关系。

[A] 取于中间范围时，则可使用朗格缪尔的原始等温式或用倒数和倒数乘以 [A] 等几种代数方法使之线性化。

（3）离子交换等温线　若以离子交换树脂为吸附剂，则表现出来的等温线称离子交换等温线，可用类似的方法进行处理。例如，在一离子交换树脂上的离子交换反应如式（7.17）：

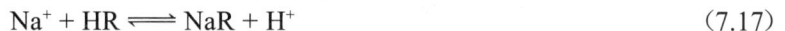

$$Na^+ + HR \rightleftharpoons NaR + H^+ \tag{7.17}$$

式中，HR 和 NaR 分别为带有一个氢离子及一个钠离子的活性点（离子交换点）。

式（7.17）平衡时，则平衡常数 K_i 为：

$$K_i = \frac{[NaR][H^+]}{[Na^+][HR]} \tag{7.18}$$

由于树脂上交换基团（活性点）的总数是固定的，即：

$$[R] = [RNa] + [RH] \tag{7.19}$$

所以

$$[RNa] = \frac{K_i[R][Na^+]}{[H^+] + K_i[Na^+]} = \frac{[R][Na^+]}{\dfrac{[H^+]}{K_i} + [Na^+]} \tag{7.20}$$

由于在缓冲液中 [H$^+$] 是常数，由此可见，钠在离子交换树脂上的吸附，也可用朗格缪尔等温式来模拟。

$$A = \frac{A_m[A]}{K + [A]} \tag{7.21}$$

同样，对于不等价离子交换反应有：

$$2RNa + Ca^{2+} \rightleftharpoons R_2Ca + 2Na^+ \tag{7.22}$$

式（7.22）同样反映了活性点（交换点）被 Na$^+$ 或 Ca^{2+} 所占据，在平衡时有：

$$K_i = \frac{[R_2Ca][Na^+]^2}{[Ca^{2+}][RNa]^2} \tag{7.23}$$

如前所述，同样树脂上交换点的总数也是一定的，即：

$$[R] = [RNa] + 2[R_2Ca] \tag{7.24}$$

合并上述两式，可得一复杂的代数式，可以发现钙离子的吸附情况惊人地符合弗罗因德利希等温线，并且树脂对高价离子的选择性随溶液的稀释而提高。

（4）亲和吸附等温线　前面介绍的吸附技术主要是利用待分离化合物之间在物理化学性质方面的差别，来达到分离、纯化的目的。由于选择性不够强，故产物大多不够纯，如欲提纯某产品，往往需要连续应用多种方法，导致产品的得率又较低。

近年来发展了一种新的吸附技术——亲和吸附，它是利用生物高分子物质对某些相对应物质具有专一地识别和可逆结合的能力，即亲和力来实现的。如表 7.2 所示。

表 7.2　生物高分子及其对应的配基

生物高分子	对应的配基
酶	底物类似物、抑制剂、辅助因子
抗体	抗原、病毒、细胞
凝集素	多糖、糖蛋白、细胞表面受体、细胞
核酸	互补碱基序列、组蛋白、酸多聚酶结合蛋白
激素、维生素	受体、载体蛋白
细胞	细胞、表面特殊蛋白、凝集素

故亲和吸附就是在一种作为载体的固相介质上，把具有一定生物专一性的配基共价偶联上去，制成具有某一特定亲和能力的亲和吸附剂，进行吸附操作，从混合液中分离出与配基有专一亲和力的生物活性物质。其原理见图 7.7，常被称为"锁和钥匙"机理。

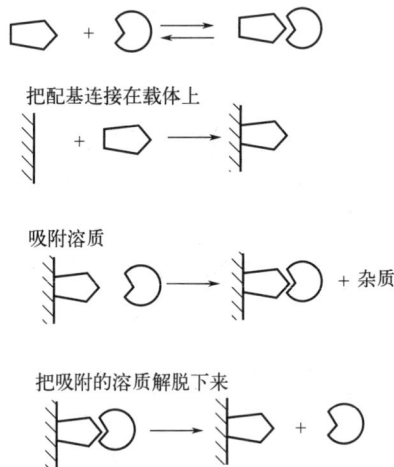

把配基连接在载体上

吸附溶质

把吸附的溶质解脱下来

图 7.7　亲和吸附原理示意

载体与配基的联结方法有多种，在可能的条件下最好用共价偶联法，其方法有溴化氰法、重氮法、叠氮法和过碘酸氧化法四种，而常用的载体材料有琼脂糖、纤维素、右旋葡糖、聚丙烯酰胺和多孔玻璃等。

亲和吸附等温线，常类似于朗格缪尔吸附等温线，由于是生物特异性结合，所以常为单分子层吸附，当然对每一体系都需用实验证实。

7.3　吸附的影响因素

固体吸附剂自溶液中的吸附规律比较复杂，主要是由于溶液中除了溶质外还有溶剂，因此至少要考虑三种作用力：在界面层上固体与溶质之间的作用力，固体与溶剂之间的作用力，以及在溶液中溶质与溶剂之间的作用力。在达到吸附平衡后，其吸附量不仅受吸附剂性质、结构、形状、颗粒大小的影响，而且与溶液中溶质的性质、浓度、固液两相质量比以及溶剂本身和液相中存在的各有关成分和相互作用强弱有关，还受吸附过程中的具体条件如温度、pH等的影响。

7.3.1　吸附剂的影响

吸附剂的理化性质对吸附的影响很大。吸附剂的性质与其原料、合成方法和再生条件有关。一般要求吸附容量大、吸附速度快和机械强度好。吸附剂的吸附容量除其它外界条件外，主要与比表面积有关。比表面大，空隙度高，吸附容量就越大。吸附速度主要与粒径和孔径分布有关，粒径越小，吸附速度就越快。孔径适当，有利于吸附物向空隙中扩散。吸附剂的机械强度则影响其使用寿命。

7.3.2　吸附质的影响

有下列一些规则可用来预测吸附的相对量。

① 能使表面张力降低的物质，易为表面所吸附。这条规则源自吉布斯（Gibbs）吸附方程式。所以固体容易吸附对固体的表面张力较小的液体。

② 溶质从较易溶解的溶剂中吸附时，吸附量较少。相反，洗脱时，采用溶解度较大的溶剂，洗脱就较容易。

③ 极性吸附剂易吸附极性物质，非极性吸附剂易吸附非极性物质。因而极性吸附剂适宜于从非极性溶剂中吸附极性物质，而非极性吸附剂适宜于从极性溶剂中吸附非极性物质。

④ 对于同系列物质，吸附量的变化是有规则的。如按极性减小的次序排列，次序越在后面的物质，极性越差，因而越易为非极性吸附剂所吸附，而越难为极性吸附剂所吸附。

7.3.3　溶剂的影响

单溶剂与混合溶剂对吸附作用有不同的影响。一般吸附物溶解在单溶剂中容易被吸附，若是溶解在混合溶剂（无论是极性与非极性混合溶剂或者是极性与极性混合溶剂）中则不容易被吸附。所以一般用单溶剂吸附，用混合溶剂解吸。

7.3.4　pH的影响

pH值影响某些化合物的离解度。各种溶质吸附的最佳pH值，常常通过实验决定。一般来说，有机酸在酸性下、胺类在碱性下较易为非极性吸附剂所吸附。

7.3.5　温度的影响

吸附一般是放热的，吸附热越大，则温度对吸附的影响越大。对于物理吸附，一般吸附热较小，温度变化对吸附的影响也较小。Vukovic等研究了改性后的碳纳米管对Pb^{2+}的吸附，结果表明：当分别在25℃、35℃、45℃的温度下，碳纳米管对Pb^{2+}的吸附率随温度的上升而增大，45℃时达到最大，且碳纳米管的吸附行为符合准二级动力学模型和朗格缪尔等温线模型。但有些溶质，由于温度升高而溶解度增大，因此对吸附产生不利影响。另外，生化物质吸附温度的选择，还要考虑它的热稳定性。

7.4　吸附剂的种类及其应用

吸附剂按其化学结构可分为两大类：一类是多孔有机聚合物吸附剂，如大孔吸附树脂、离子交换吸附树脂、聚酰胺、分子印迹聚合物、活性炭等；另一类是无机吸附剂，如硅胶、氧化铝、人造沸石、磷酸钙等。

7.4.1　大孔吸附树脂及其应用

7.4.1.1　大孔吸附树脂类型

大孔吸附树脂（macroporous adsorption resin，MAR）是一类具有永久孔隙结构的非离子型高分子聚合物，其孔径范围通常在 $5 \sim 30nm$，比表面积可达 $100 \sim 1200m^2/g$。与传统吸附剂相比，其最大的特点是具有发达的孔道结构、较为均一的孔径和较高的机械强度。这些树脂通过物理吸附作用，依靠范德华力、氢键和疏水相互作用实现对目标物的选择性吸附。

吸附剂按骨架的极性强弱，可分为非极性、中等极性和极性三大类。

非极性树脂：以苯乙烯 - 二乙烯苯共聚物为代表（如 HZ816、D101、XAD-2 等），由苯乙烯和二乙烯苯聚合而成，故也称为芳香族吸附剂。表面不含极性基团。这类树脂主要通过范德华力和疏水相互作用吸附非极性物质，特别适用于脂溶性成分的分离，如黄酮类、萜烯类化合物等。

另一种酚醛型的大网格吸附剂，由于结构、极性上的区别，有一定的用处，也有商品出售。例如黄颖等合成的 HD-1 树脂，在某些产品的生产中，有较好的脱色能力。

中等极性树脂：通常在苯乙烯 - 二乙烯苯基础上，以多功能团的甲基丙烯酸酯作为交联剂引入甲基丙烯酸酯类单体。如 AB-8、XAD-7 等，结构中引入酯基或醚基等弱极性基团。这类树脂具有适中的极性，能够通过疏水作用和氢键双重机制吸附物质，在生物碱、苷类等中等极性化合物的分离中表现出色。

极性树脂：采用丙烯酰胺、N- 乙烯基吡咯烷酮等极性单体聚合包括含酰胺基（如 NKA-9）或羟基（如 S-8）的树脂。其表面极性基团可通过氢键、偶极作用等吸附极性化合物，特别适合多糖、多酚类等水溶性成分的分离纯化。

大孔吸附树脂与活性炭等传统吸附剂相比，具有选择性好、解吸容易、机械强度好、可反复使用和流体阻力较小等优点。特别是其孔隙小，骨架结构和极性可按照需要，选择不同的原料和合成条件而改变，因此适用于吸附各种有机化合物。

7.4.1.2　大孔吸附树脂吸附操作过程与影响因素

大孔吸附树脂的吸附操作主要包括以下步骤：树脂预处理（醇洗、酸碱活化）、上样吸附、杂质洗涤、目标物洗脱、树脂清洗等。

上述过程主要受三个关键因素影响：树脂特性、目标物性质和操作条件。其中，树脂的孔径决定了可吸附分子的尺寸上限，通常要求孔径是目标分子直径的 $3 \sim 5$ 倍；比表面积直接影响吸附容量；表面化学性质则决定了选择性。目标物的极性、分子量和溶解度等特性需要与树脂相匹配。操作条件方面，上样浓度与上样总量、pH 值、温度和流速等参数都会显著影响吸附效果。例如，黄酮类化合物在 pH3 $\sim$ 5 时吸附效果最佳，而生物碱则在碱性条件下更易被吸附。

（1）吸附过程　大孔吸附树脂的吸附能力，不但与树脂的化学结构和物理性能有关，而且与溶质及溶液的性质有关。根据"类似物容易吸附类似物"的原则，一般非极性吸附剂适宜于从极性溶剂（例如，水）中吸附非极性物质。相反，高极性吸附剂适宜于从非极性溶剂中吸附极性物质。而中等极性的吸附剂则对上述两种情况都具有吸附能力。

大网格吸附剂的吸附作用可用图 7.8 来表示。非极性吸附剂从极性溶剂中吸附时，溶质分子的疏水性部分优先被吸附，而它的亲水性部分在水相中定向排列。中等极性吸附剂从非极性溶剂中吸附时，溶质分子以亲水性部分吸着在吸附剂上；而当中等极性吸附剂从极性溶剂中吸附时，则可同时吸附溶质分子的极性和非极性部分。

选择合适的孔径也很重要。溶质分子通过孔道到达吸附剂内部表面，因此吸附有机大分子时，孔径必须足够大，但孔径增大，吸附表面积就要减少。经验表明，孔径等于溶质分子直径的 6 倍比较合适。因此宜根据吸附物的极性和分子大小，选择具有适当极性、孔径和表面积的吸附剂。例如吸附酚等分子较小的物质，宜选用孔径小、表面积大的 XAD-4；而吸附烷基苯磺酸钠，则宜用孔径较大、表面积较小的 XAD-2 吸附剂。

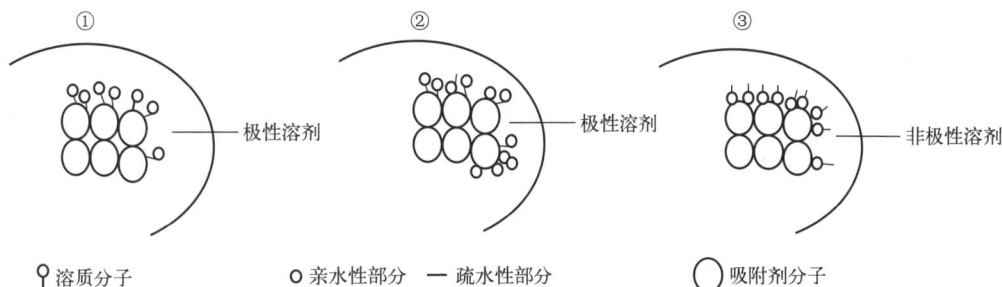

图 7.8　大网格吸附剂的吸附作用示意图

①在极性溶剂中，非极性吸附剂之吸附；②在极性溶剂中，中等极性吸附剂之吸附；③在非极性溶剂中，中等极性吸附剂之吸附

当从水溶液中吸附时，对同族化合物，一般分子量越大，极性越弱，吸附量就越大。和离子交换不同，无机盐类对吸附不仅没有影响，反而会使吸附量增大。因此用大网格吸附剂吸附有机物时，不必考虑盐类的存在，这也是大网格吸附剂的优点之一。

溶液的 pH 会影响弱电解质的离解程度，因此也影响其吸附量。如用 XAD-4 从废水中吸附酚时，选用 pH3.0 要优于 pH6.5。但如溶质是中性物质，则溶液的 pH 没有影响。例如以某大网格吸附剂吸附维生素 B_{12}，在 pH3、5、7 下的吸附量，几乎相等，分别为 9120μg/ml、9100μg/ml、9070μg/ml。

（2）洗脱　由于是分子吸附，而且大孔吸附树脂对有机物质的吸附能一般低于活性炭，所以解吸比较容易。

最常用的是以低级醇、酮或其水溶液解吸。所选用的溶剂应符合两个要求。一个要求为溶剂应能使大网格聚合物吸附剂溶胀，这样可减弱溶质与吸附剂之间的吸附力。另一个要求为所选用的溶剂应容易溶解吸附物，因为解吸时不仅必须克服吸附力，而且当溶剂分子扩散到吸附中心后，应能使溶质很快溶解。

溶剂对聚合物的溶胀能力可用溶解度参数（solubility parameter）δ 或内聚能密度（cohesive energy density，CED）来表征，它们的定义如下：

$$CED = \delta^2 = \frac{E}{V} \tag{7.25}$$

式中，E 为摩尔内能；V 为摩尔体积。

热力学分析表明，当溶剂的溶解度参数和聚合物的溶解度参数接近时，溶剂愈易溶胀聚合物。聚苯乙烯等聚合物的溶解度参数约为 18.4，表 7.3 中溶剂的解吸能力逐渐降低。

表 7.3　常用洗脱剂的溶解度参数

溶剂	2-丁酮	2-丙酮	丁醇	丙醇	乙醇	甲醇	水
溶解度参数	19.0	20.4	23.3	24.3	25.9	29.6	47.3

对弱酸性物质可用碱来解吸。如 XAD-4，吸附酚后，可用 NaOH 溶液解吸，此时酚转变为酚钠，亲水性较强，因而吸附较差。NaOH 最适浓度为 0.2%～0.4%，超过此浓度由于盐析作用对解吸反而不利。对弱碱性物质可用酸来解吸。如吸附是在高浓度盐类溶液中进行时，则常常仅用水洗就能解吸下来；对于易挥发溶质可用热水或蒸汽解吸。

为了使吸附法能经济实惠地用于工业化大生产，除了上述吸附和解吸外，还需要其他各种条件的配合，如空间速度（体积流速/树脂体积，h^{-1}）、线性速度（m/h）、树脂柱的几何形状（高度/直径的比例）、柱结构、工作程序等。其中空间速度往往作为主要考察因素，线性速度不太重要。对于非极性吸附剂，如果吸附亲水性产物，其最适宜的空间速度为 $1 \sim 2h^{-1}$；而吸附亲脂性产物，空间速度可达 $10h^{-1}$。

树脂柱的几何形状会引起树脂压力降和径向压力的变化，大多数最适树脂柱的高和直径之比小于或等于 $3:1$。

7.4.1.3 大孔吸附树脂的应用

在抗生素工业中，大孔吸附树脂的应用正在日益发展，目前已用于头孢菌素、维生素 B_{12}、林可霉素等的提取。对于一些属于弱电解质或非离子型的抗生素，过去不能用离子交换法提取，现在可考虑用大网格吸附剂。

大孔吸附树脂因其独特的结构特点，在生化物质的生产和研究上的应用日益增多。对于在水中溶解度不太大，而较易溶于有机溶剂中的生化物质都可考虑用大孔吸附树脂来分离，在各种天然产物、维生素、抗生素和有机酸等的分离中具有不可替代的优势。

例如维生素 B_{12} 一般用羧酸性阳离子交换树脂提取。实验证明，用大网格吸附剂提取，吸附容量高，洗脱高峰集中。Amberlite XAD-2 与 Amberlite IRC-50 吸附维生素 B_{12} 的比较见表 7.4。

表 7.4 大网格吸附剂吸附维生素 B_{12}

吸附剂	饱和吸附容量 /（mg/ml）	洗脱高峰	洗脱体积 /BV
Amberlite IRC-50	0.14	150	5
Amberlite XAD-2	5.2	7 200	2

注：浓度 15×10^{-6}；流速 9.64L/h；洗脱剂为甲醇。

大网格吸附剂还可用于污水处理，如含酚、含氯、含硝基化合物废水处理，造纸、印染、洗涤剂废水等的处理；作色谱法的载体，分析痕量物质；也可作为野外采样保存剂；食品工业上作糖浆脱色剂。此外大网格吸附剂在医疗化验和治疗等方面都有着广泛的应用。

7.4.2 离子交换吸附剂

7.4.2.1 离子交换吸附剂类型

离子交换吸附剂是一种不溶于酸、碱和有机溶剂的网状结构的功能高分子化合物。它的化学稳定性良好，且具有离子交换能力。其结构由三部分组成：不溶性的三维空间网状结构构成的树脂骨架，使树脂具有化学稳定性；与骨架相连的功能基团；与功能基团所带电荷相反的可移动的离子，称为活性离子。

（1）按照离子交换剂骨架分类　第一类离子交换剂是包含合成树脂骨架的多孔弹性颗粒，通常用苯乙烯和二乙烯苯共聚而成的聚苯乙烯树脂，由线状聚合苯乙烯交联而成网状或体型结构，改变原始单体的化学组成，使三维结构的骨架基质与所需的离子基团或官能团连接。另外，还有丙烯酸 - 二乙烯苯型、酚醛型和多乙烯多胺 - 环氧氯丙烷型树脂。

以上离子交换剂通常称为离子交换树脂，其骨架的疏水特性常使蛋白质变性，由于这些原因，这类树脂常用于分离离子型小分子。

第二类离子交换剂是多糖类骨架的离子交换树脂。它是通过对多糖上的羟基基团进行化学改性制得的。多糖的多羟基特性使得化学改性相当随机。这些利用纤维素、琼脂糖、葡聚糖骨架改性的多糖材料，目前广泛应用在离子交换分离生物大分子上。

（2）按照离子交换剂功能基团和活性分类　离子交换树脂可交换的功能基团中的活性离子决定此树脂的主要性能，因此树脂可以按照活性离子来分类。如果活性离子是阳离子，即这种树脂能和阳离子发生交换，就称为阳离子交换树脂；如果是阴离子，则称为阴离子交换树脂。阳离子交换树脂的功能基团是酸性基团，而阴离子交换树脂则是碱性基团。功能基团的电离程度决定了树脂的酸性或碱性的强弱。所以通常将树脂分为强酸性、弱酸性阳离子交换树脂和强碱性、弱碱性阴离子交换树脂四大类。

强酸性阳离子交换树脂：一般以磺酸基—SO_3H 作为功能基团，由于是强酸性基团，其电离程度不随外界溶液的 pH 而变化，所以使用时 pH 一般没有限制。通常用 R 表示树脂的骨架。这类树脂的交换反应，以磺酸型树脂与氯化钠的作用为例，可表示如下：

$$RSO_3H+NaCl \rightleftharpoons RSO_3Na+HCl$$

此外，以膦酸基—$PO(OH)_2$ 和次膦酸基—$PHO(OH)$ 作为活性基团的树脂具有中等强度的酸性。

弱酸性阳离子交换树脂：功能基团可以为羧基—COOH、酚羟基—OH 等。这种树脂的电离程度小，其交换性能和溶液的 pH 有很大关系。在酸性溶液中，这类树脂几乎不能发生交换反应。弱酸树脂的交换能力随溶液的 pH 增加而提高。对于羧基树脂，应该在 pH > 7 的溶液中操作；而对于酚羟基树脂，需要溶液的 pH > 9。以甲基丙烯酸 - 二乙烯苯羧基阳离子交换树脂（国产弱酸 101×4 树脂）为例，其交换容量（每克干树脂能交换一价离子的毫摩尔）和 pH 的关系如表 7.5。

表 7.5 交换容量和 pH 的关系

pH	5	6	7	8	9
交换容量 /（mmol/g）	0.8	2.5	8.0	9.0	9.0

这类树脂的典型交换反应如下：

$$RCOOH+NaOH \rightleftharpoons RCOONa+H_2O$$

生成的盐 RCOONa 很易水解，水解后呈碱性，故钠型树脂用水洗不到中性，一般只能洗到 pH9 ～ 10。

和强酸树脂不同，弱酸树脂和氢离子结合能力很强，故再生成氢型较容易，耗酸量少。

强碱性阴离子交换树脂：有两种强碱性阴离子交换树脂。一种含三甲胺基团，称为强碱 I 型；另一种含二甲基 -β- 羟基乙基胺基团，称为强碱 II 型。

I 型的碱性比 II 型强，但再生较困难。II 型树脂的稳定性较差。和强酸性树脂一样，强碱性树脂使用的 pH 范围没有限制。其典型的交换反应如下：

$$RN^+(CH_3)_3Cl^- +NaOH \longrightarrow RN^+(CH_3)_3OH^- +NaCl$$

弱碱性阴离子交换树脂：功能基团可以是伯胺基—NH_2、仲胺基 $>NH$、叔胺基—N— 和吡啶基等。和弱酸性树脂类似，其交换能力随 pH 变化而变化，pH 越低，交换能力越大。

其典型的交换反应如下：

$$RNH_3OH+HCl \rightleftharpoons RNH_3Cl+H_2O$$

生成的盐 RNH₃Cl 很易水解。这类树脂和 OH⁻ 结合能力较强，故再生成羟型较容易，耗碱量少。

上述离子交换树脂的特性见表 7.6 和表 7.7。

表 7.6 聚苯乙烯型离子交换树脂的特性

名称	类型	官能团
732 或 Dowex 50	强酸性阳离子交换树脂	—SO₃⁻
724 或 IRC-50	弱酸性阳离子交换树脂	—CH₂—CH—COO⁻
711 或 Dowex 1	强碱 I 型阴离子交换树脂	—CH₂—N⁺(CH₃)₃

名称	类型	官能团
763 或 Dowex 2	强碱Ⅱ型阴离子交换树脂	—CH₂—N⁺(CH₃)₂—CH₂—CH₂OH
704 或 IR-45	弱碱性阴离子交换树脂	—CH₂—NH₃⁺
701 或 Dowex 3	弱碱性阴离子交换树脂	—CH₂—NH₃⁺ { —CH₂—N⁺HR₂ ; —CH₂—N⁺H₂R }

表 7.7　多糖类离子交换树脂的特性

名称	类型	官能团
DEAE- 纤维素和 DEAE- 葡聚糖	阴离子交换树脂（弱碱性）	纤维素或葡聚糖 —O—CH₂—CH₂—N⁺H(CH₂—CH₃)₂
CM- 纤维素和 CM- 葡聚糖	阳离子交换树脂（弱酸性）	纤维素或葡聚糖—O—CH₂—COO⁻
磷酸纤维素，磷酸葡聚糖	阳离子交换树脂（强酸性）	纤维素或葡聚糖—O—P(=O)(O⁻)O⁻
苯甲酰化 DEAE，（B-DEAE）- 纤维素和苯甲酰化 DEAE，（B-DEAE）- 葡聚糖	阴离子交换树脂（弱碱性）	—CH₂O—CH₂—CH₂—N⁺H(CH₂—CH₃)₂ ，苯甲酰化糖环结构

7.4.2.2　离子交换理论

　　离子交换树脂是能在水溶液中交换离子的固体，其可以分成两部分：一部分是不能移动的骨架和其偶联的功能基团，不溶于酸、碱和有机溶剂，化学稳定性良好；另一部分是可移动的离子，即活性离子，它在树脂骨架中进进出出，发生离子交换现象。

　　当树脂浸在水溶液中时，活性离子因热运动的关系，可在树脂周围的一定距离内运动。树脂内部和外部溶液的浓度不等（通常是内部浓度较高），存在着渗透压，外部水分可渗入内部，促使树脂体积膨胀。可以把树脂骨架看作是一个有弹性的物质，当树脂体积增大时，骨架的弹力也随着增加，当弹力增大到和渗透压平衡时，树脂体积就不再增大。

　　如果 Na⁺ 型的磺酸树脂放在氯化钠溶液中，当交换开始后，除有机网状骨架固定离子 RSO_3^-（或 RN^+）不能透过固 - 液界面外，其他两种离子都可以透过界面自由扩散，扩散的结果是一定量的 Na⁺ 和

Cl⁻ 通过界面，形成如下组成的两相：

界面

树脂相	溶液相
RSO_3^-	
Na^+	Na^+
Cl^-	Cl^-

当扩散进行到"界面"两边电解质的化学位相等时，就达到道南（Donnan）平衡，即：

$$\bar{\mu}_{NaCl} = \mu_{NaCl} \tag{7.26}$$

因一种电解质的化学位可取其离子化学位之和，故：

$$\bar{\mu}_{Na^+} + \bar{\mu}_{Cl^-} = \mu_{Na^+} + \mu_{Cl^-} \tag{7.27}$$

$$\mu_{Na^+}^o + \overline{RT\ln a_{Na^+}} + \mu_{Cl^-}^o + \overline{RT\ln a_{Cl^-}} = \mu_{Na^+}^o + RT\ln a_{Na^+} + \mu_{Cl^-}^o + RT\ln a_{Cl^-}$$

以上各式中 $\bar{\mu}$、$\bar{a}$ 为树脂相的化学位和活度；μ、a 为溶液相的化学位和活度。

上式表明"界面"两边离子活度积相等时，电解质在"界面"两边的分配即达到平衡。

为了满足"界面"两边的电中性法则，还必须有：

$$a_{Na^+} = a_{Cl^-} \ \text{及} \ \bar{a}_{Na^+} = \bar{a}_{RSO_3^-} + \bar{a}_{Cl^-} \tag{7.28}$$

即：

$$a_{Na^+} \cdot a_{Cl^-} = a_{Cl^-}^2 \ \text{及} \ \bar{a}_{Na^+} > \bar{a}_{Cl^-}$$

由于

$$a_{Cl^-}^2 = \bar{a}_{Na^+} \cdot \bar{a}_{Cl^-} = \bar{a}_{Cl^-} (\bar{a}_{RSO_3^-} + \bar{a}_{Cl^-}) \ a_{Cl^-}^2 = \bar{a}_{Cl^-}^2 + \bar{a}_{Cl^-} \bar{a}_{RSO_3^-} \tag{7.29}$$

于是

$$a_{Cl^-} > \bar{a}_{Cl^-}$$

这就是说，在道南平衡时，出现了电解质在"界面"两边的不均匀分配，由于树脂固定阴离子（RSO_3^-）的排斥，外界溶液相的 NaCl 浓度将大于树脂相。如果把一个高交换容量（或固定离子浓度）的树脂放到稀电解质溶液中，则将只有很少的游离电解质能扩散到交换树脂中。例如磺酸型阳离子交换树脂的钠盐（$RSO_3^-Na^+$）含有固定离子浓度 5mol/L，当其与 0.1mol/L NaCl 溶液平衡时，将只有 0.002mol/L 的氯离子进入树脂相中。

与树脂骨架相同电荷的离子（这里是 Cl⁻）称为同离子，与树脂骨架相反电荷的离子（这里是 Na⁺）称为反离子。道南平衡导致树脂颗粒对同离子的部分排斥，这个现象产生了树脂界面膜的选择透过性质，同时成为离子排斥法的理论基础。

在某些情况下，道南平衡的建立能导致其他的效应，比如 pH 值的变化。以电解质 NaP 为例（这里 P 是一个大的阴离子），将它放在膜的一侧并重建静电平衡，H⁺ 将从另一方穿越过来，而留下了剩余的 OH⁻，促使水分子离解，这样在膜的 NaP 一侧 pH 值下降而在另一侧增加。通常，在阴离子交换树脂吸附剂基质上的 pH 值比外界的缓冲液约高 1 个单位，而在阳离子交换树脂则低 1 个单位。缓冲液的离子强度越低，这种差异就越高。当酶的稳定性随 pH 变化时，这是有重要意义的。道南效应限制了离子交换树脂操作 pH 值的范围，特别是在阳离子交换树脂时，要求在弱酸性范围内。通常，酶往往在弱碱性范围内（pH 8 ~ 10）比在弱酸性介质中（pH 4 ~ 6）更稳定，使用阴离子交换树脂，变性损失的问题较少。

除了上述离子交换的静力学理论外，还有离子交换的动力学和运动学理论，限于篇幅不作详细介绍，请参阅有关文献。

7.4.2.3 离子交换剂的选择性

（1）离子交换剂及其上面的离子的强弱和展开剂中离子的强弱　强的离子交换剂与强的反离子形成稳定的盐或者与强的反离子发生离子结合（例如 Na^+、K^+、Cl^-、SO_4^{2-}），而强的离子交换剂常常与弱的反离子形成较弱的、中等稳定缔合的盐（例如 NH_4^+、$HCOO^-$、HCO_3^-），因此，一个强的反离子容易从一个强的离子交换剂上置换一个弱的反离子，而从一个强的离子交换剂上去置换一个强的反离子则需用高浓度的弱的反离子才行。同样地，强的反离子与弱的离子交换剂发生中等稳定的离子结合，而弱的离子交换剂只能与弱的反离子产生不稳定的结合。利用离子交换剂及其离子的强弱原理，可对离子交换过程进行的方向作出预测并能近似地估计出一个多种离子的混合物从给定的离子交换剂上淋洗下来的次序。

（2）离子交换剂对各种反离子的亲和性　不同的离子表现出不同的选择性，这是一种独特的性能。一般来说，一个离子的化合价越高则被离子交换剂结合得越紧密，例如 Ca^{2+} 通常易置换 Na^+ 等。此外，由于上述原理、吸附现象以及其他因素的缘故，对相同化合价的反离子，不同的离子交换剂也表现出不同的选择顺序，见表 7.8。

表 7.8　不同离子交换剂上离子的选择性

离子交换剂类型	离子的选择性
强酸性阳离子交换树脂	$Ba^{2+} > Sr^{2+} > Ca^{2+} > Mg^{2+}$，$Be^{2+}$，$Ag^+ > Tl^+ > Cs^+ > Rb^+ > NH_4^+ > K^+ > Na^+ > H^+ > Li^+$
强碱性阴离子交换树脂	$CNS^- > I^- > NO_3^- > Br^- > CN^- > HSO_4^- > HSO_3^- > NO_2^- > Cl^- > HCO_3^- > CH_3COO^-$，$OH^-$

（3）离子的浓度　如在展开剂中增加离子的浓度（如系列洗涤或逐渐增加盐浓度的梯度洗脱），当达到一定浓度点时，离子交换过程的发生常常与反离子的性质无关。

7.4.2.4 离子交换剂的应用

在离子交换中，任何可溶性的离子化合物，如果它足够小并能透过树脂，都将以化学计量和可逆的方式参与反应。化合价越高，被结合的生物物质越强，在相同化合价和条件下，结合的亲和力随原子数的增加而增加。离子交换的具体应用主要包括以下几类。

（1）反离子的交换　树脂从一种反离子转变成另一种反离子，是通过过量置换反离子处理树脂来实现的。

（2）物质的浓缩　用一个树脂吸附，再用另一个高亲和力的物质洗脱。

（3）相似物质的分离　可以设法让蛋白质像反离子那样吸附在树脂上，进行蛋白质的纯化，它能被某些中性盐洗脱，例如 NaCl，虽然蛋白质在这类离子交换树脂上容易失活，但在离子交换纤维素上不易失活。

（4）离子排出　利用 Donnan 排斥效应产生的离子排斥进行分离，主要用于有机酸和氨基酸等的分离，以及从生物分子中分离无机离子。

（5）在离子交换树脂上进行的分配色谱　用离子交换树脂对非离子化合物分离。这时分子筛和溶度分配效应都会出现，所以是有效的。

离子交换色谱在大规模纯化过程中得到了广泛的应用，当料液体积非常大时，分批吸附和洗脱常常是有效的，例如从胡萝卜软腐欧文菌中分离纯化 L- 天冬酰胺酶，可以用羧甲基纤维素分批吸附和洗脱的办法来达到 6 倍纯化和 100 倍浓缩的要求。在离子交换色谱中使用梯度洗脱对许多酶的纯化是有效的，例如，可用一个磷酸盐浓度增加的线性梯度洗脱，来纯化吸附在 DEAE- 琼脂糖或 DEAE- 葡聚糖上由嗜热脂肪芽孢杆菌产生的许多酶。

7.4.3 聚酰胺吸附剂

聚酰胺是一类化学纤维的原料，因为含有大量的酰胺基团，故统称聚酰胺。脂肪族聚酰胺通常采用

ε- 己内酰胺（尼龙 6）、己二酸与己二胺（尼龙 66）等单体，通过开环聚合或缩聚反应形成柔性链骨架，其亚甲基序列提供疏水作用位点，而酰胺键密度影响氢键吸附能力；芳香族聚酰胺则选用对苯二甲酰氯 / 间苯二胺等刚性单体，构建耐高温的芳环骨架，但会牺牲部分孔径尺寸。

聚酰胺吸附剂以重复的酰胺键（—CONH—）为特征结构，其 N—H 和 C≡O 基团可作为氢键供体与受体，通过多重氢键作用选择性吸附含酚羟基、羧基等极性基团的化合物（如黄酮、有机酸）。同时，聚合物骨架中的脂肪 / 芳香链段提供疏水作用力，形成"氢键主导、疏水辅助"的协同吸附机制。相较于大孔树脂，聚酰胺对多酚类物质的吸附特异性更强，结合能可达 8 ～ 25kJ/mol。

各种物质由于与聚酰胺形成氢键的能力不同，聚酰胺对它们的吸附力也不同。一般来说，形成氢键的基团（如酚羟基）多，吸附力大，难洗脱；具有对、间位取代基团的化合物比具有邻位取代基团的化合物吸附力大；芳核及共轭双键多的化合物吸附力大；能形成分子内氢键的化合物吸附力减小。聚酰胺吸附适用于分离含酚羟基、醌基的成分，如黄酮、酚类、鞣质、蒽醌类和芳香族酸类等。

聚酰胺吸附剂具有 pH 耐受范围广（pH2 ～ 12）、稳定性好、孔径可调（5 ～ 50nm）的特点。聚酰胺和各类化合物形成氢键的能力与溶剂的性质有密切关系。通常，在碱性溶液中聚酰胺和其他化合物形成氢键的能力最弱，在有机溶剂中较强，在水中最强。因此，聚酰胺在水中的吸附能力最强，在碱液中的吸附能力最弱。洗脱时可通过乙醇梯度洗脱实现温和解吸（如 30% → 70% 乙醇）。适合分子质量 500 ～ 3000 Da 的活性成分，典型应用包括茶多酚、绿原酸等。

7.4.4　分子印迹吸附剂

分子印迹技术，英文名 molecular imprinting technology（MIT），是指合成在空间结构上能够与模板分子发生特异性识别的聚合物的新型技术。通过这种技术所合成的聚合物就叫做分子印迹聚合物（MIP）。分子印迹聚合物具有特异性识别目标分子的特点，类似于抗原与抗体、酶与底物的关系。从理论上说，一种模板分子所合成的分子印迹聚合物只能对这一种分子发生识别作用，类似于锁与钥匙的关系。由于其具有选择性、识别性、稳定性以及应用广泛等优势，近些年来备受关注。

当功能单体与模板分子发生混合时，会产生一定的相互作用。聚合反应完成后，除去模板分子，从而留下具有作用位点的固定孔穴。这种孔穴与目标分子在空间结构上完全匹配，从而使分子印迹聚合物具有特异性识别功能。MIP 的合成过程主要由三个步骤组成：①模板分子与功能单体发生混合，通过相互作用产生模板 - 单体复合物；②加入交联剂，在引发剂作用下发生聚合反应，生成分子印迹聚合物；③通过洗脱作用，除去模板分子，获得具有专一性匹配孔穴的聚合物。根据功能单体与模板分子发生相互作用时的作用力的不同，可以把聚合物的合成方式分为三种：预组装法、自组装法和前二者相结合的方法。

分子印迹聚合物制备方法比较简单，过程也容易控制，聚合物的物理化学性质稳定、机械强度较高，所以具有广泛应用价值。

手性药物分离：光学对映体分子在药效学等方面能够表现出不同甚至是相反的效果。所以光学对映体的拆分技术一直备受关注。手性合成、手性催化等技术已有所发展，但所使用的酶往往对环境要求很高，这限制了它的发展。而分子印迹聚合物的性质极为稳定，其使用不受环境因素的影响，却拥有和酶类似的专一性与识别性。所以，分子印迹技术在手性拆分方面的应用是一个极为活跃的领域。

固相萃取：固相萃取（SPE）技术是于 19 世纪 70 年代发展起来的，广泛应用于样品的分离提取过程。固相萃取技术是利用柱色谱的方法，将吸附剂作为填料加入空柱中，然后进行目标物质的分离提取。其操作过程一般包括吸附剂的活化、料液上样、洗涤液淋洗和洗脱液洗脱等步骤。通过优化洗涤液的成分及洗涤条件，可以将大部分的杂质组分除去，然后在洗脱过程中就可以得到纯度较高的目标物。

分子印迹酶：将催化基团和特异性功能位点引入分子印迹聚合物内部，从而制备得到了模拟酶，可以用来催化化学反应。模拟酶不仅拥有一般生物酶的高效催化活性与选择性，还具有结构上的可控制性。可以根据目标分子的特征对模拟酶的结构进行设计，从而使其功能更加完善。

传感器应用：将传感器技术与分子印迹技术结合起来，得到了分子印迹传感器。分子印迹聚合物作为识别元件，可以使传感器具有较高的选择性与灵敏度，而且机械强度高，使用寿命长，应用范围广。

分子印迹技术高选择性和高灵敏性等特点，使其有望成为对目标分子进行精确检测和高效纯化的突破性技术。但由于分子印迹技术的发展时间不长，很多问题仍需解决。

7.4.5　硅胶吸附剂

硅胶是应用最广泛的一种吸附剂，包括两类：正相硅胶、反相硅胶。

（1）正相硅胶　以高纯度硅胶为基质，表面富含极性硅羟基（Si—OH），形成强极性固定相，其分离机制主要依赖化合物与硅羟基之间的氢键、偶极-偶极等极性相互作用。由于硅胶骨架的刚性多孔结构（孔径 6～15nm，比表面积 300～500m²/g），正相体系特别适用于中等极性至强极性化合物的分离，如黄酮苷、生物碱等天然产物，以及顺反异构体、手性化合物的拆分。典型流动相采用非极性溶剂（正己烷/二氯甲烷）加极性调节剂（乙酸乙酯/甲醇）。但该体系对水敏感，遇水易导致硅羟基失活，且强极性化合物可能因吸附过强而难以洗脱。正相硅胶的吸附能力与其本身的含水量密切相关。硅胶吸附活性随含水量的增加而降低，当含水量小于 1% 时，活性最高；而当含水量大于 20% 时，硅胶的吸附活性最低。

（2）反相硅胶　通过硅胶表面化学键合 C_{18}、C_8 或苯基等非极性基团（键合量 8%～20%），形成疏水固定相，其分离基于溶质与烷基链的疏水作用力，骨架通常采用高纯度球形硅胶（3～5μm 粒径）或杂化颗粒以提高机械强度。反相系统以水-有机相（甲醇/乙腈）为流动相，广泛适用于非极性至中等极性化合物的分析检测，如 HPLC 药物含量测定（95% 以上药物适用）、多肽分离和环境污染物的痕量分析，其优势在于良好的水相稳定性、优异的批次重现性和灵活的梯度洗脱能力，但对强极性小分子（如糖类）保留较弱，极端 pH 条件（pH < 2 或 pH > 9）可能引发键合相水解。反相硅胶作为反相色谱的主要介质，应用非常广泛。

7.4.6　羟基磷灰石吸附剂

羟基磷灰石又名羟基磷酸钙 $[Ca_5(PO_4)_3 \cdot OH]$，简称 HA。在无机吸附剂中，羟基磷灰石是唯一适用于生物活性高分子物质（如蛋白质、核酸）分离的吸附剂。一般认为，羟基磷灰石对蛋白质的吸附作用主要是其中 Ca^{2+} 与蛋白质负电基团结合，其次是羟基磷灰石的 PO_4^{3-} 与蛋白质表面的正电基团相互反应。

由于羟基磷灰石吸附容量高，稳定性好（在温度小于 85 ℃，pH 为 5.5～10.0 均可使用），因此在制备及纯化蛋白质、酶、核酸、病毒等生命物质方面得到了广泛应用。有些样品如 RNA、双链 DNA、单链 DNA 和杂型双链 DNA-RNA 等，经过一次羟基磷灰石柱色谱，就能达到有效的分离。

7.4.7　氧化铝

氧化铝也是一种常用的亲水性吸附剂，它具有较高的吸附容量，分离效果好，特别适用于亲脂性成分的分离，广泛应用在醇、酚、生物碱、染料、苷类、氨基酸、蛋白质以及维生素、抗生素等物质的分离。活性氧化铝价廉，容易再生，活性容易控制；但操作不便，手续繁琐，处理量有限，因此也限制了其在工业生产上大规模应用。

7.4.8　人工沸石

人工沸石是人工合成的一种无机阳离子交换剂，其分子式为 $Na_2Al_2O_4 \cdot xSiO_2 \cdot yH_2O$。人工沸石在溶液中呈 $Na_2Al_2O_4 \Longrightarrow 2Na^+ + Al_2O_4^{2-}$，而偏铝酸根与 $xSiO_2 \cdot yH_2O$ 紧密结合成为不溶于水的骨架。以 Na_2Z 代表沸石，M^+ 表示溶液中的阳离子，则：

$$Na_2Z + 2M^+ \Longrightarrow M_2Z + 2Na^+$$

使用过的沸石可以用以下方法再生：先用自来水洗去硫酸铵，再用 0.2～0.3mol/L 氢氧化钠和

1mol/L 氯化钠混合液洗涤至沸石成白色，最后用水反复洗至 pH7 ～ 8，即可重新使用。

其吸附过程始于对小分子物质的分离，但其应用趋势目前正在扩大，特别是在蛋白质分离过程中占有主导地位，并出现了许多以新的吸附原理为基础的色层分离技术，例如亲和吸附、染料配位吸附、金属螯合吸附、共价作用吸附，这部分吸附剂归结到吸附色谱。

7.5　分批式与连续式吸附

分级吸附是生物分子分离方法中最为重要，也是非常成功的方法之一，它可用两种不同的方式进行操作，一种是在带有搅拌的反应罐中，依次将吸附剂加入到生物分子溶液中混合，并用离心的方法逐个分离（分批吸附）；另一种是使生物分子溶液通过填充有吸附剂的柱，然后进入到一个分部收集器（柱色谱）中或将一定流量和浓度的料液恒定地连续送入置有纯溶剂（如水）和定量的新鲜吸附剂的连续搅拌罐式反应器（CSTR）中经吸附后，以同样流量排除残液，完成连续吸附作业。

7.5.1　分批（间歇）式吸附

（1）分批式吸附的特点　在酶的纯化过程中，最简单的方法是分批式吸附。在分批式吸附中，将浆状吸附剂添加到溶液中，初始抽提物和蛋白质都有可能被吸附到吸附剂上，如果所需的生物分子适宜于吸附，就可以将其从溶液中分离出来，然后从吸附剂上抽提或淋洗下来；如果所需的生物分子不被吸附，则在用吸附剂处理时，能从溶液中除去杂质。

吸附常常在 pH 值大约为 5 或 6 的弱酸性溶液和低的电解质浓度下进行。当大量的盐存在时，会干扰吸附，因此，为了经济利益（只要较少的吸附剂就能产生给定的结果）预先透析是有利的。吸附剂和溶液之间的平衡能很快达到，并且只要离心几分钟，吸附剂就会沉降下来。

分批式吸附操作中常用的典型吸附剂有：磷酸钙凝胶、离子交换剂（特别是磷酸纤维素）、亲和吸附剂、染料配位体吸附剂、疏水吸附剂和免疫吸附剂等。吸附剂应能很快地回收并用凝聚沉降或过滤的方法来洗涤，在规模小时，用离心法更适合。一个成功的分批操作，其必要条件是被吸附的蛋白质的分配系数 α 应十分接近于 1，而其他蛋白质的 α 值，则要求尽可能地低。对于大多数的吸附剂，K_d（$=1/K_{ad}$）值要低于 10^{-6}mmol/L，这样，才能给出大于 0.98 的 α 值，如果 α 值超过 0.99，则只需用少量的吸附剂，但是，如此专一的吸附剂是很稀有的。大量的杂蛋白质可能会与吸附剂结合，减少吸附剂的有效容量。亲和吸附剂的选择性要大得多，但是，除非在没有物质的非专一性相互作用情况下，否则 $K_d < 10^{-6}$mmol/L 是不可能得到的。然而，如果一个亲和吸附剂与酶是基于非常紧密的配位体的结合，并且非专一相互作用小（通过一个亲水的间隔臂或者将配位体和基质直接相连），则分批操作将是很成功的。免疫吸附剂特别适用于间歇式吸附，因为它们选择性地与抗原紧密结合。染料配位体吸附剂同样能满足这些条件，但是，相对地存在有非专一性，因此，在所需酶被吸附时，可能需要很多的染料配位体吸附剂。

用洗脱吸附剂的方法来实现从活性部分中回收被吸附的酶，如果酶不能被水洗脱，则有利于用水来洗涤被酶饱和的吸附剂。在大规模生产时，为了将吸附剂分散在洗涤液或洗脱液中，必须采用高速搅拌。酶的洗脱，常常采用碱性缓冲液，例如 pH7.6 的磷酸盐缓冲液来实现。在这一方法中，有一个非常有利的条件，即水不会洗脱出酶，而用磷酸盐反复洗脱时，能使蛋白质更多地从吸附剂上下来，并得到高度纯化。每批洗脱往往需用投入吸附剂体积 1 ～ 2 倍的缓冲液，并且用少量体积、多次洗脱，比单次大量体积洗脱效果好。

比较分批处理和柱式处理，可以发现：分批处理具有处理量大、速度快的优点，当然有一些损失是不可避免的；而柱式处理，虽然能产生 100% 的吸附，但存在有不少的问题，如过程的速度比较慢，若处理的是粗抽提物，则可能会堵塞柱。另外，间歇过程即使对酶一点也不吸附，却可能对去除其他蛋白质是非常有用的，因此，即使纯化程度不大（例如比活性只增加 10% ～ 20%），但是在大规模生产时，杂蛋白——严重的污染物可被除去。

　　由于间歇方式在大规模应用上存在着处理量和速度的潜力，应对已商品化的许多不同类型的吸附剂，进行认真的研究，选择适当的吸附剂。例如许多染料配位体对一些特定的酶，具有合适的特性，如果能直接从粗抽提物中吸附酶，将大大节省时间，并可直接使用现有的大规模生产设备。

　　(2) 分批吸附过程的计算　分批吸附有两个基本限制条件：吸附平衡和吸附的质量平衡。吸附平衡制约条件是等温线，例如：

$$q = KY^n \tag{7.30}$$

质量平衡如下：

$$Y_F H + q_F W = YH + qW \tag{7.31}$$

式中，Y 和 Y_F 分别为溶液中的最终浓度和进料浓度；q 和 q_F 分别为吸附剂上的最终浓度和进料浓度；H 为料液量；W 为吸附剂的量。

重排后可得：

$$q = q_F + \frac{H}{W}(Y_F - Y) \tag{7.32}$$

上式又称操作线方程，是一线性方程式。

对上述吸附相平衡和质量平衡式，可使用图解法或解析法求解。

图解法是将两方程式标绘在同一直角坐标上。如图7.9所示，吸附平衡线是一截距为零和 $n < 1$ 的曲率特性曲线，属于凸型吸附。操作线是负斜率的一条直线，与纵坐标相交截距为 $q_F + (H/W)Y_F$。两线的相交点 (Y, q) 代表了平衡时溶液浓度和吸附剂的负荷。

解析法计算则是根据所提供平衡线的类型、操作线的条件联立两方程式，求出有关的未知数。

7.5.2　连续式吸附

　　这一过程适用于较大规模的分离，其吸附过程如图7.10所示。

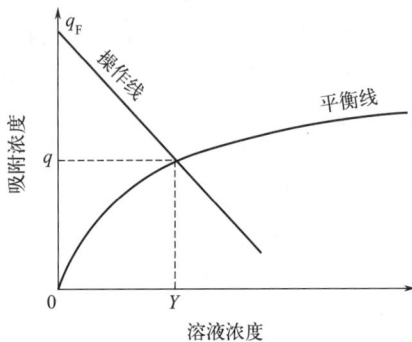

图 7.9　分批吸附的图解

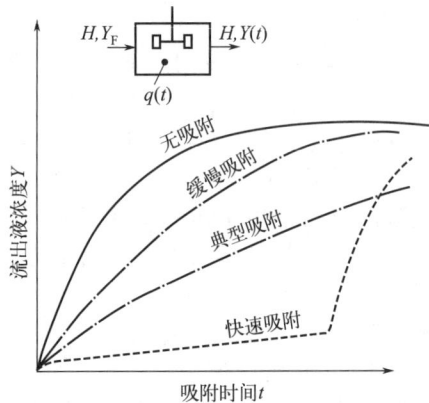

图 7.10　搅拌釜内的吸附曲线

　　恒定浓度 Y_F 的料液，以流速 H 连续流出搅拌罐，罐内在初始时装有纯溶剂及量为 W 的新鲜吸附剂，吸附剂上溶质的浓度为 q 并随时间而变化。溶液不断流出反应罐，其浓度 Y 随时间而变化，由于反应罐内搅拌十分均匀，因此罐内浓度等于出口溶液的浓度，整个过程处于稳态条件。

　　吸附过程的动力学行为见图7.10。即使不发生吸附，离开罐时溶质的浓度也随时间而改变；如果吸附速率无限地快，出口液中 Y 将迅速达到一个很低的值，然后缓慢增加，当吸附剂都为溶质饱和时，出口中的 Y 又以不发生吸附时相同的规律上升；在大多数情况下，吸附过程介于两者之间，吸附速率为一有限值。

对连续吸附过程的动力学进行分析时，首先应建立溶液中溶质的质量平衡方程：

$$\varepsilon V \frac{\mathrm{d}Y}{\mathrm{d}t} = H(Y_F - Y) - (1-\varepsilon)V \frac{\mathrm{d}q}{\mathrm{d}t} \tag{7.33}$$

式中，V 为搅拌罐体积；ε 为孔隙率；Y 和 Y_F 分别为出料和进料中溶质的浓度；H 为料液的流量；q 为吸附到吸附剂中的溶质浓度。

在吸附剂上可以给出一个类似的质量平衡方程：

$$(1-\varepsilon)V \frac{\mathrm{d}q}{\mathrm{d}t} = V\gamma \tag{7.34}$$

式中，γ 为单位反应罐容积内的吸附速率。

这样，问题转化为如何建立 γ 方程式。

对于吸附动力学机理，通常有下面两种机理可供使用：①吸附受从溶液到吸附剂的外扩散控制；②吸附受在吸附剂颗粒内的扩散和吸附反应控制。

对于①，吸附速率可由下式给出：

$$\gamma = Ka(Y-Y^*) \tag{7.35}$$

式中，K 为质量传递系数；a 为单位反应罐容积内吸附剂的表面积；Y^* 为与罐内吸附剂上溶质浓度相平衡的液相浓度。

如果吸附按照弗罗因德利希等温式进行：

$$q = K(Y^*)^n \tag{7.36}$$

这种情况下，以质量传递系数 K 表示的吸附动力学是罐内搅拌速率的函数，而与温度关系不大。

对于②，吸附速率可由下式给出：

$$\gamma = (DK)^{1/2}a(Y-Y^*) \tag{7.37}$$

式中，D 为颗粒内的扩散系数；K 为吸附时一级不可逆反应速率常数，这时吸附速率与反应罐中的搅拌速率无关，不过它常常受温度的强烈影响。

为求出出口浓度 $Y(t)$ 和吸附剂的负荷 $q(t)$，必须将方程式（7.33）、式（7.34）、式（7.35）或式（7.37）中任何一个与等温式联立起来并积分，通常方程组是非线性的，积分必须依赖数值解法。另外，K 将以实验为基础确定。

作为初步估算，通常假定吸附等温线是线性的：

$$q = KY^* \tag{7.38}$$

然后，积分上述诸式，最后得到下列结果：

$$\frac{Y_F - Y}{Y_F} = \frac{\frac{H}{\varepsilon V} - \sigma_2}{\sigma_1 - \sigma_2}e^{-\sigma_1 t} + \frac{\sigma_1 - \frac{H}{\varepsilon V}}{\sigma_1 - \sigma_2}e^{-\sigma_2 t}$$

$$\frac{Y_F - \frac{q}{K}}{Y_F} = \frac{-\sigma_2}{\sigma_1 - \sigma_2}e^{-\sigma_1 t} + \frac{\sigma_1}{\sigma_1 - \sigma_2}e^{-\sigma_2 t}$$

$$\sigma_i = \frac{1}{2}\left\{ \left[\frac{H}{\varepsilon V} + Ka\left(1+\frac{\varepsilon}{(1-\varepsilon)K}\right) \right] \pm \sqrt{\left[\frac{H}{\varepsilon V} + Ka\left(1+\frac{\varepsilon}{(1-\varepsilon)K}\right) \right]^2 - \frac{4KaH}{K(1-\varepsilon)V}} \right\} \tag{7.39}$$

等式右边为"+"时，σ_i 代表 σ_1；为"–"时，σ_i 代表 σ_2。

7.6　吸附方式

7.6.1　固定床吸附

固定床吸附法是分离溶质最普遍、最重要的形式。所谓固定床就是一根简单的、充满吸附剂颗粒的竖立圆管，含目标产物的液体从管子的一端进入，流经吸附剂后，从管子的另一端流出。操作开始时，绝大部分溶质被吸附，故流出液中溶质的浓度较低，如图 7.11 所示，随着吸附过程的继续进行，流出液中溶质的浓度逐渐升高，开始较慢，后来加速，在某一时刻浓度突然急剧增大，此时称为吸附过程的"穿透"，应立即停止操作；用不同 pH 值的水或不同的溶剂洗涤床层，吸附质被洗脱下来。

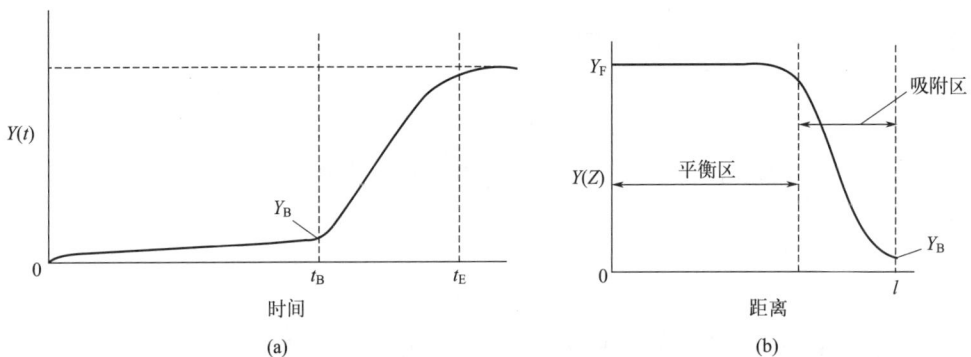

图 7.11　固定床吸附柱的吸附穿透曲线

（a）吸附柱出口处溶质浓度 $Y(t)$；（b）固定床吸附柱中某一时刻吸附质在床层中的浓度分布

这个过程的动力学很复杂，一方面是由于固定床吸附是不稳定、非线性的，另一方面是因为床层内颗粒的不均匀性的影响，后者甚至是更重要的因素。因此，对于同一种固定床，由于第二个因素其结果可能是不同的。显然，为获得相同的结果，人们必须细心操作并保持按比例放大固定床。

下面介绍与固定床吸附放大过程的有关动力学方程。固定床吸附过程可用四个基本方程来描述，第一个是在液体中溶质的质量平衡方程式：

$$\varepsilon\,\frac{\partial Y}{\partial t}=-v\,\frac{\partial Y}{\partial z}+E\,\frac{\partial^2 Y}{\partial z^2}-(1-\varepsilon)\,\frac{\partial q}{\partial t} \tag{7.40}$$

式中，ε 为床层内孔隙率；$v(=H/A)$ 为液体在柱内的空柱速度（表观流速）；E 为轴向弥散系数；z 为床层位置。

这一方程式类似于式（7.33），但它是一个偏微分方程。其中，等式左边代表液相内溶质的积累；等式右边第一项相当于流入与流出微元体溶质量之差，第二项是床层内的轴向弥散，最后一项是被吸附剂吸附的溶质量。

轴向弥散主要是由湍流引起的，其值比分子扩散系数要大得多，因此在多数情况下可从上面的方程式中忽略掉。

被吸附溶质的吸附速率可以表示为：

$$(1-\varepsilon)\left(\frac{\partial q}{\partial t}\right)=\gamma \tag{7.41}$$

与前述相同，吸附速率 γ 取决于吸附机理，可能是外扩散限制或内扩散和在吸附剂颗粒内的反应限制。

不论是哪一种情况，假定吸附速率符合线性推动力公式，即式（7.35）。

最后一个关键公式是吸附等温线公式，例如，Freundlich 公式［见式（7.36）］，这个公式给出了吸附质在吸附剂和溶液中浓度的平衡关系。

上述四个方程式所表述的固定床吸附过程的动力学是非线性的，而且互相关联，所以只能用数值计算的方法求解，求解过程非常复杂，而且常常不能很好地拟合实验数据。这是因为固定床吸附还存在有返混，吸附速率不仅受控于液内传递速率，而且受控于吸附剂内的扩散速率。因此常根据固定床操作特征用近似方法按比例放大，具体有：①穿透曲线的数学模型法；②两参数模型法；③线性吸附模型法；④微分接触模型法。详细介绍可参阅有关文献或著作。

7.6.2　膨胀床吸附

7.6.2.1　概述

膨胀床吸附是近年来首先由 H.A.Chase 等人在研究流化床吸附的基础上发展起来的，能在床层膨松状态下实现平推流的扩张床吸附技术。

膨胀床吸附与固定床吸附和流化床吸附不同，众所周知，固定床吸附的料液从柱上部的液体分布器流经色谱介质层，从柱的下部流出并分部收集，流体在介质层中基本上呈平推流，返混小，柱效率高。但无法处理含颗粒的料液，因为它会堵塞床层，造成压力降增大而最终使操作无法进行，所以在固定床吸附前须先进行培养液的预处理和固 - 液分离；流化床虽能直接吸附含颗粒的料液，但是存在较严重的返混，使床层理论塔板数降低，引起分离效率的下降；膨胀床吸附综合了固定床和流化床吸附的优点，它使介质颗粒按自身一定的物理性质相对稳定地处在床层中的一定层次上实现稳定分级，而流体保持以平推流的形式流过床层，同时介质颗粒间有较大的空隙，使料液中的固体颗粒能顺利通过床层（见图 7.12）。膨胀床吸附技术可以直接从含颗粒的料液中提取生物大分子物质，将固 - 液分离和吸附过程结合起来，实现了集成化分离。例如从 IgG- 酵母匀浆系统和大肠杆菌匀浆液中，分别提取目标产物已获成功。

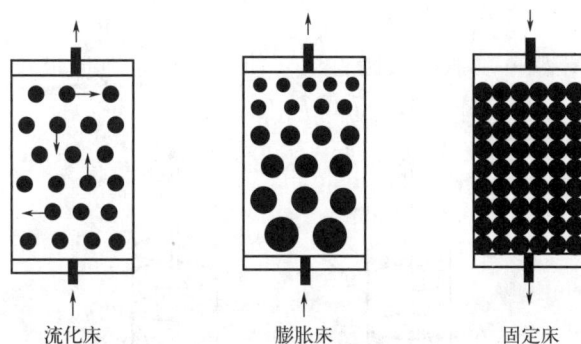

流化床　　　　　膨胀床　　　　　固定床

图 7.12　膨胀床与固定床、流化床操作状态的比较

7.6.2.2　膨胀床吸附过程的设备与操作

（1）膨胀床的设备及结构　膨胀床的设备与固定床一样，包括充填介质的柱子，在线检测装置和收集器，以及转子流量计、恒流泵和上下两个速率分布器。其中转子流量计用来确定混浊液进料时床层上界面的位置，并调节操作过程中变化的床层膨松程度，保证捕集效率；恒流泵用于不同操作阶段不同方向上的进料；速率分布器对床层内流体的流动影响较大，它应使料液中固体颗粒顺利通过，又能有效地截留较小的介质颗粒，除此以外，上端速率分布器还应易于调节位置；下端速率分布器要保证床层中实现平推流。速率分布器的结构决定于膨胀床的规模，用于实验室规模时，一般都使用一层金属网（40 ～ 100μm）或烧结无机材料来分布流体和衬托吸附剂，有时在床层底部垫了一层 0.3mm 大小的玻

璃珠来分布流体，同样可以得到近似于平推流的流型，并可避免因气泡堵填网孔而使流体分布不均的现象；用于工业规模的分布器系统需专门设计，丹麦的 UpFront Chromatography A/S 公司推出了一种简单的流体分布器系统，商品名为 Fastling，共有五种规格，该类产品采用搅拌的方式来分布流体，即在床的底部安装一个搅拌器，流体通入时即被搅动、分散。

（2）吸附介质　膨胀床中使用的吸附介质必须易于流态化，并能实现稳定的分级。这一要求取决于介质的物性，其中包括颗粒密度及其分布、颗粒尺寸及其分布、床层孔隙率等。使用高密度的介质可以降低介质的粒径，提高传质的效果，并使床层更加稳定，一般认为介质密度为 $1.3 \sim 1.5$ g/ml 时最佳，当介质密度一定时，影响较大的是颗粒的尺寸分布，当介质颗粒的最大粒径与最小粒径之比 $d_p > 2.2$ 时，分级现象占主导地位，形成稳定的分级床层。除此以外，颗粒在床层中的运动还受到床层孔隙率、流体的性质和流动状况的影响。目前使用的介质及其特性见表 7.9。

表 7.9　膨胀床中使用的介质及其特性

吸附介质	密度范围 /（kg/m³）	粒径范围 /μm	许用线速率 /（cm/h）	平衡级数 /（级 /m）
交联琼脂糖凝胶	较小	45 ~ 165	10 ~ 30	
Streamline（晶体石英内核外包联琼脂糖）	1150 ~ 1200	100 ~ 300	100 ~ 300	200
Biorad 多孔玻璃	2200	100 ~ 250		90
Hydrogel/ZrO₂	3200	35 ~ 120	约 400	

根据介质的结构可以将其分为核壳型和混合型两类。①核壳型介质的内核一般为高密度的无孔惰性材料，只起增重剂的作用，外层则一般为亲水性的高分子材料，可以做成多孔或无孔结构。Pharmacia Biotech 公司推出 Streamline 系列介质为典型的核壳型膨胀床介质，采用结晶石英砂作增重内核，外层为交联琼脂糖。②混合型介质大多由多孔无机物改性而来，也有以亲水性高分子为主体，增重剂均匀分散其中的，如以多孔性 ZrO₂ 共聚改性得到聚丙烯酰胺水凝胶。

另外，磁性粒子也可作为膨胀床的吸附剂，但是粒子的稳定性差，使用的设备也十分复杂，有待改进。

（3）膨胀床吸附的操作步骤　膨胀床吸附首先要使床层稳定地扩张开，然后经过进料、洗涤、洗脱、再生与清洗，最终转入下一个循环，见图 7.13。

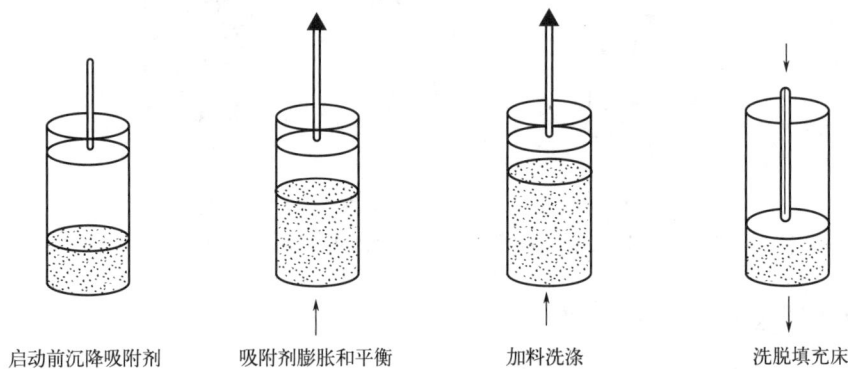

启动前沉降吸附剂　　吸附剂膨胀和平衡　　加料洗涤　　洗脱填充床

图 7.13　膨胀床吸附的操作过程

① 床层的稳定膨胀和介质的平衡　首先确定适宜的膨胀度，使介质颗粒在流动的液体中分级。一般认为，液速在 $100 \sim 300$ cm/h，使床层膨胀到固定床高度两倍时，吸附性能较好。

② 进料吸附　利用多通道恒流泵，将平衡液切换成原料液，根据流量计中转子的位置和床层高度的关系调节流速，保持恒定的膨胀度并进行吸附，通过对流出液中目标产物的检测和分析，确定吸附终点。

③ 洗涤　在膨胀床中，用具一定黏度的缓冲液冲洗吸附介质，既冲走滞留在柱内的细胞或细胞碎片，又可洗去弱吸附的杂质，直至流出液中看不到固体杂质后，改用固定床操作。

④ 洗脱　采用固定床操作，将配制好的洗脱剂用恒流泵从柱上部导入，下部流出，分段收集，并分析检测目标产物的活性峰位置和最大活性峰浓度。

⑤ 再生和清洗　直接从浑浊液中吸附分离、纯化目标产物如蛋白质时，存在有非特异性吸附，虽经洗涤、洗脱等步骤，有些杂质可能还难以除净。为提高介质的吸附容量，必须进行清洗使介质再生，一般在使床层膨胀到堆积高度 5 倍左右时的清洗液流速下，经过 3h 的清洗，可以达到再生的目的。

7.6.2.3　膨胀床吸附过程的数学分析

膨胀床是一种广义流化床，属散式流态化，其弗劳德数 $Fr = \dfrac{U_{mf}^2}{gd}$ 应小于 1，其中 U_{mf} 为起始流态化速度，d 为粒径，g 为重力加速度。

在介质颗粒确定以后，床层的膨胀与通过床层液体的表观流速 U 有关。当表观流速不大时，颗粒之间仍保持静止和互相接触，这种床层称为固定床；当表观流速增大至起始流态化速度 U_{mf}，颗粒不再相互支撑，开始悬浮在液体中；进一步提高表观流速，床层随之膨胀，床层的压力降几乎不变，但床层中颗粒的运动加剧，这时的床层称为流化床。当表观流速增加到等于颗粒的自由沉降速率时，所有颗粒都被流体带走。

因此，在稳定膨胀时，通过床层的表观流速 U 应在起始流态化速度 U_{mf} 和自由沉降速度 U_t 之间。

当介质颗粒直径较小时（雷诺数 Re 小于 20），起始流态化速度为：

$$U_{mf} = \frac{d^2(\rho_s - \rho_L)g}{1650\mu_L} \tag{7.42}$$

而自由沉降速率 U_t，在离心分离章节中已有介绍，由 Stokes 公式给出：

$$U_t = \frac{d^2(\rho_s - \rho_L)g}{18\mu_L} \tag{7.43}$$

式中，ρ_s 为固体颗粒密度；ρ_L 为液体密度；μ_L 为液体黏度。

液体的表观流速 U 可由 Richardson-Zaki 公式给出：

$$U = U_t\varepsilon^n \tag{7.44}$$

式中，ε 为床层孔隙率；n 为 Richardson-Zaki 系数。

一般操作时，床层膨胀 2～3 倍为宜，此时对应的孔隙率为 0.7～0.8，而膨胀指数 n 通常维持在 4.8 左右（层流时），这样，实际的操作流速 U 只能为自由沉降速率的 1/3 以下。

7.6.2.4　膨胀床吸附技术的应用

膨胀床吸附技术已在抗生素等小分子生物活性物质的吸附与离子交换过程中得到应用。例如链霉素发酵液的不过滤离子交换分离提取，其分离过程是链霉素发酵结束后仅先酸化后中和，而不过滤除去菌丝及固形物，直接从交换柱的下部，以表观流速为 115～146cm/h 送入柱中进行吸附，含菌丝及固形物的残液从柱上部流出，待穿透后切断进料（或串联第二根柱），用清水逆洗，将滞留的菌体和固形物等杂质除净，然后用稀硫酸洗脱并分段收集洗出液送去精制，离子交换柱则用酸和碱再生。膨胀床过程将固-液分离、吸附、浓缩集成在一起，大大简化了操作步骤，并使链霉素的收率大幅度地提高。

近年来，由于蛋白质类生物大分子物质分离的需要，膨胀床吸附分离技术得到了进一步发展和推广。无论是大肠杆菌还是酵母菌作为宿主细胞的培养液，都可使用膨胀床吸附技术，从它们的匀浆或发酵液中直接提取基因产物。例如可从酵母细胞匀浆中吸附分离磷酸果糖激酶、葡萄糖-6-磷酸脱氢酶、苹果酸脱氢酶等，从大肠杆菌匀浆液中分离重组 Annexin V，或从大肠杆菌发酵液中分离重组 ZZ-MS

等，见表 7.10。

表 7.10　膨胀床吸附技术应用实例

目标产物	产物来源	吸附剂	收率	纯化倍数
纳豆激酶	枯草杆菌	Streamline SP	93%	8.7
乙醇脱氢酶	面包酵母	Chelating Sepharose FF	68%	8.2
α-淀粉酶	重组大肠杆菌	DEAE Sepharose FF	96%	2.7
α-乳清蛋白	脱脂牛奶	Streamline Phenyl	—	—
人 Fab 片段	重组大肠杆菌	Red Fastmabs	90%	8.7
融合蛋白	重组大肠杆菌	Streamline SP	70%～80%	100
GST-(His)$_6$	重组大肠杆菌	Streamline Chelating	80%	3.3
乳酸脱氢酶	猪肉浆	Cibacron blue celbeads	100%	31
Kinesin-(His)$_6$	重组大肠杆菌	Streamline Chelating	100%	—
β-半乳糖苷酶	重组大肠杆菌	Streamline Chelating	86%	6
人纤维生长因子	重组大肠杆菌	Streamline SP	87%	17
人表皮生长因子	重组大肠杆菌	Streamline DEAE	80%	4.3
Luciferase-(His)$_6$	昆虫细胞	Streamline Chelating	—	—
糖基转移酶	肺球菌发酵液	Affinity HEG Beads	38%	95
甲酸脱氢酶	大肠杆菌	Procion Red Streamline	85%	—
单抗 IgG$_1$	CHO 细胞液	Streamline Protein A	—	—
单抗 IgG$_1$-k	CHO 细胞液	Protein A Sepharose FF	77%～82%	—
抗凝血酶 Ⅲ	脱脂牛奶	Whatman DE-52	84%	5
hGH-GST 融合蛋白	蛋白裂解液	Streamline SP XL	90%	—
MBP-(His)$_6$	重组大肠杆菌	Streamline Chelating	66%	5.9
单核白细胞	外周血液	Antibody FEP-PVA	77%	—
人表皮生长因子	重组大肠杆菌	Streamline SP	93%	20
抗-rHBsAg	细胞培养液	Streamline Protein A	92%	7
荧光蛋白	重组大肠杆菌	Streamline Chelating	94%	19
人内皮生长抑制因子	酵母培养液	CM HyperZ	85%	40

　　总之，随着膨胀床装量的不断完善和更多性能优良的吸附剂开发成功，膨胀床吸附技术必将在生物工程领域得到越来越广泛的应用。

7.6.3　移动床和模拟移动床吸附

　　移动床吸附也称为连续逆流吸附，吸附操作时在塔中新鲜或再生后的吸附剂颗粒以整体状态自上而下移动与自下而上的料液连续逆流接触进行吸附；然后被饱和的吸附剂进入另一塔中同样自上而下移动与自下而上的洗脱剂连续逆流接触进行解吸。移动床吸附具有吸附速度快、产品质量均匀、连续化生产、便于自动控制等优点，并且避免了固定床中吸附剂利用率低、生产周期长的缺点。但是连续逆流过程中吸附剂破损很大，流动相流速会受吸附剂颗粒沉降速率的限制，设备及操作较复杂等。

　　模拟移动床是一种既克服了移动床吸附技术上的困难，又保持移动床操作的优点。美国 UOP 公司开发的一种吸附装置，见图 7.14，其基本思想是用模拟移动固定相代替固定相的真实移动。模拟移动床由多根吸附柱组成，柱子间用多位阀和管子连接在一起，每根柱子均设有样品的进出口，并通过多位阀沿着流动相的流动方向周期性地改变样品进出口位置，以此来模拟固定相与流动相之间的逆流移动，实现组分的连续分离。模拟移动床系统由 4 个区组成，每个区由若干根吸附柱组成。每根柱子均设有样品的进出口，柱子间用多位旋转阀（RV）连接在一起，通过 RV 的周期性转动使物料的进出口也周期性变化。数字 1～12 代表 12 个进出口，AC、EC、RC 分别代表吸附柱、提取液和提余液。模拟移动床技术可用于石油产品的分离如对二甲苯和间二甲苯的分离，Toray 工业公司已建造了年产对二甲苯 10 万吨的模拟移动床装置，在生物产品上可用于果糖和葡萄糖的分离、手性化合物的分离如 DOLE（一种用于生产降胆固醇药物的中间体）、Tramadol 等。除上述外，还可用于氨基酸、蛋白质、紫杉醇的分离纯化。

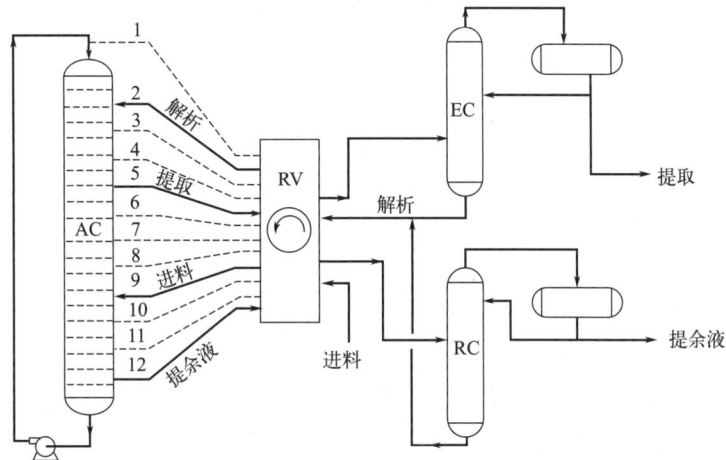

图 7.14　UOP Sorbex 分离过程

8 色层分离法

8.1 概述

色层分离是一组相关技术的总称，又叫色谱法、层离法、层析法等，是一种条件温和、能分离物化性能差别很小的一组化合物的重要分离技术。当混合物各组成部分的化学或物理性质十分接近，而其他分离技术很难或根本无法应用时，色层分离技术就愈加显示出它的优越性。在生物物质特别是蛋白质如药用和注射用蛋白质等的生产过程中，它既可作为单元操作，也可作为分析仪器去监测和控制原材料的进库验收，监测序贯下游操作的纯化效率和监测终产物的质量，从而保持蛋白质的活性，保证任何杂质都处于可允许的低水平，不产生任何危险。

目前几乎在所有的领域中都涉及色层分离法及其相关技术的应用，例如在生命科学、生化药物、精细化工、制备化学、环保等领域中广泛应用于物质的分离和分析。除此以外，在蛋白质复性过程中的应用也取得了令人瞩目的成果。色层分离技术必将在科学研究和工业生产中发挥越来越重要的作用。

8.2 色层分离法的产生和发展

8.2.1 沿革

天然有机产物和生物化学研究工作中经常遇到的一个问题，是如何从极其复杂、含量甚微的产物中分析和分离各种成分。早期常用的方法如精馏、结晶、萃取等，已不能达到要求。

1903 年，俄国植物学家 M.S.Tswett，发表了题为"一种吸附现象及在生化分析上的应用"的研究论文，文中第一次提出了应用吸附原理分离植物色素的新方法。1906 年他命名这种方法为色层分离法，但由于当时 Tswett 色层分离技术的分离速度慢、效率低，故长时间内并没有受到当时科学界的重视。1931 年，德国的 Kuhn 采用类似于 Tswett 的色层分离法分离了胡萝卜素等 60 多种色素，在维生素和胡萝卜素的离析与结构分析中取得了重大研究成果，并因此获得了 1938 年诺贝尔化学奖。也正因为他的出色工作使色层分离法迅速为各国科学家们所关注，色层分离法才被广泛应用。

1940 年 Martin 和 Synge 提出了液相分配色层分离法，并因此获得了 1952 年的诺贝尔化学奖。1952 年，James 和 Martin 发明了气相色层分离法。1944 年 Consden 发明的纸色层分离法和 1949 年 Macllean 发明的薄层色层分离法也一直是用于物质初步分离简便快速的工具。1957 年，Golay 开创了毛细管气相色层分离法。20 世纪 60 年代末，高压泵和键合固定相应用于液相色谱分离，导致高效液相色谱分离法的出现。20 世纪 80 年代初，毛细管超临界色层分离法得到发展，90 年代末得到广泛应用。80 年代初由 Jorgenson 等发展了毛细管电泳，90 年代得到了越来越广泛的应用，并在此基础上相继发展了毛细管等电聚焦、毛细管凝胶电泳、毛细管离子电泳及毛细管手性分离等技术。20 世纪 90 年代还出现了电色层分离技术（电色谱）。由于其拥有 HPLC 和 CE 优点，成为研究的热点。目前其他新的色层分离技术的研发也在逐步进行。

气相和液相特别是液相色层分离技术，如分配色谱、离子交换色谱、疏水色谱、凝胶色谱、亲和色谱等，已成为有机化学、生物化学、蛋白质等方面的一项重要分离技术。

随着 DNA 重组技术的发展，新的生物产品不断出现，这些产物的纯化和大规模的制备成为色层分离法的研究重点，并对其提出了更高的要求，原用于分离无机离子和低分子量有机物的色层分离介质已不能适用。现在要求分离介质应有足够的亲水性，以保证有较高的收率；有足够大的多孔性，以使大分子能透过；有足够强的刚度，以便在大生产中使用；此外还应有良好的化学稳定性和能引入各种官能团，如离子交换基团、憎水烃链、特殊的生物配位体或抗体等，以适应不同技术的要求。工业上现在使用的母体，如纤维素、葡聚糖、琼脂糖、聚丙烯酰胺等亲水性凝胶的共同缺点是强度不够，使用时会发生变形，使压力降增大或流速减小，这可以通过改正柱的设计来补救。可见制备强度好的分离介质和解决色谱柱设计中的化工问题是色层分离法工业化的关键。

8.2.2　色层分离中的基本概念及其分类

色层分离这一术语，最早应用于有色色素的离析并沿用至今。它是基于当含有被分离物质的料液渗滤通过由吸着剂粒子涂铺的层（薄层色谱）或填充的管子（柱色谱）时，对混合物各组分产生选择性的阻滞作用。对所有的色谱系统来说，必须具备三个单元部分：一个是固定相，一个是移动相，另一个是需要离析的样品。样品类似于一个狭窄的原始色区施加在固定相的上面，因为样品组分在两相之间分布是可逆性的并取决于分布系数值，随着它们被移动相带走而不同程度地受固定相阻滞实现分离。

固定相可以是固体或者是包埋在惰性固体中的液体，而移动相可以是气体（气相色谱，GC）或是液体（液相色谱，LC），这取决于两相物理性质的结合，色层分离过程有气 - 液、气 - 固、液 - 液、液 - 固色谱。虽然气相色谱技术非常重要，并且是不可缺少的分析工具，但液相色谱在过程规模上是独特的。色谱法按照不同的标准可以分成不同的类型（见表 8.1）。

表 8.1　色谱法的分类

按移动相 - 固定相分	气 - 液色谱（GLC）、气 - 固色谱（GSC）、液 - 液色谱（LLC）、液 - 固色谱（LSC）、液 - 凝胶色谱
按实验技术分	柱式（CC）：填充柱色谱、空管柱色谱；开床式：滤纸色谱（PC）、薄层色谱（TLC）
按分离机制分	吸附色谱、离子交换色谱、凝胶渗透色谱（GPC）、亲和色谱、其他
按展开方式分	洗脱色谱、前流色谱、顶替（置换）色谱

固相的阻滞作用是由不同的机理产生的，其中包括相的变化、相的分配、在溶液中的分子筛效应或电场作用。相变化是指溶质从液相传递到固相，如吸附；相分配是指溶质从一个液相迁移到另一个液相，溶质始终保持在液相中。分离一个混合物中不同溶质的最好技术，取决于对相关溶质性质的最大利用。按照色谱过程机制的进一步分类见表 8.2。

表 8.2　根据分离机制划分的色谱技术

技术	分离机制
吸附色层分离法	
吸附在无机载体上	在表面上的极性和可极化基团
离子交换色谱	净交换
聚焦色谱	等电点
亲和色谱	生物特异性相互作用
疏水作用色层分离法	疏水性（表面自由能）
共价作用色层分离法	存在反应基团（例如硫醇基）
凝胶过滤色层分离法	流体动力学体积（大小和形状）
分配色谱	分配系数
正相色层分离法	亲水性
反相色层分离法	疏水性

8.2.3　色谱展开技术

一个色层分离过程常包括：①加试样，将需要分离的混合物置于填充柱上面（填充柱在此是表示薄层或其他形式的固定床）；②展开，用移动相将通过固定相的渗滤液带出，混合物中各组分展开形成色带（或色区或点），并随流经的距离或时间的增加，色带逐渐变宽，逐步得到分离；③分部收集：把柱底流出的液体按一定的计量方式，如滴数、容量、质量等分次收集，各组分会在不同的时间间隔里离开柱，进入分部收集器。通过测定与溶质浓度相关的物理性质（如紫外吸收、电导率、pH 值、折射率等）来分析这些色带的内涵。具体装置见图 8.1。过程的关键是色谱的展开，具体方法有以下三种。

（1）洗脱分析法　将混合物（样品）尽量浓缩，使体积缩小，然后引入色谱柱上部，并用溶剂洗脱，洗脱剂可以是原来溶解混合物的溶剂，也可选用另外的溶剂，但应对固定相没有亲和力。此法能使各组分分层且分离完全，层与层间隔着一层溶剂。如果溶质迁移速率不同，它们将以分离带的形式从柱中排出，见图 8.2。

（2）前流分析法　混合物溶液连续通过色谱柱，只有吸附力最弱的组分以纯品状态最先自柱中流出，其他各组分都不能达到分离。色谱图呈阶梯式，如图 8.3 所示，在分析吸附平衡和确定等温线时很有用。

（3）顶替分析法　利用一种吸附力比各被吸附组分都强的物质来洗脱，这种物质称为顶替剂。此法处理量较大，且各组分分层清楚，但层与层相连，故不能将组分完全分离。顶替下来的溶质以前沿自动磨锐，后尾缩减最短的浓集形式离开柱子，见图 8.4。

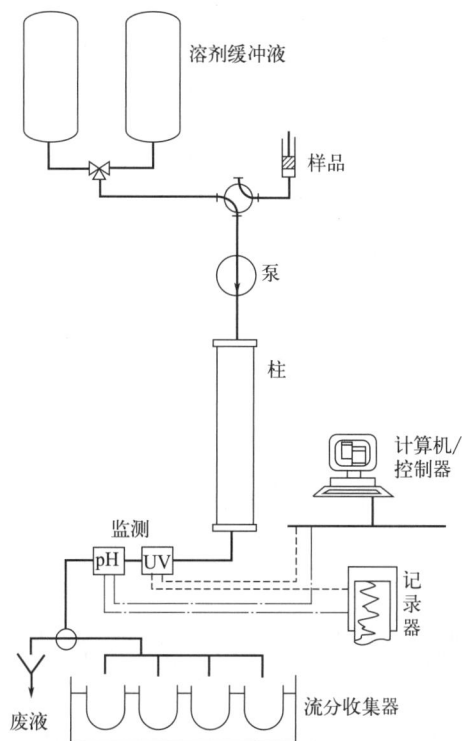

图 8.1　色谱装置示意

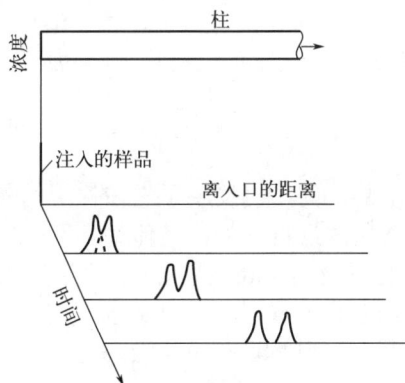

图 8.2　洗脱分析法

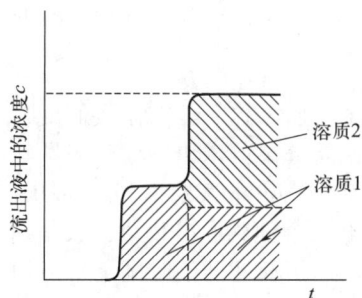

图 8.3　双组分的前流分析法

可以选用不同的洗脱方案，其中最简单的是无梯度洗脱，即在整个色层分离过程中，使用一个恒定组分的洗脱液（恒定洗脱能力），如果溶质的吸附特性非常相似或非常不同，这种形式的洗脱就很少使用，在这种情况下，有一些组分会快速地洗脱而另一些会强烈地被阻滞。然而洗脱剂的洗脱能力是可以连续或分段地提高的（例如用提高离子强度或改变 pH 来达到），并可分别形成梯度洗脱或阶梯式洗脱，梯度可以是线性的或非线性的，取决于方法，见图 8.5。

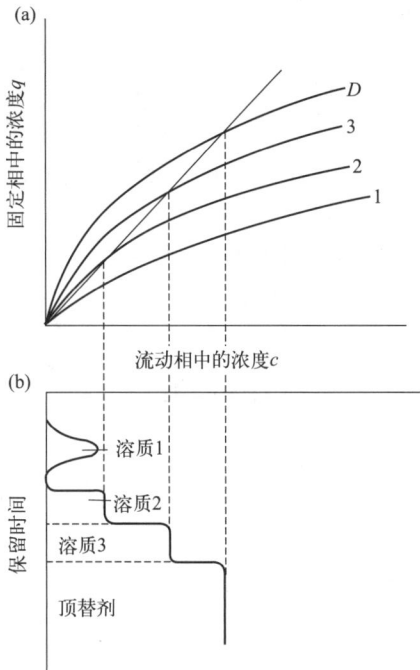

图 8.4 顶替（置换）分析法
（a）吸附等温线；（b）浓度－时间分布

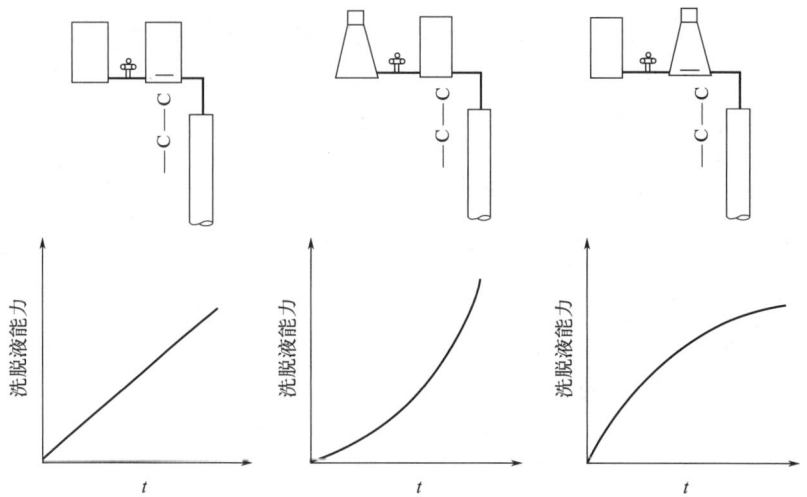

图 8.5 用于产生不同类型梯度变化率的实验装置简图

8.3　色层分离的有关术语

8.3.1　平衡关系

在色层分离过程中，所有的溶质都被同一流动速度的移动相运送，并且可逆地向固定相迁移，由于在固定相上面它们所消耗的时间不同，所以其总的迁移速率各不相同。换句话说，每一溶质，在固定相和移动相之间都存在着一个动力学平衡分布，这个分布可用分配（或分布）系数 K_d 来表示，其定义是溶质在固定相中的浓度 q 与移动相中浓度 c 之比：

$$K_d = q/c \tag{8.1}$$

对于每个溶质，这一分布系数值反映了它消耗在固定相上的时间，也反映了它在柱中的停留程度。

目前在色层分离的术语中还应用了其他一些参数来描述溶质的层析行为，具体如下。

（1）阻滞因素 R_f　其定义为溶质的迁移速率和一个理想标准物质（既不吸着也不溶解）的迁移速率之比。实际上这个理想标准物质一般是指洗脱剂或移动相，当它们同样沿柱移动 L 长度时，移动相所需的时间为 t_m，而溶质所需的时间更长，为 t_m+t_s，这是滞留时间 t_R，因此阻滞因素为：

$$R_f = \frac{t_m}{t_m + t_s} \tag{8.2}$$

式中，t_s 为溶质在固定相中消耗的时间。

R_f 值与分布系数有关，通过下面的式子关联：

$$R_f = \frac{1}{1 + K_d(V_s/V_m)} \tag{8.3}$$

式中，V_s 和 V_m 分别为固定相和流动相的总体积。

（2）溶出体积 V_R　其定义为溶质的最大浓度区从柱中流出时已流出的流动相体积。它也用于表示溶质的性质。它与分布系数的关系是：

$$V_R = V_m + K_d V_s \tag{8.4}$$

一种溶质流出色谱柱所需的时间，即滞留时间，与 V_R 的关系是：

$$t_R = \frac{V_R}{vA} = \frac{V_R}{Q_e} \tag{8.5}$$

式中，v 为洗脱剂的空塔速度；A 为柱的截面积；Q_e 为洗脱剂的体积流量。

（3）容量因子 K　容量因子 K 是衡量色谱柱对分离组分保留能力的重要参数，它意味着在固定相和移动相中溶质数量的比例大小：

$$K = \frac{qV_s}{CV_m} = K_d \frac{(1-\varepsilon)}{\varepsilon} = K_d F, \quad F = \frac{1-\varepsilon}{\varepsilon} \tag{8.6}$$

式中，ε 为床的孔隙率。

容量因子把溶质的滞留时间（或称保留时间）与死时间 $\tau(=V_m/Q_e)$ 通过下面的方程式关联：

$$t_R = (1+K)\tau \tag{8.7}$$

因此，容量因子是吸附剂对一个溶质亲和力的量度。对于给定的溶质，容量因子越低，它从柱中流出得越早。显然这个亲和力也取决于移动相的物理和化学性质，这些参数可能会降低溶质和固定相之间的吸引力。

（4）分离因子或选择性 α　在给定的色层分离系统中，混合物各组分的每一个参数都有一个特定的值。这个系统分离任何两种溶质 1 和 2 的能力可用分离因子或选择性 α 来表示，它是峰对峰之间分离时间的一个量度。

$$\alpha = \frac{K_1}{K_2} = \frac{K_{d1}}{K_{d2}} \tag{8.8}$$

（5）分离度或分辨率 R_s　一个固定相在分离两种物质时，如果两种物质的洗脱曲线重叠（见图 8.6），则无法用分离因子来描述，必须用分离度来解释。其定义为：

$$R_s = \frac{t_{R2} - t_{R1}}{0.5(W_1 + W_2)} = \frac{N^{1/2}}{4}\left(\frac{\alpha-1}{\alpha}\right)\left(\frac{K_2}{1+K_2}\right) \tag{8.9}$$

式中，N 为理论板数；t_{R1}、t_{R2} 与 W_1、W_2 分别为物质 1、2 的保留时间和色谱峰移动峰宽；K_2 为两物质的平均容量因子。

其他有关术语，将在后面陆续介绍。

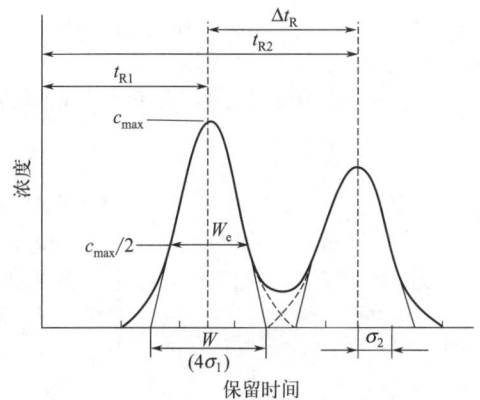

图 8.6　确定分离度 R_s 的示意

8.3.2　局部平衡定律

分布系数值 K_d 在色层分离中很重要，在某些情况下，无论溶质的浓度如何变化，K_d 始终是常数，但是在大多数情况下并非如此，并且 K_d 还取决于温度 T。通常溶质在固定相中的浓度是它在流动相中浓度的函数，一般认为：

$$q = f(c,T) = K_d(c,T) \tag{8.10}$$

但是在给定温度下，可简化为：

$$q = f(c) = K_d(c) \tag{8.11}$$

称为等温线。当这个函数与浓度无关时，称为线性等温线，$q=f(c)=K_d c=$ 常数 $[f'(c)=f''(c)=0]$，方程式很简单。而其他所有情况称为非线性等温线，并可分为不同的类型，如图 8.7 所示。

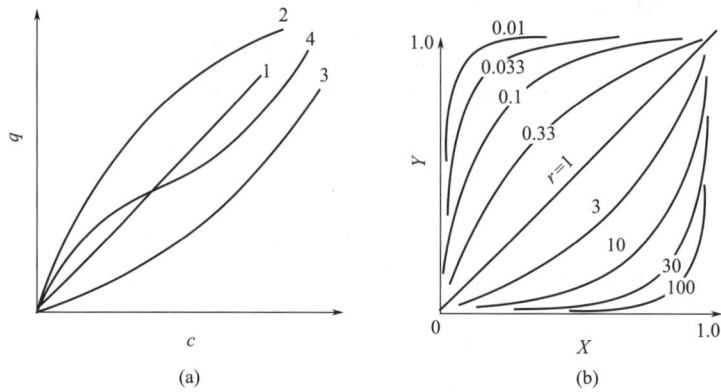

图 8.7　不同类型的平衡等温线

（a）1—线性等温线；2—凸型；3—凹型；4—BET 等温线；（b）不同值分离因子（r）时的无量纲浓度等温线

凸型等温线（曲线上凸状），$f''(c) < 0$。

凹型等温线（曲线下凹状），$f''(c) > 0$。

混合型，由一个拐点将凸型和凹型部分分开［例如，Brunauer-Emmett-Teller（BET）］。

如果 $q/c = \infty \ \forall c$，则吸附一直进行到固定相饱和为止，过程是不可逆的，这是一种高度凸型等温线的极端例子。

有些凸型和凹型等温线的公式已经给出，最常用于描述蛋白质吸附平衡的方程式是朗格缪尔（Langmuir）等温线：

$$Y = \frac{q}{Q} = \frac{K_L X}{X + K_L X} \tag{8.12}$$

式中，K_L（> 0）为朗格缪尔吸附平衡常数；$X = c/c_0$；$Y = q/Q$；Q 为固定相对溶质的最大吸附容量；c_0 为样品中溶质的起始浓度。

另一个常用来描述许多化合物吸附平衡的公式是弗罗因德利希（Freundlich）等温线：

$$q = K_F X^n \tag{8.13}$$

式中，K_F 为平衡常数；n 为反映吸附剂表面不均匀性的常数。

凸型（favourable）和凹型（unfavourable）等温线也可通过一个平衡参数 r，以无量纲的形式表示。在二元离子交换情况下，r 被定义为平衡常数 K_L 的倒数（具体公式推导请见有关离子交换专著），故：

$$r = \frac{X(1-Y)}{Y(1-X)} \tag{8.14}$$

式中，对于凸型等温线，$r < 1$；对于线性等温线，$r = 1$；而对于凹型等温线，$r > 1$。

对于非线性情况，流动相中样品的浓度与固定相中样品的浓度不呈线性关系，所以首先要研究吸附等温线及相应的吸附模型，了解它们之间的函数关系。

8.4　色层分离过程理论

一个溶液中各组分的有效色层分离必须满足两个条件：①不同溶质的平均迁移速率（或保留时间）应相差较大，即分离因素或选择性应足够高；②色层的弥散（末端）应该保证减至最低程度（峰应该是紧密和尽可能地陡峭的），从而使任何两个连续色带的重叠范围达到最小限度。

保留时间的控制与溶质在固定相和移动相之间分布的热力学平衡有关。因此，通过固定相和移动相的适当选择可以改善峰的分离。在某些情况下，可利用某些溶质与固定相的特异反应。但是，如果溶质有类似的结构，则它们可能在迁移速率上难以达到显著的差别。

色层的扩展起因于弥散和流体动力学效应以及溶质在移动相与固定相之间质量传递的限制（实际上，色层分离过程是在一个不平衡状况下进行的）。因此，可通过控制那些操作参数的办法来进一步改善分离特性，主要是洗脱剂的速率和颗粒的直径，它们将影响色层的扩展。在一个更小的柱中，用较好的设计和较好的条件操作，有效的分离是能够实现的。

色层分离过程的设计和操作需要色层分离的理论和描述它们的数学工具。已经提出的几种理论，可以归纳为两大类型：塔板理论或反应器串联模型，速率理论或质量平衡模型。所谓平衡理论则不过是速率理论的一个特例。

8.4.1　塔板理论

塔板理论假定色层分离柱本质是不连续性的，是由 N 个相同大小的混合接触器串联起来的，以下的假设是大多数塔板理论模型所共有。

① 吸附过程在热力学上是可逆的。

② 在相间，溶质的质量传递阻力可以忽略不计，也就是说溶质的分布平衡可瞬间达到。

③ 洗脱液连续通过板，流出体积为 Q_e。

④ 在相邻板之间它们没有返混。根据图 8.8，对于 j 级，溶质的质量平衡方程为：

$$Q_e c_{j-1} = Q_e c_j + V_m \frac{\partial c_j}{\partial t} + V_s \frac{\partial q_j}{\partial t} \tag{8.15}$$

式中，V_s 和 V_m 分别为该级中固定相和移动相的体积。

⑤ 平衡等温线是线性的（K_d = 常数）：

$$q_j = K_d c_j \tag{8.16}$$

⑥ 板是全部等同的，即 V_s/V_m 是常数，则式（8.16）可重新整理为：

$$Q_c(c_{j-1}-c_j) = \left(\frac{V_m}{N} + \frac{V_s}{N} K_d \right) \frac{\partial c_j}{\partial t} \tag{8.17}$$

或

$$NR(c_{j-1}-c_j) = \frac{V_m}{Q_c} \times \frac{\partial c_j}{\partial t} \tag{8.18}$$

式中，R 为阻滞因素，可用 $R = \dfrac{1}{1+K_d(V_s/V_m)}$ 来定义。

如果在用不含溶质的洗脱剂洗脱之前，第一块板上被样品占有［相当于在洗脱色谱中，把一个脉冲函数 $\delta(t)$ 引入到板 1 上］，即：

$$c_{j \neq 0}(0)=0 \quad c_j=0=c_0\delta(\theta)$$

那么方程式（8.18）能很轻易地求积分，在拉普拉斯（Laplace）定义域内，总的传递函数是：

$$G(s) = \frac{c_N(s)}{c_o(s)} = \frac{(NR)^N}{(s+NR)^N} \tag{8.19}$$

对于最后一块塔板，溶液浓度符合泊松分布函数（脉冲应答在柱的末端）：

$$E(\theta) = \frac{c_N}{c_o} = (RN)^N \frac{1}{(N-1)!} \theta^{N-1} e^{-RN\theta} \tag{8.20}$$

式中，c_o 为样品中溶质的浓度；$\theta(=Q_c t/V_m=t/\tau)$ 为无量纲时间；τ 为移动相的死时间。

在时间量程内，相应解是：

$$E(t)= \frac{c_N}{c_o} = \frac{N^N}{t_R} \times \frac{(t/t_R)^{N-1}}{(N-1)!} \exp(-Nt/t_R) \tag{8.21}$$

当 N 大时，这个分布规律就逐渐趋近于高斯分布（见图 8.9），无显著误差。

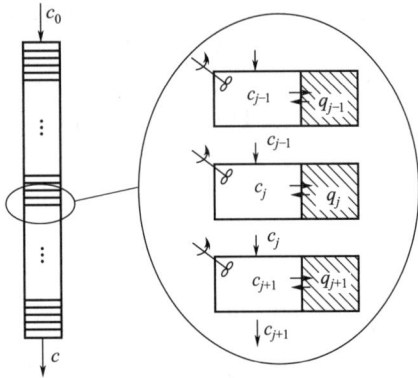

图 8.8 色谱柱看成分段过程的塔板理论概念简图

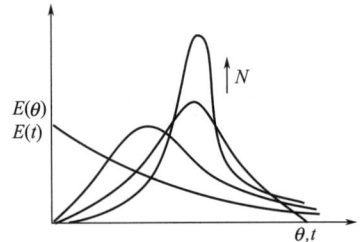

图 8.9 塔板对脉冲的影响

在前沿分析的情况中，样品不断地加入 { 在数学术语中，这可以变换成阶梯式函数 $[c_{j=0}=c_o H(0)]$}，其标准应答是：

$$F(\theta)= \frac{c_N}{c_o} =1-e^{-RN\theta} \sum_{i=0}^{N-1} \frac{RN\theta^j}{i!} \tag{8.22}$$

它的图解表示被称为穿透曲线（图 8.10）。

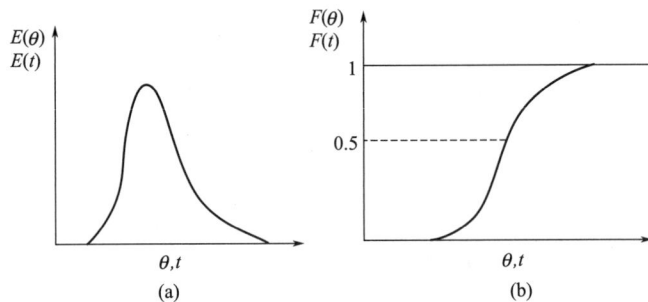

图 8.10 色谱柱的脉冲响应 $[E(t)$ 或 $E(\theta)]$（a）和阶跃响应 $[F(t)$ 或 $F(\theta)]$（b）

（1）参数的估计——N 的判定　通过上述 $E(\theta)$、$E(t)$、$F(\theta)$ 方程式表示的模型，只包含一个参数——理论塔板数 N，采用不同的方法可以估算 N，特别是力矩法对此目的更适合。在统计学中，一般认为一个标准分布 $E(x)$ 的 k 数量级力矩是：

$$\mu_k= \int_0^\infty X^k E(x)\mathrm{d}x=(-1)^k \frac{\partial^k G(S)}{\partial S^k} \ (S=0) \tag{8.23}$$

由于这是规范化的，$\mu_0=1$，μ_1 是平均值，$\mu_2-\mu_1=\sigma^2$ 是分布偏差。实际上，在进料点注入一恒量溶剂并在柱的出口处检测。在恰当的单一实验中，从记录的检测讯号中可以得到来自脉冲应答 $E(\theta)$ 或 $E(t)$，估算出力矩。在时间区域中的应答是：

$$\mu_{t1}=t_R=\tau(1+K) \qquad \mu_{t2}= t_R^2 \,(1+1/N) \qquad \sigma_t^2 = t_R^2 \,/N \tag{8.24}$$

注意：

$$E(\theta)=\mathrm{d}F(\theta)/\mathrm{d}t \tag{8.25}$$

阶跃式应答的力矩也可用于估算。

（2）等理论板高度的概念和效率 实际上，色层分离法是一个动态过程，在柱内任何一点上都不会达到平衡。如果平衡很容易迅速达到，在每一级的时间将会很少，换句话说，对应于理论板的柱长要减小，从而使等价柱长中的塔板数增加。因为实际上平衡是不会达到的，所以峰或色带会扩展和拖尾而不会陡峭。它与平衡的偏离程度取决于相的物性，也取决于移动相沿柱方向的流动状况。因此是近似还是偏离平衡由柱效率确定，由该柱中理论板数 N 的量来表示，N 愈大，效率也越高。

一般来说，理论板数将一个峰扩展的程度与在柱内的保留时间关联起来，由方程式（8.24）或参照图 8.6 可得：

$$N = t_R^2 / \sigma_t^2 = 16(t_R^2 / W^2) \tag{8.26}$$

式中，$W=4\sigma_t$，是峰宽，在单位时间内实测或直接从实验洗脱曲线测定。

如果 N 是在一个长为 L 的柱中的塔板数，则每一块板的长度，即理论板的当量高度（HETP）是：

$$\text{HETP}=L\,\frac{\sigma_t^2}{t_R^2} \tag{8.27}$$

这是一个十分有名的参数，在化学工程中应用，表征相间质量传递的效果。然而，这个公式不包含任何一个操作条件或者填充特性。

（3）不平衡和区域扩展 在理想条件（无溶质质量传递阻力、无轴向扩散、颗粒填充完全均一、无沟渠和死角）和线性等温线下，每一个区域（色带）在整个渗滤过程期间，以同样的形状迁移。然而，由于以下原因，即使等温线是线性的，也会产生区域扩展：①质量传递速率或化学反应速率的限制（如在吸附和免疫亲和过程中），这是局部不平衡因子；②分子扩散，对于十分低的移动相流速特别重要；③湍流或"涡流"扩散。这些因子的每一个局部变化都可成为脉冲应答总变化的原因之一，这就是 $\sigma_t^2 = \left(\sigma_{ne}^2 + \sigma_{md}^2 + \sigma_{ed}^2\right)$，其中下标分别指不平衡、分子和涡流扩散。在考虑简单的理论板模型以前，必须注意到上述最后几个因子的影响。实际上，在每级中考虑为完全混合，即在每一级中进行无限度的返混和扩散。因此，当 HETP 越来越小时，这种影响将越来越不重要。

理论板模型同样能精确地包含局部不平衡效应。溶质在两相之间的平衡分布阻滞有三个主要原因，在颗粒周围的液膜中外扩散，在颗粒里面内扩散和吸附动力学。假设溶质在通过颗粒外围膜时质量传递速率是有限的，而在内部的质量传递阻力是可以忽略的，则每一级的质量平衡方程为：

$$Q_e c_{j-1}=Q_e c_j+V_m\,\frac{\partial c_j}{\partial t}+K_L a_p V_s\left(c_j-\frac{q_j}{K_d}\right) \tag{8.28}$$

需要用另一个公式来关联 q_j 和 c_j。如在固定相上的溶质质量平衡，可给出式（8.29）：

$$K_L a_p V_s\left(c_j-\frac{q_j}{K_d}\right)=V_s\,\frac{\partial q_j}{\partial t} \tag{8.29}$$

这两个方程式可在拉普拉斯（Laplace）定义域内进一步求解。其脉冲应答力矩是 $\mu_1=\tau(1+K)=t_R$，$\sigma_\tau^2 = t_R^2/N+2KK_d/[(1+K)K_L a_p t_R]$，其中 K_L 是液膜传质系数（m/s），a_p 是颗粒的比表面积（m²/m³），故 HETP 为：

$$\text{HETP}=L\,\frac{\sigma_t^2}{t_R^2} = \frac{L}{N} + \frac{2KK_d L t_R}{(1+K)K_L a_p} \tag{8.30}$$

上式右端第一项是轴向扩散的原因，包括分子和涡流扩散两方面；第二项是质量传递制约平衡的原因。这个问题由 van Deemter 等人解释，表示为：

$$\sigma_t^2 = \sigma_1^2 + \sigma_2^2 = \sigma_{md}^2 + \sigma_{ed}^2 + \sigma_{ne}^2 \tag{8.31}$$

其中 $\qquad\qquad\qquad \sigma_{md}^2 = \gamma D \qquad \sigma_{ed}^2 = \lambda u d_p$

式中，γ 为因子，表征在颗粒内部不规则结构（曲折）；λ 为充填特性因子；D 为溶质分子扩散系数；u 为流动相的间隙速率（线速度）；d_p 为颗粒直径。

把式（8.28）～式（8.31）合并整理，可得到著名的 van Deemter 方程式，并用图 8.11 表示。

$$\text{HETP} = \frac{A}{u} + B + Cu \tag{8.32}$$

式中，A、B、C 为 van Deemter 方程式中参数。

由方程式可知，应存在某个流速使 HETP 最小而使柱效率最优。由图 8.11 可见，其最佳操作速度 $u_{opt} = (B/C)^{1/2}$，此时色谱柱的理论板数最大，分离效果最好。

在液相色层分离时，一般分子扩散的影响常忽略不计，即 A 近似为零。为提高分离效果，可采用降低流速 u 或减小固定相粒径即 C 值来提高理论板数目，降低 HETP。其中减小粒径的办法可同时保证分离操作的高速度和高精度，这就是高效液相色层分离法的理论基础。

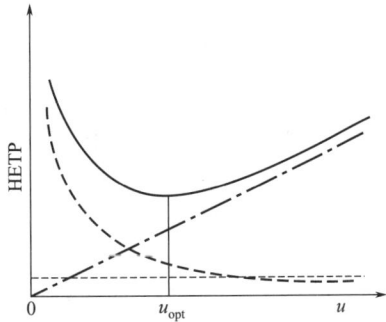

图 8.11 塔板高度与移动相在间隙中速度之间的 van Deemter 关系

— · — 传质动力学（Cu）；- - - 分子扩散（A/u）；
----- 涡流分散作用（B）；—— HETP（$A/u + B + Cu$）

8.4.2　色层分离的连续描述

就具有连续不断的洗脱剂流的连续床层的不连续本质而论，塔板理论受到来自内部的争议。另外，通过不同模型的公式化来连续描述是基于溶质载体（洗脱液）的连续流通过柱，包括守恒定律、平衡定律、传递及反应的动力学定律以及边界和起始条件的使用。

在柱的一个微分高度 dx 中（见图 8.12），对某一给定溶质在移动相中的质量平衡方程为：

$$D_{eff} = \frac{\partial^2 c}{\partial x^2} - u\frac{\partial c}{\partial x} = \frac{\partial c}{\partial t} + \frac{1-\varepsilon}{\varepsilon} \times \frac{\partial q}{\partial t} \tag{8.33}$$

式中，D_{eff} 为有效轴向弥散系数，用于计算分子和涡流扩散；c 和 q 是依赖于时间的变量，它们之间需要一个附加方程式。

如果质量传递和吸附速率非常快，则在界面上，其关系式为平衡定律。

$$q = q^* = f(c^*) = f(c) \tag{8.34}$$

式中，* 表示界面。在另一种情况下，如果在每一相中，质量传递阻力或者反应动力学有一个限定的值，那么必须建立另一个关联式，即积累在固定相中的速率方程为：

$$\frac{\partial q}{\partial t} = f(c, q, c^*, q^*) \tag{8.35}$$

式（8.35）的解 $c(x, t)$ 需要确定边界条件和起始条件。这取决于操作的方式、吸附等温线的类型和洗脱剂与吸附剂的原始状态。这些偏微分方程式和这些系统的复杂性，在大多数实际情况下可以预先简化。因此，对于不太复杂的情况，在简化的基础上并作合理假设，是可以得到近似解的。

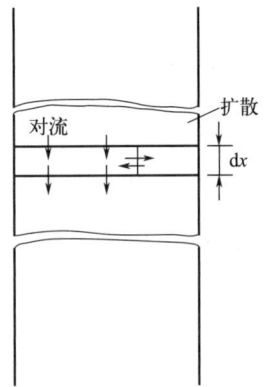

图 8.12 色谱床微元中溶质迁移的示意

（1）平衡模型

① 忽略弥散效应的平衡　有一种简化是假设在等温操作的柱中，没有纵向弥散效应（$D=0$），在任何情况下，处处都可以确认存在局部相间平衡。除上述条件外，再附加上线性等温线条件，则在整个渗滤过程期间，每个区域会以同样的形状迁移。则式（8.33）可以改写为：

$$u\left(\frac{\partial c}{\partial x}\right)_t + \left(\frac{\partial c}{\partial t}\right)_x + \frac{1-\varepsilon}{\varepsilon} \times \left(\frac{\partial q}{\partial t}\right)_t = 0 \tag{8.36}$$

然而，在大多数非线性等温线的情况下，区域发生扩展，因此，组合前面的方程式得到：

$$u\left(\frac{\partial c}{\partial x}\right)_t \left[1 + \frac{1-\varepsilon}{\varepsilon}f'(c)\right]\frac{\partial c}{\partial t} = 0 \tag{8.37}$$

通过积分给出 c（x，t）。它不仅取决于合适的边界和起始条件（即前沿或洗脱分析条件），也取决于等温线的类型，即 f'（c）的形式。

根据偏导数的连锁法，可将式（8.36）转换成下式：

$$\left(\frac{\partial x}{\partial t}\right)_c = \frac{u}{1 + \frac{(1-\varepsilon)}{\varepsilon}f'(c)} = V^* \tag{8.38}$$

上式即为床层内不同浓度溶质的移动速率，$V^* = V^*(c)$ 对于一个给定的等温线，意指在某些浓度下比另一些浓度下溶质移动得更快。除线性等温线外，有两种情况必须考虑。

a. 如果 f''（c）> 0（凹型或弗罗因德利希等温线），f''（c）随 c 而增加，当 c 增加时，（$\partial x/\partial t$）c 下降。这意味着溶质的浓度 c 较高时比溶质浓度低时迁移更慢，色带的前缘趋向于斜坦（见图 8.13）。

b. 如果 f''（c）< 0（凸型或朗格缪尔等温线），那么 f'（c）和（$\partial x/\partial t$）$_c$ 在相反的方向上随溶质浓度 c 而变化，结果前缘趋向于陡直（图 8.14）。陡直或者斜坦前缘波的这些效应与迁移的距离（或时间）成正比，并且其波形被认为是一个成比例的图形。

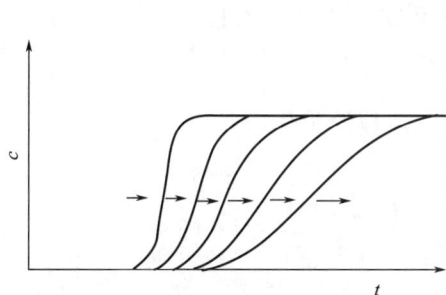

图 8.13　前缘弥散（斜坦）　　　　　　　　**图 8.14**　前缘压缩（陡直）

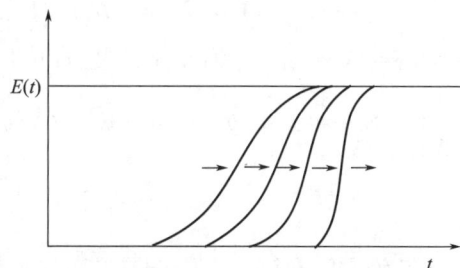

显然，平衡理论的这些假定说得更确切些是实际色层分离过程的简化描述，但是，它给出了有关色层移动和扩展一些重要的基本知识。

② 平衡和弥散效应 在凸型等温线的情况下，溶质峰前缘陡直与迁移距离成正比，而按动力学现象的斜坦效应是相反的（也与迁移的距离成正比），比如吸附反应、质量传递、轴向分子或涡流扩展。因此，在前缘形成后的一些时间里，会得到一个稳定形态的前缘，称为固定前缘，它在柱中迁移时不会发生变化，一般认为波形是一个不变的图形。必须指出不变的图形仅在沿柱迁移了一定距离后才出现，而且取决于平衡参数和操作变量。

（2）速率理论 平衡是溶质与固定相质量传递和反应速率无限大的一个特例。当这些过程在一个恒定的速率下进行时（如前所述，平衡模型是速率模型的一个特例），其中有一个是限制步骤，因此色带的扩展效应必须考虑在通常所说的速率模型中。已经研究出了两种速率模型，一种是（化学）反应动力学是限制步骤，另一种是质量传递（物理）动力学是最慢的限制过程，这两种模型各有一个基本的模式，而其他许多模式都是经简化或者扩充建立起来的。

① 化学动力学限制——Thomas 模型 在化学吸附速率控制下，其基本模型是由 Thomas 建立的，其基本假设为轴向弥散可以忽略（移动相塞式流动 $D_{eff}=0$），质点在液膜周围的质量传递速率很快，在等温下操作。则质量平衡方程式为：

$$u\frac{\partial c}{\partial x}+\frac{\partial c}{\partial t}+\frac{1-\varepsilon}{\varepsilon}\times\frac{\partial q}{\partial t}=0 \tag{8.39}$$

Thomas 方法最初是从离子交换（$Na^+ + HR \rightleftharpoons H^+ + NaR$）发展而来的，此时，需要动力学方程来关联 q 和 c：

$$\frac{\partial q}{\partial t}=K_r\left[c(Q-q)-\gamma q(c_0-c)\right] \tag{8.40}$$

前流分析的解 [边界条件：（$c=c_0$，$x=0$，$\forall t$）和（$q=0$，$t \leqslant x/u$，$\forall x$）是穿透曲线] 为：

$$\frac{c}{c_0}=\frac{J(rN,\ NT)}{J(\gamma N,\ N_t)+[1-J(N,\ \gamma NT)]\exp[(\gamma-1)(NT-N)]} \tag{8.41}$$

$$\frac{q}{Q}=\frac{1-J(NT,\ \gamma N)}{J(\gamma N,\ N_t)+[1-J(N,\ \gamma NT)]\exp[(\gamma-1)(NT-N)]} \tag{8.42}$$

式中，$N=QK_\gamma x/(\varepsilon u)$，为至 x 位置的传质单元数；$T=c_0\varepsilon ut/(Qx)$，为渗透参数；γ 为平衡参数，$\gamma=\dfrac{X(1-Y)}{Y(1-X)}$，等于平衡常数 K_{eq} 的倒数；J 为贝塞尔（Bessl）函数的积分。

$$J(\alpha,\ \beta)=1-\int_0^\alpha\exp(\beta-\zeta)I_0\left(2\sqrt{\beta\zeta}\right)d\zeta \tag{8.43}$$

式中，I_0 为零阶和第一类修正的贝塞尔函数，其意义如下：

$$I_0(2\sqrt{\beta\zeta})=\sum_{i=0}^\infty(\beta\zeta)^i(i!)^2 \tag{8.44}$$

这些函数值可以在有关文献介绍的图表中找到，供计算时参考使用。这个模型在某些情况下可以简化。例如，若 $\gamma=0$（线性等温线），穿透曲线是 $c/c_0=J(N,NT)$。一个类似的方法被 Chase 所采用，来模拟一个蛋白质 p 与一个配位体 L 单价吸附（$p+L \rightleftharpoons pL$）的亲和色层分离行为。

② 物理（质量传递）动力学限制——Rosen 模型 在许多情况下，不平衡起因于质量传递速率的限制，基本方法目前有 Rosen 模型，除了假定流体塞式流（$D_{eff}=0$），快速吸附率和等温操作外，还假设质点通过滞留膜周围扩散速率受限制和质点在内部质量传递受阻，因此，除式（8.39）外，还需要另一个方程式：

$$\frac{\partial q}{\partial t}\bigg|_{r=r_p}=K_L a_p(c-c^*) \tag{8.45}$$

式中，r_p 为颗粒半径；c^* 为在颗粒界面上移动相中的浓度。

如果等温线是线性的，则：

$$q^*=f(c^*)=(Q/c_0)c^*=K_d c^* \tag{8.46}$$

假定颗粒的结构均一，则积累速率是：

$$\frac{\partial q}{\partial t}=D_c\Delta^2 q=D_c\left[\frac{\partial^2 q(r,x,t)}{\partial r^2}+\frac{2}{r}\times\frac{\partial q(r,x,t)}{\partial r}\right] \tag{8.47}$$

式中，D_c 为在颗粒内部溶质的扩散率。

对于前流分析的解析解［边界条件：$q(r,x,0)=0$，如果 $0\leqslant r\leqslant r_p$，$x>0$；$c(0,t)=c_0 H(t)$，$x=0$］，应用 Duhamel 原理，可以得出式（8.48）：

$$\frac{c}{c_0}=\frac{1}{2}+\frac{2}{\pi}\int_0^\infty \exp\left[A(\lambda)\right]\sin\left[B(\lambda)\right]\frac{\mathrm{d}\lambda}{\lambda} \tag{8.48}$$

式中，λ 为积分变量；$A(\lambda)$ 和 $B(\lambda)$ 为模型参数 K_L、a_p、r_p、K_d 的函数。

对于没有表面膜阻力限制的情况，即仅颗粒内部扩散受限制，可以得到一个简化的公式，这个简化的公式与上面的公式具有同样的形式，但 $A(\lambda)$ 和 $B(\lambda)$ 函数用 Rosen 模型计算和制表就更加简单了。

柱层析的这些模型对于简单的、有限制的以及已有所应用的情况都是有解的，对于许多不同的情况，存在有许多其他的解。式（8.33）在考虑到其他条件后，可以变得更复杂，例如微粒的孔隙度和孔内的扩散或者在床层中径向速度分布、化学阻力、反应的化学计量和类型（离子交换、共价结合、通过范德华或静电力的物理吸附），用更加复杂的方程式和反应位点总数（反应的总表面积）可以进行描述。

但是所有这些因子要想同时计算出来，是任何色层分离都难以解决的问题。对于放大和操作条件的最优化，数学模型是必需的。它能比简单的描述更接近事实，因此，通常必须从非常简单的模型着手，然后逐步使其复杂化，从而实现对问题的了解。

微分模型的预测能力优于塔板理论模型，然而微分模型的复杂性又促使人们重新回到塔板理论模型。在设计色层分离试验步骤时，改进选择性和优化操作参数是放大操作的基础。放大操作必须遵循某些规则，有关这方面的内容将在 8.6 中讨论。

8.5 各类不同分离机制的色层分离法介绍

当前，在生物物质特别是蛋白质上，色谱技术主要包括凝胶过滤色层分离法、离子交换色层分离法、疏水作用色层分离法、亲和色层分离法、正相和反相色层分离法等，分别介绍如下。

8.5.1 吸附色层分离法

吸附色层分离法是利用吸附剂对组分的吸附能力的差别进行分离的，用来填充柱的物质包括无机吸附剂和有机吸附剂。

应用于生物分子纯化的无机吸附剂有磷酸钙（羟基磷灰石）、二氧化钛、氢氧化锌、氧化铝凝胶 C_r、膨润土（一种二氧化硅粉末）等。关于生物分子与无机吸附剂相互作用的一种简单设想认为，结晶表面是由带电的离子与水结合而组成的，因此，静电作用可能对吸附机理起着重要的作用。但除了单纯的静电相互作用以外，还应考虑别的因素，尤其是对于蛋白质，因为在有些蛋白质中，存在有离子的特异结合位点（例如 Ca^{2+}- 结合位点），使在凝胶中的离子并不完全用于配位结合。

缓冲液的存在会使这一简单的设想复杂化，例如，可使晶体表面的电荷均匀分布或者存在一定的带电基团与蛋白质竞争，从而与后面要讨论的离子交换机理相类似，通过连续（梯度）和不连续（分段）提高缓冲液中离子强度的办法来实现结合在无机吸附剂上的生物分子的洗脱。

有机吸附剂包括大网格吸附剂、聚酰胺等，其中 Amberlite XAD 系列大网格吸附剂首先是 Rohm

and Hass 公司于 1965 年合成生产的，这是一类以吸附为特征的树脂，按链节分子结构分为非极性、中等极性、极性三类。人们最感兴趣的是这种吸附剂在亲水性发酵产物分离上的用途，如发酵液中水溶性头孢菌素 C（酸性氨基酸）可用 Amberlite XAD-2 吸附，然后用碱性醇类或乙酸吡啶缓冲液在 pH 值为 5.5 的溶液中洗脱，洗脱液加入乙酸锌，便生成头孢菌素锌白色粉状配合物沉淀。同样对于头孢氨噻（cefotaxime，碱性氨基酸）、去铁胺 β（desferrioxamine β，碱性羟肟酸）和帕拉米松（paramethasone，中性甾体化合物），也可用 XAD 系列的吸附剂进行分离精制。

8.5.2　疏水作用色层分离法

（1）原理　靠疏水基团的疏水力分离生物大分子的液相色谱法称为疏水作用色层分离法（HIC）。即利用生物大分子如蛋白质表面暴露的疏水部位和疏水介质上的疏水配基的疏水作用来达到分离目的的色层分离技术。但真实的作用机理还未完全清楚。目前已有的一些理论如疏溶剂化理论、熵增原理、多价吸附作用机理、优先水化作用机理仅能解释其中的部分现象。

（2）首要条件　疏水作用色层分离法的首要条件是基质和配基及其偶联。目前用于制备用途的 HIC 介质有多糖类，如琼脂糖、纤维素和人工合成聚合物类，其中琼脂糖类凝胶是应用最广的疏水介质。近年来又研制成超大孔琼脂糖基质，由于在扩散孔的基础上，增加了对流孔，比均一的琼脂糖凝胶的传质速率更快，能在流速较高的情况下获得较好的分辨率。除此以外，由于壳聚糖价格便宜，生物相容性又好，所以在疏水作用色层分离中也得到了应用。

用于疏水色谱介质的疏水性配基很多，丙基、异丙基、羟丙基、戊基、辛基、苯基等不同类型的疏水配基可由烷基胺、芳基胺、有机羧酸、酸酐或氨基酸、醚、聚醚、醇、硫醇等引入。商品化、制备型疏水介质广泛使用的是丁基、辛基和苯基等配基。除此以外，在蛋白质分离中还使用了具有中等疏水性的高分子配基如聚乙二醇和聚丙二醇，可避免不可逆吸附或生物大分子的失活。

在疏水介质中配基通过非离子键与基质结合，通常通过环氧基作为连接配基和基质的桥梁，最终通过稳定的醚键连接。反应历程见图 8.15。反应条件会影响琼脂糖的取代程度。

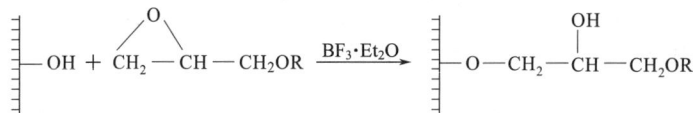

$$\left|\!-OH + \underset{CH_2-CH-CH_2OR}{\overset{O}{\triangle}} \xrightarrow{BF_3 \cdot Et_2O} \right|\!-O-CH_2-\underset{\overset{|}{OH}}{CH}-CH_2OR$$

图 8.15　烃修饰琼脂糖的合成（三氟化硼 - 乙醚配合物催化反应）

除了醚键类取代琼脂糖外，还有取代胺或取代酰胺类琼脂糖以及由琼脂糖与缩甘油氧丙基三甲基硅烷反应，中间体再与醇反应而合成的琼脂糖 $\left|\!-O-Si-(CH_2)_3-O-CH_2-\underset{\overset{|}{OH}}{CH}-CH_2OR\right.$ 型填料。常见的商品化疏水性吸附剂见表 8.3。

表 8.3　常见的商品化疏水性吸附剂

配基	基质	粒径 /μm	pH	配基密度 /（μmol/ml）	吸附容量 /（mg/ml）	商品名
甲基（methyl）	MA	50	1 ~ 14	未知	> 25 牛血清蛋白	Macro-prep methyl
丙基（propyl）	MA	20 ~ 40	1 ~ 13	未知	25mg 卵清蛋白	Fractogel EMD Propyl
丁基（butyl）	A	45 ~ 165	3 ~ 13	50	26mg 人血清蛋白	Butyl Sepharose 4FF
	MA	50	1 ~ 14	未知	> 15 牛血清蛋白	Macro-prep t-Butyl
	C	53 ~ 125	3 ~ 13	未知	未知	Butyl cellufine
	MA	未知	未知	未知	未知	Toyopearl① butyl-650
己基（hexyl）	MA		未知	未知	未知	Toyopearl① butyl-650

配基	基质	粒径/μm	pH	配基密度/（μmol/ml）	吸附容量/（mg/ml）	商品名
苯基（phenyl）	A	45～165	3～13	20（低） 40（高）	24mg 人血清蛋白 36mg 人血清蛋白	Phenyl Sepharose 6FF（low sub，high sub）
	A	24～44	3～12	25	24mg 人血清蛋白	Phenyl Sepharose H P
	PS	15	2～12	未知	未知	SOURCE 15PHE
	C	53～125	3～13	未知	未知	Phenyl cellufine
	MA	20～40	1～13	未知	25mg 卵清蛋白	Fractogel EMD Phenyl
	未知	未知	未知	67[2]	未知	TSKgel Phenyl
	MA		未知	未知	未知	Toyopearl[1] Phenyl-650
	PS		未知	未知	未知	Poros HP 2
辛基（octyl）	A	45～165	3～13	5	7mg 人血清蛋白	Octyl Sepharose 4FF
	C	53～125	3～13	未知	未知	Octyl cellufine
醚基（ether）	PS	15	2～12	未知	未知	SOURCE 15ETH
	PS	未知	未知	未知	未知	Poros ET
	未知	未知	未知	未知	未知	TSKgel ether
	MA	未知	未知	未知	未知	Toyopearl[1] Ether-650

① Toyopearl 系列按粒径大小分为三个等级，C60～150μm，M40～90μm，S20～50μm。

② 为 TSK-Gel Phenyl-5PW 的苯基含量。

注：MA 为甲基丙烯酸酯，A 为琼脂糖，PS 为聚苯乙烯，C 为纤维素。

（3）影响疏水作用的参数　影响生物大分子物质疏水色谱的主要参数有配基、盐、pH 值和温度等。

① 配基的种类和密度　配基的类型决定了 HIC 介质对生物大分子物质（蛋白质）吸附的选择性，一般来说，直链的烷烃配基表现出"纯"疏水特性，而芳香族配基既表现出疏水作用又有 π-π 电子效应。对于相同取代密度的烷烃配基而言，疏水性由小到大的顺序为：甲基<乙基<丙基<丁基<戊基<己基<庚基<辛基，但疏水性的增加可能会导致介质选择性的下降。而配基密度的影响则是在一定范围内，随配基密度增加，蛋白质的吸附容量也增加。但当其超过某一极限值时，蛋白质的吸附容量将保持不变。配基密度的增加为 HIC 在低盐浓度下吸附蛋白质提供了可能。从而避免了使用高浓度盐所带来的腐蚀问题，而且还无需其他中间步骤（如脱盐或加盐），可以直接与离子交换或亲和色层分离法联用。

一般来说，在应用中应选择一个疏水性适中的介质。疏水性太弱，蛋白质无法吸附，不能分离、富集；疏水性太强，则不易洗脱，若需加入有机溶剂，有可能会引起蛋白质的变性。

② 盐的种类和浓度　盐的选择对 HIC 很重要，除了能产生良好的盐析效应外，还要有高的溶解度。另外，黏度、紫外吸收及其稳定性也是需要考虑的重要因素。由于（NH_4）$_2SO_4$ 的溶解度比 Na_2SO_4 和 K_2SO_4 等大，且受温度的影响不大，对蛋白质活性影响小，所以在盐析和 HIC 中得到了最为广泛的应用。

盐的浓度对蛋白质吸附影响很大。平衡缓冲液和样品溶液的高浓度能促进蛋白质和配体相结合，甚至蛋白质吸附量的增加和盐浓度大体上成线性关系，而洗脱时通常用梯度或分步的方法来降低盐浓度。

③ pH 值　通常情况下，HIC 是在 pH 值接近中性的条件下进行的。pH 值的改变既会影响蛋白质的稳定性也会改变蛋白质的荷电性和电荷量，从而影响 HIC 介质对蛋白质的吸附量，大多数蛋白质在 pH 4～8 的范围内是稳定的，强酸或强碱条件下会引起蛋白质的变性，pH 值增加，蛋白质表面电荷增加导致亲水性增强，从而减弱了 HIC 介质与蛋白质之间的疏水相互作用力；pH 值的降低，相对来讲能增加疏水作用，利用这一点，可吸附那些在中性 pH 环境中不被吸附的蛋白质。当然也存在着降低 pH 值会使疏水作用降低的情况，这可能与蛋白质的等电点有关，所以对于具体的蛋白质应作具体分析，寻找一个最佳的 pH 值以达到最好的分离效果。

④ 温度　一般情况下，在 HIC 中，升高温度有利于蛋白质的吸附，降低温度有利于蛋白质的洗脱，这是因为 HIC 是一个熵驱动的过程，$\dfrac{\mathrm{d}\ln K}{\mathrm{d}T} = \dfrac{\Delta H}{RT^2}$，增加温度有利于蛋白质与配基间的相互作用。

⑤ 添加剂 在 HIC 中，有时还会用到一些添加剂，它们不但能改善蛋白质的溶解性或修饰蛋白质的构象，而且能促进结合蛋白质的洗脱。常用的添加剂有水溶性的醇（如乙醇、乙二醇）、表面活性剂（如 Triton X-100）和离液序列高的盐溶液。所有的添加剂都能降低水的表面张力，减弱疏水作用。但添加剂的使用可能会引起蛋白质的变性或失活，增加后处理的难度，所以应谨慎使用。

（4）在蛋白质分离、纯化上的应用 疏水作用色层分离法已用于纯化多种蛋白质粗提物，主要有如下几方面：

① 互换酶的分离 兔子肌肉中含有 a 和 b 两种糖原磷酸化酶，可以采用配套疏水色谱小柱进行分离，酶 a 保留在 Seph-C_1 柱上，可用 NaCl 梯度洗脱，而酶 b 完全吸附在 Seph-C_4 或更高序列的柱上，可用 0.4mol/L 咪唑柠檬酸缓冲液洗脱，从而分开两种酶。

② 蛋白质亚基与蛋白质聚合物的分离 用戊烷基 -Seph 柱分离人垂体促甲状腺激素的 α、β 亚基，紧密的亚基先用 1mol/L 丙酸处理 16h 后解离，用同样的溶液洗脱，可分辨出 α 与 $β_1$ 两个峰，再用 0.01 mol/L 磷酸钾过柱，可得第三个洗脱峰 $β_2$，若是在较大的柱上操作则只能得到 α 和 β 两个峰。

③ 多肽与蛋白质碎片的分离 让白喉菌生长的培养液上清液通过 Seph-C_6 柱，然后用 0.1 mol/L NaCl 洗脱，就可获得这种毒素。另外用温和的胰酶消化后，可在 Seph-C_4 柱上分离得到两个片段。

此外，疏水作用色层分离法还可用于对完整细胞进行选择性吸附等。

8.5.3 金属螯合色层分离法

首先要制备金属螯合介质，琼脂糖环氧活化后与亚氨二醋酸盐 [HN：$(CH_2COO)_2$Me] 偶合，形成带有双羧甲基氨的琼脂糖。

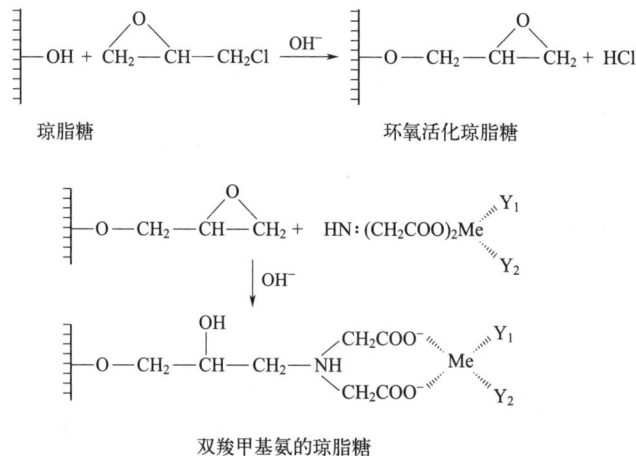

其中的 Me 为过渡金属离子，如 Cu^{2+}、Zn^{2+}、Fe^{3+} 等，它被牢固结合，从而形成了稳定的吸附活性中心。这些被配位的金属离子，能为一些配基，如 H_2O、NH_3 及反离子（Y_1，Y_2）等配位，这样便形成了金属螯合色谱剂。

其次，根据色谱剂上螯合的不同金属，结合不同的蛋白质，结合蛋白质通过外露的组氨酸、半胱氨酸和色氨酸等残基与不同金属作用，达到分离纯化的目的。具体吸附及洗脱过程见图 8.16。

螯合形成基团除了双羧甲基氨基外，还有 8- 羟基喹啉基、水杨酸基、氨基琥珀酸基等。要使金属螯合色层分离法取得预期的结果，必须使金属离子对色谱剂凝胶的亲和力大于对欲分离物质的配位亲和力，否则欲分离物质就难以"吸附"。至于采用何种金属离子来分离蛋白质样品，需通过实验来选择。金属螯合色层分离法的应用根据上述介绍已很清楚，主要用于要依赖金属或直接与金属作用的蛋白质、肽类、核苷酸、核酸及酶的固定化和混合金属离子分离等，如已用于人血清蛋白和人 $α_2$-SH 糖蛋白的分离与纯化。金属螯合色层分离蛋白质，常在 pH 值 6 ～ 8 时就可被吸附，所以洗脱可用降低 pH 值、增加离子强度或在缓冲液中加入螯合剂如 EDTA 等方法进行。

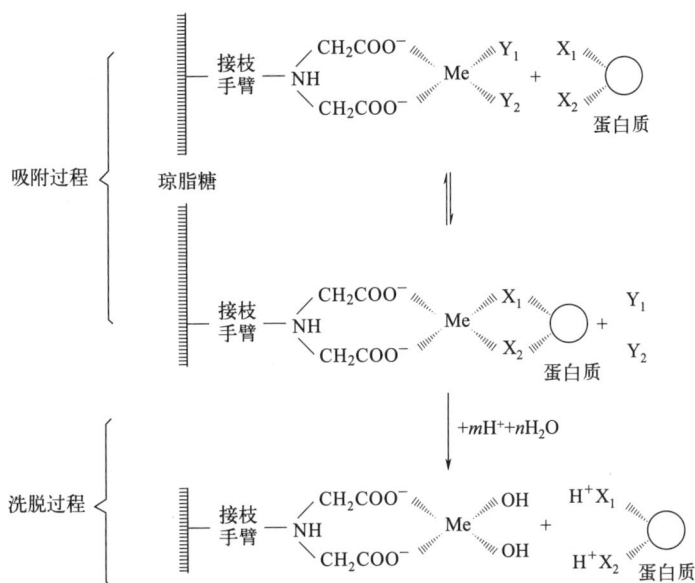

图 8.16 金属螯合色层分离过程示意

8.5.4 共价作用色层分离法

（1）简介 共价作用色层分离法是利用溶质分子与色谱剂凝胶之间的共价吸附作用将目标产物与其他溶质分子分离开来的一种色谱方法。与金属螯合色层分离一样，首先要制备色谱剂，具有共价反应活性的二硫键色谱剂可用葡聚糖凝胶或琼脂糖凝胶制得。一是谷胱甘肽型二硫键色谱剂：

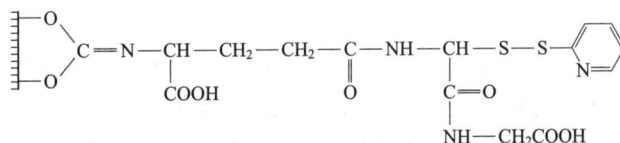

二是巯基丙基型二硫键色谱剂：

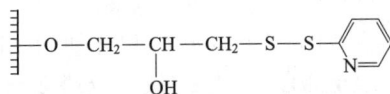

也可用交联聚丙烯酰胺作材料制得带巯芳基的活性色谱剂（B 和 D）：

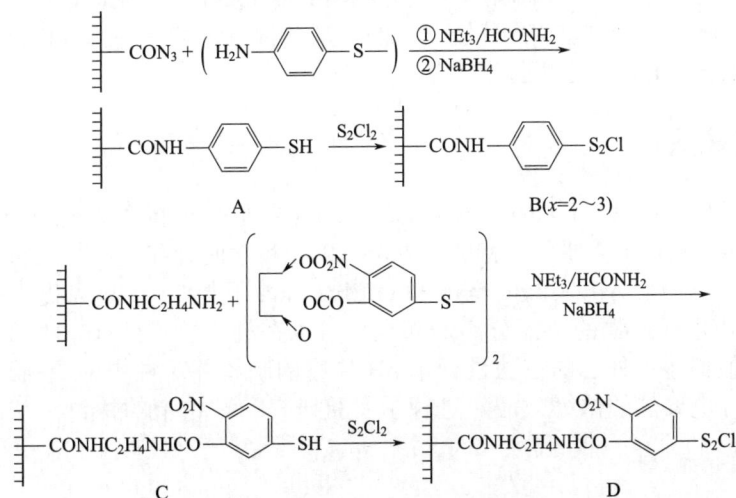

（2）过程阶段 共价作用色层分离法的操作过程也可分为三个阶段。

① 吸附过程 蛋白质中未被氧化的半胱氨酸残基带有—SH，与色谱剂上的二硫键发生共价交换反应。

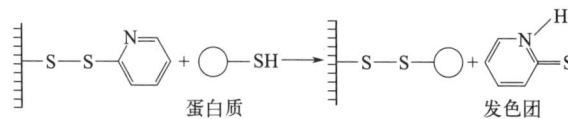

蛋白质被结合到色谱剂上。如果吸附后，柱上有剩余的未反应的巯基吡啶基团，可用 pH 值 =4，浓度为 4mmol/L 的二硫苏糖醇，0.1mol/L 醋酸钠缓冲液洗涤除去。

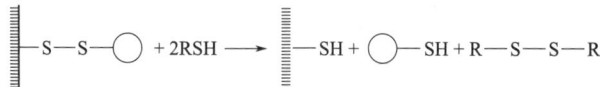

② 洗脱过程 洗脱可以用 L-半胱氨酸、巯基乙醇、谷胱甘肽以及二硫苏糖醇等巯基化合物，在中性条件下进行。洗脱时，若使用还原能力逐次增加的巯基化合物或者逐渐增加巯基化合物的浓度都可以增加蛋白质的洗脱分辨率，提高选择性。

③ 再生过程 洗脱后的色谱剂，需用 2,2'-吡啶基二硫化合物处理再生。对于还原型的巯丙琼脂糖还必须在 80℃下回流 3h。

（3）应用情况 由于二硫键色谱剂价格较贵，再生操作又麻烦，所以目前尚未大规模应用。但是共价结合具有特异性，牢固并且在适当的操作条件下还可获得较高的收率和纯度，故这种方法在某些领域中，特别是在蛋白质序列分析过程及结构研究中，有着特殊的作用，甚至还可能成为最方便快速、简单的方法而受到欢迎。应用主要有如下几个方面：①分离半胱氨酸；②分离含半胱氨酸（—SH）的肽段（通常是在蛋白质测序中蛋白酶的降解产物）；③分离含—SH 的蛋白质或进一步分离该蛋白质中—SH 附近的肽段。

例如以血浆蓝蛋白（分子量 134000）为实验材料通过共价色层分离法来研究半胱氨酸两侧的氨基酸序列，采用巯丙基葡聚糖为活性色谱剂，分离并测定肽段的步骤如下。

① 共价吸附 预处理好的活化胶与血浆蓝蛋白溶液混合，往复振荡约 5h，控制溶液 pH 值为 4.0，含 8mol/L 尿素和 0.05mol/L 乙二胺四乙酸，蛋白质巯基收率可达 96%。

② 固定化蛋白质的消化 收集并洗涤上述反应后的凝胶，用胃蛋白酶或胰蛋白酶降解 4h。

③ 非共价吸附肽段的洗脱和目标肽段的获得 洗脱剂分别为 1mol/L NaCl，0.1mol/L Tris-HCl（pH 值 =8.0）和 0.05mol/L 2-巯基乙醇，0.1mol/L Tris 缓冲液，流速 2cm/h。

④ 肽段序列分析 近年来对共价作用色层分离法进行了许多研究。例如，开发了一种能与色氨酸残基可逆结合的特异性活性色谱剂；研制了一种多聚物修饰的大孔二氧化硅，用作二硫键交换的共价色谱的支持物；还推出一种不基于巯基-二硫键交换的新型共价色谱剂——苯基硼酸盐琼脂糖吸附剂。这些都为扩大共价作用色层分离法的应用打下了基础。

8.5.5 聚焦色层分离法

（1）简介 聚焦色层分离法（focusing chromatography）是一种新型的大分子分离纯化方法，其分辨力高，操作简单方便，并且不需要任何特殊装置，所以在科学研究和生产中获得很快推广与应用。

聚焦色层分离法是美国 L.A.E.Sluyterman 和 O.Elgersma 于 1978 年首先提出的。他们认为既然在电泳中可以用等电聚焦进行产物的浓缩分离，那么也可以在柱中创造一个 pH 梯度进行聚焦，达到同样的分离效果。于是他们通过外加的方法进行了 pH 梯度的制备并对柱中的交换过程、pH 值的变化以及相应的聚焦效应（等电聚焦的浓缩效应）进行了实验研究和理论上的探讨，从而奠定了聚焦色层分离法的基础。

（2）过程原理　聚焦色层分离法的原理，是利用蛋白质分子或其他两性分子等电点的不同，在一个稳定的、连续的、线性的 pH 梯度中进行蛋白质的分离纯化。分离纯化的对象是蛋白质和其他两性分子。分离纯化的条件是离子交换剂或凝胶中有稳定的、连续的、线性的 pH 梯度。下面分别就对象和条件进行具体说明。

① 蛋白质的等电点　蛋白质是由不同数量和比例 L-α- 氨基酸组成的，故是一个两性化合物，在不同 pH 值的环境溶液中可以呈多种电化学状态，如呈正离子、偶极离子和负离子状态。但在某一 pH 值时蛋白质的净电荷是零，此 pH 值即为该蛋白质的等电点 pI，可用图 8.17 中净电荷 -pH 曲线来说明。蛋白质的等电点仅仅决定于它的氨基酸组成，是一个物理化学常数。由于组成蛋白质的氨基酸的数目和比例不同，蛋白质的等电点范围很宽，糖蛋白的 pI 可低至 1.8，溶菌酶的 pI 可高达 11.7，这样一个宽的 pI 范围使得人们可以利用它来进行蛋白质的分离和纯化。

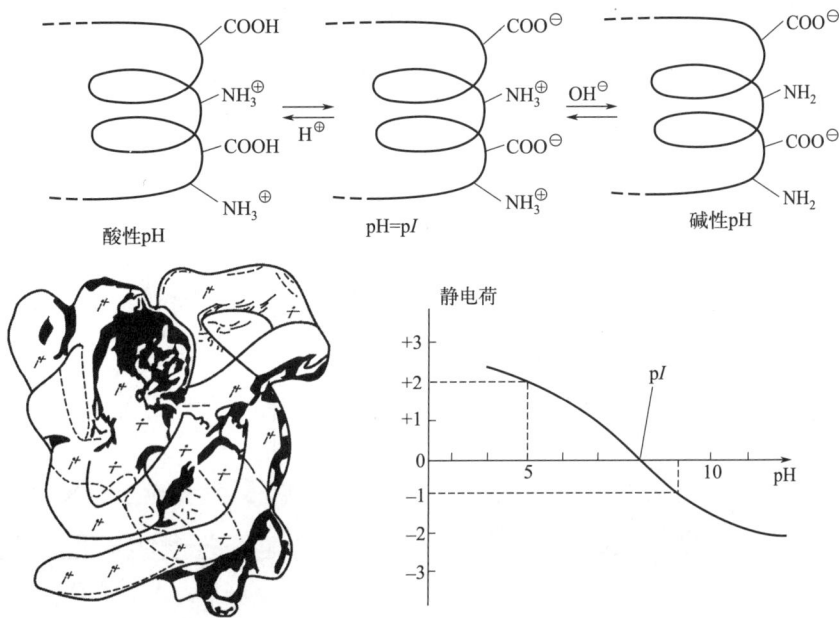

图 8.17　蛋白质的净电荷 -pH 曲线

② pH 梯度的形成　与离子交换色层分离时的梯度洗脱一样，早期 pH 梯度的形成，在柱外有一连通两种缓冲液的混合器，通过它形成连续的 pH 梯度，溶液导入离子交换柱中，称为"外法"。Sluyterman 等人采用"内法"形成 pH 梯度，即以离子交换剂本身的带电基团起缓冲作用，柱液称起始缓冲液，另一柱外洗脱液称为限制缓冲液，滴入离子交换剂上，就自动形成了 pH 梯度。近似地假设流动相的 pH 值与缓冲液的组成有关，并与加入碱量 B_m 成比例：

$$pH_m = pH_0 + \frac{B_m}{a_m} \tag{8.49}$$

柱中的离子交换剂含有一种固定 pK 值的离解基团，当盐不存在时，由于聚电解质效应，存在有一个表观 pK 值范围，因此假定在一个离子交换剂的悬浮液上也有一个 pH 与加碱量 B_s 的关系：

$$pH_s = pH_0 + \frac{B_s}{a_s} \tag{8.50}$$

当两相等分混合，则最终 pH 值为：

$$pH = pH_0 + \frac{B_m + B_s}{a_m + a_s} \tag{8.51}$$

将式（8.49）和式（8.50）中碱量 B_m 和 B_s 代入式（8.51），得：

$$pH = \frac{a_m pH_m + a_s pH_s}{a_m + a_s} = \frac{pH_m + R_e pH_s}{1 + R_e} \qquad (8.52)$$

$$R_e = \frac{a_s}{a_m} \qquad (8.53)$$

式中，下标 m 表示移动相；下标 s 表示固定相；a_m、a_s 表示单位柱长中移动相或固定相的缓冲容量；R_e 为比例数值。

在实际操作中，移动相缓冲液中的 pH 值升高，这是因为缓冲液中负电性更强的组成与阴离子交换剂固定基团相结合而使碱性更强的成分转入了移动相，参数 B_m 和 B_s 仅仅是为了方便计算而设，并在最后的方程式中被消去，这个结果与实际机理无关。

如果把离子交换柱分成 10 等份，然后将洗脱缓冲液注入柱内各等份的空体积中，相继通过的每一等份的 pH 值，按照方程 (8.52) 重新调节。19 等份洗脱试验的计算结果示于图 8.18，洗脱液的 pH 值和原始柱液的 pH 值分别为 8.0 和 10.0。为了作图的方便，假定 R_e 为 1，并且当洗脱液开始流出柱时，该分段缓冲液的 pH 值等于最后一个等份的 pH 值。流出液的体积与 pH 的关系如图 8.19 所示。

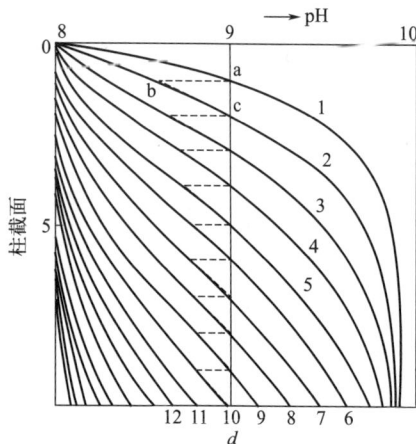

图 8.18 聚焦色谱柱中 pH 值的分布   **图 8.19** 流出液体积与 pH 值的关系

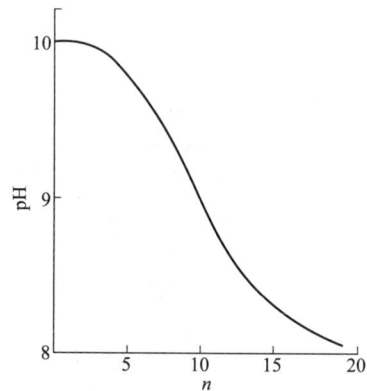

③ 聚焦效应 两性物质如蛋白质等上好样后，用洗脱缓冲液淋洗，蛋白质随其下移至各自的等电点聚焦，移动速度明显减缓，最后按等电点顺序流出柱外。

一种特殊的洗脱液——分子量大小不同的多组成的多羧基多氨基化合物 Polybuffer 96 和 Polybuffer 74 已被瑞典的 Pharmacia 公司专门设计出来供应市场，它们分别适用于 pH 值 6 ～ 9 和 4 ～ 7 范围内的色谱聚焦，并与一种特殊的离子交换介质（以交联琼脂糖 6B 为载体，在糖上通过醚键偶合上配基而成的 PBE118 和 PBE94）匹配使用，使色谱柱内产生一个稳定的 pH 梯度，用于蛋白质按等电点或电荷分布不同而分离（见表 8.4）。分离的精度很高，可应用于测定和分离各种微生物酶，分级分离粗卵蛋白，分离麋鹿肌肉匀浆上清液中水溶性蛋白质，分离 *Trichoderma reesei* 细胞的蛋白质等。但由于介质、洗脱液过于昂贵，使应用受到限制，所以一般只适用于价值非常高的产品的最后精制。

表 8.4 不同 pH 范围色谱聚焦所用凝胶和缓冲剂

凝胶的 pH 范围	起始缓冲液	洗脱液	稀释倍数	所用溶液近似体积（以柱体积为 1 计算）		
				梯度开始前	梯度体积	总体积
10.5 ～ 9 PBE 118		—	—	—	—	—
10.5 ～ 8 PBE 118	pH 11 0.025mol/L 三乙胺 -HCl	pH 8.0 Pharmalyte pH 8 ～ 10.5 HCl	1：45	1.5	11.5	13.0

凝胶的 pH 范围	起始缓冲液	洗脱液	稀释倍数	所用溶液近似体积（以柱体积为 1 计算）		
				梯度开始前	梯度体积	总体积
10.5 ~ 7 PBE 118	pH 11 0.025mol/L 三乙胺 -HCl	pH7 Pharmalyte pH 8 ~ 10.5 HCl	1：45	2.0	11.5	13.5
9 ~ 8 PBE 94	pH 9.4 0.025mol/L 乙醇胺 -HCl	pH 8.0 Pharmalyte	1：45	1.5	10.5	12.0
9 ~ 7 PBE 94	pH 9.4 0.025mol/L	pH 8 ~ 10.5 HCl pH 7.0 polybuffer 96-HCl	1：10	2.0	12.0	14.0
9 ~ 6 PBE 94	pH 9.4 0.025 mol/L 乙醇胺 -CH₃COOH	pH 6.0 polybuffer 96-CH₃COOH	1：10	1.5	10.5	12.0
8 ~ 7 PBE 94	pH 8.3 0.025mol/L Tris-HCl	pH 7.0 polybuffer 96-HCl	1：13	1.5	9.0	10.5
8 ~ 6 PBE 94	pH 8.3 0.025mol/L Tris-CH₃COOH	pH 6.0 polybuffer 96-CH₃COOH	1：13	3.0	9.0	12.0
8 ~ 7 PBE 94	pH 8.3 0.025mol/L Tris-CH₃COOH	pH 5.0 polybuffer 96 （39%）+polybuffer74 （70%）-CH₃COOH	1：10	2.0	8.5	10.5
7 ~ 6 PBE 94	pH 7.4 0.025mol/L 咪唑 -CH₃COOH	pH 6.0 polybuffer 96-CH₃COOH	1：13	3.0	7.0	10.0
7 ~ 5 PBE 94	pH7.4 0.025mol/L 咪唑 -HCl	pH5.0 polybuffer 74-HCl	1：8	2.5	11.5	14.0
7 ~ 4 PBE 94	pH 7.4 0.025mol/L 咪唑 -HCl	pH 4.0 polybuffer 74-HCl	1：8	2.5	11.5	14.0
6 ~ 5 PBE 94	pH 6.2 0.025mol/L 组氨酸 -HCl	pH 5.0 polybuffer 74-HCl	1：10	2.0	8.0	10.0
6 ~ 4 PBE 94	pH 6.2 0.025mol/L 组氨酸 -HCl	pH 4.0 polybuffer 74-HCl	1：8	2.0	7.0	9.0
5 ~ 4 PBE 94	pH 5.5 0.025mol/L 哌嗪 -HCl	pH 4.0 polybuffer 74-HCl	1：10	3.0	9.0	12.0

8.5.6　离子交换色层分离法

在色层分离法纯化生物大分子物质中离子交换色谱使用最为广泛。它对生物大分子物质如蛋白质的分辨率高、操作简单、重复性好、成本低。按照离子交换原理，蛋白质可从大量缓冲液中分离出来，所以此法尤其适合于蛋白质粗提物的初始纯化。

（1）原理　离子交换色谱是通过带电的溶质分子与离子交换剂中可交换的离子进行交换而达到分离目的的方法。蛋白质是由氨基酸组成的聚合物，可以看作聚离子（polyions）根据其等电点 pI 调节溶液的 pH 值，很容易使蛋白质分子在宏观上带正电荷或负电荷。这样溶液中单一电荷的蛋白质首先被离子交换树脂上的反离子置换并固定在树脂上，然后通过提高溶液中相反离子浓度或降低蛋白质所带电荷数等方法将蛋白质从树脂上洗脱出来，利用它们的表面电荷性质和大小的不同达到分离、纯化蛋白质的目的。

（2）特点

① 在离子交换色谱过程中，由于生物大分子被吸附，大量反离子被取代下来，会增加溶液中的离子强度和改变溶液的 pH 值，使原来的离子交换条件发生变化，树脂的吸附能力下降。因此，为避免这种影响，样品溶液中被分离的生物大分子物质的浓度不应太高，一般不大于 5mg/ml。

② 用于生物大分子物质色层分离的离子交换剂中也存在着道南平衡。在平衡时，通常阴离子交换内部的 pH 值要比主体溶液高出 1 个单位，而阳离子交换则相反，并且随缓冲液离子强度的变化而变化。众所周知，大多数生物活性的稳定性与溶液的 pH 值有关，一些物质在主体溶液 pH 下是稳定的，但在离子交换剂内部却有可能会变性失活，所以在决定操作条件时，必须考虑到色谱剂内部因道南效应产生的 pH 值的影响。

（3）介质　最早应用在生物大分子物质分离、纯化上的离子交换树脂是纤维素离子交换剂，后来珠状交联葡聚糖、琼脂糖、交联纤维素被开发出来，使离子交换介质的性能得到了极大改善。近年来，随着合成技术的发展和生产上的需求，吸附性能和机械强度要求更高的材料又被研发出来并应用到生产实践中，使离子交换色谱技术在生物大分子物质的分离、纯化上得到了进一步应用。

离子交换剂是由带阴、阳电荷的官能团即配基，通过长或短的碳氢键经醚键结合到聚合物骨架（基质）上，而得到的可交换离子的聚合物，根据可交换离子的性质分为阳离子和阴离子两类交换剂，每一类交换剂还可分为强、弱两种，见表 8.5。配基不但决定了离子交换剂的种类，还决定了离子交换剂的诸多性质：

① 配基的 pK 值决定了相应的离子交换剂的 pH 工作范围。

② 配基的密度有一个极限值，这时吸附剂表面配基的平均距离和蛋白质的直径相当，蛋白质的吸附容量和保留值最佳。

③ 配基种类的选择应根据具体需要来选择。强的离子交换剂虽比弱的离子交换剂对蛋白质的结合能力强，洗脱时需较强的盐浓度，相对选择性较高，但存在着不可逆吸附或蛋白质失活的可能性。

表 8.5　色谱中常用的离子交换介质的配基

配基	结构	pK	分类	简称
硫酸基（sulphate）	$-OSO_3H$	＜2	强酸	S
磺酸基（sulphonate）	$-(CH_2)_nSO_3H$	＜2	强酸	SM($n=1$)，SE($n=2$)
				SP($n=3$)，SB($n=4$)
磷酸基（phosphate）	$-OPO_3H_2$	＜2 和 6	中等酸性	P
羧酸基（carboxylate）	$-(CH_2)_nCOOH$	3.5～4.2	弱酸	CM($n=1$)
叔氨基（tertiary amine）	$-(CH_2)_nN^+H(C_2H_5)_2$	8.5～9.5	弱酸	DEAE($n=2$)
季铵基（quaternary amine）	$-(CH_2)_n-N^+\equiv(R)_3$	＞9	强酸	Q，QAE

基质对蛋白质分离影响较大的是其表面性质，如亲水性能和内部的孔径分布。目前所使用的离子交换层析剂都具有较好的亲水性能，孔径希望选择较大的，有利于蛋白质分子的扩散，从而加快平衡，提高质量。除此以外，基质的性质还决定了介质的溶胀和耐压性能。目前已商品化的离子交换色谱分离介质见表 8.6。

表 8.6　已商品化的离子交换色谱分离介质

名称	骨架结构	配基
Bio-Gel A	琼脂糖	DEAE，CM
Cellulose	纤维素	DEAE，CM，SE，P
Ceramic HyperD	—	Q，S，DEAE，CM

名　称	骨架结构	配　基
Fractogel EMD	交联聚甲基丙烯酸酯	TMAE，DEAE，DMAE，COO⁻，SE，sulfoisobutyl
Macro-Prep	聚甲基丙烯酸酯	Q，DEAE，CM，S
Matrex Cellufine	珠状交联纤维素	Q，DEAE，CM
Mini	亲水性聚醚类	Q，S
Mono	亲水性聚醚类	Q，S
Poros	聚苯乙烯	QE，D，S，SE，SP，CM
Sephacel	珠状纤维素	DEAE
Sephadex	交联葡聚糖	QAE，DEAE，CM，SP
Sepharose CL	交联琼脂糖	DEAE，CM
Sepharose Fast Flow	交联琼脂糖	Q，DEAE，ANX，CM，S
Sepharose High Performance	交联琼脂糖	Q，SP
Source	聚苯乙烯	Q，S
Spherodex	硅胶 - 葡聚糖复合物	DEAE，SP
Spherosil	经聚合物修饰的多孔硅胶	QMA
Toyopearl	聚甲基丙烯酸酯	QAE，DEAE，CM，SP
Trsacryl M，LS	羟化丙烯酸聚合物	DEAE，CM，SP
TSK Gel	G5000 亲水胶	DEAE，Q，SP

（4）洗脱方式　离子交换色谱分离介质上被吸附物质的洗脱有三种选择。

① 恒定溶液洗脱法　采用离子强度不变的流动相进行洗脱的方法。在这一方法中，一方面多价的生物大分子（蛋白质），会因溶液中离子强度的微小变化而引起分配系数的很大变化；另一方面，在同一离子强度下，不同蛋白质的分配系数可能相差很大，因此恒定洗脱法会造成两种蛋白质的洗脱体积相差很大，而且分配系数大的蛋白质很难从柱上洗脱下来，所以很少采用。

② 线性梯度洗脱法　采用流动相的离子强度线性增大的洗脱法。由于流动相的离子强度线性增大，因此，溶质的分配系数连续下降，移动速度逐渐增大，这样可使恒定洗脱条件下难以洗脱的溶质在梯度洗脱时用较小的流动相体积就可洗脱下来。通过改变流动相离子强度增大的速度来调整溶质的洗脱体积，即洗脱峰之间的距离，达到既改善分离度又缩短洗脱时间的效果。

线性梯度洗脱中，柱的径高比不大于 1/5，梯度变化不宜过快或过慢，一般控制总洗脱体积为床层体积的 5 倍左右为佳，并且不采用改变 pH 值梯度的洗脱法。

③ 逐次洗脱法　洗脱液中离子强度或 pH 值变化阶跃增大的洗脱方法。这样洗脱过程中，流动相的离子强度阶跃增大，因此，溶质的分配系数的降低和移动速度的增大也是阶梯式的。

在逐次洗脱法和梯度洗脱法操作中，样品上柱时，溶质和色谱剂的结合量应控制在交换剂总交换容量的 5% ～ 10%，柱的长度通常较短，在 20 ～ 40cm。

（5）影响线性梯度洗脱分离特性的因素

① 流速　在离子交换色谱中，一般流速高于凝胶色谱，提高分离效果可通过降低流速和减小固定相粒径的方法来降低 HETP 的高度提高理论塔板数来得到。

② 离子强度　当离子强度的梯度 $\Delta I / \Delta V$ 一定时，由于各溶质区带移动速度不变，故继续增加柱高，对分离度并无影响。当柱高一定时，则分离度随离子强度的梯度降低而增大。

③ 料液量　在相同的分离度要求下，提高料液的浓度可减少料液的处理量。但料液浓度过高则分离度下降。

（6）应用　离子交换色谱是氨基酸、肽、蛋白质和核酸等生物物质的主要纯化手段。

① 分离氨基酸　例如 L- 缬氨酸的分离制备。经除菌脱色后的 L- 缬氨酸质量浓度达 11.42g/L，用 DPSE 大孔型强酸性阳离子交换树脂（树脂粒径为 0.45 ～ 0.84mm，比表面积为 150m²/g，孔径为 200nm，交换容量为 3.8mmol/g，磺酸基与羧酸基比为 70：30）进行色层分离。具体操作条件：上柱量 L- 丙氨酸和 L- 缬氨酸 5%，上柱速度 6ml/min，洗脱剂 0.2mol/L NH4Cl 和 0.5 mol/L NH4OH，洗脱速度 4.5ml/min 和 6.0ml/min 更换进行，自动分部收集 10ml/ 管。结果可使 L- 缬氨酸和 L- 丙氨酸完全分离，分离度 R_s 为 0.964，理论板数 N 达 158，选择性为 1.486。

② 分离激素多肽　见图 8.20。

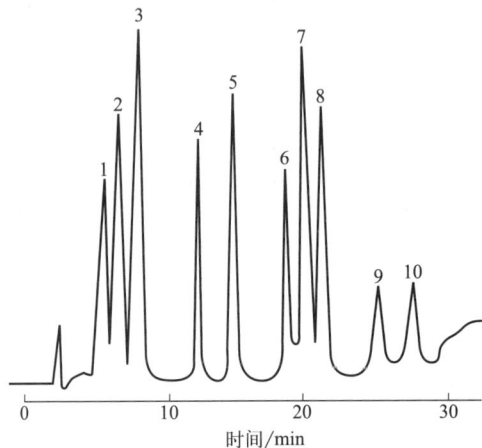

图 8.20　IEC 分离激素多肽

IEC 柱：ϕ7.5mm×75mm，TSK gel SP-5PW；A 液：0.02mol/dm³ 磷酸盐 / 乙腈（70/30），pH 3.0；
B 液：0.5mol/dm³ 磷酸盐 / 乙腈（70/30），pH 3.0；梯度：线性 A → B（30min）；流量 =1.0cm³/min
1—催产肽；2—脑啡肽；3—TRH；4—α- 内啡肽；5—LHRH；6—神经降压素；7—α-MSH；8—血管紧张素Ⅱ；9—P 物质；10—β- 内啡肽

③ 纯化人单抗　采用 Bio-Scale S₂ 强阳离子交换柱，柱内装 10μm 异丁烯酸为基质的微球，在 50 mol/L MES、pH 值为 5.5 的条件下进行离子交换色谱。白蛋白（等电点 4.5 ～ 5.0）带负电荷不能与树脂结合，而人单抗在此 pH 值下带正电荷可以与树脂结合，然后采用 NaCl 梯度洗脱，见图 8.21。

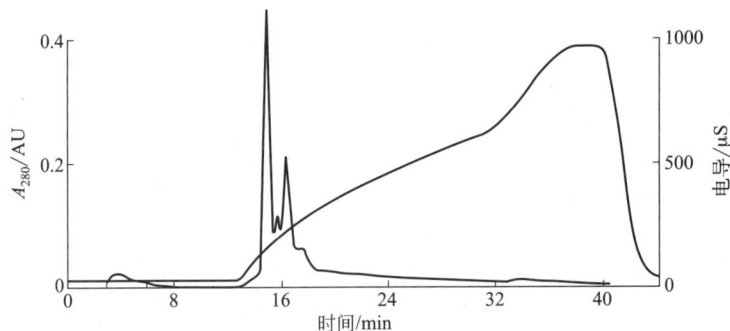

柱：Bio-Scale S₂ 强阳离子交换柱
梯度：50mmol/L MES，pH5.5，0～0.5mol/L NaCl，至 1.0mol/L NaCl 止
流速：1ml/min

图 8.21　人单抗的强阳离子交换法分离

④ 纯化重组类人胶原蛋白Ⅱ　重组类人胶原蛋白是发酵生产的人源型胶原蛋白。基因工程菌经高密度发酵所得料液于 18℃恒温离心，收集菌体进行细胞破碎，取上清液，以 4% NaCl 溶液在 pH 值为 2.4、18℃条件下进行初步分离，得纯度达 40% 粗品，先通过超滤，再用阳离子交换树脂 CM52 进行色谱，NaCl 溶液梯度洗脱，产物在 0.3mol/L NaCl 时被洗出，经脱盐、浓缩、冻干，得到重组类人胶原蛋白Ⅱ产品，纯度为 96.4%，总回收率 71.6%。梯度洗脱曲线见图 8.22。

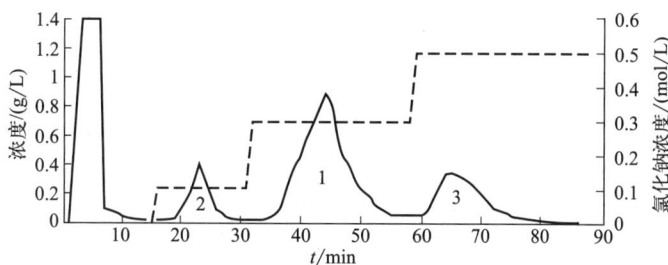

图 8.22 梯度洗脱曲线

- - - 氯化钠浓度变化曲线；—— 洗脱曲线
1—重组类人胶原蛋白Ⅱ；2，3—杂蛋白

8.5.7 凝胶过滤色层分离法

凝胶过滤是以多孔性凝胶作为介质利用分子筛原理将生物物质按其分子大小不同而建立起来的一种分离纯化方法，特别适用于水溶性生物大分子的分离，如蛋白质、酶、核酸、激素、多糖等发酵或酶催化产物。

（1）原理　凝胶过滤中包含一个固定相（凝胶形成物质）和一个移动相（溶剂），其分离机理可用图 8.23 表示。

由图 8.23 可见，含有不同组分的溶液，通过网状结构的凝胶粒子 ［图 8.23（a）］，小分子物质自由扩散于凝胶颗粒的缝隙中而进入凝胶相，大分子物质被排阻于凝胶相外 ［图 8.23（b）］，加入洗脱剂后溶液向下推移，大分子及剩余的小分子进入下层新的凝胶相中，重复上述扩散和排阻 ［图 8.23（c）］。这样最先流出的洗脱液中含有最大分子物质，最后流出的洗脱液含有最小分子物质，分段收集可以获得各种相对分子质量大小的区段。由于凝胶过滤具有分子筛的作用，因而也称为分子筛色层分离法或排阻色层分离法。凝胶床内各部分体积关系见图 8.24，并可用下式表示：

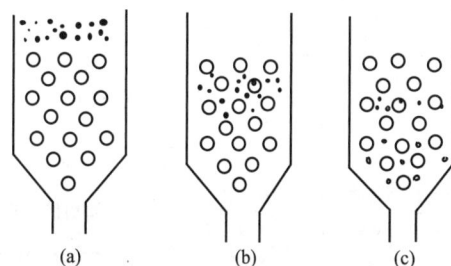

图 8.23 凝胶色谱原理

$$V_t = V_o + V_i + V_g \tag{8.54}$$

式中，V_t 为总柱体积，即凝胶柱床总体积；V_o 为外水体积，指柱中凝胶颗粒间的空隙体积；V_i 为内水体积，指柱中凝胶颗粒内的孔体积；V_g 为凝胶体积，即柱中凝胶骨架本身的体积。

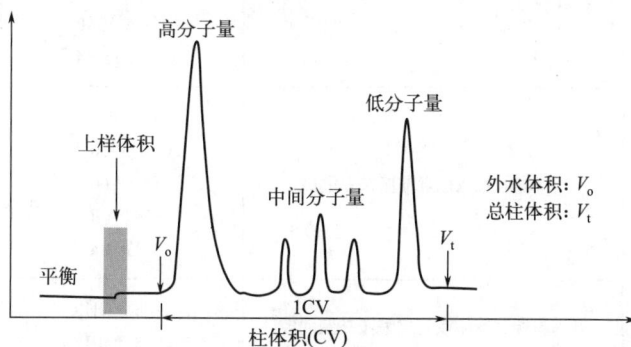

图 8.24 典型的凝胶过滤洗脱

溶质分子在移动相（洗脱剂）和固定相（凝胶相）之间的分配系数 K_d 可用来表示凝胶过滤色谱的

特征：

$$K_d = \frac{V_e - V_o}{V_i} \tag{8.55}$$

式中，V_e 为洗脱体积，它包括自加入样品时起算，到某一组分最大浓度区出现时所流过的体积；K_d 可通过实验由 V_e、V_o、V_i 求得。$K_d = 0$，表明生物大分子完全被排阻；$K_d = 1$，表明小分子能自由进入凝胶内部，凝胶内外浓度一致。对于中等大小的分子，因为只有部分凝胶内部空间能达到，故内部浓度小于外部浓度 $0 < K_d < 1$；但在实际操作中，有时 $K_d > 1$，这表明除了凝胶的分子筛效应外，可能还存在吸附作用。

（2）凝胶过滤介质及其选择　目前已商品化的凝胶过滤介质有多种类型，按基质组成可以分为葡聚糖凝胶、琼脂糖凝胶、聚丙烯酰胺凝胶、聚苯乙烯 - 二乙烯苯凝胶、二氧化硅凝胶、多孔玻璃微球以及有两种物质混合形成的如葡聚糖 - 琼脂糖混合凝胶、琼脂糖 - 聚丙烯酰胺混合凝胶等。常用凝胶的种类和性质见表 8.7。

表 8.7　凝胶的种类和性质

类　型	化学组成	部分型号	分离范围 /Da
葡聚糖凝胶 Sephadex G	葡聚糖和环氧氯丙烷偶联而成	G-25	$1000 \sim 5000$
		G-50	$1500 \sim 30000$
		G-75	$3000 \sim 70000$
		G-100	$4000 \sim 1.5 \times 10^5$
		G-150	$5000 \sim 4 \times 10^5$
		G-200	$5000 \sim 8 \times 10^5$
烷基化葡聚糖凝胶 Sephadex LH	葡聚糖凝胶 G-25、G-50 与羟丙基反应而成	LH-20	$100 \sim 4000$
		LH-60	10000
琼脂糖凝胶 Sepharose	高度偶联的琼脂糖制成	2B	$10000 \sim 20 \times 10^6$
		4B	$10000 \sim 20 \times 10^6$
		6B	$10000 \sim 4 \times 10^6$
交联琼脂糖凝胶 Sepharose CL	Sepharose 和 2,3- 二溴丙醇反应而成	CL-2B	$70000 \sim 40 \times 10^6$
		CL-4B	$60000 \sim 20 \times 10^6$
		CL-6B	$10000 \sim 4 \times 10^6$
琼脂糖凝胶 Sepharose Bio-Gel A	高度偶联的琼脂糖	AB	$6 \times 10^4 \sim 2 \times 10^7$
		A-0.5M	$1 \times 10^4 \sim 0.5 \times 10^6$
		A-5M	$1 \times 10^4 \sim 5 \times 10^4$
		A-50M	$1 \times 10^5 \sim 50 \times 10^6$
		A-150M	$1 \times 10^6 \sim 150 \times 10^6$
聚丙烯酰胺凝胶 Bio-Gel P-	丙烯酰胺和双丙烯酰胺共聚而成	P6	$1000 \sim 6 \times 10^3$
		P-30	$2500 \sim 4 \times 10^4$
		P-60	$3000 \sim 6 \times 10^4$
		P-150	$1.5 \times 10^4 \sim 1.5 \times 10^5$
		P-300	$6 \times 10^4 \sim 4 \times 10^5$
交联葡聚糖与双丙烯酰胺共聚凝胶 Sepheracyl S-	烯丙基葡聚糖和双丙烯酰胺共聚而成	S-200HR	$5 \times 10^3 \sim 2.5 \times 10^5$
		S-300HR	$1 \times 10^4 \sim 1.5 \times 10^6$
高交联琼脂糖 Superose	琼脂糖高交联聚合而成	6 制备型	$5000 \sim 5 \times 10^6$
		12 制备型	$1000 \sim 3 \times 10^5$

类 型	化学组成	部分型号	分离范围/Da
交联琼脂糖与葡聚糖共价结合凝胶 Superdex	交联琼脂糖和葡聚糖共聚而成	30 制备型 75 制备型 200 制备型	< 10000 $3000 \sim 7 \times 10^4$ $10000 \sim 6 \times 10^5$
聚苯乙烯凝胶 Bio-Beads S-	苯乙烯和二苯乙烯共聚而成	S-XL S-X$_3$ S-X$_8$	约 3.5×10^3 约 2.1×10^3 约 1×10^3
多孔玻璃微球 Bio-Glas	硼玻璃在高温下加热后冷却溶去硼酸盐	200 1000 2500	$3 \times 10^3 \sim 3 \times 10^4$ $5 \times 10^4 \sim 5 \times 10^5$ $8 \times 10^5 \sim 9 \times 10^6$

凝胶的选择应根据待分离物质分子量的大小和分离工作的性质来决定。绝大多数情况下，所选凝胶的分级范围应当涵盖目标分子的大小。只有在这种情况下，介质才能对目标分子和其他大小不同的杂质分子表现出不同的选择性，从而进行有效的分离。

凝胶过滤介质的选择性与其他色层分离方法介质的选择性不同，仅由基质的性质和结构决定而与流动相无关，即凝胶过滤分离效果的好坏主要取决于介质。每一种型号的凝胶，制造商都提供选择性曲线，它是由溶质的有效分配系数 K_d 对溶质的分子量（M）的对数作图得到的，是凝胶的重要参考指数。它表示了溶质分离的分子量范围，对指导凝胶的选择很有帮助。此外，如果同时有几种型号可供选用时，一般应选用排阻极限比较小的介质。

（3）应用　凝胶过滤最先在工业上的应用，是作为牛痘苗的精制方法。破伤风和白喉培养液通过装有 Sephadex G-100 的柱，再用 Sephadex G-200 的柱处理，最后再用压力渗析法去上面洗脱液中的缓冲剂（Na$_2$HPO$_4$），则可得够 10 万人用的疫苗。

目前凝胶过滤法已得到了广泛应用，如上所述的脱盐和缓冲液交换外，还可用于测定目标分子的分子量、多聚物的分子量分布、亲和过程的平衡常数以及对样品进行分析型或制备型的分离。下面列举一些实例。

① 分离蛋白质标样，见图 8.25。

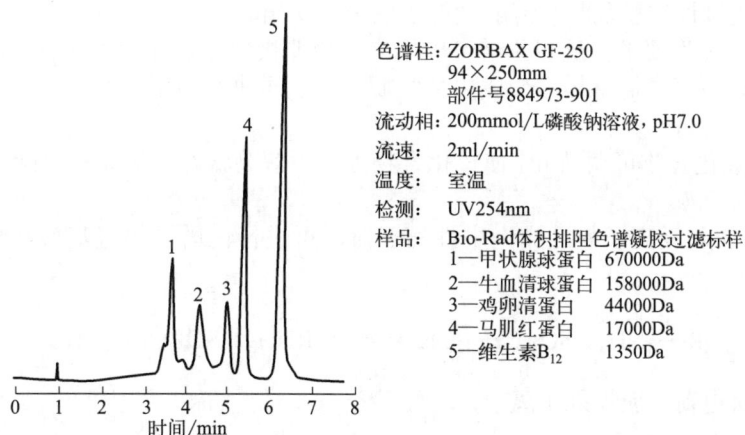

色谱柱：ZORBAX GF-250
94×250mm
部件号884973-901
流动相：200mmol/L磷酸钠溶液，pH7.0
流速：2ml/min
温度：室温
检测：UV254nm
样品：Bio-Rad体积排阻色谱凝胶过滤标样
1—甲状腺球蛋白　670000Da
2—牛血清球蛋白　158000Da
3—鸡卵清蛋白　44000Da
4—马肌红蛋白　17000Da
5—维生素B$_{12}$　1350Da

图 8.25 在 ZORBAX GF-250 SEC 色谱柱上分离蛋白质标样

这里被分离的蛋白质标样是一组常用的标样。ZORBAX GF-250 色谱柱对此样品有出色的分离度。通过串联 GF-450 色谱柱可以使甲状腺球蛋白的分离度更高。

② Superdex G-75 凝胶色谱分离纯化 β- 葡萄糖苷酶，见图 8.26。

③ Sepheracyl S-400 凝胶色谱分离灰树花多糖 D- 组分，见图 8.27。

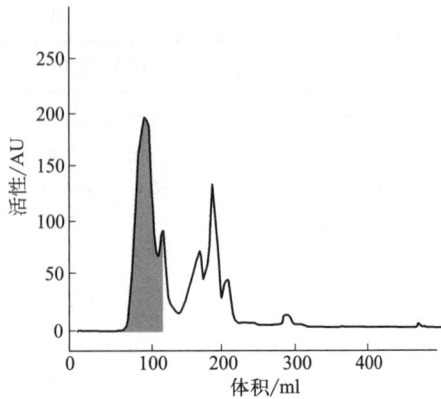

图 8.26　Superdex G-75 纯化 β - 葡萄糖苷酶

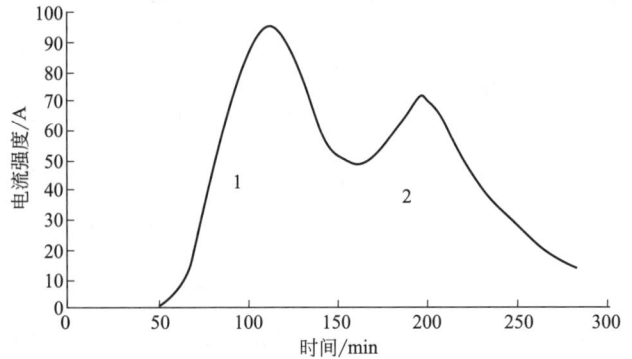

图 8.27　Sepheracyl S-400 凝胶色谱分离灰树花多糖 D- 组分的洗脱图谱

1—产物；2—杂蛋白糖

8.5.8　正相与反相色谱

（1）简介　这两种色谱都是分配色谱的扩展（正规分配色谱的固定相和流动相为两不互溶的液体），它是基于流动相与固定相之间分配系数的差异，也就是说它的分配作用是由于溶质分子在惰性介质（固定相，一般为二氧化硅细颗粒）上的官能团与洗脱液之间的溶解度不同而引起的相互作用所致。在正相色谱中，二氧化硅骨架上的基团是高极性的，因而洗脱液（流动相）也必须是高极性溶剂。由于生物物质一般不能经受高极性溶剂的接触，因而在生物大分子物质的分离中较少应用。

反相色谱与正相色谱相反，采用的是非极性官能团（通常是碳链与惰性骨架相结合）的固定相，因而可用极性不高的缓冲液或有机溶剂作流动相。正因为这样，反相色谱在生物物质的分离中使用很广。

作为固定相骨架的二氧化硅可制备得很坚硬，很细小（可小至 $2\mu m$），因而可使流动相在很高的压力（在分析系统中为 20MPa，在生产制备中为 68MPa）下均匀地通过。

二氧化硅颗粒上的极性或非极性基团是通过硅烷醇架桥才共价结合上去的，由于二氧化硅在高的 pH 时易被溶解，因此洗脱液的 pH 值限定在 2 ～ 7.5 范围内。若采用氧化铝或刚性大孔聚合物作骨架时，洗脱液可用于 pH 1 ～ 13 的范围内，流动相中含有甲醇、异丙醇、乙腈、四氢呋喃等。洗脱程序与溶质的疏水性有关；在使用极性洗脱剂时，溶解度最小的最后洗出。

（2）反相色谱对分离物要求　反相色谱可以用来分离非极性、极性和离子化合物。对于离子化合物用反相色谱进行分离时，事先需将样品变成中性物质，然后再进行色谱。可采用下述方法使离子化合物变成中性物质。

① 弱酸性、弱碱性化合物可调节 pH 使该化合物处于不解离状态。例如有机酸可在 pH 2.5 而胺类在 pH 10 条件下进行色谱。

② 两性物质可以加入反离子使之成为中性离子对，再进行色谱。如氨基酸在酸性条件下，呈正离子，应加入负离子：

$$R\!-\!\overset{+}{N}H_3 + {}^-SO_3(CH_2)_2CH_3 \Longrightarrow R\overset{+}{N}H_3 \cdot {}^-SO_3(CH_2)_2CH_3$$

在碱性条件时带负电荷，应加入正离子：

$$R\!-\!COO^- + \overset{+}{N}H(CH_3)_3 \Longrightarrow RCOO^- \cdot \overset{+}{N}H(CH_3)_3$$

③ 有些离子，可以使它们先变成中性配合物，然后再色谱，如金属离子。

8.5.9　亲和色层分离法

（1）原理　亲和色谱分离法更合理地应称为特异配基色谱法，它是利用亲和作用特别是生物亲和作用来分离、纯化生物物质的液相色谱法。这种分类方法是利用高分子化合物可以和它们相对应的配基进行特异并可逆结合的特点来进行分离的，把相应的一对配基（如抗体与抗原、DNA与蛋白质、细胞受体与配体、酶与底物、生物素与抗生素、凝集素与糖分子等）中的一个通过物理吸附或化学共价键作用，固定在载体上使其变成固相，装在色谱柱中来提纯其相对应的配基。例如利用变成固体形式的抗体，即固相抗体，提纯相对应的抗原，利用固相化竞争性抑制剂提纯其相对应的酶等。由于这种生物活性是由生物高分子化合物特定的初级结构，特别是其空间结构所决定的，故特异性很高。在此基础上建立的分离方法选择性很强，提纯效率大大超过一般根据物理化学性质上的差别来分离提纯生物物质的方法。是目前分离纯化药物蛋白质等生物大分子物质最重要的方法之一。利用亲和色层分离法已成功地分离了单克隆抗体、人生长因子、细胞分裂素、激素、血液凝固因子、组织纤溶酶原激活剂、促红细胞生长素等产品。

　　亲和色谱分离法的基本过程可分为三个主要步骤：①配基M的固相化；②亲和；③解离。如图8.28所示。

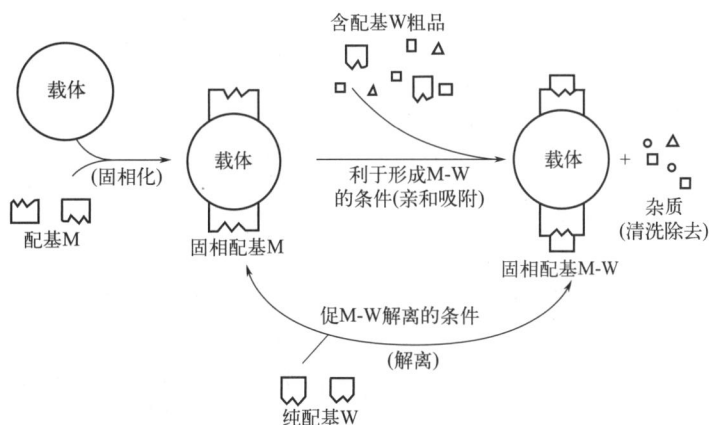

图8.28　亲和色谱分离法基本过程示意

（注：一对配基中与载体相连的那个配基称为配基M，溶液中待分离的相应配基称为配基W）

　　（2）亲和分离介质　亲和分离介质是进行亲和色谱分离的首要条件。根据欲分离物质的特性，选择与之亲和配对的分子作为配体，然后根据配体分子的大小及其所分离物质的特性选择适宜的载体，并在一定条件下使配体与载体偶联制成亲和介质。如前所述，常用的载体有琼脂糖、纤维素、右旋葡糖、聚丙烯酰胺和多孔玻璃等。

　　由于载体（基质）上的化学基团是不活泼的，无法直接与配基偶联，所以应先通过化学反应使其活化，然后才能使活化的载体与大分子配基如蛋白质直接偶联。而对于小分子配基，为减少空间位阻，需在载体和配基之间插入若干碳原子的连接臂，再与配基偶联。配基偶联后，残留的未完全反应的连接臂或活化的基团带有电荷，还需进行掩蔽。载体活化与配基的偶联方法有多种，在可能的条件下最好用共价偶联法，其方法有溴化氰法、重氮法、叠氮法和过碘酸氧化法四种，其中以溴化氰琼脂糖和配基上的氨基偶联是目前最常用的方法。其反应机理如下：

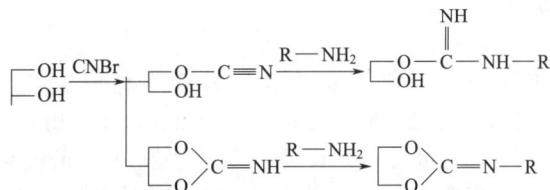

　　亲和色谱分离介质的种类：①金属螯合介质；②小配体亲和分离介质；③颜料亲和分离介质；④抗体亲和分离介质；⑤外源凝集素亲和分离介质等多种。一般凝胶过滤介质均可作为亲和配基的载体制备亲和吸附介质（亲和吸附剂）。部分商品化亲和吸附介质见表8.8。

表 8.8　部分常用商品化亲和吸附介质及其目标产物

亲和吸附介质	配基	目标产物	亲和吸附介质	配基	目标产物
Blue Sepharose CL-6B	Cibacron blue F3GA	激酶、磷酸酶、白蛋白、干扰素	Procion Red HE-3B	Procion Red HE-9B	NAD(P) 依赖性脱氢酶、干扰素
Procion A-Sepharose CL-4B	蛋白 A	IgG、免疫复合体	Sepharose CL-6B		抑制蛋白、纤溶酶原
Con A-Sepharose	Con A	糖蛋白、多糖	Affi-Gel Protein A	蛋白 A	IgG、免疫复合体
5'-AMP-Sepharose	5'-AMP	NAD 依赖性脱氢酶、ATP 依赖性脱氢酶	Affi-Prep Protein A	蛋白 A	IgG、免疫复合体
			TSKgel Chelate-5PW	亚氨基二醋酸	各种蛋白质
Lysine Sepharose 4B	L- 赖氨酸	纤溶酶、纤溶酶原、组织纤溶酶原激活剂	TSKgel ABA-5PW	对氨基苄醚	胰蛋白酶、尿激酶
			TSKgel Boronate-5PW	间氨基苯硼酸凝集素	糖蛋白、多糖、转移 RNA

（3）应用　由于亲和色谱是根据蛋白质和介质上特异配基的可逆相互作用来分离蛋白质的，所以只要有合适的配基就可采用亲和色层分离法。一般包括：采用免疫亲和色谱进行抗体抗原的分离纯化，如利用免疫亲和色谱纯化牛血红细胞 Cu/Zn-SOD；利用核苷酸及其衍生物、各种维生素等辅酶或辅助因子与对应酶，主要是激酶和脱氢酶的亲和力或酶的抑制剂、激活剂或底物等对应酶的亲和力，对多种酶进行分离纯化，如利用染料配体亲和色谱吸附 NAD⁺/ 亚硫酸盐洗脱制备 L- 苹果酸脱氢酶；利用激素和受体蛋白质之间的高亲和力分离受体蛋白质；利用生物素和亲和素之间的特异性亲和力分离纯化生物素和亲和素，如用肝素亲和色谱法分离纯化乳铁蛋白；利用 polyU 分离 mRNA 及各种 polyU 结合蛋白；利用 polyA 分离多种 RNA、RNA 聚合酶以及其他 polyA 结合蛋白质；以 DNA 作为配体分离各种 DNA 结合蛋白质、DNA 聚合酶、核酸外切酶等多种酶；利用配体

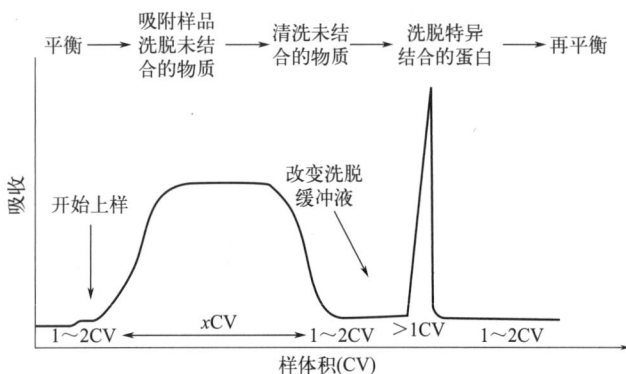

图 8.29　典型的亲和纯化过程

与细胞表面受体或细胞的相互作用分离细胞，如各种凝集素可用于分离红细胞及各种淋巴细胞等。典型的亲和纯化过程见图 8.29。

亲和色谱技术以其高选择性和可逆性开创了生物物质分离的新纪元。随着临床对药用蛋白等生物工程产品需求的不断加大以及组合化学、基因工程等学科的高速发展，亲和色层分离技术将迅猛向前发展并愈来愈显示出它的重要性。

8.5.10　连续环状色层分离法

随着现代生物技术的飞速发展，迫切需要能够与大规模制备生物制品相适应的连续色层分离技术。连续环状色谱（continuous annular chromatography，CAC）技术就是 20 世纪 80 年代以来迅速发展起来的一种连续色层分离过程。它能够分离多组分混合物并且设备结构简单、操作方便，故很有工业应用前景。

CAC 过程的关键是一个连续加料柱，由 Fox 等人开发而成，见图 8.30。连续加料柱由两个同心圆筒紧夹在底板上而组成，两同心圆筒间的间距为 1cm，空间内用适当的树脂或凝胶充填，使其总的柱容量为 2.58L；在圆

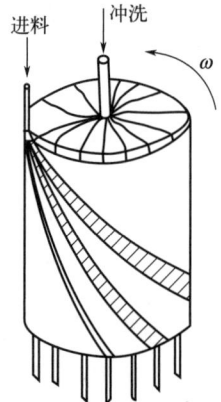

图 8.30　连续环状色谱原理示意

柱间隙下的底盘四周有一系列小孔通向接收器。

CAC 过程的原理是环状床层围绕其中心轴以 0.4～2.0r/min 慢速旋转的过程中，洗脱液和料液被连续地从床层的顶端输入。以等梯度洗脱为例，洗脱液沿圆周方向均匀分布，连续向下冲洗，而待分离的混合物只在床层顶端相对固定的一小部分区域输入。随着时间的延长，各组分从进料位置开始在环状床层内形成螺旋形谱带，谱带的出口角度依赖于进料、洗脱流速、床层旋转角速度以及各组分在固相中吸附能力。最难被吸附的组分的出口角度最小，最易被吸附组分出口角度最大。在恒定的操作条件下，可在底部不同固定出口处，分别收集到已被分离的各组分。其分离效果和回收率都较满意。但在大规模使用时，由于对洗脱液的耗费和生产能力均难以确定，故并不尽如人意。

连续环状色谱法可用于蛋白质、氨基酸、糖类等生化物质的分离，例如在填充有磺酸官能团的葡聚糖凝胶环形柱上，以磷酸缓冲液为洗脱剂，采用等梯度洗脱方式可使白蛋白、血红蛋白和细胞色素 c 的混合物得到较好的分离。又如在填充物为 Na+ 型聚苯乙烯阳离子交换树脂时，以两种不同酸度的醋酸钠缓冲液为洗脱剂，采用梯度洗脱的方式，成功地进行了谷氨酸、甘氨酸和缬氨酸混合物的分离等。

8.5.11 拟似移动床型色层分离法

拟似移动床型色层分离法（simulated moving bed chromatography，SMC）是克服色层分离处理量小的另一种方法。其原理是以两种成分对吸附剂（凝胶）的不同选择性（亲和性）造成的在床内移动的速度差别，使凝胶与移动相的液流呈反向，选择性小的成分与液流一致，选择性大的成分则与凝胶一致达到两者分离。但是在液 - 固色层分离系统中，使凝胶连续地流动，一般是很困难的，因此在实践中并非使凝胶移动，而是使凝胶与液流呈逆向接触来达到同样的效果，故而是被命名为 Sorbex 法的拟似移动床型色层分离法。

拟似移动床型色层分离装置见图 8.31。它是由四个床构成的，其分离可用一般的移动床为例来说明。在图中，溶液在塔内由右向左流动，凝胶则由左向右"移动"。由塔中央供给原料时，在床Ⅱ亲和性大的 A 成分的大部分和选择性（亲和性）小的 B 成分的一部分被吸附。被吸附的两种成分沿凝胶流被运向床Ⅲ，B 成分被解吸。A 成分在床Ⅳ由从塔右端供给的洗脱剂洗脱、回收。成分 B 在床Ⅱ出口被回收。床Ⅰ是选择性小的 B 成分的吸附床，所以床Ⅰ的流出液中不含两种成分，可作为一部分洗脱剂再利用。这种色层分离法中并非使凝胶本身移动，而是像图中以虚线表示的那样把塔分为若干个小塔，用巧妙制作的旋转型阀门按给定的周期供给或排出洗脱液，使液流的方向相对地与凝胶呈逆向接触。

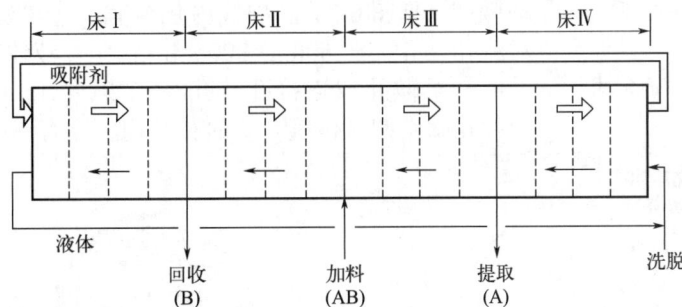

图 8.31 拟似移动床型色层分离装置示意

SMC 的分离效率除受吸附平衡、吸附速度等的影响外，还受凝胶的移动速度（流路的变换周期）及各床液流速度的影响。

若要达到良好的分离，必须使分离因素 β_{nh} 值满足表 8.9 给定的标准，并据此来确定各床的流速。

$$\beta_{nh}=\frac{U_n}{U_s(1-\varepsilon_b)\,m_k}=\frac{液相运载的溶质量}{固相运载的溶质量} \tag{8.56}$$

式中，U_s 为凝胶移动速度，如果被分成小塔的长度为 L，流路转换周期为 T 时，则 $U_s=L/T$；ε_b 为柱床的孔隙率；m_k 为成分 k 的分配系数；U_n 为移动床在床 n 处的假定液流速度，其与实际流速 V_n 之间的关系为：

$$U_n = V_n - \varepsilon_b L / T \tag{8.57}$$

表 8.9　拟似移动床型色谱中获得高分离率所必需的 β_{nh} 值

层 n	I	II	III	IV
β_{nA}	< 1	< 1	< 1	> 1
β_{nB}	< 1	> 1	> 1	> 1

8.5.12　灌注色层分离法

　　众所周知，传统的色层分离技术在流速与分辨率、容量之间存在有三角关系，即提高液体的速度，则柱容量和分辨率均会降低。尽管通过减小介质粒度和改进介质制备方法已减少了这种影响，但是孔内"停滞流动相传质"问题仍然是一个影响柱效率的严重问题。虽然 20 世纪 80 年代中期 Unger 等人，在用 1～3μm 无孔粒子分离蛋白质的研究中，解决了上述难题，但其表面积小、柱容量不高，并且难以装柱，不利于制备分离。因此，开发用于高效、快速分离生物大分子的色层分离法越来越受到重视。

　　色层分离法的发展关键是分离介质的进展，生物大分子分离纯化技术的重大突破——灌注色层分离系统的诞生也是从分离介质的突破开始的。

　　普度大学（Purdue University）博士 Frederick Regnier 和 Noubar Afeyan 及麻省理工学院（MIT）博士 Daniel I.C.Wang 等人发明了具有贯穿孔的分离介质（flow through particle）POROS（见图 8.32）以后，利用此分离介质于 1987 年创建了美国博大生物系统公司（Perseptive Biosystem InC.），并于 1991 年推出了灌注色谱系统（BioCAD Perfusion chromatography）。

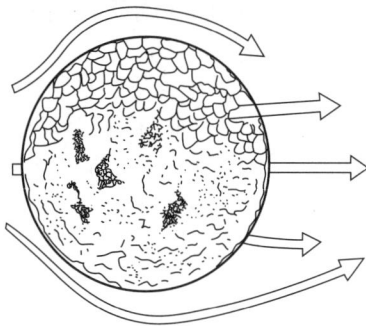

图 8.32　POROS 贯穿孔分离介质

　　（1）灌注色层分离介质　POROS 系列分离介质是由苯乙烯和二乙烯基苯通过悬浮或乳液聚合方法制得的多孔型高度交联的聚合物微球（见图 8.33），颗粒内包含有：①贯穿孔（through pore）或对流孔，孔径在 600～800nm，它允许液体对流到分离介质的内表面；②扩散孔或连接孔，孔径在 50～150nm，孔深不超过 1μm。两种孔隙结构与传统介质的孔结构相比有许多独特性（见图 8.34）。

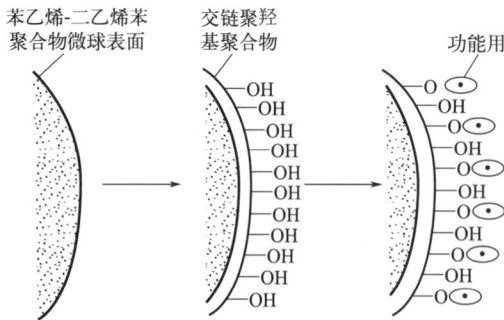

图 8.33　表面化学模型

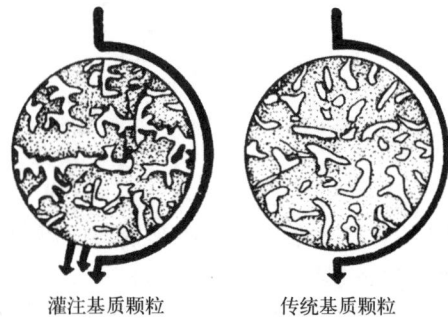

图 8.34　贯穿孔分离介质与传统介质孔结构的比较

　　这些颗粒的粒径规格有 10μm（H 型）、20μm（M 型）及 50μm（F 型）三种，通过介质表面的衍生化反应，连接不同的官能团，构成多种模式的介质类型，如离子交换、疏水、反相、亲和、活化亲和、抗体等。

POROS 具有抗压性强（最大承受压力在 3.1 ～ 20.7MPa）、化学性质极为稳定（在 3mol/L NaOH、1mol/L HCl、1mol/L HAc、 8mol/L 尿素、6 mol/L 盐酸胍、100% 有机溶剂中都非常稳定）、操作温度低（5 ～ 80℃）等优点，所以适应性广。

具有贯穿孔的灌注色谱介质打破了传统的流速与分辨率、容量间的三角关系，在流速增加的情况下，柱容量、分辨率均不会降低，且压力降也不会升高，它综合了对流色谱和扩散色谱的优点。

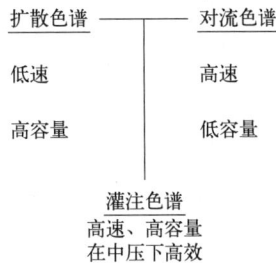

扩散色谱 ——————— 对流色谱

低速　　　　　　　　高速

高容量　　　　　　　低容量

灌注色谱
高速、高容量
在中压下高效

具体来讲是由于颗粒内的传质过程主要靠贯穿流的对流传递，使原来的孔内"停滞流动相的传质阻力"大大减小。所以生物大分子溶能能随流动相很快到达孔内的活性表面，而扩散孔由于很浅，也不造成明显的传质阻力，相反扩散孔的存在提供了较大的表面积和柱容量。

正是这种综合效应，可以使色谱操作的线速率提高到 500 ～ 5000cm/h，却不影响灌注色谱的柱效率，从而使蛋白质的纯化在分离度和柱容量保持不变的情况，得到更高的产率。除此以外还能大大缩短分离时间，易于放大。

（2）灌注色谱法的理论依据　荷兰学者范德姆特（van Deemter）等考虑到组分在固定相与流动相间的平衡不能瞬时完成的事实，提出了色谱过程的动力学理论，可以用方程式（8.58）表示：

$$H=A+\frac{B}{u}+Cu \tag{8.58}$$

式中，H 为塔板高度；u 为移动相的线速度；A、B、C 为常数。

在式（8.58）中，A 为涡流扩散项，$A=2\lambda d_p$，表明 A 与填充物的平均颗粒直径 d_p（cm）的大小和填充物的均匀性 λ 有关，而与流动相的性质、流速和被分离的组分无关。因此使用适当细度、颗粒均匀的固定相，并尽量填充均匀是减小 A、提高柱效的有效途径。

B/u 是纵向扩散项，$\frac{B}{u}=\frac{C_dD_m}{u}$，$C_d$ 为一常数，D_m 是物质在流动相中的扩散系数。纵向扩散项与扩散系数成正比，与流速成反比，由于分子在液体中的扩散系数比在气体中要小 4 ～ 5 个数量级，因此在液相色谱中，纵向扩散项影响不大。

Cu 是传质阻力项，$Cu=H_s+H_m+H_{sm}$，H_s 是固定相传质阻力项，H_m 是流动的流动相中传质阻力项，H_{sm} 是滞流的流动相中传质阻力项，其中 H_{sm} 在整个传质过程中起主要作用，$H_{sm}=\frac{C_{sm}d_p^2}{D_m}u$，$D_m$ 是扩散系数，C_{sm} 是一常数，它与颗粒中微孔被流动相所占的分数及容量因子有关。这是由于固定相的多孔性会滞流一部分流动相，流动相中的试样分子要与固定相进行质量交换须先自流动相扩散到滞留区，这与固定相的颗粒大小 d_p、结构有关。由此可见，塔板高度 H 是间接评价分离介质性能的重要参数之一。

对于灌注色层分离，由于 POROS 分离介质中大的贯穿孔和短的扩散孔的存在，能使流动相的线速度大大增加而并不引起色层带的扩展（即分离度的降低），相反使孔内对流速度超过扩散速度，传质方式则由扩散转变为灌注（见图8.35）。

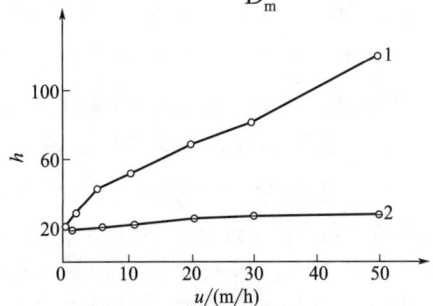

图8.35 折合板高 h 与流速 u 的关系

1—大孔（wide-pore）HPLC；2—POROS

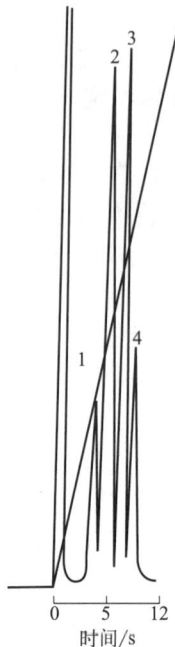

图 8.36　粗蛋白质分离

柱：POROSR/M 微型柱（ϕ2.1mm×
30mm）（0.1ml 柱体积）

梯度：20%～60% B 在 0.4min，20 柱体积

流速：5ml/min（9000m/h）

峰号：1—核糖核酸酶；2—细胞色素 c；3—
溶菌酶；4—乳球蛋白

这时的理论板高度只与颗粒的大小 d_p 有关，而与流速无关。可用数学式表达：$HETP = \dfrac{C_{sm}d_p^2}{D_m}u$，式中 $D_m \cong \dfrac{u_{pore}d_p}{2}$，$U_{pore}$ 为孔内对流速率，它与移动相的线速率 u 之比 $\left(\dfrac{u_{pore}}{u} = C_m\right)$ 为一常数，将此比例常数代入上面方程式并整理可得：

$$HETP = Cd_p \tag{8.59}$$

式中，C 为比例常数。

灌注色层分离法自问世以来，引起了国内外学者和企事业单位的重视，解决了一些多年来难以解决的科研和生产问题，为新产品的研究和开发提供了一种先进的技术和设备。与传统方法相比，可在高流速下仍保持高分辨率和高柱容量；可获得高回收率且生物活性损失少，例如蛋白质回收率可提高 30% 左右，可在达到同样处理量的前提下，使所需的柱体积小很多；可用稀样品进样，同时达到浓缩和分离的目的。正是这些优点使灌注色层分离法在科研和生产上应用的面很广泛，就纯化生物物质而言，包括有蛋白质、肽、多聚核苷酸、糖类、酶等。具体包括：血液蛋白、牛血清清蛋白、鸡卵清蛋白、糖蛋白、人血清清蛋白、人体免疫球蛋白（IgG）、乳球蛋白、膜蛋白、核蛋白体蛋白；凝血因子、集落刺激因子、生长因子、人体生长因子、干扰素、白细胞介素、单克隆抗体、组织纤维蛋白溶酶原激活剂、肿瘤坏死因子、溶菌酶、超氧化物歧化酶、寡聚核苷酸、合成肽等。

利用灌注色谱分离纯化由核糖核酸酶、细胞色素 c、溶菌酶、乳球蛋白组成的粗蛋白质混合液的操作条件实例见图 8.36。

8.6　色谱的放大

小规模色谱的成功常激励人们对大规模色谱的开发，但是大规模色谱过程的设计非常复杂，涉及方方面面，甚至有些不是色谱因子，如经济问题、过程卫生、固定相的堵塞、最后产品的纯度和其他一些因素。在此讨论必须局限在色谱因子上，具体介绍如下。

（1）提高处理负荷的简单放大　首先进行样品小量体积 v 的色谱实验。在给定长度 L 的色谱柱中，注入小量样品，然后通入一定速度的流体进行实验操作，经过优化可以得到分辨率高的有效结果。如果在柱长进一步增加后，色谱效果并不引起任何显著的改善，相反所耗的费用却大量增加，则为了扩大生产、提高处理样品的负荷如 $V=Zv$，可采用与最初试验同样长度和直径的 Z 根色谱柱进行并联。组装所有 Z 根柱到一根柱中，它的横截面积为 Z 根柱横截面积的总和。这样，为了处理较多的负荷 $V=Zv$ 而放大色谱分离柱，只是成比例增加柱的直径问题，乘上一个 $\sqrt{Z}$ 因子，就可得到。当然仍应保持一样的柱长 L，同样的流体线速度和类似的流动相和固定相特性。

（2）按塔板理论模型放大　参照 van Deemter 方程式进行。对于一个可以接受的流量，移动相有一个最佳的线速率导致最大理论板数量，通常可以看到是比较慢的（低的 B 值），但是如果分辨率和效率没有明显地降低，在一定范围内，可以增加线速率。然而，流速的增加，会在泵的效率上和作用于颗粒的滞留力上产生不良影响，根据 Carman-Kozeny 方程式：

$$\Delta p = K\frac{\mu u L}{d_p^2} \times \frac{(1-\varepsilon)^2}{\varepsilon^3} \tag{8.60}$$

式中，K 为常数，由摩擦损失引起；μ 为黏度，用增加操作温度的办法可以降低，但受限于产物的稳定性，在许多情况下已在冷室中进行了色层分离过程。

因移动相速度增加而产生的影响可通过增加颗粒直径来减轻。Carman-Kozeny 方程式表明，压力降（为达到柱进口处所需的流体压力，必须保持恒定的流体速率）是粒径平方根倒数的函数对于直径小于 50μm 的颗粒，特别是当床层可压缩时，增加颗粒的尺寸才是有效的（图 8.37）。然而，增加粒子的尺寸，柱的分辨率和效率会降低一些。

这些负面效应，可以通过柱长的微小增加来弥补，但是，由于压力降和床的载重增加，也会引起压力降和床的可压缩性增加，这取决于颗粒的密度。因为峰尾重叠，产物有些损失是允许存在的，但是这些必须以经济基础来判断，并需要通过仔细的设计由精密实验来确定。在大规模生产过程中可以将这些参数保持相同。

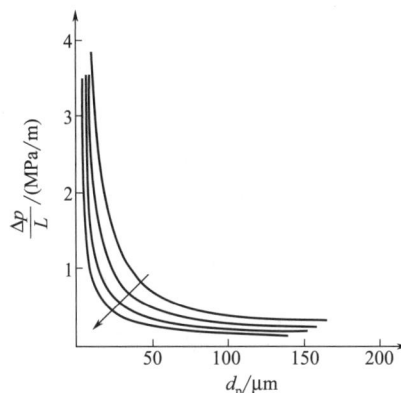

图 8.37 粒子大小对压力损失梯度的影响
（升高温度对降低黏度或洗脱液速度的影响，用箭头表示）

在放大时，增加柱的直径，也存在一些复杂的相关问题。一方面，对于大直径床的压缩性增加，器壁的机械支承已不起作用了，这样对于相同的压力降，大柱中流速会有所下降；另一方面，流体动力学更为复杂，并且由于径向速度分布造成严重偏离塞式流的结果和在填充上的不均匀性使色层带的扩展增加并影响保留时间的计算。所以大柱填充时，要求有高度的专业技术和熟练的操作人员。

大直径色谱柱的样品注入也存在问题。首先，样品均匀分布在一个大的横截面上比较难做到；其次，样品分布器会引起更多的柱的弥散等。

总之，色谱法在获得高标准纯度产物上具有独特性，色层分离法在产物的分析上、酶和药品的工业化生产上得到了很好的应用，但是其模型化还很不深入，困难很多，在柱的设计和自动化操作等方面也需要不断完善。

9 电泳

○○ ──── ○○ ○ ○○ ────────

电泳为生物物质的分离提供了一个有效的和多功能的方法。传统上，各类电泳仅用于常规的生化分析，但是，在过去的 20 多年里，在制备电泳上，如低容积高价值的化合物或试剂的生产中取得了许多重大的进展。开发在电场的作用下，电泳流动性的差别，可用于许多物质的分离，其中包括离子、胶体、细胞物质、细胞器以及全细胞。这一过程的两个突出的优点是分辨率高和能够保持产物的生物活性，因此愈来愈受到人们的重视。

9.1 动电过程

电泳技术属于动电学方法，在此首先介绍一下动电过程。

9.1.1 zeta（ζ）电位是动电现象的根本原因

（1）双电层的形成　如果一个生物分子（或胶体）通过某个过程（如选择性吸附、化学反应或电离）得到了一个带电表面，这些电荷将影响该表面附近的离子分布。

如果表面是负电荷，则在分散介质中的正离子会紧密地排列在表面而负离子却受到排斥，这将导致双电层的形成，其中与表面电荷相反的电荷称为反离子，而与表面电荷相同的称为同离子（见图 9.1）。

双电层由紧密结合在生物表面的离子层——结合层和外部离子的扩散区域（层）组成。离子在扩散区的分布，不仅决定于生物分子表面上相反电荷离子的静电引力，同时也决定于力图使离子均匀分布在整个溶液中的热运动。这两个相反的作用力，使离子在生物分子表面附近建立起一定的分布平衡，即生物分子表面附近，相反电荷离子的数目较多并随着离开表面距离的增加而减少，但具有相同电荷离子的分布则正好相反。这样，在生物分子表面上或其附近存在的电荷会在颗粒表面和溶液主体之间产生一个电位。

（2）与动电现象紧密相关的是所谓动电势或 zeta 电位（ζ）　zeta 电位是在静止流体和流动流体之间剪切面上的动电电位。为了观测这个剪切面，假设在图 9.2 的上部是毛细管的一个剖面。在它的末端压力差使流体通过这个剖面。图 9.2 表示了离子沿着壁分布的情况。有一贴着壁的正离子层，形成了一个紧密的双层，接着有一个扩散双层，由相反符号的离子组成，形成离子云。这个沿壁的分布，与所谓的 Stern 模型类似，伴随这个分布而产生的电位表示在图 9.2 的下部。在近壁的一定距离上，有一个剪切表面，用虚线来表示。当压力差施加于毛细管的末端时，包含在壁与这个表面之间的流体层，将牢固地黏附在固体上，使它不能流动，只有这个表面内侧中的液体可以流动，按照这层的状态用一个抛物线分布图表示并标以箭头。由于这个表面将流体的不流动和流动部分分隔开来，因此称为剪切面。虽然它很可能靠近紧密层，但是这个表面的位置多少有些随机，在这个剪切面上存在的电位是 zeta 电位，表示在图 9.2 上，它比与扩散双层起点相对应的 ψ_d 电位稍微低一些。

在动电现象的测定中，一个主要的任务是精确地测定 zeta 值。

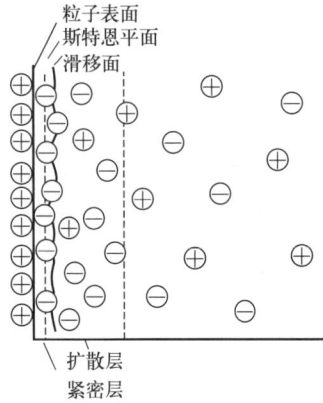

图 9.1　双电层模型

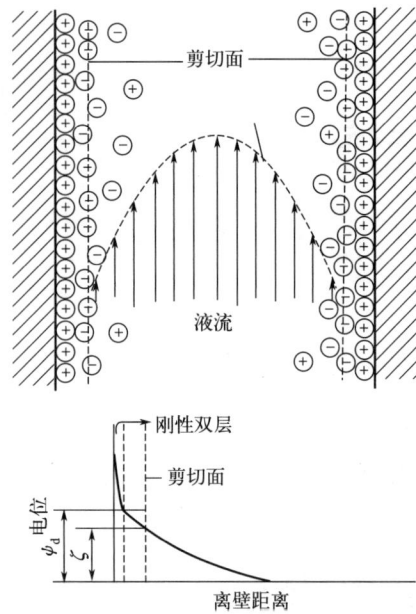

图 9.2　离子在毛细管壁周围的分布及其电位梯度

9.1.2　动电现象

固 - 液或液 - 液界面在外加电场作用下做相对运动而产生的电场现象，统称为动电现象，主要有如下四种（见图 9.3）。

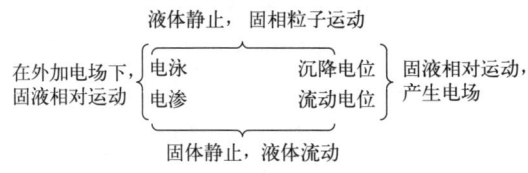

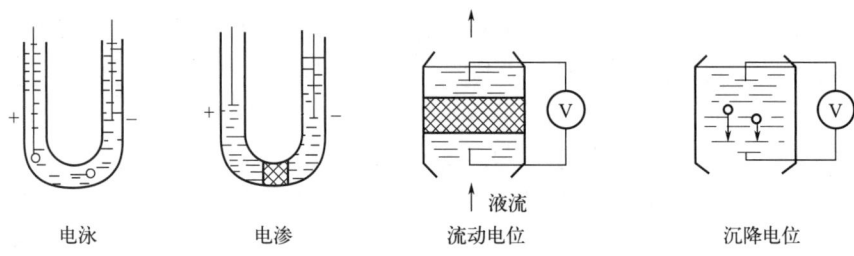

图 9.3　动电现象示意

（1）电渗（electroosmosis）　在电场作用下，液体对毛细管表面电荷做相对运动，这种现象叫做电渗。如果外加压力能阻止液体的相对移动，此压力称为电渗压力。

（2）流动电位（streaming potential）　与电渗现象正好相反，在外力作用下，液体沿着毛细管表面流动，就会产生流动电流和流动电位。

在图 9.4 中的 δ 是双层的厚度，双层扩散部分的离子速率可近似地表示为：

$$u = \frac{pR}{2L} \tag{9.1}$$

式（9.1）的变量，定义在图 9.4 中，离子流产生的电流可用式（9.2）给出：

$$I_s = \frac{\varepsilon_0 \phi p \pi R^2 \zeta}{\eta} \tag{9.2}$$

式中，$\pi R^2 = A$，是管子的横截面积。

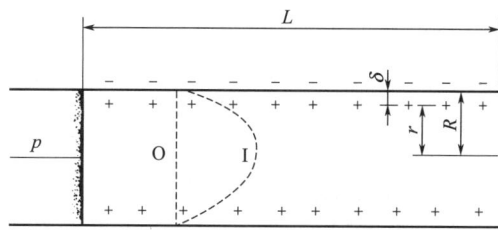

图9.4 流动电位的产生

O—给定水层的初始状态；I—在驱动压力 p 的作用下，水流一定时间后的状态

液体自身的阻力 R_s 与电导率 K_o 有关：

$$R_s = \frac{L}{K_o A} \tag{9.3}$$

即：

$$E_s = \frac{\varepsilon_0 \phi p \zeta}{\eta K_o} \tag{9.4}$$

式中，ε_0 为真空中介电常数；ϕ 为介质相中的介电常数；η 为介质黏度。

电导率很低的液体可以产生一个很大的流动电位，在方程式（9.4）中，除了 zeta 电位以外，流动电位和其他所有的变量是可以测定的。这就给出了计算 zeta 电位的另一种方法。

现在，流动电位或流动电流已广泛地用在各种材料上，对离子化合物的非特异性吸附进行研究。同样流动电位的测定也用于对生物特异性分子相互作用的研究，例如外源凝集素 - 糖类、IgG- 蛋白质 A 以及蛋白质的絮凝沉淀。不管相互作用的类型如何，随着相互作用分子浓度的增加，流动电位的变化也会增加。

（3）沉降电位（sedimentation potential） 在外力作用下，带电粒子做相对于液相的运动，所产生的电位称为沉降电位。它是电泳的反现象。见图 9.5，带电粒子的沉降不同于不带电粒子的沉降，如带电粒子通过溶剂时，在双电层的扩散部分，某些反离子被除去，导致系统内电荷的分离并产生一个电位。反离子的除去，势必要吸引某些失去反离子的颗粒。这种吸引力是阻滞力，会减慢颗粒的沉降运动，导致沉降速率比不带电荷时小。

（4）电泳（electrophoresis）在电场作用下，带电颗粒在溶液中的运动称为电泳，在小离子的情况下，称为离子导电性现象。这是一种不完全的电解现象，所需的产物不是直接释放在电极上，而是使它们不同的运动同步受阻在两电极间的中间位置上。这个现象，是 1807 年 Reuss 在研究胶体颗粒时发现的。它能分离非常类似的物质，包括不同的蛋白质，提高了分析和制备的效果，特别是 1950 年以来在纸上和在聚丙烯酰胺或琼脂糖凝胶上区带电泳的采用。1960 年以后，圆盘和顶替电泳（等速电泳）以及等电点聚焦又提供了许多提高分辨率的方法。

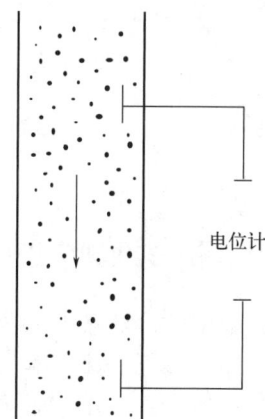

图9.5 沉降电位测量方法

综上所述，在两相界面上一般带有电荷，形成双电层。在电场作用下，带电界面连同双电层中剪切面以内的物质向一方移动，而双电层可移动部分的反离子带着溶剂分子向相反方向移动，于是就产生了电泳与电渗。而迫使带电界面与双电层中扩散层部分做相对运动产生电位差，即流动电位与沉降电位。由此可见，动电现象是电现象与流体流动交叉的复杂现象，动电理论既涉及双电层，也涉及液体流动理

论，所以是很复杂的。由于动电现象中两相相对移动的边界是双电层中剪切面，所以它与从剪切面处到液体主体相间的电位差（即 ζ 电位）有关。

9.2　电泳的理论基础

在上述动电现象中特别有意义的是电泳。在过去的 60 年中，电泳方法已在生物系统上（蛋白质、脂类、核酸等的分析、分馏和分离）得到了广泛的应用，对生命科学的发展作出了重大的贡献，在此将对它进行较详细的介绍。

众所周知，当一个带有有效电荷 Q 的质点，在黏性介质中（液体或凝胶）受到电场（电位梯度）E 的作用恒速迁移时，质点受到一个驱动力作用（其值为 QE），同时受到一个与其相平衡的摩擦阻力 f（作用）。

$$QE=f \tag{9.5}$$

在自由溶液中，摩擦阻力服从 Stokes 定律：

$$f=6\pi rV\eta \tag{9.6}$$

式中，r 代表质点半径；V 为质点的迁移速率；η 为介质黏度。
合并式（9.5）和式（9.6），可求得质点的迁移速度 V。

$$V=\frac{EQ}{6\pi r\eta} \tag{9.7}$$

如果电量 Q 按照单位电量乘上 Z 来计算，则式（9.7）可写成：

$$V=\frac{eZE}{6\pi r\eta} \tag{9.8}$$

质点的电泳迁移率（电泳度）u 被定义为在电位梯度（E）的作用下，单位时间（t）内质点所移动的距离（d）。

$$u=\frac{d}{tE} \text{ 或 } u=\frac{V}{E} \tag{9.9}$$

即

$$u=\frac{Q}{6\pi r\eta}=\frac{Ze}{6\pi r\eta} \tag{9.10}$$

由上述公式可知，电泳迁移率和电场强度和带电颗粒的净电荷量成正比，而与颗粒半径和介质黏度成反比。

在限定的电泳条件下（电位梯度为 1 V/cm），质点的迁移率是一物理常数，可以用近似的方法进行估算，如迁移率正比于承载电荷数和它对应的质量之间的关系。例如荷 / 质为 2/88.1 的草酸根离子的迁移率要比荷 / 质为 1/256.4 的棕榈酸根的迁移率大。

蛋白质迁移率的数量级，可以根据下面那些变量的给定值来估算：
$$e=4.89\times10^{-10}\text{u.e.s}; \quad Z=5; \quad r=2\text{nm}; \quad \eta=0.010\text{g/(cm · s)}$$
而电位 1V=300u.e.s，所以迁移率 $u=20\times10^{-5}\text{cm}^2/(\text{V · s})$。

换句话说，如果电位梯度为 10 V/cm，1h 以后，有上述性质的蛋白质会移动近 7cm。

现在，研究两个离子型物质 A 和 B 的混合物的分离，如果它们的迁移率由实验测得是 u_A 和 u_B，根据迁移率的定义可知：

$$u_A=\frac{d_A/t}{E} \text{ 和 } u_B=\frac{d_B/t}{E} \tag{9.11}$$

式中，d_A 和 d_B 分别为各物质在电位梯度 E 下经过 t 时间后所移动的距离。

由式（9.11）可得到：

$$d_A = u_A Et \tag{9.12}$$

$$d_B = u_B Et \tag{9.13}$$

$$d_A - d_B = Et(u_A - u_B) \tag{9.14}$$

$$t = \frac{d_A - d_B}{E(u_A - u_B)} \tag{9.15}$$

式（9.15）表明，用实验最终所得的距离（$d_A - d_B$），来确定 A 和 B 两种物质的分离，电泳需要持续的时间 t。

9.3 影响电泳迁移率的因素

由上可见，电泳迁移率与移动距离成正比，与球形分子大小、介质黏度、颗粒所带电荷有关，除此以外还受到一系列其他因素的影响，如电场强度、溶液的 pH、离子强度和温度（热效应）等。它们都有可能导致分离了的分子带的破坏，使过程的分辨率下降，甚至操作失败。对于使用支持介质的区带电泳，除了上面所述的对于自由界面电泳的影响因素外，还有支持介质带来的外加因素，也会影响迁移率和分离效果，使电泳变得复杂化，因此有必要进行具体讨论。总的影响因素见图 9.6。

（1）颗粒的性质 一般是所带净电荷量越大，直径越小或其形状越接近于球形，在电场中的迁移率就越大。

（2）电场强度 一般是电场强度越高，带电颗粒的迁移速度越快。常压电泳控制的电场强度在 2 ～ 10V/cm。

（3）溶液的性质 主要是指电极室缓冲液和目标产物样品溶液的 pH 值、离子强度和黏度等。

① 溶液的 pH 值 溶液的 pH 值决定着电解质的离解程度和其所带净电荷的量 对于氨基酸或蛋白质，溶液的 pH 应远离其等电点，使其净电荷量较大，迁移速度更快，例如 L-谷氨酸等电点为 3.22，当溶液 pH < pI 时带正电荷，偏离 pK_1=2.9 越远，正电荷越多，当 pH > pI 时可按偏离 pK_2=4.25 和 pK_3=9.67 的大小不同呈负一价、负二价，pH 越高则负电荷越多。迁移速度就越快。

② 离子强度 组分的分离取决于缓冲液的离子强度，如果离子强度高，可获得良好的分离效果，但是电泳迁移率会降低，所以溶液的离子强度一般维持在 0.05 ～ 0.1mol/L 范围内。

③ 溶液的黏度 因为电泳迁移率与溶液的黏度成反比，所以黏度不能过大或过小。

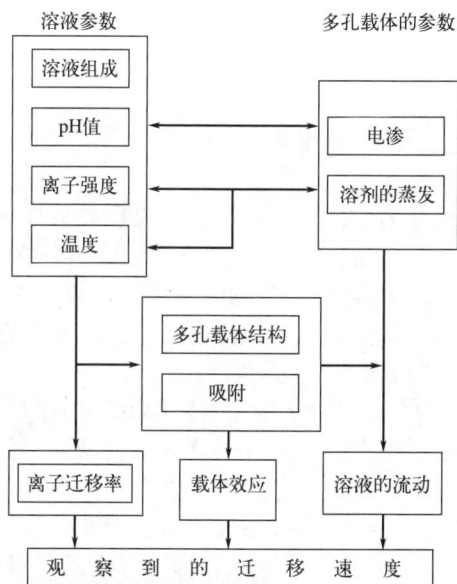

图 9.6 在区带电泳时各种因素对离子移动的影响

（4）其他因素 电泳迁移率的大小并不完全取决于电荷的性质和大小、颗粒形状和分子的特性。净电荷相同，分子量相差一倍的两物质，其电泳迁移率并不成倍增加，所以还受其他因素的影响。

① 焦耳效应 电泳过程中由于使用的电流强度 I，会产生热量（$Q = UIt$），使温度增加。温度增加，一是使电泳流动性增加；二是使支持介质中缓冲液的溶剂蒸发；从而促进或延缓电泳迁移；三是溶剂的损失会引起电解质浓度的增加，离子强度增加和支持介质电导率增加。电解质浓度的增加，通常导致电泳流动性的降低，见图 9.7。

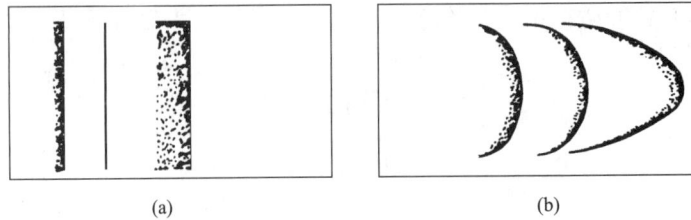

图9.7 溶剂蒸发对电泳迁移的影响

（a）标准电泳迁移；（b）介质边缘溶液蒸发效应增加时的电泳迁移

当电导率增加时，电阻减小，如果电压 U 恒定，则 $I(=U/R)$ 增加，过程中产生的热量也有所增加，相应的蒸发量变大。因此，在电导率增加时，优先选用恒定的直流电流 I，在这种情况下，将导致电压 U 下降，产生的热量下降，蒸发也会减少，所以，如果采用恒定的 I，就有可能得到一个更为均一的迁移速率。

实际上蒸发不能完全消除，仅仅是减小了，除此以外，在低压电泳时，还可以通过封闭设备系统控制蒸发，而在高压电泳时，可用冷冻介质的办法来控制。

② 电渗　这是一种在外加电压作用下，和固体支持物接触的液体的移动现象。如果支持物质带有羧基、磺酸基、羟基等官能团时，在一定的 pH 溶液中，它们会电离，使支持物带负电荷，与支持物相接触的溶液（通常是水）就带正电荷，在电场的作用下，此溶液层会向负极移动；反之，若支持物带上正电荷，与支持物相接触的溶液就带上负电荷，溶液层会向正极移动，见图9.8。

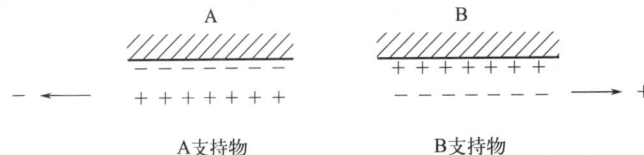

图9.8 电渗示意

因此，电渗就会对样品的迁移率造成影响。如果电渗方向与样品的电泳迁移方向一致，样品的表观迁移率就加快，如果二者的方向不一致，样品的表观迁移率就降低。为了测定离子的电泳速度，要对电渗现象加以校正。常用中性物质如葡聚糖、淀粉等来测定电渗速度。单位电场强度的电渗速度称为电渗迁移率，这样，对于阳离子要将所得的表观迁移率减去电渗迁移率，而对于阴离子要加上电渗迁移率。

③ 吸附　支持物吸附溶质，会延缓电泳分离，在某些情况下，如果它们能选择性地吸附低电泳迁移率的组分，则可以提高分离的质量。就此而言，采用醋酸纤维得到的分离效果要比滤纸好，这是因为滤纸的吸附能力低。

④ 分子筛分离　当采用凝胶如淀粉、聚丙烯酰胺、葡聚糖凝胶作支持物时，在伸展的凝胶中，其空间属于大分子尺寸的，这样就表现出分子筛的效应。相应地，在葡聚糖凝胶中，最小的分子透入凝胶结构中，由于它们沿着一条非常曲折且较长路程移动，所以迁移就延缓。根据这一现象，可在样品组分分离时，调整诸如凝胶的聚合程度和浓度、孔的尺寸等因素，就能得到一个高的分辨率。

⑤ 扩散　扩散也会影响分离的分辨率，这是因为扩散可使几个分离的区带相互重叠。扩散速率在相当大的程度上取决于离子的大小。这些离子扩散并且相当缓慢，因此，在分离大分子的情况下，扩散的影响非常地小，然而，在分离小分子时，则必须考虑。

⑥ 缓冲液的性质　分离效果有时取决于所用缓冲液的性质。例如，对于不带电荷的蔗糖可用硼酸缓冲液分离，形成配位的蔗糖 - 硼酸盐离子。

综上所述，影响电泳分离的因素众多，除了实际操作中采用恒电流或恒电压的供能装置，使用夹套或与冷室相连的方法来调节电泳槽的温度，保持得到的迁移值有很好的重现性外，关键还在用实验方法确定最佳条件。具体结果用规定的操作电压和时间条件下，离子移动距离的大小来评价，或者用标准样品同时实验，进行直接比较。

9.4 电泳的类型

任何电泳设备都有 3 个意义明确的部件：阴极、阳极和实现带电粒子分离的电泳室（见图 9.9）。

电泳的类型有多种，根据在电泳室中使用的电解质系统，可以对电泳作如下的分类：①自由界面电泳；②自由溶液中的区带电泳；③在不同支持物上的区带电泳；④有机溶剂中的凝胶电泳；⑤亲和电泳；⑥等速电泳；⑦等电聚焦；⑧免疫电泳。也可按照它的操作方法，分为一维电泳、二维电泳、交叉电泳、连续或不连续电泳、电泳 - 色谱相结合技术。按照支撑介质的不同，分为纸电泳、醋酸纤维薄膜电泳、琼脂糖凝胶电泳、聚丙烯酰胺凝胶电泳（PAGE）、SDS- 聚丙烯酰胺凝胶电泳（SDS-PAGE）。按照支持介质的形状不同、用途不同、操作的电压不同等进行分类，原则上分为两大类，即没有支持介质的液相电泳和有支持介质的区带电泳。区带电泳对于仪器的要求不高且价廉，被分离的样品染色呈条带状，很直观，所以在生物技术研究和生物产品的分离上得到了广泛的应用，但是区带电泳却丧失了界面电泳的某些优点，因此近十多年来，毛细管电泳和自由流电泳得到了迅速发展，被称为第二代液相电泳，见表 9.1。本章只对其中发展较快又具应用前景的几种电泳作简单介绍。

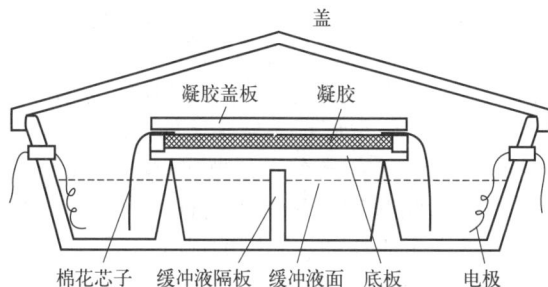

图 9.9 水平电泳仪

表 9.1 电泳的分类

名称	应用	名称	应用
自由界面电泳	鉴定蛋白质的纯度和测定它的等电点	第二代液相电泳：毛细管电泳	分离鉴定蛋白质、多肽、核酸及小分子化合物
有支持介质的区带电泳（等电聚焦、纸、琼脂、淀粉、淀粉凝胶、醋酸纤维素、聚丙烯酰胺等电泳）	分离鉴定及制备纯化蛋白质与核酸或测定蛋白质等电点	自由流电泳	分离制备小分子、蛋白质、蛋白质 - 脂类复合物、DNA、染色体、脂质体、各种膜物质、细胞器和完整细胞

9.4.1 自由界面电泳

这一技术是 Tiselius 在 1937 年提出的，并使他获得了诺贝尔奖。在自由界面电泳中，需要分离的带电物质是在溶剂中的，其过程原理可参阅图 9.10。将一条带状样品，放置在 U 形电泳管的缓冲液中，然后外加电场，使组分移动，并与它们的电泳迁移率相一致。也就是说，在几种组分的混合物中，不同离子在缓冲液中的移动速度，会由于它们的电量、尺寸和形状的不同而不同，结果在整个管子中出现了不同的分隔界面，在一系列的分界范围中，以组分的浓度变化参差排列。这样一个浓度梯度在电泳管内建立了一个折射率梯度，因此可用一个适宜的光学系统进行测量。这种测量的机理是光线通过一个浓度梯度（$\mathrm{d}c/\mathrm{d}x$）或折射率梯度（$\mathrm{d}n/\mathrm{d}x$）的溶液时，会朝着折射率最大的位置偏离，光线的实测偏差值（α）与梯度成正比：

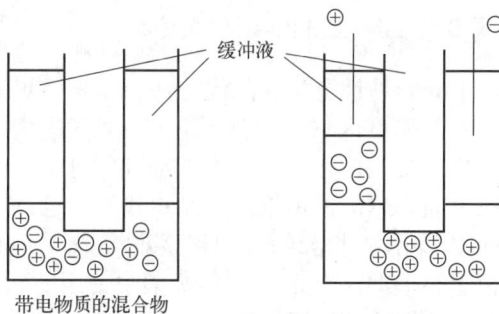

图 9.10 自由界面电泳的原理

$$\alpha=K\frac{\mathrm{d}n}{\mathrm{d}x}=K'\frac{\mathrm{d}c}{\mathrm{d}x} \tag{9.16}$$

通过整个管子的连续量析技术，就可以确定不同界面的位置、数量以及区域的浓度，因此可用来测量电泳迁移率，进行混合组分的分离和分析等，其中对同工酶的鉴别特别有用。但是要完全分离是不可能达到的，只有最大迁移率的组分才能得到部分纯化并且不被其他组分显著地重叠。自由界面电泳由于仪器装置复杂、价格昂贵，因此只限于实验室规模操作，无法广泛使用。随着研究和生产需求的渐增，已在此基础上发展了等电聚焦和等速电泳等其他新方法。

9.4.2 自由溶液中的区域电泳

自由溶液中的区域电泳有微量电泳、自由流电泳、密度梯度区域电泳和葡聚糖凝胶柱上的区域电泳，它们都是不同的离子成分在均一的缓冲液系统中分离成独立的区带，可以用染色等方法显示出来，用光密度计扫描可得到相互分离的峰，与色谱的洗脱峰相似。电泳的区带随时间的延长和距离的增加而扩散严重，影响分辨率。由于应用的局限性，在此仅作选择性介绍。

（1）自由流电泳 这是一种比较大规模分离带电粒子的方法，虽然它能用在分析上，分离的时间能够短至 30 s，但与其他电泳方法相比，可溶物质的分辨率（例如蛋白质）非常差。它在细胞分离操作上的主要优点是能很好地保持细胞的存活力。

这类电泳仪有一个分离槽，一般约 500mm 长、100mm 宽和 0.5～1.0mm 厚，分离的样品被缓冲液包围着，而在缓冲液流动的垂直方向上施加一个 100～150V/cm 的电位。在槽的顶端一小口中注入样品，随着样品的移动，不同的成分分离成单个区带按不同的偏斜方向经过分离槽，如图 9.11 所示，如果样品不断从槽的上端泵入，组分沿一系列对角线方向移动，可在另一端不同部位上收集到被分离的组分。虽然此法的基本原理简单，但所需的仪器相当复杂而且价格昂贵，技术也是高度专业化的，其中包括细胞分离技术，许多因素都会影响分离结果，导致分辨率低。

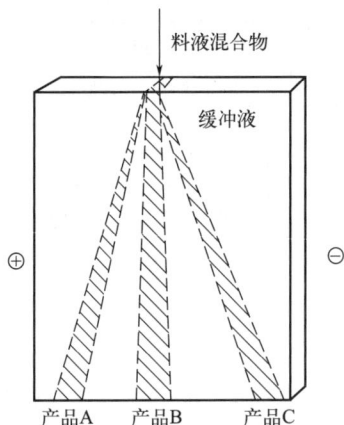

图 9.11 连续自由流电泳的原理

（2）密度梯度区域电泳 对于细胞、病毒和其他粒子样品来说，这同样是一个基本的制备方法，虽然其他电泳方法比它更可取，但是密度梯度区域电泳已用于许多低分子量可溶物质的分离和分析工作中。

如果区域电泳是在简单缓冲液中进行的，由于被分离区域的扩散和沉降，会发生分辨率的严重下降，但利用密度梯度电泳时，这两种因素产生的影响会大大降低。扩散取决于黏度，用加入惰性不导电的分子配制梯度的方法同样能简便地增加黏度，得到最有利的条件。蔗糖是最常用来产生密度梯度的物质，此外也可采用甘油、甘露醇等物质，密度梯度不需要精确的线性，只要它足以防止对流即可。在制备工作中，此项技术的主要优点是被分离区域的收集非常简单（例如用一个注射器、泵或流入分部收集器），回收几乎常常是定量的，并且可利用透析、稀释、离心或沉淀等方法，从包含的支持介质——蔗糖

中，十分容易地分离样品组分。

密度梯度区域电泳几乎总是在垂直柱中进行的，典型的蔗糖密度梯度 10%～50%，但是更低的梯度可能对某些应用，例如完整细胞的分离，是有利的，密度梯度越陡斜，阻止对流和样品区带重力沉降的稳定能力越大，所以，样品承载能力也越大。一旦密度梯度准备好以后，常使样品处在 5%～10% 的蔗糖中，用注射器或者巴斯德移液管简单地直接从梯度顶部加入，然后依次用电极缓冲液覆盖。当使用多相缓冲液时，样品需用电极槽中使用的缓冲液配制（例如 Tris-甘氨酸盐），而不是在梯度 - 制备溶液中所用的缓冲液（例如 Tris-HCl），电泳条件随样品、缓冲液和所用的柱而变化。

（3）葡聚糖凝胶柱上的区域电泳 在大多数情况下，样品组分被完全排斥在葡聚糖凝胶珠体外，因此按大小分级分离没有发生，样品实质上在珠体外的溶剂相中进行自由溶液电泳。这个方法专门用于制备工作，由于扩散、吸附效应、电渗以及过滤操作，引起谱带扩展，导致比较低的分辨率，这个分辨率与用凝胶过滤得到的结果相当不同，但是它的分离基础是电荷而不是尺寸大小，因此，这个方法具有一定的价值。

本法使用的仪器，与在自由溶液中区域电泳使用的仪器类同，这是因为两个操作步骤之间的实际差

别，仅是在后者用蔗糖梯度来阻止对流和减少扩散，而前者是用葡聚糖凝胶来阻止对流（由于缓冲液黏度不增加，所以不会去减少扩散）。同样单相和多相缓冲液都能在这两种方法上使用。

仪器的结构很简单，如图9.12所示，是一根最一般形式的柱子，可以用 Sephadex G-25 或 Sephadex G-15 来充填，结果是所有样品的组分都被阻止进入珠体中，并且分离是完全按照电荷来进行的。

9.4.3　在不同支持物上的区带电泳

人们将应用支持介质的电泳称为区带电泳，它表示在一个电场的作用下，样品组成在某一支持物上彻底分离成若干条区带（组分）的过程。

应用的支持物可以分为两类。一类如纸、醋酸纤维素薄膜、硅酸、矾土、纤维素等。这些支持物相对来说化学惰性，能将对流减到最小，使用它们进行产物分离和在自由溶液中一样，是基于 pH 环境中产物的电荷密度。但在有些情况下，它们也会与迁移的颗粒发生相互作用而影响分离过程。另一类是淀粉、琼脂糖和聚丙烯酰胺凝胶。这些支持物既能防止对流，把扩散减到最小，又是多孔介质，具有分子筛效应。使用这些凝胶进行分离不仅取决于大分子的电荷密度，还取决于分子尺寸，所以分辨率高，因此第一类支持物现已被第二类支持物所代替，而淀粉凝胶又由于其批号之间的质量相差甚大，很难得到重现的电泳结果，且胶层厚，分辨率低，电泳时间长，操作麻烦，实验室中已很少使用。琼脂糖凝胶孔径较大，对大部分的蛋白质只有很小的筛分效应。聚丙烯

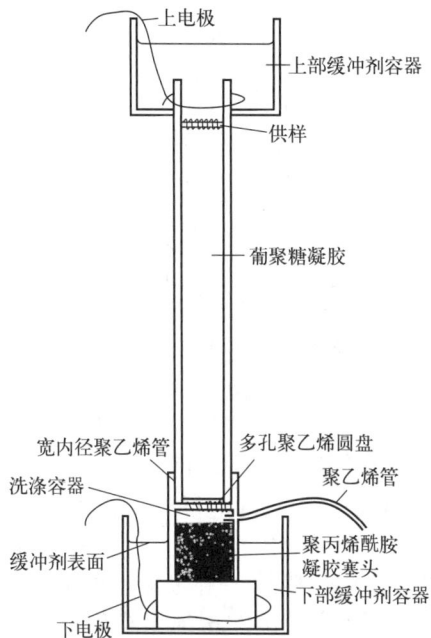

图9.12　葡聚糖凝胶柱电泳仪

酰胺凝胶由于它的高分辨率，不仅能分离含有多种生物大分子物质的混合物，而且还可以用来研究生物大分子的特性，诸如电荷、分子质量、等电点，甚至构象等。所以已成为目前生物技术研究和产物分离中最常用的支持物。虽然聚丙烯酰胺和琼脂糖凝胶具有许多优点，但也有一定的局限性，所以人们正在研发新的材料如丙烯酰胺单体的一些替代物和聚乙二醇来配制的新型大孔径凝胶、琼脂糖-聚丙烯酰胺混合凝胶以及"电泳海绵"等，它们很可能是一些潜在的电泳支持物。

根据应用的支持介质，对应地分为如下几种电泳：①纸电泳（滤纸、玻璃纤维）；②醋酸纤维素电泳；③凝胶电泳（琼脂、琼脂糖、淀粉、聚丙烯酰胺等）；④粉末电泳（淀粉、纤维素、葡聚糖凝胶、聚氯乙烯、玻璃等）。下面介绍一些主要常用的方法。

9.4.3.1　滤纸和醋酸纤维素电泳

（1）滤纸电泳　以滤纸作为带电质点溶液的支持物来进行的电泳称为（滤）纸电泳。在化学成分分离鉴定中，纸电泳常常与其他色谱方法配合使用以达到预期的效果。它除了用作常规分析方法外，还常用作对物质的带电特性进行试探性摸索。纸电泳按施加电压的高低可分为如下两类。

① 低压电泳　电位梯度大约为 $5 \sim 20\text{V/cm}$。低压电泳有水平型和垂直型两种形式，分别见图9.13和图9.14。

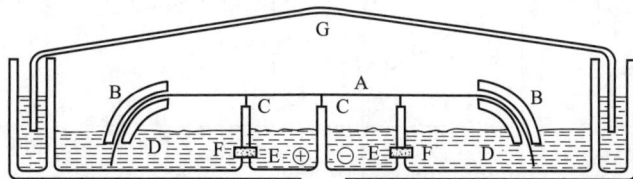

图9.13　水平型纸电泳仪

A—纸条；B—弯曲导管；C—支持物；D—缓冲液室；E—电极室；F—电接点；G—顶盖

② 高压电泳　电位梯度为 50 ～ 200V/cm，电泳时纸上发热量与电位梯度的平方成正比，因此需解决冷却的问题，可采用加入液体冷却剂直接冷却或固体物质间接冷却。

（2）醋酸纤维素电泳　用醋酸纤维素条带或塑料薄膜作支持物来进行的电泳，特点是分离快速，在低电压下，仅 0.5 ～ 2h，分离出来的区带非常清晰鲜明，背景完全无色，操作方便，加上不会像纸电泳那样，造成蛋白质的变性，以及膜的均一和少量的吸附剂特性，所以醋酸纤维素已在多种用途上完全取代滤纸电泳，并得到比滤纸电泳更理想的结果。通过丙酮将醋酸纤维上分离的区带溶解下来就可以用比色计测定，革新了蛋白质和酶的检测方法，除此以外，还可与免疫分析结合起来。

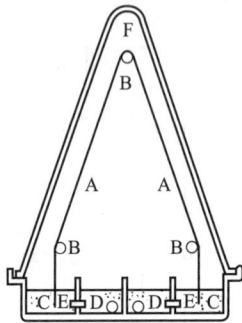

图 9.14　垂直型纸电泳仪

A—纸条；B—玻璃棒；C—缓冲液室；
D—电极室；E—电接点；F—顶盖

9.4.3.2　聚丙烯酰胺凝胶电泳（PAGE）

（1）聚丙烯酰胺凝胶电泳及其理论基础　以聚丙烯酰胺为支持介质的电泳是目前分离生物大分子的最好方法。其分离是以它们的物理差别、分子大小和净电荷为基础的，即分离除了利用物质所带电位的差别外，还具有分子筛的特殊作用，这种性质为分开电泳率很相近的大分子提供了简单而有效的方法，例如用它进行血清蛋白质分离时，可分出几十个区带，分辨率很高，而用上面介绍的几种电泳方法，通常只能分离出 5 ～ 6 个区带。除此以外，它还具有凝胶孔径大小可以调节控制、机械强度好、弹性大、不产生电渗、化学惰性和需要的样品量少（1 ～ 100μg 已足够）且不易扩散、使用的设备简单等特点，所以用途较广，可对蛋白质、核酸等生物高分子进行分离，定性、定量、制备和分子量测定等。此项技术的缺点是聚合反应必须用高纯度的试剂和没有空气的情况下控制其影响因素来实现，此外丙烯酰胺毒性也很大。

聚丙烯酰胺凝胶是由丙烯酰胺和 N,N- 亚甲基双丙烯酰胺按一定比例（例如 19 ∶ 1）在化学试剂如过硫酸铵（APS）- 四甲基乙二胺（TEMED）或核黄素 -TEMED 或光的催化下聚合而成。其中化学催化聚合的凝胶孔径比光催化聚合的小，而且重复性和透明度也比光催化聚合的好，但化学催化的试剂过硫酸铵如果残存于凝胶中会使某些蛋白质失活，或产生不良的电泳图谱。

由于聚丙烯酰胺凝胶是一种人工合成的物质，因此可根据需分离物质分子的大小，合成交联结构、孔隙度合适的凝胶。含丙烯酰胺 7% ～ 7.5% 的凝胶适于分离分子量范围为 1 万～ 100 万的物质，含丙烯酰胺 15% ～ 30% 的凝胶适于分离分子量 1 万以下的蛋白质，而分子量特别大的物质可使用含丙烯酰胺 4% 的凝胶或琼脂糖和聚丙烯酰胺的混合胶。

如果用聚丙烯酰胺凝胶电泳是为了获得任意两个蛋白质的最佳分辨率的话，那么只能从均一浓度的聚丙烯酰胺凝胶中，选用最佳的丙烯酰胺浓度来达到，所需凝胶的浓度取决于待研究蛋白质的分子大小和电荷量，它可以通过测定在一系列不同浓度丙烯酰胺的凝胶中各蛋白质的迁移率来决定，并可用相对迁移率 R_m 的对数值与凝胶浓度（T）的直角坐标图（称 Ferguson 线图）来表征这种关系（见图 9.15）。其中 $R_m = \dfrac{\text{蛋白质移动的距离}}{\text{指示染料移动的距离}}$，$T$ 为总单体的百分数，即每 100ml 丙烯酰胺中加入双丙烯酰胺的质量（g）。

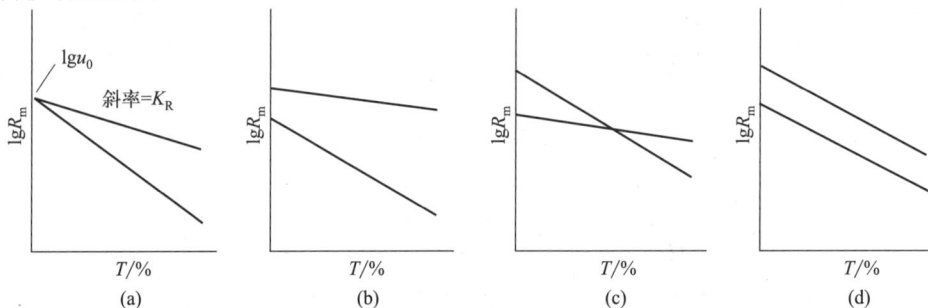

图 9.15　由 Ferguson 图析定义的分离问题的分类

各直角坐标图，可由它的斜率 K_R 和纵坐标的截距 $\lg u_0$ 来描述，$\lg R_m$ 与 T 呈线性关系：

$$\lg R_m = \lg u_0 - K_R T \tag{9.17}$$

$T=0$ 时的自由相对迁移率为 u_0，与电荷有关；K_R 是阻滞常数，与凝胶系统的交联度、分子的形状和大小有关。图 9.15 分析了四组不同的分离问题，具体的讨论如下。

① 蛋白质具有相同的电荷密度和在自由溶液中显示出相同的迁移率。在聚丙烯酰胺凝胶中，这些蛋白质严格按照大小迁移。这是一种同大多数十二烷基磺酸钠 - 变性蛋白质相近似的情况。

② 在自由溶液中，蛋白质有较大的迁移率（较大的电荷密度），较小的尺寸，即以尺寸和电荷为基础的分离效果是协同的，并且凝胶浓度增加导致分离效果增加。

③ 比较大的蛋白质有较高的自由迁移率，这样造成尺寸和电荷分离是对立的，这是在常规聚丙烯酰胺凝胶电泳中最常见的现象。

④ 蛋白质具有相同的大小，但是自由迁移率不同（例如同工酶——乳酸脱氢酶，血红蛋白），在这种情况下，增加丙烯酰胺的浓度并不影响两个蛋白质的分离结果，有人认为可用一种电荷分离的方法如聚焦电泳或等速电泳来解决。

利用蛋白质的相对迁移率测定蛋白质的大小和电荷或者为了从别的蛋白质中分辨某种蛋白质而测定凝胶的最佳孔径大小，都必须使用可重现的凝胶。分辨率能定量重现的聚丙烯酰胺凝胶，可通过合成时严格控制原材料和试剂的纯度以及聚合时各项条件的均一性来得到。

（2）聚丙烯酰胺凝胶电泳种类　聚丙烯酰胺凝胶电泳的种类很多，根据分离蛋白质的特性，可分为通常使用的阳极电泳和专为分离碱性蛋白质的阴极电泳；根据分子大小和凝胶孔径的关系，可分为排阻性电泳和非排阻性电泳；根据缓冲液的组成和凝胶孔径的变化，可分为连续电泳和不连续电泳；根据电泳的形式可分为圆盘电泳和平板电泳，后者又可分为垂直平板电泳和水平平板电泳；还可分为制备凝胶电泳、SDS- 聚丙烯酰胺凝胶电泳等，但是其操作大同小异，现分别简单介绍如下。

① 不连续凝胶电泳　不连续凝胶电泳按支持物的形式可分为圆盘电泳（柱型）和垂直板型电泳。见图 9.16 和图 9.17。

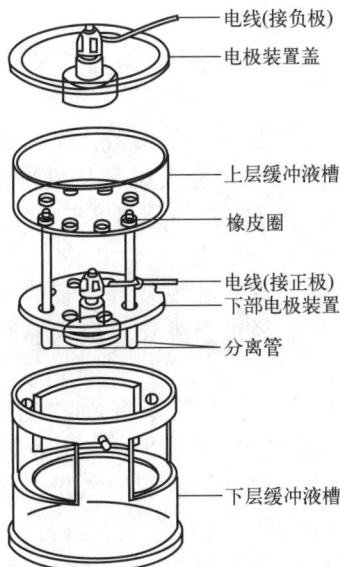

图 9.16　圆盘电泳装置

电线(接负极)
电极装置盖
上层缓冲液槽
橡皮圈
电线(接正极)
下部电极装置
分离管
下层缓冲液槽

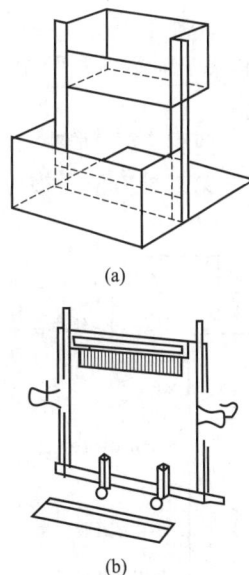

图 9.17　垂直板电泳槽及胶板装置示意

（a）

（b）

（a）电泳槽；（b）制板装置

所谓不连续是指凝胶的孔大小、缓冲液成分及其 pH 值均为不连续的，并在电场中形成电位梯度的不连续性，这样可使样品浓缩成一个极窄的起始区带以提高分辨率。不连续圆盘电泳的主要特点是在圆柱玻璃管（分离管）内有 3 种不连续的凝胶——大孔径的样品胶、浓缩胶和小孔径的分离胶，并通过三种效应——浓缩效应、分子筛效应和电荷效应，使物质达到高效的分离，其基本原理如图 9.18 所示。

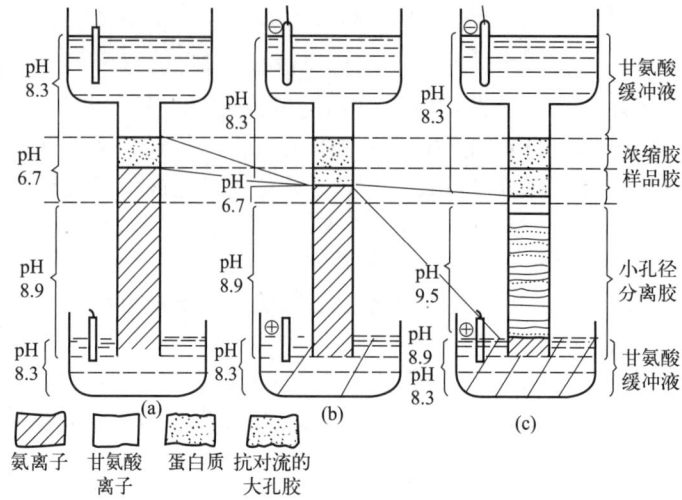

图 9.18　不连续凝胶电泳基本原理示意

（a）样品在样品胶内；　（b）样品在浓缩胶内被浓缩；　（c）样品在小孔径的分离胶内被分离

　　不连续凝胶电泳可作为超微量分析和小规模制备之用，目前多用于分离血清蛋白、病毒、酶等，也可以分离极微量的蛋白质和测定蛋白质的等电点。

　　具体操作过程为：先安装电泳管，然后将样品溶于 200mg/ml 的蔗糖溶液中或溶于 10% 甘油中，加在堆集胶表面（或制成样品胶），接着加电极缓冲液和指示染料（在上电极槽缓冲液中），在 100V 电压下，电泳 20min，结束后将凝胶从试管中取出，浸入染料（如考马斯亮蓝 R-250 和 G-250，萘黑氨基黑），取出冲洗，除去多余的染料，将染上色的圆盘沿试管方向放置，用光密度测定法定量测定被分离的蛋白质。

　　垂直板型方法与此基本类似，在此不再介绍。

　　② 制备凝胶电泳　制备性凝胶电泳和分析性凝胶电泳的原理完全相同，主要的差别仅在于对仪器的设计和具体操作上。

　　制备凝胶电泳有两种方法：第一种方法，电泳在常规方法下操作，待凝胶上需分离组分分开后，分段切开并萃取物质；第二种方法，被分离组分在整个凝胶柱上移动使分离区带从凝胶管下端流出，同时用连续的冲洗缓冲液从外侧将各分离区带洗脱到分部收集器中，其设备草图见图 9.19。

　　其关键是近基座处有一洗脱装置。有的设计还在洗脱液流入分部收集器之前，先经过紫外光监测仪监测后，再用分部收集器进行定位收集。

　　这一技术是回收蛋白质和酶最有效的方法之一，例如 1cm³ 人血浆含有约 70mg 蛋白质，可以分离出各种组分，包括那些含量很少的组分。此技术对于组织、激素、病毒和其他生物材料的提取也是十分有用的。

　　制备凝胶的上样量一般在 50～70mg，最大上样量取决于分辨率。有时，即使分辨率能够达到，过量的样品负荷也会产生严重的区带不均匀性，应根据实验具体确定。

　　对于被分离组分，可用三个基本的方法从染色或未染色的凝胶中提取：a. 用合适的缓冲液简单提取；b. 溶解凝胶基质；c. 电泳洗脱。它们各有千秋，应根据目标产物选择。

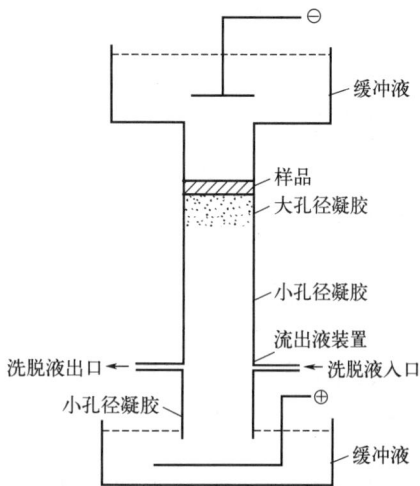

图 9.19　制备凝胶电泳仪示意

有关组分的测定可根据被分离组分特性和系统的特点采用不同的方法，如提取得到的组分直接比色、观察折射率、检测紫外吸光度、导向板技术（guide strip technique）对照检测等。

此外，还有超长凝胶电泳设备，可用于微克量的蛋白质或核酸的制备，它是用一段短的塑料套管将两根 PAGE 型分析凝胶柱连接起来，并在两凝胶表面之间空出 1 ～ 3mm，如图 9.20 所示。两根探针（注射器针头）通过塑料套管插入这段空隙，缓冲液从一根探针流入，通过凝胶末端，再从另一根探针流出。这种设备可用于小规模哺乳动物 DNA 的制备，可根据处理量设计不同长度和大小的设备。

制备电泳在生化方面的应用包括如下几方面：a. 从少量组分的混合物中分离一种或一种以上物质；b. 从复杂的混合物中分离提取一种组分；c. 净化早已基本上纯化过的物质，除去微量杂质。

（3）SDS-聚丙烯酰胺凝胶电泳　一种加有阴离子去污剂——十二烷基硫酸钠（SDS）的聚丙酰胺凝胶电泳被称为 SDS-聚丙烯酰胺凝胶电泳，其主要用途是分离蛋白质和测定它的分子量。

SDS-聚丙烯酰胺凝胶电泳的基本原理是阴离子去污剂 SDS 能以一定比例和蛋白质结合并使蛋白质分子带有大量的负电荷，大大超过其原来所带电荷，从而使各天然蛋白质分子间的电荷差别下降乃至消除，同时蛋白质的结构也在 SDS 作用下变得松散，形状趋于一致，排除了电泳过程中电荷的影响，使 SDS-聚丙烯酰胺凝胶电泳时，蛋白质迁移率的差异仅是分子量的函数。

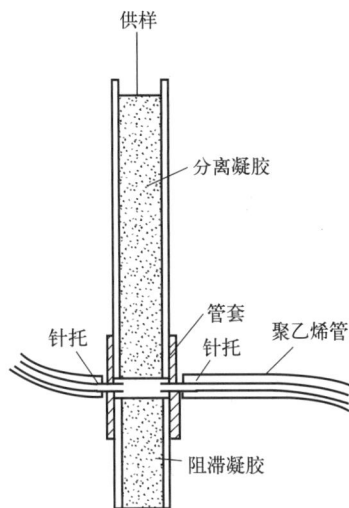

图 9.20 超长凝胶制备电泳装置

$$\lg M = A - KR_{m} \tag{9.18}$$

式中，M 为分子量；A 为常数；K 为斜率；R_m 为迁移率。

由于蛋白质结合 SDS 的量与蛋白质的种类有关，并受溶液 pH、离子强度和缓冲液组分的影响，这些因素使分子量的测定产生偏差，所以一般都必须用已知分子量的蛋白质作为"指示蛋白质"与被测样品在同一条件下进行电泳，然后标绘 $\lg M$-R_m 曲线，求出样品的 R_m 值对应的 $\lg M$ 值，计算出被测样品的分子量。

此外还有在有机溶剂中的凝胶电泳、亲和电泳等，它们也都是以聚丙烯酰胺凝胶或其衍生物为支持体进行的电泳，有的是为解决疏水性蛋白质在水中的难溶性而设计的，有的是将亲和配位体结合到支持体上以提高电泳分离选择性的，随着科学的发展，这类新技术还会不断出现。

9.4.4　等速电泳

等速电泳是一种电荷分离方法，是依据分子电荷的差别而不是分子大小差别来进行物质分离的。等速电泳这一术语与稳态堆积同义，也称多相区带电泳。

等速电泳的基本原理如图 9.21 所示，样品混合物定位在两电解质溶液之间，即前导电解质和末端电解质之间。

这一技术仅仅适用于同种电荷的分离，或是全部正电性的，或是全部负电性的。例如，阳离子的分离，包括前导电解质 L^+ 的定位（贴近阴极，其中 L^+ 的迁移率比任何待分离的离子的迁移率都大）和末端电解质 T^+ 的定位（贴近阳极，T^+ 迁移率比样品中任何一种离子的迁移率都小），施加电场，产生一个电位梯度，电位梯度的分布图与存在于混合物中离子的迁移率相一致，并且分离的选择性与产生的迁移率也一致。低迁移率类离子浓集在高电场强度区域中，高迁移率类离子在低电场强度区域中。可得到一个稳定的状态，包括一系列纯的区带，相当于每个带电物系沿电位梯度在相同的速度下迁移。在每一条区带内，电位梯度是常数，但是在各条带之间界面处是逐级变化的，因此可以利用任何一条区带中的电场强度来确定已知物系的存在，而区带的宽度可用于确定存在的相对量，所以等速电泳特别适用于分析技术，但也能用于制备技术。

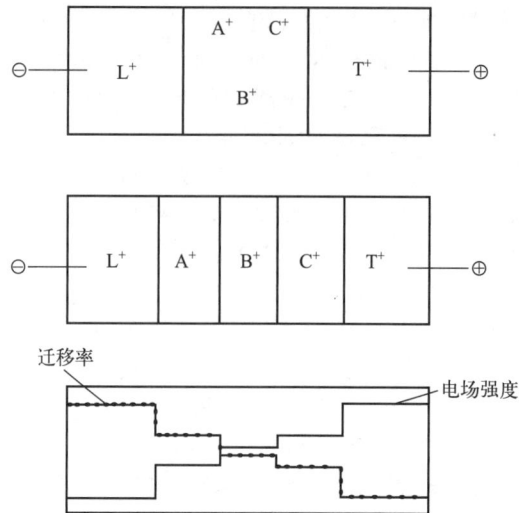

图 9.21 等速电泳原理示意

　　用等速电泳对两种蛋白质的分离是一种简单的堆积。同样，等速电泳也可用于目标蛋白质和杂质的分离，它们可以同处于一个堆积区域中，也可以进行选择性堆积分离，目标蛋白质处于堆积区域内，杂质排斥在外，或者正好相反。

　　在这种电泳中，进行分离的容器是由内径为 0.45mm 的玻璃管（或其他不导电的物质）组成的，其中充满了特殊的电解质溶液，并且常常含有 0.05% 聚乙烯醇，用于防止电渗。在这些条件下，它能分离低分子量的离子，然而在大分子的情况下，必须加入稳定剂，例如琼脂糖或聚丙烯酰胺。

　　电解质溶液（前导和末端）的基本要求按前所述，应满足有效迁移率的差别，如加入一种高迁移率的离子（氯离子）和一种低迁移率的离子（甘氨酸离子）。

　　样品用微型注射器加入管子的上部，然后建立电场，施加的电压取决于管子的长度和内径，通常在实验开始时是 1000V，结束时是 10000V，使用除水以外的溶剂时，这个值需要增加。

　　样品离子最初在不同的速率下迁移，直到它们按照各自的有效迁移率分离成不同的区带，在这一瞬间，由于通过这个系统的电流强度达到相同，在每条区带中的离子的速率将减慢，这就是说，在这一瞬间，所有区带在相同的速度下迁移，所以将这个技术称为等速电泳。

　　有关样品组成的检测，可以使用一个多功能的探测仪，从定性和定量两个方面来测定每条区带中的离子。它是基于温度、电导率或电位梯度的大小来进行测定的，对于某些离子性物质，紫外光或可见光的吸收也可以作为不同区带的特征来进行测定。

　　这一技术虽然比较复杂，但是使用多功能探测仪，检测只需 10min 左右，因此具有广阔的应用前景。

　　样品中如果离子的浓度有很大的不同，区带的分离需要较长的时间，从血清或尿素中分离钠盐或钾盐或者分离钠、钾、镁和锂盐的混合物就属于这种情况，约需要 30min。

　　由于等速电泳能够完全自动化，因此对各种酶过程的监测，具有很大的帮助。

　　等速电泳分离蛋白质可以是制备性的，制备的规模从毫克级到克级，取决于所用凝胶的直径和最佳孔径大小。实际上，凝胶的直径必须与合理的电泳速率相匹配，同时要考虑到装置的热量散发能力，所以凝胶的直径一般不超过 1.8cm。大直径凝胶柱的等速电泳过程，除了为防止蛋白质在扩展层中絮凝而降低电压外，其他均与小直径凝胶的电泳过程相似。蛋白质的加载量与凝胶的表面积成正比，因此可用一个小型的普通聚丙烯酰胺凝胶电泳设备就能进行制备规模的分离。

9.4.5　等电聚焦

　　等电聚焦（isoelectric focusing）简称电聚焦，是 20 世纪 60 年代后期发展起来的新技术，也是一种依据净电荷的不同来离析分子的方法。它能用于大规模分离两性物质，如蛋白质等。

等电聚焦的基本原理是利用电场和 pH 梯度的复合作用来实现两性物质的选择分离的。从化学观点来看，一个两性电解质是一种既呈酸性又呈现碱性的物质。在氢离子存在下，两性电解质的特性可以表达如下：

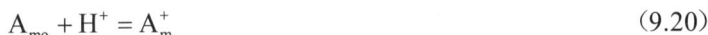

$$A_m^- + H^+ = A_{mo} \tag{9.19}$$

$$A_{mo} + H^+ = A_m^+ \tag{9.20}$$

这就是说，两性物质 A_m 所带电荷取决环境的 pH 值，等电聚焦利用这个电荷特性与 pH 关系作为分离技术的基础。如果把一个两性电解质置于一个连续跨接的外加 pH 梯度下，并且施加一个电场，那么这种物质将按照它的电荷而迁移。如果这种物质在初始位置的 pH 值下呈负电荷，它将向阳极迁移，见图 9.22，随着迁移，pH 值逐渐降低，按照方程式 (9.19)，直至它达到电中性状态。这就叫做等电点。在均一的电场中，这个物质将停止移动，因为作用它的有效电动力将趋于 0。在混合物中每种物质也将这样移动，直至它达到自己的等电点。

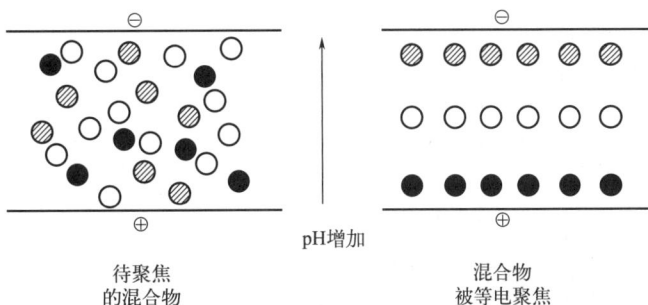

待聚焦　　　　pH增加　　　　混合物
的混合物　　　　　　　　　被等电聚焦

图 9.22 等电聚焦原理示意

等电聚焦的主要优点是混合物可以达到完全分离，而且只要电场保持不变，扩散和对流迁移就不会影响分离的有效性。

这个技术的基本要求是在装置中建立和维持一个 pH 梯度的性能，最有效的方法是采用一种等电点在所要求的 pH 值范围内合成两性分子的混合物（见表 9.2）。对此混合物施加一个电场，使两性电解质移动到它们各自的等电点上，产生一个稳定的 pH 梯度。将凝胶和一种缓冲液引入系统中，产生一个合适的基质，对蛋白质混合物进行等电聚焦。它的优点是可以将等电点相差 0.01pH 单位的蛋白质分开，分辨率很高，由于等电聚焦能抵消扩散作用使区带越走越窄，因此不管样品加在什么部位，都可以聚焦到其等电点，即使很稀的样品也可以进行分离，并直接测出蛋白质的等电点。等电聚焦技术的缺点是：①等电聚焦要求用无盐溶液，而在无盐溶液中蛋白质可能发生沉淀；②样品中的成分必须停留在其等电点处，不适用于在等电点不溶或发生变性的蛋白质。

表 9.2 代表性两性电解质的批号与 pH 范围

Ampholyte 批号及 pH 范围		Pharmalyte pH 范围	Ampholyte 批号及 pH 范围		Pharmalyte pH 范围
1809-101	3.5 ~ 10	2.5 ~ 5.0	1809-131	6 ~ 8	以上是 Pharmacia 公司产品
1809-106	2.5 ~ 4	4.0 ~ 6.5	1809-136	7 ~ 9	
1809-111	3.5 ~ 5	5.0 ~ 8.0	1809-141	8 ~ 9.5	
1809-18	4 ~ 6	6.5 ~ 9.0	1809-146	9 ~ 11	
1809-121	5 ~ 7	8.0 ~ 10.5	以上是 LKB 公司产品		
1809-126	5 ~ 8	3.0 ~ 10			

等电聚焦技术既要求有稳定的 pH 梯度，也要求防止对流和已分离区带的再混合，可采用密度梯度、聚丙烯酰胺凝胶和区带对流聚焦三种方法满足。其中第一种方法最常用，它由重溶液和轻溶液以梯度混

合形成。用作密度梯度的溶质，应在水中溶解度高、黏度低、密度大，产生的密度差不低于 $0.12g/cm^3$，不与样品蛋白质起反应，不解离等，最常用的是蔗糖，也可用甘油、乙二醇、山梨醇等。

　　等电聚焦的装置分柱式和平板式两种。柱式等电聚焦电泳仪的结构（见图9.23）和操作都比较复杂，需要制备密度梯度，电泳液的排出、收集和测量方法等诸多因素会影响其分辨率，所以又出现了一些新型的电泳仪，如螺旋管等电聚焦仪，其示意图见图9.24，它不使用密度梯度来稳定 pH 梯度，而是将分离样品和两性电解质混合后，装入一长的塑性管中并在圆柱上绕上螺旋，然后进行电泳操作。又如水平旋转等电聚焦电泳仪，采用横放和聚酯隔膜来避免对流，绕轴旋转来克服重力和热对流对聚焦区带的影响，还装有真空多头取样装置和冷却系统，用于提高等电聚焦的分辨率，该仪器的外形如图9.25所示。等电聚焦电泳操作步骤，一般分为仪器和药品的准备，装柱及电泳，聚焦结束放样、收集和检测，最后从蛋白质中去除载体两性电解质。

　　除了密度梯度聚焦电泳外，也可在凝胶中制备等电聚焦，它的优点是：①在高的蛋白质负荷下，蛋白质的等电沉淀不干扰它的分离；②凝胶基质作为一种不对流介质可以增加条带的清晰度；③在洗胶的时候不发生条带的混合。

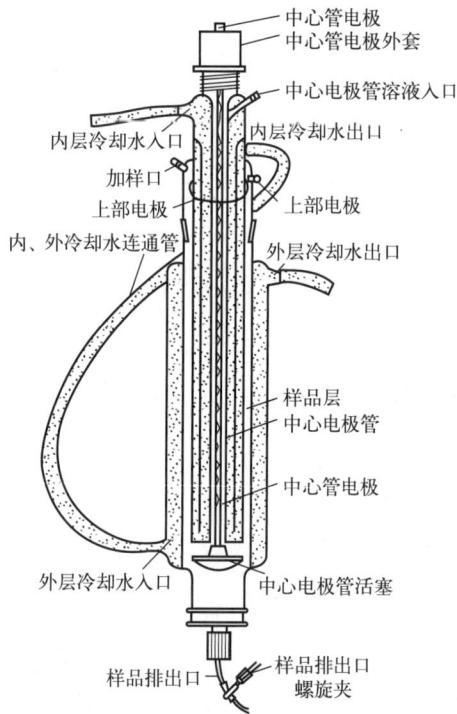

图9.23　柱式等电聚焦电泳仪剖面图

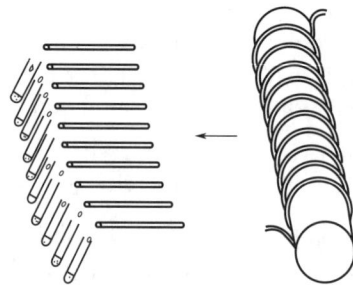

图9.24　螺旋管等电聚焦电泳示意

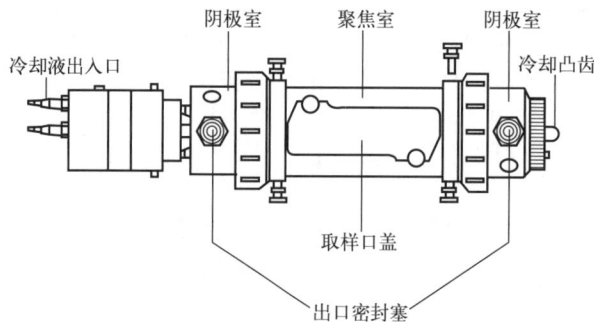

图9.25　水平旋转等电聚焦电泳仪

同液体介质相比，在凝胶中电聚焦的缺点是切片分离以后，需要从凝胶中溶解，渗透出或电泳出蛋白质，实际上凝胶切片和从凝胶切片中提取蛋白质的操作方法已在广泛使用之中，因此等电聚焦电泳终将成为大规模蛋白质纯化的常用方法之一。

9.4.6　二维电泳

二维电泳又称双向电泳，是到目前为止具有最高分辨率的电泳技术，是最强大的复杂蛋白质的分离技术。这一技术是在两个不同的维度上，根据蛋白质分子不同的特性，使用了两种不同的分离手段，最终将蛋白质分子群分离开来。虽然在两个不同维度上的分离手段有多种选择，但使用最为广泛的是在第一维度上使用等电聚焦，在第二个维度上使用 SDS-PAGE。例如将蛋白质混合样品，先在 4% 聚丙烯酰胺凝胶棒中等电聚焦，按等电分离，然后用不连续缓冲系统的 SDS- 聚丙烯酰胺凝胶电泳，按分子大小进行分离。

二维电泳一次操作最多可以分辨 10000 个斑点。这样高的分辨率可以用于过程控制期间样品的比较和在质量控制时纯度的最终鉴定。如此复杂图形的定量测定只能用计算机系统来处理。

二维电泳的缺点，一是比较费时，二是对于包含大量蛋白质的样品，由于高负荷蛋白质浓度引起的非特异性相互作用和在迁移时与聚丙烯酰胺基质的非特异性相互作用引起的大量蛋白质斑点的拖尾，会使分辨率显著地降低。

9.4.7　免疫电泳

免疫电泳（immunoelectrophoresis）是将琼脂电泳与琼脂扩散结合起来的一种免疫化学技术，它能使具有相同电泳迁移率的物质通过抗原和同源抗体之间的特异沉淀反应来检测所形成的沉淀数目，相当于不同抗原存在的数目。图 9.26 描绘了免疫电泳的基本原理。

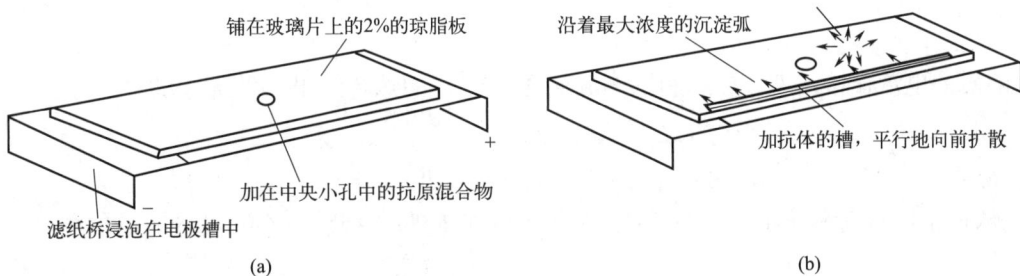

铺在玻璃片上的2%的琼脂板　　沿着最大浓度的沉淀弧

加在中央小孔中的抗原混合物　　加抗体的槽，平行地向前扩散

滤纸桥浸泡在电极槽中

(a)　　(b)

图 9.26　免疫电泳技术

（a）抗原在 10V/cm 时电泳 90min 后得到分离；（b）16 ~ 24h 后的扩散和沉淀

含有抗原的混合物，先在薄的琼脂板上进行电泳分离，然后抗体混合物加到如图 9.26 所示的切去了琼脂的槽中，混合物向两侧扩散，与此同时，抗原成分也在它们的琼脂位置上向四周辐射扩散，抗体和抗原相遇之处出现了弧形的沉淀。

9.4.8　制备连续电泳

作为一个连续制备技术，制备连续电泳能处理相对量大的生化物质。

连续电泳可分为用支持体和不用支持体的连续电泳。不用支持体的连续电泳也称连续自由流电泳，在 9.4.2 中已经介绍。除此之外，还有利用多孔膜的连续自由流电泳，它能很大程度地防止对流的影响，提高处理料液的量和分离效果。连续自由流电泳仪已有商品供应市场，最早是由英国 Harwall 的 UKAEA 实验室生化室研制而成的，其生产能力已达每分钟 1g 蛋白质的水平。

这里介绍的是用支持体的连续电泳，它是低压纸电泳的一种形式。溶解或悬浮在一种适当缓冲液中的样品，连续加到一个垂直纸片的顶部，样品由于重力作用通过缓冲液垂直向下移动，其速度与物质在流动相和支持物间的吸附力等有关，同时样品中各物质受电场的作用，带电成分向水平方向移动，其速度与物质的电荷和质量比有关。在两种因素的共同作用（又称二元式）下，各物质在滤纸上按其各自的理化特性呈辐射状特定方向沿下端的小三角流入分别收集的试管中，得到分离。本法除了用于分离制备带电分子外，也能用于分离不同类型的细胞、细胞膜和细胞器。连续电泳装置示意图见图9.27。

除了以纸作为支持体的连续电泳外，也有凝胶作为支持体的连续电泳，如与连续色谱相似的旋转环形柱连续电泳和旋转圆柱连续电泳及其与色谱组合的连续电流色谱，Bio-Rad也开发有连续洗脱电泳仪等。

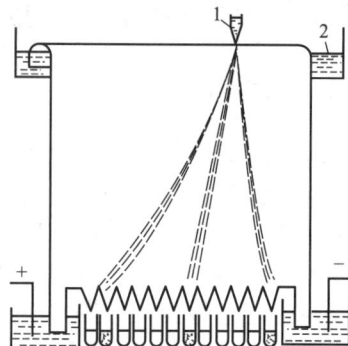

图9.27 连续电泳分离

1—物料加样器；2—恒定水平的缓冲液槽

9.5　第二代液相电泳

9.5.1　毛细管电泳

毛细管电泳（capillary electrophoresis，CE）也常称高效毛细管电泳（high performance capillary electrophoresis，HPCE），是以内径为20～200μm的柔性毛细管柱（例如熔融石英管）作为分离通道，以高压直流电场（1～30kV）为驱动力，对各种小分子、大分子以及细胞等进行高效分离、检测或微量制备等的有关技术的总称。

毛细管电泳的分离原理见图9.28。在毛细管中带电粒子所受的驱动力有两种：电泳力和电渗力。即在毛细管中由于高压电场的作用，带正电荷的粒子向负极泳动，与此同时，由于电场的作用在水溶液中毛细管壁内表面上带上SiO^-诱导管内形成双电层，从而产生电渗流，使溶剂在直流电场作用下发生定向运动，推动中性分子和带负电荷的粒子向同一个方向迁移。所以在电泳过程中，溶质的移动速度（V_i）应是溶质的电泳迁移速度（V_e）和溶剂流速度（V_{eo}）的综合结果，见式（9.21）。

$$V_i = V_e + V_{eo} \tag{9.21}$$

其中正离子：$V_i = V_{eo} + V^+$；中性分子：$V_i = V_{eo}$；负离子：$V_i = V_{eo} - V^-$

一般电泳速率比溶剂流速小一个数量级，所以溶质都向阴极移动，不同溶质因迁移率的差别而得到分离。

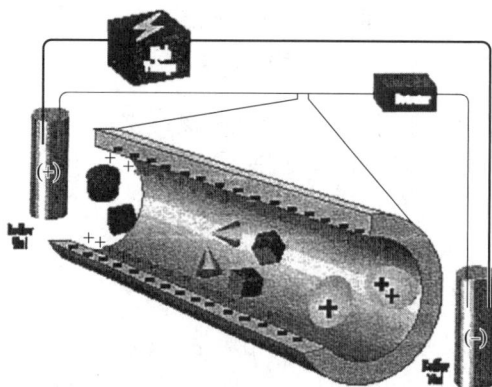

图9.28 毛细管电泳的分离原理示意

应各种不同分离对象的要求，毛细管电泳有许多不同的分离模式，在蛋白质和多肽方面，应用比较多的有毛细管区带电泳、毛细管凝胶电泳、毛细管胶束电动色谱、毛细管等电聚焦以及亲和毛细管电泳等。

毛细管的特点是：容积小，侧面 / 截面积大，因而散热快，可承受高电场，可使用自由溶液、凝胶等为支持介质，在溶液介质下能产生平面形状的电渗流。由此可见毛细管电泳具备以下优点。

① 高效　理论塔板数在 $10^5 \sim 10^6$，毛细管区带电泳理论塔板数可达 10^7 以上。

② 快速　几十秒至十几分钟完成分离。

③ 微量　进样所需要的体积小到 $1\mu l$，消耗体积在 $1 \sim 50nl$。

④ 多模式　可根据需要选用不同的分离模式并且仅需要一台仪器。

⑤ 样品对象广　从无机离子到整个细胞，具有"万能"分析功能和潜力。

⑥ 经济　实验仅消耗几毫升缓冲液，维持费用低。

⑦ 自动化　CE 是目前自动化程度最高的分离方法。

⑧ 洁净　通常使用水溶液，对人和环境无害。

但是使用毛细管也给电泳带来一定的问题，例如，制备能力差；光路太短，非高灵敏度的检测器难以测出样品峰；凝胶、色谱填充管需要专门的灌制技术；大的侧面 / 截面积能"增大"吸附作用，导致蛋白质的分离效率下降或无峰；吸附引起电渗变化，进而影响分离的重现性等。

由于毛细管电泳的分离模式较多，因此其应用的范围很广泛，从小分子离子的分析如强氧化性离子（$S_2O_8^{2-}$）和强还原性离子（S^{2-}），多芳香烃（PAH）和天然产物中提取的有机酸、维生素、矿物离子、中草药中生物碱、黄酮及其苷类等的分离和分析，手性对映体的拆分以及糖类的分离和分析，到生物大分子如 DNA、单细胞、蛋白质和酶的分离和分析，其中在蛋白质科学中的应用就包括了纯度分析、结构研究、物化常数测定、微量制备以及生化反应及其过程方面的分析等众多项目，相信凭借其高效、灵敏、快速、设备简单、适用性广等特点，必将有更为广泛的应用前景。

9.5.2　自由流电泳

凝胶电泳由于其上样量小，不易从中移去焦耳热以及从凝胶基质上分离出所需化合物比较困难，并且不适合那些易沉淀和不溶性大颗粒的分离，因而使其应用受到了限制。为解决在多肽、蛋白质和细胞的分离纯化中的诸多问题，放大制备性电泳几十年来一直是生物学家和生物技术学家们研究的一个主要目标，其中自由流动体系提供了唯一真正的实用性手段以达到这样一个目标，所以自由流电泳近十多年来得到迅速的发展。

自由流电泳在 9.4.2（1）自由流电泳及 9.4.8 制备连续电泳中已经作了简单介绍，现在进行若干补充：自由流电泳可广泛地理解为在无固相支持介质，用特定缓冲液作为分离介质的分离系统中所进行的可溶性分子或不溶性颗粒的电泳分离纯化技术，它可采用多种类型的仪器系统。狭义地说，自由流电泳可以被认为是在无支持介质的薄的矩形分离腔中，用缓冲液来作为分离介质的比较温和的电泳分离过程，也被称为 Hannig 型自由流电泳。

自由流电泳的分离原理：按照特定离子在电场中的离子迁移率 μ_i 应依赖于其电荷与体积比值的大小，即

$$\mu_i = |Z_i| q_0 / (6\pi\eta r_i) \tag{9.22}$$

式中，Z_i 是离子所带电荷；q_0 是基本电荷（$1.6022 \times 10^{-19}e$）；η 是溶液的黏度；r_i 是离子半径。

因此在一个均一的电场中带有各自不同电荷 - 体积比的每种离子具有各自独特的电泳迁移率，从而使它们得到分离。自由流电泳仪有许多不同类型并已商品化，如 Hannig 型电泳仪、多通道流动电泳仪、旋转圆盘形电泳仪等，可根据分离对象和规模大小进行选择。自由流电泳的优点是一个连续的分离过程，直到样品被处理完全，所以可节省大量的时间和人力，并且因分离中不使用有机溶剂、高盐溶液及硅胶或凝胶等支持介质，其非常温和的分离条件十分适合蛋白和细胞等生物物质的分离和纯化。

虽然自由流电泳中的热对流、分子沉降和电动流体力学变形等一些问题会引起样品流的扰动而降低电泳的分辨率，使其应用受到一定限制，但由于它在分离生物大分子方面显示许多独特的优点，所以把自由流电泳发展成为一种制备型生物技术需要不断完善。

自由流电泳的应用范围非常广泛，从小分子、蛋白质、蛋白质 - 脂质复合物、DNA、染色体、脂质体、多种膜物质、细胞器到完整的细胞，都能得到分离。此外，还在蛋白质组学和在微重力下分离细胞和药用蛋白质方向得到应用。自由流电泳的发展走过了一段较长的路程，从最初的简陋分离装置发展到现代化全自动仪器，其应用范围也几乎遍及生物技术的各个领域，因而完全有理由相信，自由流电泳必将随着其自身和科学的发展而发挥越来越大的作用。

9.6   电泳的其他用途

电泳除了以上用于分离各种生化物质以外，还可用于解吸和浓缩产品。

9.6.1   电泳解吸

如何将结合在亲和基质上的样品，例如亲和色谱、亲和吸附或免疫吸附剂上的样品回收，有时在实验中是一个困难的问题。如果不能回收，则不仅难以获得产品并且使亲和基质不能重复使用。虽然有些高浓度的试剂或盐能够解除强烈的亲和作用，但是它们会造成产品活性完全丧失。

从亲和电泳技术出发，人们想到可以用电泳从亲和基质上进行物质的制备性洗脱，即电泳解吸。目前已有人用此法解除了半抗原与免疫吸附剂之间的亲和作用。电泳解吸的装置已有多种，如 Pharmacia FBE-3000 等。在此介绍一种比较简单的装置，如图 9.29 所示，它是用有机玻璃制成的，中央室的体积可在装配时推动上、下两端面来调节，结合在亲和基质上的样品加载到管子的上部，并受多孔聚丙烯圆盘支撑，解吸在室温和恒电流条件下进行，使样品迁移到中央室得到回收。

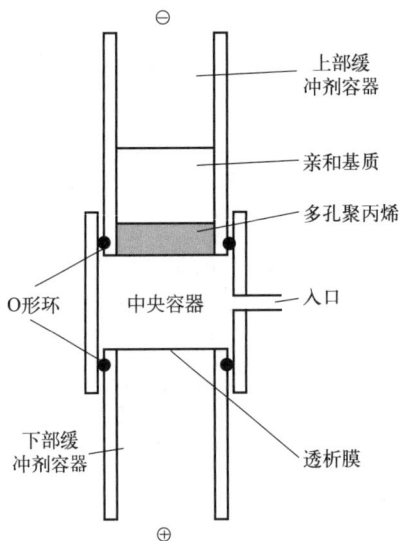

图 9.29   物料从亲和基质和免疫吸附剂上制备电泳解吸的单元装置

9.6.2   电泳浓缩

电泳浓缩的依据是带电大分子物质受电场影响在溶液中移动时，如果从开始迁移不受阻的大区域，转入进一步迁移受阻的小区域，就会在那里积累，达到浓缩的目的。

电泳浓缩最简单的装置由一个颈上扎有透析袋的过滤漏斗组成（见图 9.30）。它能在几小时的电泳过程中，将稀释的样品溶液浓缩 50 倍，达到要求后，解下透析袋，透析除去蔗糖、缓冲液、盐，得到目标产物浓缩液。它特别适用于如组织抽提液那样大量稀释样品的加工。

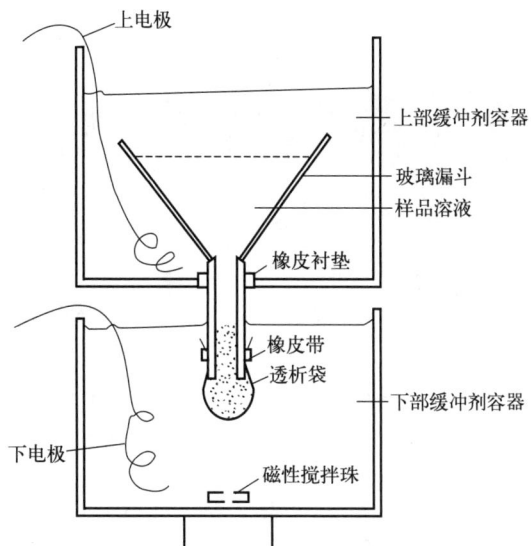

图 9.30 稀样品溶液的电泳浓缩简单装置（阴影区域表示样品溶液）

10　结晶和成品干燥

○○ —— ○○ ○ ○○ ——————————

10.1　概述

结晶是人们所知的最古老的化学工艺过程之一。很多化学工业过程，在生产的某些阶段，要利用这一单元操作来生产、纯化或回收固体物质。如抗生素工业中，青霉素、红霉素的生产，一般都包含有结晶过程。同样，在其他生物技术领域中结晶的重要性也在与日俱增，如蛋白质的纯化和生产都离不开结晶技术。

固体从形状分有晶形和无定形两种状态，食盐、蔗糖都是晶体，而木炭、橡胶等都为无定形物质。晶形物质与无定形物质的区别在于它们的构成单位——分子、原子或离子的排列方式互不相同，前者是质点元作三维有序规则排列的固态物质，而后者是无规则排列的固体物质。因此在一定的压力下晶体具有一定的熔化温度（熔点）和固定的几何形状，在物理性质方面又往往具有各向异性。无定形物质则不具备这些特性。当有效成分从液相中呈固体析出时，如若环境和控制条件不同，可以得到不同形状的晶体，也可能是无定形物质，如表 10.1 所示。

表 10.1　光辉霉素在不同溶剂中的凝固状态

溶　剂	凝固状态
氯仿浓缩液滴入石油醚	无定形沉淀
醋酸戊酯	微粒晶体
丙酮	长柱状晶体
戊醇	针状晶体

实际上，按晶格空间结构，可把晶体最简单地分为立方晶系、四方晶系、六方晶系、正交晶系、单斜晶系、三斜晶系、三方晶系等七种晶系，而结晶体的形态可以是单一晶系，也可能是两种晶系的过渡体，比较复杂。

由上可知，结晶是固体物质以晶体状态从蒸汽或溶液中析出的过程，而沉淀是固体物质以无定形状态从蒸汽或溶液中析出的过程。结晶和沉淀在本质上是一致的，都是新相形成的过程。

由于结晶是同类分子或离子的有规律的排列，故结晶过程具有高度的选择性，析出的晶体纯度比较高，同时所用的设备简单，操作方便，所以结晶是从不纯混合物或不纯溶液中制取纯品的一个最便宜的单元操作。晶体还具有能传递和储运、易流动与包装等工业特性，并使产品的销售较好，结晶与溶剂萃取和蒸馏等单元操作相比更为经济，应用面也更广，很可能使原来利用蒸馏法纯化物质的过程完全被低温下的结晶过程所取代。

结晶过程虽然在实验室中非常简单，但是它是一个热力学不稳定的多相、多组分的传热和传质过程，因此受控的变量较多，都会影响晶核的生成和晶体的成长，所以在大规模结晶中，晶体难以定形，正确的计算还未能实现。

这样，结晶操作就成了各国科技工作者研究的热点，并在多年来研究的基础上取得了两个非常重要的进展：①使用日益成熟的模型方法，例如计算流体动力学（CFD），解决复杂的问题和利用分子模型从结构上揭示结晶；②新的结晶技术的出现，如超临界结晶、声波结晶（sonocrystallization）和结晶技术应用上的扩展，如手性拆分方法来制备纯的光学异构体。我国天津大学化工学院这几年也进行了大量的研究，并在工业结晶与放大方面有所创建，促进了经济建设。

本章主要介绍结晶的机理及动力学、结晶过程的分类及其计算和重结晶等。

10.2   结晶的基本原理

10.2.1   溶液的饱和和过饱和度

（1）溶液的饱和浓度　将一种溶质放入一种溶剂中，由于分子的热运动，必然发生两个过程：①固体的溶解，即溶质分子扩散进入液体内部；②物质的沉积，即溶质分子从液体中扩散到固体表面进行沉积。一定时间后，这两种分子扩散过程达到动态平衡。在给定温度条件下，与一种特定溶质达到平衡的溶液称为该溶液的饱和溶液。确定这样一个相平衡体系，根据相律，需要两个独立的参数，因此当压力为常数时，就只有一个独立参数了，这个独立参数可以是温度 T，也可以是浓度 C，即当知道了温度时，便会有一个确定的浓度与溶质相对应，这个浓度称为该温度下的饱和浓度，同样如果知道体系的平衡浓度，也就知道了相应的温度，这个温度叫饱和温度，因此对于一个平衡体系温度和浓度之间有一个确定的关系，这种关系用温度 - 浓度图来表示，就是一条饱和曲线（见图 10.1）。

通常以饱和浓度作为该条件下物质溶解度的量度，一般常用 100g 溶剂中所能溶解溶质的质量（g）来表示。

（2）溶液的过饱和度　在实际工作中，常常可以制备一个含有比饱和条件下更多溶质的溶液，这样的溶液称为过饱和溶液。过饱和溶液达到一定浓度时会有固相形成。开始有新相形成时，过饱和浓度和温度的关系可用过饱和曲线描述。用图 10.1 中上面的虚线表示。图中两条曲线将温度 - 浓度图分成 3 个区域，相应的溶液也处于三种状态。①稳定区及其相应的状态，其浓度等于或低于平衡浓度，不可能发生结晶。②介稳区，又可细分为两个区：第一个分区称为亚稳区，位于平衡浓度曲线与超溶解曲线（标识溶液过饱和而欲自发地产生晶核的极限浓度曲线）之间，在该区若有晶体存在，则晶体长大，但没有新的晶核形成；第二个分区称为过渡区，位于超溶解度曲线与过饱和曲线之间，在该区，伴随晶体长大的同时，有新的晶核生成，但并不马上发生，而是要经过一定时间间隔后才发生。总的来说，在介稳区结晶是不能自动进行的，但若加入晶体，则能诱导结晶进行，这时主要是二次成核，这种加入的晶体称为晶种。工业结晶过程为保证得到平均度大的结晶产品，应尽量控制在介稳区内结晶，避免其自发成核。③不稳区，溶液处于不稳定状态，特点是结晶马上开始，自发成核，出现连生体和树枝状结晶，与这一状态相对应的浓度是超过过饱和曲线的浓度。

过饱和现象也可以用缓慢蒸发的方法从溶液中除去部分溶剂来得到。一个溶液从饱和状态逐渐转变为过饱和状态，也可以通过溶解度曲线利用图表来描述。如图 10.1 所示，当部分溶剂在固定的温度下用缓慢蒸发的方法除去，可到达过饱点 E，另外，在固定的浓度下，降低温度，可到达过饱点 C。当温度和浓度两方面都增加时，曲线 CED' 是过饱和曲线。在特定的温度下，过饱和现象或过冷现象可以按下面的方法表述。

如果 c 为溶液的过饱和浓度，而 c^* 为饱和时它的平衡浓度，那么，过饱和度 S 可以用式（10.1）表示：

$$S = \frac{c}{c^*} \tag{10.1}$$

相对过饱和度 σ 可以用式（10.2）表示：

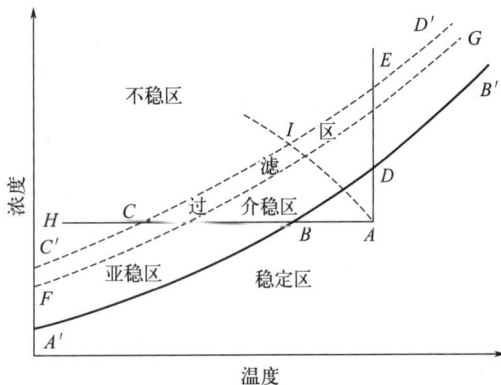

图 10.1　饱和曲线与过饱和曲线

$$\sigma = \frac{\Delta c}{c^*} = S - 1 \tag{10.2}$$

对于单组分体系，公式中使用过冷度比（或过冷系数），它可以用式（10.3）表示：

$$\Delta \theta = \theta^* - \theta \quad 或 \quad \Delta T = T^* - T \tag{10.3}$$

这里 θ 的单位为℃，T 单位为 K（热力学温度）。因此，如果在一个给定的温度下，测量溶液的浓度和饱和的平衡浓度，则对于一个溶质在给定溶剂中所组成的溶液，其过饱和值（一个比率）是很容易求得的。可以通过测量如密度、黏度、折射率、电导率等特性来测定溶液的浓度或者直接分析溶液来得到浓度。

（3）结晶过程　溶液进入不稳定区、处于过饱和状态时，结晶才能自动进行，但是进入不稳定区才出现结晶的情况很少发生，因为蒸发表面的浓度一般超过主体浓度，在表面首先形成晶体，这些晶体能诱发主体溶液在到达 E 或 C 点之前就发生结晶。

溶液浓度必须达到一定的过饱和程度时，才能析出晶体。实验证明，一个物质的溶解度与它的颗粒的大小有关系。微小颗粒的溶解度往往要比正常粒度的平衡溶解度要大。用热力学方法可以得到关系式（10.4）。

$$\ln \frac{c_1}{c_2} = \frac{2M\sigma}{RT\rho}\left(\frac{1}{L_1} - \frac{1}{L_2}\right) \tag{10.4}$$

式中，c_1 和 c_2 分别是曲率半径为 L_1 和 L_2 的溶质的溶解度；R 为气体常数；T 为热力学温度；ρ 为固体颗粒的密度；M 为溶质的分子质量；σ 为固体颗粒和溶液间的界面张力。

① 若 $L_2 > L_1$，则 $\ln\frac{c_1}{c_2} = $ 正数，$\frac{c_1}{c_2} = e^{正} > 1$，所以 $c_1 > c_2$，即颗粒半径小，溶解度大。

② 若 $L_2 \to \infty$，相当于具有平表面的正常大颗粒，如果它的溶解度 c_2 定义为 c^*（溶质的正常溶解度），于是半径为 L 的离子的溶解度 c 可表示为：

$$\ln \frac{c}{c^*} = \frac{2M\sigma}{RT\rho L} = \ln S \tag{10.5}$$

即得到颗粒大小与过饱和度 S 的关系。

③ 若一个溶液中同时存在大小不同的很多颗粒晶体，那么经过一段时间之后，小颗粒溶质逐渐消失，大颗粒溶质逐渐粗大整齐。这就是平时所说的陈化过程。

根据以上讨论，可以知道微小颗粒的溶解度恒大于正常平衡溶解度。对于结晶过程来说，最先析出的微小颗粒是以后结晶的中心，称为晶核。微小晶核与正常晶体相比具有较大的溶解度，在饱和溶液中会溶解，只有当达到一定的过饱和度时晶核才能存在，这就是为什么溶液浓度必须达到一定的过饱和程度时才能结晶的原因。晶核形成以后，并不是结晶过程的结束，还需要靠扩散而继续成长为晶体。实际上结晶包括三个过程：a. 过饱和溶液的形成；b. 晶核的生成；c. 晶体的生长。

由于结晶是构成单位的有规律排列，而这种有规律的排列必然与晶体表面分子化学键的变化有关，因此结晶过程又是一个表面化学反应过程。结晶时一般还会放出热量，称为结晶热，因此在结晶过程中除了有质量的传递外，同时有热量的传递存在。

10.2.2　过饱和溶液的形成

结晶的首要条件是过饱和，选择何种途径产生过饱和，会对目标产品的规格和结晶器操作的难易有重要的影响。过饱和可经许多途径形成，其中最常用的有四种：①冷却，假设溶解度随温度的增加而增加，例如冷却 L-脯氨酸的浓缩液至4℃左右，放置4h，L-脯氨酸结晶就会大量析出，这就是图10.1中直线 ABC 所代表的过程；②溶剂的蒸发，例如真空浓缩赤霉素的醋酸乙酯萃取液，除去部分醋酸乙酯后，赤霉素即成结晶析出，这就是图 10.1 中直线 *ADE* 所代表的过程；③解析（drowning out），在溶液中加入一种非溶剂（抗溶剂，antisolvent）可与原始溶剂互溶，而溶质在混合溶剂中的溶解度降低，例如利用卡那霉素易溶于水而不溶于乙醇的性质，在卡那霉素脱色液中加入 95% 的乙醇，加入量为脱色液的 60%～80%，搅拌 6h，卡那霉素硫酸盐即成结晶析出；④化学反应产生一个更低可溶性的产品，包括加入反应剂或调节 pH 值，生成新的物质，其浓度超过它的溶解度，例如在红霉素醋酸丁酯提取液中加入硫氰酸盐并调节溶液 pH 值为 5 左右，可生成红霉素硫氰酸盐析出。

工业生产上，除了单独使用上述各法外，还常将几种方法合并使用，强化过饱和程度。要选择一种过饱和形成的方法，有些溶解度数据是必需的，并且这些数据应该用工业原料的典型溶液试验得到，一个有用的时间节省策略是首先考虑这一过程的起始点和终点。在许多情况下，比较好的过饱和形成技术，是在研究了过程起始点和终点这两个溶解度点后就会提出来的。

例如，通过化学反应生成的产品，如果反应剂是极易溶的，而产品相对地是不溶的，则过饱和将必然由化学反应产生；如果产品是完全可溶的，并且溶解度随温度变化小，则溶剂蒸发或者用一个抗溶剂（antisolvent）解析可能是恰当的选择；如果产品的溶解度随温度的上升而急剧地增加，则冷却结晶也许是恰当的；被推荐的离析温度则取决于产物在该温度下的溶解度是否低到足以具有满意的收率。

在所有的情况下，对起始浓度的限制，有一个上限，这个浓度通常在起始条件下由溶剂中溶质的溶解度确定，结晶的最终点由溶质在所选离析条件下的溶解度来确定。在过程的终了，不可避免地将有一些溶质留在溶液中，故产率总是小于 100%，这是结晶的一个基本特征。为了提高产品的收率，可能需要回收母液，这取决于留在母液中溶质的质量。但是，必须小心处理，防止杂质混入产品或有损于结晶的性能。

过饱和形成技术一经选定，还需要收集溶解度数据，用这些数据可以很容易地确定过饱和测定及控制。

过饱和控制对于优化结晶过程常常是最强有力的手段，不容忽视。在这点上，四个主要过饱和形成技术可以看作两对：冷却和蒸发结晶通常使过饱和形成接近于定义面（传热或蒸发面）并以相对适中的速率；通过解析（drowning out）或反应，过饱和形成常常是高度定域的并且是快速地形成的，产生了一个混合环境，对过饱和分布施加大的影响并因此影响产品的特性。理解并掌握过饱和形成技术的不同特性可以帮助避免许多常见问题，并为随后寻找和排除问题提供对策。

介稳区的宽度是另一个基本数据，它必须得到。实际上，这是在结晶 - 自由溶液中发生初级成核时的过饱和程度。介稳区的宽度可以用缓慢地提高结晶 - 自由溶液的过饱和直至出现成核，并记录下与成核条件相一致的平衡溶解度范围来确定。当过饱和是用冷却方法形成时，介稳区宽度可以用记录过冷下开始成核要求的饱和温度来确定。如图 10.2 所示，图中展示了典型的未加晶种的冷却结晶过程。介稳区表示了一个范围，在该范围内，为了控制结晶必须保持过饱和。因此，如果介稳区域处在靠近溶解度曲线的一侧，那么结晶控制就会比较困难。

由上可见，设计或调试一个溶液的结晶过程，如果没有溶解度曲线和介稳区宽度的知识将会寸步难行。

10.2.3 晶核的形成

通过结晶形成微粒有两个主要的步骤，晶核的形成和晶体的生长，这两个过程共同决定了产品尺寸的分布。

晶核的形成可以简单地定义为一个新的晶粒的形成，其过程可分为两种现象，见图 10.3。

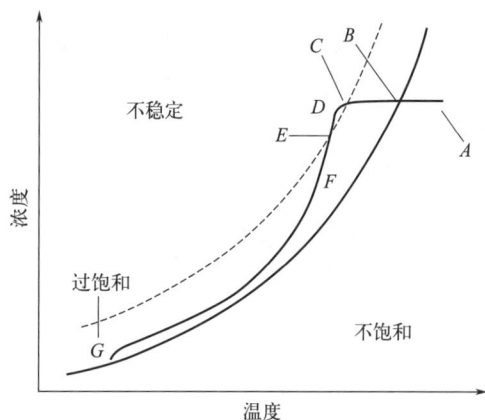

图 10.2 分批式未加晶种的冷却结晶操作过程曲线

A—初始进料；B—冷却溶液至饱和；C—进入不稳区，开始成核；

D—在不稳区内快速成核；E—浓度下降，离开不稳区；

F—在分批主要冷却期间晶体生长；G—终点

初级成核现象发生在系统中没有任何晶体时或者有这样的晶体存在，但它对过程的影响非常小或者根本没有；二次成核现象发生在系统中有晶体存在时，这些晶体对过程产生很大的影响。

（1）初级成核　由图10.3可见，初级成核又分为均相和非均相成核两类，它们是根据饱和溶液中有无自生或外来的微粒来划分的。

当晶核形成发生在没有外来表面的均相溶液中时，初级成核现象就是人们所熟知的均相成核，而非均相初级成核仅仅发生在有外来表面的溶液中，在那里它的效应主要是催化作用。在一个均相溶液中，分子是有限的质点，其能量或速度具有统计分布的性质。当它们的运动在某一瞬间、某一区域越过势能垒，就会在尺寸上增加形成晶核。事实上，均相成核现象包含有许多晶体生成的初级步骤，在连续流的均相介质（溶液）范围内，有表面的形成和在分子内部发生的过程。

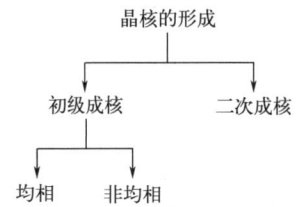

图10.3　晶核形成的几种机理

消耗在这两个作用上的能量，按照自由能的变化最好的解释应是初级成核的能量。形成外部表面所需的能量是正值，而形成内部表面所需的能量是负值。因此均相成核的自由能是表面过剩自由能和体积过剩自由能之差。即：

$$\Delta G = \Delta G_s + \Delta G_v \tag{10.6}$$

式中，ΔG_s为固体表面和主体的自由能的相差；ΔG_v为晶体中分子与溶液中溶质分子自由能的相差。

正值ΔG_s是界面张力σ与表面积的乘积，$\Delta G_s = 4\pi L^2\sigma$；而负值$\Delta G_v$是以$L$为半径的球形晶体的过剩自由能，$\Delta G_v = \frac{4}{3}\pi L^3\Delta g_v$（$\Delta g_v$为形成单位体积晶体的自由能变化）。因此式（10.6）可写成：

$$\Delta G = 4\pi L^2\sigma + \frac{4}{3}\pi L^3\Delta g_v \tag{10.7}$$

可以将晶核大小L对ΔG的关系标绘成曲线，见图10.4。

图10.4显示了分子聚焦体的自然生长只能在晶体达到确定临界半径以后才能发生，在对方程式（10.7）取导数后可以求出L_c（临界半径）。

$$\frac{\mathrm{d}\Delta G}{\mathrm{d}L} = 8\pi L\sigma + 4\pi L^2\Delta g_v \tag{10.8}$$

则：

$$L_c = \frac{-2\sigma}{\Delta G_v} \tag{10.9}$$

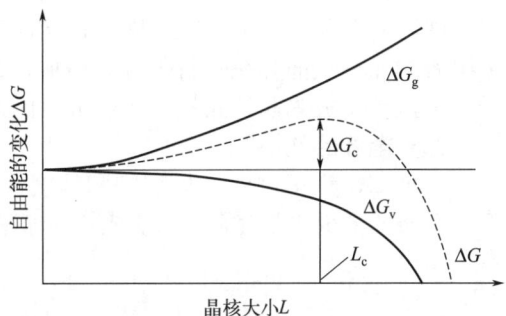

图10.4　成核时自由能的变化

由式（10.7）和式（10.8）可得最大自由能：

$$\Delta G_c = \frac{16\pi\sigma^3 M^2}{3(\Delta G)^2} = \frac{4}{3}\pi\sigma L_c^2 \tag{10.10}$$

再将式（10.5）代入式（10.10）中，可得：

$$\Delta G_c = \frac{16\pi\sigma^3 M^2}{3(RT\rho\ln S)^2} \tag{10.11}$$

式中，ΔG_c即是成核时所必须跨越的能垒。

能与溶液建立热力学平衡的晶簇称为晶核，其成核速率B_p可用阿伦尼乌斯方程式表示：

$$B_p = A\exp\left[\frac{-\Delta G_c}{RT}\right] \tag{10.12}$$

式中，A 为指数因子；B_p 为成核速率，即单位体积溶液在单位时间内晶核数目的增加。

非均相成核现象受外来杂质表面的影响，在判断成核时所需粒子的自由能变化无论是相当高还是很低时，外来表面和晶核之间的接触角是很重要的。如果这个接触角非常小或者很接近零，单晶生长几乎在外来杂质表面上，比较低的过饱和度就能引起成核作用。如果接触角是 180° 或在其附近，均相和非均相之间几乎没有差别。应该指出，对于一个成功的非均相成核，在外来粒子和物料之间进行结晶必须使类质同晶越少越好（至多 15%）。

非均相成核速率一般可用简单的经验关联式来描述：

$$B_p = K_p \Delta c^h \tag{10.13}$$

式中，K_p 为速率常数；h 为成核指数，一般是大于 2 的常数；Δc 为绝对过饱和度，等于 $c-c^*$。

（2）二次成核　物质的一个或几个晶体存在于它们的过饱和溶液中，会引起新晶体的生长，其中的成核作用，不会按其他方式发生，这种形式的成核作用称为二次成核作用。原始晶体（母晶）在过程中起了决定性的作用。

二次成核的机理已有许多学者作了不同的解释，其中 Stricland-Constable 等人提出了成核可能经历了如下几个阶段：初始育种→针状结晶滋生→进一步生长。此外，他们还提出了碰撞成核的现象。初始育种是一个值得注意的现象，因为成核作用仅仅发生在母晶放进溶液的地方。在初始育种以后，成核作用按几种不规则生长的方式继续进行下去。针状结晶体可认为是有晶核形成，并在搅拌系统中这些针状晶体被打碎直至生长出更多的针状晶体或晶核。在高度过饱和溶液中，会生成一定程度的凝聚体，它们能打碎变成晶核，常常称为"多晶育种"。碰撞成核可分为两种类型，磨损成核和接触成核。由于采用各种方法搅拌溶液，使母晶机械破碎后形成新的晶体被称为磨损成核，所以母晶形状和大小的变化是很明显的。接触成核是一种微观现象，涉及母晶同一个机械杂质表面进行接触时（一个相当长的时间内）新晶核的形成。但是这种接触对母晶并不产生明显的作用。

二次成核的另一种机理是由 Botsaris 等人提出的，他们认为晶核是在晶种附近的边界层中形成的。由于一定程度的"杂质浓度梯度"，在本体溶液中也隐藏着自发成核作用。Powers 提出二次成核的两种有趣的机理：一种机理认为当饱和溶液以较大速度流过已成核的晶体表面时，在流体边界层上的剪切力会将一些附着在晶体元上小粒子断开，从而形成新的晶核；另一种机理认为溶质粒子本身以非常弱的结合力附着到晶种表面并在数目上逐渐增加，最后通过流体剪切的办法，从这些表面分开并长大，而不被分开的那些粒子成为晶体晶格的一部分，因此，在晶种生长和二次成核之间存在着一个竞争，这一机理得到了许多学者的支持。

由上可知，许多因素，如过饱和程度、冷却、搅拌与搅拌程度，晶种的数量和大小，以及污染的程度、杂质的多少等都会影响二次成核的速率。在实际生产中，常可用下述经验公式来具体描述二次成核速率：

$$B_s = K_b \Delta c^h M_t^n N^m e^{[-E_b/(RT)]} \tag{10.14}$$

式中，B_s 为二次成核速率；K_b 为成核速率常数；Δc 为过饱和推动力；M_t 为晶体的悬浮密度；N 为系统搅拌强度量；E_b 为成核作用的活化能；R 为气体常数；T 为热力学温度；h、n、m 为常数，是操作条件的函数。

当外部操作条件相对稳定时，式（10.14）可化简为：

$$B = K \Delta c^h M_t^n \tag{10.15}$$

式中，K 为稳定操作条件下的成核速率常数。

上述公式对于连续结晶器的设计非常重要。

10.2.4　晶体的生长

（1）晶体生长理论　晶核一经形成，立即开始长成晶体，与此同时，新的晶核还在不断地生成。故所得晶体的大小，决定于晶体生成速率与晶核生成速率的对比关系。如果晶体生长速率大大超过晶核生成速率，过饱和度主要用来使晶体成长，则可得到粗大而有规则的晶体；反之，则过饱和度主要用来生成新的晶核，所得的晶核颗粒参差不齐，晶体细小，甚至呈无定形态。

化合物的晶体生长是依靠构成单位之间相互作用力来实现的。在离子晶体中，构成单位靠静电引力结合在一起；在分子晶体中，可能靠氢键结合在一起，如果分子带有偶极矩，那么它也靠静电力结合。关于晶核生长成为晶体的机理有很多种，例如"表面能理论""扩散理论""吸附层理论"等，这些理论各有优点和缺点，近来常用的是"扩散理论"，即认为晶体生长包括两个过程：①分子扩散过程，溶质从溶液主体相扩散通过一层液膜，进入晶体表面；②表面化学反应，固-液界面上溶液中的物质与晶体表面上的物质结合或沉积，形成一定大小有规则的晶体。

（2）晶体生长的动力学　因此，在过饱和溶液中成核以后可以观察到许多动力学现象。

① 在晶体表面与溶液主体之间始终存在着一层边界层，即在晶体表面和溶液之间存在着浓度推动力，为（c_0-c_i），其中 c_0 是液相主体浓度，而 c_i 是界面上的浓度。

② 由于浓度梯度的结果，溶质粒子和晶核穿过溶液向边界层扩散（质量传递）。

③ 由于推动力（c_i-c_s）使粒子在晶体表面沉积，其中 c_s 是晶体表面的浓度，c_i 是界面上的浓度。这种沉积成为表面结合过程，即溶质分子和晶核嵌入晶体晶格中。

④ 在溶质分子嵌入晶体晶格以后，释放出晶体热并传入溶液，使在晶体表面上的平衡饱和浓度比在溶液主体中稍高一些。

传质过程和表面结合在结晶速率上起着控制作用。就搅拌系统而论，传质速率可以用简化的 Fick 定律来表示：

$$M = K_d(c_0 - c_i) \tag{10.16}$$

式中，M 为质量通量；K_d 为传质系数。

而表面结合方程式可以表示如下：

$$G_s = K_s(c_i - c_s)^n \tag{10.17}$$

式中，G_s 为沉积在表面上的微晶质量；K_s 为表面结合过程的比例常数；n 为幂值，取决于系统，称为生长过程的级数。

在相同的动力学条件下，如果溶解和晶体生长速率相同，并且溶解和生长两者控制步骤都是分子扩散，则 c_i 值可由方程式（10.16）得到，而 c_s 可由方程式（10.17）得到。K_s 值取决于温度、存在的杂质和晶体表面特性，可以用阿伦尼乌斯方程式表示：

$$K_s = Ae^{-\Delta E/(RT)} \tag{10.18}$$

式中，A 为频率因子。

不少学者指出，在许多盐溶液中溶解和生长都与浓度差（c_0-c_i）呈线性关系。

因此，结晶生长过程的总速率可以表示成 Δc、K_d 和 K_s 的函数：

$$G = f(\Delta c, K_d, K_s) \tag{10.19}$$

在稳态条件下，如果分子扩散（或质量传递）和表面结合速率同时存在，晶体生长总速率可以通过总推动力（$c_0-c_s=\Delta c$）求得。假设为一级表面结合过程 [在方程式（10.17）中 n=1]，则总的晶体生长速率可以表示为：

$$G = K_g(c_0 - c_s) \tag{10.20}$$

如果表面结合过程是多级的，总的生长过程可以用幂定律表示：

$$G \propto \Delta c_g \tag{10.21}$$

这种形式的速率表达式已发现对生长过程很合适，同样对多元系统也很适合。必须指出，如果溶质分子的离析（或蒸发）速率超过成核速率，则将以无定形粒子析出。只有粒子从溶液中低速析出，才能发生平稳的成核，形成完整的晶体。

以上所述的晶体生长速率公式，已表明与原始晶粒的初始粒度无关。这是对原始公式有关变量进行关联后的结果。众所周知，在晶体生长时，晶体表面积会随晶体质量而变化，如果晶体生长过程中，它的几何形状保持相似，则只要使任意一条边的长度与其他各条边的长度保持一定的比例，就可以把这些量按式（10.22）关联起来：

$$L = 6M_c/(\rho_c A_c) \tag{10.22}$$

式中，L 为定义的晶体特征长度；M_c 为晶粒的质量；A_c 为晶粒表面积；ρ_c 为晶体的密度。

并且有：

$$M_c = \alpha \rho_c L^3 \tag{10.23}$$

$$A_c = 6\beta L^2 \tag{10.24}$$

式中，α 为晶体的体积因子；β 为晶体的表面因子。

对于球状和正方体晶体，$6\alpha = \beta = 1$。

将式（10.23）和式（10.24）代入式（10.25）：

$$\frac{dM}{dT} = \left(\frac{A}{1/k_d + 1/k_s} \right)(c_0 - c_s) \tag{10.25}$$

式中，k_d 为扩散速率常数，与溶液性质有关；k_s 为表面结合速率常数；M 为结晶质量；A 为结晶面积。

则得：

$$\frac{d}{dt}(\rho_c \alpha L^3) = \frac{6\beta L^2}{\dfrac{1}{k_d} + \dfrac{1}{k_s}}(c_0 - c_s) \tag{10.26}$$

$$\frac{dL}{dt} = \frac{2\beta/(\alpha \rho_c)}{\dfrac{1}{k_d} + \dfrac{1}{k_s}}(c_0 - c_s)$$
$$= K_g(c_0 - c_s) \tag{10.27}$$
$$= G$$

因此

$$K_g = \frac{2\beta/(\alpha \rho_c)}{\dfrac{1}{k_d} + \dfrac{1}{k_s}} \tag{10.28}$$

令

$$\frac{1}{K_g} = \frac{1}{k_d} + \frac{1}{k_s} \tag{10.29}$$

则

$$K_g = \frac{2\beta}{\alpha \rho_c} G \tag{10.30}$$

式中，K_g 为单晶生长的速率常数；G 为生长速率。

Macabc 首先证明了上述公式中表明的晶体生长速率与原始晶粒的初始粒度无关的规律，并命名为 ΔL 定律。它适用许多物系，对结晶器的设计及生长速率的测定具有重要的指导意义。

10.3　结晶的类型

10.3.1　分类方法

根据物质的特性以及在工业和试验上的技术要求，可以将分离和纯化物质的结晶过程分类。

第一种分类：结晶方法分为一次结晶、重结晶、分级结晶。一次结晶又包括冷却结晶、蒸发结晶、真空结晶、反应和盐析结晶。

第二种分类：结晶方法分为分批操作和连续操作两种。

由上可知，一次结晶（或称简单结晶）可以用各种方法包括分批或连续操作来实现。由于一次结晶在前面已有简述，故下面重点讨论结晶的分批和连续操作的方法和原理。

10.3.2　分批（间歇）结晶

分批结晶的基本原理是在合适的结晶设备中，用孤立的方式进行特殊的操作。其设备相当简单，对操作人员的技术要求不苛刻。结晶器的容积可以是 100ml 的烧杯或几百吨的结晶罐。分批结晶过程的操作可以分为下列几个独立的操作步骤：①结晶器的清洁；②加入固料或液料到结晶器中；③用任何合适的方法产生过饱和度；④成核和晶体生长；⑤晶体的排除。

在各种类型的结晶过程中，过饱和、成核、晶体生长 3 个步骤是最重要的技术操作。对设备来说，传热速率方面影响是最显著的，取决于产生过饱和的冷却过程，而成核和晶体生长操作，传热将是小范围的影响。在绝热条件下这些操作会更好。结晶器的尺寸与上述的操作周期和过程的最佳效率有直接的关系，可用图 10.5 来表示。结晶器的容积必须大于需求的过程时间和现有的过程时间相交的尺寸，这样，设备的合适效率才能得到。由于过饱和程度和晶核的形成速率取决于传热，所以传热条件也是很重要的。为了优化条件，结晶器必须在这样的情况下操作，使结晶器内的温度维持在略低于与介稳区相称的温度之下。过饱和成核以后的过程冷却也是很重要的，因为冷却不加控制会得不到理想的晶体大小，至少晶体大小分布不可能是一致的。

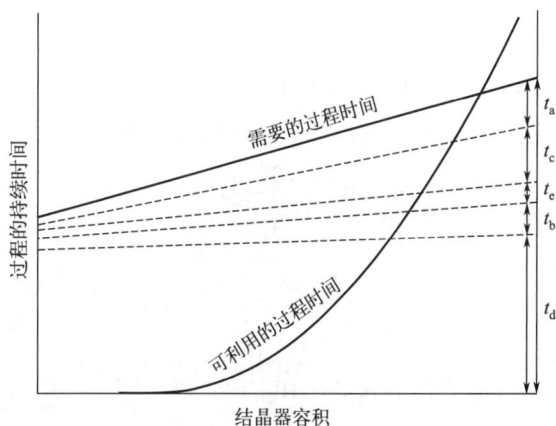

图 10.5　在分批结晶器中结晶器容积与过程时间的关系

总之，分批结晶操作最主要的优点是能生产出指定纯度、粒度分布及晶形合格的产品，其缺点是操作成本比较高、操作和产品质量的稳定性较差。

10.3.3　连续结晶

当结晶的生产规模达到一定水平后，往往必须采用连续结晶。

连续结晶过程可以使用任何尺寸的结晶器，因为一个适宜的结晶器可以使产率增加许多倍。在连续过程中，每单位时间里生成晶核的数目相同，并且在理想条件下，它与单位时间里从结晶器中排出的晶体数相等。在美国产的 Swensom-Walker 连续真空结晶器中（见图 10.6），晶核在结晶器的某一部分中形成，目的是当经由设备运载时，它们为生长提供了同样长的时间。在连续真空结晶器中，晶体按照它们的大小被分级，小的晶体被保留，直到它们从结晶器中排出前达到限定的大小为止。然而，没有一个结晶器可以长时间连续不断地操作，这是因为连续结晶过程操作一段时间后会发生不希望有的自生晶种的情况，须中断操作，进行洗涤后才能重新正常运转。除此之外，操作周期还受限于晶体的物理和化学特性、设备的设计、产生过饱和的方法、工作人员的技术水平等。所有这些因素将一起决定连续结晶器的输出效率，其值通常可达到 90% ～ 95%。

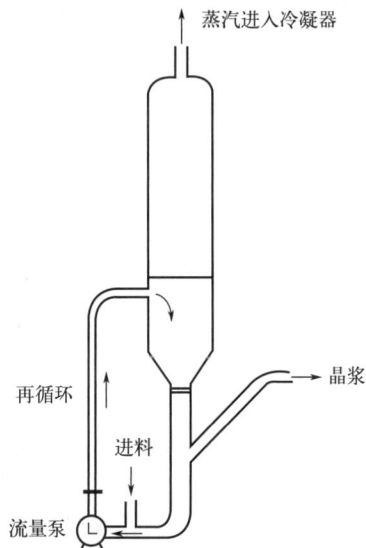

图 10.6 连续真空结晶器

连续结晶过程有不同的输出范围，它可以从每天每人几千克直至几吨间变化。劳动力成本是连续结晶器优于分批过程的一个重要因素。特别是在低成本物料生产时，连续过程总是优越的。各种形式的连续结晶器的效率取决于各种因素，一般都要比分批操作来得高，这是它们的特点，具体可以总结如下：①可较好地使用劳动力；②设备的寿命较长；③有多变的生产能力；④晶体粒度大小及其分布可控；⑤有较好的冷却和加热装置；⑥产品稳定并能使损耗减少到最小程度等。

自从 Wulff-Bock 带空气冷却装置的扰动结晶器和 Swenson-Walker 型液体冷却结晶器以米，连续结晶设备已有许多的改进和提高，其中包括 Howard 结晶器（成圆锥形，液体冷却）、套管结晶器（在管中，溶液和冷却剂呈逆流）、绝热结晶器（在减压条件下，用蒸发来得到冷却作用）、真空结晶器（装有冷却设备，在循环中，真空达到介稳区）以及 Oslo 结晶器（由 Jeremiassen 发明的，也称作 Crystal 粒度分级器，在该结晶器中，成核的液流向上通过一个多孔板截留悬浮的大量晶体）等，但主要构型可概括成三类：①强迫循环型；②流动床型；③导流筒加搅拌桨型。部分连续结晶器结构图如图 10.7 ～图 10.10 所示。

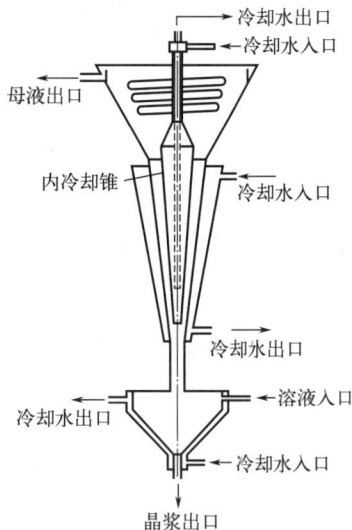

图 10.7 锥形冷却结晶器

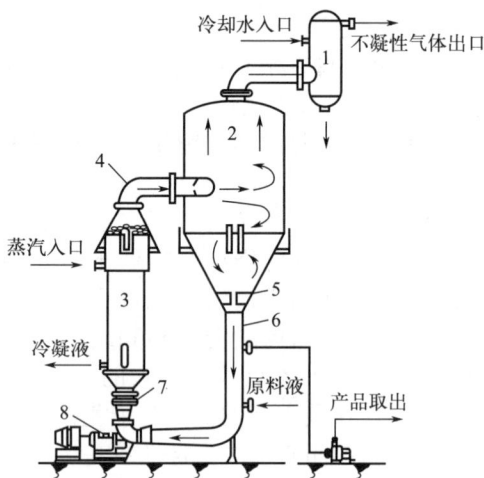

图 10.8 强迫循环 Swenson 真空结晶器

1—大气冷凝器；2—真空结晶器；3—换热器；4—返回管；
5—旋涡破坏装置；6—循环管；7—伸缩接头；8—循环泵

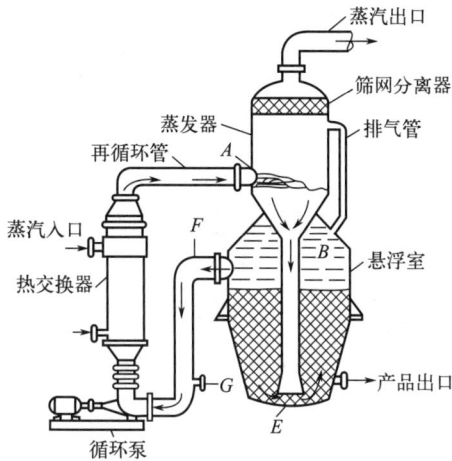

图 10.9 Oslo 蒸发结晶器

A—闪蒸区入口；B—介稳区入口；E—床层入口区；

F—循环流入口；G—结晶母液进料口

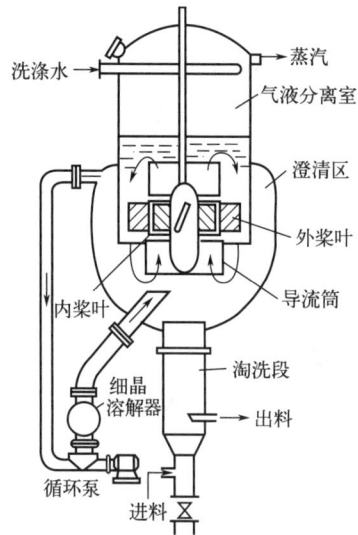

图 10.10 双螺旋桨（DP）结晶器

10.4　结晶过程的计算

结晶过程的计算包括物料恒算、热量恒算（它们还是其他计算时分析问题的基础，在此从略）以及晶核的形成速率、晶体成长速率的计算，这两方面已在 10.2.3 和 10.2.4 中作了较详细的介绍，这里是将上述计算进一步展开为结晶过程设计和放大打下基础。

10.4.1　晶粒大小分布

在结晶过程中，所得晶体不是单一尺寸的均匀固体，而是不同粒度晶体的浆状物。因此，存在着一个晶粒大小分布（crystal size distribution）的问题，有必要进一步讨论。

晶粒大小分布可用粒子数密度（population density）这一术语描述。一个典型的晶粒大小分布如图 10.11 中的晶粒数密度曲线所示，该图横坐标是晶体粒度 L，纵坐标则是单位体积中晶体密度介于 $0 \sim L$ 的晶粒累积总数 N。曲线的切线即斜率称为粒子数密度，用 n 来表示：

$$n = \lim_{\Delta L \to 0} \frac{\Delta N}{\Delta L} = \frac{\mathrm{d}N}{\mathrm{d}L} \tag{10.31}$$

式中，n 是粒度为 L 的晶体的粒子数密度，单位为晶粒数 /（晶浆体积·长度）。

从图 10.11 可以看到，不同晶粒的粒子数密度是不同的，它随着晶粒尺寸的增大而降低，即晶体生长的时间越长，晶体的特征长度越大，则 n 值越小。

粒子数密度 n 的用途，可通过利用各种分布矩分数来说明，这些矩被定义为：

$$\mu_j = \frac{\int_0^L L^j n(L)\mathrm{d}L}{\int_0^\infty L^j n(L)\mathrm{d}L} \tag{10.32}$$

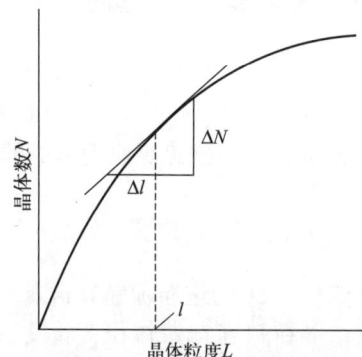

图 10.11　晶体累积数曲线

式中，j 表示第 j 阶。将 j 分别用 0、1、2、3 代入式（10.32），可相应地得到有关结晶的各种物性参数的基本定义表达式（如表 10.2 所示），在此举例说明如下。

若 $j=0$，则：

$$\mu_0 = \frac{\int_0^L n\mathrm{d}L}{\int_0^\infty n\mathrm{d}L} \tag{10.33}$$

式中，$\int_0^L n\mathrm{d}L$ 是粒度从零到 L 部分晶体的个数；$\int_0^\infty n\mathrm{d}L$ 是全部晶体的总数，其值为晶粒数 N。

表 10.2 晶体粒度的分布矩

矩	物理意义	基本定义	总数（连续结晶器）	分数（连续结晶器）
0	晶体数	$\dfrac{\int_0^L n(L)\mathrm{d}L}{\int_0^\infty n(L)\mathrm{d}L}$	$n_0\dfrac{GV}{Q}$	$1-\mathrm{e}^{-x}$
1	晶体密度	$\dfrac{\int_0^L \ln(L)\mathrm{d}L}{\int_0^\infty \ln(L)\mathrm{d}L}$	$n_0\left(\dfrac{GV}{Q}\right)^2$	$1-(1+x)\mathrm{e}^{-x}$
2	晶体面积	$\dfrac{6\varphi_A\int_0^L L^2 n(L)\mathrm{d}L}{6\varphi_A\int_0^\infty L^2 n(L)\mathrm{d}L}$	$12\varphi_A n_0\left(\dfrac{GV}{Q}\right)^3$	$1-\left(1+x+\dfrac{1}{2}x^2\right)\mathrm{e}^{-x}$
3	晶体质量	$\dfrac{6\varphi_V\int_0^L L^3 n(L)\mathrm{d}L}{6\varphi_V\int_0^\infty L^3 n(L)\mathrm{d}L}$	$6\varphi_V n_0\left(\dfrac{GV}{Q}\right)^4$	$1-\left(1+x+\dfrac{1}{2}x^2+\dfrac{1}{6}x^3\right)\mathrm{e}^{-x}$

注：$x=LQ/(GV)$，是一无量纲常数。

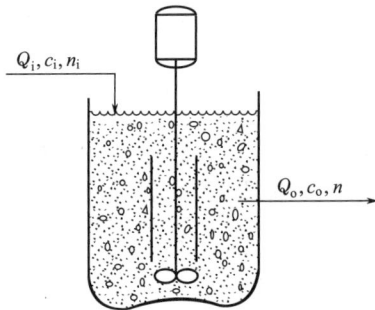

图 10.12 溶液结晶过程

10.4.2 溶液结晶过程的数学模型

溶液结晶过程的数学模型可由晶粒数衡算推导而得。在某结晶器中进行结晶操作过程，如图 10.12 所示，假定结晶器中晶浆处于完全混合状态，晶粒连续分布，对在一给定的结晶尺寸范围 ΔL 内的晶粒数进行如下衡算：

输入速率 − 输出速率 ＝ 积累速率 ＋ 生长速率 ＋ 晶体产生速率 −
晶体消失速率

其数学式为：

$$Q_i n_i - Qn = \frac{\partial(nV)}{\partial t} + \frac{\partial(GnV)}{\partial t} + b - d \tag{10.34}$$

如果忽略因破碎等原因造成的晶体产生速率（b）和晶体消耗速率（d），则式（10.34）可写成：

$$Q_i n_i - Qn = \frac{\partial(nV)}{\partial t} + \frac{\partial(GnV)}{\partial t} \tag{10.35}$$

式中，Q_i 为进料流量，m^3/s；Q 为出料流量，m^3/s；n 和 n_i 分别为进料中粒度为 L 的晶体的粒子数密度，晶粒数 /(晶浆体积·长度)；V 为晶浆体积，m^3；G 为线性结晶生长速率，$\mathrm{m/s}$。

（1）连续结晶过程的计算

① 线性结晶生长速率 G 和成核速率 B 的计算 如果结晶器在稳定状态下操作，则前面的物料平衡式（10.35）中右面第一项为零 $\left[\dfrac{\partial(Vn)}{\partial t}=0\right]$，方程式可转化为：

$$\frac{\mathrm{d}n}{\mathrm{d}L}+\frac{nQ}{GV}=0 \tag{10.36}$$

式（10.36）还假定 ΔL 定律成立，即 G 与 L 无关，并且料液是无细晶的过饱和溶液以及 $Q_1=Q$。在极限（即在 $L=0$ 处晶核的粒子数密度）和 n 之间对式（10.36）进行积分：

$$\int_{n_0}^{n}\frac{\mathrm{d}n}{n}=-\int_{0}^{L}\frac{Q}{GV}\mathrm{d}L \tag{10.37}$$

$$\ln n=-\frac{QL}{GV}+\ln n_0 \tag{10.38}$$

或

$$n=n_0\exp\left(-\frac{QL}{GV}\right) \tag{10.39}$$

因为

$$n=\frac{\mathrm{d}N}{\mathrm{d}L}=\frac{\mathrm{d}N}{\mathrm{d}t}\Big/\frac{\mathrm{d}L}{\mathrm{d}t}$$

所以

$$n_0=\lim_{L\to0}n=\lim_{L\to0}\left(\frac{\mathrm{d}N}{\mathrm{d}t}\Big/\frac{\mathrm{d}L}{\mathrm{d}t}\right)=\frac{B_{\mathrm{p}}}{G_{\mathrm{g}}} \tag{10.40}$$

式（10.40）表明了 n_0 是成核速率 B_{p} 与线性结晶生长速率 G_{g} 的比值。

将式（10.38）中 $\ln n$ 对 L 作图，可得一条直线，其斜率是 $-Q/(GV)$，将此直线外延到 $L=0$ 处与纵轴相交于点 $\ln n_0$，见图 10.13，由此就可求得线性结晶生长速率 G_{g} 和成核速率 B_{p}。

② 各种物性参数的计算 将式（10.39）代入表 10.2 中基本定义一列中各项数学式的分子和分母中并积分，就可得到表中所列的各个物性参数（晶粒数目、晶粒尺寸、晶粒面积、晶粒质量）的总数和分数。

③ 主晶粒尺寸（dominant crystal site）的计算 根据表 10.2 中基本定义，晶体在给定尺寸范围内的质量为：

$$M=\rho\alpha L^3 n \tag{10.41}$$

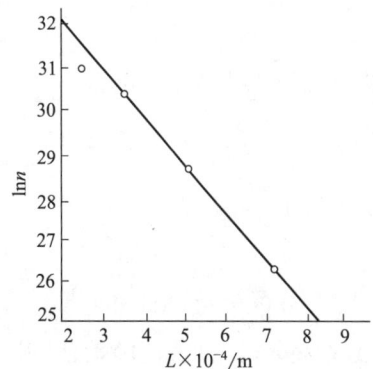

图 10.13 晶粒数密度与晶体大小的关系

晶体总质量为：

$$M_{\mathrm{T}}=6\alpha\rho n_0\left(\frac{GV}{Q}\right)^4 \tag{10.42}$$

因此，晶体质量分数 $w(M/M_{\mathrm{T}})$ 可由式（10.43）给出：

$$w=\frac{L^3}{6}\times\frac{n}{n_0}\left(\frac{Q}{GV}\right)^4 \tag{10.43}$$

$$=\frac{L^3}{6}\left(\frac{Q}{GV}\right)^4\exp\left[-\frac{LQ}{GV}\right]$$

式（10.43）表明，不同尺寸的晶体质量分数是各不相同的，并且其中某一尺寸的晶体质量分数最大，见图 10.14，但是其晶体质量分数的变化应为最小值，即 $\dfrac{\mathrm{d}w}{\mathrm{d}L}=0$，其粒度 L_D 可从式（10.44）求得：

$$L_D = 3\frac{GV}{Q} \tag{10.44}$$

式中，L_D 被称为主晶体尺寸，是结晶设备设计的基础。

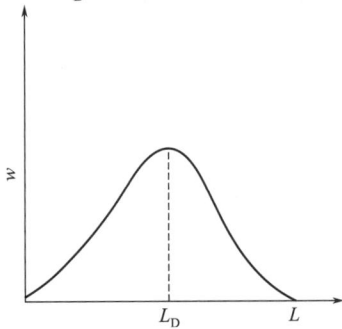

图 10.14 晶体的质量分数与粒度的关系

（2）分批结晶过程的计算 大多数生物产品的结晶操作是用分批方式进行的，其特点是结晶规模较小，适于生物产品的生产过程。因为在实验室和中试工厂中操作比较容易，所以许多经验数据常常是可以得到的，这是一些与收率和产品纯度有关的数据，然而，这些数据很难用于较大规模的生产过程中。

分批操作结晶器是一种槽形容器，器壁设有夹套或器内装有蛇管，用以加热或冷却槽内的溶液。结晶槽可用作蒸发结晶器或冷却结晶器，为提高晶体生产强度，可在槽内装置导流管或搅拌器。

分批结晶过程中的一个关键问题是温度控制，这是因为过程起始冷却速率如果过高，常会产生过多的晶核，不能使晶体长大到所需的大小，得到的产品质量较差也不均匀，同时，过分冷却还会使冷却表面产生"结垢"，从而降低了结晶器的传热性质。因此，必须适当控制温度。

适当控制温度，也就是要很好地利用温度随时间而变化的关系，即俗称的"冷却曲线"，这种分批操作的冷却曲线可用两种方法估计。

① 第一种方法是利用连续结晶过程计算中介绍的粒子数密度进行，在此对于不稳定的分批结晶过程，其类似的方程式如下。

$$\frac{\partial n}{\partial t} + G\frac{\partial n}{\partial L}=0 \tag{10.45}$$

其中晶体生长速率为：

$$G = \frac{\partial n}{\partial L} = K_g(c_0 - c_s) \tag{10.46a}$$

晶核形成速率为：

$$B_p = \frac{\partial n}{\partial t} = Gn_0 = K(c_0 - c_s) \tag{10.46b}$$

式（10.46a）和式（10.46b）中的 G 和 B_p 是过饱和度的函数，对分批结晶过程，因过饱和度随时间而改变，所以 G 和 B_p 是变量，使粒子数衡算复杂化。因此，分批结晶过程的分析，目前常用近似的经验方法解决。

② 第二种方法即是经验方法，假定晶粒大小一致，计算维持恒定生长速率时的温度。为此，首先须对分批操作单元的过饱和量进行衡算：

过饱和度改变量=由温度引起的过饱和度改变量+由晶体生长引起的过饱和度改变量+由成核引起的过饱和度改变量

$$\tag{10.47}$$

分批结晶大多发生在介稳区（非稳态区），在该区中过饱和度改变很小，成核作用也是外加晶种诱导而成，这样式（10.47）左边和右边的最后一项很小，可认为等于零。于是式（10.47）可写成如下的数学式：

$$-V\frac{\mathrm{d}c_s}{\mathrm{d}t}=\frac{A}{(1/k_d+1/k_s)}(c_0-c_s) \tag{10.48}$$

式（10.48）中左边一项为饱和浓度 c_s 随时间（温度）的变化，由溶液的冷却造成，它将使过饱和度增大；等式右边一项是晶体生长速率，它将使过饱和度减少，两者在分批结晶器中互相抵消。

由于溶液的饱和浓度 c_s 是温度 T 的函数，而温度 T 又随时间 t 而变化，所以：

$$\frac{\mathrm{d}c_s}{\mathrm{d}T}=\left(\frac{\mathrm{d}c_s}{\mathrm{d}T}\right)\left(\frac{\mathrm{d}T}{\mathrm{d}t}\right) \tag{10.49}$$

式（10.48）中 A 为总晶体面积，它是晶种质量 M_s 与线性晶体生长速率 G 的函数：

$$A= 晶体数 \times 单个晶体表面积 \tag{10.50}$$

$$=\left(\frac{M_s}{\rho_s\alpha L_s^3}\right)[6\beta(L_s+Gt)^2] \tag{10.51}$$

式中，M_s、ρ_s 和 L_s 分别为晶种的总质量、密度和初始粒度；G 为线性晶体生长速率，仍按式（10.27）给出。

结合式（10.48）～式（10.51）及式（10.27），并经整理后得：

$$\frac{\mathrm{d}T}{\mathrm{d}t}=-\left[\frac{M_s/V}{\mathrm{d}c_s/\mathrm{d}T}\right]\frac{3G}{L_s^3}(L_s+Gt)^2 \tag{10.52}$$

式（10.52）就是为维持恒定的晶体线性生长速率 G 而给出的温度随时间变化率。

在通常情况下，溶液的饱和浓度随温度的变化 $(\mathrm{d}c_s/\mathrm{d}T)$ 应在小范围内波动，即基本上是一常数。这样，积分式（10.52）便可得：

$$T=T_0-\left(\frac{M_s/V}{\mathrm{d}c_s/\mathrm{d}T}\right)\frac{3Gt}{L_s^3}\left[1+\frac{G}{L_s}+\frac{1}{3}\left(\frac{Gt}{L_s}\right)^2\right] \tag{10.53}$$

式中，T_0 为晶体开始生长时的温度；t 为操作时间。

以 T 与 t 在直角坐标上作图可得一条冷却曲线，图 10.15 为四环素结晶时的冷却曲线，结晶初期温度变化较慢，随后迅速下降。结晶时，如果按此规律冷却溶液，则可使结晶初期过剩成核现象减小到最低程度，这一冷却控制技术，在无机盐的结晶上常常是成功的。对于有机盐的结晶，尽管目前成功的例子尚少但仍不失为一种有可能改善分批结晶产品的有效经验，值得不断探索。有时，式（10.53）也可按不同的变量形式表示。

$$\frac{T-T_0}{T_p-T_0}=\frac{M_s}{M_p}(3\eta\tau)\left[1+\eta\tau+\frac{1}{3}(\eta\tau)^2\right] \tag{10.54}$$

式中，T_p 为结晶结束时温度；$M_p=(T_0-T_p)V\mathrm{d}c_s/\mathrm{d}T$；$\eta=(L_p-L_s)/L_s$，是晶体的增长倍数；$L_p$ 为结晶结束时晶体的粒度；$\tau=t/t_p$ 为无量纲时间；t 为操作时间；t_p 为晶体生长时间。

此外，也可用蒸发控制技术的有关变量来表述，在此不作具体介绍，可参考有关文献。

（3）分批结晶的放大　结晶过程的放大需要对总的成核速率作一估算，在大规模结晶中，二次成核是主要因素。成核速率常常受冷却、搅动及容器的结构等影响，常使用的放大方法有单位体积内的功率消耗相等，搅拌速率相等，搅拌

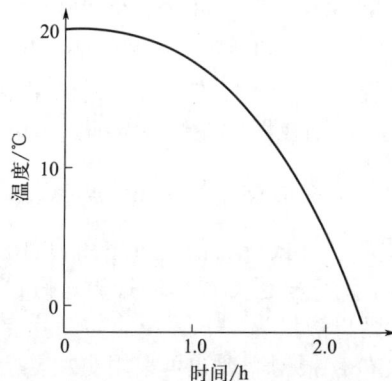

图 10.15 四环素结晶时的冷却曲线

桨尖速度相等，以及维持晶体悬浮状态的最小搅拌速率相等等四种。但是以前进行的大多数研究，都以无机盐为对象，并且放大倍数也只有数倍，体积一般在 1～50L，而由于结晶过程十分复杂，其内在规律的全面掌握尚需继续研究，不断总结、完善，因此，在当前放大理论不充分的情况下，一般只凭经验进行，并且操作规模也要逐级放大，确保在收率、纯度及晶体的可渗透性上保持一致，以便获得满意的结果。

10.5　重结晶

（1）重结晶的概念　就原理而论，重结晶是结晶的一种重复过程，可以认为是同一操作的循环过程。本质上，它是在特定条件下物质的分离和纯化的问题。

由结晶获得的产物，通常应该是很纯的，但实际上，总难免有杂质夹带在其中，这有多方面的原因：①某些杂质与产物的溶解度相近，会产生共结晶现象；②有些杂质会被结合到产品结晶的晶格中去；③因洗涤失效不能除去结晶中所有的母液，从而使晶体沾染了杂质。因此需要重结晶，它常能使杂质的浓度降低，提高产品的纯度。

对纯化来说，为了生产纯的或要求的微粒尺寸和从溶化物中分离纯的晶体，常常须将晶体溶入最少量的热溶剂中，在其中杂质或不希望有的组分比目标产物更加易溶，然后冷却溶液，得到纯的晶体。在获得合适纯度的产品之前，可能必须重复上述过程许多次。

（2）重结晶方法　重结晶可以用各种方法实现，主要取决于物质的性质及对纯度的要求。

① 简单重结晶　用少量的纯热溶剂溶解不纯的晶体，然后冷却得到新的晶体，后者的纯度就会高于前者，经过不断重复这一操作，直到新晶体达到所要求的纯度为止。简单重结晶过程见图 10.16。

这类操作类似于错流萃取，产品的得率可能会很低，相应的计算公式如下：

$$Y_A = \left(\frac{E_A}{1+E_A} \right)^N \tag{10.55}$$

式中，Y_A 为产品 A 的产率；E_A 为纯化因子；N 为重结晶的次数。

② 分级重结晶　为了更好地利用母液，需采用分级重结晶。分级重结晶过程如图 10.17 所示，其中 AB 代表初始混合物，A 为不易溶的溶质，B 为较易溶的溶质。AB 混合物溶解于少量热溶剂中，冷却得到晶体 X_1 和母液 L_1，将晶体 X_1 从母液 L_1 中分离出来后，再溶解于少量热的新鲜溶剂中，同样得到新的晶体 X_2 和新母液 L_2。母液 L_1 进一步被浓缩得到晶体 X_3 和母液 L_3。但是这时晶体 X_3 溶解于热的母液 L_2 中，从这个新形成的溶液中结晶得到另一种晶体 X_5 和母液 L_5。母液 L_3 被浓缩得到晶体 X_6 和母液 L_6。如此，经过每一步，晶体的纯度逐步向图的右边提

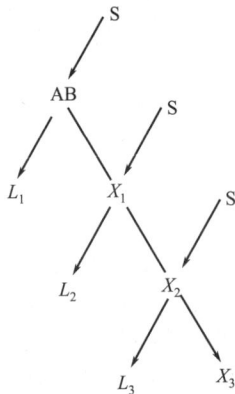

图 10.16　简单重结晶

S—新鲜溶剂；AB—初始晶体晶体纯度由 X_1
提高到 X_2、X_3；母液纯度也从 L_1 提高到 L_2、L_3

高，而杂质则向图的左边迁移。结果溶解度小的产品 A 在图的右边得到浓缩，溶解度大的杂质（或另一种产品）B 则在图的左边被浓缩。溶解度处于两者之间的溶质富集于图的中央部分。

分级重结晶操作的结晶分率与在 Craig 萃取中的溶质方程式 $f(r,n) = \dfrac{n!}{r!(n-r)!} p^r (1-p)^{n-r}$ 相同，是按二项式的展开式分布的，可用图 10.18 来标出公式中的符号。定义 n 为在三角图上同一水平进行操作的级数；r 为任一已知操作的行数。假设初始进料含有一个单位量的溶质，而每一结晶过程得到的晶体量为 p，则母液量为 $1-p$。

此外，根据需要也可采用更加复杂的重结晶方案，如采用逆流结晶法等。

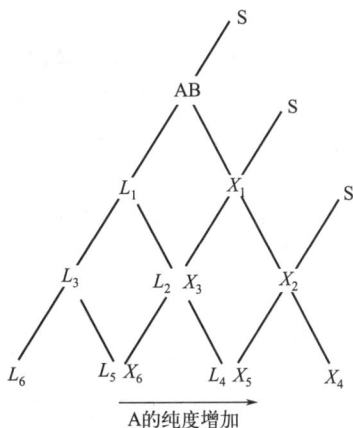

图 **10.17**　分级重结晶

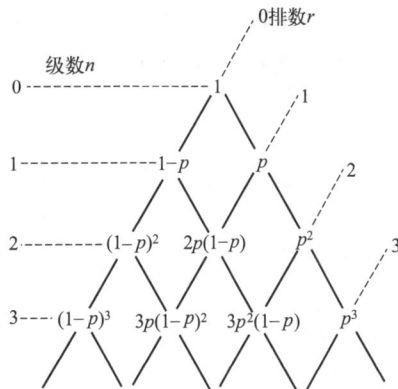

图 **10.18**　分级重结晶的逐级计算

10.6　结晶过程的预测与改善

在结晶过程中，经常碰到的问题有产率、纯度、多晶现象、晶体习性、尺寸分布、过滤速率和结垢等 7 个，它们会成为过程的障碍，因此必须对其进行分析、预测，从中找出排除的策略，从而改善结晶过程。

（1）产率　产率的不足，始终认为是个严重的问题，因为这意味着产品的丢失，通常希望产率能够朝着 100% 的方向推进，但是产率和纯度之间总是存在着矛盾，要使目标产物全部结晶析出，则杂质（原本使其留在溶液中）也会一起析出。最大可达到的产率由起始浓度和离析点时的溶解度确定。即潜在的产率可以通过提高结晶开始时的浓度来增加。产率归根结底受限于溶解度。改变离析点，降低终点的溶解度受限于获得这个离析点的难度（例如，低温或者高的抗溶剂的使用）和受限于增加杂质结合进晶体的风险。对于起始和终点两者做实验研究去确定容许的极限值，这是可能做到的。有时，最大的潜在产率可能达不到，因为不是所有的过饱和都消耗在产品晶体上，这是一个缓慢晶体生长动力学的问题，它可以通过增加冷却的时间来补偿。观察冷却曲线（见图 10.15）可得到一些有用的启示，结晶过程如果按照这条曲线进行，那么一切都将是圆满的，对减少生长，缓慢降低过饱和时间去提高产率是有用的。如果需要生长的时间长到不能接受的话，将会导致杂质污染在晶体的活性点上。在进行产率测定时，验算实测的母液浓度和离析固体质量之间的质量平衡是有用的，因为任何不平衡都表明因洗涤或结垢滞留在结晶器中而造成损失。

（2）纯度　一个达不到纯度要求的产品是不能接受的。面对晶体纯度问题，一个有用的对策是应研究杂质的本性及其在晶体试样内的位置。本性可导出它的来源，因此，有可能在较早的阶段将它从过程中除去，杂质的性质也能说明是何种机制将它混入产品的。

例如，存在几乎相同结构的溶质异构体，可以认为在晶格内有分子取代；在干燥以后，溶剂分子仍持久存在，则表明晶体被溶剂化了，并且在晶格内有特定的位置，如果溶剂化物得到鉴别，那么将限制结晶从不同溶剂中进行的选择范围或干燥期间的去溶剂化（如果这是可能的）。杂质位置的鉴定（可能的话），常常能指示它保留在产品内的机理。杂质的位置主要有四种：①由于不能完全除去不纯的母液，物质可能沉积在晶体表面；②杂质可能包埋在成簇物质内离析晶体之间的空隙中；③单晶体中包含有母液；④杂质通过在晶格上分子取代而分布在整个晶体中。

从实际应用的角度出发，确定这些机理中哪一个是问题的主要原因是解决问题的关键。如果杂质在晶体表面，则优化固 - 液分离和洗涤过程是最好的解决方法。如果问题是因簇集成团而造成，则可调节操作条件，减少团聚的程度。如果纯度问题是因为包含母液造成，则可通过减小过饱和推动力从而降低晶体生长速率来解决；如果因分子取代造成，则是最困难的问题，虽然降低晶体生长速率有助于问题的解决，但是难以彻底解决。

（3）晶习 晶习是指在一定的环境中，结晶的外部形态，常常用来很不严格地描述晶体的形状和长宽比。从过程的发展和发现问题的观点出发，晶习的主要影响在于产品的许多物理特性的变化。例如，晶习（常与尺寸分布一起）在确定固-液分离的难易和效率、堆积密度、粉流性质、破裂和尘污方面起作用。

影响晶习的主要变量是生长温度、过饱和历程和杂质的存在。单个晶体表面都有它们自己的生长速率，取决于温度和过饱和度，所以改变温度和过饱和历程会影响晶习。改变的程度可以用改变实验条件进行实验研究来得到。通常，随着过饱和程度的增加，晶体在习性上变得更加极端，杂质移动束缚在生长点上从而降低了晶体的生长速率，由于定向有序地施加在晶格旁，特定杂质有效地束缚在某一表面上而不在另一表面上，因此就产生不同的晶体表面，具有不同的性质。这些表面专一性相互作用导致晶习改变。有时，某些杂质甚至在痕量水平也会产生显著的影响，从纯和不纯溶液的对照结晶中可以说明一些显著的习性改变是因实验溶液中的杂质引起的。

（4）晶体大小分布 大小分布与在过滤和干燥期间操作、产品的堆积密度、粉流特性等有关，要改变晶体大小分布，就必须改变相关的成核和生长速率，这可以通过控制过饱和历程来达到，总的来讲，随着过饱和度的不断增加，成核速率要比生长速率增加得快，因而低过饱和度下操作有利于大晶体的生长，而高过饱和下操作则有利于小晶体的形成。

决定晶体大小分布的因素除了过饱和以外，还有投放晶种、温度、搅拌速度等因素，可以通过试差法实现晶体大小的最佳化，但是不同产品用途，有不同的晶体大小分布指标，它是一个重要的质量指标，应具体问题具体对待。

（5）过滤速率 影响晶体过滤速度的主要性质是晶体大小分布，一般大晶体和狭窄的大小分布能产生好的过滤效果，而小晶体和宽分布则相反，差的固-液分离作业结果是过滤时间延长，湿固体的善后处理难，增加干燥时间，母液的不完全去除和杂质在产品中残留等问题产生，因此必须调整晶体大小分布或选择其他分离设备或增大固-液分离容量来改善过滤速率。

（6）结垢 结垢是晶体沉积在容器中形成的，通常在工艺规模中比在实验室中更常见，而且在小规模实验时更难以发现。主要原因是结垢部位产生超过饱和度。因此，结垢表明是过饱和度控制不良的结果。在冷却结晶的情况下，在一套层容器中，结垢常常在冷却表面形成，该表面低于最大容许过冷度，相当于介稳区的宽度。这种情况的出现，由于表面积对体积的相互关系，随着规模的增大而越来越不合适，可通过提高温度推动力来补偿。

有时为了增加产率，在较高的过饱和度下进行操作，则易于结垢。结垢的出现使操作发生困难，所以应尽量避免。

（7）多晶形现象 在有机物质中普遍存在，"错误"多晶形物的离析会在一些应用中产生问题。多晶形现象可认为是个特殊化的纯度问题。详细的评论可参考有关文献，在此从略。

10.7 结晶技术的进展

结晶过程既是一个纯化过程又是一个粒子成型的过程，所以作为工业上高效提取净化与控制固体物理形态的手段而广泛使用，近40年来在国内外得到了迅猛的发展，特别是在生物技术产业方面的应用。例如在医药产品中有85%以上的品种的工艺流程最终关键单元操作都是结晶工序。

随着生命科学的发展，国际上对生物制品的质量要求愈来愈高，如对药品的质量，包括药效与纯度的要求更加严格。为了保证产品生产的质量和产率，国际上各知名生物技术公司和研究机构都在注意采用高新技术对生产过程进行不断更新，其中包括对结晶的理论研究和新技术的采用。

10.7.1 理论方面的研究

多年来在结晶热力学、结晶成核晶体生长动力学及杂质对结晶过程的影响等方面进行了大量基础性研究，并提出了描述结晶过程的理论。例如粒数衡算及其相关理论，聚集过程机理及聚集结晶动力学理论，生物大分子结晶过程动力学，熔融结晶过程评价，以活化状态模型为基础发展了熔融液中晶体生长的界面动力学绝对速度理论，将计算机流体力学的方法与粒数衡算理论相结合，通过模拟的方法揭示沉析动力学和流体力学之间的相互作用；各种物理场如声场等如何强化结晶过程及其理论依据，结晶过程晶体形貌结构特征及其对控制晶体微观结构的研究等。这些研究为过程的设计和放大提供了策略途径。

10.7.2 新技术的推广

除了在结晶类型中介绍的冷却结晶、蒸发结晶、真空结晶和反应与盐析结晶外，近年来不仅这些传统结晶法进一步得到发展与完善，而且新型结晶技术也正在工业上得到应用和推广，其中包括超临界结晶、物理场强化溶液结晶、膜结晶、加压结晶等。

（1）膜结晶技术　膜结晶是膜蒸馏与结晶两种分离技术的耦合过程，可分为渗透膜结晶（以膜两侧溶液的浓度差为推动力）和热驱动膜结晶（以膜两侧温度差为推动力）两种，它们的传质过程均分为以下三步：溶剂在膜表面汽化；溶剂蒸气通过膜孔；蒸气在膜另一侧冷凝。膜结晶的原理是通过膜蒸馏来脱除溶液中的溶剂，浓缩溶液，使溶液达到过饱和，然后在晶核存在或加入沉淀剂的条件下使溶质结晶出来。膜结晶可广泛用于盐溶液的结晶，废水处理回收晶体，特别是用于蛋白质、酶及其他生物大分子完善晶体的制备如卵清蛋白、溶菌酶、牛胰腺的胰蛋白酶（BPT）等。

（2）物理场强化溶液结晶　是最近发展起来的一门多学科交叉技术。应用外加物理场适当调控结晶体系的温度、过饱和度、界面张力等参数及晶体成核、生长过程中的运输、表面反应过程等可以改善结晶行为。外加物理场包括超声波、磁场、电场、微波、激光、紫外线、X射线、γ射线等尤其是前两种物理场备受关注。

①声波结晶　是一个用超声波影响结晶行为的简便术语。超声波能对成核作用和晶体生长两方面产生影响，使成核作用在结晶 - 自由溶液低于过饱和时诱发，其中初始成核作用正常地发生，这个初始成核作用的额外控制手段，提供了对晶体尺寸分布的调节作用，是一个有用的、更加可控的、能够代替晶种的方法。图 10.19 表示了用超声波诱发成核的效果，晶体整齐清晰。

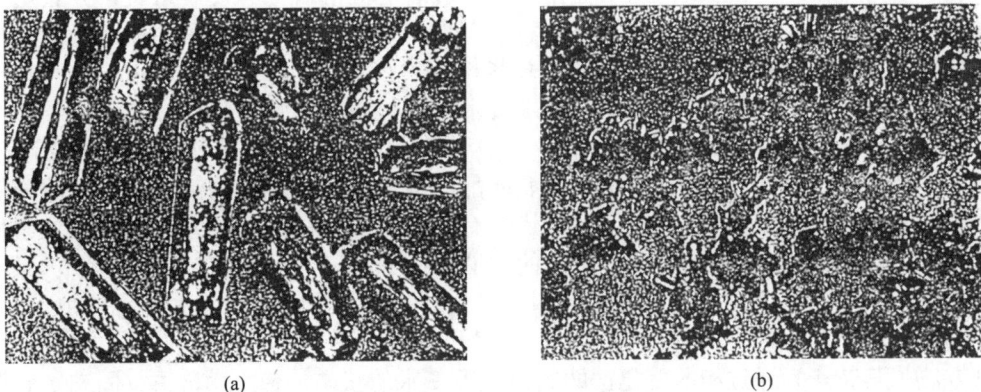

图 10.19 分批冷却结晶山梨醇

（a）超声波；（b）对照

超声波同样能够产生相当多的二次核，包含空穴作用的机理，在不连续液体介质中，同样也在晶体表面或附近进行聚焦作用，气泡空穴倒塌的强烈压力可以引起显著的二次成核。

超声波影响晶体生长的机理虽不易理解，但是它可以明显地影响声响流动，为提高晶体表面近旁的质量传递创造条件。由于紧邻晶体表面的空穴作用，热量高度集中，造成暂时的不饱和，从而提高晶体的纯度。

② 磁场结晶 将磁场作用于结晶、沉淀过程，发现磁场能促进成核，如磁场 - 溶剂协同作用可加速谷氨酸晶体的成核过程，生成的晶粒均匀，结晶率高。磁场也能改变四方形溶菌酶晶体的生长速率，磁场可以改善蛋白质结晶质量其主要原因是磁场的存在弱化了对流和沉淀的作用，减小了重力的影响，从而探索了一种不需微重力环境便可调控蛋白质结晶的新方法。磁化技术是一门较新的多学科交叉的边缘科学技术，许多理论尚需不断完善。

③ 超临界结晶 尽管超临界技术在结晶中还处于萌芽状态，但是这个方法提供了在拓宽的条件范围内，结晶仍能进行的可能性。有吸引力的地方是产品可以从气态溶剂中轻易地分离出来。有两条途径正在展开：第一，结晶是在超临界溶液中进行的，是典型的 RESS 方法——超临界溶液快速膨胀，也可以使用两种不同的超临界溶液，它能提供有益的胶囊化技术的可能性；第二，就是用超临界流体作为反溶剂，类似于盐析，有两种技术正在展开，气体反溶剂和用压缩的反溶剂沉淀，这些技术的初始小规模结果是令人鼓舞的，然而存在规模放大的问题，需要满足商品化的要求。

④ 加压结晶 加压结晶是在高压条件下，利用物系平衡的关系，用变压操作代替变温操作，完成结晶分离过程。其特点是生产效率非常高，产品纯度可达 99.9% 以上，而且产品质量与进料组成、晶种、温度、时间等操作条件均无关，但其设备投资昂贵，系统维护也较困难。

此外，结晶还能诱导手性化合物的分析，为原材料的充分利用提供了一条方便的途径。

结晶过程的优化和新型结晶设备的设计也是结晶过程应该研究的一个方面，近年来新型结晶设备如降膜结晶装置、Bremband 结晶装置、板式结晶器等正被不断地开发出来，数学建模与计算机模拟也已成为结晶分离过程的重要研究方法。采用各种最优化算法，利用计算机仿真技术进行工艺模拟与优化已经取得了较大的进展。但是在生物技术领域中，随着分子量的加大，立体结构的复杂，结晶过程远比一般分子物质困难得多，分子纳入有序排列消耗较大，诱导期比较长，晶核形成与晶体生长都比较慢，从不饱和到过饱和的调节过程必须相应调整，否则易于生成无定形结晶或微细晶体，使表面积增大，从而吸附杂质增多，同时给分离也造成很大的困难，收率也会下降，所以更应重视这方面的研究。

10.8 生物材料水分的性质及基本计算

成品（物质）干燥这一单元操作，从工业角度来看具有重大的研究和发展意义，并且更为重要的是常常和分析检测相关联。众所周知，任何干燥过程的最终目的，都是减少物质中的水含量，使其达到所希望的水平，因为干燥与产品的质量和能量的消耗紧密相关，其操作和维护费用占产品总价值的比例很大，而质量又是销售的竞争要素，所以干燥和脱水技术始终是科学研究和开发的热点。

对于生化反应过程结束时得到的培养液中，一般含有 0.1% ～ 5% 的干物质，接下来的任务，是从中提取有用的产物（生物质、抗生素、酶制剂、氨基酸、蛋白质和其他生物活性物质）并最后转变成商品。大多数生物合成产品，以干的形式出厂时，还含有不大于 5% ～ 12% 的水分。在工业条件下，从培养液或浓的悬浮液和溶液中进行脱水有两个主要的方法。

① 机械方法 其特点是不发生相的变化，即通过过滤、离心等方法，除去悬浮液中大部分的水分，但是不能得到最终含水量约 5% ～ 12% 的产物。

② 加热方法 其特点为通过相的变化，即用热来改变水的状态，使之由液态（固态）到气态，蒸发和干燥属于加热方法脱水。

蒸发（在培养液沸腾时将水蒸气除去），与机械方法的脱水一样，不可能得到干态的最终产品。因此，加热干燥是制取以干粉形式、含水量在 5% ～ 12% 的生物制品的主要工业方法。

由此可知，干燥通常是指用热空气、红外线等热能加热湿物料（浓缩悬浮液或结晶），使其中所含的水分或溶剂汽化而除去，是一种属于热、质传递过程的单元操作。干燥的目的是使物料便于储存、运输和使用或满足进一步加工的需要。干燥操作广泛应用于生物、化工、食品、轻工、农林产品加工等各部门。

10.8.1　生物材料水分的性质

加热干燥方法和相应设备结构的选择取决于原始物料的性质。其中包括物理化学性质（含水率）、生物学性质（热稳定性、干燥灵敏度）、结构和热物理性质以及化学组成等。

物料干燥程度主要取决于水分（含水率）及其与宿主分子间的结合状态。除此之外湿气的去除也受其他因素的限制，如去湿后致使物料收缩和产生干燥应力，强烈干燥可以产生化学变化和生物损害等，故在确定适当的干燥过程时，应首先了解生物材料水分的性质。

在微生物生产过程中，原始的湿物料通常呈毛细 - 多孔状胶体，它们的性质主要取决于含水率（湿气），原因是在这些物料中，毛细管壁有弹性，并且在与水分相互作用时会膨胀。

原始湿物料中通常有两种水分：非结合水分和结合水分。非结合水分是附着在固体表面和孔隙中的水分，它的蒸气压等于同温度下纯水的蒸气压，因此可以如敞开水表面那样的蒸发速率被蒸发。结合水分则是与固体间存在某种物理或化学作用力，在细胞壁内或毛细管内的水分，它在物料表面形成的蒸气压比在纯液体上的要小，其蒸发速率也相应地减小。

在毛细 - 多孔胶体中，存在三种主要形式的结合水分，即化学的、物理化学的和物理 - 机械的。

由于离子或分子的相互作用被保留的化学结合水，在物料加热到 $120 \sim 150℃$ 时也不能被除去。通常，只有在化学反应或煅烧时才能被除去。在干燥生物产品时，化学结合水也不能被除去。

以物理化学形式结合为特征的水分有吸附结合、渗透保留和结构作用的水分。其中吸附结合水的性质与普通水的性质不同，依靠吸附力保留在物体表面上的薄层液体，其厚度约为水分子直径的几倍，其中第一分子层与物料表面的结合最为紧密；水分与物料相互渗透的过程，即溶解或膨胀，造成了物理化学结合水分的另一种形式，渗透保留水分的结合能要比吸附水分的结合能小得多，但它的性质与普通水的性质仍有所不同，处在细胞内的水属于结构作用的水分，与大分子聚合物表面牢固地结合，例如脱氧核糖核酸在微生物中这样结合的水分可占胞内水分总量的 $15\% \sim 18\%$。

存在于毛细管中的液体或润湿的液体是物理 - 机械作用下结合的，毛细管力和润湿的作用取决于相分界处的表面张力。但大小毛细管是有区别的：大毛细管仅仅在它与水直接接触时才被填满水分；小毛细管则既在与水直接接触时被填满水分，又可从含水的空气中凝结蒸汽。

一种物料的热解重量分析，可以用来估计水分含量及其结合水分的性质。在受控的环境中干燥样品时，若以周围环境的和样品的温度平均差 θ（或含水量）对干燥时间作图（见图 10.20），得差热分析图，图中曲线显示出固体的湿含量越大，差值 θ 也越大；水分的性质不同，结合的能量也不同，共有 I～V 五种保留水分的方式。常把能与水分结合的固体称为吸湿性物料，而把水分只存在于固体粒子间孔隙中的物料称为非吸湿性物料。

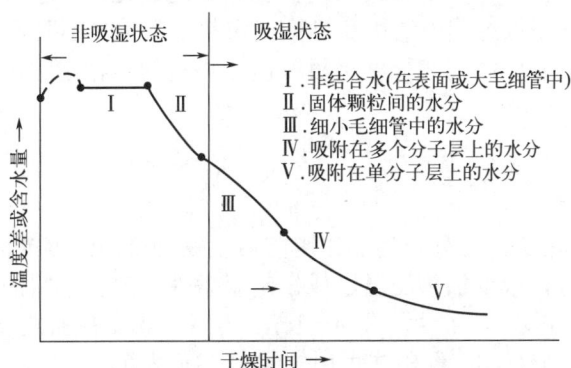

图 10.20　一种泥土的差热分析

10.8.2   生物材料干燥时有关基本计算

在微生物干燥时，胞内水分和胞外水分的比例大小也具有重要的意义。水是细胞的重要组成并为细胞组成物中唯一的溶剂，细胞代谢作用如果没有水，就不可能有其生命活动，随着水从湿的生物质中除去（开始是胞外水分，然后是游离的胞内水分），生化反应进行的强度和细胞的生命过程会降低下来。

（1）水分和物料的结合自由能   水分和物料在数量上的结合程度可用结合能的强度表示：

$$E = W = RT \ln \frac{p}{p_0} = -RT \ln y \tag{10.56}$$

式中，E 为结合自由能，等于在等温可逆过程下，物料的化学组成不发生变化时脱除 1mol 水所需的功 W，J/mol；R 为气体常数，8.314J/（mol·K）；T 为温度，K；p 为在温度 T 时的饱和蒸气分压，Pa；p_0 为在一定湿度和温度下物料表面上的蒸气分压，Pa；y 为相对蒸气压，等于 p/p_0。

由此可见，当相对湿度下降时，水 - 物料结合的自由能就会上升。

对于湿糊状细菌制剂，水分与物料的结合自由能 E 和湿度 W_B 之间关系的典型形式为：$E = f(W_B)$，见图 10.21。由图 10.21 可见，当所需制备产品的湿度小于 0.1 时，则破坏水和物料相结合所消耗的能量会急剧增加。可见干燥作业是能耗大、费用高的一个单元操作。

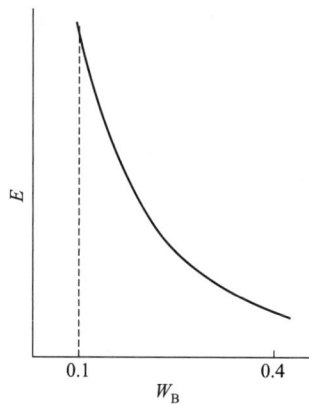

图 10.21   结合自由能 E 和湿含量（干基）W_B 之间关系

（2）物料的热稳定性   在生物物质包括悬浮体的干燥过程中，水分的去除和热的作用会引起极其重要的变化，从而影响成品的质量，这对那些需要保护的热不稳定的产物（细菌制剂）或活性蛋白质（酶制剂）会带来很大的损害。在热的作用下蛋白质的变性和酶的钝化，在水分去除的情况下，电解质和毒性物质的浓度会增加，以及在干燥过程中结构和机械损伤都是产生热不稳定性的主要原因。

在干燥物料时，热作用的延续时间和强度极限取决于物料的热稳定性，即取决于在热处理时能够保护住所需质量的能力。

$$A_t = \frac{X}{X_0} \times 100 \tag{10.57}$$

式中，A_t 为热稳定性，%；X、X_0 分别为热作用前后生物物质的浓度或活度。

在暴露时间不变的条件下，改变加热的温度或在定温条件下改变暴露的时间，都可以得到热稳定性变化与加热的温度或时间之间关系，$A_t = f(t)$ 和 $A_t = f(\tau)$，典型的热变性曲线 $A_t = f(t)$ 见图 10.22，这些结果可以总结在经验关系式中 [$A_t = f(\tau, t)$]，经验式可用式（10.58）表示：

$$A_t = a + bt^2 + ct + d\tau \tag{10.58}$$

式中，a、b、c、d 为经验常数。

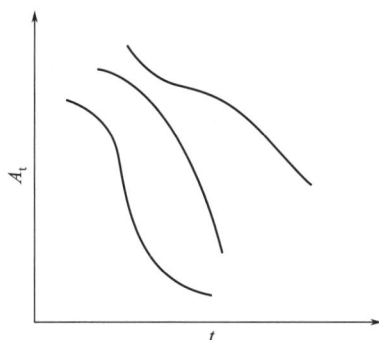

图 10.22 热变性标准形式（在一定的干燥条件下热稳定性 A_t 和温度 t 之间关系）

　　式（10.58）可把不同的 t 和 τ 情况下的热稳定性计算出来，或者在给定的热稳定条件下，测定出热作用的条件。

　　（3）生物质的干灵敏度　干燥以后，微生物的热灵敏性及其耐贮性取决于剩余水含量。这个依赖关系可用生物质的干灵敏度来表征。干灵敏度可以用接触法来测定，即将原始生物质和吸附剂混合在一起来获得指定的湿度，并将得到的混合物贮藏在规定温度的容器中，干灵敏度通过式（10.59）计算：

$$K_B = \frac{X_d}{X_p} \times 100 \tag{10.59}$$

　　式中，K_B 为干灵敏度，%；X_d 为在脱水生物质中活细胞的浓度；X_p 为在带有吸附剂的混合物中计算的活细胞原始浓度。

　　因此，从回收率和耐贮性观点看，热不稳定生物物料的最佳干燥条件的选择取决于三个因素：温度、物料的最终湿度和干燥的时间。

　　生物悬浮体的热物理参数以及在干燥过程中这些参数的值，对于温度范围和热通量的计算是必需的。重要的热物理参数有热导率 λ、比热容 C_p 和热扩散系数 a。其中热扩散系数可将物料的热物理参数作如下关联：

$$a = \frac{\lambda}{(C_p \rho)} \tag{10.60}$$

　　式中，a 为热扩散系数，m^3/s；λ 为热导率，$W/(m \cdot K)$；C_p 为比热容，$J/(kg \cdot K)$；ρ 为物料的密度，kg/m^3。

　　为了计算干燥时流体动力学过程（例如喷雾），除了热物理特性外，还需知道其他物理特性如黏度和表面张力等。

　　微生物生物质和其他微生物合成产品的生物、热物理和物理特性具有很大的差别并且研究得也很不充分，因此，作为干燥对象的生物物料，不可能严格地按照其特征来分类，并有依据地来选择干燥的方法和设备的结构。相对而言，在生物物料中，对抗生素和酵母的干燥研究较深入，相应的干燥设备的研究比较充分，因此对于具体生物物料的干燥应从实验开始。

10.9　蒸发和干燥速率

　　干燥过程首先使水分从固体内部扩散至物料表面，然后又从物料表面汽化至周围环境，因此干燥属于传质过程。但干燥过程又是传热过程，热空气必须把热量不断地传给固体物料，以供水分汽化所需。可见干燥是一热质同时传递的过程。根据实践经验可以知道，空气温度越高，蒸发速率越快，则干燥速率也越快；空气的湿度越低，固体物料中水分的蒸发速率越快，则干燥速率也越快。

　　水分的蒸发速率，可简要地定义为液体和空气之间水蒸气的张力差，这种定义并未对干燥的动力学给出定量的描述。虽然随着水含量的降低干燥速率也随之降低的原因并不清楚，但是得出了干燥过程是一个非连续过程的概念。早在 20 世纪 20 年代，有人就提出了一个三步模型来描述毛料的干燥：

第一步
$$\frac{\mathrm{d}X_{\mathrm{m}}}{\mathrm{d}\tau}=K_1 \tag{10.61}$$

第二步
$$\frac{\mathrm{d}X_{\mathrm{m}}}{\mathrm{d}\tau}=K_2 X_{\mathrm{m}} \tag{10.62}$$

第三步
$$\frac{\mathrm{d}X_{\mathrm{m}}}{\mathrm{d}\tau}=K_3(X_{\mathrm{m}}-C_{\mathrm{e}}) \tag{10.63}$$

式中，K_1、K_2 和 K_3 是常数；X_{m} 为水含量，%；C_{e} 为系数，表示平衡时的湿含量。

这种处理方式，使理论和实践正确地关联起来，描述了干燥速率是一个非连续过程。干燥曲线呈现出抛物线的形状，干燥速率随时间的不连续曲线的拐点取决于物料的特性。Sherwood 和 Comings 发现水从不同物质如白垩粉、颜料、黄铜屑、火石砂和黏土中的蒸发速率会小于或等于纯水的蒸发速率。

Newman 认为固体的干燥速率受水分扩散系数的制约，特别是在不同恒速干燥时，扩散的影响更显著，据此现象提出了一个描述湿气浓度的变化和扩散系数之间关系的方程式：

$$\frac{\partial c}{\partial \tau}=D\frac{\partial^2 c}{\partial x^2} \tag{10.64}$$

式中，c 为湿气浓度；D 为扩散系数。

然而，Leaglsde 和 Hougen 却认为固体颗粒的干燥速率取决于毛细管作用，而非湿气扩散作用。

后来人们认为固体的干燥受扩散和毛细管作用两方面的共同影响，提出了如下形式的偏微分方程：

$$\frac{\partial\left(\dfrac{k\partial T_1}{\partial x}\right)}{\partial x}-\frac{\partial T_1}{\partial \tau}+\frac{D\partial^2 c_{\mathrm{u}}}{\mu\partial x^2}-\psi_{\mathrm{G}}\frac{\partial^2 c_{\mathrm{u}}}{\partial t}=0 \tag{10.65}$$

式中，k 为毛细管特性；T_1 为液体的体积分数；c_{u} 为孔隙中的湿气浓度；ψ 为空隙的自由体积；D 为扩散系数；μ 为扩散阻滞系数。

目前这个方程已被普遍接受。

许多年以后，Ashworth 指出物料的干燥是一个复杂的和含水颗粒性状变换的过程，所以提出了一个指数方程式。

如前所述，实际上固体干燥的所有情况都是热量传递和湿气（质量）传递的伴生过程。Luikov 早已给出了描述这两种现象相应的方程式，来表达总湿量的变化。

$$j=-\rho D_{\mathrm{m}}(\Delta X_{\mathrm{m}}+D_{\mathrm{T}}\Delta\theta) \tag{10.66}$$

式中，D_{T} 为温度梯度系数，取决于湿气的移动。

相应的热通量用式（10.67）给出：

$$q=-\lambda\Delta\theta \tag{10.67}$$

式（10.67）排除了因湿气浓度梯度而引起的热含量变化。此值很小。

在温度变化很小时，湿气的变化也非常小，D_{m}、D_{T}、λ 基本上是常数，物质的比热容也是常数，可以得出以下方程：

$$\frac{\partial x_{\mathrm{m}}}{\partial \tau}=D_{\mathrm{m}}\Delta^2 x_{\mathrm{m}}+D_{\mathrm{m}}D_{\mathrm{T}}\Delta^2\theta \tag{10.68}$$

$$\frac{\partial\theta}{\partial\tau}=D_{e}\Delta^{2}x_{m}+D_{mv}\Delta_{hv}/C_{p}x\Delta^{2}\theta=D_{m}\Delta^{2}x_{m}+K\Delta^{2}\theta \tag{10.69}$$

式中，D_{e} 为热扩散率；D_{mv} 为气相扩散系数。

在不同的湿气含量和温度实验条件下，求解这些方程式以后，可以计算出不同的系数，并且这些变量可以对固体或其他物质中的湿气的传递进行预测。

在干燥过程中，热量梯度作用的引入，必须考虑在气相中湿气的移动是通过蒸发 - 冷凝机理来进行的，因此，在多孔性和吸湿性物料中与在那些细颗粒物料中湿气的传递表现出不同的机理。根据 Luikov 理论，如果两物质有不同的吸湿性，吸湿性强的物料虽然有较高的湿气含量，也可以从一个低水含量的吸湿性弱物质中吸收湿气。根据 Poersch 意见，物质的干燥完全取决于环境和物质的有关状况，因而，不可能未经物料的干燥实验去设计一个干燥器。让物料在干燥器中干燥结束后保留一段时间也是很重要的，这个问题可以通过实验和适当的检测来决定。

10.10　生物产品的干燥方法

按照水分的原始聚集状态，干燥可分为从液态开始干燥和绕过液相从固态直接蒸发 - 升华两种方式。

可根据操作方式和进料的物理状态来对干燥机进行分类，分别见图 10.23 和表 10.3。干燥机主要是通过传导、对流或辐射作用来工作，有些干燥器可用介电加热传递来操作，有些则可用辐射过程来操作，所以可能分别形成介电辐射干燥机。热传递的介电过程适用于不良导体，例如食品和生物制品一类物质。通常，热传递的介电过程要求有一个交变的电场（或加热和冷却操作）。但这两种干燥机尚在发展中。在此先按照供能特征，即按照供热的方式分为接触式、对流式、辐射式干燥进行介绍。

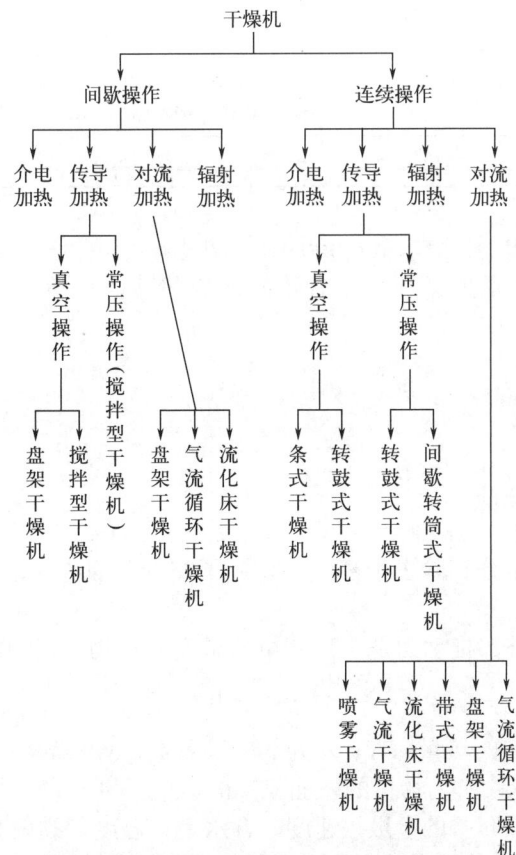

图10.23　按操作方法区分的干燥机类型

在接触式干燥时，热通过加热表面（金属方板、辊子）传给需干燥的物料。这时水分被蒸发转入物料周围的空气中。根据这一方法建立起来并且用于微生物合成产品干燥的干燥器有单滚筒、双滚筒和箱式干燥器，但是现在已被由其他干燥方法建立起来的干燥器所取代。

在热对流式干燥时，干燥过程必需的热量用气体干燥介质传送，它起热载体和介质的作用，将水分从物料上转入到周围介质中。这个方法广泛地应用在微生物合成产物的干燥上，主要有气流干燥器、空气喷射干燥器、喷雾干燥器和沸腾床干燥器。

在辐射式干燥时，即红外线干燥时，热从辐射源以电磁波形式传送，辐射源的温度通常为700～2200 ℃，这种加热方式应用在微生物合成产物的升华干燥上。

除了上面列举的干燥方法以外，利用高频电磁场来干燥同样也是可行的，但这个方法设备价格高、能耗相当大、使用复杂，所以未应用在干燥微生物合成产品上。

在已知型式的干燥装置中，应用了已经列举的各种加热方式的不同组合，例如，在升华干燥中利用了热传导和热辐射两种方式的组合。由于大多数微生物合成产物是热不稳定性的，所以对它们的干燥使用了最温和的方法，尽量降低干燥的温度和时间。当水分从液态蒸发时，在真空下进行操作或者用微颗粒物料干燥，这个要求是可以达到的。此外，升华方法对干燥热不稳定物料也创造了比较有利的条件。

表10.3   按湿物料物理状态区分的干燥机类型

干燥物料	干燥机类型
液体	分批、转鼓、喷雾
悬浮液	分批、转鼓、喷雾、真空带式
糊或泥	盘架、带式、分批、转鼓、液化床
硬块	盘架、回转
结晶或颗粒	转筒、气流、盘架、分批、流化
纤维类	盘架、带式、分批、流化床、气流、转筒
片状物	盘架、转鼓

目前，对于干燥微生物合成产物，最广泛应用的干燥器主要是对流给热的干燥器（气流、空气喷射、沸腾床、喷雾等），对于活的菌体、各种形式的酶和其他热不稳定产物的干燥，可使用升华干燥器。

10.11   对流干燥

10.11.1   对流干燥过程热计算

在对流干燥时，为了蒸发水分和除去水蒸气，使用了空气、烟道气、惰性气体等作为气体干燥介质并借助干燥介质实现脱水要求。

在对流干燥时，热交换的外部推动力是干燥介质的温度 t_2 和物料表面的温度 t_1 的差值：

$$Q=\alpha(t_2-t_1)F \tag{10.70}$$

式中，Q 为对流物料所传递的热量，W；α 为热交换系数，W/（m²·K）；t_2、t_1 分别为干燥介质的温度和物料表面的温度，℃或K；F 为物料的表面积，m²。

热交换系数取决于表征干燥介质的参数（速度、含水率、温度、黏度等），也取决于物料的特性（尺寸、状态、物理性质）。增大热交换系数和物料表面积，常可使干燥过程得到强化。但欲提高干燥介质的温度则要受到物料热不稳定性的限制，而要增加物料的表面积则须减小被干燥颗粒的尺寸，从而造成了测定总的活性表面积 F（即可被干燥介质作用的表面积）的困难，在这种情况下，可使用平均体积热交换系数。

$$\alpha_v = \alpha F / V = \frac{Q}{V(t_2 - t_1)} \tag{10.71}$$

式中，α_v 为平均体积热交换系数，W/(m³·K)；V 为干燥器的体积，m³。

为了评述在这种设备中的干燥过程，可以使用干燥室的生产率指数 H_v 及水分蒸发量 H_F。

对于单位体积：

$$H_v = G/(V\tau) \quad kg/(m^3 \cdot s) \tag{10.72}$$

对于单位表面积：

$$H_F = G/(F\tau) \quad kg/(m^3 \cdot s) \tag{10.73}$$

式中，G 为在 τ 时间里干燥蒸发的水分质量，kg。

10.11.2　对流干燥器

在微生物工业发展的最初阶段，广泛使用盘架干燥器、转筒式干燥器和带式干燥器，它们是从化学工业中借用来的，目前，它们几乎完全被比较现代化的干燥器所取代。在先进的干燥器中采用的是流态或拟流态的干燥方法。在这种形式的干燥器中，由于流体动力学条件比较有效，所以可达到强化干燥的作用，此类干燥中最简单的是气流干燥器。图 10.24 所示是气流干燥器中的一种，应用在抗生素干燥上。物料通过给料器送入干燥室，干燥在竖管中进行，干燥物料和干燥剂（空气）在速度为 $10 \sim 15$m/s 下并流移动，空气在电加热器中预热，干物料从旋风分离器中被分离出来，空气则在过滤器中最后净化，用风机排放到外面。当不要求除去结合水分时，气流干燥可被应用在单一粒度组成的细分散物料的干燥上。

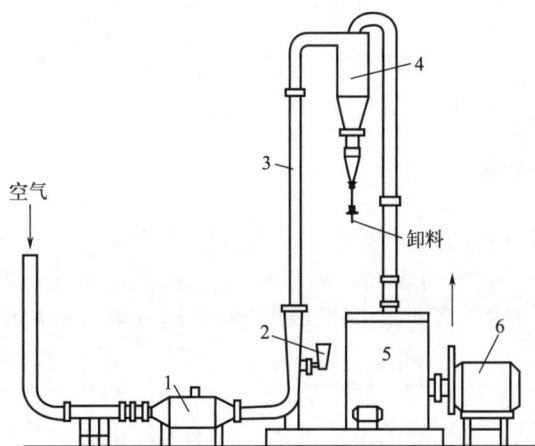

图 10.24　气流干燥器的结构

1—电加热器；2—给料器；3—竖管；4—旋风分离器；5—过滤器；6—风机

当需要比较持久地将物料留在干燥区时，则可应用喷射干燥器。这种类型的干燥器，通常具有圆锥形的筒体，它们的流体动力学决定了只有那些轻而干的颗粒被干燥介质带走，而未干的比较重的颗粒仍继续循环在干燥区内。为了比较均匀地进行物料的干燥，空气喷射干燥机装有附加的内部锥体、管道和其他设备，对颗粒在干燥器中滞留时间的调整，取决于它们的含水率和粒度。喷射干燥流程见图 10.25。

干燥器为带内部锥体的塔，加料用螺旋送料器来完成，物料的卸出是通过旋风分离器来完成的，干燥介质即空气由送风机供给，先在过滤器中净化。对于喷射干燥器，当干燥介质的温度在 140～160℃时，水分的去除率是 60～80kg/(m³·h)。图 10.26 为具有同等干燥强度的沸腾床干燥器。干燥介质即空气由过滤器通过鼓风机和加热器供给干燥设备，需干燥的悬浮体从供应槽用泵经喷雾器去干燥。干燥好的物料经旋风分离器卸出。在这种类型的干燥器中，产物被堆放在多孔的底板（栅条）上并吹送热的干燥介质。在沸腾床中干燥时，颗粒的直径一般不超过 2mm，产物在惰性填料的悬浮层中被干燥，需干燥的溶液被送到惰性颗粒的沸腾层，以液体薄膜覆盖在惰性颗粒上，在干燥状态下产物会形成易碎的固体薄膜，干燥以后，依靠颗粒的碰撞打碎掉薄膜，干燥介质则从干燥系统中排出。

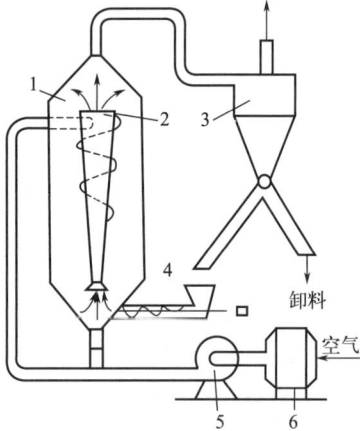

图 10.25　喷射干燥
1—塔；2—锥体；3—旋风分离器；4—螺旋 送料器；
5—送风机；6—过滤器

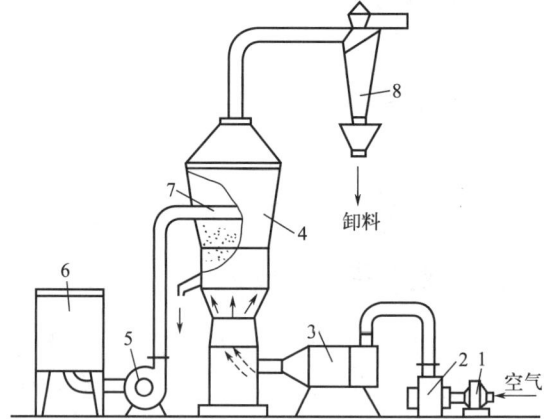

图 10.26　沸腾床干燥器
1—过滤器；2—鼓风机；3—加热器；4—干燥设备；5—泵；6—供应槽；
7—喷雾器；8—旋风分离器

对某些产物（例如在维生素工厂里）旋风干燥器是有效的。在该干燥器中，干燥介质在干燥室中以切线方向高速进入，这时形成的旋转涡流会使对流热交换强化。

10.12　喷雾干燥

10.12.1　喷雾干燥过程热计算

在喷雾干燥时，被干燥的溶液或悬浮体用特殊的装置来雾化，在干燥室中成细小分散状态与气体干燥介质混合。由于雾化时可获得很大的表面，所以颗粒的脱水过程进行得很快，和其他形式的干燥相比，此过程对热不稳定性产品的性质（例如蛋白质的变性作用、电解质浓度的增加等）影响很小。

喷雾干燥具有下面的优点：一般干燥时间不超过 15～30s；在干燥区颗粒的最大温度不超过湿球温度计的温度；成品的定性指标（平均密度、颗粒直径、含水率和温度）可以调节和改变；成品在大多数的情况下，不需要进一步磨粉就具有很好的溶解度；有高的生产能力，维护保养也不复杂。

大尺寸的干燥器，是在空气初始温度（100～150℃）相对不高的条件下进行干燥的。对于干燥室中热载体循环有作用的热不稳定产物来讲，降低温度是必要的，但是温度的降低，细小颗粒留在干燥器中与干燥剂接触的时间明显增加。

为了将溶液充分雾化，并且从出口气体中将成品分离出来，需用比较昂贵和复杂的设备。由于分离直径为 5～20μm 的干燥颗粒比较困难，这部分随干燥介质带走的成品损耗通常很大。又由于喷雾溶液所需能量和空气消耗的增加，使能耗上升。干燥后产品堆积密度不大，也会引起包装体积的增加。

喷雾干燥是对流干燥的一种应用。在喷雾干燥时，热量和质量交换过程服从对流干燥的一般规律，干燥过程从被干燥物料喷雾的时候开始，被干燥物料的颗粒很快地达到空气的湿球温度。蒸发水分的单位热耗通常 3600～6000kJ/kg。

干燥过程可以分为两个主要的时期，即恒速干燥期和降速干燥期，见图 10.27 和图 10.28，图中 W_H 和 W_K 为物料的初始和临界湿度，W_P 为干燥物料的平衡湿度。

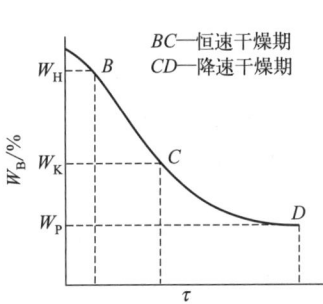

图 10.27　干燥曲线

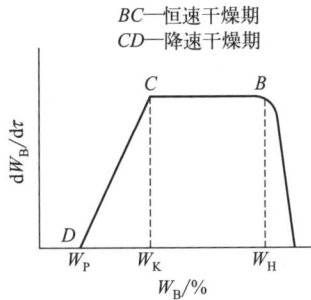

图 10.28　干燥速率曲线

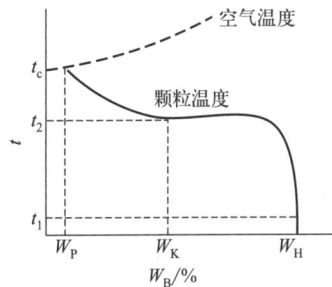

图 10.29　喷雾干燥机中颗粒温度变化曲线

假如液滴具有较高的温度并且在液体表面上比气相介质中具有更高的蒸气分压，那么由于蒸气压的差值使液体能从液滴蒸发出来。随着液滴温度的下降，蒸发过程将在液滴温度等于湿球温度时进行。

通常液滴的起始温度小于湿球温度，消耗在加热和蒸发水分上的热量由空气带入。颗粒在喷雾干燥中温度变化的典型曲线见图 10.29，被干燥物料的湿度取决于空气的相对湿度。在喷雾干燥时，不仅颗粒内部（内部的热量和质量交换），而且在周围介质与颗粒表面之间（外部的热量和质量交换）都发生水分和热量的转移。在外部热量和质量交换时，传送的热和水分的数量用下面的方程式描述：

$$\mathrm{d}Q / \mathrm{d}\tau = \alpha(t_m - t_p S_a) \tag{10.74}$$

$$\mathrm{d}G_w / \mathrm{d}\tau = [\beta\rho(p_p - p_m)S_a]p_i \tag{10.75}$$

式中，Q 为热量，kJ；τ 为时间，s；α 为热交换系数，$\mathrm{W/(m^2 \cdot K)}$；t_m、t_p 为介质和颗粒的温度；S_a 为颗粒的表面积，$\mathrm{m^2}$；G_w 为水分的质量，kg；β 为质量交换系数，m/s；ρ 为蒸汽密度，$\mathrm{kg/m^3}$；p_p、p_m 为在颗粒上和介质中水蒸气压，Pa；p_i 为惰性气体（空气）平均压力，Pa。

这些公式仅仅在稳态过程中和应用在干燥的恒速阶段时是正确的。

10.12.2　喷雾干燥机

带有锥形底和顶部供热的喷雾干燥机结构见图 10.30，干燥器由干燥室、喷雾装置组成，空气入室前经过预热装置和空气分配器。

在干燥工艺上有三种雾化方法：气流式、机械式和离心式。雾化方法在许多方面取决于过程的技术经济指标。理想的雾化器要求喷雾粒子均匀，结构简单，操作方便，产量大，能量消耗少，能控制雾滴大小和数量。

对于干燥微生物合成产品来说，喷雾干燥的主要优点不仅可以保证"温和"的干燥条件，而且可以使干燥过程在无菌条件下进行，得到的成品不易被外来的微生物污染。喷雾干燥主要用于生产各种抗生素、血代制品和其他医用制剂的干燥。

图 10.30　喷雾干燥机结构

1—预热装置；2—喷雾装置；
3—空气分配器；4—干燥室

10.13　升华干燥

10.13.1　升华干燥过程

升华干燥法（也称冷冻干燥）的原理是湿物料从冻结状态下除去水分，即水分不经过液态直接升华

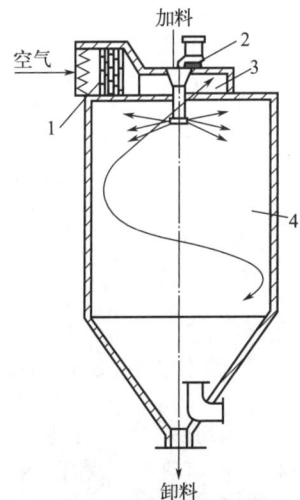

成气态而脱水的干燥过程。与其他方法相比，升华干燥法具有被干燥材料的结构变化最小以及干燥温度较低等特点。因此升华干燥可用于特别热不稳定的产品上，例如活的微生物体、酶、某些抗生素等。和其他形式的干燥相比，升华干燥后，物料结构具有良好的耐贮性，因为可溶性物质始终比较均匀地分布在整个容器的空间，而水分仅以蒸发形式在物料内部转移。

物料在干燥的大部分时间里处于 $-30 \sim -20℃$ 温度范围内，仅在干燥的最后阶段，当水分的含量已微不足道时，温度才升高到 $30 \sim 40℃$。在升华干燥过程中减少了被干燥物料的化学变化包括氧化过程的可能性，因为干燥是在空气压力为 $0.1 \sim 10Pa$ 下进行的，空气中氧的浓度比在大气压下低，为原来的万分之一。

升华干燥的低温条件为保存蛋白质、复杂的生物活性物质和活细胞创造了有利环境。但是这并不意味着在升华干燥时对被干燥的产品完全没有任何不良的影响，通常最大的困难不是在升华干燥的干燥阶段，而是出现在冷冻的准备阶段上。可通过图 10.31 所示的冷冻时细胞上产生的物理现象加以说明。根据现代的概念，胞内结冰是细胞死亡的主要原因之一。在缓慢冷冻的条件下，可使胞内不结冰。在这种情况下细胞的死亡是由其他的机理决定的，与胞内和胞外溶液的组成变化有关。显然，应该有最佳化的冷冻速率来最大限度地保存细胞，实验数据见图 10.32。

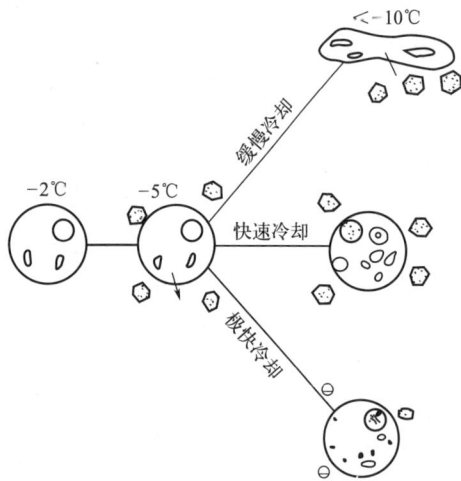

图 10.31　冷冻时细胞中产生的物理现象

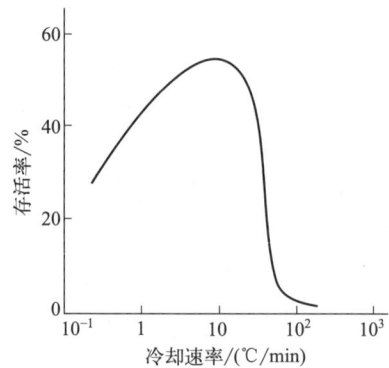

图 10.32　冷冻时酵母的存活率与冷却速率的关系

有关细胞死亡也可能是在升华干燥过程中过分脱水（或在升华以后的最后干燥中）造成的。为了保护细胞，使其在冷冻和以后的干燥中不致死亡采用了特殊的保护介质，包括甘油、蔗糖、乳糖、聚乙烯吡咯烷酮和其他物质，阻滞胞内生成冰，减少电解质浓缩，并在深度不可逆的脱水作用下来保护细胞。

生物悬浮液和微生物合成的、具有复杂生理活性产物的溶液，通常含有大量可溶性的有机和无机的天然物质。物理过程发生在升华干燥工艺过程的主要阶段上（冻结、自发升华和最后干燥），取决于这些悬浮液和溶液的组成。

升华过程开始时，把原始的悬浮液或溶液转变成为固体糊浆是必要条件，固体糊浆称为低共熔混合物（共晶体），由结晶的冰和盐组成。发生共晶体转变阶段的温度，称为低共熔温度。各种物质的低共熔温度和浓度是不同的。当冷却复杂溶液时，观察到在低共熔（低共熔冰盐结晶的）区域内所有的盐发生结晶。这些相的转变，在严格规定的条件下进行，它的特点可用相图表示。在图上的某点可能同时存在固态、液态和蒸气，称为三相点。对于水，这样的点相应的压力为 610.5Pa，温度为 0.01℃。可见升华过程可能仅仅在干燥材料表面蒸气压降低的条件下，相应的三相点低值时进行的。在干燥生物悬浮液和溶液时，压力和温度是平衡相的特征，将不同于纯水的压力和温度，但是服从质量守恒定律。对于生物悬浮液和溶液低共熔（低共熔冰盐结晶）区域可用实验的方法测定。升华条件的确定取决于材料表面的饱和蒸气压和温度。理论上生物材料的升华干燥应该在温度小于低共熔温度下进行。实际上由于低共熔盐结晶混合物的过冷现象，有时以开始熔化温度作为控制点，它常高于完全凝固温度。

物质的相变要相应地吸收或放出热量，在 -30 ～ -25℃时冰升华，每千克冰吸热量约为3000kJ。除此以外，热量还消耗在加热主要装置和零件上、加热干物料和融化在冷凝器上的冰（约 400kJ/kg）等方面。

10.13.2　升华干燥设备

间歇作用的升华设备见图10.33。装置由能放置被干燥物料的换热平板的升华箱等组成。换热板内的循环利用泵进行。在物料冷冻时，冷载体的冷冻在装有蛇管的容器中完成，在蛇管中有来自冷冻装置的冷载体循环；在干燥时，热载体的加热在水箱中用电加热器来完成。水蒸气的冷凝在高度低温的冷凝器中进行，由制冷设备中传给冷载体，未被冷凝的气体用真空泵排出。

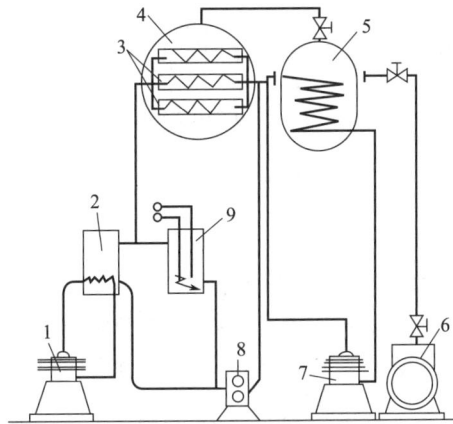

图 10.33　真空 - 升华设备

1—冷冻装置；2—容器；3—换热平板；4— 升华箱；5—冷凝器；6—真空泵；7—制冷设备；8—泵；9—水箱

在冷冻阶段，水分蒸发的强度取决于物料表面和冷冻室内部水蒸气的压力差。

$$m_1 = K_1(p_m - p) \tag{10.76}$$

式中，m_1 为蒸发强度，kg/(m²·s)；K_1 为冷冻时质量传递系数，s/m；p_m 为物料表面的水蒸气压力，Pa；p 为冷冻室内水蒸气压力，Pa。

冷凝器中冷凝蒸汽的强度取决于冷凝器中蒸气压和冰的表面温度下饱和蒸气压之差。

$$m_2 = K_2(p_n - p_i) \tag{10.77}$$

式中，m_2 为冷凝强度，kg/(m²·s)；K_2 为冷凝时质量传递系数，s/m；p_n 为冷凝器中水蒸气的压力，Pa；p_i 为冷凝器中冰的表面温度下饱和水蒸气压，Pa。

通常在冷凝器中，冰的表面温度处于 -40 ～ -30℃（p_i=15 ～ 40Pa）。

冷冻过程的强度、蒸汽的迁移和它们在表面的冷凝，在最后计算时，取决于两个蒸汽分压之差，即 $\Delta p = p_m - p_i$。

可见为了强化冷冻过程，最好使 Δp 值极大地增加，因此希望在冷冻时有良好的热传导，使物料温度最大限度地接近允许值，而冷凝温度最大限度地降低。

在选择冷凝器的冷凝温度时，应该考虑到，当物料和冷凝器的温度差较大时，则蒸气压差也将较大，因此冷冻温度选在 -30 ～ -20℃，而冷凝器的温度限制在 -45 ～ -35℃。

在升华装置中对物料干燥最常用的两种传递方法是热传导或热辐射，有时应用这两种方法的组合。在物料冷冻时，其热传导和温度分布见图10.34。

热传导的缺点是物料和加热表面接触不均匀，所以用此方法很难保证热流的均匀。

为了保证一定的冷冻强度，必须经常从物料表面转移所形成的水蒸气，蒸汽的体积随着干燥室内的压力下降而剧烈地增长，假如在大气压下 1kg 水蒸气的体积为 1.72m³，那么在 133.3Pa 时是 1000m³，而在 13.3Pa 时则为 10000m³，即在冷冻时，1kg 蒸汽的体积比 1kg 冰的体积增加百万倍。因此在研究冷冻干燥器结构时力求在可能的范围内减少在蒸汽运动的路线上的阻力，否则，在冷冻机中，蒸气压将增加，导致干燥强度和产品质量下降。在计算冷冻干燥器中蒸汽导管和有关流体阻力时，必须考虑到蒸汽与空气的混合气的流动特性。通常，冷冻干燥是在中等真空度条件下进行的（压力为 100Pa 左右）。

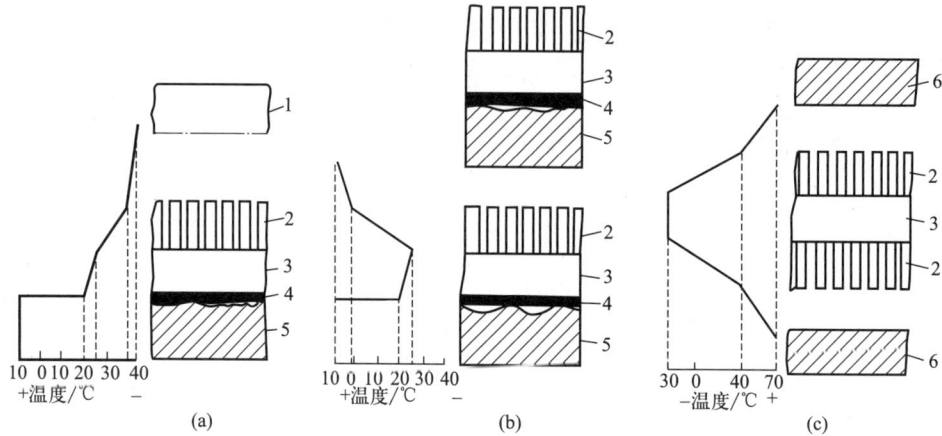

图 10.34　在升华干燥机中热传导和温度分布

（a）从下面接触加热；（b）从下面接触加热和在上面辐射加热；（c）从下面和上面辐射加热

1—冷凝面积；2—干层物料；3—冻结物料；4—槽底；5—加热的搁板；6—辐射加热器

升华干燥器的计算包括物料平衡、冷冻机和冷凝器的热量平衡以及蒸汽导管和排气装置（泵和喷射器）的运输能力等，在此不作具体介绍。

冷凝器的作用是去除冻结物料升华出来的水分，常为管式或旋转刮刀式热交换装置。冰的去除采用周期性解冻或借助于机械刮刀来实现。为了从冷冻机中除去空气，在循环的初期用旋转真空泵抽真空；而为了除去残留的水蒸气，在干燥时应采用真空扩散泵。

目前得到广泛使用的连续操作升华干燥器如图 10.35 所示。它的生产能力为每小时蒸发 230kg 水分。具体过程为将预先冷冻过的颗粒状物料通过带有热开关的闸门和分配装置，进入振动输送器上，供热依靠热辐射体来进行，并且约有 80% 的能量，在波长超过 2.5μm 的波段内传递。振动传动装置和冷凝器安装在冷冻机的体内。用机械方法除冰并由输送器送入卸料装置闸门。干燥的产物经过闸门出料，干燥器的抽真空和除去不可冷凝气体是用真空泵系统来完成的。产品留在干燥室中的时间控制在 40 ～ 110min，而产品的最高温度不大于 27℃。

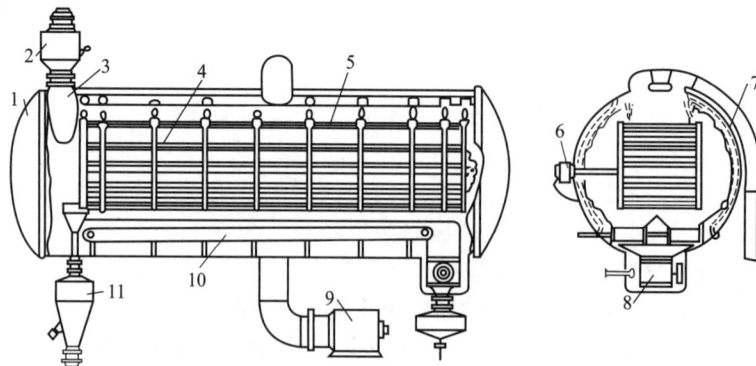

图 10.35　连续操作的冷冻干燥机结构

1—冷冻机；2—闸门；3—分配装置；4—振动输送器；5—热辐射体；6—传动装置；

7—冷凝器；8—卸料装置闸门；9—真空泵系统；10—输送器；11—闸门

上述介绍的升华干燥又称一级干燥或一次干燥，可升华去除溶剂水分。实际上，在真空条件下使水蒸气直接从固体中升华出来的过程除了一级干燥外还有二级干燥或二次干燥，即真空解吸附干燥，可解吸附去除制品中以吸附方式存在的残留水分（包括化学结合水与物理结合水），从而避免制品分解。

随着生物技术的发展，新的生物制品不断出现，但是有很多生物制品难溶于水或其水溶液不稳定。同时为了提高干燥速率，国外已经开始进行了有机溶剂的冷冻干燥研究，其中叔丁醇具有高熔点、高蒸气压、无毒、与水完全互溶，而且冻结时形成针状结晶，可减少传质阻力，因此获得了越来越广泛的应用。其他有机溶剂的应用研究也在深入进行中。

10.14　组合干燥

在工业生产中，由于物料的多样性及其性质的复杂性，有时用单一形式的干燥器来干燥物料时，往往达不到最终产品的质量要求。如果把两种或两种以上的干燥器组合起来，就可以达到单一干燥所不能达到的目的，这种干燥方式称为组合干燥。组合干燥可以较好地控制整个干燥过程，同时又能节约能源，尤其适用于热敏性物料。组合干燥是干燥技术未来的发展趋势之一。

目前报道的组合干燥有：①喷雾-流化床组合干燥；②喷雾-带式组合干燥；③气流-流化床组合干燥；④气流-旋流组合干燥；⑤回转圆筒-流化床组合干燥；⑥转鼓-盘式组合干燥；⑦转鼓-通风耙式（桨叶）组合干燥等。根据物料的特性及现有条件合理地组合，使用不同类型的干燥器就可建立起新的、强度高而成本低的组合干燥装置。

除上述研究热点以外，国外还在加强干燥技术的理论研究和物料试验，研发新的多功能设备，集过滤、干燥、粉碎等单元操作于一机，简化操作程序，以及干燥设备的大型化、连续化、封闭化发展方向等方面展开了深入的探索。

11 生物医药生产中分离纯化工艺示例

○○ ── ○○ ○ ○○ ────────

11.1 核酸类药物分离纯化工艺

11.1.1 核酸类药物概述

1957 年，中心法则首次提出，阐明了遗传信息在细胞内流动过程：从 DNA 转录为 RNA，再由 RNA 翻译为蛋白质维持机体功能，其中 DNA 作为储存、复制遗传信息的核心载体，而 RNA 作为功能蛋白质与遗传信息的桥梁，不仅携带遗传信息，同时具备调控功能。核酸是 DNA 和 RNA 的总称，核酸类药物（nucleic acid-based drugs）即是一类基于核酸分子设计的治疗性药物，与传统的小分子药物或蛋白质药物靶向特定的蛋白质靶点不同，核酸类药物通过靶向特定基因或 RNA 序列，实现基因表达的调控或修正，从而治疗特定疾病。也正因此，核酸类药物发展潜力巨大，有望突破传统药物靶点蛋白质不可成药性（undruggable）的限制，现如今全球有数百种核酸类药物处于临床研究中，也有多款已获批上市。

核酸类药物大致分为小核酸类药物和长链核酸类药物两大类。①小核酸类药物包括反义寡核苷酸（antisense oligonucleotides，ASO）、RNA 干扰（RNA interference，RNAi）、核酸适配体（aptamer）等，其多为长度小于 100nt 的短链核酸。其中 ASO（短链反义 DNA）与 RNAi（siRNA 和 miRNA）通过结合特定 mRNA，从而阻止翻译或促进 mRNA 的降解来抑制基因表达。核酸适配体是一类可高亲和力和高特异性地与特定目标结合的短链核酸，类似于抗体，可以用来阻断蛋白质相互作用或递送治疗药物。②长链核酸类药物以 mRNA 和 DNA 疫苗为代表，多为编码抗原蛋白 mRNA 或 DNA 长链，依托特定载体进入细胞，表达相应抗原刺激免疫反应，从而预防并治疗疾病（表 11.1）。近期，随着基因编辑技术与人工智能的逐渐成熟，核酸类药物有望在多个医疗领域实现广泛应用，并为复杂疾病的治疗提供创新疗法。

表 11.1 核酸类药物分类

	类别	作用机制
小核酸类药物	反义寡核苷酸（ASO）	结合 mRNA，调控抑制翻译或直接促进降解
	小干扰 RNA（siRNA）	诱导沉默复合物 RISC，进一步结合 mRNA，抑制翻译或促进 mRNA 降解
	微小 RNA（miRNA）	与靶 mRNA 结合，引导 RISC，抑制 mRNA 的翻译或促进其降解
	小激活 RNA（saRNA）	与特定的靶基因启动子区或其他调控区域结合，引导转录因子或其他相关蛋白质复合物到达该区域，从而增强靶基因的转录活性，最终提高基因表达水平
	核酸适配体（aptamer）	通过高度特异性地与特定靶分子（如蛋白质、细胞、毒素等）紧密结合，抑制靶分子的功能或阻断其与其他分子的相互作用
长链核酸类药物	mRNA 疫苗	通过将编码特定抗原的 mRNA 引入体内，利用人体细胞生成抗原蛋白，进而激活免疫系统产生针对病原体的免疫反应
	DNA 疫苗	将编码特定抗原的 DNA 引入体内，利用宿主细胞表达该抗原蛋白，激活免疫系统，产生针对相应病原体的免疫反应

核酸类药物的生产方法因其具体类型而有所不同。反义寡核苷酸和小干扰 RNA 的生产主要利用化学合成方法，通过固相合成技术实现。在这一过程中，首先在固相载体上逐步添加核苷酸，一般使用磷酰胺肽法。然后，通过脱保护和切割步骤获得最终的核酸序列。体外转录是生产 mRNA 疫苗的主要方法。首先需构建含有目标 RNA 序列的 DNA 模板质粒，然后在 RNA 聚合酶和核苷酸存在下进行体外转录反应，生成 RNA。也可以直接通过体内转录获取目标 RNA，现已有包括大肠杆菌、酿酒酵母和哺乳动物细胞在内的多个平台用于 RNA 分子的表达和生产。

11.1.2　核酸类药物分离纯化技术

核酸类药物在生产过程中会引入多种杂质，包括未反应的原料、片段化的核酸链、中间产物、酶残留、宿主细胞蛋白、细菌内毒素、溶剂污染物、环境污染物以及设备带来的杂质等。这些杂质可能影响药物的纯度和安全性，因此需要通过分离纯化技术以及严格的质量控制来去除，以确保最终产品的高纯度和安全性。

核酸类药物的分离纯化包括初步提取与分离和高纯度纯化两个主要步骤。初步提取与分离是从合成反应物或细胞培养液中回收核酸，并通过不同方法富集特定的核酸序列；高纯度纯化则进一步去除多余的试剂、核酸片段和杂质。在核酸类药物分离纯化过程中，主要涉及的相关技术如表 11.2，下面从初步纯化技术、色谱纯化技术、电泳技术及其他纯化技术四个方面进行详细介绍。

表 11.2　核酸类药物分离纯化技术

技术类别	技术原理	适用性
液 - 液萃取	利用核酸在水相中的高溶解度和有机杂质在有机溶剂中的溶解度差异，通过振荡混合水相和有机相，分离出含有核酸的水相，以有效去除有机试剂和疏水性杂质	适合用于大规模和中等规模的核酸分离，尤其在初步处理和样品富集方面
固相萃取	将样品通过含有特定吸附介质的固相萃取柱，利用目标分子的选择性吸附和洗脱，去除小分子杂质和有机溶剂残留，实现简单高效的净化	适用于中等到大量样品的初步纯化和浓缩。去除核酸类药物中的残余试剂和小分子杂质
沉淀法（乙醇和 PEG 沉淀）	利用乙醇降低核酸水合壳或利用聚乙二醇（PEG）在溶液中的排斥体积效应（excluded volume effect），将核酸集中在沉淀中，快速去除大部分盐类和小分子杂质，实现核酸的浓缩和初步提纯	常用于大体积溶液中初步提取回收核酸
离子交换色谱（IEC）	基于带电分子与相反电荷的树脂之间的电荷相互作用进行分离。核酸类药物通常带有强负电荷，借助阴离子交换树脂（如 DEAE-Sepharose）可以与之结合，通过梯度洗脱（如增加盐浓度或调整 pH 值）将核酸类药物与杂质分离	适用于带电荷的核酸类药物，如 RNA、DNA 和寡核苷酸。用于有效去除带不同电荷密度的杂质。在工业规模生产中，被广泛用于初步粗分离和纯化
反相高效液相色谱（RP-HPLC）	利用分子间的疏水相互作用进行分离，常用 C_{18} 硅胶柱作为固定相。通过有机溶剂（如乙腈或甲醇）的梯度洗脱，核酸类药物分子在疏水相与流动相之间分配，实现分离	适用于短链和中链的寡核苷酸、RNA 和 DNA 片段。对分离序列相近或长度相近的寡核苷酸具有高效能。常用于评估纯度和分析小批量样品
分子排阻色谱（SEC）	基于分子尺寸不同在多孔基质中的渗透性差异进行分离。大分子不进入孔隙，快速流出；小分子渗透进孔隙，迟缓流出，最终实现分离	适用于分离具有显著尺寸差异的分子，如核酸类药物与过量的合成酶、蛋白质等。适合作为后续纯化步骤的补充，去除大分子杂质
高效阴离子交换色谱（HPAEC）	使用高强度阴离子交换树脂，通过加入碱性流动相（如 NaOH）增强寡核苷酸的分离效果。核酸类药物在碱性条件下带有较强负电荷，与树脂形成紧密结合，通过梯度盐溶液洗脱进行分离	对多种核酸类药物（如 siRNA、miRNA、ASO 等）有高分辨率分离能力。适用于高纯度要求的研究和分析
凝胶电泳	基于电场对带电分子的作用力，核酸类药物在琼脂糖或聚丙烯酰胺凝胶中移动速度与分子大小及形状成反比。通过染色和检测，可实现不同片段和聚合状态的分离	适用于分析和验证核酸类药物的长度、纯度和构象。小量样品的分离和检测，常用于实验室研究

技术类别	技术原理	适用性
超速离心	利用高速离心产生的离心力场，使核酸类药物与杂质根据密度差异在溶液中分层沉降。密度梯度离心法如 CsCl 梯度超离心，能精确分离不同密度的核酸分子	适用于高分子量、长链 DNA 和 RNA。去除副产物
亲和色谱	利用特定的生物分子相互作用（如抗体 - 抗原、配体 - 受体等），选择性地结合和洗脱核酸类药物	适用于特定序列或修饰的核酸类药物纯化。如 nano RNA 和 micro RNA、核酸适配体等高选择性纯化需求
膜过滤	通过选择性通透的膜将核酸类药物和杂质分离，常用于分子量切除和除菌。包括超滤和微孔过滤	适用于去除聚合物、非核酸大分子和细菌。大规模生产中的终端过滤和浓缩步骤

11.1.2.1　初步纯化技术

（1）液 - 液萃取是核酸类药物初步提取过程中一种常用且高效的方法。其利用不同物质在两种不互溶液体中的溶解度差异来实现分离。对于寡核苷酸的提取，通常采用水相和有机相的组合。在 ASO 初步提取中，利用寡核苷酸在水中的高溶解度，以及大多数有机杂质在有机溶剂中的高溶解度来实现初步分离。这一步骤可去除合成过程中残留的有机试剂、保护基碎片和其他疏水性杂质，同时将目标寡核苷酸保留在水相中。

一般水相溶剂通常使用纯水或缓冲溶液（如 TEAA 缓冲液）。有机相的选择至关重要，常用的有机溶剂包括：①乙酸乙酯，最常用，具有良好的萃取能力和较低的毒性。②氯仿，萃取能力强，但毒性较高，使用时需要特别小心。③正丁醇，对某些杂质有特殊的萃取效果。④乙醚，挥发性强，适用于易挥发性杂质的去除。选择时需考虑萃取效率、毒性、成本和环境影响等因素。较为常用的是酚 - 氯仿抽提，其利用了酚和氯仿的溶解特性，在离心后形成两相分离：水相和有机相。酚具有很强的蛋白质变性和溶解能力，能够将蛋白质从核酸溶液中析出；氯仿则作为有机溶剂进一步提高蛋白质的溶解性，同时增加相界面的清晰度，使得核酸和蛋白质能够有效分离。核酸主要保留在水相中，而变性蛋白质和脂质等杂质会沉积在有机相中。这一技术依靠物理和化学特性使得不同类型的分子在两相中重新分布，从而实现分离。

一般液 - 液萃取时操作流程如图 11.1，包括：①将合成后的粗产物溶解在适量水或缓冲液中，加入等体积或略多的选定有机溶剂。②在分液漏斗中剧烈振荡混合两相，通常持续 1 ～ 2min。③静置让两相完全分离，这可能需要几分钟到半小时不等。④小心分离水相。⑤重复步骤②～④两到三次，以最大化去除杂质。⑥收集所有水相，必要时进行合并。

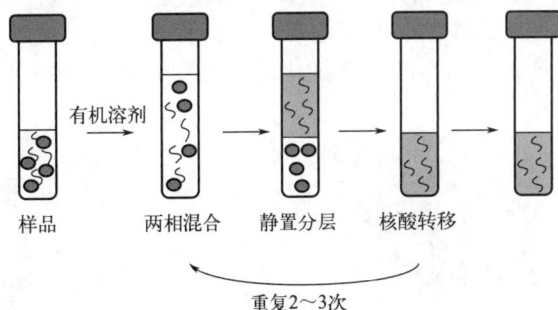

样品　　两相混合　　静置分层　　核酸转移

重复2～3次

图 11.1　液 - 液萃取操作流程

液 - 液萃取时，需要特别注意几个关键事项以确保操作的有效性和核酸的稳定性。首先是 pH 控制，应在适当的 pH 范围（通常为 pH6.5 ～ 8.5）内进行萃取，以避免核酸降解和失活。其次是温度控制，需保持低温（如 4℃），防止热敏感核酸的降解。此外，各相比例与盐效应进行调整优化，以获得最佳萃取效果。最终获得粗提物可通过 UV 吸收或 HPLC 进行效果评价，必要时对有机相进行分析，确保目标产物没有显著损失。获得粗提物可通过真空离心或冷冻干燥方法进行水相浓缩，残留的有机溶剂可通过 N_2 吹扫或减压蒸馏去除。

液 - 液萃取作为一种简单高效的初步纯化方法，能够快速去除大部分有机杂质，为后续的精细纯化步骤奠定基础。然而，它也有局限性，如无法有效分离水溶性杂质和序列相近的寡核苷酸。因此，通常需要与其他纯化技术（如色谱法）结合使用，以获得高纯度的最终产品。

（2）沉淀法是另一种有效且常用的初步提纯技术，主要包括乙醇沉淀和聚乙二醇（PEG）沉淀。

① 乙醇沉淀法是反义寡核苷酸提取和初步分离的常用方法。具体操作中，将反应产物溶液置于适量的醋酸钠（NaOAc）或氯化钠（NaCl）中以提高盐浓度，增强寡核苷酸的沉淀效果。随后，加入 2 ～ 3 倍体积的纯乙醇或等体积的异丙醇，混合均匀后，混合物通常在 -20℃或 -80℃冷藏至少 30min 以促进反义寡核苷酸的析出。冷藏结束后，通过高速长时间离心将沉淀分离出来。沉淀的反义寡核苷酸需用 70% 的冷乙醇至少洗涤一次，以去除残留的盐和溶剂，随后在真空干燥器或离心机中干燥，得到纯化的反义寡核苷酸。

② PEG 沉淀法是利用聚乙二醇（PEG）的高分子特性，通过加入适量 PEG 和高浓度盐（如氯化钠）使反义寡核苷酸从溶液中析出。首先在样品溶液中加入 20% ～ 30% 的 PEG（M_w6000 ～ 8000）和 0.1 ～ 0.2mol/L 的氯化钠，混合均匀后在冰浴中静置至少 30min。在此过程中，PEG 会通过增加溶液的渗透压，促使反义寡核苷酸分子聚集并沉淀。随后，通过离心分离沉淀物，再用 70% 乙醇洗涤去除残留的 PEG 和盐分。洗涤后，将沉淀干燥，可以得到较高纯度的反义寡核苷酸。

这两种沉淀法各有优点：乙醇沉淀法操作简便，广谱适用，大多数实验室能够轻松实施。PEG 沉淀法在处理小分子 RNA 和寡核苷酸时表现出更高的有效性，尤其在温和条件下更能保持寡核苷酸的完整性和生物活性。操作时应尽量避免剧烈搅拌或过度振荡，以减少对寡核苷酸的物理损伤。最终获得的沉淀产物应尽快溶解于适当的缓冲液并进行后续分析或纯化。

（3）超滤（ultrafiltration，UF）在核酸类药物纯化中的应用主要是通过大小排阻效应来分离和浓缩样品，从而为下游的色谱分离纯化步骤提供初步的处理。其利用半透膜对溶液中的分子进行分离，膜孔径大小决定了能够通过膜的分子量。超滤膜通常按照分子质量截断（molecular weight cut-off，MWCO）来分类，如 1kDa 至 100kDa。对于核酸类药物来说，选择适当的 MWCO 的超滤膜可以有效截留核酸，同时去除较小的杂质和盐分。

超滤系统包含膜组件、压力控制模块和透滤液收集系统。常用的形式有切向流超滤（tangential flow filtration，TFF）和定向流超滤（dead-end filtration）（图 11.2）。切向流超滤由于液体在膜表面流动减少了膜堵塞问题，更适合处理较大的样本量。运行时需根据样品性质调整压力，通常操作压力在 0.5 ～ 2bar❶，确保高效过滤而不损伤核酸。在操作过程中，将核酸溶液逐步通过超滤膜，控制进料流速和压力，达到最佳截留效率。为提高纯化效果，可以使用多步超滤：首先使用低 MWCO 的膜去除较小的分子和盐分，然后使用更高 MWCO 的膜进行二次浓缩与纯化。此外，定期清洗和更换膜组件以维持其性能和延长使用寿命也是必要的。超滤在纯化的后处理步骤中常作为脱盐和缓冲液置换工具。

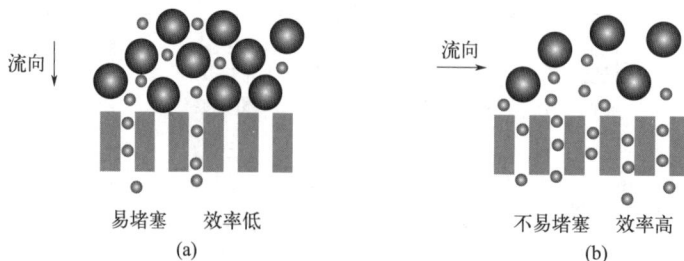

流向　　　　　　　　　　　　　　　　　流向

易堵塞　效率低　　　　　　　　　　不易堵塞　效率高
(a)　　　　　　　　　　　　　　　　(b)

图 11.2 切向流和定向流超滤示意图

（a）定向流超滤法；（b）切向流超滤法

---

❶ 1bar=10^5Pa。

11.1.2.2　色谱纯化技术

色谱分离纯化主要利用核酸的固有特性，如疏水性、负电性、分子量等，对应不同特性，进行不同的色谱柱填料，从而实现杂质与目的核酸的分离，包括反相色谱、离子交换色谱、分子排阻色谱及亲和色谱等（图 11.3）。

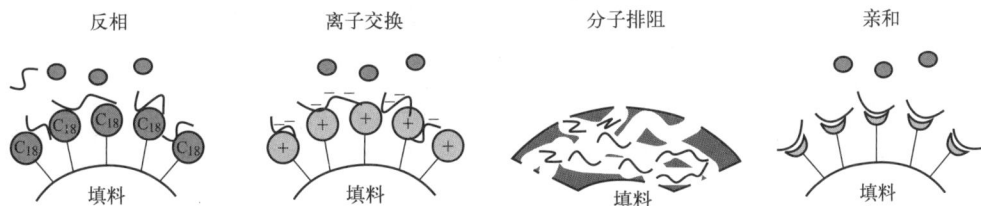

图 11.3　核酸纯化中常用的色谱技术

（1）反相色谱（RP）是核酸类药物高纯度纯化中常用的纯化技术，其基于疏水作用分离化合物。多数核酸具有一定的疏水性，由于核苷酸碱基对填料的亲和力不同，可以利用这种差异进行分离。填料的选择性决定了色谱柱对目标物和杂质的分离效率。C_{18}（十八烷基）和 C_8（辛基）是常用的反相填料。C_{18} 柱具有较高疏水性，适用于较强疏水性的分子。C_8 柱疏水性稍微弱一些，适用于较低疏水性的分子。实际使用时可通过实验确定最适合的色谱柱类型。柱子的粒径、孔径，以及操作温度（通常在室温到 40℃ 之间）也需仔细选择和控制，确保柱效和分离重现性。

此外梯度洗脱程序至关重要。通过调控流动相中水（通常含有 0.1mol/L 三乙胺 - 醋酸盐等缓冲液）和有机溶剂（如乙腈或甲醇）的比例，实现核酸的分离。梯度通常从低比例的有机相开始，逐步增加，优化分离效果。流速一般设在 0.5～1mL/min，需要根据柱子的规格和所需的分离效率进行调整。检测和收集阶段，UV 检测器常设定在 260nm 波长处，用于实时检测核酸的分离峰。为确保分离效果，需调整检测器的灵敏度，并在色谱图的基础上设定收集窗口。使用高纯度溶剂和控制基线稳定性也至关重要。

（2）离子交换色谱（IEC）是另一种常用于纯化核酸的色谱技术。IEC 主要利用核酸分子带有的负电荷特性，通过离子交换机制实现分离和纯化。IEC 使用的填料通常是带有正电荷或负电荷的离子交换树脂，根据核酸带负电荷的特性，多数情况下使用阴离子交换柱（如 Q- 树脂）。树脂的选择需要考虑其交换容量和泡沫结构，以确保其能够有效分离核酸与杂质。粒径一般在 5μm 左右，以保证分离度和通量。

IEC 的流动相通常是缓冲液体系，常用的有磷酸盐缓冲液或氯化钠（NaCl）梯度体系。开始时使用低离子强度的缓冲液，逐渐增加离子强度（如增加 NaCl 浓度），从而实现离子交换柱对核酸的分离。离子强度的梯度设计需根据核酸的特性进行优化，通常设置从 0 到 1mol/L NaCl 或更高，具体要根据实验数据进行调整。与 RP-HPLC 类似，IEC 中的 UV 检测器一般也设置在 260 nm 波长处，以检测核酸物质的紫外吸收峰。实时观察分离峰的变化，可以通过手动或自动方式分离和收集目标核酸组分。为了确保分离精度，检测器的灵敏度和响应时间需要仔细调整。

（3）分子排阻色谱（SEC）是一种根据分子大小和形状差异进行分离的纯化技术。它能够有效去除不同尺寸的杂质，从而获得高纯度的核酸分子。其基本原理是通过填充有多孔填料的色谱柱，利用大分子和小分子在孔隙中的不同迁移率实现分离。大分子因为无法进入较小的孔隙，较早被洗脱出来；而小分子进入更多孔隙，洗脱时间较长。

常用的 SEC 技术类别主要包括凝胶过滤色谱（GFC）、凝胶渗透色谱（GPC）、半制备和制备型色谱（表 11.3）。凝胶过滤色谱主要应用于水相系统中，常用填料包括 Sephadex、Superdex 和 Bio-Gel P 等，广泛用于水溶性 mRNA 的纯化。凝胶渗透色谱则适用于有机相系统，多用于高分子聚合物的分析和分离，尽管在核酸分子分离中使用较少，但在特定有机环境下依然有其应用价值。半制备和制备型色谱适用于大规模的核酸样品纯化，通过使用更大直径的色谱柱和更高流速的泵，能够处理更大体积的样品，提高纯化通量。联用技术将 SEC 与其他分离技术如离子交换色谱或反相色谱结合，增强了分离效率和纯度，特别适用于复杂样品和高纯度要求的应用场景。

表 11.3　分子排阻色谱类别

技术类别	原理	填料类型	应用场景
凝胶过滤色谱	在水相系统中工作的 SEC 技术，适用于水溶性大分子的分离，如蛋白质和核酸	Sephadex：由葡聚糖衍生而来，具有不同的凝胶高度和孔隙大小，适用于从小分子（如寡核苷酸）到大分子（如多聚体 mRNA）的分离。Superdex：由葡聚糖和聚甲基丙烯酸酯交联而成，具有较高的分离效率和再现性，特别适用于高分子量 mRNA 的精细分离。Bio-Gel P：聚丙烯酰胺基填料，适用于从核酸、小蛋白质到多肽的分离	常用于水溶性 mRNA 的纯化和分离，特别在需要去除多聚体和不完全转录产物时效果显著
凝胶渗透色谱	主要在有机相系统中，用于高分子聚合物的分离和分析	聚苯乙烯 - 二乙烯基苯（PS-DVB）：具有优良的化学稳定性和广泛的孔径选择性，常用于高分子材料和有机溶剂系统中的分离。聚甲基丙烯酸甲酯（PMMA）：适用于一系列有机溶剂，有较宽的孔径分布，但在 mRNA 分离中使用较少	主要用于有机溶剂系统，在 mRNA 的有机溶剂处理和纯化中有一定应用，特别是在去除高分子量杂质时
半制备和制备型色谱	扩大规模的 SEC 技术，用于大规模 mRNA 样品的纯化	与分析型色谱相同，如 Sephadex、Superdex 等，但柱子填充均匀性和系统压力更需要优化	主要用于需要高通量处理的场合，如工业级的 mRNA 制备和制药行业的批量纯化

（4）亲和色谱（affinity chromatography，AC）是一种基于生物分子之间特异性相互作用的高效分离技术，尤其适用于核酸类药物的纯化。其基本原理是利用固定在固相基质上的特异性配体与目标分子（如 mRNA、siRNA 等）发生特异性结合，从而将目标分子从复杂混合物中分离出来。这种方法具有高度特异性、高效率和条件温和等优点，是核酸纯化的重要手段之一。

在核酸类药物的亲和色谱中，常用配体类型包括：

核酸互补序列：利用碱基配对原理，使用与目标核酸互补的 DNA 或 RNA 序列作为配体。

核酸结合蛋白：如 RNA 结合蛋白、转录因子等，可特异性识别并结合特定核酸序列。

小分子配体：如生物素化的核酸可与固定化的链霉亲和素结合。

金属离子配位：某些金属离子（如镍离子）可与特定核酸序列形成配位键。

适配体：通过 SELEX 技术筛选出的能特异性结合目标核酸的寡核苷酸序列。

亲和色谱的典型流程包括：①平衡柱子，用适当的缓冲液平衡亲和介质柱，确保柱子处于最佳状态；②上样，将含有目标核酸的样品加载到柱子上，让目标分子与固定相上的配体特异性结合；③洗涤，使用洗涤缓冲液冲洗柱子，去除非特异性结合的杂质；④洗脱，通过改变缓冲液条件（如 pH、离子强度）或添加竞争性配体来洗脱目标核酸。整个过程需要精确控制流速、温度和缓冲液组成，以获得最佳的分离效果和产品纯度。

亲和色谱具有高选择性和高特异性的优点，可以有效纯化出高纯度和高活性的核酸类药物，且温和的操作条件有助于保持核酸分子的结构和功能完整。此外，该方法的高效性使其适合大规模生产。但亲和色谱也面临一些挑战，第一，不同核酸序列需要开发特异性配体，这可能耗时且昂贵。第二，非特异性结合和洗脱条件的优化可能需要反复试验。此外，大规模生产中，亲和介质的再生和重复使用也是一个需要解决的问题。

11.1.2.3　电泳技术

（1）琼脂糖凝胶电泳（agarose gel electrophoresis，AGE）是一种常用的技术，用于分离、分析和纯化不同大小的核酸片段。其基本原理是将核酸分子加载到由琼脂糖构成的凝胶中，通过施加电场使带负电荷的核酸在凝胶中迁移，根据分子大小不同在凝胶中形成清晰的电泳带。琼脂糖凝胶是一种由天然多糖聚合物制成的网状结构，其孔径大小可以通过调整琼脂糖浓度来控制。带负电荷的核酸分子在电场作用下，从负极向正极迁移。由于较大的分子在凝胶网状结构中移动缓慢，而较小的分子移动较快，最终使不同大小的核酸片段在凝胶上不同位置出现，从而实现分离。

AGE 主要应用在药物研究和开发过程中，包括：用于评估核酸类药物的完整性、纯度和均一性，对质量控制起关键作用；能够分离不同长度的核酸片段，如 PCR 产物或酶切片段，有助于产品特性分析；可检测核酸样品中的杂质，如降解产物或残留的模板 DNA，确保产品纯度；在小规模研究中，还可用于制备性纯化特定大小的核酸片段。此外，通过与其他技术如 Southern blot 和凝胶回收相结合，琼脂糖凝胶电泳能够提供更全面的核酸类药物分析和纯化解决方案。这种技术也面临一些挑战，如对近似大小片段的分辨能力有限，定量准确性相对较低，以及难以用于大规模生产等。为应对这些挑战，研究人员正在开发高分辨率凝胶材料、实时检测系统和自动化高通量系统等。

（2）聚丙烯酰胺凝胶电泳（PAGE）是一种基于电泳原理的分离技术，相较于琼脂糖凝胶，聚丙烯酰胺凝胶提供了更高的分辨率，适用于分离大小相近的核酸片段，尤其适合寡核苷酸和小 RNA 分子的分析。在核酸类药物开发中，PAGE 的高分辨率使其能够有效分离和鉴定核酸分子。其细密的凝胶结构可以分离长度差异仅为一个核苷酸的片段，因此非常适合分析和纯化短链核酸类药物，如反义寡核苷酸和小干扰 RNA（siRNA）。此外，通过变性 PAGE，研究者可以在去除了分子结构影响的情况下，依据分子大小进行精确分离，这对于分析不同比例的单链与双链 RNA 结构非常有帮助。

操作上，PAGE 分为非变性和变性两种形式。非变性 PAGE 保留核酸的天然构象，适用于研究结构依赖性的相互作用。变性 PAGE 则使用变性剂如尿素来展开核酸，使其按大小进行分离。变性 PAGE 尤其适合测定分子量，分析裂解产物和修饰分子。

聚丙烯酰胺凝胶电泳除了在分离和纯化中的作用之外，还能够与银染、荧光标记等检测方法结合使用，从而增强灵敏度，能够检测到纳克级别的样品。有时，PAGE 也被用于核酸类药物的制备性纯化，为后续实验提供高纯度的核酸样品。

尽管 PAGE 具有高分辨率和灵敏度，但其操作相对复杂，耗时也较长。此外，制备聚丙烯酰胺凝胶需要处理有毒试剂，如丙烯酰胺单体，操作中必须注意安全。因此，使用者需要在操作前接受适当的培训和注意实验室安全措施。总体而言，聚丙烯酰胺凝胶电泳在核酸类药物的研究和生产过程中，是分析短链核酸和检测分子量差异的关键工具。

（3）毛细管电泳（capillary electrophoresis，CE）是一种基于分子大小、电荷和形状进行高分离度的分析技术。CE 利用高压电场使带电的分子在毛细管中的缓冲液介质内迁移，根据核酸分子的电荷密度和大小不同，实现分离。核酸带负电荷，在电场作用下向阳极迁移，而其分离速度取决于分子大小、电荷和毛细管内壁的性质。

选择适合的毛细管非常关键，常用的是石英毛细管，内径通常为 25～100μm，长度一般为 20～100cm。缓冲液的选择同样重要，通常使用 pH 值 7～9 的缓冲体系，如硼酸盐缓冲液，确保核酸的稳定性和较好的电导率。对缓冲液的 pH 和离子强度进行细致优化，有助于提高分离度和实验重现性。CE 操作一般在高压电场（20～30kV）下进行，迁移时间短且分离效果好。毛细管必须进行预处理，通常用 0.1mol/L NaOH 和去离子水进行冲洗以清洁内壁。样品通过电动进样（电势进样）或压力进样导入毛细管，注入量通常在纳升级别。检测方式常用紫外吸收检测器（UV），设在 260nm 波长，这对于检测核酸类物质非常有效。

CE 的分辨率很高，可以清晰地分离产物及其杂质，并通过电泳图谱直观表现不同组分的迁移时间和峰面积。实验完成后，数据分析软件可用于定量和定性分析，通过与标准品对比确定目标核酸的纯度。毛细管电泳可以准确地量化样品中的细微杂质，对纯化效果提供高灵敏度验证。通过使用毛细管电泳技术，可以以高度分辨率和灵敏度对反义寡核苷酸进行纯度分析与验证，为核酸类药物的高纯度制备和质量控制提供强有力的技术支持。CE 操作简单、快速，适合高通量分析，在科研与行业应用中具有极大的应用潜力。

11.1.2.4　其他纯化技术

（1）附着载体法（affinity chromatography）是利用特异性分子识别来实现分离和纯化的高效技术，在核酸类药物的研究和生产中应用广泛。其核心原理是利用固定在载体上的特定配体与目标核酸之间的特异性结合，从而可以从复杂的混合物中选择性地捕获和纯化核酸类药物。这种方法特别适合于需要高纯度和高选择性的核酸类药物，如核酸适配体、反义寡核苷酸和小干扰 RNA（siRNA）。

磁珠是较为常见的一类附着载体，利用磁性微珠和分子识别技术进行选择性结合、分离和纯化。该方法充分利用了磁珠的高表面积和快速反应特点，一般用于实验研究中。磁珠纯化法借助于表面带有功能性基团（如氨基、羧基或生物素）的磁性微珠，通过特异性结合或吸附核酸，然后利用磁场快速分离磁珠和杂质溶液。结合后的核酸可进一步洗脱和纯化，整个过程简单高效。选择合适的磁珠材料是磁珠纯化法的关键。常用的磁珠有磁性二氧化硅珠或聚合物珠，其表面功能化处理可根据核酸的特性进行优化。比如，使用带有生物素或链霉抗生物素蛋白的磁珠，通过与带有链霉抗生物素标记的核酸结合，实现特异性分离。

磁珠纯化一般包括如下步骤：①磁珠预处理，磁珠使用前需进行预处理和活化，如在缓冲液中平衡或用特定试剂处理（如 EDC/NHS 活化）。②样品混合，将核酸溶液与预处理后的磁珠混合，在适当的条件（温度、pH）下孵育，确保核酸与磁珠表面的功能团充分结合。③磁分离，使用磁力架分离磁珠和溶液，使用缓冲液或纯水洗涤磁珠数次，去除不结合的杂质和盐分。④洗脱和收集核酸，通过改变缓冲液的 pH 或离子强度（如高盐缓冲液）实现核酸从磁珠上的洗脱，收集纯化后的核酸溶液。

磁珠纯化法适用于小体积样品、高通量处理和自动化操作，其主要优势在于操作简单、时间短和高回收率。由于磁珠的功能可灵活定制，适合多种类型的核酸纯化，包括短链和长链寡核苷酸。此外，磁珠纯化避免了传统柱色谱所需的高压和复杂设备，更适合实验室环境和在线分析。

（2）超速离心法（ultracentrifugation）是基于离心力场中分子密度差异进行分离、分析和纯化的技术。通过超速离心，研究人员可以有效分离和纯化不同类型的核酸分子，包括 DNA、RNA，以及核酸 - 蛋白质复合物，从而支持更高纯度和精确度的核酸类药物制备。其通常利用样品的沉降系数和浮力密度的不同，来实现对目标分子和杂质的高效分离。特别是在分离大分子核酸（如质粒 DNA）和较小的片段核酸（如小 RNA）时，超速离心提供了无与伦比的分辨能力。通过选择合适的密度梯度介质（如蔗糖、CsCl 等），可以精确地分离出目标核酸，同时去除蛋白质、脂类和其他细胞碎片等杂质。此外，超速离心法具有高度可调的优势，可以通过调整离心速度、时间和介质密度，实现对不同核酸样品的最佳分离效能。比如，在制备性的核酸分离中，常采用 CsCl 平衡密度梯度离心来获得高纯度的质粒 DNA，其不仅对细菌细胞内基因质粒具有良好的特异性分离效果，同时还能够去除染色体 DNA 污染。

超速离心法有着强大的分辨能力和灵活性，在核酸类药物的研究和开发中提供了可靠的分离和纯化平台。此外，超速离心法在核酸类药物的分离和纯化中提供了显著的纯度和回收率，但其也面临设备昂贵、操作复杂以及时间较长等挑战。通常需要技术娴熟的操作人员来确保操作精度和样品安全。但由于其在高分子准确解析和结构完整性保留方面的显著优势，超速离心法仍在许多尖端研究和高要求的制药应用中占有一席之地。

11.1.2.5　常见核酸类药物的纯化工艺

上述技术手段基本囊括了核酸类药物分离纯化所需要的基本技术手段，但不同类型的核酸类药物在技术手段使用及选择上都有所不同。下面以反义寡核苷酸（ASO）药物和 mRNA 疫苗制备为例，简单介绍核酸类药物常用的纯化工艺。

（1）ASO 生产一般采用化学合成法。首先需根据目标序列设计合成策略，选择适当的保护基和活化试剂。然后，在自动化合成仪上进行固相合成，通过重复的脱保护、缩合和氧化 / 硫化步骤逐步延长链长。合成完成后，进行最终脱保护以去除所有保护基。这么多生产步骤可能产生多种杂质，主要包括序列相关杂质（如缺失、截短、加长或错误序列）、化学修饰相关杂质（如未完全脱保护或过度脱保护产物）、小分子杂质（如残留单体、活化剂和脱保护试剂）、金属离子杂质、溶剂残留、构象异构体、聚合物杂质、手性杂质、降解产物、过度修饰产物以及固相载体残留等。这些杂质可能影响药物的质量、安全性和有效性。因此，在生产完成后需要各种分离纯化手段去除这些杂质，并配合严格的质量控制措施来严格规范杂质的残留。

ASO 一般会通过液 - 液萃取和沉淀法等手段完成初步分离提取，随后通过色谱分离技术对序列相近或长度相近的寡核苷酸进行分离纯化获得高纯度目的片段，需进一步纯化获得高纯度和高品质的最终产品。而超滤法一般用于色谱分离前或分离后用于样品的浓缩与缓冲液置换。毛细管电泳和质谱一同用于进一步验证 ASO 的纯度和结构，其中质谱分析有助于确认 ASO 的分子量，毛细管电泳可以定量分析纯化效果。磁珠纯化法一般用于实验室或高通量联用技术。通过这些技术手段，确保最终产品达到高纯度标准。

（2）长链 mRNA 疫苗的制备会融入酶处理过程，mRNA 多通过体外转录生成，其利用细菌或病毒的 RNA 聚合酶，将 DNA 模板转录为信使 RNA（mRNA）。首先，设计并合成一个包含目标抗原基因的 DNA 模板，通过 PCR 等方法扩增。然后，这个 DNA 模板被引入体外转录体系，通常包括 RNA 聚合酶、核苷酸和缓冲液。在适宜的条件下，RNA 聚合酶会沿着 DNA 模板合成相应的 mRNA 链。得到的 mRNA 可以进一步被修饰，例如添加 $5'$cap 和 $3'$poly A 尾，增强其稳定性及翻译能力，为后续的疫苗制备和体内免疫应答提供有力支持。在体外转录过程中，常见的杂质包括未转录的 DNA 模板、短链 RNA 片段、转录过程中生成的副产物（如双链 RNA）和酶残留等。这些杂质不仅会影响 mRNA 疫苗的纯度和稳定性，还可能引发不必要的免疫反应，因此需要通过有效的纯化手段予以去除。体外转录完成后的 mRNA 一般会经过初步的酶处理和浓缩抽提，再进一步经过高纯度纯化获得纯的 mRNA 链。

在体外转录过程中，双链 DNA 模板是生成 mRNA 的基础。然而，部分未反应或部分降解的 DNA 模板会残留在转录产物中，这些残留的 DNA 会干扰下游应用，并可能引起免疫反应。为去除这些 DNA 模板，通常在转录反应结束后加入 DNA 酶（DNase）。DNase 能够特异性地降解线性和超螺旋 DNA 分子，而不影响 RNA。反应条件一般包括适宜的 pH 和离子强度（通常在缓冲液中加入 Mg^{2+} 或 Mn^{2+} 作为辅因子）。经过适当时间的孵育，DNase 将模板 DNA 降解为短小的寡核苷酸，从而净化 mRNA 溶液。除了 DNA 模板外，转录反应体系中还含有大量的蛋白质成分，包括 T7 RNA 聚合酶、辅因子蛋白质以及其他反应组件。如果不加以去除，这些蛋白质可能与 mRNA 形成复合物，影响 mRNA 的稳定性和纯度。使用蛋白酶（如蛋白酶 K）可以有效地降解这些残留蛋白质。蛋白酶 K 是一种广谱蛋白酶，能够在相对宽泛的 pH 和温度范围内高效地降解大多数蛋白质。经过适当条件的处理，蛋白质被降解为短肽或氨基酸，从而去除无用的蛋白质成分。

经过 DNase 和蛋白酶处理后，反应体系中会存在酶反应的产物和残留的酶。为去除这些酶及其降解产物，通常通过酚 - 氯仿抽提或超滤进行进一步纯化。酚 - 氯仿抽提可以将蛋白质和 DNA 酶残留在有机相中，而 mRNA 保留在水相。超滤则通过超滤膜分离技术，去除分子量较小的酶和降解产物，而将目标 mRNA 保留在滤液中。随后，mRNA 经过尺寸排阻色谱、亲和色谱、离子交换色谱（视需要）、除盐和浓缩、制剂处理和灭菌、质量检测以及最终低温储存，结合脂质体封装工艺制备成 mRNA 疫苗（图 11.4）。

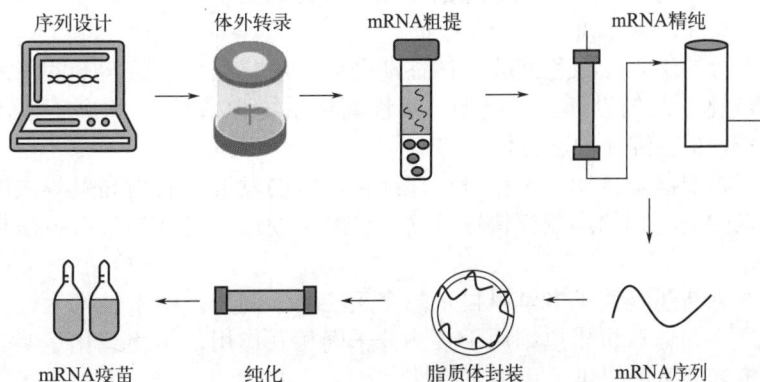

图 11.4 mRNA 疫苗制备工艺

11.1.3　核酸类药物质量控制

在核酸类药物纯化过程中，质量控制至关重要，以确保产品在纯度、浓度和生物活性等方面均符合预期标准。以下将详细探讨纯化过程中的质量控制方法，包括纯度检测、浓度检测和生物活性检测。

纯度检测是确保药物质量和安全性的重要环节，其直接影响其疗效和稳定性。为确保最终产品不含或仅含有微量的杂质和非目标分子，有系列方法确定其纯度。高效液相色谱，尤其是反相 HPLC（RP-HPLC），是较为常用的纯度检测方法。它利用分子之间的极性差异来分离样品成分，通过监测在不同波长下的峰面积或面积百分比，可以确定核酸药物的纯度。毛细管电泳可以快速而准确地检测寡核苷酸的纯度和长度均一性。质谱分析是超高灵敏识别及量化纯化产物中杂质的手段，多用于确定分子量和检测化学结构上的小变化。

检测核酸类药物产品的浓度对于确定剂量和进行后续的生物活性测试至关重要。常用的浓度检测技术包括紫外分光光度法与荧光标记法。其中，紫外分光光度法作为测定寡核苷酸浓度的常规方法。通常在 260nm 处测量吸光度，根据比耳定律可定量分析样品浓度。此外，也可利用荧光分子标记核酸类药物从而通过荧光强度测定浓度，这种方法具有较高的灵敏度和特异性，适用于低浓度样品的检测。

生物活性检测是质量控制的重要环节，用于评估核酸类药物在细胞或体内环境中的功能有效性。细胞水平活性检测主要通过在体外细胞系中测试核酸类药物，监测相应功能评估其活性。常用评估方法包括 qRT-PCR 和 Western blot，分别用于检测 RNA 和蛋白质水平的变化。在小鼠或其他生物模型中测试核酸类药物的体内功效，为药物在生物体内稳定性、分布和治疗效果提供完整视图。体外和体内的生物相容性测试，用以评估核酸类药物对细胞和组织的毒性和免疫反应，确保安全性和可用性。

11.1.4　核酸类药物纯化工艺创新与发展

核酸类药物，包括小干扰 RNA（siRNA）、反义寡核苷酸（ASO）和信使 RNA（mRNA）疫苗，已成为现代药物研发的重要方向。随着这些药物在治疗遗传疾病、癌症和传染病中的潜力逐步被揭示，核酸类药物纯化工艺的创新与发展显得尤为关键。优化和创新纯化工艺不仅能提高产物的质量和效率，还能降低生产成本，加速药物从实验室到临床应用的进程。

HPLC 技术在核酸类药物纯化中的应用日益拓展。近年来，结合超高效液相色谱（UHPLC）技术和多维液相色谱（2D-LC）技术的应用，使得分离效率和分辨率进一步提高。此外，创新的固定相材料和微粒子技术也促进了核酸分离和纯化的精细化。新型亲和色谱技术的研发也在持续推进。例如，采用分子印迹聚合物（MIP）作为亲和介质，可以特异性识别并捕获目标核酸分子。这一技术的开发有助于提高纯化的选择性，减少杂质和提高最终产物的纯度。

自动化和数字化在核酸类药物纯化工艺中的应用越来越普遍。自动化系统能够实现对关键纯化步骤的精准控制，包括温度、流速、梯度洗脱等工艺参数。结合机器学习和数据分析，智能化系统可以优化纯化流程，提高产品一致性，并缩短工艺开发时间。

随着可持续发展理念的深入，绿色纯化工艺逐渐受到关注。减少有机溶剂的使用、不产生有害废物等环保要求已渗透到纯化工艺的设计中。例如，水性两相系统（ATPS）和离子液体作为环保型溶剂的引入，提供了核酸类药物绿色纯化的新方法。

定制化和个性化药物的需求推动了小批量快速纯化技术的发展。利用高度集成的微流控芯片和台式分离设备，可以实现核酸类药物的小规模快速纯化。这种小规模、灵活的生产方法极大地适应了现代个性化治疗的需要。

核酸类药物纯化的创新还得益于多学科技术的交叉应用。例如，纳米技术为分离介质的功能化提供了新的思路；生物信息学和计算机模拟则用于预测分子间相互作用，优化纯化策略。这些交叉领域的融合为核酸类药物纯化工艺的革新提供了更多可能性。

展望未来，随着基因编辑技术和个性化医疗的发展，核酸类药物将更深入地影响医疗健康领域。而核酸类药物纯化工艺的创新将继续围绕提高效率、降低成本、减小环境足迹以及增强产品质量展开。通过持续的技术创新和工艺改进，核酸类药物纯化将为更广泛的临床应用提供坚实的基础支持。这些创新与发展不仅推动了核酸类药物的产业化进程，也为更广泛的疾病提供了治疗希望。随着科学技术的发展，我们期待看到更多突破性的进展和应用。

11.2 抗体类药物分离纯化工艺

11.2.1 抗体和单克隆抗体

抗体，也称免疫球蛋白，是免疫系统中的一种重要蛋白质分子。它由免疫细胞（B 细胞）产生，在免疫应答过程中特异性地识别和结合外来入侵物质（如细菌、病毒等），帮助免疫系统发挥保护作用。单克隆抗体（monoclonal antibodies，mAb）是由单个 B 细胞克隆产生的抗体，具有高度的同一性和特异性。1975 年，Kohler 和 Milstein 发明了单克隆抗体技术并获得 1984 年的诺贝尔生理学或医学奖。mAb 由通过二硫键连接形成"Y"字形结构的两条重链和两条轻链组成，分子质量约 150kDa。mAb 的重链由 1 个可变区 V_H 和 3 ～ 4 个恒定区 C_H 组成，V_H 决定了单克隆抗体的抗原结合特异性，高等脊椎动物含有 γ、μ、α、δ、ε 五种类型的重链分别决定 IgG、IgM、IgA、IgD、IgE 五种球蛋白类型。而轻链由一个可变区 V_L 和一个恒定区 C_L 组成，其稳定抗体结构并参与抗原结合过程。抗体分子上的两个抗原结合部位是相同的，称为抗原结合片段（antigen-binding fragment，Fab）。单克隆抗体的 CDR（complementarity-determining regions，互补决定区）是决定抗体特异性的关键结构区域，分布在抗体的可变区域，直接参与与抗原的结合。"Y"字形的柄部为恒定区，称为结晶片段（crystalline fragment，Fc）（图 11.5）。天然全长单克隆抗体在合成过程中还可以发生糖基化，这对于稳定抗体并对抗体依赖的细胞介导的细胞毒性很重要。

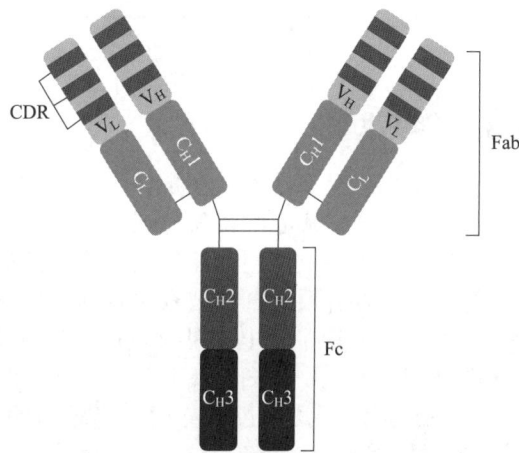

图 11.5 单克隆抗体的基本结构示意图

11.2.2 抗体类药物

抗体类药物通常是指作为药物使用的一类人工合成的抗体类化合物。抗体类药物通过特异性地结合和作用于人体内的特定靶标（通常是病原体、疾病相关的分子或异常细胞），来治疗疾病或改善患者健康状态。抗体类药物的设计是基于其高度特异性和生物相容性，使其能够精准地干预疾病的生理过程或修复机体的异常状态。这些药物广泛应用于癌症治疗、自身免疫性疾病、感染症和其他慢性病的治疗，已经成为生物制药领域的重要组成部分。抗体类药物包括单克隆抗体、抗体片段、双特异性抗体、抗体药物偶联物以及纳米抗体等。抗体类药物通常使用哺乳动物细胞进行生产，因为这些细胞能够进行复杂的翻译后修饰（如糖基化），这对于抗体的功能和稳定性至关重要。CHO 细胞（Chinese hamster ovary cells，中华仓鼠卵巢细胞）是最广泛应用于抗体类药物生产的细胞系，因为它们具有良好的生长特性和较高的蛋白质表达能力，可以进行复杂的蛋白质修饰。HEK293 细胞（human embryonic kidney 293 cells，人胚肾细胞 293）也是常被用于生产抗体类药物的细胞系，但在大规模生产中使用相对较少。

截至 2023 年，美国食品与药品管理局累计批准超过 130 款抗体类药物，靶标疾病覆盖癌症、自身免疫性疾病和慢性炎症性疾病等多种重大疾病。2022 年抗体类药物的市场规模已超过 2300 亿美元。作为一种大规模使用的生物药物，监管机构对抗体类药物的纯度和质量控制有着非常严格的要求，其纯度直接影响治疗的安全性和有效性。可以说抗体类药物生产的瓶颈已经逐渐由提高表达水平转移到下游的分离纯化中，快速且低成本获得符合质量管理规定的抗体类药物不仅是确保药物质量和安全性的关键步骤，还直接影响到药物的生物活性、稳定性和市场竞争力。因此，生产过程中的分离纯化工艺需要经过精心设计和严格控制，以确保最终药品能够安全有效地输送给患者。由于单克隆抗体是研究最深入、应用最广泛的抗体类药物，因此本节主要介绍单克隆抗体类药物的分离纯化过程。

11.2.3　抗体类药物分离纯化工艺过程

典型的抗体类药物分离纯化过程主要包括深层过滤、亲和色谱、低 pH 病毒灭活、离子交换色谱精制、纳滤去除病毒以及制剂等过程（图 11.6）。

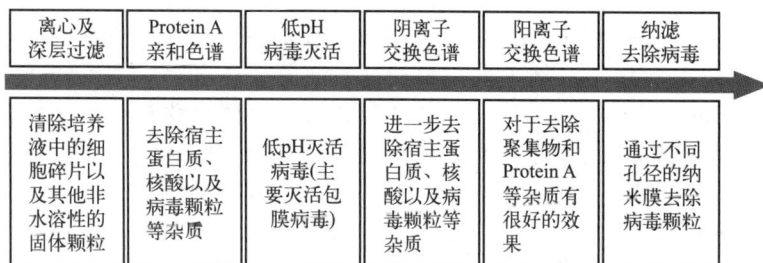

离心及深层过滤	Protein A 亲和色谱	低pH 病毒灭活	阴离子交换色谱	阳离子交换色谱	纳滤去除病毒
清除培养液中的细胞碎片以及其他非水溶性的固体颗粒	去除宿主蛋白质、核酸以及病毒颗粒等杂质	低pH灭活病毒(主要灭活包膜病毒)	进一步去除宿主蛋白质、核酸以及病毒颗粒等杂质	对于去除聚集物和Protein A 等杂质有很好的效果	通过不同孔径的纳米膜去除病毒颗粒

图 11.6　典型的抗体类药物分离纯化过程

11.2.3.1　深层过滤

深层过滤也称澄清过滤。在抗体生产的初期阶段，培养液中含有大量的细胞碎片以及非水溶性的其他固体颗粒等物质，离心和深层过滤可以作为预处理步骤，用来去除这些杂质，以提高后续纯化步骤的效率和选择性。大多数深层过滤器由纤维素或聚丙烯纤维结合助滤剂和黏合剂制成。硅藻土、活性炭或珍珠岩等助滤剂在介质内部形成众多弯曲、细长的通道，这种方式提高了过滤介质的表面积，增强杂质去除。聚合物树脂等带正电的黏合剂能够增强 DNA 等带负电荷的质的去除。因此，深层过滤通过杂质尺寸（筛分 / 过滤）和分子间相互作用的组合来实现分离。首先根据杂质孔径进行筛分，当颗粒孔径大于过滤介质孔隙时无法通过被截留。当较小的固体颗粒通过过滤介质时，它们必须沿着弯曲的路径移动，这会导致它们损失能量并被有效地捕捉在过滤介质的结构中。最后，过滤基质利用静电引力等分子间相互作用实现 DNA 等可溶性杂质的吸附分离。

11.2.3.2　亲和色谱

亲和色谱是通过将具有亲和力的两个分子中的一个（亲和配体）固定在色谱柱上，利用分子间亲和力的特异性和可逆性，对另一个分子进行分离纯化。亲和色谱依赖于蛋白质与其同源配体之间的可逆和特异性结合，例如抗原 - 抗体、酶 - 底物以及激素 - 受体等，这种特性使得亲和色谱特别适合用于分离纯化抗体类药物。

多种细菌来源的蛋白质对单克隆抗体具有高亲和力，例如 Protein A、Protein G 及 Protein L。Protein G 是从 G 类链球菌中分离出来的胞壁蛋白，分子质量约为 21 ～ 25kDa。Protein G 能够同时与 IgG 的 Fc 和 Fab 区域相互作用，因此结合强度较高（平衡解离常数 $K_d \approx 2 \times 10^{-10}$ mol/L），但 Protein G 与 IgG 结合后需要以较低的 pH 洗脱，可能会导致抗体变性并造成聚集。此外，Protein G 还能够与白蛋白、α_2-巨球蛋白等蛋白质结合，这可能会导致污染问题。Protein A 则主要与 IgG 的 Fc 区域亲和，特异性更强，洗脱 pH 更高，因此，商业上通常使用 Protein A 作为亲和色谱的配体。Protein A 是一种金黄色葡萄球菌表面蛋白，与细胞壁的肽聚糖共价结合，分子质量约为 42 ～ 45kDa。Protein A 有 E、D、A、B、C 5 个 IgG 结合结构域，每个结构域含有大约 58 个氨基酸，通常由 3 个 α 螺旋和螺旋之间的 2 个 loop 环组成，螺旋Ⅱ和螺旋Ⅲ反向平行与螺旋Ⅰ形成夹角。Protein A 通过这些螺旋结构与抗体的 Fc 片段的 C_H2 和 C_H3 结构域发生相互作用并结合，这种结合通常通过疏水作用、氢键以及静电作用实现（平衡解离常数

$K_d \approx 2 \times 10^{-9}$ mol/L）。需要注意的是，Protein A 通常对人类 IgG1、IgG2 和 IgG4 亚型有较高的亲和力，对 IgG3 的亲和力较低。Protein L 是一种从 *Peptostreptococcus magnus*（一种革兰氏阳性厌氧菌）中分离出来的蛋白质，分子质量约 36kDa，其能够与抗体的轻链（κ 轻链）结合，不依赖于抗体的重链类型或类别，因此能够结合更大范围的抗体类型，包括 IgG、IgM、IgY、IgD 和 IgE。Protein A/G 是一种通过基因工程手段开发的融合蛋白，其包含 Protein A 和 Protein G 的结合结构域，具有更高的结合能力。

目前有超过 70% 抗体类药物采用基于 Protein A 的亲和色谱进行捕获分离。进行亲和色谱之前，首先需要将配基 Protein A 偶联在活化的琼脂糖珠等载体上使其成为固相状态，使用适当的洗涤缓冲液（如磷酸盐缓冲液 PBS 或 Tris 缓冲液）进行充分洗涤，以去除未结合的 Protein A 和其他反应产物。随后使用封闭缓冲液（如含有牛血清白蛋白的缓冲液）处理，以封闭琼脂糖珠上未反应的活性位点，降低后续步骤中的非特异性结合。再次使用缓冲液彻底洗涤珠子以去除残留的封闭试剂。最后，将偶联物装载在色谱柱中进行使用。

当经过深层过滤的料液通过色谱柱时，抗体类药物将被琼脂糖珠上的 Protein A 顺利捕获从而固定在色谱柱中。料液中的宿主蛋白质等杂质也常常会被非特异性捕获，因此在上样结束后需要通过清洗液清洗来降低这些杂质水平。清洗后则需要进行抗体洗脱，一般来说酸性条件（0.1mol/L 甘氨酸，pH ≈ 3.0）是最为常用的洗脱方法。这是因为 IgG 的 Fc 区域含有稳定的组氨酸结构，而 Protein A 的 IgG 识别结构域中也存在类似的组氨酸结构。在中性 pH 条件下，两者的咪唑分子都没有带电荷，因此它们能够通过疏水作用和氢键相互结合。随着 pH 下降到酸性，组氨酸的咪唑环会带上电荷，导致彼此相斥，从而使得 Protein A 和 IgG 之间的非共价键结合被破坏，从而洗脱分离。洗脱后可将样品 pH 调整至 3.6 孵育 30 ～ 120min，以对可能存在的病毒进行灭活处理，灭活能力通常能够达到 4.6log10。低 pH 孵育虽然能够有效地灭活样品中的病毒，但也可能会对抗体造成不利影响，因此对于不同的抗体类药物应该提前摸索确定 pH 以及孵育时间等参数。孵育结束后可用 Tris 等弱碱性溶液进行中和处理。此过程中宿主蛋白质等杂质可能会形成沉淀，可以通过深层过滤去除。需要注意的是，低 pH 孵育仅对包膜病毒有很好的灭活能力，而对细小病毒等非包膜病毒无明显效果。最后，Protein A 色谱柱可使用碱性高盐溶液（例如 0.01mol/L NaOH 和 1mol/L NaCl 溶液）进行清洗回收利用。

抗体纯化过程中，动态载量（dynamic binding capacity，DBC）是一个关键参数，它表示在给定的流速或时间条件下，色谱柱能够有效结合目标抗体的最大量，通常以毫克抗体每毫升吸附材料（mg/ml resin）表示。这个参数反映了色谱介质在实际使用过程中的性能，因此提高动态载量对于提高纯化效率和降低成本至关重要。

11.2.3.3　抗体精制

经过深层过滤、亲和色谱和低 pH 病毒灭活后，通常可使抗体蛋白质的纯度达到 95% 以上。然而，抗体类药物通常采用小体积高浓度的剂型进行注射，对其纯度有着极高的要求。因此，还需对亲和色谱后的样品进行精制以进一步去除宿主蛋白质、DNA、多聚物以及亲和色谱过程中脱落的 Protein A 等杂质。离子交换色谱是最常用的抗体精制策略。经典的抗体精制过程采用阴离子交换色谱（流穿模式）和阳离子交换色谱（结合 - 洗脱模式）两步法。阴离子交换色谱主要用于去除宿主蛋白质和核酸等杂质，而阳离子交换色谱对于去除多聚物和抗体片段有很好的效果。

在离子交换色谱中，当缓冲液 pH 低于蛋白质等电点（isoelectric point，p*I*）时，蛋白质通常带正电荷，高于等电点时带负电荷。单克隆抗体类药物的等电点通常在 7 至 9 之间。因此缓冲液 pH 为 7 至 7.5 时，大多数抗体因带上正电荷而无法与阴离子色谱介质结合。然而，在该 pH 条件下大多数宿主蛋白质、核酸和病毒携带负电荷，与阴离子色谱介质具有较强的结合能力。因此，抗体类药物精制过程中的阴离子交换色谱通常在弱碱性 pH 条件下以流穿模式进行。在此过程中，抗体类药物能够顺利通过色谱柱，而携带负电荷的杂质则吸附在色谱介质中，从而实现分离精制。

阴离子交换色谱对于去除聚集物、亲和色谱过程中脱落的 Protein A 等杂质的效果不佳，因此还需进行第二步阳离子交换色谱精制。由于单克隆抗体类药物的等电点较高，因此可以使用结合 - 洗脱模式进行阳离子交换色谱。通过调整缓冲液 pH 使抗体类药物带正电荷，而在此 pH 条件下聚集物和 Protein A 等杂质将带负电荷。当料液通过阳离子色谱柱时，带正电荷的抗体类药物与阳离子交换色谱介质结合，而带负电荷的杂质则在流穿过程中除去。当交换完毕之后，通常用蒸馏水去除残余料液，然后用适当的洗脱液进行洗脱。

总之，在抗体类药物纯化精制过程中一般先采用处理量大、动态载量高的阴离子交换色谱流穿模式。随后将流穿后的样品进行阳离子交换色谱纯化精制，利用阳离子交换色谱的结合和梯度洗脱模式，使抗体类药物的纯度进一步提升并根据需要进行浓缩。

11.2.3.4 纳滤去除病毒及制剂

在抗体类药物分离纯化过程中，有效地灭活和清除病毒对于确保产品的安全性十分重要。抗体纯化过程中的多个步骤都可以不同程度地灭活和去除病毒，例如阴离子交换。如前所述，在中性条件下抗体类药物带正电荷流穿而病毒颗粒带负电荷吸附在阴离子交换介质中。亲和色谱也有很强去除病毒的能力，亲和色谱后的低 pH 孵育，可以有效地灭活多种包膜病毒。对于灭活后的包膜病毒和细小病毒等非包膜病毒，可以采用纳米膜过滤的方法来去除。纳滤去除病毒主要依靠尺寸排阻机制。在实践过程中需要依据拟去除病毒的大小选择适当的纳滤膜，通常过滤逆转录病毒级别的病毒选择截留量小于 50nm 的纳米膜，过滤细小病毒选择截留量小于 20nm 的纳米膜（表 11.4）。当施加适当的操作压力推动料液通过纳滤膜时，尺寸大于纳米膜孔径的病毒将被截留而与抗体类药物分离。

表 11.4 常用模型病毒种类及性质

病毒类型	病毒家族	包膜	基因组	尺寸 /nm	形状
异嗜性鼠白血病病毒（X-MuLV）	逆转录病毒科	有	RNA	80 ~ 130	球形
鼠细小病毒（MVM）	逆转录病毒科	无	DNA	18 ~ 22	二十面体
伪狂犬病病毒（PRV）	疱疹病毒科	有	DNA	150 ~ 200	球形
呼肠孤病毒（Reo-3）	呼肠孤病毒科	无	RNA	60 ~ 80	二十面体

Miesegaes 等的研究表明 Protein A 亲和色谱、阴离子交换、低 pH 孵育以及纳滤等步骤都能够很好地去除或灭活逆转录病毒和疱疹病毒，清除能力超过 4log10。阳离子交换色谱清除逆转录病毒的能力稍弱，通常小于 $3\log_{10}$。对于细小病毒等理化抗性高的病毒仅阴离子交换色谱和 20nm 纳滤能有效清除。

通过纳滤去除病毒后的料液可以进一步使用超滤（ultrafiltration，UF）或渗滤（diafiltration，DF）将抗体类药物交换到最终制剂溶液中。该溶液经 0.2μm 除菌过滤器过滤，装入适当的容器中保存形成制剂。

11.2.4 重组抗体类药物产品质量控制

随着抗体类药物的市场规模扩大，其质量控制显得愈发重要，直接关乎治疗的安全性和有效性。抗体产品的质量控制主要包括生产细胞、生产过程及抗体产品的质量控制。生产过程的质量控制应当遵循《药品生产管理规范》（Good Manufacturing Practice，GMP）要求建立质量体系。有关生产细胞的质量及质控中所用的标准物质控制请参阅《抗体药物研发与应用》一书。以下主要介绍抗体类药物产品的质量控制，控制标准主要参考 2025 年版《中国药典》及"人用单克隆抗体质量控制技术指导原则"的相关规定，主要包括抗体产品的理化性质分析、活性测定、杂质及其他常规项目检测分析等。

11.2.4.1 理化性质分析

（1）纯度分析　纯度是抗体产品质量控制的一项重要指标。2025 年版《中国药典》中的"人用重组单克隆抗体制品总论"第 3.2 节明确了抗体产品的纯度要求。影响纯度的产品相关物质主要包括分子大小变异体、电荷变异体以及其他翻译后修饰变体等。

抗体纯度的测定方法主要包括电泳法和液相法。电泳法包括非还原型或还原型十二烷基硫酸钠-聚丙烯酰胺凝胶电泳（SDS-PAGE）、十二烷基硫酸钠-毛细管电泳（CE-SDS）、毛细管等电聚焦电泳（cIEF）等。液相法包括分子排阻色谱-高效液相色谱（SEC-HPLC）、离子交换-高效液相色谱（IEX-HPLC）、疏水高效液相色谱（HIC-HPLC）、反相高效液相色谱（RP-HPLC）等方法。SDS-PAGE、CE-SDS及SEC-HPLC主要用于鉴别产品中的分子大小变异体。cIEF、IEX-HPLC、HIC-HPLC及RP-HPLC主要用于对不同电荷变异体组分进行鉴别。

SDS-PAGE是抗体纯度测定的常用方法，分为还原型和非还原型。还原型SDS-PAGE是在样品中加入强还原剂将抗体的二硫键打开后进行电泳，而非还原型则不加还原剂。采用SDS-PAGE测定，抗体含量应达到95.0%以上，二聚体≤10.0%。需要注意，《中国药典》规定采用该法测定时，每个凝胶孔的上样量应超过5μg（银染法）或10μg（考马斯亮蓝染色法）。

高效液相色谱法可采用SEC-HPLC、IEX-HPLC及RP-HPLC等。SEC-HPLC主要依靠蛋白质分子量大小进行区分，IEX-HPLC则根据蛋白质所带电荷的不同进行分离。采用高效液相色谱法进行纯度测定时应按面积归一法计算主峰面积，该面积应高于总面积的95.0%。

（2）等电点分析　等电点是抗体蛋白质的特征性指标之一，依据《中国药典》通则0541第六法（等电聚焦电泳法，IEF）的有关规定进行测定。IEF是一种高分辨率的电泳技术，用于分离和定量分析具有不同等电点的蛋白质或其他化合物。IEF通常在一个长而窄的电泳槽中进行，其两端有电极。槽内含有多种缓冲液混合而成的pH梯度。当施加电场时，带电分子（例如抗体蛋白质）将根据其等电点在pH梯度中移动。如果蛋白质的等电点小于周围的pH值，它将带正电而向负电极移动；反之则向正电极移动。当蛋白质达到其等电点时，其净电荷为零，将停止移动。这使得不同等电点的蛋白质在槽中形成水平条带，每个条带代表具有相同等电点的蛋白质。

（3）肽图分析　肽图分析是指对蛋白质的消化产物（肽段）进行分析的过程。它通常用于确认蛋白质的结构和序列，检测其可能的修饰和变异。首先，使用一种或多种蛋白酶（例如胰蛋白酶）将蛋白质消化成较短的肽段。通过适当的色谱分离技术（例如HPLC）分离肽段，随后通过质谱分析［例如基质辅助激光解吸飞行时间质谱（MALDI-TOF MS）或液相色谱-质谱联用（LC-MS/MS）］进行检测和鉴定。这可以提供肽段的精确质量和可能的翻译后修饰信息。利用碰撞诱导解离或电子转移解离等技术，质谱仪可以进一步碎裂肽段，进而推断其氨基酸序列。最后将得到的肽图与理论肽图进行比对，以验证蛋白质的序列一致性、检测变异或后修饰。使用专门的生物信息学工具和软件，如Mascot、PEAKS或Proteome Discoverer可以帮助识别和定量分析肽段。

11.2.4.2　活性测定

活性测定是对抗体类药物的有效性和效价的测定，是抗体类药物质量控制的重要部分。目前主要以抗原结合能力测定和生物学活性测定为主。

（1）抗原结合能力测定　抗体产品的结合活性测定是确保抗体能够有效地识别并结合到其特定抗原的重要步骤。这些测试不仅验证了抗体的特异性，还评估了其与抗原的亲和力。抗原结合能力测定方法通常包括：酶联免疫吸附试验（ELISA）、表面等离子共振（SPR）、免疫荧光法和免疫沉淀法等。

ELISA是一种用于评估抗体对抗原结合能力的常用方法。该方法首先将抗原固定在微孔板孔底。接着，使用牛血清白蛋白等阻断剂覆盖未被抗原占据的微孔板底，防止非特异性结合。加入含有待测抗体的溶液到孔位中，使其与固定的抗原结合。随后加入与一抗特异结合且带有酶标记的二抗。最后加入显色底物，由酶催化产生可见的颜色变化并利用酶标仪进行检测。ELISA适用于高通量的抗体筛选和定量，且操作相对简便，灵敏度高，但各样品孵育时间、添加浓度等条件需要提前进行摸索以实现精确检测。

SPR是一种无标记技术，用于实时监测抗体与抗原之间的互动，可以提供关于结合动力学（如结合速率常数和解离速率常数）和亲和力的详细信息。操作过程如下：首先将抗原固定到传感器芯片表面，随后将含有待测抗体的溶液通过芯片表面。当抗体与抗原结合时，芯片表面的局部折射率发生变化，从而影响表面等离子共振角。SPR系统通过监测共振角变化来实时记录抗体与抗原的结合动力学数据（如结合速率常数）和亲和力。该技术非常敏感，能够实时监测结合情况，适用于详细研究抗体-抗原相互作用的动力学和亲和性。

免疫荧光法、免疫沉淀法也被用于抗原结合能力测定。这些方法的测定原理几乎都是基于抗原 - 抗体的特异性结合能力。并且在测定过程中，需将供试品与标准品进行比较，供试品的测定结果应在规定的范围内。

（2）生物学活性测定　在抗体产品质量控制中，生物学活性测定是评估抗体功能和效力的关键步骤之一。这些测定确保抗体能够在预期的生物体系中有效工作，如细胞增殖、细胞毒性、信号传导激活等。针对不同功能的抗体产品通常采用不同的方式来评估其生物学活性，包括细胞增殖抑制实验、抗体依赖性细胞介导的细胞毒性（ADCC）、补体依赖性细胞溶解（CDC）、信号传导激活实验等。

细胞增殖抑制实验适用于评估抗体能否抑制特定细胞系的生长，常用于评价抗肿瘤抗体。该方法使用不同浓度的抗体溶液处理细胞，并培养一定时间以允许抗体与细胞相互作用。随后使用噻唑蓝（MTT）等活性染料评估细胞存活率并计算抗体对细胞增殖的抑制率，分析其剂量 - 效应关系。

ADCC 法是评估抗体激活免疫细胞并杀死靶细胞的能力的实验。ADCC 的关键在于抗体能够特异性地结合靶细胞表面抗原从而激活效应细胞（例如自然杀伤细胞），激活的效应细胞释放毒性因子杀死靶细胞。该方法通常使用放射性标记或荧光标记靶细胞，随后将靶细胞与效应细胞及抗体混合孵育一段时间。使用放射性释放试验或荧光释放试验能够方便地测定靶细胞的死亡或损伤，进而评估抗体活性。CDC 法通常用于评估抗体在补体存在下对靶细胞的杀伤能力。该方法与 ADCC 法类似，不过需要在体系中加入适当浓度的补体。

无论使用哪种方法均需将供试品与标准品进行比较，并且供试品的测定结果应在规定的范围内。

11.2.4.3　杂质及其他常规项目检测分析

在抗体产品的质量控制过程中，杂质分析同样是至关重要的一步。杂质可能来源于原料、生产过程以及降解产物等。蛋白质类杂质主要包括宿主细胞残留蛋白质、亲和纯化过程中的 Protein A 以及抗体聚集体和降解产物等。这些杂质可以利用前述的各种液相色谱法以及 ELISA 法进行检测。核酸杂质（例如 DNA）可以通过《中国药典》通则 3407 所述的 DNA 探针杂交法、定量聚合酶链反应（PCR）等技术进行检测。其他常规项目检测，例如细菌内毒素、pH 值、无菌检查、水分等应参照 2025 年版《中国药典》及相关文件进行检测分析。

11.2.4.4　抗体药物产品的质量控制举例

以 2025 年版《中国药典》三部中的尼妥珠单抗注射液原液（表 11.5）及成品（表 11.6）检定标准为例进行列表说明。

表 11.5　尼妥珠单抗注射液原液质量标准

检测项目	检测方法	质量标准
等电点	依法测定（通则 0541 第六法）	应符合规定
肽图	依法测定（通则 3405）	肽图应与对照品一致
N 端氨基酸序列	氨基酸序列分析仪或质谱法	序列应与对照品一致
pH 值	依法测定（通则 0631）	6.5 ~ 7.5
分子排阻色谱法纯度	依法测定（通则 0512）	尼妥珠单抗单体含量应不低于 95.0%
弱阳离子色谱法纯度	依法测定（通则 0512）	供试品图谱应与对照品的图谱一致
CE-SDS 还原电泳纯度	依法测定（通则 3127）	尼妥珠单抗重链和轻链含量应不低于 90.0%，非糖基化重链不得高于 5.0%
CE-SDS 非还原电泳纯度	依法测定（通则 3127）	尼妥珠单抗单体不得低于 92.0%
蛋白质 A 残留量	ELISA（通则 3429）	蛋白质 A 残留量应不高于蛋白质总量的 0.001%

检测项目	检测方法	质量标准
外源性 DNA 残留量	通则 3407	每 1 支 / 瓶应不高于 100pg
宿主细胞蛋白质残留量	ELISA（通则 3429）	应不高于蛋白质总量的 0.01%
相对结合活性	依法测定（通则 3531 第二法）	相对结合活性应为标准品的 80% ~ 150%
蛋白质含量	依法测定（通则 0401）	应不低于 4.8mg/ml
细菌内毒素	依法检查（通则 1143）	每 1mg 蛋白质中含内毒素的量应小于 1EU

表 11.6　尼妥珠单抗注射液成品质量标准

检测项目	检测方法	质量标准
等电点	依法测定（通则 0541 第六法）	供剂品的电泳图谱应与对照品的图谱一致
相对结合活性	依法测定（通则 3531 第二法）	应不低于标准品的 60%
外观	肉眼观测	应为无色澄明液体，可带轻微乳光
澄清度	肉眼观测	溶液应澄清。如显浑浊，与 2 号浊度标准液（通则 0902）比较，不得更浓
可见异物	依法检查（通则 0904）	应符合规定
不溶性微粒	依法检查（通则 0903）	应符合规定
装量	依法测定（通则 0102）	应不低于标示量
pH 值	依法测定（通则 0631）	6.5 ~ 7.5
渗透压摩尔浓度	依法检查（通则 0632）	应为 240 ~ 360mOsmol/kg
分子排阻色谱法纯度	依法测定（通则 0512）	尼妥珠单抗单体含量应不低于 95.0%
弱阳离子色谱法纯度	依法测定（通则 0512）	供试品图谱应与对照品的图谱一致
CE-SDS 还原电泳纯度	依法测定（通则 3127）	尼妥珠单抗重链和轻链含量应不低于 90.0%，非糖基化重链不得高于 5.0%
CE-SDS 非还原电泳纯度	依法测定（通则 3127）	尼妥珠单抗单体不得低于 92.0%
聚山梨酯 80 含量	依法检查（通则 0512）	应为 0.1 ~ 0.3mg/ml
生物学活性	依法测定（通则 3531 第一法）	应为标准品的 50% ~ 200%
相对结合活性	依法测定（通则 3531 第二法）	应为标准品的 60% ~ 140%
蛋白质含量	依法测定（通则 0401）	应为 4.6 ~ 5.5mg/ml
无菌	依法检查（通则 1101）	应符合规定
细菌内毒素	依法检查（通则 1143）	每 1mg 蛋白质中含内毒素的量应小于 1EU
异常毒性	依法检查（通则 1141）	应符合规定

11.3　脂质膜结构分离技术

随着纳米技术的发展及纳米材料在生物医学领域的广泛应用，可以靶向特定病灶区域的纳米载体被研发出来用于药物的递送。这些纳米载体除了解决游离药物在临床应用中存在的缺乏靶向性、溶解度低、毒副作用大、体内循环时间短等问题，还肩负着缓释控释的使命。目前被深入开发的纳米载体主要包括聚合物（树枝状聚合物、聚合物胶束、纳米微球等）、无机材料（碳纳米材料、金属化合物、多孔材料等）、脂质基载体等种类。其中脂质基载体具有类似细胞膜的磷脂双分子层结构，有利于递送系统更好地穿透细胞膜。此外，由脂质组成的纳米颗粒能够与核内体膜进行融合实现内含体逃逸从而传递它们负载的药物。因此，脂质膜结构的纳米囊泡是一种非常理想的靶向药物的递送载体，根据其来源的不同，大致可以分为天然衍生的外泌体以及人工合成的脂质体。虽然这两类脂质膜结构的来源及制备的工艺具有显著的区别，但由于其相似的脂质双分子层结构，分离技术具有一定的相似性。相比外泌体复杂的液体环境，人工制备的脂质体纯化难度更低。以下将以外泌体为主，对脂质膜载体结构的分离技术进行介绍。

11.3.1　基于囊泡物理性质的传统分离技术

细胞通过外出芽的形式向胞外释放囊泡是一种普遍的生理现象，释放出的囊泡根据其大小、内容物和形成机制差异可分为外泌体、微囊泡和凋亡小体。其中，外泌体在生理过程中发挥重要作用，其自然属性使其更适合作为一类治疗药物。外泌体，最早是 1987 年由 Pan 和 Johnstone 在网织红细胞中发现的细胞膜通过外出芽的方式释放的一种囊泡状物质。但是，由于当时研究手段的匮乏，人们一度认为外泌体只是细胞向外运输物质的"清洁工"。直到 2007 年，Valadi 等人发现外泌体中含有生物学活性的mRNA 和 microRNA，才激起了大量研究人员对外泌体研究的热情。实际上，在包括肿瘤细胞在内的大部分真核细胞中都会在胞内体和质膜融合的过程中向外释放外泌体（图 11.7）。这些纳米尺度的膜囊泡粒径一般在 30 ～ 150nm 之间，表面携带大量与其来源和功能密切相关的蛋白质和脂质成分，腔内部包含有 DNA、miRNA、mRNA 和胞质蛋白。外泌体广泛存在于各种体液中，它们能够在不进行细胞接触的情况下传达出相邻细胞或远处细胞之间的相关信息，是细胞间交流和信号转导的载体。肿瘤细胞分泌的外泌体进入前哨淋巴结后发出分子信号，影响肿瘤细胞的招募、细胞外基质的沉积和血管的增生，为肿瘤的侵袭转移创造了有利的环境。血液中肿瘤来源的外泌体水平会随着肿瘤的生长而增加，同时随着癌症的有效治愈而下降，这也是为什么大多数情况下，肿瘤细胞中外泌体的含量要显著高于健康细胞中能发现的外泌体的原因。不同来源的外泌体中蛋白质组和转录组也随之变化，因而可以在很大程度上反映出其亲本细胞的基因型和表型特征，它们在体液特别是血液中丰度高且稳定，能够灵敏地反映出肿瘤当前的实际状态。和研究得较为深入的循环肿瘤细胞（circulating tumor cells，CTCs）相比，肿瘤细胞分泌外泌体的行为更为活跃，在血液中的含量 ≥ 10^9 个 /ml（远远大于 CTCs 的浓度 1 ～ 10 个 /ml）。由于血液中微乎其微的 CTCs 对检测技术的要求很高，需要消耗过量珍贵的临床样本，所以外泌体被认为是

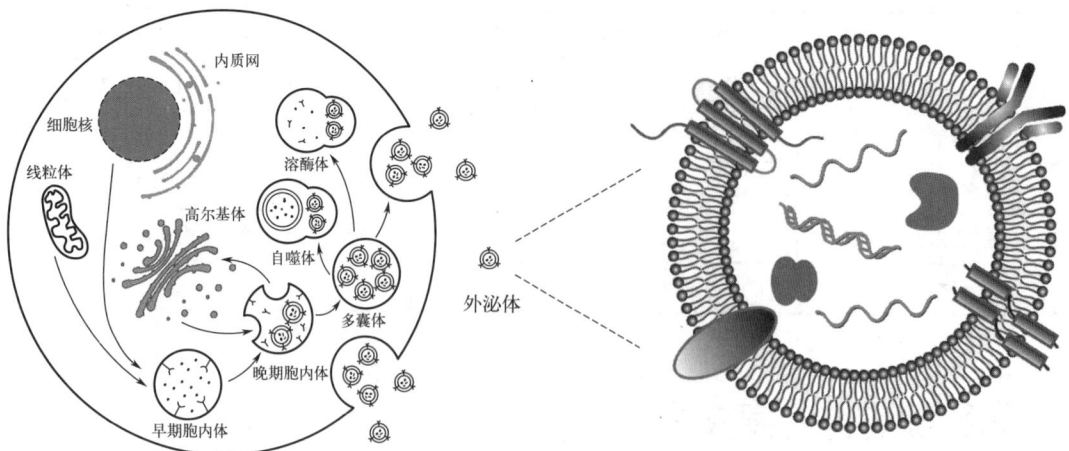

图 11.7　外泌体的生物发生示意图

很多疾病"液体活检"的新一代生物标志物，它具有实时、无创、便捷等优点，特别适合一些当前技术水平下难以分离 CTCs 的癌症（例如胰腺癌、黑色素瘤、恶性胶质瘤等）的早期诊断。肿瘤来源外泌体相关的分析有望为评估癌症进展、实时检测和预后评估、个体化治疗等提供快速的非手术指标。除此之外，分离出的肿瘤外泌体中提取的 DNA、RNA 和蛋白质进一步用于遗传和生物分析，还能为我们提供一个癌症特异性信息的宝库。

在众多尺寸大小接近的膜衍生亚细胞结构（例如脱落小体、凋亡小体、核外颗粒体等）中分离这些变化多样的纳米尺度外泌体囊泡至关重要。目前富集体液和细胞培养液中外泌体的常规方法有超速离心法、分子排阻色谱、沉淀法、表面蛋白标记亲和分离方法等，这些技术分别利用外泌体的特定性质，例如外泌体的理化性质（密度、形状、大小等）和表面蛋白进行分离富集。

（1）超速离心法（UC）是外泌体浓缩最为经典的方法，它的原理是基于样品中外泌体和杂质之间的密度和大小差异进行分离。根据具体分离机制的差异，可以将超速离心分为两种类型：差速离心和密度梯度超速离心。两种超速离心工作流程的示意图如图 11.8 所示。差速离心通常需要多个步骤，包括低速离心步骤以去除细胞和凋亡碎片，高速旋转步骤以去除较大的囊泡，并在 $100000g$ 下进行较长时间（不少于 70min）的超高速离心以沉淀外泌体。不过这种方法操作繁琐较为耗时，不仅回收率较低（5%～25%），很难将外泌体同其他细胞外膜泡彻底分离开来，而且长时间超高速离心会破坏外泌体的完整性，使其丧失大量蛋白质和 RNA。在此基础上发展而来的蔗糖梯度离心法，利用不同浓度蔗糖溶液在离心管中产生自上而下逐渐增加的密度梯度使外泌体在离心过程中沉降到相应的等密度区（外泌体在蔗糖溶液中的浮力密度范围在 1.10～1.20g/ml 之间），从而获得较高纯度的抽提外泌体。不过考虑到梯度水平的容量，只有样品量较少时可以使用这种方法。在每个梯度水平上达到平衡需要更多时间，以实现高产量分离。与差速离心方法相比，密度梯度超速离心可以使蛋白质或杂质在管底部沉淀，使其更容易被去除，从而实现外泌体的无聚集分离，提高了外泌体分离的纯度。同时，蔗糖溶液具有一定的缓冲作用，可以减少离心力对外泌体的破坏，因此相比差速离心，通过密度梯度超速离心分离得到的外泌体能够更好地维持其原始的形态和结构。

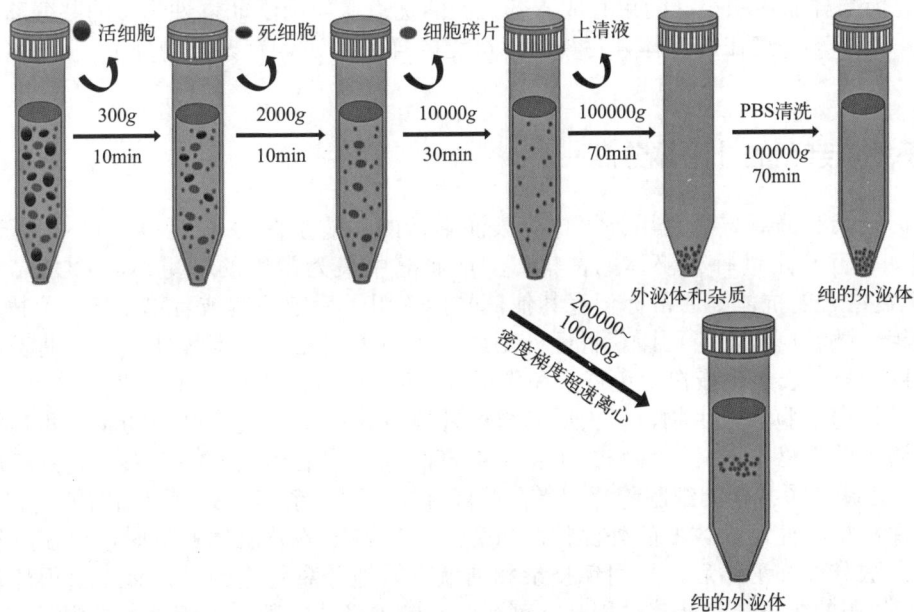

图 11.8　差速离心和密度梯度超速离心示意图

（2）超滤法是利用具有特定孔径或截留分子量（MWCO）的超滤膜进行选择性分离，小分子颗粒会被过滤到膜的另一侧，而大于膜孔径的高分子量物质则截留在超滤膜上。超滤是外泌体分离方法中最简单的方法之一，根据其驱动力的不同，可将超滤分为离心力驱动和压力驱动两种类型。压力驱动的模式根据压力驱动的方向的不同分为常规垂直方向通过滤膜的死端过滤和额外施加平行于膜面的切向力的切向流过滤。对于离心力驱动的超滤，相当于超速离心和过滤的结合，比如可在较低转速下通过 0.22μm 微孔滤膜和 10000kDa 的透析膜去除大于 200μm 的杂质，并将样品体积浓缩 50 倍。和超速离心相比，超滤需要的转速较低，不影响外泌体的生物活性。不过超滤时需要的样品量较多，不适宜于微量的血样分析。同时外泌体可能会阻塞过滤孔，导致膜的寿命减短。此外，截留在膜上的外泌体间也会发生黏附，导致产量降低。

（3）分子排阻色谱（SEC）是使用聚合物在色谱柱中形成多孔固定相并基于颗粒的大小进行分离。由于外泌体的粒径小于微囊泡和凋亡小体，因而可通过这种技术进行分离。一般来说，多孔固定相由许多具有特定孔径的球形凝胶珠组成。当样品溶液流经固定相时，小分子颗粒能够扩散到孔隙中，而大分子颗粒则直接洗脱，因而尺寸大的分子比小分子更早离开色谱柱，从而根据滞留时间的不同分选出不同粒径的囊泡。SEC 已被证明可以实现血浆外泌体的高质量分离，通过该方法分离的外泌体的纯度足以进行质谱分析。目前已经开发了一些基于分子排阻色谱分离的商品化试剂盒，实现了外泌体的简便分离和纯化。通过使用 SEC，可以实现 40% ～ 90% 的外泌体的回收，具有较高产率。相比超速离心，SEC 的速度更快，每个样品只需 10 ～ 20min，并且相对便宜。SEC 分离的外泌体的结构完整性和生物活性也优于 UC，更有利于后续分析。不过需要注意的是，分离过程中的一些因素，比如样品类型、色谱柱孔径、尺寸、外泌体和介质之间的相互作用、色谱柱填料以及流速，都会对外泌体的分离效率和纯度带来影响。

（4）聚合物共沉淀法是根据外泌体膜疏水的特性，使用共沉淀剂（例如聚乙二醇，PEG）减少外泌体的水合作用，使其分散性和溶解度发生改变从而产生沉淀，随后通过低速离心即可回收沉淀中的外泌体。该方法可以实现低成本、高效快速的外泌体分离，但是生物样品中常共存有大量蛋白质，PEG 沉淀的外泌体中不可避免地会存在蛋白质共沉淀，因此后续的清洗步骤对于外泌体蛋白质的可靠鉴定十分重要。近年来，基于聚合物共沉淀原理已经开发了多种商业分离试剂盒（Invitrogen 的总外泌体分离试剂盒，Cell Guidance Systems 的 ExoSpin Exosome Purification Kit），可以有效地从临床样品中分离外泌体。这些试剂盒还可用于分离体液中的外泌体，包括血清、血浆、尿液、脑脊液和培养基。尽管此类外泌体分离试剂盒具有所需样品体积小、简单且成本效益高的优点，但由于非毒性物质的共分离，它们受到低特异性的限制。除了这些潜在的非体外污染物，沉淀的样品中还含有聚合物分子，不适合质谱等检测、定量方法。

11.3.2　基于免疫亲和的外泌体分离

表面蛋白标记亲和分离方法利用外泌体膜表面丰富的功能蛋白质（抗原）与外加标记抗体之间的特异性免疫亲和相互作用进行外泌体的富集。当前研究中最为常用的靶蛋白有 CD63、CD9、CD81、EpCAM 等，免疫结合的抗体则通常标记有其他信号标签用于后续检测或者锚定在一个固相载体上（磁珠、色谱固定相、微流控装置等）捕获目标外泌体。其中免疫磁珠法富集技术，借助磁珠表面结合的特异性抗体和目标分子表面靶蛋白的免疫亲和作用，在磁场力的作用下可以迅速分离和浓缩目标分子，已经广泛应用于特定细胞、微生物、蛋白质和核酸片段等样品中含量不高的物质。和其他根据囊泡物理性质纯化外泌体的策略不同，这种修饰了特定的表面标记物的体系能够有效捕获到相应的外泌体亚群，并最大限度上减少了共存的细胞碎片和蛋白质聚合物，因而亲和法具有更高的纯度和特异性；缺点是这种高选择性和特异性可导致低的外泌体产量。在研究特定的外泌体亚群时，可在进行超速离心法或分子排阻色谱法分离外泌体后，采用免疫亲和捕获有效地分离特定的外泌体。值得注意的是，基于抗原 - 抗体相互作用的免疫亲和捕获过程是不可逆的，较难释放完整的外泌体。使用具有可逆结合的配体分子可以避免此类问题。例如，Wako 开发了一种基于膜表面磷脂酰丝氨酸（PS）的亲和纯化试剂盒 MagCapture™，采用 Tim4 蛋白修饰的磁珠进行外泌体的捕获和磁分离，这种 Ca^{2+} 依赖性的亲和方式主要依靠 Tim4 蛋白与外泌体表面表达的磷脂酰丝氨酸结合。最后可以通过添加 Ca^{2+} 螯合剂将外泌体从磁珠中竞争性洗脱。基于免疫亲和和外泌体分离见图 11.9。

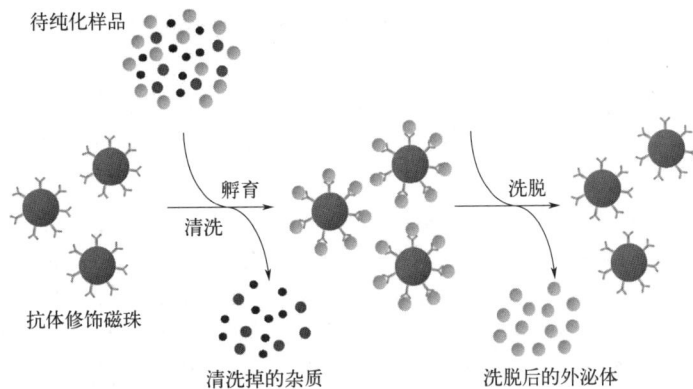

图 11.9　基于免疫亲和的外泌体分离

11.3.3　基于微流控的外泌体分离

外泌体传统分离方法虽然应用广泛，但存在样品消耗量大、外泌体受损、纯度低、耗时长等缺点，近年来发展出来一些新的外泌体分离新技术来克服这些困难，其中微流控芯片技术因其高度的集成化、微型化和高通量等优势而广受人们的关注。它可以将样品处理、分析、检测和其他过程集成到芯片中，为外泌体的研究过程提供定制化的平台，最大限度地降低成本，提高分离速度，并实现即时采集和诊断。研究人员将基于复杂通道结构或流体动力学特性的策略引入微流体装置，如纳米多孔膜、纳米过滤器、纳米柱阵列等，可将微流控与上述文中提到的方法原理进行联用，通过外泌体物理性质或免疫亲和策略分离外泌体。

基于免疫亲和原理捕获外泌体的芯片依赖捕获探针（抗体、亲和配体或核酸适配体）对外泌体的识别，捕获探针可以直接修饰在芯片内部微结构中或引入免疫磁珠增加其流动性和磁控能力。同时可通过对微流控腔室内部进行图形化设计并构建微型结构增加外泌体与微通道中的碰撞效率和相互作用，实现外泌体的高特异性捕获。例如常见的人字形或交错人字形结构可以在微流控芯片的腔室内形成湍流，研究人员将抗 CD63 抗体修饰在人字形结构上，增强了外泌体与人字形结构的碰撞以提高捕获效率。此外，还开发了豆形微柱阵列进行抗体修饰，或者在 Y 形微柱阵列中通入免疫磁珠来实现可控的外泌体捕获和释放。除了对微流控通道的形状结构进行设计外，还可以对微流控结构涂覆纳米结构涂层进行改性。例如有研究人员制作了一个具有氧化石墨烯／聚多巴胺（GO/PDA）包覆的 3D 纳米结构界面的微流控装置，氧化石墨烯诱导形成了三维纳米多孔 PDA 表面涂层，抗 CD81 抗体通过诱导蛋白 G-IgG 的相互作用固定在 PDA 的表面，使微流控装置可以快速高效地从不同生物基质中分离外泌体。基于免疫亲和的外泌体分离微流控技术效率高、特异性强，但由于抗体与蛋白质间的相互作用较强，还需设计外泌体的有效释放。

基于物理性质的微流控分离策略通常也是根据囊泡大小进行分选。相比前文的免疫亲和捕获来说，这种方法属于一种免标记的策略，其分离模式主要依赖特殊的芯片结构设计（例如引入纳米阵列、多孔滤膜）或施加外部作用力实现外泌体的分离。根据是否施加外部作用力，可将其分为外泌体的主动分离与被动分离。

主动分离策略依赖外部施加的控制力实现外泌体的浓缩分离，常见的作用力有声学、介电泳和离心力等。基于声学原理，当流体接收到某一频率的声音时，流体中的微小颗粒受到的声波辐射力与颗粒的大小呈正相关。同时，当流体中的颗粒在声波辐射力的作用下移动时，这些微小颗粒会受到另外一种作用力，即托克斯拽力，这个作用力的大小与颗粒的半径呈正相关。因而，根据大颗粒在微通道中的迁移速度快于小颗粒的特性，将不同大小的囊泡分离出来。介电泳分离依靠外泌体的介电性，在空间内非匀称电场的作用下发生极化效应而产生平移运动，从而诱导外泌体分离。在不匀称电场中，较小的颗粒倾向于移动到微电极周围的高场强区域，较大颗粒则被牵引到低场强区域。例如 D.Stuart 等人利用交流电动的微阵列芯片（ACE）实现了人血浆中癌症来源的外泌体的分离。仅需30～50μl的生物样品，ACE高场强区只需半小时即可实现分离，分离后的外泌体生物活性不受影响，可以直接进行原位分析。离心微流控也是一种简单有效的分离方法。在芯片中可以设计类似膜过滤的方法，以离心力为驱动力，串联具备不同孔径滤膜的芯片，可以分离和富集特定尺寸的囊泡，并在分离外泌体后取出滤膜，在溶剂中溶解分离得到纯化的外泌体。

被动分离策略通过改造芯片内部结构，依靠流体动力学的原理实现对内部流体的精确操作。目前已报道的被动分离策略根据不同的动力学原理可以大致分为以下6类：①确定性横向位移（DLD）分选；②基于纳米线的捕获；③基于膜陷阱；④基于细微结构的隔离；⑤不对称流场流分馏分离；⑥黏弹性流分选。下文将简述三类分离技术。首先是纳米线的捕获技术。Wang 等人通过电沉积的手段将30～200nm 间隙的多孔纳米线蚀刻在微柱上，构建的包含纤毛微柱的微流控装置，洗脱方式简单，不仅可以优先捕获外泌体，还可以过滤较大的囊泡和蛋白质。基于膜陷阱的分离方法也较为常见。Woo 等人通过将滤膜与具有离心作用的微流控装置集成，在半小时内可以实现20～600nm 大小的细胞外囊泡的自动分离，后续经回收操作后得到的细胞外囊泡回收率可以达到95%。基于黏弹性流分选的方法，Liu 等人设计的微流控平台实现不同体系中外泌体的直接分离，尝试在分离介质中加入少量的聚氧乙烯（0.1%）以增加黏弹性，并不影响外泌体的分离纯度。

不同原理的微流控装置均可以实现对外泌体的分离，但部分方法还存在操作复杂、耗时较长、外泌体难以洗脱等问题，在实际应用中具有局限性。因此将不同原理的分离方法集成可以改善此类问题的发生。Davies 等人设计了将滤膜作为分子排阻过滤装置与直流电泳联用的微流控装置，成功从血液样本中纯化纳米级的颗粒，并进一步分离完整的外泌体，避免了有害离心和较难洗脱的特异性亲和。利用同样的集成思路，Chen 等人设计了将负压振荡与滤膜相结合的微流控装置，依靠负压振荡大大减少滤膜的堵塞，实现高通量高纯度的外泌体分离。

11.3.4　脂质体药物分离纯化工艺

脂质体是由磷脂分散在水中时形成的具有双分子层的直径为几十纳米至数百微米的内部为水相的类球状闭合囊泡。根据脂质体粒径的大小和脂质双层膜数量，可以将脂质体分为单室脂质体（unilamellar vesicles，ULV）、寡层脂质体（oligolamellar vesicles，OLV，100～1000nm）、多层脂质体（multilamellar vesicles，MLV，>500nm）、多囊脂质体（multivesicular liposomes，MVL，>1000nm）。脂质体具有类生物膜结构，可包封水溶性和脂溶性药物，具有选择性高、细胞亲和性好、无免疫原性、适于生物体内降解等优势。脂质体作为药物载体，能有效保护被包裹药物并可控释放缓释药物，显著提高药物的稳定性和淋巴定向性，降低药物的毒性和不良反应，易于被组织吸收并且与基因复合等优势。

从1965年Bangham 提出脂质体的概念至今，已经发展出多种脂质体制备方法和生产工艺。脂质体制备流程见图 11.10，传统的制备方法有薄膜分散法、溶剂注入法、逆向蒸发法等，近些年还发展了微流控制备技术，通过这些方法能够得到粒径比较大的粗脂质体，在除去有机溶剂后，还需要通过高压均质/薄膜挤出进行整粒及超滤进行纯化，才得到粒径均一、性质稳定、满足使用安全要求的脂质体。脂质体的平均粒径和粒度分布是脂质体药品关键质量属性，显著影响其性能和安全性。挤出和超滤是影响粒径和溶剂残留的关键工艺，也是达到产品控制的最后一步工艺。

挤出技术利用脂质体磷脂双分子层的结构和性能特点，在略高于磷脂相变温度的条件下，通过一定的外部挤压动力，使脂质体通过特定孔径的聚碳酸酯膜或不对称陶瓷过滤器，大粒径或者多室脂质体被膜孔的剪切破裂后迅速重新聚合成更小粒径且粒径分布较窄的脂质体。商业化纳米脂质体产品如 Onivyde、Vyxeos 和 Marqibo，都使用这种方法进行商业化生产。由于聚碳酸酯膜的孔径固定（如50nm、100nm、200nm、400nm 等），且脂质体用聚碳酸酯膜具有孔径垂直于膜表面且分布均匀的属性，多次经过特定孔径的聚碳酸酯膜挤压剪切后，可以获得粒径接近聚碳酸酯膜孔径且分布集中的单室脂质体。

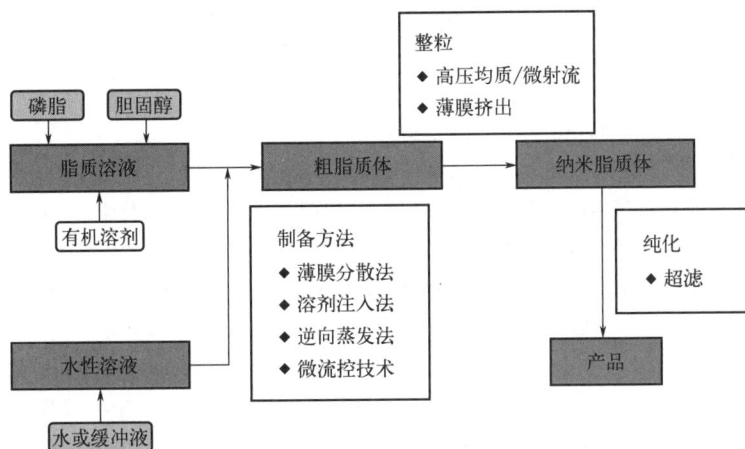

图 11.10 脂质体制备流程

　　高压均质技术既适用于水体系，也适用于非水体系，从 10L/h 的实验室规模到 100000L/h 的大型商业化生产规模都能实现。上市脂质体产品中，包括 Visudyne 和 AmBisome 都使用这种方法商业化生产。多层脂质体悬浮液在高压下通过一个狭窄的间隙，在速度梯度下经剪切力、湍流和流体空穴作用来破裂重组成粒径更小的脂质体。粒径大小和粒度分布由均质过程的参数决定，如压力、循环次数、流体冲击设计、流速等；同时也受样品性质的影响，如样品的组成和黏度以及初始粒径大小。随着压力的增加和循环次数的增加，粒子粒径和多分散性指数（PDI）降低，但也会导致包封效率降低。

　　在得到粒径大小及粒度分布符合要求的脂质体之后，需通过超滤进行纯化。纯化可以对脂质体进行浓缩，并把脂质体的外水相置换成满足临床使用的缓冲液或其他溶液。这个过程也进一步除去了外水相可能残留的有机溶剂。常用的超滤设备是平板膜包和中空纤维柱，它们都属于切向流过滤。过滤的方式主要有两种：常规过滤和切向流过滤。常规过滤（又称死端过滤），原料液在一定推动力下向膜外进行过滤，原料液流动方向垂直于滤膜方向。在过滤过程中，膜上表面不断有颗粒被截留下来，使得过滤阻力增大，过滤速度减小。为了减小过滤阻力需要对滤膜进行反冲洗。此种过滤方式不适用于长期运行的大型过滤设备，工业界应用很少。切向流过滤（又称错流过滤），原料液从一端进入膜包内，部分原料液从膜包另一端流出，原料液流动方向平行于滤膜方向，原料液的流动可以对滤膜表面进行冲扫，减少大颗粒在滤膜表面的积累，提高过滤效率。同时切向流可以循环过滤，可将滤液或截留液作为目标产品收集。

11

参 考 文 献

[1] 严希康. 生化分离工程 [M]. 北京：化学工业出版社，2001.

[2] 严希康. 生化分离技术 [M]. 上海：华东理工大学出版社，1996.

[3] 易美华. 生物资源开发利用 [M]. 北京：中国轻工业出版社，2003.

[4] Gary Walsh. 蛋白质生物化学与生物技术 [M]. 王恒樑，谭天伟，苏国富，等译. 北京：化学工业出版社，2006.

[5] 王克夷. 蛋白质导论 [M]. 北京：科学出版社，2007.

[6] Pauling L，Corey R B，Branson H R.The structure of proteins：two hydrogen-bonded helical configurations of the polypeptide chain [J]. Proc Natl Acad Sci USA，1951，37（4）：205-211.

[7] Brocchieri L，Karlin S.Protein length in eukaryotic and prokaryotic proteomes [J]. Nucleic Acids Res，2005，33：3390-3400.

[8] Wyckoff H W，et al. The structure of ribonuclease-S at 3.5 A resolution [J]. J Biol Chem，1967，242（17）：3984-3988.

[9] Biryukov V V. Fundamentals of industrial biotechnology [M]. Moscow：Kolos Publishing House，2004.

[10] 朱屯，李洲，等. 溶剂萃取 [M]. 北京：化学工业出版社，2008.

[11] 张海德. 现代食品分离技术 [M]. 北京：中国农业大学出版社，2007.

[12] Crofcheek C，et al. Histidine tagged protein recovery from tobacco extract by fractionation [J]. Biotechnol Prog，2003，19：680-682.

[13] 刘桂荣. 色谱技术研究进展及应用 [J]. 山西化工，2006，1：22-26.

[14] 夏其昌，等. 蛋白质电泳技术指南 [M]. 北京：化学工业出版社，2007.

[15] Mitraki A，Fane B，Haase-Pettingell C，et al. Suppression of protein folding defects and inclusion body formation [J]. Science，1991，253：54-58.

[16] Taylor G，et al. Size and density of protein inclusion bodies [J]. BioTechnology，1986，4：553-557.

[17] 耿信笃. 蛋白折叠液相色谱法 [M]. 北京：科学出版社，2006.

[18] 梁毅. 结构生物学 [M]. 北京：科学出版社，2005.

[19] Venkiteshwaran A，et al. Mechanistic evaluation of virus clearance by depth filtration [J]. Biotechnol Progr，2015，31：435-437.

[20] Nguyen H C，et al. Improved HCP reduction using a new，all-synthetic depth filtration media within an antibody purification process [J]. Biotechnol J，2019，14（1）：e1700771.

[21] 国家药品监督管理局 2018 年第 85 号通告. 除菌过滤技术及应用指南.

[22] Ferreira R E，Cozar C A，Schmidt F L. Accumulated flux and resistances in clarification of sugarcane juice by microfiltration-impact of operational parameter [J]. Int Food Res J，2016，23（5）：2151-2158.

[23] 施伟. 基于疏水性电荷诱导的扩张床吸附及抗体分离研究 [D]. 杭州：浙江大学，2016.

[24] Araujo N K，et al. Single-step purification of chitosanases from Bacillus cereus using expanded bed chromatography [J]. Int J Biol Macromol，2016，82：291-298.

[25] 俞俊棠，等. 新编生物工艺学 [M]. 北京：化学工业出版社，2003.

[26] 曹学君. 现代生物分离工程 [M]. 上海：华东理工大学出版社，2007.

[27] 张若青，丁伟. 重金属盐沉淀蛋白质的实验探究 [J]. 云南化工，2018，6（3）：45-47.

[28] Sipeng Li，Zhaoyang Ding，Xuejun Cao.Separation of transglutaminase by thermo-responsive affinity precipitation using L-thyroxin as ligand [J]. Spring Plus，2016，5：37-49.

[29] 鞠辉，等，萃取法分离柠檬酸的研究进展 [J]. 化工进展，2014，33（2）：285-288.

[30] Chaitanya K V，et al. Supercritical fluid extraction of functional ingredients from plants：A review [J].Curr Eng J，2015，2：24-32.

[31] Shirsath S R，Sonawane S H，Gogate P R. Intensification of extraction of natural products using ultrasonic irradiations—A review of current status [J]. Chem Eng Process，2012，53：10-23.

[32] Hou D，Li Y，Cao X. Synthesis of two thermo-sensitive copolymers forming aqueous two-phase systems [J]. Sep Purif Technol，2014，122：217-224.

[33] Zhu C，Cao X. Synthesis of cefprozil using penicillin G acylase in recyclable aqueous two-phase systems [J]. Biotechnology and

Bioprocess Engineering，2014，19（5）：844-850.

[34] Gerson D F. Cell surface energy，contact angles and phase partition I lymphocytic cell line in biphasic aqueous mixtures [J]. Biochim Biophys Acta，1980，602：269-280.

[35] Yibo Guo，et al.Prediction and validation of monoclonal antibodies separation in aqueous two-phase system using molecular dynamic simulation [J].J Chromatogr A，2023，1694：463921.

[36] Jinlong Tan，et al.Optimization of extraction tower structure and extraction conditions for lincomycin separation [J]，Prep Biochem Biotech，2023，53（9）：1092-1098

[37] Zhang D，et al. Aqueous two-phase extraction and enrichment of two main flavonoids from pigeon pea roots and the antioxidant activity [J]. Sep Purif Technol，2013，102：26-33.

[38] Liu J，Cao X. Preparation of novel alkaline pH-responsive copolymers for the formation of recyclable aqueous two-phase systems and their application in the extraction of lincomycin [J].J Sep Sci，2016，39（3）：584-594.

[39] Li X，Wan J F，Cao X J. Preliminary application of light-pH sensitive recycling aqueous two-phase systems to purification of lipase [J]. Process Biochem，2010，45（4）：598-601.

[40] Xu C N，et al. Synthesis of thermo-responsive polymers recycling aqueous two-phase systems and phase formation mechanism with partition of epsilon-polylysine [J]. J Chromatogr A，2016，1472：44-54.

[41] He J，et al. Recyclable aqueous two-phase system based on two pH-responsive copolymers and its application to porcine circovirus type 2 Cap protein purification [J]. J Chromatogr A，2018，1555：113-123.

[42] Dong L，Wan J，Cao X. Separation of transglutaminase using aqueous two-phase systems composed of two pH-response polymers [J]. J Chromatogr A，2018，1555：106-112.

[43] Hermann J，Jr D S R，Tkatchenko A. First-Principles Models for van der Waals Interactions in Molecules and Materials：Concepts，Theory，and Applications [J]. Chem Rev，2017，117（6）：4714-4758.

[44] Li A，et al. Preparative separation of polyphenols from water-soluble fraction of Chinese propolis using macroporous absorptive resin coupled with preparative high performance liquid chromatography[J]. J Chromatogr B，2016，1012-1013：42-49.

[45] Cinelli G，et al. Study of XAD-2 adsorbent for the enrichment of trace levels of phthalate esters in hydroalcoholic food beverages and analysis by gas chromatography coupled with flame ionization and ion-trap mass spectrometry detectors[J]. Food Chem，2014，146（3）：181-187.

[46] Russo M V，et al. Determination of phthalate esters at trace levels in light alcoholic drinks and soft drinks by XAD-2 adsorbent and gas chromatography coupled with ion trap-mass spectrometry detection[J]. Anal Methods，2014，6（17）：7030-7037.

[47] Xue Yu，et al.Highly selective separation and purification of lincomycin by macroporous adsorption resin column chromatography [J].J Chromatogr A，2024，1735：465282.

[48] Köhler G，Milstein C. Continuous cultures of fused cells secreting antibody of predefined specificity [J]. Nature，1975，256（5517）：495-497.

[49] Buss N A，et al. Monoclonal antibody therapeutics：history and future [J]. Curr Opin Pharmacol，2012，12（5）：615-622.

[50] Spadiut O，et al. Microbials for the production of monoclonal antibodies and antibody fragments [J]. Trends Biotechnol，2014，32（1）：54-60.

[51] 曹宏伟，等. 现代抗体药物制备及应用 [M]. 南京：东南大学出版社，2022.

[52] Sjöquist J，et al. Localization of protein A in the bacteria [J]. Eur J Biochem，1972，30（1）：190-194.

[53] Löfdahl S，et al. Gene for staphylococcal protein A [J]. Proc Natl Acad Sci USA，1983，80（3）：697-701.

[54] Brorson K，et al. Bracketed generic inactivation of rodent retroviruses by low pH treatment for monoclonal antibodies and recombinant proteins[J]. Biotechnol Bioeng，2003，82（3）：321-329.

[55] 邵荣光，等. 抗体药物研发与应用 [M]. 北京：人民卫生出版社，2013.